Keeping Reptiles & Amphibians

양서파충류사육학

이태원 | 문대승 | 박성준 | 차문석

박영사

Prologue

낯설게만 느껴졌던 양서파충류가 국내에 애완동물로 소개된 지 20여 년이 되어갑니다. 도입 초창기와 비교하면 양서파충류에 대한 일반인들의 관심이 커지고, 이를 사육하는 마니아와 관련 산업의 종사자도 많이 늘었습니다.

이 같은 저변 확대에도 불구하고 아직은 양서파충류에 대한 기본이론, 치료방법, 개별 종에 대한 사육 매뉴얼 등이 체계적으로 연구되거나 정리되지 못한 것이 현실입니다. 양서파충류 관련 학과가 속속 생겨나고 있지만 이런 한계 때문에 교육 현장에서도 어려움을 토로하고 있습니다.

한국양서파충류협회는 그동안 많은 정보와 경험을 쌓아왔습니다. 그럼에도 불구하고 이를 국내 현실에 맞게 정리해서 이론과 실무 양쪽에서 모두 효과적으로 쓰일 수 있는 교재를 만드는 것이 쉬운 일은 아니었습니다. 2년에 걸친 방대한 자료 수집, 다양한 경험과 시행착오, 그리고 학교에서 학생들을 가르치면서 느낀 현장의 수요 등을 토대로 양서파충류 전반을 다루는 본 교재를 출간할 수 있었습니다.

본 교재는 양서파충류의 생물학적 특성 및 생태계에서 갖는 의미, 개별 종의 습성 및 다루는 법, 개별 종마다 적합한 사육환경 등을 쉽게 소개하고 있습니다. 이 교재가 양서파충류를 공부하는 학생, 관련 업계 종사자, 그리고 양서파충류에 대해 체계적으로 알고자하는 분들께 조금이나마 도움이 되었으면 합니다.

이태원 · 문대승 · 박성준 · 차문석

▲ 홈페이지 바로가기

Contents

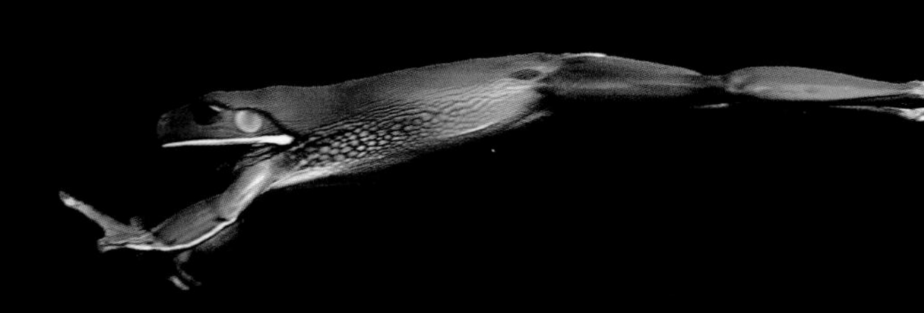

Keeping Reptiles & Amphibians

1장

양서파충류학 개론

진화 및 생태학적 특징

현 양서파충류의 기원은 양서류의 출현으로 시작한다. 양서류는 약 3억 8천만 년 전 고생대 데본기에 지구상에 처음 모습을 드러내게 되는데, 고생대 어류로부터 진화한 양서류는 물과 육지를 오가는 최초의 생물군이었으며 이후 일부는 파충류로 진화하게 된다.

兩(두 양) + 棲(살다 서) + 類(무리 류)의 조합으로 이루어진 '양서류(兩棲類)'라는 명칭은 이 분류군에 속하는 생명체들이 수공간과 육지, 양쪽을 옮겨 다니면서 생활한다는 것에서 유래된 것이다. 지구 역사에 있어서 양서류는 수중 환경에서 벗어나 육상 생활에 적응한 최초의 척추동물로, 진화의 과정에서 수중에서 생활하는 어류와 육지를 주 서식공간으로 하는 파충류의 중간에 위치하고 있기 때문에 생태적으로 물에서 멀리 떨어져서는 생존할 수 없다. 따라서 우리가 이들을 지칭할 때 사용하는 '양서류'라는 명칭은 '물과 뭍 양쪽에서 생활한다'라는 분류군의 기본적 생태와 더불어 '물에서부터 뭍으로 진화하는 중간과정에 있는 생명체'라는 진화사적 의미가 복합적으로 잘 내포되어 있는 명칭이라고 할 수 있다.

데본기에 생존하고 있던 어류 중의 일부는 아가미로 호흡하는 것과 동시에 허파로도 호흡을 할 수 있게 된다. 이들 어류는 모두 육지에 있는 물에서 생활했고, 물이 마를 때는 현재의 폐어처럼 허파로 숨을 쉬었을 것이다. 특히 데본기는 비가 자주 내리고 육상에 낮은 웅덩이들이 많아 습지대가 넓게 형성되었으며 이런 환경은 양서류의 번성이 가능하게 하였다. 양서류는 어류처럼 번식효율이 떨어지는 체외수정법을 그대로 유지하고 있었기에 번식에서도 물은 필수요소이며, 폐호흡과 더불어 축축한 피부를 통해 피부호흡을 병행하기 때문에 건조한 환경에서는 살 수가 없다. 게다가 양서류가 가지고 있는 2심방 1심실의 심장은 폐순환한 피가 체순환한 피를 만나 산소가 묽어지는 등의 비효율적인 측면이 있었다. 고대 양서류들은 좀 더 효과적인 육지 환경 적응을 위한 변화를 축적해왔으며 그 결과 점차 파충류로 진화하게 되었다.

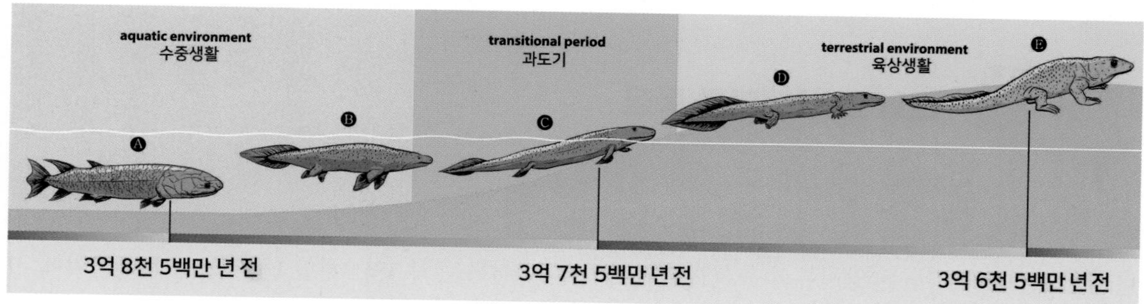

양서류의 진화 단계

유스테놉테론(*Eusthenopteron*)	양서류 진화의 출발점으로, 지느러미 안에 육상 사지동물과 같은 넓적다리뼈, 종아리뼈, 정강이뼈를 가짐
판데릭티스(*Panderichthys*)	얼굴 생김새가 육상 사지동물과 닮은 형태를 띰
틱타알릭(*Tiktaalik roseae*)	육상동물의 손목 같은 골격과 목을 가짐
아칸토스테가(*Acanthostega*)	가장 원시적인 4개의 발을 가지고 골격이 약하며 수중생활을 하고 폐호흡을 했던 생물
이크티오스테가(*Ichthyostega*)	육기류에서 양서류로 분화되는 최초의 생물로 목과 사지, 폐호흡 등 육상 동물의 특징을 가짐

석탄기와 페름기를 정점으로 번성하던 양서류는 그로부터 1억 5,500만 년 뒤 삼첩기가 끝나기까지 거의 대부분의 종이 멸종되었다. 이후 양서류로부터 진화한 파충류에게 생태학적 우위를 점차 빼앗기게 되면서 그 숫자 역시 현저히 줄어들어 현재에 이르고 있다. 전성기의 양서류는 현대의 악어와 같은 생태적 위치를 점유하며 최대 6m에 이를 정도로 거대한 몸집을 가지고 있었으나 시간이 흐르면서 그 크기가 점점 작아지고 다양성 역시 줄어들었다. 그 결과 현재는 진양서아강(Subclass Lissamphibia)만 남게 되었다.

양서류가 물과 완전히 동떨어진 삶을 살 수 없는 특징을 가지고 있었다면, 이후 양서류로부터 진화한 파충류는 획기적인 방법으로 육지생활에 정착하게 된다. 양서류가 투과성 피부를 지녀 건조에 취약한 것과 달리 파충류는 비늘이라는 조직으로 체내의 수분이 증발하는 것을 막아 물이 적은 육상환경에도 적응할 수 있게 되었다. 파충류는 석탄기에 출현했는데 이 시기부터 지구가 건조하기 시작해 육지가 넓어지고 육상동물이 서식하기 좋은 환경이 되었다. 파충류는 오랜 세월이 흐르는 동안 생활환경에 적응하기 위해 여러 방면으로 진화하였다. 어떤 것은 민물로 들어가고 어떤 것은 바다 속에서 생활하는가 하면, 또 어떤 것은 나무 위나 공중을 활공하는 등 다양한 생활형태를 갖게 되었다. 식성 또한 육식성과 잡식성, 초식성으로 분화되기도 하고, 번식의 방법도 알을 낳는 난생과 배 속에서 새끼를 부화시키는 난태생으로 나뉘었다. 이처럼 중생대는 파충류의 번성시대로 꼽히고 있다. 현재 지구상의 파충류는 뱀과 도마뱀을 포함하는 뱀목(Squamqta) 10,000종 이상, 거북목(Testudines) 300종 이상, 악어목(Crocodilia) 25종, 옛도마뱀목(Rhynchocephalia) 1종이 존재한다.

2 양서파충류의 사육역사

예로부터 인간과 파충류는 그다지 우호적인 관계는 아니었다. 일반적으로 많은 이들에게는 파충류하면 일단 혐오스럽고 위험하고 아둔하며 원시적인 동물이라는 생각이 지배적이었다. 또한 포유류인 인간보다 지구상에서 오랜 시간을 살고 있는 생명체인 파충류를 인간은 본능적으로 그들의 독특한 외모와 능력에 대해 두려워하거나 신성시했으며, 경외시하면서도 경계해왔다. 이 상반된 두 입장은 잘 알지 못하는 것에 대한 두려움을 내포하고 있다. 그만큼 우리가 파충류에 대해서 알지 못하고 알려고 하지 않았다는 것이다. 인간은 파충류에 대해 이처럼 꾸준히 양면적인 입장을 취해왔다. 거북이나 뱀류는 인간에게 숭배시되거나 경외시되면서도 알이나 고기, 약재로 활용되기 위해 많은 수가 채집되어 왔다. 애완동물로서 파충류의 역사는 외국에서 1700년대부터 애완 파충류를 사육하였다는 자료가 있으며, 영국의 경우 빅토리아 시대 때 작은 유리용기에 식물을 기르는 테라리움(Terrarium)과 그런 식물과 함께 작은 거북과 도마뱀들을 기르는 비바리움(Vivarium)이 등장했다고 한다. 이런 테라리움과 비바리움은 주로 오랜 항해를 통한 선원들의 무료함을 달래거나 스트레스를 풀어 주기 위한 것이었으며 선원들을 위한 심리적 안정 효과, 선실 내부를 아름답게 꾸미는 장식효과와 더불어 자국에서 나지 않는 희귀 동식물을 본국으로 들여와 애완동물의 다양성을 더하게 되는 계기가 되었다. 이런 이국적인 파충류들은 유럽에서 선풍적인 인기를 끌었으며 1960년대 말부터 미국과 일본 등지에서도 소위 선진국형 애완동물로 주목 받아 왔다.

그렇다면 애완 양서파충류의 매력은 뭘까? 첫째, 몸에 털을 가지고 있지 않기 때문에 알러지를 유발할 가능성이 적다. 둘째, 양서파충류의 경우 발성기관이 발달한 종들이 적어 소음이 없거나 적어 현대의 주거환경에 적합한 장점이 있다. 셋째, 다양한 지구환경에 적응하느라 외형적 차이가 있고, 생활습성 또한 다양해 각 종마다 사육방법이 달라 여러 종류의 사육환경을 꾸며주는 즐거움이 있다. 이러한 장점 때문에 양서파충류는 누군가에게는 여전히 공포의 대상이기도 하지만 현대인들의 다양한 요구를 충족하는 애완동물로서 꾸준히 사랑받고 있다.

3 양서파충류의 생리적 특징

	어류	양서류	파충류
서식	물에서 생활	항상 물과 가까이 생활	물에서 떨어져도 생존가능
외부조직	비투과성 혹은 투과성의 비늘	투과성의 피부	비투과성의 비늘
수정방법	체내수정, 체외수정	체내수정, 체외수정	체내수정
알형태	부드러운 젤리질에 싸인 알 상어류 : 딱딱한 알	부드러운 젤리질에 싸인 알	부드럽거나 딱딱한 석회질의 알 껍질
변태	하는 종도 있다(넙치).	한다.	하지 않는다.
호흡	아가미, 피부호흡, 보조기관	아가미, 폐, 피부호흡	폐호흡
순환기	1심방 1심실	2심방 1심실	2심방 불완전 1심실(예외도 존재)
질소대사 산물	암모니아(경골어류) 요소(연골어류)	암모니아, 요산	요산의 형태

양서파충류의 서식지 환경 이해

현재 시중에 유통되고 있는 애완 양서파충류는 거의 대다수가 호주나 아프리카, 동남아시아와 남미의 열대지역이나 사막지역에서 서식하는 종들이다. 이들은 각 서식지역의 기후나 환경에 맞게 발달된 독특한 외모나 습성으로 많은 이들을 매료시키고 있다. 하지만 양서파충류를 사육하기 위해서는 그들이 살고 있는 야생의 환경과 기후에 대한 이해가 선행되어야 할 것이다. 다른 애완동물들과 달리 외부 환경에 많은 영향을 받는 양서파충류이기에 그들이 원하는 온도와 습도를 유지해주는 것이야말로 양서파충류 사육의 기본 핵심이다. 이런 환경적 요인을 크게 분류해보면 약 11가지 항목으로 분류가 가능하다. '사막에 사는 종인가? 열대우림에 사는 종인가? 주행성인가? 야행성인가? 고온을 요구하는가? 저온을 요구하는가? 나무 위에 사는 종인가? 지상에 사는 종인가? 혹은 땅속에 사는 종인가? 단독생활을 하는 종인가? 집단생활을 하는 종인가?' 로 나눌 수 있다. 이처럼 양서파충류의 사육환경 조성을 위해선 지구에 존재하는 다양한 기후대에 대한 이해가 먼저 필요하다.

1 사막기후

사막이란 어떤 곳일까? 많은 사람들이 사막하면 떠올리는 이미지는 끝없이 펼쳐진 황량한 모래밭과 타는 듯한 더위를 생각할 것이다. 도저히 생물이 살아갈 수 없을 것 같은 이곳 또한 많은 생물들이 삶의 터전으로 삼고 살아가고 있는 곳이며, 다른 동물군에 비하여 파충류는 더 훌륭히 적응하여 많은 종들이 사막을 고향으로 살아가고 있다. 건조지역은 지구의 40%를 차지하고 있으며 건조지역의 10~20%는 사막화되고 있다.

사막은 구성 물질에 의해 암석 사막, 모래 사막, 자갈 사막으로 나뉘며 연 강수량이 250mm 이하인 지역을 사막이라 부른다. 또한 일사가 강하고 지표가 노출되어 있으며, 대기 중 수증기의 양이 적기 때문에 낮 동안은 50˚C에 육박하는 타는 것 같은 더위를 떨치다가 밤이 되면 기온이 영하로 급감하는 일교차의 폭이 수 십도에 이르는 혹독한 환경이다. 하루에 일어나는 일교차(1일 온도편차)가 평균 연교차(1년 온도편차)보다 크다. 사막의 형성이유는 다양한데, 인간에 의한 지나친 산림 훼손이 사막을 만들기도 하고, 고압대에 위치하여 강우량이 낮아 생기는 경우와 높은 산간지대를 구름이 넘지 못하여 생기는 경우도 있다. 습도가 낮고 다양한 온도대가 공존하는 사막은 그곳에 사는 동물들에게 고온과 저온을 모두 경험할 수 있게 한다. 따라서 사막에 사는 종의 경우 대부분 강한 체질을 지닌 종들이 많다. 이들은 고온과 저온에 강한 체질을 가졌으나 일반적으로 다습한 환경에는 취약하다. 따라서 사육장 전체 습도가 높은 상태로 계속 유지될 경우 피부질환이나 호흡기질환으로 폐사에 이르게 된다.

2 스텝기후

쾨펜의 기후 구분에서 건조기후에 속하며, 초원기후라고도 한다. 사막기후 다음으로 건조하며 사하라 사막과 호주 사막과 같은 사막기후 지역을 둘러싸며 분포한다. 주로 아열대 고기압대에 위치한다. 연 강우량은 250~500mm 미만이며 연교차는 25~30˚C 정도 된다. 비는 매우 일시적으로 오기 때문에 큰 나무가 자라는 경우는 거의 없고 짧은 풀이 많이 자란다. 주로 중위도 지방에서 나타나며, 넓게 펼쳐진 온대초원이다. 반 건조기후에 건기와 우기가 뚜렷하며, 대체로 건기가 우기보다 길다.

3 사바나기후

사바나기후는 열대원야기후라고도 한다. 같은 열대기후인 열대우림기후와 몬순기후 주변에 나타나며, 열대우림기후와는 달리 건기와 우기가 매우 뚜렷하다. 평균기온이 약 27˚C로 매우 더운 편으로, 가장 추운 달도 18˚C보다 낮지 않다. 기온의 연 변화는 크지 않으며 태양이 높게 뜨는 여름에는 적도 부근의 기압골인 적도저압대 때문에 우기가 나타나고, 태양이 낮게 뜨는 겨울에는 남·북위 위도 30˚ 부근에 위치한 아열대고압대의 영향으로 건기가 나타난다. 열대우림기후를 둘러싸며 분포하고, 토양은 주로 라테라이트토로 염기와 규산 등이 용탈되어 완전한 적색을 띤다. 이 토양은 박테리아가 많고 유기질 대부분이 분해되어 배수가 매우 잘 된다는 특징이 있다.

4 열대우림기후

열대우림기후는 적도를 포함하여 남 · 북위 5~10° 이내의 큰 밀림지역을 일컫는 말이다. 더운 날씨가 지속되고 강우량이 많은 까닭에 상록 활엽수 위주의 밀림이 나타난다. 해안가에서는 바닷물에 주기적으로 잠겨 소금기가 많은 지대에서 자라는 상록수림인 홍수림(맹그로브)이 나타난다. 생물이 살기 좋은 환경으로 다양한 종류의 동물들이 서식하며 많은 파충류도 열대우림을 고향으로 삼고 번성하고 있다. 가장 추운 달의 평균 기온이 18°C를 넘는 지역이며, 일교차가 연교차보다도 더 크다.

열대우림은 사바나기후와 자주 비교되는데, 둘 다 열대기후라는 공통점이 있지만 열대우림은 1년 내내 덥고 습윤하며 강우량이 많은 데 비해, 사바나기후는 비가 많이 내리는 우기와 비가 적게 내리는 건기가 뚜렷하다는 차이가 있다.

5 온대기후

우리나라처럼 사계절의 변화가 뚜렷한 온대지방의 기후이다. 중위도에 위치하기 때문에 여름에는 저위도의 열대지방과 비슷한 고온이고, 겨울에는 고위도의 한대지방과 차이가 없을 정도로 저온 현상을 나타낸다. 강수의 분포 특성에 따라 온대습윤기후, 온대하계다우기후, 지중해성기후로 구분된다. 이런 온대기후에 서식하는 종의 경우 겨울에는 동면에 들어가는 종들이 있다. 사육 시 계획적인 동면계획을 세우지 않고 동면을 할 시에는 동물이 폐사할 수 있으니 신중히 고려해야 한다.

동면은 번식과도 밀접한 관계가 있으므로 동면을 할 계획이라면 동면에 대한 자료를 충분히 공부하고, 특별한 번식의 계획이 없다면 동면을 시키지 않아도 된다.

5 사육환경에 대한 개념

양서파충류 사육 시 흔히 사육환경을 뜻하는 용어로 테라리움(Terrarium)과 비바리움(Vivarium)이라는 용어를 사용한다. 테라리움(Terrarium)과 비바리움(Vivarium)을 많은 이들이 혼용해서 쓰는데 보다 명확한 개념에 대하여 설명하자면, 먼저 비바리움이란 라틴어로 생물의 공간 혹은 생물이 있는 공간이라는 뜻이고 테라리움은 작은 유리병이나 유리 상자에 흙을 채워 식물을 기르던 것에 기인한다. 그 안에 작은 개구리나 소형 육상 동물을 기르기도 하였으나 원래의 목적은 식물을 소형 유리병이나 상자에 기르면서 감상하는 것이며, 기본 구성은 흙과 식물이 주가 되고 식물 재배에 초점을 두고 있다. 테라리움이 식물에 초점을 두었다고 하면 비바리움은 동물의 사육에 초점이 맞추어져 있으며 살아있는 식물과 동물과의 조합, 바위나 죽은 나무 등의 무생물과의 조합 또는 자연물이 배제된 인공 장식물과의 조합 등 다양한 동물의 사육에 초점이 맞추어진 형태를 말한다. 즉, 테라리움은 식물이 주 구성원이지만 비바리움의 경우 동물 사육에 초점을 맞추다보니 무생물이나 인공 장식물로도 꾸며 줄 수 있다는 차이가 있다. 그 외에도 아쿠아리움(Aquarium)과 팔루다리움(Paludarium)이라 불리는 사육장 형태도 있다.

아쿠아리움(Aquarium)은 수생생물을 위한 사육장 형태로 흔히 수족관이라고 부른다. 주로 어류나 해양 포유류, 펭귄과 같은 해양 조류 등이 적용된다. 팔루다리움(Paludarium)은 최근에 유행하고 있는 형태로 한 사육장 내 다양한 생물군을 함께 기르는 형태의 사육장이다. 하단은 수생동물을 위한 수생태계를 꾸미고 상단은 육지 부분으로 만들어 식물과 동물을 사육하는 습지나 반수서 형태의 사육장을 말한다. 주로 어류, 양서류, 파충류 등을 사육하나 크기나 형태에 따라서 곤충류나 조류도 접목할 수 있다.

테라리움(Terrarium)

비바리움(Vivarium)

아쿠아리움(Aquarium)

팔루다리움(Paludarium)

 사육장의 조건 및 설치

사육장의 위치를 선정하는 것은 집안 인테리어를 위해 장식품을 배치하는 것과는 그 중요성 면에서 완전히 다른 의미를 가진다. 안정된 위치에 사육장의 자리를 잡는 단순한 행동만으로도 차후 지속된 사양 관리의 편의성을 도모할 수 있고, 사육 중에 생길 수 있는 여러 문제를 예방할 수 있기 때문에 사육자는 사육장 위치를 정하는 것을 절대 가볍게 생각해서는 안 된다. 더구나 사육장의 크기가 크고 물까지 들어가 있다면 한번 설치한 사육장의 위치를 옮기는 것이 상당히 번거롭고 힘든 일이기 때문에 처음 위치를 선정할 때 신중하게 정하는 것이 좋다.

사육장 설치 시 가장 우선 고려할 것은 사육장이 설치되는 받침대의 견고성과 높이이다. 사육장 자체의 기본적인 무게가 있고 내부에 사육환경이 조성되거나 물까지 들어가면 더욱 더 무거워진다. 충분히 튼튼한 받침대 위에 위치시켜야 차후에 사육장 파손이나 누수로 인한 문제가 생기지 않는다. 또한 혹시 모를 누수가 있더라도 가급적이면 문제가 되지 않을 만한 장소가 좋으며 사육장이 아무리 작더라도 가전제품 위와 같은 곳에는 올려 두지 않는 것이 좋다. 물을 많이 채워야 하는 수조의 경우에는 파손을 방지하기 위해 수조의 수평을 확실하게 맞추어야 한다. 사육장의 설치 높이 역시 중요한데 너무 높거나 낮으면 자연스럽게 관리에 어려움을 느끼고 손이 덜 가게 되기 때문에 사육자의 신장과 가시성을 고려하여 제일 적합한 높이로 조정해야 하며, 집에 어린이가 있을 경우에는 손이 직접 닿지 않을 정도의 높이에 위치시키는 것이 안전하다.

사육장의 설치 위치는 직사광선이 직접적으로 내리쬐거나 겨울철 외풍이 직접적으로 들이쳐 온도편차가 심하게 나는 곳은 좋지 않다. 통풍과 환기가 원활한 곳이어야 하며 TV, 오디오, 스피커 등 진동이 많이 발생하는 곳 옆에 사육장을 위치시키는 것은 좋지 않다. 마찬가지로 문 옆, 복도 등 사람들의 왕래가 잦아 사육개체에게 스트레스가 될 만한 곳 역시 피하는 것이 좋다.

마지막으로 사육장에는 필수적으로 전기 장치가 설치되어야 하므로 전원으로부터 가까운 곳이 좋으며 차후 사양 관리 중에 물을 사용하는 빈도가 높기 때문에 급수와 배수, 사육용품 세척이 용이한 곳 근처에 사육장을 위치시키는 것이 좋다.

현재 양서파충류용 사육장은 다양한 재질과 형태로 제작되어 사용되고 있다. 파충류 사육용품 전문회사에서 생산되는 기성품도 다양한 종류가 수입되고 있고, 사육자가 희망하는 대로 국내에서 주문제작 되기도 하는데 사육장이 어떠한 소재와 형태, 구조로 제작되었든 아래의 조건을 많이 충족시킬수록 좋은 사육장이라고 할 수 있다.

★Tip★ 사육장의 조건

- 사육 동물의 성장 크기에 맞는 적절한 공간을 제공해 줄 수 있어야 한다.
- 서식환경과 유사하게 세팅이 가능한 구조여야 한다.
- 온도차 형성이 가능한 넓이와 구조를 갖추어야 한다.
- 오픈형일 경우 탈출이 불가능할 정도의 높이여야 한다.
- 온도, 습도, 조명의 조절이 반드시 가능해야 한다.
- 사육장 내부에서건 외부에서건 열원의 설치가 가능해야 한다.
- 적절한 환기를 제공해 줄 수 있어야 한다.
- 물을 채워도 누수의 염려가 없어야 한다.
- 사육장 안쪽에 배선이 되어 있을 경우 전선은 잘 감추어져 있어야 하며 감전의 위험이 없어야 한다.
- 화재의 위험이 없는 절연체가 좋다.
- 부식되어 사육종에게 해를 주어서는 안 된다.
- 쉽게 내부를 청소할 수 있는 구조여야 한다.
- 쉽게 파손되지 않아야 한다.
- 삼면이 막혀 있는 것이 좋다.

서식환경에 따른 사육장의 형태

양서파충류를 기르는 사육장의 형태는 사막형(사막, 바위지대), 열대교목형(나무 위), 열대바닥형(숲속 바닥), 반수생형(물 가) 등 크게 네 가지로 나누어 볼 수 있다. 이 구분은 단지 동물의 사육환경에 대한 구분일 뿐 생태학적인 구분을 의미하지는 않는다. 사육장 제작은 사육자의 아이디어가 많이 적용되는 부분인데 보다 자연스럽고 동물에게 안락한 환경을 제공하기 위해서는 사육자의 끊임없는 노력이 필요한 부분이다. 유목의 형태, 돌의 형태나 배치방법, 들어가는 조화(인공식물)나 식물군에 의해 사육장의 분위기가 달라지므로 실제 동물들이 서식하는 열대우림이나 사막에 관한 다큐멘터리를 통해 아이디어를 얻어 자연과 비슷한 환경으로 꾸며 주도록 한다. 그러나 단순히 보기 좋게 레이아웃을 하는 것에 그치는 것이 아니라 사육하는 동물의 행동양식에 맞도록 유목이나 돌 등을 배치하여 제한된 공간에서 야생과 같은 다양한 활동이 가능하도록 꾸며준다.

비바리움은 심미적인 아름다움을 주고 생물이 야생 본연의 생활을 하는 것을 가능하게 하는 장점이 있지만, 적절하지 못한 공간 배치나 부적절한 바닥재 사용 등은 오히려 사육생물의 생명을 위협하는 요인이 되기도 하므로 늘 위생관리를 하고 혹시 모를 사고에 항상 대비하여야 한다.

주행성 파충류 사막형 비바리움(Diurnal Desert Vivarium)

이런 형태의 비바리움은 모래나 가는 자갈과 같이 수분함량이 적은 재료로 건조한 바닥을 형성해주고 스포트라이트를 이용해 한 곳 혹은 두 곳의 뜨거운 일광욕 장소와 최소 두 군데의 숨을 수 있는 안전지대로 구성되어야 한다. 좁은 사육장인 만큼 바닥재를 모래로만 채우게 되면 모래의 높은 열전도율 때문에 바닥 전체가 쉽게 데워지므로 살균된 깨끗한 흙(상토, 리치 소일, 피트모스)을 7대 3 정도 비율로 섞어 주는 것이 좋다. 주간의 사육장 온도는 27~29˚C 정도를 유지하며 일광욕 자리는 스팟램프(Spot Lamp)를 설치하여 35~40˚C 정도를 유지하도록 한다. 사막에 서식하는 파충류의 사육환경은 밤에는 뚜렷한 온도 저하가 있도록 야간의 온도는 22~25˚C 정도가 되도록 해 주는 것이 좋다. 일반적으로 수분 함유가 적은 모래와 같은 바닥재와 스팟램프에 의한 수분 증발률을 높여 고온 저습한 환경을 형성하고, 물은 낮은 물그릇을 이용하여 주도록 하는 것이 낮은 습도를 요구하는 종이나 열대 건조 산림지역에 서식하는 파충류 종에게 알맞다.

야행성 파충류 사막형 비바리움(Nocturnal Desert Vivarium)

같은 사막에 서식하는 파충류일지라도 활동하는 시간대가 주간인지 야간인지에 따라서 사육장 설치 방법이 달라진다. 야행성 사막형 도마뱀으로 대표적인 종이 바로 레오파트 게코(Leopard Gecko)이다. 이들은 야행성 동물로 밝은 빛에 노출되는 것 자체가 스트레스이므로 사육장 설치 시 일광욕 장소를 따로 만들지 않고 저면 히팅 방식으로 히팅패드를 사육장의 1/3 정도 깔아서 온도 편차를 주도록 세팅한다. 히팅매트가 깔린 곳의 온도는 29~32˚C 정도가 되어야 하며 반대편의 가장 시원한 장소는 약 25~26˚C 정도가 적당하다. 또한 야행성 도마뱀에게는 하이드 박스(Hide Box) 같은 숨을 장소를 제공해 주어야 한다. 탈피 시 탈피가 수월하도록 하이드 박스 안에 습기가 있는 수태나 피트모스 등을 넣어 준다.

열대 교목형(Arboreal Tropical Vivarium)

이 형태의 사육장은 주로 열대의 나무 위에서 생활하는 양서파충류를 사육할 때 꾸며주는 형태이다. 바닥은 습한 부엽토나 상토, 나무껍질 바크나 축축한 이끼 등 수분을 잘 머금을 수 있는 재료를 바닥재로 이용한다. 또한 소독된 흙과 모래를 혼합하여 사용하는 비율을 흙(상토, 리치 소일, 피트모스)의 비율 7, 모래의 비율 3으로 섞어서 깔아 주거나 나무 상피인 바크를 같이 섞어서 깔아 주는 것도 좋다. 이런 수분 유지가 용이한 바닥재를 이용하는 것이 평균 사육장 내 습도가 70~80% 이상 되도록 유지할 수 있으며 물그릇과 분무로 습도를 쉽게 끌어 올릴 수 있어 고온 다습한 환경을 요구하는 파충류에게 적당하다. 주로 열대 숲속의 나무 위에 서식하는 주행성 파충류 종을 위한 조경이며 주행성 도마뱀류나 양서류의 경우엔 일광욕을 하는 왁시몽키프록을 위한 스타일이다. 내부에는 매달려 쉴 수 있는 유목이나 식물, 암석 등으로 배치해주며 일광욕 장소는 유목(나무) 위 한 부분을 스팟램프(Spot Lamp)로 비춰 일광욕 장소를 만들어 준다. 주간 온도는 27~30˚C를 유지해주며 일광욕 장소는 32~40˚C 정도로 유지해 주고, 밤에는 22~25˚C 정도로 낮과 밤의 온도 편차를 주도록 한다. 하지만 서식하는 환경에 따라 저온을 요구하는 종이나 일반적인 양서류의 경우에는 따로 일광욕 장소를 마련해 주지 않아도 된다. 양서류 사육장의 경우 내부 온도가 28~30˚C 이상으로 올라가지 않게 한다. 고온에 취약한 양서류는 30˚C가 넘는 환경에 지속적으로 노출될 경우 스트레스를 받으며 쇠약해지고 목숨을 잃을 수도 있다.

내부 조경은 유목과 적당량의 돌과 식물로 꾸며 줄 수 있는데, 살아있는 식물로 조경 시엔 사육하는 양서파충류들의 덩치가 클 경우 숨거나 기어오르거나 하는 과정에서 파헤쳐지거나 식물의 이파리가 상처입거나 뿌리가 공기 중에 드러나는 경우가 많아 비바리움 안에 살아 있는 식물을 잘 기르기는 사실상 어렵다. 그래서 살아 있는 식물이나 이끼를 이용한 비바리움은 보통 소형 양서류 비바리움으로 많이 제작하고 있다. 살아 있는 식물과 도마뱀, 뱀을 함께 기르는 것은 사육장이 크거나 사육하는 파충류가 소형인 경우 가능하나 초식성 또는 잡식성 파충류일 경우 살아있는 식물을 먹을 수도 있으므로 사육장에 들어가는 관상식물의 독성의 유무도 점검해야 할 중요한 문제이다. 필히 사육장에 식재할 식물의 경우엔 미리 정보를 알아 봐서 독이 있는 식물인지 아닌지를 점검하여 중독 사고를 방지하고, 인공 조화를 이용하는 경우도 고려해 볼 수 있다.

✔ 열대 바닥형(Terrestrial Tropical Vivarium)

일반적으로 열대우림형과 거의 같으나 나무 위에서 서식하는 종이 아닌 숲의 아래쪽에 서식하는, 주로 땅 위에 서식하는 파충류를 위한 환경이다. 바닥재를 두텁게 깔아 충분히 파고들 수 있는 깊이를 만들어 주고 바닥재는 수분을 충분히 머금을 수 있는 모래흙(모래 3, 피트모스 7 비율)을 만들어 주는 것이 좋다. 열대우림형과 마찬가지로 이런 수분 유지가 용이한 바닥재를 이용해야 평균 사육장 내 습도가 70~80% 이상 되도록 유지하고 물그릇과 분무로 습도를 쉽게 끌어 올릴 수 있다. 거의 열대우림의 교목형과 같으나 일광욕 장소를 땅 위에 마련해 주어야 하고 대부분의 땅에 서식하는 종의 경우 몸을 숨길 수 있는 은신처가 필요하다. 양서류의 경우 일광욕 장소를 따로 마련해 줄 필요는 없다. 이들은 수직 활동, 즉 나무를 기어오른다거나 하는 활동을 하지 않으므로 사육장이 위로 넓은 것보다는 면적이 넓은 스타일이 좋다. 이들도 주간 온도는 26~28˚C를 유지해주며 일광욕 장소는 32~35˚C 정도로 유지해준다. 밤에는 22~25˚C 정도로 온도 편차를 주도록 한다.

3 사육장의 종류 및 재질의 특성

사육장의 가장 큰 역할은 양서파충류의 안전 보장이다. 외부로부터 찬바람이 유입되는 것과 내부의 열기 또는 습기가 외부로 유출되는 것을 막아주며, 서식지와 비슷한 일정한 환경을 제공해 주어 양서파충류들이 건강하게 생활하도록 하고 탈출하여 사고를 당하지 않게 하기 위함이다. 사육장의 선택은 온도와 습도 유지 및 통풍이 용이해야 하며 무엇보다도 쉽게 빠져나올 수 없는 구조로 되어 있어야 한다. 양서파충류의 종에 따라서 벽을 타는 종, 바닥을 파고드는 종, 물가에 서식하는 종, 환기가 잘 되어야 하는 종 등 생활상이 다양하므로 본인이 사육하고자 하는 종이 요구하는 환경에 알맞은 사육환경을 제공해주어야 하며, 그러기 위해선 시판되고 있는 다양한 사육장의 스타일과 기능에 대하여 이해할 필요가 있다.

✔ 오픈형 유리사육장

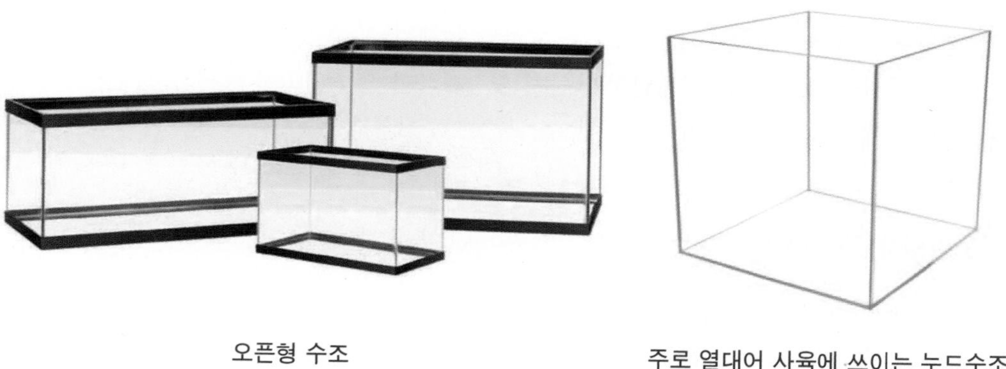

오픈형 수조

주로 열대어 사육에 쓰이는 누드수조

가장 기본적인 형태의 사육장으로 주로 물고기나 거북류와 같은 수생 생물을 사육하거나 벽을 타지 않는 도마뱀류 등을 사육할 수 있다.

✔ 밀폐형 유리사육장

상면에 철망형 문이 있는 사육장 형태

전면에 문이 있고 잠금장치가 있는 가장 대중적인 형태

양서파충류가 탈출할 수 없도록 윗부분이 철망 형태로 된 사육장이다. 철망은 탈출 방지와 더불어 환기도 용이하여 가장 대중적으로 사용되고 있다. 고습을 원하는 종은 철망 부분을 유리나 아크릴판 등으로 막아서 습도를 조절하는 것이 좋다. 철망은 코팅이 되거나 스테인리스 재질로 물에 닿아도 녹슬지 않는 것이 좋으며 철망 위에 스팟램프 또는 UVB램프를 올려놓거나 설치할 수 있도록 튼튼한 것이 좋다.

✓ 플라스틱사육장

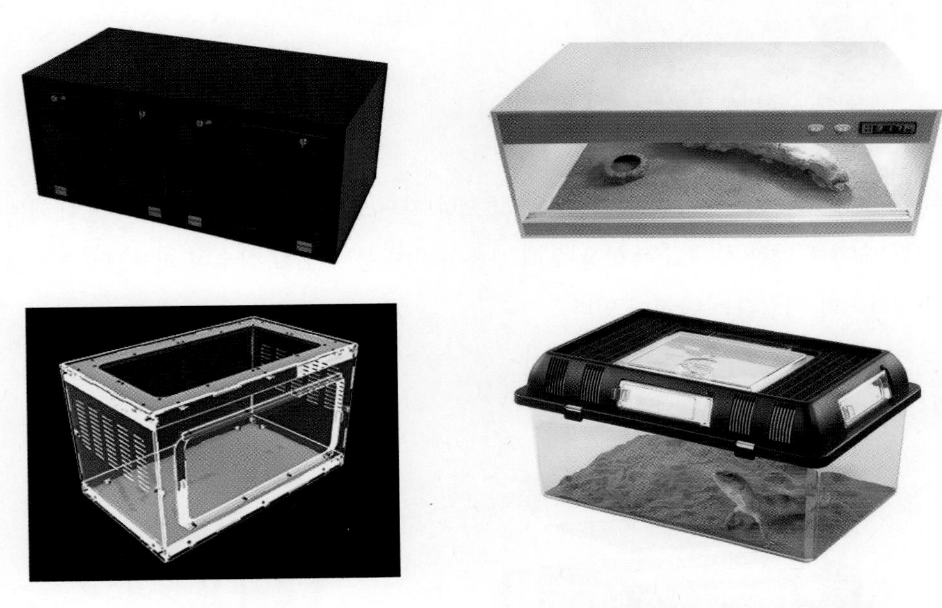

DIY아크릴사육장

대량 생산되는 플라스틱사육장

아크릴사육장의 장점은 가볍고 관찰이 용이하며 레이저 커팅기법으로 다양한 모양으로 성형이 가능하다는 것이다. 하지만 오랜 기간 사용하다 보면 표면의 상처 때문에 뿌옇게 변하거나 열에 의한 변형이 잘되고 충격에 약해 깨지기 쉽다는 단점이 있다. 포맥스는 압축발포 pvc이라고도 불리며 가볍고 칼에도 잘릴 만큼 성형이 쉬운 장점이 있어 국내에서 파충류 사육장으로 많이 제작된다. 시판되는 사육장보다 큰 크기를 원하거나 본인이 원하는 공간에 딱 맞게 제작할 수도 있으며 아크릴에 비하여 가격도 저렴하여 대중적으로 쓰인다. 단점은 재질 자체가 투명하지 않고 검정이나 흰색을 기본으로 하고 있어 다각적으로 관상하기가 용이하지 않고 열에 취약해서 변형이나 파손이 쉬운 편이다.

목재사육장

목재에 바니시로 마감

필름합판으로 제작

삼면이 막혀 있어 양서파충류의 심리적 안정에는 좋으나 자연스러운 분위기를 연출하는 데에는 한계가 있다. 무엇보다 습기에 약한 목재의 특성상 오래 사용하면 변형이 오기 쉬우며 외부기생충이 발생했을 때 완벽히 구제하기가 어렵다는 단점이 있다.

스크린사육장

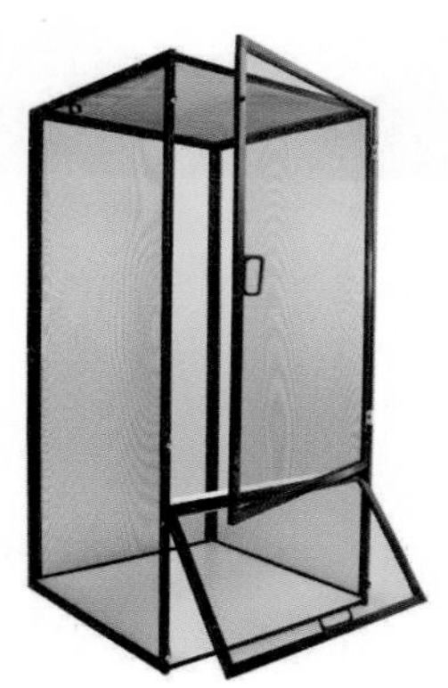

사면이 고운 철망으로 된 스크린 케이지

통풍이 잘되는 환경을 요구하는 카멜레온류나 멕시칸 엘리게이터 리자드 같은 종들을 위한 전체가 망구조로 된 사육장이다. 저온 다습한 환경을 요구하는 종을 위해서 주변에 가습기나 살아 있는 식물을 비치해 주는 것이 바람직하다.

✔ 렉 시스템

DIY스타일

시판되는 렉 시스템

관상보다는 번식을 목적에 두고 대량사육을 하는 경우 이용한다. 주로 상부열원이나 UVB가 필요 없는 야행성 게코류나 뱀들을 번식 목적으로 여러 마리 사육할 때 이용하는 사육장이다.

4 바닥재의 종류 및 특성

사전적인 의미로만 이야기한다면 바닥재란 사육장 바닥을 덮는 소재라는 의미이다. 그러나 사실상 바닥재는 사육장의 온도 및 습도 유지에서부터 미관상의 문제, 청소의 용이성 문제, 바닥재를 먹음으로써 발생하는 소화기 계통의 질병, 그리고 배설물의 냄새 문제, 심지어 미끄럽거나 걸을 때의 충격을 흡수하지 못해 일어나는 관절 계통의 이상, 스트레스 감소 등 사육 중에 부닥치게 되는 엄청나게 많은 문제와 밀접하게 관련되어 있는 중요한 사육 용품이기에 사육장을 선택하는 것만큼이나 꼼꼼하게 선택해야 하며, 어찌 보면 사육에 있어서의 중요성은 오히려 사육장보다도 더 크다고 할 수 있다. 특히 수생성 양서파충류의 경우 바닥재는 수조 내의 pH 유지에 가장 큰 영향을 미치기 때문에 신중히 선택해야 하며, 또한 많은 종의 지상성 양서파충류들이 온습도의 조절과 더불어 몸을 숨김으로써 스트레스를 줄이기 위해 바닥재를 파고드는 행동을 보이므로 적절한 굵기와 소재의 선택에 관심을 기울여야 한다.

시중에는 여러 가지 종류의 바닥재가 시판되고 있는데 모든 조건을 충족하는 완벽한 바닥재라는 것은 존재하지 않으므로 되도록 아래의 조건을 많이 충족시키는 소재가 바닥재로서 적합하다고 볼 수 있다. 특히 육상 환경을 조성할 경우에는 한 가지 소재만을 단독으로 사용하기 보다는 적정 습도와 pH를 제공해 줄 수 있는 다양한 소재를 섞어서 사용하는 것을 추천한다. 양서파충류를 사육 시 많은 사육자들이 가장 고민을 많이 하는 부분은 조명도 아니고 열원도 아닌 바로 바닥재이다. 외국에서도 많은 마니아나 브리더들이 바닥재가 사육의 성패를 좌우한다고 말할 만큼 좋은 바닥재는 파충류 사육에 중요한 부분을 차지한다. 바닥재의 역할은 자연스러운 사육장 분위기 연출을 위한 심미적인 역할도 하지만 동물의 특성에 따라 숨을 장소가 되기도 하고 땅을 파헤치는 등 야생의 습성을 유지할 수 있는 역할 또한 한다. 바닥재는 종류에 따라 습도를 머금어 사육장의 습도 유지에 도움이 되기도 하며 동물들의 배설물 냄새 또한 흡수해주는 역할을 한다. 바닥재는 동물들의 피부에 직접 닿고 사육하는 동물이 먹을 수도 있는 재료이기 때문에 선택 시 신중을 기해야 한다. 바닥재의 종류는 습도를 유지할 수 있는 형태와 건조한 상태를 유지하는 2가지 형태로 나뉠 수 있다.

✔ 보습형 바닥재

● 바크(Bark)

나무 상피 껍질로, 파충류 전용으로 시판되는 제품부터 꽃집에서 화훼용으로 쓰는 바크까지 다양하다. 입자가 작을수록 보습효과가 높으며 입자가 굵을수록 보습효과가 떨어진다. 장점은 화훼용으로 판매되는 바크의 경우 가격이 저렴하고 일정기간 사용 후 뜨거운 물에 삶거나 락스를 푼 물에 담근 후 소독하고 헹궈 햇빛에 말려 몇 번이고 재사용이 가능하다는 점이다. 단점은 충분히 물에 적셔지지 않은 바크는 오히려 더 건조해질 수 있고 분진이 많이 날려 파충류의 호흡기에 염증을 유발할 수 있으며, 너무 습하게 유지되거나 장기간 세척을 하지 않고 사용할 시에 응애나 날벌레들이 꼬이기 쉽고 외부기생충들의 번식처가 될 수 있다는 점이다. 따라서 자주 열탕 소독 후 사용해야 한다.

★Tip★ 바크 세척

- 먼저 커다란 플라스틱 망 바구니와 같은 크기의 대야를 준비한다. 대야에 플라스틱 망을 겹친 후 그 안에 씻을 바크를 넣는다. 끓는 뜨거운 물을 바크에 붓고 락스를 뚜껑으로 한 컵 정도 넣은 후 20분이 경과하면 차가운 물로 여러 번 헹궈준다. 물을 틀어 플라스틱 망 바구니를 물에 담궈 손으로 비비고 들어 올리는 과정을 반복하면 미세한 분진들이 제거되고 점차 맑은 물이 나오면 튼튼한 천으로 된 커다란 자루에 씻은 바크를 담고 세탁기에 넣고 헹굼 1번과 탈수를 시키면 깨끗하게 세척이 된다. 이때 자루가 약하면 터질 수 있으므로 꼭 튼튼한 자루여야 한다.
- 이러한 과정이 힘들면 흐르는 물에 깨끗이 헹군 다음 햇빛에 잘 말려 소독한 후 사용하는 방법도 있다.

피트모스(Peat Moss)

피트모스는 토탄이끼라고도 불리는데, 이끼층이 퇴적되어 지질층에서 압력과 가스로 인해 흙처럼 분말 형태로 된 것을 말하며 흔히 원예용으로 많이 쓰인다. 얼핏 고운 입자의 원두커피를 갈아 놓은 듯 한 형태를 띠나 수분을 머금지 않으면 가벼워 먼지를 일으킬 수 있으므로 물을 부어서 반죽해서 사용하도록 한다. 물을 너무 많이 부으면 질척하게 되어 좋지 않으며, 손으로 만졌을 때 손에 너무 많이 묻어나지 않을 정도가 적당하다. 파고들기 좋아하는 스킨크류에 많이 사용되며 단독 사용보다 입자가 고운 깨끗한 모래와 같이 혼합하여 사용하면 좋다.

수태(Sphagnum Moss)

스패그넘모스라고 불리는 마른 이끼로 피트모스가 거의 흙과 같은 고운 입자라면 수태는 이끼의 형태를 가지고 있고 연한 베이지 색을 띤다. 원래는 원예용으로 쓰였으나 양서류나 높은 습도를 요구하는 파충류의 바닥재로 쓰이며 여러 번 재활용이 가능하다. 먹어서 문제가 되는 경우가 많으므로 잘라서 사용하도록 한다.

코코넛 껍질 분말 베딩(Coconut Fiber)

대부분 블록 형태로 판매되나 물에 넣으면 풀어지면서 부드러운 흙과 같은 형태가 된다. 코코넛 껍질을 분쇄해 만든 바닥재로 수분 흡수율이 높으며 잘 썩지 않고, 제조사에 따라서 형태가 약간씩 다르나 기능은 같다. 얼핏 피트모스와 비슷한 형태를 띠나 거친 섬유질의 입자가 섞여 있다. 가장 많이 사용하는 습계형 바닥재이나 무게가 가벼워 습기가 없는 상태에서는 동물의 몸에 매우 쉽게 들러붙는 단점이 있어 유의해야 한다.

상토(Bed Soil)

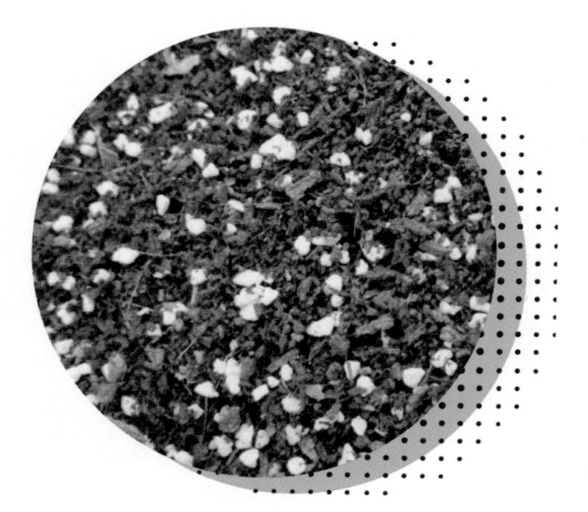

한마디로 말하면 원예용 토양이다. 상토도 종류가 여러 가지인데 비료성분이 첨가되지 않은 무균토를 이용하게 되면 미관상은 좋지 않으나 기능적으로는 파충류에게 훌륭한 바닥재가 된다. 이는 원예사에서 손쉽게 구할 수 있는 재료이며 양에 비해 가격이 싸다. 구입 시 주의할 점은 꼭 무균 배양토여야 하며 거름성분이 들어간 것은 냄새가 날 수 있고 다른 화학비료가 첨가된 것은 아닌지 꼼꼼히 살펴야 한다. 가격이 저렴해서 바닥재 이외에도 주로 중형 도마뱀들의 산란박스를 만드는 데 사용된다.

이끼(Moss)

이끼는 종류가 여러 가지가 있는데 일반적으로 원예사에서 팔리고 있는 생 이끼를 많이 쓴다. 이는 주로 화분을 심을 때 위에 마감으로 깔아 주는 이끼이다. 인공적으로 색상을 입히지 않은 자연산 이끼를 쓰는데 가격이 저렴하고 자연스러운 분위기 연출과 보습력이 뛰어나다는 장점이 있으나 고온에 약하므로 보름 정도 지나면 시들고 색이 변하는 단점이 있고 재활용이 안 돼서 어찌 보면 소모성이 큰 바닥재이다. 주로 양서류 바닥재로 사용되며 이끼를 살리기 위해서는 활착을 시키는 작업을 거친 후에 생물을 투입하는 것이 좋다. 단독으로 사용 시 이끼가 힘이 없어 많이 움직이므로 흙을 깔고 마감재로 위에 덮어 주는 것이 좋다. 인터넷 대형쇼핑몰에서 '생 이끼'로 검색하면 손쉽게 구할 수 있다.

● 낙엽(Leaf Litter)

자연에서 흔히 얻을 수 있는 재료 중에 하나인데 의외로 효과가 좋다. 주로 참나무 낙엽 등을 사용하며 곤충 사육이나 양서류 사육 시 자연스러운 분위기 연출이나 동물들에게 숨을 장소 및 심리적인 안정을 주는 데도 좋은 역할을 한다. 주의할 사항은 도시 근교의 낙엽이 아닌 산에서 채취한 낙엽을 일차적으로 한번 삶아서 소독 후 사용해야 한다. 낙엽만 사용하는 것이 아니라 상토나 피트모스로 베이스를 마련한 후 상단에 덮어 주는 형태로 세팅한다. 단점은 양서파충류들이 숨어서 잘 보이지 않게 되거나 자연재료인 만큼 과습해지면 아무래도 곰팡이나 벌레가 꼬일 수 있다는 것이다.

✔ 건조형 바닥재

● 모래(Sand)

사막형 파충류 사육장 세팅 시 가장 흔히 쓰이는 재료이다. 파충류 용품 브랜드별로 다양한 모래들이 시판되고 있으며 입자가 밀가루처럼 아주 고운 것부터 일반 바다 모래 정도로 고운 것, 약간 거친 것 등이 시판되고 있다. 색깔도 다양한데 검은색, 흰색, 적갈색 등이 있고 자연에서 직접 채취한 제품과 인공적으로 만든 제품이 있다. 사막마다 다른 컬러의 모래를 채취해 파충류용으로 시판되고 있으며 다양한 분위기 연출이 가능하다. 모래의 입자에 따라 수분을 머금으면 굳는 형도 있다. 단 너무 많은 양을 먹을 경우 장폐색증을 유발할 수 있기 때문에 주의해야 한다. 또한 돌을 파쇄하여 만든 모래는 입자가 매우 날카롭기 때문에 동물사육 전용 모래나 아이들이 갖고 노는 용도의 모래가 안전하다.

아스펜 베딩(Aspen Bedding)

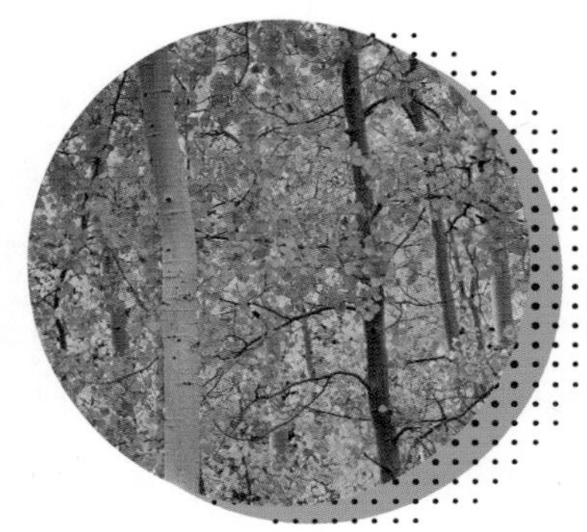

Aspen은 버드나무과(—科, Salicaceae) 사시나무속(—屬, Populus)에 속하는 나무를 잘게 켜서 만든 바닥재이다. 다른 침엽수로 만든 바닥재와 달리 향이 적고 먼지가 적으며 수분을 머금으면 부드러워진다. 먼지가 많으면 안 되는 실험실의 실험동물의 베딩이나 뱀이나 파충류의 베딩으로 쓰인다. 형태는 자잘한 사각형 나무 조각처럼 생긴 형태나 닭 가슴살을 찢어 놓은 듯한 형태 등 다양한데, 주로 찢어 놓은 듯한 형태가 냄새의 흡수율도 좋고 만약 사육하는 동물이 먹이와 같이 먹었을 때 배출이 용이하다. 이러한 장점 때문에 주로 파충류를 대량 번식하는 브리더들이 많이 사용한다.

세라믹 소일(Ceramic Soil)

화분가게에서 파는 난석과 같은 형태인데 진흙을 동그랗게 굳혀 열을 가해 한 번 구워 낸 바닥재이다. 일반적으로 열대어 수초용 바닥재이긴 하지만 비료성분이 들어 있지 않은 소일은 건계형 바닥재로 많이 쓰인다. 하지만 물을 머금는 성질 때문에 습계형 바닥재로도 훌륭하며 양서류들의 바닥재로 활용 가능하다. 물을 뿌리지 않고 건조한 상태로 유지하면 뱀류의 바닥재로도 쓸 수 있다. 그러나 작은 도마뱀들에게는 오히려 위험성이 있으며, 덩치가 큰 종과 같이 먹게 되더라도 배출이 가능한 크기의 동물에겐 유용한 바닥재이다.

펄프/합성수지 재질(부직포, 키친타월, 애견용 배변패드)

펄프나 합성수지 재질의 바닥재의 경우는 부화한 헤츨링(Hatchling) 개체나 약한 개체가 바닥재를 먹어서 올 수 있는 장 폐색증(Impaction)을 예방하기 위해 주로 이용하는 바닥재이다. 일반적으로 주변에서 쉽게 구할 수 있는 재료로 값이 싸고 여러 장 구입하여 사육장 크기에 맞게 잘라서 사용하다가 오염됐을 때는 새 것으로 바로 교체하기 쉽다는 장점이 있다. 키친타월이나 펄프 재질 행주, 애견용 패드 같은 것도 바닥재로 사용할 수 있다.

✔ 사용해서는 안 되는 바닥재

호두껍질 베딩

양서파충류가 삼키면 배출이 어렵고 습하면 곰팡이가 슬며 호흡기에 상처를 내는 바닥재로, 양서 파충류의 바닥재로 적합하지 않다. 사육 초창기, 호두껍질 베딩 때문에 수많은 파충류들이 장폐색증으로 죽어갔다. 특히 단면이 거칠고 먼지를 유발하는 단점이 있다.

옥수수속대 베딩

호두껍질 베딩과 마찬가지로 장폐색을 일으키며 분진이 많아 호두껍질 베딩과 더불어 파충류용으로 사용하는 것을 추천하지 않는다.

컬러모래

인공적인 색상을 입힌 모래로 동물의 피부에 물드는 경우가 있으며 화학성분이 동물에게 미치는 영향은 두말할 것 없이 좋지 않으므로 쓰지 않는 것이 좋다.

★Tip★ 바닥재

- 일반적으로 파충류 바닥재로 가장 이상적인 것은 깨끗한 흙과 피트모스, 모래의 사육종에 따른 적절한 배합이다.
- 깨끗하고 순수한 사막 모래에 피트모스를 섞을 때 사막형의 경우 7대 3, 열대 우림형의 경우 5대 5로 섞는다. 열대 우림형의 위에 낙엽이나 이끼, 바크 등을 깔아 주면 습도 유지에 효과적이며 사막형은 모래만 사용할 경우 열전도율이 높은 모래로 인하여 발생할 수 있는 사육장 바닥 전체의 온도가 상승하는 것을 예방해 준다.

조명과 UVB램프

빛의 역할은 단순히 사육장을 아름답게 비추는 역할 뿐만 아니라 파충류의 생명 유지에 중요한 요소 중 하나이다. 많은 양서파충류들이 빛을 통하여 열을 얻으며 칼슘을 합성하고 호르몬 대사를 완성한다. 일반적으로 빛의 파장 중 우리 눈으로 볼 수 있는 색은 빨, 주, 노, 초, 파, 남, 보 7가지이다. 이것은 각 색깔마다 빛의 파장이 달라 굴절각도가 다름으로써 생기는 현상으로, 파장이 길수록 빛의 굴절각도가 커지게 되며 7가지 색 중 빨간색의 파장이 가장 길고 보라색의 파장이 가장 짧다. 그런데 사람의 눈에는 보이지 않지만 빨간색보다 더 긴 파장, 보라색보다 더 짧은 파장들이 있다. 빨간색보다 긴 파장을 적외선, 보라색보다 더 짧은 파장을 자외선이라고 한다. 일반적으로 파충류 사육에 사용하는 UVB등의 기능은 파장 280~320nm에 해당하는 자외선을 발생시키는 것이다. 자외선의 파장은 길이별로 UVA, UVB, UVC로 불리며 각각의 기능을 살펴보자.

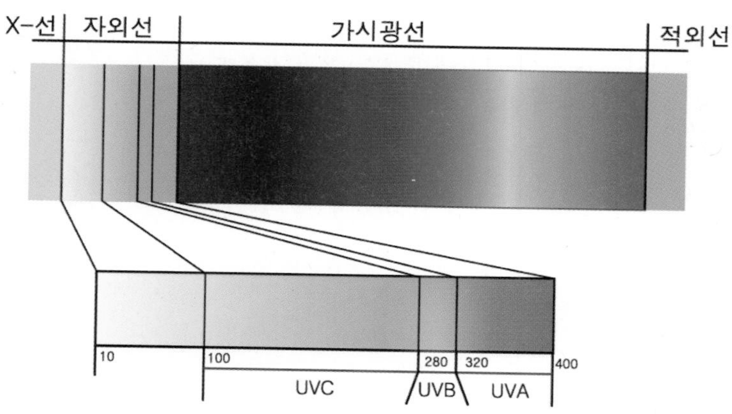

UVA(320~400 nm) : 오존층에 흡수되지 않음, 사진의 감광작용

UVB(280~320 nm) : 대부분은 오존층에 흡수, 일부는 지표면에 도달, 비타민 D_2, D_3 생성

UVC(100~280 nm) : 오존층에 완전히 흡수, 살균능력(250nm)

UVA는 일반적인 형광등이나 백열등에도 방출이 되며 흔히 체온을 높이고 식욕을 돋우는 기능을 한다. 여기서 주목할 것은 바로 UVB에 포함된 비타민 D_3의 기능이다. 비타민 D_3는 칼슘을 체내로 분해 · 흡수하는 역할을 수행한다. 파충류의 체내에는 비타민 D_3 전구물질이 있는데 충분한 자외선 조사를 받은 파충류는 이 물질이 체내에서 VitD_3(Cholecalciferol)로 전환된다. 비타민 D_3는 칼슘 흡수에 필요한 칼슘 결합 단백질(CaBP)의 합성을 자극함으로써 소화관의 칼슘과 인의 흡수율을 증가시키는데 혈액 중의 칼슘과 인의 농도가 높아지면 조직 중의 칼슘과 인을 결합시켜 골격을 단단하게 석회화(Calcification) 할 수 있게 한다. 비타민 D_3가 부족하면 칼슘 · 흡수를 제대로 할 수 없어 뼈가 휘는 대사성 골질환((MBD-Metabolic Bone Disease)에 걸리게 되므로 사육 시에 야생에서처럼 일광욕을 할 수 없는 도마뱀들에게 UVB등을 켜주어 체내에 칼슘을 분해 · 흡수할 수 있도록 해주어야 한다. 일반적으로 UVB가 필요한 동물들은 낮에 활동을 하는 주행성 동물들로, 그들은 자외선을 받아 비타민 D_3를 합성하거나 다른 동물을 포식하여 비타민 D_3를 섭취한다. 특히 성장기에 있는 어린 파충류들에게 UVB램프를 조사해 주는 것은 필수이다. 하지만 모든 동물이 이런 자외선을 필요로 하는 것은 아니며 야행성 동물들은 자외선 없이 체내에서 자체적으로 비타민 D_3를 합성할 수 있다. 이런 이유로 주행성 파충류 사육 시 UVB램프는 꼭 필요하다고 할 수 있다. 하지만 시판되고 있는 UVB램프의 자외선 세기는 일반 자연광에 비해 수십 분의 일로 약하기 때문에 종종 사육자가 날씨가 좋은 날을 택해 직접 야외에서 일광욕을 시켜주거나 D_3가 포함된 칼슘제를 먹여서 보충하기도 한다. 자연에서의 일광욕은 일반적으로 30분에서 1시간 정도면 충분하며 UVB램프를 조사할 경우는 10시간 정도를 조사해야지만 직접 자연광에서 1시간 일광욕을 한 효과를 볼 수 있으므로 아침부터 저녁까지 12시간씩 스팟등과 UVB 램프를 조사해 주어야 한다. 특히 야외 일광욕이 불가능한 겨울철에는 UVB램프 설치가 필요하다. 또한 주의할 점은 UVB등에서 발산되는 인공적인 자외선은 약해서 UVB램프와 동물 사이의 유리나 플라스틱, 고운철망까지도 자외선을 반사시켜버려 효과가 떨어지므로, 철망의 경우 모기장처럼 입자가 가는 철망은 피해야 하며 통과가 가능한 굵은 간격의 철망을 사용하는 것이 좋다. 또한 UVB등과 생물의 거리가 30cm 이상 떨어지면 UVB램프의 자외선 효과는 거의 없으므로 사육장에 설치할 때 이 점을 고려하여 설치 위치를 정해야 한다. 이런 조명기기들은 타이머를 구입하여 일정 시간 동안만 작동하게 하여 외출 시나 집에 늦게 귀가하는 경우에도 정해 놓은 시간에 불이 켜지고 꺼지도록 하는 것이 좋다.

UVA

UVA는 장파장 자외선이라 불리며 일반 백열등에도 방출이 된다. 하지만 파충류 사육 시 사육장 내 온도의 편차를 주고 파충류들의 일광욕 장소를 만들어 주기 위하여 부분적인 장소에 빛과 열을 집중하기 위해 흔히 스팟 램프(Spot Lamp)라고 부르는 등을 이용한다. 원래의 용도는 전시장이나 장식물을 집중적으로 비출 때 사용하던 조명이나 파충류 사육 시에는 한 곳을 집중적으로 조사해주어 그곳을 핫 스팟(Hot Spot)으로 설정해 파충류들이 체온을 끌어올릴 수 있는 일광욕 장소를 만들어 주는 데 이용한다. 스팟램프의 형태는 각 회사마다 조금씩 다르며 각 제조업체별로 파충류 전용등이라고 시판되고 있으나 일반 조명가게나 대형마트에서도 쉽게 구할 수 있는 등이다. 이 스팟램프 선택 시 고려해야 할 점은 바로 와트(W) 수다. 스팟램프마다 옆에 40W, 60W, 100W 등 숫자로 표시된 부분이 있는데 이것이 바로 램프의 와트를 나타내는 숫자이며, 와트 수는 바로 출력을 뜻한다. 빛과 열이 셀수록 와트 수는 높아진다.

와트 수의 선택은 사육장 크기와 사육하고자 하는 생물이 원하는 온도에 따라 달라진다. 만약 사막의 높은 온도를 요구하며 일광욕 장소가 40˚C 이상의 높은 온도를 요구할 경우 높은 와트 수의 전구를 더 가까이 조사한다. 반대로 약한 온도대의 일광욕 장소를 원하는 종의 경우 낮은 와트 수의 전구를 이용하거나 조사거리를 일광욕 장소에서 멀리 떨어뜨려주는 방식으로 온도를 조절해 줄 수 있다.

UVB램프

형광등 형태　　나선 형태　　UVB와 열이 함께 방출되는 형태

UVB램프는 크게 3가지 형태가 있으며 일반적인 형광등 형태, 소켓에 끼우는 나선 형태, 그리고 UVA와 UVB가 동시에 나오는 형태가 있다.

각각의 장단점은 형광등 형태의 경우 UVB 방출량이 일정하게 조사된다는 장점이 있는 반면 형광등을 조사할 수 있는 등갓도 같이 구매를 해야 하는데, 등갓 가격이 소켓보다 더 비싼 편이며 부피감이 있어 사육장 위에 설치 시 환기창인 철망 부분을 많이 차지한다는 단점이 있다.

소켓에 끼우는 나선 형태는 설치가 간편하고 자리를 많이 차지하진 않지만 UVB 조사량이 형광등 형태보다 떨어지는 편이다.
UVA와 UVB가 합쳐진 형태는 설치나 모든 면이 편리하나 현재 시판되는 제품의 소비전력 W수가 높아 넓은 사육장에서 쓰이며 제품 가격대가 높은 편이다.
UVB 수명은 제조사에 따라 다르긴 하지만 약 6개월 정도로 6개월이 지나면 UVB 방출량이 현저히 감소되므로 램프가 여전히 점등되고 작동되는 것 같아 보여도 과감히 등을 교체해 주는 것이 바람직하다.

✔ 열원

변온동물인 도마뱀의 성장에 필요한 여러 가지 요건 중에서도 특히 온도는 성장과 대사의 촉진, 활동 및 생존에 큰 영향을 끼치는 중요한 요소이다. 열원의 종류는 상부 열원과 하부 저면 열원으로 나눌 수 있으며 동물의 생활방식에 맞게 설치해 주어야 한다. 주로 나무 위에서 생활하는 교목성 도마뱀에게는 상부 열원을 설치해주고 주로 바닥에서 생활하는 도마뱀류에게는 하부 열원이 알맞다.

● 상부 열원

스팟램프 적외선램프 할로겐램프 세라믹램프

상부 열원은 주로 스팟램프(Spot Lamp)를 이용한다. 이런 스팟램프를 설치할 경우에 특별히 유의해야 할 점은 사육장의 온도가 높은 곳과 낮은 곳을 각각 형성하기 위해 사육장 가장자리 한 부분에 설치해주어야 한다는 것이다. 스팟램프는 조명의 역할뿐만 아니라 UVA를 방출하며 체온을 끌어 올리고 방출되는 노란빛은 동물들의 식욕을 자극하는 역할을 한다.
스팟램프 이외에 야간에 켜주는 적외선램프의 경우엔 붉은색 유리로 제작되어 가시광선이 방출되지 않아 야간에 동물들의 수면에 방해되지 않는 야간용 등이다. 일반적으로 우리가 물리치료를 받을 때 쏘이는 적외선등이며 주로 겨울철에 야간의 보온이 필요할 때 사용한다.
이외에도 사기 재질로 만들어진 세라믹램프의 경우 빛은 방출하지 않고 열만을 방출하는 보온램프이며 주로 야간에 쓰인다.

★Tip★ 조명/상부 열원 설치 시 주의할 점

상부 열원용이나 조명용 전구를 사용할 경우 사육장 내부에 설치하는 것은 바람직하지 않다. 뜨겁게 달구어진 전구로 인하여 파충류들이 화상을 입을 위험이 있으며 그로 인하여 피부에 물집이 잡히거나 괴사가 생기게 되어 탈피 시 어려움을 겪게 되는 상황이 발생할 수 있다. 또한 분무를 해줄 때 달궈진 전구에 물이 튀어 전구가 폭발할 위험이 있으므로 스팟램프나 적외선 히팅램프, 세라믹램프 등은 사육장 외부에 설치하여 상단의 철망을 통해 빛과 열이 전달되도록 설치해 주어야 한다.

하부 열원

필름히터 전기방석형태

동파방지열선 락히터

하부 열원은 우리나라처럼 계절 변화가 뚜렷한 곳에서 겨울에 보온을 위한 제품군으로 히팅패드나 전기방석, 락히터(돌 형태 기구 안에 열선이 들어 있어 열을 내는 형태)나 흔히 동파 방지선이라 부르는 열선도 이용된다. 이런 열원은 겨울이라고 해서 필히 해줘야 하는 것은 아니며 겨울이라도 집안 온도가 아파트의 경우 밤에 23~25°C 정도가 유지된다면 설치해 주지 않아도 무방하다. 이런 열원이나 조명기기의 사용 시 가장 주의해야 할 점은 바로 오버히팅(Over Heating)에 의한 피해이다. 많은 사육자들이 파충류는 항상 고온을 유지해 주어야 한다고 잘못 알고 있는 경우가 많다. 사막이나 열대우림 모두 일교차가 있는 환경이므로 사육 시에도 낮과 밤의 온도가 달라져야 한다. 그렇지 않고 항상 일정한 온도에서 사육을 하게 되면 파충류의 면역력이 저하되며, 온도차로 인해 오는 쇼크에 크게 반응하게 되어 쉽게 폐사에 이를 수 있으므로 밤낮의 온도차는 반드시 만들어 주는 것이 바람직하다. 또한 한겨울이더라도 이런 사육기기들이 모두 반드시 필요한 것은 아니며 주변 환경을 체크하고 그에 맞게 알맞은 선택을 해야 한다.
사육장 내 온도가 너무 높이 치솟아 폐사에 이르는 오버히팅 사고를 방지할 수 있게끔 사육장 내 온도가 설정된 최고 온도 이상으로 올라가면 열원의 전원을 차단시켜주는 자동 온도 조절기를 설치하는 게 바람직하다. 온도 조절기는 일정한 온도가 넘어가면 전원을 차단시켜 열기구나 조명을 꺼주므로 잠깐 외출시나 장기간 집을 비우게 되는 경우는 물론이고 평소에도 아주 유용하다.

6 사육 시 필요한 용품

케이지 퍼니쳐라고도 하며 사육장과 바닥재 및 조명과 열원을 제외한 나머지 온 · 습도계, 은신처, 물그릇, 먹이그릇 등 케이지 내부에 설치되는 여러 가지 사육 용품을 말한다.

✓ 온 · 습도계

디지털온도계

온도계

적외선 온도계

파충류 사육에서 가장 기본적이며 핵심적인 부분은 바로 그들이 원하는 온도와 습도를 조성해 주는 것이다. 따라서 사육장의 내부 온도와 습도를 한눈에 체크할 수 있는 온・습도계는 파충류 사육 시 반드시 있어야 할 필수 아이템이다. 온・습도계는 2개 정도 구비하여 열원이 설치되어 있는 곳과 열원이 설치되어 있지 않은 곳 두 군데에 설치하여 온도의 차이를 눈으로 확인할 수 있도록 해 주는 것이 좋다.

시판되는 온・습도계는 필름형부터 유리 막대형(알코올 온도계), 아날로그 방식, 디지털 방식 등 다양하지만 온도는 파충류들에게 생존과 직결되는 민감한 부분이므로 너무 저가의 제품보다는 정확하고 믿을 수 있는 제품을 사용하는 것이 바람직하다. 현재 판매되고 있는 온・습도계는 온도계와 습도계가 함께 붙어 있는 제품도 있으며 각각 따로 분리된 제품도 있으나 효율적인 측면에서는 온・습도계가 함께 있는 것을 구입하는 것이 좋다. 이렇게 사육장에 설치하는 온도계 이외에 최근에 많이 사용하고 있는 적외선 온도계를 구비하여 수시로 온도를 체크해 주는 것이 좋다. 적외선 온도계는 자신이 재고 싶은 곳의 적외선의 양을 재서 온도를 확인하는 온도계인데 이는 동물의 피부 온도 체크에도 아주 유용하다.

은신처

인공바위 은신처

인공 플라스틱 은신처

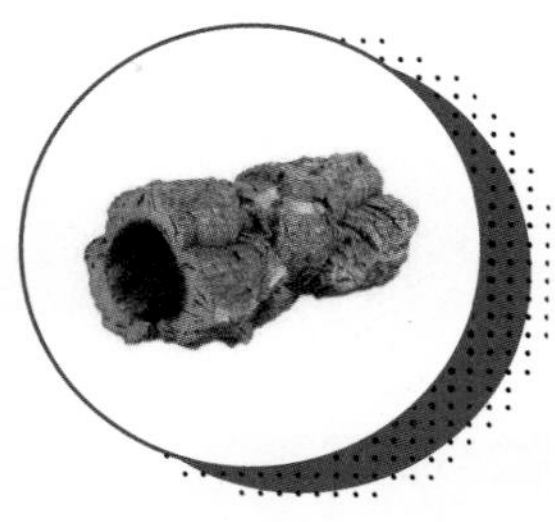
천연재료 코르크튜브

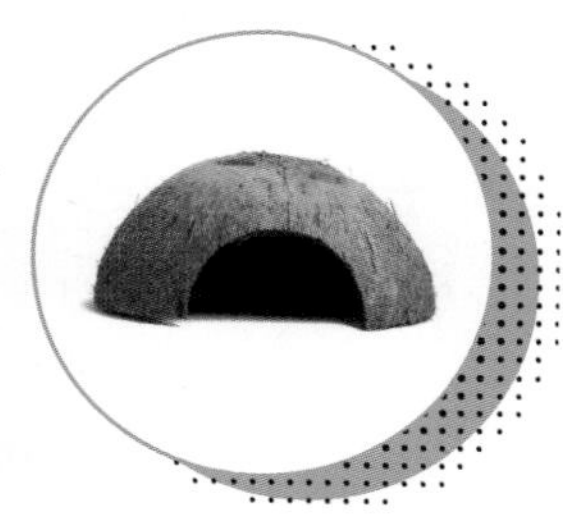
천연재료 코코넛 은신처

자연 상태에서 은신처는 주간에는 직사광선을 피할 수 있는 역할, 천적으로부터 자신의 몸을 숨기는 역할을 하고 야간에는 열의 손실을 막아주는 역할을 하며 여러 가지 악조건의 자연환경에서 몸을 보호할 수 있는 역할을 한다. 사육장을 꾸밀 때 은신처의 유무는 종에 따라서 달라지거나 데코레이션을 하면서 암석이나 유목 등이 은신처 역할을 대신할 수 있지만 지상에 사는 야행성 소형 도마뱀들에게는 완벽히 빛이 차단될 수 있는 은신처가 필요하다. 일반적으로 하이드, 하이드 박스(Hide Box)라 부르고 자연스러운 동굴 모양의 은신처가 시판되고 있으며 사육자가 직접 만들 수도 있다. 아크릴이나 포맥스, 나무판, 두꺼운 종이 등으로 만들 수 있으며 깨진 화분 등도 훌륭한 은신처가 될 수 있다. 재료는 인공적인 것부터 코코넛 껍질이나 나무상피를 벗긴 것 등 자연에서 채집한 것도 있으니 사육하는 동물의 습성이나 꾸미고자 하는 사육장 콘셉트를 고려하여 선택한다.

✓ 물그릇, 먹이그릇

파충류 전용 먹이그릇과 물그릇

유리그릇

물그릇의 경우 기르는 양서파충류에게 물을 공급하는 기본적인 역할뿐만 아니라 사육장의 습도를 올려주는 역할과 더불어 직접 물에서 목욕을 즐기는 종들도 있으므로 서식지에 따라 물그릇의 크기가 달라져야 한다. 물그릇과 먹이그릇은 동물들이 뒤집지 못하도록 가능한 무거운 재질이 좋다.
일반적으로 사막에 서식하는 종일 경우 쉽게 물을 섭취할 수 있는 형태가 적당하며 담기는 물의 양이 많을 경우 사육장의 습도가 적정 습도보다 높아질 수 있으므로 낮은 형태의 것을 이용하는 것이 좋다. 열대에 서식하는 파충류의 경우 사육장 내 습도를 높이기 위하여 분무를 해주며 물그릇의 크기도 클수록 좋다. 대형 파충류의 경우 일반적으로 채집통을 물그릇으로 사용하기도 한다. 시판하는 암석 모양의 물그릇도 있지만 생활에서 흔히 볼 수 있는 유리그릇이나 사기그릇, 플라스틱 접시, 뚝배기 등 가격도 저렴하고 손쉽게 구할 수 있는 용기들이 많으므로 각자의 취향에 따라 선택하는 것도 좋다.
먹이그릇은 주로 잡식이나 초식성 도마뱀에게 채소를 급여할 때 바닥재로부터 오염이 되지 않도록 하기 위해서 낮고 넓은 형태의 그릇을 이용한다. 또한 밀웜이나 슈퍼웜을 급여할 때도 바닥재가 깔려 있으면 바닥재 사이로 파고들어가 버리므로 이를 방지하기 위하여 밀웜이나 슈퍼웜이 기어올라 탈출할 수 없는 미끄러운 재질의 낮고 넓은 형태의 유리 재질 그릇을 이용하는 것이 좋다. 게코류처럼 직접 칼슘을 핥아서 칼슘을 보충하는 종류의 도마뱀들을 위해 칼슘을 넣어두는 그릇도 필요한데 주로 작고 낮은 간장종지 같은 크기의 작은 그릇을 이용하면 된다.

7 레이아웃 용품 및 사육 용품

✓ 유목과 암석/장식조화/백스크린

● 유목과 암석

유목(나무)과 암석(돌)은 사육장 구성 시 중요한 역할을 한다. 유목은 고사목, 즉 죽은 나무의 뿌리나 가지 부분인데 일반적으로 땅속에 오랜 시간 동안 묻혀서 광물질을 흡수하여 석탄이 되기 직전의 나무를 의미

암석

유목

한다. 이런 유목과 암석들은 보다 자연스러운 사육환경을 조성하게 해주며 단순히 장식적인 효과뿐만 아니라 사육하는 생물들에게 다양한 활동을 가능하게 해 준다. 유목과 암석은 파충류들이 기어오르고 쉴 수 있는 장소를 제공해주고 숨을 곳이나 일광욕 자리를 마련해 준다. 일반적으로 파충류들은 일광욕을 지면보다 높이 솟아 있는 바위나 나무 위에 올라가서 하는 습성이 있다. 이는 보다 태양과 가까워져서 열을 더 많이 받기 위한 본능인데 사육 시에도 스팟램프 밑에 암석이나 유목을 배치하여 일광욕 장소를 마련해 주어야 한다.

유목이나 암석은 수족관이나 펫숍에서 쉽게 구할 수도 있지만 야생에서도 채취할 수가 있다. 산에서 죽은 나무뿌리를 직접 캐 와서 씻고 잘 말려서 유목으로 활용하거나 잘 마른 나뭇가지들이나 간혹 집의 정원수를 가지치기하고 버려진 가지들 또한 유목 대용으로 쓸 수 있는 훌륭한 재료들이다.

장식조화(Artificial Plant)

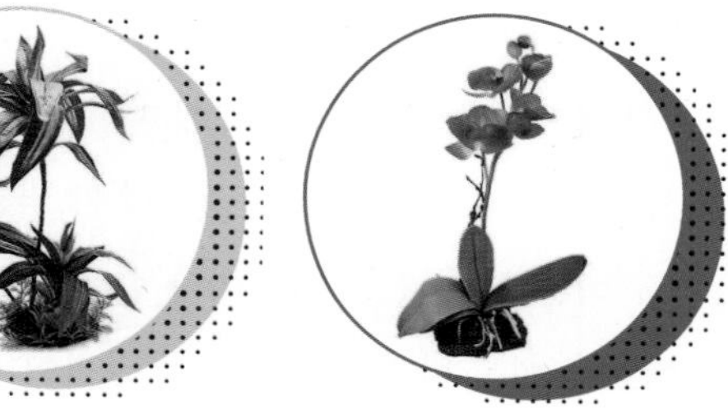
다양한 조화식물

인조덩쿨

유목과 암석으로 기본 틀을 잡았다면 보다 자연에 가까운 느낌을 살리기 위해 초록색의 싱그러움이 가미되어야 한다. 살아있는 식물을 이용한 비바리움은 크기가 작고 상대적으로 높은 습도와 낮은 온도를 요구하는 종의 양서파충류일 경우에는 가능하다. 그러나 일반적으로 평균 27°C가 넘는 양서파충류 사육장에서 자연스러운 환경 연출을 위해 살아 있는 식물을 같이 기른다는 건 어려운 일이다. 특히 파충류 일광욕을 위해 켜 주는 스팟 램프로 인하여 살아 있는 식물의 경우 쉽게 시들 수 있고 혹은 파충류들에 의해 꺾이거나 파헤쳐져서 심어 놓은 식물이 오래가지 못하고 죽는 경우가 대부분이다.

그래서 고안된 것이 조화를 이용한 비바리움이다. 조화는 죽지도, 시들거나 성장하지도 않으므로 트리밍이 필요 없는 항상 같은 상태를 유지하여 비바리움 형태에 변화를 주지 않으며 원하는 곳에 배치가 용이하다는 장점이 있다. 조화를 이용한 비바리움은 사육자에게 심미적인 아름다움으로 만족감을 주며 사육하는 도마뱀들에게 심리적인 안정감과 숨을 장소를 제공한다. 또한 많은 도마뱀들과 같이 야생에서 바닥에 고여 있는 물을 먹기보단 식물의 잎에 맺혀있는 물을 핥아 먹는 파충류들의 습성을 잘 살려줄 수 있다. 하지만 위험성도 내포하고 있는데, 초식성 거북류나 도마뱀류의 경우 플라스틱 조화를 먹고 장폐색으로 죽을 수 있으니 배치에 주의하고 씹기 힘든 재질의 조화를 선택해야 한다.
조화는 파충류를 분양하는 상점에서 판매도 하고 있지만 그 종류가 다양하지 않고 한정된 경우가 많으므로 조화를 판매하는 꽃시장이나 화훼상가나 화훼공판장을 직접 방문하여 필요한 조화를 구입하는 것이 좋다. 이 곳의 장점은 가격이 싸고 실제와 차이가 거의 없을 정도의 높은 수준의 조화들이 판매된다는 것이며, 조화 이외에도 비바리움을 꾸미는 데 필요한 작은 수반이나 바크보드, 여러 가지 실제 넝쿨 등 소재들이 다양하고 장식재료가 풍부해서 비바리움을 꾸미는 다양한 아이디어도 얻을 수 있다.

백스크린

백스크린의 형태는 일반적으로 수조 뒷면에서 붙이는 필름 형태와 수조 안에 입체적인 보드를 세워 붙이는 입체형 백스크린이 있다.
백스크린의 역할은 심미적인 역할뿐 아니라 양서파충류들을 안정시키는 중요한 역할도 한다. 우리가 사육하는 사육장은 대부분 유리 재질로 되어 있고 사방이 투명한 구조이다. 그러나 이렇게 사방이 투명한 구조에서 사육되는 동물은 굉장한 스트레스를 받게 된다. 그래서 최소한 한 면만이라도 가려서 양서파충류들이 사방이 뚫려있는 듯한 상황에서 모면할 수 있도록 해주는 것이 스트레스 완화에 크게 도움이 된다. 특히 겁이 많고 순간적인 스피드가 빠른 종일 경우엔 사방이 투명한 사육장에서는 극도로 불안해하며 놀라서 뛰쳐나가기 위해 점프를 하면서 사육장 유리벽에 주둥이를 박아 상처를 입는 경우가 많으므로 이런 예민한 종들의 사육 시에는 관상을 위해 정면 사육장 유리를 제외한 3면을 전부 백스크린으로 가려주는 것이 바람직하다.

실사이미지 백스크린

백스크린은 시중에서 다양한 스타일들이 시판되고 있으며 사육하는 종에 따라서 사막형, 열대우림형 등 원하는 분위기의 알맞은 백스크린을 구입하여 사용하거나 직접 제작할 수도 있다.

합성수지 입체백스크린

★Tip★ 입체형 백스크린 제작

- 백스크린 제작은 사실 손이 많이 가고 번거로운 작업이지만 직접 하다보면 재미도 느낄 수 있고 보람도 있는 작업이니 한번 해보는 것도 나쁘지 않다.
- 백스크린을 만들기 위해선 적절한 재료를 준비해야 하는데 가장 일반적으로 백스크린을 제작하는 방법 중에 압축 스티로폼을 이용하는 방법이 있다. 일단 철물점에 가서 '아이소 핑크'라 불리는 단열 스티로폼을 구입한 후 스티로폼을 사육장 안에 들어갈 크기로 재단을 한다. 그 후 커터 칼로 대충 암벽 분위기가 나게끔 잘라낸 후 보다 자연스러운 암벽 분위기 연출을 위해 라이터나 토치버너로 잘 그을린다. 주의할 점은 연기와 냄새가 있고 화재 위험이 크니 집밖의 공터 등 안전한 곳에서 작업을 하는 것이 좋다는 것이다. 기본 틀이 완성됐으면 아크릴 물감으로 칠한다. 회색과 검정, 갈색 등을 조합하여 자연스러운 암벽 분위기를 연출한다. 다만 이 작업은 약간의 미적 감각과 센스가 요구되며 실패 시 안 한 것 못한 졸작이 될 가능성이 있다.
- 더 쉽고 자연스러운 방법은 앞서 제작했던 기본 틀에 실리콘을 잘 펴 바르는데 이때 실리콘은 갈색이나 검정색 등이 좋으며 냄새가 강하지 않은 무초산을 사용한다. 실리콘은 옷에 묻게 되면 지워지지 않으므로 조심해서 작업해야 한다. 손에 묻는 것을 방지하기 위해 나이트릴 혹은 라텍스 장갑을 사서 착용하는 것이 좋다. 이렇게 실리콘이 골고루 잘 발라졌으면 사막형의 경우 바닥에 깐 모래와 동일한 모래를, 열대우림형의 경우 피트모스를 실리콘 위에 잘 뿌려준다. 이 과정을 몇 번 반복하여 바닥재가 꼼꼼히 잘 붙으면 실리콘이 잘 마르도록 하루 정도 두었다가 사용한다. 미처 다 붙지 못한 부분은 아이소 핑크 접착제를 이용하여 틈을 메우고 다시 바닥재를 뿌려 주면 완성이 되며 완성된 백스크린은 수조에 꼭 맞도록 불필요한 부분을 자른 다음 끼워 넣으면 된다.
- 백스크린 제작의 또 다른 방법은 코르크보드를 이용한 방법이다. 넓적한 판으로 된 나무껍질(코르크보드)을 포멕스나 아크릴 판에 실리콘을 이용해 붙인 다음 위와 같이 사용하는 방법도 있다. 주로 열대우림형 비바리움에 사용하는 백스크린으로 자연스러운 분위기를 연출하게 된다.

- 또한 수조 한 쪽 벽면에 우레탄 폼을 발라서 자연스러운 암벽과 같은 분위기를 연출할 수 있는데 이도 마찬가지로 우레탄 폼으로 기본 틀을 만든 후 그 위에 모래나 피트모스를 뿌려 분위기를 연출하는 방법이다. 하지만 이 방법은 수조에 우레탄 폼이 밀착되어 분리가 되지 않기 때문에 만약 사육장 내 외부기생충이 생길 경우 틈이 많고 분리가 되지 않아서 완벽하게 소독하기 어려운 단점이 있다.

사육용품

● 분무기/미스팅 시스템

분무기는 양서파충류 사육을 할 때 꼭 필요한 아이템이며, 많은 파충류들이 그릇에 담겨 있는 물을 먹기보단 식물의 잎에 맺힌 물을 먹는 걸 선호하는 습성상 열대우림에 서식하는 종의 경우 하루에도 2~3차례 이상 분무를 해주어야 한다. 이 때문에 분무기는 양서파충류 사육 시 수분을 공급할 때 아주 유용하게 쓰이며 사육장 내의 습도를 높여줄 때 편리하다.

분무기는 대략 2가지 스타일이 있는데 흔히 일반적으로 실생활에서 사용하는 작은 것과 원예용으로 사용하는 공기를 압축하여 분사하는 형식의 분무기가 있다. 양서파충류를 사육할 때 이 두 가지 분무기를 전부 구비하는 것이 좋은데 압축 분사형 분무기는 물을 줄 때 사용하고, 일반적인 소형 분무기는 사육장을 소독할 때 약품을 타서 쓰는 용도로 사용하면 편리하다.

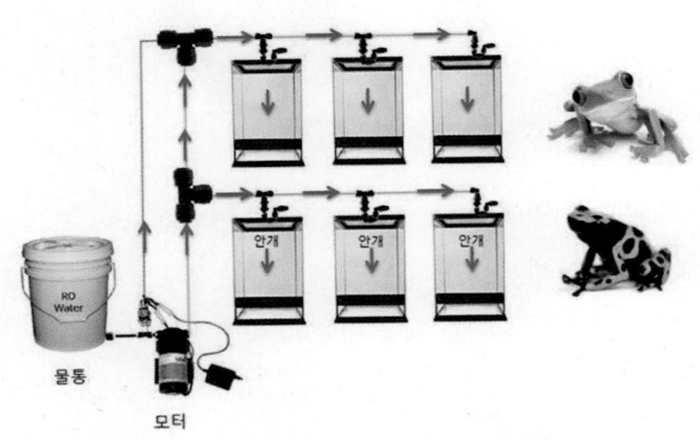

사육자가 직접 분사하는 분무기 이외에도 미스팅 시스템(Misting System)이 있는데, 이 미스팅 시스템이란 안개를 발생시키는 시스템으로 분무기와 원리는 비슷하지만 순간적으로 물을 분사해주어 물의 입자가 안개처럼 곱게 많은 양이 분사된다. 미스팅 시스템은 주로 원예용으로 많이 사용하나 최근에는 가정용 소형 제품도 시판되어 테라리움과 비바리움에 많이 이용된다. 미스팅 시스템은 타이머가 있어서 사육자가 설정해놓은 시간에 맞춰 설정된 시간만큼 분사를 해주는 시스템으로 집에 사람이 없어도 정확한 시간에 물이 분사되어 아주 편리하지만 많은 양의 물이 주기적으로 분사되기 때문에 사육장에 배수구를 뚫어 물이 가득 차지 않도록

하여야 한다. 유리사육장에 배수구를 뚫는 작업과 배출되는 물을 처리하는 문제가 발생하지만 관리하는 사육장이 많을 경우 미스팅 시스템에 노즐만 추가하여 더 연결하면 되므로 여러모로 편리한 제품이다.

자동 온도 조절기

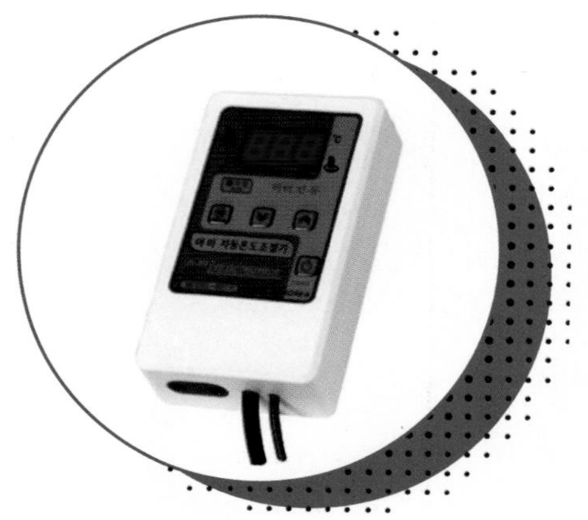

자동 온도 조절기는 사육장 내 온도를 설정값대로 유지하기 위하여 사용한다. 흔히 사육장 내 온도가 적정 온도 이상으로 올라가는 것을 방지하기 위하여 이용되는데, 사용방법은 열원이나 조명을 자동 온도 조절장치에 연결하고 조절장치의 센서를 사육장 내에 설치하면 사육장내의 온도가 적정 온도 이상 올라가게 되면 전원을 차단하여 온도가 올라가는 것을 방지해 준다. 이는 장기간 집을 비울 때나 열원을 많이 사용하게 되는 한겨울철에 유용한 제품이다.

타이머

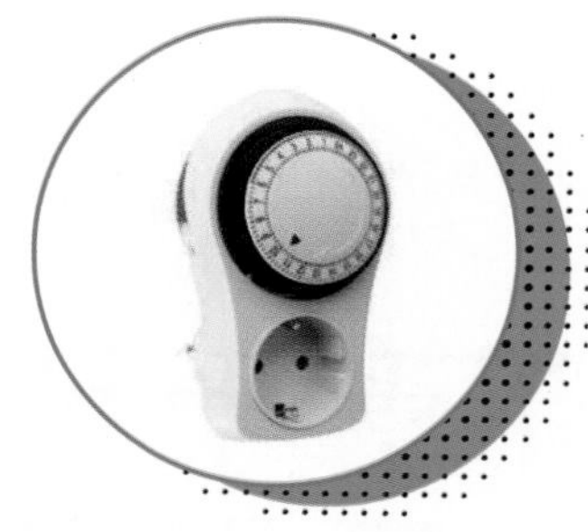

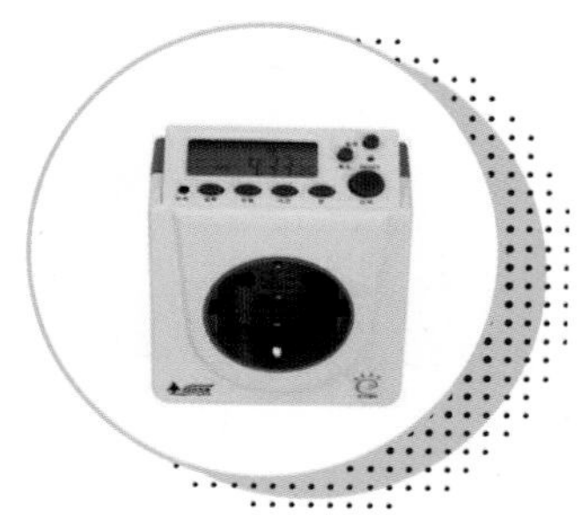

타이머는 전원을 자동으로 on/off해주는 제품으로, 조명이나 열원이 작동하기를 원하는 시간을 설정해 놓으면 알아서 사육장의 전기 제품을 설정해 놓은 시간 동안 작동하고 꺼지도록 조절해주는 기기이다. 평상시나 특히 장기간 집을 비울 때 아주 유용하다.

저울(미세저울)

저울은 자신이 사육하는 동물의 평소 몸무게를 체크하여 건강상태에 대해 사육자가 인지하는 데에 도움이 된다. 특히 쿨링(Cooling; 동면) 전 동물의 건강상태 체크나 쿨링 중의 양서파충류의 몸무게 변화 등을 체크할 때 유용하므로 하나쯤 구비해 두면 좋다.

쿨링팬(냉각기)

쿨링팬은 일반적으로 컴퓨터용 소형 쿨링팬을 이용하는데 이는 사육장의 온도를 낮춰주고 환기를 시켜주는 역할을 한다. 일반적으로 양서파충류 중 저온을 요구하는 종류를 기를 때 사용하는 기기이다. 열대에 서식하는 종일지라도 주로 고산지대에 서식하는 파충류의 경우 저온을 요구하는 종류가 많은데 그들이 요구하는 저온의 환경을 맞춰 주는 것은 고온을 요구하는 파충류에 비해 상당히 까다롭고 사육의 난이도가 높다고 볼 수 있다. 저온을 요구하는 양서파충류들은 특히 여름철 다른 양서파충류들은 충분히 견딜 수 있는 온도인데도 시름시름 앓다가 죽는 종들이 많다.

이때 이용할 수 있는 기기가 바로 쿨링팬이다. 대부분 컴퓨터용 작은 쿨링팬 등을 이용하는데 사실 쿨링팬만으로는 극적인 냉각 효과를 기대하기 힘들고 1~2˚C 정도 낮춰주는 데에 그치며, 대부분 에어컨과 병행하여 사용하거나 미스팅을 한 후 쿨링팬이 돌게 설정해 놓으면 기화열작용으로 온도를 더 낮춰 줄 수 있다. 그리고 송풍구 방향을 반대로 하여 사육장 내 정체되어 있는 공기를 밖으로 빼내어 순환시켜주는 용도로 사용할 수 있다. 주의할 점은 저온다습한 환경을 요구하는 양서파충류의 경우 하루 종일 틀게 되면 사육장 내부가 급격히 건조해질 수 있으므로 미스팅과 병행하여 사용하는 것이 좋다는 점이다.

핀셋

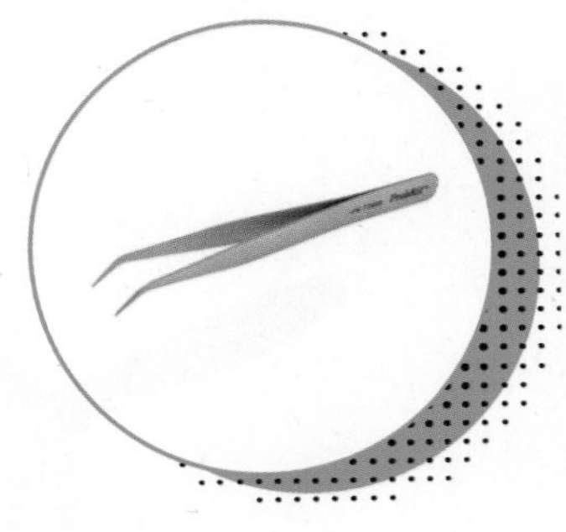

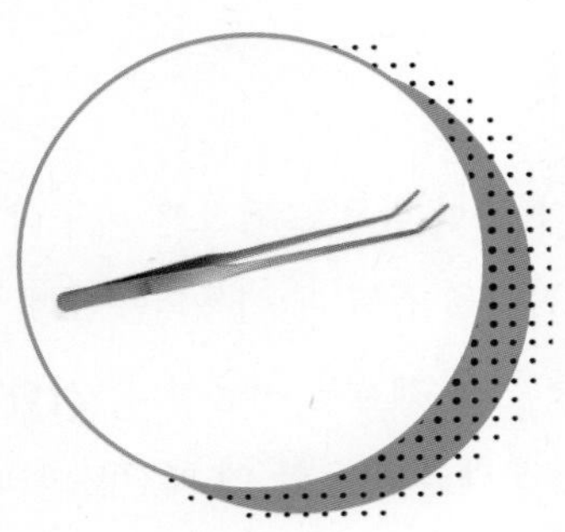

핀셋은 두 가지 타입의 핀셋을 구비해 놓는 것이 좋다. 하나는 작고 끝이 뾰족하여 미세한 작업이 가능한 핀셋, 하나는 길이 30cm 정도의 대형 핀셋을 구비한다. 작은 핀셋의 경우 도마뱀이 허물을 채 못 벗은 부분이나 외부기생충 등 이물질 등을 떼어 낼 때 사용하면 편리하며 대형 핀셋의 경우 먹이를 주거나 사육장 내 배설물이나 오염물질을 꺼낼 때 사용하면 편리하다.

● 뜰채, 잠자리채

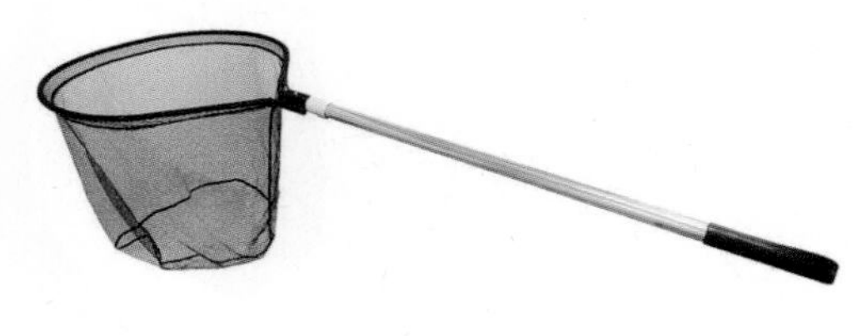

뜰채와 잠자리채는 앞서 언급했던 예민하고 빠른 파충류를 잡을 때 사용하거나 탈출한 파충류를 잡을 때 있으면 편리하다. 열대어용 소형 뜰채와 잠자리채는 둘 다 구비해 두는 것이 좋으며 작은 뜰채는 평소에 파충류를 사육장 밖으로 옮겨야 할 때 이용하고 잠자리채는 도마뱀이 탈출한 경우를 대비해 구비해 두는 것이 좋다. 특히 벽에 붙을 수 있는 도마뱀붙이류의 경우엔 손으로 무리하게 잡다가 꼬리가 끊어지는 사고가 발생할 수 있으므로 잠자리채가 있으면 탈출 시 안전한 포획이 가능하다.

● 스네이크 후크(Snake Hook)

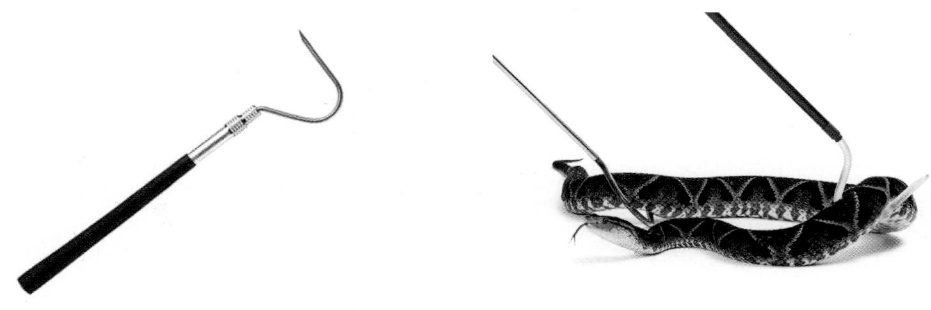

뱀을 들어 올릴 때 사용하는 막대기로 끝이 갈고리 형태로 되어 있다. 주로 독사나 사나운 개체를 이동할 때 사용하며 이동하는 개체의 크기에 따라 적당한 크기의 후크를 사용해야 한다.

● 체, 망

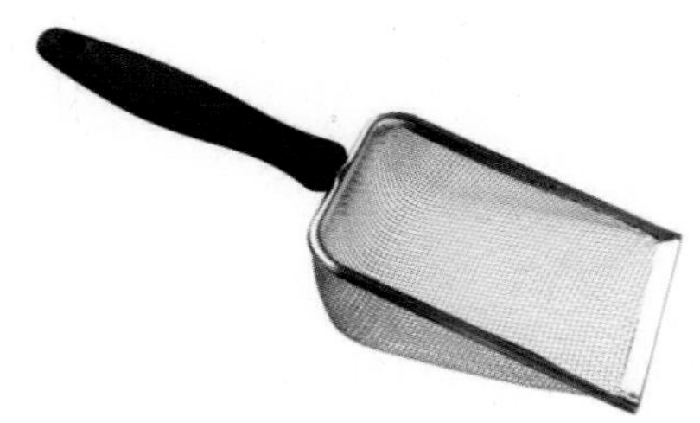

스테인리스 재질의 튼튼한 망으로 된 소형 바구니 또는 일반적으로 튀김 요리 시 튀김을 건질 때 이용되는 소형 망을 구비하거나 시판된 파충류 전용 제품을 사용한다. 사막형 도마뱀의 경우 바닥재로 고운 모래를 사용할 때 배설물만 떠내는 데 이용하면 편리하다. 단 체가 너무 고운 경우 모래가 빠져나가지 않으므로 모래는 배출시키고 배설물만 남길 수 있도록 구멍의 크기를 잘 염두해야 한다. 조금 더 큰 사이즈의 것도 준비하여 사육장 전체 청소 시 바닥의 이물질을 걸러내는 데 이용하면 편리하다.

용접용/보호용 가죽장갑

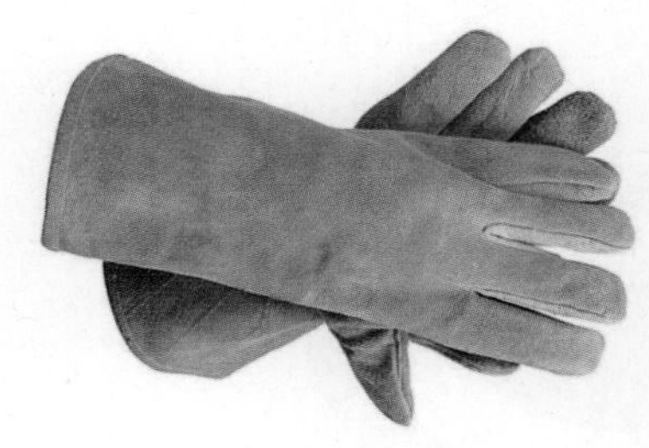

용접용 혹은 보호용 가죽장갑은 대형의 파충류를 핸들링 해야 할 때 있으면 편리하다. 주로 사나운 뱀이나 도마뱀을 다룰 때 이용하는데 철물점 등에서 판매가 되고 있으니 대형종의 도마뱀을 기를 경우 하나쯤 구비해 놓으면 편리하다. 자신이 기르는 도마뱀이 사납지 않더라도 긴 발톱에 의해 상처가 나기 쉬우므로 도마뱀을 옮길 때 사용하는 것이 좋다.

사이펀, 호스

사이펀, 호스는 수조의 물을 갈 때 필요한 기기로 만약 물에 서식하지 않는 종이 아니라면 필요가 없는 물품이다.

염소 제거제

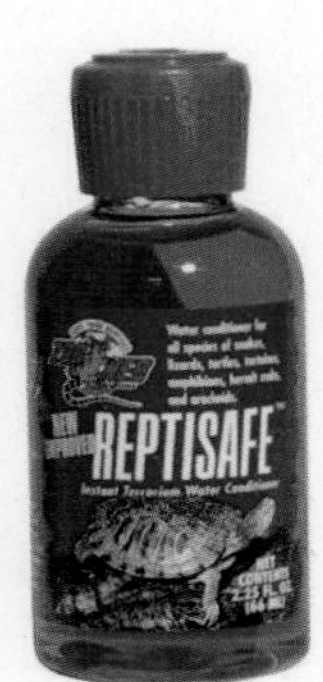

염소 제거제는 주로 열대어 사육 시 수돗물에 함유된 염소와 중금속을 제거해주는 약품이다. 사실 뱀이나 도마뱀, 거북들의 경우 일반 수돗물에 포함된 염소에 크게 자극을 받지 않는 듯 하지만 양서류나 소형 붙이류 도마뱀, 소형 카멜레온류의 경우 수돗물에 포함된 소량의 염소에도 민감하게 반응하는 경우가 있으므로 분무기 안의 물이나 일반적으로 물을 급여할 때 섞어서 수돗물의 염소를 제거한 후에 주는 것이 좋다.

여과기

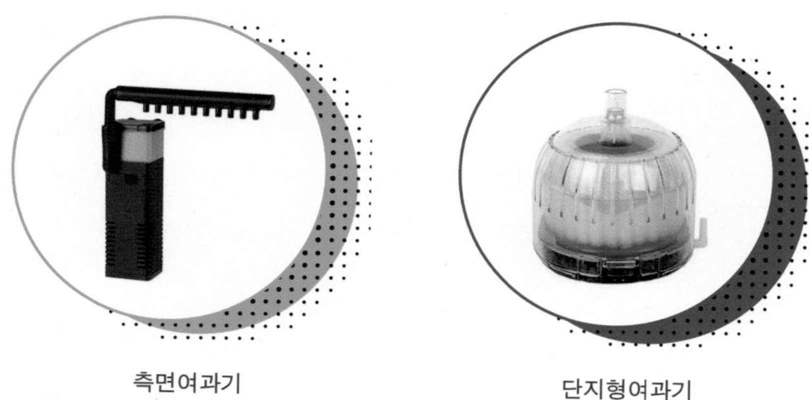

측면여과기 단지형여과기

여과기는 수생이나 반수생종을 위한 기기이며 수질의 안정을 위해서 꼭 필요하다. 여과 방식과 여과기의 형태는 여러 가지 형태가 있는데 저면여과, 측면여과, 상면여과, 외부여과 방식이 있다. 물의 양이 적고 상대적으로 배설량이 많은 거북류나 도마뱀류의 경우 물의 오염이 더 빨리 진행되므로 저면여과기와 측면여과기를 같이 사용해 주는 것이 좋다.

저면여과기

수중히터

유리관형 수중히터 스테인리스 수중히터 양서파충류 전용 저온 수중히터

수생종이나 반수생종을 위한 기기이며 겨울철 수온의 안정을 위해서 꼭 필요하다. 동면하지 않는 열대종 또는 동면하는 종이라도 동면을 시키지 않기 위하여 일정한 온도를 유지할 때 사용한다. 수중히터는 크게 세 가지 타입이 있는데, 가장 보편적인 타입은 유리관 안에 코일을 넣고 온도 조절 장치로 원하는 수온으로 유지시켜 주는 것이다. 하지만 물 밖에 유리관이 드러나면 유리가 깨지는 사고가 종종 일어나므로 유리관 부분은 완벽히 물에 잠겨야 한다. 종종 늑대나 악어거북류처럼 무는 힘이 센 거북류는 쉽게 파손시킬 수 있으므로 사용하지 않는 것이 좋다. 두 번째 타입은 전체가 스테인레스봉으로 감싸진 형태로, 물 밖에 노출되어도 파손의 위험이 적다. 세 번째 타입은 최근 양서파충류 전용으로 나온 제품으로 자갈, 흙, 모래 등 바닥재에 묻을 수 있는 형태로, 화상을 방지하기 위하여 내부에 에폭시를 삽입하고 플라스틱으로 감싼 제품이다.

6 양서파충류의 기본 사양 관리

사실 파충류는 상대적으로 느린 대사로 인해 오래 굶주리거나 물이 없이도 꽤 오래 버틸 수 있는 동물이다. 그래서 파충류를 기를 때 일반적으로는 다른 동물과 달리 손이 많이 가지 않는다는 장점이 있다. 때문에 바쁜 현대 생활에 알맞은 애완동물로서의 장점도 분명 가지고 있다. 하루만 먹이를 먹지 못하게 되면 곧바로 폐사할 수 있는 조류나 꾸준히 날마다 먹고 날마다 배설을 하는 개나 고양이와는 달리 하루나 이틀쯤 먹이를 주지 않거나 물을 주지 못해도 별다른 체력 손실을 보이지 않는 파충류의 사육이 손이 덜 가는 건 사실이다.

이런 파충류의 장점이 애완동물로서의 장점이지만 사육자를 게으르게 만드는 요인이므로 파충류 사육에는 함정이 숨어 있다고 볼 수 있겠다. 이렇게 생명력이 강한 파충류일지라도 안일하게 사육을 하고 방치하다 보면 분명히 탈이 오기 마련이다. 발병 초기의 증상이 미약한 파충류의 특성상 나중에 자신이 기르는 양서파충류의 상태가 나빠진 것을 사육자가 느낄 경우, 이미 병의 진행이 꽤 된 경우가 많으므로 꾸준한 관리와 자신의 동물의 상태에 대해 꼼꼼히 체크하는 자세가 필요하다.

1 온도와 습도관리

삶에서 외부환경에 큰 영향을 받는 외온성 동물인 파충류의 생존에 가장 큰 영향을 주는 요인은 온도이다. 특히 다양한 종류와 습성을 지닌 양서파충류의 경우 자신이 기르는 양서파충류의 요구 환경을 정확히 숙지하여 일상적인 온도와 습도 관리가 필수이다.

일상적인 온도관리

우리나라처럼 사계절이 있으며, 각 계절마다 온도대와 습도대가 다양한 경우에 특별히 신경 써 주어야 할 부분이 바로 사육장 내 일정한 온도와 습도를 유지해주는 것이다. 사육장에서 키우더라도 외부 요인에 의해 사육장 내부의 온도와 습도가 달라지기 때문에 늘 적절한 조치가 필요하다. 여름철엔 과습이 되는 것을 예방하기 위해 잦은 환기와 더불어 사육장 내 온도가 고온으로 치닫는 상황을 막기 위한 조치를, 겨울철에는 저온건조하기 때문에 온도와 습도를 높여 주는 노력이 필요하다.

최근 들어 이상 기온으로 혹서와 혹한이 찾아오고 있는 우리나라에서 온도에 민감한 반응을 보이는 양서파충류들은 우리가 느끼지 못하더라도 충분히 변화를 감지하고 스트레스를 받을 수도 있다. 사육자가 아침에 일어나 제일 먼저 해야 할 일은 사육장의 조명을 켜고 설치되어 있는 온도계로 온도를 체크한 뒤 분무기로 밤 동안 손실된 습도를 높여 주기 위해 사육장 내부에 분무를 듬뿍 해주는 일이다. 분무는 밤사이 빼앗긴 사육장 내 습도를 보충해주고 아침에 양서파충류들이 물을 마실 수 있도록 해준다. 사육장 전체를 분무하는 경우는 열대성의 고온다습한 양서파충류의 사육장에 관한 이야기다. 사막형 양서파충류의 경우엔 분무를 해주되 사육장 한 구석이나 생물에게만 직접 살짝만 분무해 주는 것도 괜찮다.

특히 겨울철의 경우 국내의 저온건조한 기후환경 때문에 실내 습도가 상당히 낮아지게 되어 사육장 내 습도의 손실도 빨라지며 사용하고 있는 열원이나 조명이 밤사이 고장을 일으킬 수도 있으므로 체크해 보는 것도 잊지 말아야 한다. 분무하는 물의 온도는 현재 개체의 체온에서 너무 벗어나지 않는 것이 좋다. 온도차이가 극심한 물은 개체의 체온을 급격하게 내리거나 올려 쇼크를 발생시킬 수 있으므로, 적외선 온도계 등을 활용하여 개체 체온이나 사육장의 평균 온도와 비슷한 온도로 조절하여 분무하는 것을 추천한다.

★Tip★ 사육장에 분무 시 주의할 점

대부분 아침과 저녁에 분무를 해주게 되는데 분무 시 주의해야 할 점은 과열된 스팟램프에 직접 물이 닿게 되면 달궈진 램프에 차가운 물이 직접 닿아 램프가 폭발할 수 있으므로 조심해야 한다.

3 최적의 온도와 습도

사실 양서파충류 사육에서 최적의 온도대란 말하기가 굉장히 조심스러운 부분이다. 다른 거북류나 뱀류에 비하여 외형부터 습성까지 너무나도 다양한 종들이 속해 있는 그룹이기에 "이것이 바로 양서파충류의 최적의 온도대다."라고 말하기가 어려운 것이 사실이다. 일반적으로 사육이 쉬워 많은 이들이 애완으로 기르는 양서파충류들의 경우 약 26~33°C 정도이다. 하지만 어떤 종의 경우 더 낮은 온도대를 요구하며 다른 양서파충류의 경우 충분히 살 수 있는 온도대이지만 종에 따라서 치명적인 온도대일수도 있다. 습도 또한 사막에 사는 종과 열대우림에 사는 종, 물가에 사는 종, 땅속에 사는 종 등 다양한 생활양식이 있기 때문에 온도와 마찬가지로 원하는 습도 또한 다양하다. 이는 사육자 개인이 자신이 기르는 양서파충류의 필요 온도와 습도대를 필히 인터넷상의 사육서(Care Sheet)나 도감 등에서 찾은 정보들을 숙지해야 한다.

일광욕 시 온도관리

양서파충류에게 일광욕은 굉장히 중요한 행위이며 일광욕을 통해 몸의 체온을 높여주어 몸의 대사를 활발하게 해주며 칼슘대사에 필요한 비타민 D_3를 합성하기 위한 목적으로 주로 실시한다. 사육장 내에 일광욕 장소를 마련해주긴 하지만 자연광에서의 일광욕은 양서파충류의 건강에 큰 도움이 되므로 여름철 날씨가 좋을 때 기르는 양서파충류를 자연광에 일광욕시켜 주는 것도 좋은 방법이다.

자연광에서의 일광욕은 더 많은 양의 자외선을 받게 되며 양서파충류의 피부를 살균하고 감염을 예방하는 효과가 있어서 양서파충류 건강에 큰 도움이 된다. 초여름이나 초가을쯤 너무 덥지도 춥지도 않은 날을 선택해 자신이 기르는 양서파충류에게 일광욕을 시켜주자. 단 자연에서 일광욕을 시킬 때 주의해야 할 점은 바로 탈출 예방과 일광욕 시간이다. 비교적 일광욕시키기가 편리한 거북류와 달리 양서파충류는 달리고, 점프하며, 나무 위로 순식간에 올라가버릴 우려가 있으므로 항상 주의해야 한다. 일광욕 장소는 주로 커다란 고무대야를 이용하는데 위에 넓은 철망 등으로 덮어 탈출과 더불어 고양이나 매 같은 천적이 침범하지 못하도록 안전을 기해야 한다. 또한 탈출을 염려하여 유리사육장 통째로 자연광에 일광욕을 시킬 경우엔 자외선이 유리를 통과하지 못할 뿐 아니라 사육장 내 온도가 급상승하여 오버히팅(Over Heating)으로 인한 일사병으로 양서파충류가 폐사할 수도 있으므로 주의해야 한다. 일반적으로 야외에서 양서파충류의 일광욕은 30분 정도면 충분하며 너무 장시간 일광욕을 시킬 경우에도 일사병에 걸릴 위험이 있으므로 자주 시간 및 양서파충류 상태를 체크하는 것이 좋다. 일광욕을 할 때 양서파충류가 입을 벌리고 거칠게 숨을 쉬기 시작한다면 너무 온도가 올라간 것으로 빨리 서늘한 그늘에서 몸을 식혀 주어야 한다. 이런 사고를 예방하기 위해 양서파충류가 일광욕을 즐기다가 체온이 급상승하게 되면 바로 몸을 식힐 수 있는 그늘이 꼭 필요하다. 그늘은 종이박스나 천 등을 이용해 일광욕 대야의 반 정도를 가려주는 것이 좋다. 특히 그늘을 만들어 주지 않고 잠깐 양서파충류를 일광욕시키려다가 사육주가 다른 일을 보다가 깜박 잊고 장시간 양서파충류들을 방치하여 일사병으로 폐사하는 사고가 나는 경우가 종종 발생한다.

 사육장 내 환기

건조한 사육장의 경우는 물론이지만 다습한 환경을 요구하는 종이더라도 자주 환기를 해주어 사육장 내에 항상 신선한 공기가 유지되도록 해주어야 한다. 사육장 내 습도 유지를 위해 환기를 게을리하게 되면 사육장의 정체된 공기에 유해한 미생물이 증식하고 유해한 박테리아들이 발생한다. 이는 오히려 사육하는 양서파충류에게 건강상 위협을 가하게 되며 지속적인 스트레스를 주게 되므로 하루에 한 번이라도 꼭 환기가 이루어질 수 있도록 해 주는 것이 좋다.

 사육장 청소

생물을 기르다 보면 발생하는 단점 중에 가장 불편한 일이 바로 동물의 변에 의해 발생하는 악취이다. 그래서 사육자가 동물을 사육하면서 가장 신경 쓰는 부분이 바로 이 청소 문제이다. 파충류는 다른 동물들에 비하여 몸에 분비샘 등이 발달한 종이 적어 몸 자체에서 냄새가 나는 종은 드물고, 대부분이 먹이에 의해 독특하고 비릿한 변 냄새를 가지고 있다. 사육장의 청소는 미관상의 이유도 있겠지만, 사육장 안에서 살고 있는 동물들의 건강에도 가장 직접적인 영향을 주게 되므로 꾸준히 청소를 해주어야 한다. 사육장 내 동물의 배설물을 제때 치우지 않으면 고온다습한 환경의 사육장의 경우 금방 배설물이 부패하기 시작하며 다양한 세균과 박테리아들이 증식하게 되어 동물들의 건강에 직접적인 영향을 주게 된다. 발병하는 병의 대부분의 원인이 사육장 오염에 의한 것이 많으며 이는 평소의 관리로 충분히 예방할 수 있으므로 꾸준한 관리만이 최선이다. 더욱이 인간에 비해 후각이 발달한 동물들이 인간이 느끼기에도 역한 냄새에 늘 노출되어 있다면 스트레스를 받는 것은 어쩌면 당연한 일일 것이다.

하지만 사육장 내부에 바닥재가 있으면 동물의 배설물 냄새를 상당 부분 흡수해주는 역할을 하며 배설물 제거도 용이하다. 바닥재를 사용하여 동물을 사육할 경우 동물이 배설을 할 때 대부분 배설물과 바닥재가 엉키게 되므로 바닥재와 함께 그 부분만 떠내서 버리게 되면 청소가 수월하다. 바닥재로 모래를 깔아준 경우엔 배설한 부분을 작은 체로 쳐서 모래는 밑으로 걸러내고 배설물만 떠내어 제거한다. 그리고 바닥재에 먹이가 흘러 냄새가 밴 경우 양서파충류가 바닥재를 먹이로 오인하여 먹을 수도 있으므로 먹이를 흘린 부분도 제거를 해 주는 것이 좋다. 배설물을 들어내고도 바닥재에 배설물 냄새가 배어 있으면 항균과 소취기능을 하는 안전한 파충류용 소취제를 이용하여 냄새를 제거해 주도록 한다. 또한 주기적으로 부분 교체와 전체 교체를 해주어야 한다. 만약 바닥재 대신 관리상 편의를 위해 신문지나 종이 등을 깔아 주게 되면 양서파충류가 바닥재를 먹는 위험성은 배제할 수 있지만 동물을 들어내고 그 전체를 교체해 주어야 하는 번거로움이 있다. 그리고 이런 번거로움 때문에 대부분의 사육자들이 하듯 신문지나 종이의 경우 배설물만을 제거하고 신문지가 어느 정도 더러워질 때까지 기다렸다 교체를 하게 된다면 항상 냄새가 빠지지 않게 되고, 그로 인해 늘상 사육장 안에 악취가 배어 있게 되며 양서파충류의 몸에도 배게 된다. 또한 신문지를 자주 교체할 시 청소를 위해 사육장 밖으로 사육하는 동물을 꺼내야 하므로 잦은 핸들링으로 동물에게도 스트레스를 주는 단점이 있다.

또한 사육자가 신경써야 할 부분은 사육장 전면의 유리 청소이다. 전면 유리가 지저분하면 관상하기도 불편할 뿐 아니라 사육장 전체가 불결해 보이기 때문에 매일 아침 양서파충류에게 분무를 해줄 때 사육장의 전면 유리도 같이 닦아 주는 것이 좋다. 유리 청소는 분무 시 사육장 앞부분에도 분무를 한 뒤 신문지나 키친타월을 구겨서 닦아 내면 깔끔하게 유리의 얼룩이 제거된다.

사육장 및 사육환경 관리

사육장 유지 및 보수

평상시 사육장 유지의 개념은 사육장의 사육환경을 총체적으로 점검해 보는 것이라고 할 수 있다. 적절한 환기는 되는지, 전열기는 제대로 작동을 하는지, 온도계와 습도계는 제대로 작동을 하는지 체크하고 그 기능이 유지되도록 하는 데에 있다. 그리고 시간이 흐를수록 사육장 내 자잘한 결함이 생길 수 있고 그로 인해 기르는 동물이 사고를 당할 수 있으므로 신경 써주어야 한다. 특히 기성 제품이 아닌 자작한 사육장의 경우 시공 시 사소한 실수나 잘못된 재료의 선택으로 인해 틈이 갈라지거나 사육장의 변형이 올 수 있으므로 자주 체크해보고 손볼 부분은 재빨리 수선해주어야 한다.

기타 장비 관리

✔ 온 · 습도계

사육장의 온도와 습도를 알 수 있는 온 · 습도계의 경우 가장 세심히 체크해야 할 부분이다. 고장 시 사육자에게 잘못된 정보를 제공하게 되며 고장난 온도계의 온도만을 믿고 계속 적절하지 않은 온도에서 동물을 사육할 경우 동물에게 스트레스를 주게 되므로 필히 꾸준한 점검이 필요하다. 그러기 위해선 사육장 내 온도계를 최소 2개에서 3개 정도 구비해 두는 것이 좋다. 또한 가끔 온도계를 다 꺼내서 제대로 작동하는지 체크해야 한다. 예를 들면 냉장고에 넣는다거나 하는 동일한 조건에 노출시킨 후 정상적으로 작동을 하는지, 오차 범위가 크지 않은지 체크해 보는 것이 좋다.

✔ 조명 및 UVB 관리

일반적으로 주행성 파충류의 경우 조명과 열원으로 스팟램프(Spot Lamp)를 이용하며 비타민 D_3 합성을 위해 UVB자외선램프를 같이 사용한다. 이는 낮 동안 태양광선의 역할로 체온을 높이고 식욕을 촉진시키는 역할을 한다. 이는 인위적으로 낮의 환경을 만들어 주는 조명이므로 낮 길이와 같이 하루 12시간 켜주고 저녁이 되면 꼭 꺼주도록 한다. 야행성 양서파충류의 경우 특별한 조명은 필요 없지만 야간의 보온이나 야간에 동물들의 활동을 사육주가 관찰하기 위해 가시광선이 없는 붉은 빛의 조명 또는 야간 보온을 위한 적외선램프를 이용하기도 한다.

조명과 UVB램프의 수명은 시판되는 제품의 사양에 따라 다르나 대략 6개월 정도이며, 6개월이 지나면 UVB자외선의 방출량이 현저히 감소하게 되어 사실상 기능이 다했다고 볼 수 있으므로 빛이 나오더라도 교체를 해주는 것이 좋다. 특히 스팟램프의 경우, 특히 100W나 그 이상의 와트수가 높은 전구의 경우 가정의 전압이 불안정할 경우나 제품의 하자로 인해 전원을 끄고 켤 때 자주 필라멘트가 끊어져 못쓰게 되는 경우가 많으므로 미리 충분한 여분을 구비해 두는 것이 좋다.

✔ 열원의 관리

파충류의 열원은 상부 열원과 하부 열원으로 나뉘는데 상부 열원은 스팟램프나 적외선등으로 조명의 역할도 하는 전구 타입과 빛을 방출하지 않고 열만을 보내는 세라믹등이 있다. 하부 열원은 주로 파충류 전용 발열 패드, 안에 열선을 넣고 시멘트를 바위 모양으로 굳힌 파충류용 락 히터, 파충류 전용으로 만들어지진 않았지만 흔히 시중에서 보온용으로 판매되는 전기방석과 필름히터, 전선을 고무로 코팅한 동파 방지선 등을 이용한다. 이들은 과열이 되는 경우를 예방하기 위해 자동온도 조절기와 더불어 사용하는 것이 좋으며, 파충류 전용 발열패드나 필름 히터, 락 히터의 경우 가격은 비교적 비싼 편이나 안정적인 온도를 방출하는 반면 가격이 싼 전기방석이나 동파방지선의 경우 적정 온도 이상으로 과열되는 불량품이 발견되기도 하므로 신중히 체크를 해야 한다.

일반적으로 가정에서 사육할 경우 겨울철에 집 안에 보일러를 틀어 보온이 되기 때문에 집안 내부 평균 온도가 23~25°C 정도 되면 특별한 히팅이 필요 없지만 야간에 보온이 되지 않는 매장이나 전시장, 사무실 등에서 동물을 사육할 경우에 야간열원 설치는 필수이며 이런 기기들이 정상적으로 작동을 잘하는지 평소에 체크를 꾸준히 해야 한다. 과열의 문제도 있지만 밤사이에 고장으로 작동을 멈출 경우 갑작스러운 저온으로 인한 피해가 발생하므로 수시로 체크해주고 고장 시 즉시 대체할 만한 예비 열원을 구비해두는 것이 좋다.

8 먹이의 급여와 영양 관리

1 수분 급여의 중요성

물은 자연에서 곧 생명을 뜻한다. 다른 동물군에 비하여 파충류는 물을 적게 섭취하여도 버틸 수 있는 신체를 가졌지만 그들 역시 생명의 연장에 꼭 필요한 부분이 바로 수분이다. 사막에 서식하는 양서파충류라도 적절한 수분 섭취는 필수이며 그들의 삶을 영위하기 위해서는 반드시 적절한 수분이 필요하다. 많은 애완파충류들이 사막이나 건조한 곳을 고향으로 삼고 있으며 그런 이유로 많은 사육자들은 사막형 동물들에게 급여하는 물의 중요성을 간과하고는 한다. 사막에 사는 종들이라 할지라도 새벽의 안개나 해안풍으로 인한 안개 발생으로 인해 그들이 원하는 습도를 공급받으므로 특히 사육 시에는 언제든지 먹을 수 있는 깨끗한 물을 공급해야 한다. 물론 늘 높은 습도에 노출되는 것을 원하지 않는 종도 많지만 대부분의 동물들은 물에서 안정감을 얻는다. 즉 물이 풍부하다는 것은 생명을 계속 유지시킬 수 있는 기본 사항이 충족된 것임을 의미하기 때문이다. 사육하는 동물에게 수분 급여 시의 가장 기본은 오염되지 않고 깨끗한 물을 항상 마실 수 있도록 해주어야 한다는 것이다. 물은 동물들에게 신진대사를 촉진시키며 근육의 이완을 돕고 여러 대사를 활발하게 할 수 있도록 도와주는 건강의 기본 요소이다. 만약 적절한 수분 급여가 되지 않아 탈수가 된 양서파충류의 경우엔 피부의 윤기가 떨어지며 거칠어지고 눈 밑이 움푹 들어가게 된다. 그리고 탈수 증상일 때는 식욕도 같이 떨어지게 되므로 영양결핍도 같이 초래하게 된다.

물을 마시는 레오파드 게코

잎사귀에 맺힌 물을 마시는 팬서 카멜레온

수분 급여는 물그릇에 물을 담아 주는 것 이외에 직접적인 분무로도 수분을 보충해 주도록 한다. 야생의 일부 양서파충류들은 고여 있는 물보다는 내리는 비나 안개로 인해 나뭇잎 등에 맺혀 있는 물방울을 핥아 먹는 습성이 있어서 몸에 직접적으로 분무해주거나 사육장 내 벽이나 조화 등에 분무를 해주면 그 물을 핥아 먹는다. 그리고 분무를 해주는 것 이외에도 항상 먹을 수 있도록 낮은 그릇에 깨끗한 물을 담아서 주도록 한다. 양서파충류를 사육하다보면 간혹 물그릇 속에서 배설하는 경우를 볼 수 있다. 물에서 배설을 하는 이유는 수분이 장의 운동을 촉진시켜 배설을 도와주어 배설이 용이하기 때문인데, 한 사육장에서 여러 마리를 사육하다 보면 유독 물그릇에 들어가서 배설을 하는 양서파충류들을 관찰할 수 있다. 야생에서의 양서파충류는 대부분은 오염된 물을 마시지 않지만 사육장 내 오염된 물을 바로 교체해 주지 않고 계속 방치한 채 탈수가 진행되면 양서파충류들은 오염된 물일지라도 개의치 않고 마시게 된다. 야생에서 썩은 고기나 상한 음식물을 섭취하더라도 별 탈이 없는 종들도 많지만 사육 시에는 상황이 다르며 자주 오염되거나 상한 음식물에 노출될 경우 최악의 상항에 이를 수 있다. 물그릇을 넣어 줄 경우 만약 물속에 배설을 했다면 깨끗이 물그릇을 세척한 후에 새로운 물로 바로 교체해 주어야 하며, 일부 소형종의 경우 수돗물에 포함된 약간의 염소에도 민감하게 반응하므로 하루 정도 받아 놓은 깨끗한 물을 급여하거나 분무해주는 것이 바람직하다.

그리고 양서파충류를 처음 분양 받아 왔다면 일단 먹이는 급여하지 말고 깨끗한 물을 먼저 준비해주고, 만약 서식하는 곳이 열대우림의 동물이라면 미지근한 물로 충분히 분무를 해주어 수분 섭취와 더불어 이동 중 받은 스트레스를 완화시켜 주는 것이 바람직하다.

 육식성 양서파충류 먹이

양서파충류는 종에 따라서 완벽한 육식성이거나 잡식성이거나 혹은 초식성으로 나뉘는데 잡식성의 경우도 초식에 가까운 잡식, 육식에 가까운 잡식이나 어린 개체일 때와 성체일 때 요구하는 육식과 초식의 성분의 비율이 다르므로 알맞은 영양 비율의 먹이를 급여하도록 한다.

육식이나 잡식성 양서파충류에게 흔히 급여할 수 있는 대표적인 동물성 음식물이 바로 귀뚜라미(Cricket), 슈퍼웜(Superworm), 밀웜(Mealworm), 쥐(Mouse/Rat), 핑키 등이 있으며 그밖에 메추라기나 병아리, 반 수생 양서파충류 먹이인 미꾸라지나 물고기 등이 있다. 양서파충류 중 종류에 따라서는 후각에 의지를 많이 하는 종이나 잡식성 양서파충류의 경우 굳이 살아있는 먹이가 아니더라도 사료 형태의 먹이에 적응하는 개체들도 있지만 살아 있는 먹이의 움직임에 반응해 사냥을 하는 종들이 많으므로 애완 양서파충류를 선택 시 살아있는 먹이를 먹여야만 하는 종류의 양서파충류에게 본인이 꾸준히 먹이를 급여할 수 있는지 필히 고려해 보아야 한다.

영양성분표	단백질	지방	섬유질	수분	기타
귀뚜라미(Cricket)	21%	6%	3.2%	69%	0.8%
슈퍼웜(Superworm)	17%	17%	6.80%	59%	0.2%
밀웜(Mealworm)	20%	13%	1.73%	62%	3.27%
버팔로웜(Buffaloworm)	20%	14%	0%	61%	5%
핑키(Pinky)	12%	4.72%	0.2%	80%	3.08%
퍼지(Fuzzy)	14%	14%	0.2%	69%	2.8%
하퍼(Hopper)	17%	8%	0.4%	71%	3.6%
성체(Adult)	17%	7%	0.3%	70%	5.7%

귀뚜라미

- **영명:** Brown Cricket, Two-spotted Cricket
- **학명:** *Acheta domesticus, Gryllus bimaculatus*

일반적으로 양서파충류들이 가장 선호하는 먹이가 바로 귀뚜라미이다. 보통 귀뚜라미라고 부르지만 일반적으로 먹이용으로 사용되는 귀뚜라미는 토종이 아니라 아프리카, 지중해연안, 대만, 일본 등지를 원산지로 하는 '쌍별귀뚜라미(Two-spotted Cricket)'를 지칭한다. 상업적으로 이용하기 위해 일본에서 도입되어 실내에서 연중 사육된다. 모든 양서파충류들이 선호하는 먹이이긴 하나 급여 시 주의해야 할 점은 양서파충류 크기에 알맞은 귀뚜라미를 급여해야 한다는 것이다.

★ 급여 방법 ★

어린 양서파충류 개체에게 너무 큰 크기의 귀뚜라미를 급여하게 되면 삼키기 어렵고 삼키는 과정에서 귀뚜라미의 날카로운 뒷다리 부분에 의해 입 안에 상처가 생길 수 있어 구내염(Mouth Rot)을 유발할 수 있다. 양서파충류가 잠을 잘 때나 병에 걸려 기력이 떨어진 양서파충류나 탈피 중인 양서파충류에게 스트레스를 주기도 하고, 꼬리나 발가락을 귀뚜라미가 갉아서 양서파충류에게 상처를 줄 수 있다. 또한 사육장에 남은 살아 있는 귀뚜라미가 양서파충류의 배설물을 갉아 먹어서 기생충을 옮기는 중간숙주 역할을 하기도 하므로 양서파충류들이 먹고 남은 귀뚜라미는 귀찮더라도 사육장 안에서 빼 주어야 한다. 이상적인 귀뚜라미의 크기는 일반적으로 양서파충류의 눈과 눈 사이 크기의 귀뚜라미를 급여하는 것이 좋다.

★ 번식 방법 ★

- 귀뚜라미는 상업적으로 이용하기 위해 일본에서 도입되어 실내에서 연중 사육된다.
- 준비물: 번식용 통, 계란판, 오아시스, 분무기, 휴지, 신문지, 먹이
- 암컷 성체는 돌출된 산란관으로 쉽게 구분이 가능하다. 암컷의 날개는 부드러운 반면에 수컷은 날개를 비벼 소리를 내야 하기 때문에 골이 있는 날개를 가지고 있다.

1. 성체 암수를 합사하거나 구입해 온 귀뚜라미 암컷 가운데 알을 가진 개체를 분리한다.
2. 오아시스를 물에 불린 후 별도의 통에 넣고 알을 가진 암컷을 넣는다. 오아시스가 없다면 습한 톱밥이나 흙, 모래, 부엽토 등도 가능하다. 단, 암컷은 마른 곳에는 산란하지 않으므로 습기를 유지하고 있어야 한다. 산란지는 2cm 이상만 되면 충분하다.
3. 산란한 곳의 습도를 유지한다. 스프레이로 적당히 분무하면 된다. 산란 후 오아시스를 그대로 방치하면 성체들이 먹어 버리는 경우가 있으므로 분리하도록 한다.
4. 70%의 습도가 유지되면 10~15일 후 약충이 부화한다.
5. 부화한 약충들을 별도의 통에 분리하여 먹이와 수분 공급을 한다. 귀뚜라미는 잡식성으로 아무 것이나 잘 먹지만 상추나 멸치 등을 공급한다. 새끼 귀뚜라미의 경우 공기 중의 습도 관리에 신경을 써야 폐사를 줄일 수 있다. 스프레이를 할 경우 물방울 표면에 갇혀 죽기도 하므로 바닥에 휴지나 신문지를 깔아 이를 방지해야 한다.

★ 번식 시의 주의점 ★

- 사육통은 8시간 이상 어두워야 안정적으로 번식률을 높일 수 있다.
- 사육 시의 온도는 25~30℃가 적당하며 35℃ 이상의 온도에서는 폐사할 수 있다.
- 만약 키우는 양서파충류 개체가 많다면 적어도 한 달간은 계속 알을 부화시키는 작업을 해야 6개월 정도부터는 원하는 사이즈의 귀뚜라미를 급여할 수 있다.
- 사육 시의 습도는 70% 정도가 적당하다(그러나 귀뚜라미가 좋아하는 습한 환경은 공기중의 습도가 높은 환경일 뿐 바닥이 축축한 곳을 의미하는 것은 아니다). 먹이 급여를 위해 개체를 관리하는 경우라면 최대한 습도를 적게 유지하고 한쪽에 물을 준비해 주는 방식으로 관리하는 것이 폐사를 줄일 수 있다.
- 먹이와 물은 별도의 그릇을 이용하는 것이 좀 더 청결한 관리가 가능하며 수분 보충은 물에 적신 스펀지와 오아시스를 이용하도록 한다.

- 사육통은 적어도 한 달에 한 번 정도는 반드시 완전히 내용물을 비우고 청소를 해 주어야만 냄새를 줄이고 귀뚜라미를 좀 더 오래 기를 수 있다.
- 동족 포식을 줄이기 위해서는 충분한 영양 및 수분 공급이 우선시되어야 한다. 가급적 복잡한 구조의 은신처를 제공해 주는 것도 어느 정도 도움이 된다.

분류		길이	기간	온도	습도
Adult (성체)		16~21mm	8 weeks	25~28°C	45% 이하
Juvenile (유충)		16~19mm	6 weeks	25~28°C	45% 이하
		9~13mm	4 weeks	25~28°C	45% 이하
		3~6mm	2 weeks	25~28°C	45% 이하
		1~2mm	2~5 days	25~28°C	45% 이하
Eggs (알)			2~3 weeks		

★ 먹이로서의 장단점 ★

외국에서는 의외로 바퀴벌레류가 먹이용 곤충으로 가장 선호되지만 국내에는 법률규정상 귀뚜라미가 부동의 1위를 차지하고 있다. 외골격이 웜에 비해 연해서 소화시키기 쉬우며 다른 먹이곤충에 비해 상대적으로 활동성이 뛰어나 사육 개체의 사냥본능을 유발하는 효과가 크다. 가격 역시 다른 먹이곤충에 비해 비교적 저렴하고 무엇보다 먹이용 귀뚜라미 전문 생산농장이나 양서파충류가게에서 어렵지 않게 수급이 가능하다는 것이 가장 큰 이유라고 할 수 있다. 최근 식품의약품안전처에서 '쌍별이' 라는 이름으로 한시적 식품원료로 인정받았기에 사육하는 농가가 점차 증가하고 있어 수급에 어려움은 없을 것으로 보인다. 그러나 관리 면에서는 동족 포식성이 강하기 때문에 잘 관리하지 않으면 쉽게 전부 폐사하기도 한다.

구입해 온 귀뚜라미는 종이 계란판을 세로로 촘촘히 세운 플라스틱 통으로 옮기고 먹이를 주어가며 관리하면 상당히 오랜 기간 유지가 가능하다. 사육통의 뚜껑은 철망으로 환기가 잘 되도록 하는 것이 폐사를 조금이라도 줄일 수 있는 방법이다. 도약력이 약하고 날개가 있지만 잘 날지 않는다. 귀뚜라미 성체를 급여할 경우에는 뒷다리를 제거하고 먹이는 것이 좋다. 간혹 돌기 때문에 구강에 상처가 생기기도 하고 외골격이 단단하고 질겨 소화도 잘 안 된다. 그리고 뒷다리를 제거하고 주는 것이 사육개체가 사냥을 더 용이하도록 하는데 도움이 된다.

또한 주기적으로 벗는 허물과 죽은 사체가 부패하면서 악취가 발생하며 다 자란 성체 수컷들은 시끄럽게 울어대기 때문에 집안에서 많은 양의 귀뚜라미를 관리해야 할 때는 주기적으로 청소를 해주어야 하는 단점이 있다. 귀뚜라미 업체에서도 크기별로 판매를 하기 때문에 번식을 시킬 것이 아니라 먹이용으로만 이용할 때는 날개가 나기 전의 귀뚜라미를 구입하는 것이 좋다.

밀웜

- 영명: Mealworm
- 학명: *Tenebrio moliter*

일반적으로 번식이 쉬워서 많이 이용하는 작은 2~3cm까지 자라는 갈색 거저리의 애벌레이다. 주로 밀기울 또는 보릿가루를 먹고 자라는 웜으로 급여가 간편하며 성분표에 의하면 단백질 함량은 높고 지방질이 낮은 좋은 먹이로 인식될 수 있다. 그러나 다른 먹이류에 비하여 껍질층이 두껍고 무게에 비하여 영양소가 함량이 낮은 편이라 여러 책자나 포럼에 의하면 가장 권장할 수 없는 부족한 영양소의 먹이이다. 밀웜만으로 사육 시 영양 결핍이 초래될 수 있으니 다른 먹이와 함께 보조식 개념으로 급여하는 것이 좋다.

버팔로웜

- 영명: Buffaloworms
- 학명: *Alphitobius diaperinus*

밀웜과 비슷하나 약 10mm 정도의 소형으로 주로 어린 개체의 먹이나 소형 양서파충류의 먹이로 이용된다.

★ 번식 방법 ★

1. 낮고 넓은 사육통을 준비한다. 가급적 넓은 통이 좋으나 높이는 너무 높을 필요는 없다. 밀기울을 깔고 10cm 이상이 남으면 탈출은 하지 못한다. 전체 높이 20cm 정도면 사육이 가능하다. 그러나 소재는 유리나 플라스틱처럼 밀웜이 갉지 못하는 튼튼한 것이어야 한다. 탈출이 불안하면 사육통 안쪽 윗면에 투명테이프나 알루미늄 테이프를 붙인다.
2. 환기를 위해 옆면과 밑면에 구멍을 뚫어 둔다. 밀웜은 성충이 되어도 날지 못하기 때문에 위를 덮지 않고 기르는 경우도 많다.
3. 통 안에 먹이가 될 만한 것을 넣는다. 보통은 밀기울과 엿기름을 50:50으로 섞은 것을 많이 사용한다. 앵무새 사료나 닭 사료에 압맥이나 엿기름을 혼합하여 먹이는 경우도 있다. 밀웜은 곡식을 주로 먹는 곤충으로 쌀이나 밀기울, 엿기름, 미숫가루 등이 주식이다. 그러나 입자가 너무 고운 것은 숨구멍을 막을 수가 있으므로 어느 정도 입자 크기가 큰 것이 좋다(번식 정도에 따라 보충도 해 주어야 하고 알을 받을 때도 필요하므로 충분히 보유해 두는 것이 좋다. 밀기울 교체는 사육통 옆면을 관찰하여 먹이가 반 정도 가루로 변했을 때 갈아주도록 한다). 먹이 위에 손바닥 크기 정도의 솜이나 종이, 식빵 등을 깔아준다. 수분과 먹이가 부족하면 동족포식을 하거나 애벌레의 유즙을 빨아먹는다.
4. 번식을 시킬 밀웜을 투입한다.
5. 수분을 공급한다. 야채나 과일을 2~3일에 한 번씩 넣어준다. 이때 산성이 강하거나 향이 강한 것, 독성이 있는 것은 제외한다. 물기가 있으면 바닥재가 썩거나 응애나 먼지벌레 등이 꼬일 수 있으므로 야채 겉면에 절대 물기가 없어야 하며 사료에 직접적으로 닿지 않도록 급여하는 것이 사료의 부패를 방지하는 방법이다. 급여 후 몇 시간 후에 먹고 남은 찌꺼기를 제거한다(응애는 습기가 있을 경우 왕성하게 번식하므로 응애를 없애기 위해서는 사육통을 건조하게 유지하면 된다). 과일보다는 채소류가 더 좋지만 혹시 과일을 급여할 때는 덩어리째 주면 안 된다. 얇게 썰어 급여하고 몇 시간 후 바로 치워준다. 절대 직접적인 분무를 하거나 물을 부려서는 안 된다.
6. 번식통 위에 부직포나 탈지면 등을 덮어 두면 알을 낳는다. 성충의 1회 산란량은 약 180~250개이다.
7. 이 상태를 유지하면 통 안에서 번식사이클이 돈다. 애벌레는 9~20번의 허물을 벗는다. 밀웜이 성장하다가 어느 순간 c자 모양으로 말고 밀기울 위에 올라와 있으면 번데기가 되려고 하는 것이다. 번데기는 움직임이 적기 때문에 방치하면 잡아먹히는 경우가 많기 때문에 따로 관리하는 것이 좋다. 번데기는 스푼을 이용해서 옮기는 것이 안전하고 편리하다. 번데기 시기에는 너무 건조하면 번데기가 말라버리거나 탈피 부전이 있을 수 있으므로 너무 건조한 것은 좋지 않다. 번데기를 5~10℃ 사이에서 보관하면 성충으로 우화시키지 않고 보관이 가능하다. 변태 후 10일이 지나면 성숙하고 번식이 가능하다.
8. 바닥재를 뒤적거리는 것은 좋지 않다. 습기를 싫어하므로 건조하게 유지한다.
9. 모아둔 번데기에서 성충이 나오면 다시 성충을 따로 분리해서 교미를 시킨다(성충도 먹이와 수분 공급은 지속해야 한다). 알은 밀기울과 엿기름을 섞은 곳에 낳으므로 동일한 바닥재를 사용한다.

★ 번식 시의 주의점 ★

- 환기가 잘 되도록 가급적이면 표면적이 큰 통에서 사육하도록 하며 야행성 동물이므로 번식통을 어둡게 유지해 주는 것이 좋다.
- 개체수가 너무 늘어나면 일부를 분리하여 번식밀도를 낮추어 주어야 한다.
- 온도가 높아지면 생활 주기가 빨라지므로 너무 불어나면 냉장보관으로 기르는 경우도 있다. 그러나 이것은 일반 밀웜만 가능하며 슈퍼밀웜은 저온 보관이 불가능하다.
- 한 케이지에서 너무 오래 사육하면 근친번식으로 개체의 크기가 작아지므로 종종 새로운 개체들을 넣어 준다. 2~3개 정도의 통으로 분리하여 사육하다가 주기적으로 섞어 주는 것도 좋다. 온도 25℃ 내외, 습도 45% 이하에서 가장 왕성한 번식을 한다. 온도가 낮아지면 동면에 들어가 검게 마르다 죽고 30℃ 이상의 높은 온도에도 폐사한다.
- 번식 시에는 진드기나 응애와 같은 기생충 감염에 유의해야 한다. 응애의 발생을 방지하기 위해서는 습도를 45% 이하로 유지해 주는 것이 좋다. 과도하게 감염된 경우에는 완전 멸균 후 다시 시작하는 것이 좋다.
- 밀웜은 동족포식성이 강한 애벌레로 사육 중에 주식이나 수분 섭취가 부족해도 1~2달은 버티는 강한 생명력을 가지고 있으나 동족 포식은 쉽게 일어난다.

★ 먹이로서의 장단점 ★

밀웜은 귀뚜라미에 비해 사육이 쉽고 빠른 번식이 가능하기에 먹이 곤충으로 사랑을 받고 있다. 그러나 단백질과 칼슘 함량이 다른 먹이 곤충보다 낮고 단백질과 지방의 함량이 높기 때문에 다른 영양소를 더스팅이나 것로딩으로 보충해 줄 필요가 있다. 조지방이 매우 높은 편이고 칼슘과 인의 비율이 1:7 정도로 불리하다. 그러므로 밀웜을 최적의 먹이곤충으로 단정해서는 안 되며 균형 잡힌 식단의 한 부분으로 구성하는 것이 좋다. 또한 껍질이나 외골격에 키틴(Chitin)이라는 성분을 함유하고 있기 때문에 다량을 급여하게 되면 소화불량을 유발할 수 있다. 이런 이유로 인해 밀웜을 주식으로 이용하는 것은 추천되지 않으며 특히 어린 개체에게 주식으로 사용하는 것은 위험할 수 있다.

최대 성장 크기 25~35cm(스탠다드웜), 40~50mm(슈퍼밀웜) 정도로 양서류가 먹이로 삼기에 적절한 크기를 가지고 있다. 그러나 슈퍼웜의 경우 크고 생명력도 강하기 때문에 머리를 떼거나 눌러서 죽인 후 급여하지 않으면 간혹 양서류의 내부 장기에 상처를 줄 수도 있다. 조단백 52.7%, 조지방 32.8%, 조회분 3.2%이다.

슈퍼웜

- **영명:** Superworm
- **학명:** *Zophobas morio*

슈퍼웜은 각 나라마다 불리는 명칭이 다르며 로얄웜 혹은 킹웜이라고 불린다. 국내에서는 슈퍼웜 또는 슈퍼밀웜이라고 불리며 영양소는 단백질과 지방 함유량이 풍부하고 영양소가 뛰어나 먹이곤충으로 흔히 쓰이고 있다. 일반적으로 밀웜보다 상당히 사이즈가 크고 덩어리감이 있어서 먹이로 많이 사용된다. 하지만 딱딱한 겉껍질 때문에 양서파충류들에게 선호도는 귀뚜라미에 비해 떨어지는 듯 하며, 파고드는 습성이 있으므로 바닥재가 깔린 사육장에서 급여 시에는 미끄러운 단면을 기어오르지 못하는 슈퍼웜의 특성을 이용해 낮은 플라스틱그릇이나 유리그릇처럼 매끄러운 재질의 그릇에 담아 주는 것이 좋다.

누에

- **영명:** Silkworm
- **학명:** *Bombyx mori*

인공사료가 개발되어 있지만 워낙 성장속도가 빠르고 많은 먹이를 먹는 데다가 보기보다 손이 많이 가기 때문에 개인이 가정에서 사육해서 먹이기는 조금 어려운 점이 있다. 시판되는 동결건조 누에를 먹이로 급여하는 것이 편하고 생먹이로 급여하고 싶을 경우에는 번식장에 직접 연락하여 공급받는 방법이 있다. 시중에는 다양한 누에 사육 키트가 많이 시판되고 있으니 시간적 여유가 있고 적은 숫자가 필요하다면 시험 삼아 길러서 급여하는 것도 시도해 볼 만하다.

★ 먹이로서의 장단점 ★

크기가 다양해 적합한 크기를 급여할 수 있다는 것이다. 소화가 힘든 외골격이 없고 영양가가 높으며 단백질과 인의 함량이 다른 웜보다 월등하게 높다. 이 때문에 MBD의 예방과 치료에 유용하게 사용될 수 있는 먹이곤충이다. 그러나 사육방법이 번거롭고 사육환경이 까다로운 편이다.

스프링테일(톡토기)

- 영명: Springtail
- 학명: Subclass Collembora

지구상에 출현한 가장 오래된 곤충 가운데 하나이다. 6각류 절지동물로 전세계에 1,500여 종이 존재하며 한국에만 149종이 보고되어 있다. 토양과 낙엽더미 속에 살면서 유기물질 분해와 부엽토 축적에 일조를 하는 생물로서 부패한 식물질, 곰팡이, 세균, 조류와 꽃가루, 미생물, 응애 등을 먹어 치워 토양을 건강하고 기름지게 하는 역할을 한다. 자연상태에서는 토양 1제곱미터당 수천~수만 마리에 이를 정도로 엄청난 개체수와 놀라운 번식력을 자랑한다. 작은 크기에도 불구하고 절지동물 바이오매스(Biomass – 특정 시점 특정 공간 안에 존재하는 생물의 양) 가운데 높은 비중을 차지하며 유기물을 분해하는 토양 미세절지동물 가운데 가장 흔하다. 일반적으로 체색은 유백색 혹은 회색이며 원시적인 곤충으로 날개가 없다. 하나의 공간 안에서도 완전히 다른 종이 서식하는 경우도 있으며 모양과 크기도 제각각이다. 제 4배마디 복부 끝에 갈래 모양의 부속지(Percula)를 이용하여 도약하기에 톡토기라는 이름이 붙었다.

★ 번식 방법 ★

부화한 10일 후 유충으로 부화되고 6일 후 성충이 된다. 성충의 수명은 대략 1년 내외이다. 크기가 보통 1~2mm, 큰 종류라도 6mm를 넘지 않는 작은 크기로 화분이나 부패성 식재의 표면에 대규모로 발생한다. 사육장에서 자연적으로 발생하기도 한다. 별도의 통에 담아 넣어 먹이를 급여하고 어둡고 습하게 해주면 어렵지 않게 번식시킬 수 있다. 먹이로는 과일 껍질이나 동물질 사료를 갈아서 넣어 준다. 서식환경은 온도 25~30℃, 습도 60~80%로 적정 습도가 충분하면 표면으로 올라오고 건조하면 땅을 파고들어 숨는데 습도 30% 이하의 건조한 환경에서는 개체수가 급격하게 감소된다.

★ 먹이로서의 장단점 ★

양서류의 먹이가 됨과 동시에 비바라움 내 사육개체의 배설물을 분해하여 토양의 정화력을 높인다. 먹이 곤충 가운데 크기가 작기 때문에 보통 크기의 양서류 성체는 먹이로 인식하지 않으나 올챙이에서 개구리로 변한지 얼마 되지 않은 크기나 초소형종 개구리의 경우에는 좋은 먹이가 된다. 벽을 탈 수도 있으나 서식공간을 좀처럼 벗어나려고 하지는 않는다. 생김새와 움직임 때문에 불쾌감을 유발하지만 기본적으로 살아 있는 생물에게는 실질적인 해를 끼치지는 않는다. 위험을 느끼면 자신의 몸길이보다 20배 이상을 뛰어 달아나는데 이런 움직임이 사육 개체의 호기심과 사냥 본능을 자극하는 효과가 있다.

듀비아 바퀴벌레

- **영명:** Dubia Roach, Argentine(Forest) Roach
- **학명:** *Blaptica dubia*

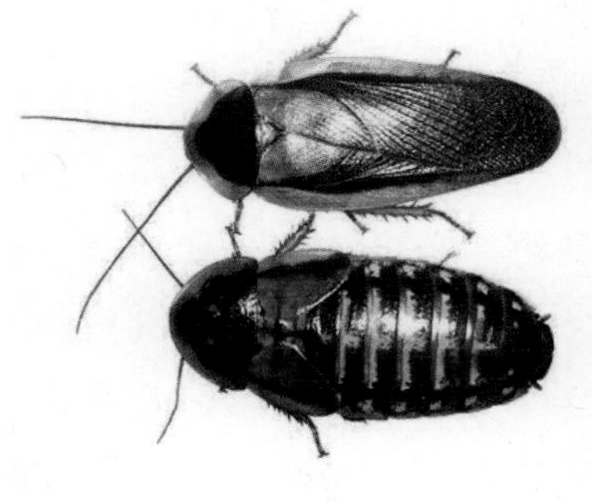

성장 속도는 약 5~7개월에 이를 정도로 느린 편이다. 수컷은 날개를 가지고 있고 암컷은 없다. 수명은 9~10개월(수컷), 18~20개월(암컷)으로 6개월이면 성 성숙이 이루어져 번식이 가능해지고 암컷은 두 달마다 25~35개의 알을 낳는다. 어린 개체의 성별 구분은 상당히 어렵다.

27℃가 사육의 최적 온도이다. 더 낮은 온도에서도 생존은 가능하지만 번식률이 저하된다. 사육관리 면에서는 무엇보다 강건한 체질로 건조나 과밀사육에 강하고 아무 먹이나 잘 먹어서 사육이 용이하며 저온에 약해 기온이 떨어지면 번식과 성장이 중단된다. 어두운 곳을 좋아하므로 몸을 숨길 장소를 제공해 주어야 한다. 바퀴벌레류는 자연의 청소부로서 거의 모든 것을 먹을 수 있기 때문에 아무것이나 급여가 가능하다. 동물 사료, 빵조각, 남은 야채나 과일 등 한 덩어리로 급여하기보다는 빨리 먹어치울 수 있도록 가급적이면 작은 조각으로 급여하는 것이 좋다.

★ 먹이로서의 장단점 ★

다양한 크기가 한 사육장에 자라므로 필요한 크기를 골라 먹일 수 있다. 먹이곤충으로 대중화되어 있지 않지만 해외에서는 관리가 어렵고 동족포식이 심한 귀뚜라미를 대체한 먹이곤충으로 각광받고 있다. 먹이 곤충으로서 여러 가지 장점이 있는데 대부분의 양서파충류에게 있어 기호성이 높으며 외골격이 부드러워 소화가 잘 된다. 움직임이 민첩하지 못하고 벽을 타지 못하기 때문에 탈출을 하지 못한다는 것도 관리 면에서 본다면 아주 유리한 점 가운데 하나이다. 열대종으로 생존에는 높은 온·습도가 필요하므로 탈출하더라도 야생에서의 번식은 어렵다. 동종 포식이나 소음, 냄새가 거의 없어 위생적이다. 국내에서는 구하기 어려워 대중적인 먹이는 아니다.

동애등에

- 영명: Black Soldier Fly
- 학명: *Ptecticus tenebrifer*

파리목 동애등에과에 속하는 곤충이다. 북미 원산으로 1950년을 전후하여 세계적인 분포를 보이고 있다. 우리나라에서는 1990년 최초로 발견, 보고되었고 현재 우리나라 전역에 분포하고 있다. 잡식성으로 다양한 서식지에서 관찰된다. 환경 정화 곤충으로 애벌레의 강력한 소화능력을 이용하여 유기물 처리에 이용되기 위한 연구가 활발하지만 사육 면에 있어서는 닭이나 양서파충류의 사료로도 많이 이용된다.

★ 번식 방법 ★

27℃일 때 알(4일) → 유충(15일) → 번데기 (15일) → 성충(10일)의 생애주기를 가진다. 자연상태에서 1년에 3회 발생(5~10월)하며 인공 사육 시 1년 9~10세대 사육이 가능하다. 번식은 밝은 날 27℃ 정도의 온도에서 이루어지며 암컷 한 마리가 약 1,000개의 알을 산란한다. 성숙한 유충의 크기는 20mm 정도이며 가축분뇨, 음식물 쓰레기 등을 섭식하며 분해한다. 성충으로 우화하면 먹이를 먹지 않고 수분만 섭취하고 생활한다. 먹이가 되는 유기물과 톱밥을 섞어 적절한 수분을 유지한 배지에서 사육하며 2일 1회 정도 먹이를 추가로 급여한다. 빵상자에 5,000~10,000마리 정도의 밀도를 유지하며 망을 씌워 천적의 유입이나 애벌레의 탈출을 방지한다. 성충은 좁은 틈에 산란하는 특징이 있으므로 각목 등에 작은 구멍을 많이 뚫어 두면 거기에 산란을 한다. 유충인 산란 역시 배지와 동일한 조건으로 조성해 주면 되고 알은 온도 27℃, 습도 60%의 부화공간에서 관리한다.

★ 먹이로서의 장단점 ★

파리와는 달리 인간에게 해를 끼치지 않고, 성충의 경우 특이한 입구조로 인해 섭식 후 역류가 불가능하여 질병 매개가 없다. 해충인 파리와 유사해 보이나 인간 거주지에 침입하는 경우가 거의 없어 위생곤충으로 취급되지 않는다. 피닉스웜의 장점은 양서류 먹이의 필수 요소인 칼슘과 인의 함량이 다른 생먹이에 비해 월등히 높으면서도 그 비율이 1:1.52배로 최적화되어 있다는 점이다. 또한 피닉스웜 스스로 먹이 활동을 하는 중에 50~60℃의 열을 발생시키며 유충 섭식기간에 Info-chemical이라는 물질을 분비하여 타종의 파리가 번식을 할 수 없도록 쫓아낸다. 또한 유기물 내 세균 및 곰팡이 등의 미생물을 섭식 처리하거나 항생물질 분비로 미생물 발생을 억제하기에 기생충 혹은 다른 오염의 위험이 적다. 상업화된 동애등에의 유충을 '피닉스웜'이라는 이름으로 부르는데 번데기의 건조중량이 44%로 필수아미노산과 지방산을 포함한 42%의 단백질과 35%의 지방으로 구성되어 있다. 필요 공간이나 사육관리 면에서 번거로워 사육하기가 쉽지 않기에 구입해서 먹이기를 추천한다.

흔적날개 초파리

- **영명:** Fruit Fly
- **학명:** *Drosophila spp.*

전 세계에 약 2,000종이, 한국에는 95종이 알려져 있다. 과학 실험의 소재로서 초파리는 노벨상 수상자인 미국의 유전학자 토마스 모건 (Morgan, Thomas H.)에 의해 1900년대 처음 이용된 이래로 현재까지도 유전학 연구의 중요한 소재로 이용되고 있다. 독화살 개구리류를 기를 때 주식으로 이용하는 곤충이다. 초파리 전용 배지도 판매하고 있어서 집에서 번식시키기가 용이하며 소형 양서류나 소형 도마뱀류, 특히 갓 태어난 소형종 파충류에게 유용한 먹이가 된다. 사이클은 약 보름 정도이며 먹일 용과 번식용을 계산하여 배양하여야 한다. 20˚C 이하나 28˚C 이상에서는 번식이 되지 않는다.

★ 먹이로서의 장단점 ★

날개가 퇴화되어 날지 못하기 때문에 양서류가 사냥하기에 좋으며 크기가 2~3mm로 작아 소형종 개구리의 좋은 먹잇감이 된다. 번식 주기가 짧고 번식이 용이하다는 것도 먹이동물로서의 장점 가운데 하나이다. 먹이 반응도 좋으며 관리가 용이하다. 그러나 지속적인 먹이원으로 사용하기 위해서는 꾸준한 관리가 필요하다.

실지렁이

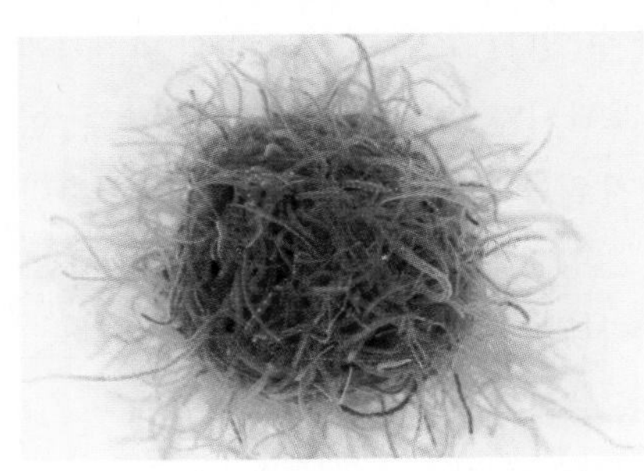

- **영명:** Sludge Worm, Sewage Worm, Lime Snake
- **학명:** *Tubifex tubifex*

주로 열대어류나 수생성 양서류들을 위한 먹이이다. 원시빈모목 실지렁이과의 빈모류로 몸길이 5~10mm, 100~150개의 고리마디를 가지고 있는 환형동물로 자연 상태에서는 하수 및 더러운 개천 등의 바닥 진흙 속에서 무리를 지어 서식하기 때문에 흡입식 파이프로 뻘을 빨아들여 거르는 방식으로 채취했으나 최근에는 환경 오염과 서식지 감소로 채취가 어려워져 구하기가 용이하지 않아 양식도 되고 있다. 현재는 부정기적으로 수족관에서 살아 있는 상태로 구입이 가능하다. 냉동되어 제품화된 것은 상시적으로 구입이 가능하다. 색이 선명하고 물에서 빨리 둥글게 뭉쳐져야 신선하다. 만일 물에 넣은 지 10여 분이 지났음에도 불구하고 원형으로 뭉치지 않는다면 상태가 별로 좋지 않은 것이므로 먹이로 사용하지 않는 것이 안전하다. 그리고 남겼을 때 수질을 급속하게 악화시키고 바닥재에 숨어 들어가 이 역시 수질 악화의 원인이 된다. 따라서 바닥재가 있는 수조에는 사용하지 않거나 충분히 넓은 먹이그릇을 사용하는 것을 추천한다. 실지렁이의 오염 문제는 서서히 흐르는 물에 3일 이상 두어 장을 완전히 비우거나 먹이가 되는 우유와 설탕을 섞은 물에 서너 시간 정도 담가서 배설을 유도하면 어느 정도 해결된다. 그러나 이 역시 세포 조직 내에 축적된 중금속은 제거되지 않는다.

블러드웜

- **영명:** Blood Worm
- **학명:** 채집되는 모기 유충의 종에 따라 다르다.

모기의 유충을 먹이용으로 제품화한 것이다. 살아 있는 것은 구할 수 없고 냉동된 것이나 건조된 것이 판매되고 있다. 일본산의 히카리와 미국산의 AHT 두 브랜드가 잘 알려져 있으며 캡슐형이나 판형의 냉동제품으로 판매된다. 중국에서는 양식이 이루어지고 있다. 양식산이나 자연산을 채집하여 OEM으로 제품화되는 경우가 많다. 다른 먹이보다 양에 비해 가격이 부담될 수도 있으나 기호성이 높고 성장에 탁월한 역할을 하기에 상용 사료 또는 특별식으로 사용하면 사육 개체에게 양질의 단백질을 제공할 수 있다. 그러나 실지렁이와 마찬가지로 서식지의 불결함으로 인한 잠재적인 위험이 상존한다. 또한 적절히 보관되지 않을 때 급속히 변질된다. 이 때문에 장구벌레 역시 실지렁이처럼 사육자에 따라서는 절대로 급여하지 않는 먹이이기도 하다. 냉동 장구벌레는 보통 캡슐화되어 얼려져 있는데 언 채로 급여하면 장염이나 다른 질병에 감염될 수 있으므로 반드시 완전히 녹인 후 급여해야 한다. 수조의 물을 다른 통에 조금 담은 다음 적당량의 냉동 장구벌레를 넣은 후 완전히 녹인 다음 핀셋을 이용하여 장구벌레만을 건져서 급여하는 것이 가장 좋다(냉동 장구벌레를 녹인 물은 반드시 버려야 한다). 조단백 57.4%(최대 65%), 조지방 5.81%, 조회분 16.75%, 조섬유 4.04%, 칼슘 0.12%이며 일반적인 사료의 조단백량이 50% 내외인 것을 고려할 때 상당히 고단백 사료이다.

그린달 웜

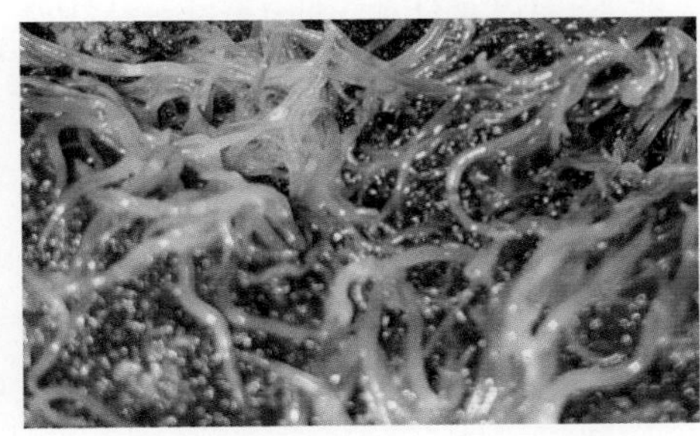

- **영명:** Grindal Worm
- **학명:** *Enchytraeus buchholzi*

양서류 먹이로 사용되는 토양 지렁이류로는 그린달 웜(Grindal Worm), 화이트 웜(White Worm), 마이크로 웜(Micro Worm), 바나나 웜, 월터 웜 등이 있다. 플라스틱 소재의 통에 소독된 바닥재(상토와 피트모스를 50:50으로 혼합한 것 혹은 퓨리라이트, 피트모스 등)를 사용한다. 흙이나 코코핏 소재를 배지로 사용할 때는 배양통 바닥에 스펀지들을 약간 깔아 오물과 수분을 머금을 수 있도록 해 주는 것이 좋다. 배지의 높이는 1.5~2cm, pH는 7 정도가 적당하다. EM(Effective Micro-organisms - 유용 미생물군으로 이루어진 발효액)용액에 배지를 약 3일 정도 배양해서 사용하면 더 좋은 결과를 얻을 수 있다. 배지의 관리는 2~3일에 한 번 염소를 날린 물을 살짝 부어 배양통을 기울여 스포이드로 모서리에 홈을 파서 오물을 빼내는 방식으로 청소한다. 그리고 EM용액을 희석한 물을 부어준다.

통은 밀폐하는 것이 좋고 호흡을 위해 구멍은 있어야 하나 그냥 두는 것보다는 부직포나 환풍시트를 부착하는 것이 파리나 다른 유해 곤충의 침입을 방지할 수 있다(소독한 상태면 일반흙도 가능하다). 바닥재는 항상 습기를 유지하되 질척거릴 만큼 과습하면 좋지 않다. 반대로 너무 건조해도 배지를 파고 들어가기에 성장속도와 번식에 불리하다. 웜을 투입하고 바닥재 위를 구멍 뚫린 격자판을 깔고 다시 그 위를 아크릴판이나 OHP 필름과 같은 투명한 판으로 덮는다.

온갖 종류의 유기물을 모두 먹이로 삼기 때문에 어떤 것을 먹이로 주어도 잘 자란다. 과일, 채소, 빵가루, 개사료, 곡식 분말, 물고기 사료 혹은 시리얼 가루나 거버 이유식 등을 급여한다. 동물성 먹이보다는 가급적이면 식물성 사료를 급여하는 것을 추천하는데 이는 사육 배지가 오염이 쉽게 되고 냄새가 날 수 있기 때문이다. 기성품으로는 코리도라스나 플레코를 위해 만들어진 둥근 와퍼(Wafer) 타입의 사료를 이용하는 것이 좋다. 비용이 걱정된다면 초식 동물용 펠렛 사료도 괜찮다. 그러나 추가적인 영양보충이 필요하다. 먹이로 배양하는 것인 만큼 웜의 사육에도 충분하고 양질의 영양 공급이 우선시되어야 한다. 웜의 채취는 바닥재 위에 올려둔 투명판에 스스로 붙거나 위로 기어오르기 때문에 어렵지 않다. 판을 꺼낸 후 물을 흘려주면 웜이 떨어지는데 스포이드로 채집하여 먹이로 급여한다. 다른 기생곤충이 생기면 채집한 웜을 물에 넣어 병원균을 제거한 뒤 다시 배양을 하면 된다.

적정 온도는 20~30℃, 온도는 22℃ 이상을 유지해 준다. 수분을 충분히 스프레이해 주어야 한다. 너무 과밀하거나 배양통의 온도가 너무 높으면 배양통을 타고 올라오는 벌레들을 볼 수 있다. 부패한 먹이는 성장에 방해가 되므로 빨리 제거해 주는 것이 좋다.

★ 먹이로서의 장단점 ★

토양에 자생하는 지렁이의 일종으로 최대 성장크기 1.5cm에 불과하여 소형종 개구리를 사육하는 데 먹이로 적합하다. 일반 가정에서도 쉽게 배양이 가능하기에 깨끗하고 다른 벌레들처럼 바닥재를 파고들지 못하기 때문에 양서류의 먹이로 이상적이다. 먹이의 종류에 따라 체성분을 다르게 배양할 수 있다. 또한 냄새도 전혀 없으며 실온에 보관이 가능하다. 물에 가라앉기 때문에 올챙이들에게도 좋은 먹잇감이 된다. 웜 자체의 영양분은 단백질 70%, 지방 14.5%, 미네랄 5.5% 탄수화물 10% 정도이다.

브라인 슈림프

- **영명:** Brine Shrimp, 알테미아(Artemia), 씨몽키(Sea Monkey)
- **학명:** 채집되는 종에 따라 다르다.

브라인 슈림프는 열대지방의 소금호수가 원산지인 동물성 플랑크톤의 일종으로 전 세계에 걸쳐 염분이 많이 함유된 육상이나 호수나 웅덩이에 서식한다.

★ 번식 방법 ★

준비물 : 플라스틱 박스, 히터(커버 있는), 부화통, 조명, 봉자석, 기포기 세트(기포기, 에어스톤), 브라인 슈림프, 스포이드, 마이크로 튜브, 칼

1. 번식용 통을 준비한다. 바닥으로부터 에어레이션이 골고루 확산될 수 있는 투명한 원통형의 용기가 이상적인데 일반적으로는 입수와 가공이 용이한 PET병이 많이 사용된다.
2. 윗부분을 10cm 정도 자른다.
3. 염소를 날린 물 1ℓ에 천일염 30g을 녹여 페트병에 넣는다.
4. 제품에 표기된 용량에 따라 알을 덜어 부화통에 넣는다. 보통 물 1ℓ당 알 2g 정도가 적당하다. 고밀도 부화 시 거품의 발생에 유의해야 한다. 알을 넣을 때 혹시 알에 붙어 있을지도 모를 균들을 제거하기 위해 미리 수돗물에 1시간 정도 불려서 망에 걸러 넣으면 병원균 감염을 최소화할 수 있다.
5. 부화 조건을 맞춘다.

   ① 브라인 슈림프의 부화온도는 25~30℃이며 25℃ 이하에서는 부화가 지연되고 33℃ 이상에서는 대사가 멈추게 되므로 에너지 손실 없는 최상의 유생을 얻기 위해서는 부화에 유리한 적정 수온인 28~30℃를 유지해야 한다. 히터를 넣은 스티로폼 박스 안에 부화통을 설치하는 것이 안정적으로 온도를 유지하는 데 도움이 된다. 이럴 경우 히터는 반드시 커버를 해야 하며 히터 몸체가 잠길 정도로 스티로폼 통 안에 물을 채워야 한다. 부화 온도를 조절하는 데 자동온도조절기를 사용하는 것도 좋다. 적정 pH는 7~9이다.

② 최상의 부화를 위해서는 20mg/ℓ의 산소 용존량의 유지가 필요하다. 따라서 부화통 안에 기포기를 설치하여 에어레이션을 한다. 이때 자른 페트병의 윗부분을 부화통에 뒤집어 끼우면 에어레이션으로 인해 물방울이 밖으로 튀는 것을 방지할 수 있다. 페트병을 부화통으로 사용할 경우에는 에어스톤을 그냥 넣으면 되지만 큰 통을 부화통으로 이용할 경우에는 원활한 에어레이션을 위해 에어스톤을 부화통 정중앙에 위치시키는 것이 좋다. 에어레이션은 알에 산소를 공급할 뿐만 아니라 알을 부유(浮游)하게 하는 데도 중요한 역할을 한다. 가라앉은 알은 부화되지 않으므로 에어레이션은 부화통 내에 골고루 충분히 해 줄 필요가 있다.

③ 빛을 제공해 주는 것도 부화에 도움이 된다. 부화 전 기간 동안 1,000Lux의 빛을 유지하는 것이 이상적이다. 특히 부화 시작 후 1시간 동안은 빛이 필수적이다.

④ pH8 이상 강알카리성 염수에서 부화가 잘 되므로 탄산수소나트륨을 약간 넣는다(엄지와 검지로 살짝 집은 정도).

6. 부화시간은 26~48시간에 부화된다. 부화시간이 길어지면 일찍 부화된 유생은 자체의 함유 영양가가 점점 떨어지게 되므로 가급적 짧은 시간에 동시에 부화시키는 것을 목표로 하는 것이 좋다.
7. 부화를 마쳤다고 판단될 때 에어레이션을 멈추면 부화통 상부에 탈각이 분리되어 떠오르고 브라인 슈림프는 아래에 가라앉는다. 주변을 어둡게 하고 아래쪽에 라이트를 비추면 주광성인 브라인 쉬림프들이 빛을 따라 자연스럽게 라이트가 비치는 아래로 몰려 채취가 쉬워진다. 이처럼 브라인 슈림프의 알껍질이 물에 뜨는 점과 브라인 슈림프가 빛을 향해 모여드는 성질을 이용하여 분리한다. 알껍질에 철분 코팅이 되어 있는 제품의 경우에는 봉자석을 이용하여 껍질을 제거해 준다. 이 작업은 에어레이션을 끄고 30분 이내에 마치도록 한다. 시간이 너무 지체되면 부화된 브라인 슈림프들이 산소부족으로 질식하여 죽게 된다. 채집 시에 유생들을 공기에 노출시키거나 에어레이션이 안 되어 있는 조그만 용기에 밀집시키면 산소 부족으로 폐사할 수도 있으므로 유생들을 옮기는 공간에도 청결한 수질과 충분한 에어레이션이 유지되어야 한다.
8. 탈각을 제거하고 부화된 브라인 슈림프는 염도가 매우 높기 때문에 아주 고운 망에 걸러 깨끗한 물로 씻어 준 다음 올챙이들에게 먹인다. 이때 너무 강한 수압으로 씻는 것은 좋지 않다.
9. 부화한 유생은 가급적 바로 급여한다. 부화한 유생은 전적으로 저장된 에너지로 살아가기 때문에 갓 태어난 브라인 슈림프가 가장 영양가가 높다.
10. 먹이고 남은 것은 작은 마이크로 튜브 등에 나누어 담아 0~4℃의 저온으로 냉장고에 보관을 하면 변태를 지연시키고 영양 손실을 최소화할 수 있다. 살려서 보관하기 위해서는 염도 35‰, 25℃의 소금물에 보관하면 하루 이틀 정도는 살릴 수 있다. 완전한 담수에서는 하루 정도 생존이 가능하다. 위의 방법이 불가할 경우 냉동보관한다.

★ 번식 시의 주의점 ★

- 부화과정에서 약간의 독특한 냄새가 발생하므로 이를 감안해서 부화 장소를 정하는 것이 좋다.
- 유생이 활발히 유영해야 치어의 반응이 좋으므로 유생의 활력을 유지하는 데 관심을 기울여야 한다.

- 전문적으로 대량 생산할 경우 부화율을 올리기 위해 차아염소산 소다나 과산화수소 등을 이용하기도 하지만 가정에서 수급할 때에는 굳이 그러지 않아도 충분한 양을 수확할 수 있다.
- 개봉된 알테미어는 되도록 빨리 사용하고 장기간 보관하지 않도록 하되 부득이하다면 밀봉하여 건조하고 어두운 곳에 보관하도록 한다.

★ 먹이로서의 장단점 ★

몸 길이는 15mm 정도까지 성장하는데, 갓 부화한 올챙이가 먹을 수 있는 크기의 먹이는 한정되어 있고 움직이는 먹잇감에 반응이 빠르기 때문에 이 시기에 브라인 슈림프는 상당히 좋은 먹이원이 될 수 있다. 또한 부화 직후 영양가가 높을 뿐만 아니라 내구란의 보존이 용이하고 수시로 부화시킬 수 있다는 점이 먹이로서는 상당한 장점이라고 할 수 있다. 그러나 완전한 먹이의 형태로 공급되는 것이 아니기 때문에 알의 부화 과정이 조금 번거로울 수 있으며 외국에서는 내부 장기의 이상을 초래하거나 바이러스를 옮길 가능성이 있다는 이유로 사용을 꺼리는 사람도 있다.

이미 여러 회사에서 다양하게 상품화가 많이 되어 있고 각각의 제품 외부에는 보통 부화 방법이 기재되어 있으므로 그대로 절차를 진행하면 된다. 부화시킨 알테미어 유생을 적당한 크기까지 배양한 후 수확하여 냉동 보관하면 오래 두고도 급여할 수 있다.

★Tip★ 더스팅(Dusting)과 것로딩(Gut-Loading)

- 더스팅(Dusting)은 말 그대로 가루를 뿌린다는 뜻으로 먹이용 생물에게 직접 분말칼슘이나 분말형태 비타민을 묻혀 생물에게 급여하는 방법이다. 길쭉한 형태의 플라스틱 통에 귀뚜라미나 슈퍼웜 등을 넣고 칼슘과 비타민을 같이 넣고 흔들어 분말이 몸 전체에 잘 묻게 해서 급여하는 방법이다. 먹이 급여 시 매번 더스팅을 해서 주게 되면 칼슘 과다 섭취를 유발하므로 1주일에 1~2회 정도가 적당하다.
- 것로딩(Gut-Loading)은 먹이용 생물에게 양질의 먹이나 그냥 급여했을 때 부족하기 쉬운 영양소를 먹이용 동물에게 직접 먹여서 체내에 흡수시킨 후 양서파충류에게 급여하는 방법이다. 것로딩용 사료를 먹이에게 먹이고 바로 양서파충류에게 급여하는 것이 아니라 하루나 이틀이 지난 뒤 먹여야 효과적이다. 또한 것로딩을 마친 먹잇감을 냉동 보관할 경우에도 마찬가지로 영양이 흡수될 충분한 시간을 가진 뒤에 냉동보관하는 것이 좋다. 것로딩을 위한 사료는 손쉽게 조달할 수 있는 재료들을 혼합하여 스스로 조제해도 되고 그것이 번거롭다면 시판되는 것로딩용 사료를 사용하면 도움이 될 것이다.

★Tip★ 밀웜/슈퍼웜 보관 및 번식

슈퍼웜이나 밀웜은 집안에서도 충분히 번식시키며 양서파충류에게 꾸준히 급여할 수 있다. 냄새가 적고 공간 또한 많이 차지하지 않으므로 많은 수의 양서파충류가 아니라면 충분히 자가 번식으로 충당할 수 있다. 슈퍼웜과 밀웜의 사육 및 보관은 거의 같으나 차이점이라면 밀웜은 사육 통 안에서 자연히 번식이 이루어지나 슈퍼웜은 애벌레 상태에서 한 마리씩 따로 작은 필름 통이나 요구르트 병에 담아 놓게 되면 변태과정을 거쳐 성충이 된다는 것이다. 먹이가 되는 베딩은 밀기울(밀가루를 빻고 남은 찌꺼기)+보릿가루(겉보리를 거칠게 간 것)+생선가루(국물용 값싼 멸치를 한번 끓여 염분을 제거 후 말려서 간 것)을 4 : 5 : 1 정도로 배합하여 사용한다. 이렇게 만들어진 먹이 베딩을 넓적한 플라스틱 통이나 채집통 등에 깔고 밀웜의 경우 먹이/솜/먹이의 순서로 차곡차곡 4단 정도 깐 후에 밀웜을 넣으면 파고들어가서 변태과정을 거쳐 딱정벌레가 된 거저리가 솜에 알을 낳는다. 그 안에서 번식과 변태과정이 다 이뤄지므로 관리가 쉽다. 반면 슈퍼웜은 밀웜과 달리 약간은 손이 더 많이 가는데, 애벌레를 각자 먹이가 없는 조그만 통(필름통이나 요구르트병)에 격리시켜 놓으면 얼마 지나지 않아 번데기로 변하게 되고 탈피 후 성충이 되면 먹이 베딩을 깔고 같이 넣어 놓으면 그 안에 알을 산란한다. 수분 보충은 직접 물을 분무하거나 물그릇을 넣어 주는 것이 아니라 배춧잎이나 과일 등을 잘라 베딩 위에 놓으면 그것으로 수분 보충이 되므로 먹고 남은 과일 껍질이나 배춧잎을 넣어 주고, 시간이 지나 마르게 되거나 밀웜들이 먹고 남은 찌꺼기는 버리고 다시 보충해 주면 된다. 흔히 먹이 베딩으로 엿기름이나 닭 사료를 쓰기도 하는데 엿기름은 보릿가루 효과를 내는 듯하지만 영양소는 싹을 틔워서 갈아버렸기 때문에 영양가는 적으며 달기 때문에 웜들에게 너무 빨리 소진되는 경향이 있다. 응애는 잘 생기지 않지만 나방 등이 잘 몰려드는 단점이 있고 임시적으로 전용사료를 구할 수 없을 때는 유용하게 쓰이나 장기간 사용 시 좋지 않다. 닭 사료는 특성상 항생제를 사용할 수밖에 없고 물론 치명적인 해가 발생할 정도는 아니지만 장기적으로 봤을 때는 좋지 않다. 닭 사료를 사용한 웜의 경우 힘이 약하고 윤기가 떨어진다. 밀웜들의 사육통은 과습하게 되면 곰팡이가 슬고 번식률도 낮아지며 폐사할 수 있으니 따뜻하고 통풍이 잘 되는 곳에 두고 관리하는 것이 좋다.

각종 자연의 곤충들

굳이 인공 번식된 이런 먹이를 급여하지 않더라도 자연에서 채집한 곤충들도 있다. 그러나 세균이나 기생충 감염, 화학적 오염의 우려가 있기 때문에 야생 곤충의 급여는 하지 않도록 한다.

쥐(Mouse/Rat)

육식동물을 기르는 데 있어 필요 불가결한 사실, 즉 동물에게 먹이기 위해 다른 동물을 죽인다는 것에 대하여 도덕적인 의문을 갖는 사람들이 있을 것이다. 이 의문에 대하여 스스로 답하고 해결되지 못할 경우에는 육식동물을 기른다는 것 자체가 무리이다. 만약 육식동물을 기르겠다고 결정하였다면 먹이동물 또한 적절한 사육환경과 먹이를 공급해야 하며 먹이동물을 도살할 경우에도 최대한 인도적으로 고통 없이 빨리 도살하는 방법을 써야 한다. 다른 동물을 먹이로 주는 거부감 때문에 사육자 임의로 양서파충류에게 알맞지 않는 것을 먹여서 기르는 것은 양서파충류에게 장기간의 고통을 주는 학대일 수 있다.

대형 양서파충류나 뱀류 사육에서 가장 보편적인 먹이가 바로 생쥐이다. 보편적으로 실험동물로 알려져 있던 생쥐를 먹이용 동물로 쓰게 된 것은 파충류 사육이 붐이 일기 시작하면서이다. 초기에는 실험용 생쥐 번식 농장에서 구입했으나 점차 먹이용 생쥐 농장이 생겨나고 수급이 안정되어 가격도 저렴해지고 크기별로 손쉽게 구할 수 있게 되었다. 일반적으로 먹이용 쥐는 생쥐(Mouse)와 시궁쥐(Rat) 두 종이 쓰이며 랫의 경우는 크기가 생쥐의 5배 이상 차이가 나서 주로 대형 뱀 먹이로 쓰인다. 직접 사육도 무방하나 집안에서 쥐 사육은 냄새가 많이 나고 손이 많이 가므로 생쥐는 일반적으로 죽은 것을 얼려서 냉동 보관해 놓고 급여한다.

도살하는 방법은 신속하고 잔인하지 않게 해야 하는데 일반적으로 튼튼한 비닐에 많은 수의 쥐를 넣고 밀봉을 하면 짧은 시간 내에 질식사에 이르게 된다. 쥐머리(목 부분)를 쇠막대(드라이버 같은 도구)로 살짝 눌러 고정시킨 후 꼬리를 순간적으로 잡아 당겨 척추를 분리시켜 죽이는 경추 분리는 가장 빠르고 비교적 고통 없이 죽이는 방법으로 알려졌으나 어느 정도 요령이 필요한 방법이며, 방법을 잘못 시행할 경우 피가 튄다든지 쥐의 꼬리 껍질이 벗겨지는 불상사가 생길 수 있으니 주의한다.

일반적으로 생쥐는 연령(일령)에 따라 다음과 같이 명칭이 나뉜다.

설치류의 연령별 명칭			
핑키	처비	퍼지	하퍼

핑키(Pinky)	생후 1~2일된 것으로 몸에 털이 없어 진분홍색을 띠며, 얇은 피부를 갖고 있다. Pinky는 피부색을 보고 붙여진 이름이다.
처비(Chubby)	생후 3~6일된 것으로 핑키보다 크고 살이 올라있으며 피부는 두터워졌고, 옅은 분홍색을 띤다. Chubby는 살이 올랐다는 의미이다.
퍼지(Fuzzy)	눈을 아직 뜨지 못한 상태의 것으로 털이 나 있다. Fuzzy는 털이 난 상태를 의미한다.
하퍼(Hopper)	눈은 떴으나 아직 젖을 떼지 못한 것을 말한다. Hopper는 이때의 생쥐의 움직임을 보고 붙여진 이름이다.

어류(Fish)

물고기는 반수생 거북류나 도마뱀, 수생성 뱀, 악어류를 기를 때에 급여한다. 소형 양서류를 위해서는 제브라, 수마트라, 네온테트라, 구피, 고도비, 피라미, 몽크호샤 등 수조 물잡이용으로 이용되는 비교적 저렴하고 최대 성장크기가 6cm를 넘지 않는 소형어류를 먹이로 사용할 수 있다. 수조의 여유가 있다면 난태생의 어류를 자가 번식하여 급여하는 것도 가능하다. 열대어 이외에도 피라미 등의 토종 어류, 블루길, 베스, 잉어, 향어, 금붕어, 미꾸라지의 치어도 크기만 적당하다면 먹이로 사용 가능하다.

특히 양서류에게 미꾸라지를 급여할 때 주의할 점이 있다. 큰 개구리에게는 다 자란 미꾸라지를 급여해도 되지만 미꾸라지의 특성상 쉽게 죽지 않고 개구리 뱃속에서도 일정 시간 생존하는데, 가슴지느러미에 있는 가시가 소화기관을 다치게 할 수 있으므로 머리와 지느러미를 잘라서 급여하거나 기절시켜서 주는 것이 안전하다.

조류

십자매나 어린 메추라기, 병아리 등의 조류도 먹이로 사용된다. 특히 뱀 중에서는 조류를 선호하는 종들이 있다. 포식과정에서 사육 개체를 공격하거나 위해를 가할 수 있기 때문에 반드시 기절시키거나 경추분리로 죽여서 급여한다.

3 초식성 양서파충류 먹이

완벽한 초식성 양서파충류는 야생의 양서파충류 중에서도 2% 정도 차지하는 적은 비율이며 사육하는 대부분의 많은 양서파충류들이 잡식의 식성을 가지고 있으므로 식물 또한 양서파충류의 먹이군에서 중요한 위치에 있다. 일반적으로 초식이라고 알려져 있는 그린 이구아나도 어렸을 때는 초식과 육식을 같이 하는 잡식의 식성을 띠며, 잡식성 양서파충류의 경우도 초식성에 가까운 잡식성과 육식성에 가까운 잡식성 양서파충류로 나뉠 수 있다. 그럼 양서파충류에게 급여해도 좋은 식물성 먹이와 급여해서는 안 될 식물성 먹이에 대해 알아보자.

일반적으로 사람이 먹을 수 있는 야채의 경우 거의 대부분 초식성 파충류가 섭취할 수 있다고 볼 수 있다. 하지만 포유류인 사람이 먹을 수 있는 야채의 경우엔 장기간 급여 시 파충류인 양서파충류에게는 해가 될 수 있는 채소나 과일들이 포함되어 있으니 급여 시 주의해야 한다. 될 수 있으면 다양한 채소를 급여하는 것이 좋으며 기호성이 좋거나 구하기 쉽다는 이유로 제한된 종류의 채소만을 급여하게 된다면 영양 불균형이 오기 쉽다. 대표적으로 기호성이 높은 상추는 부드럽고 수분도 많이 포함되어 있어 기호성으로는 따를 채소가 없지만 아이러니하게도 영양 면에서는 비타민 이외에는 직접적인 에너지원으로 쓸 수 있는 영양분이 거의 없다. 애완동물 사육 시 많은 사육자들이 '애완동물이 잘 먹고 좋아하는 것이 좋은 먹이다.' 라고 착각하는 오류를 범하곤 한다. 일반적으로 초식성 파충류에게 많이 급여하는 채소가 바로 애호박이 있다. 하지만 성분표에서 보면 애호박은 칼슘의 함량이 낮고 인의 함량이 높아 칼슘과 인의 불균형이 올 수 있으며 섬유질의 함량이 낮아 사실 적절한 먹이라고 볼 수 없다. 애호박을 급여할 때 보조로 칼슘을 더스팅해서 주는 것이 좋다.

초식성 파충류에게 식물성 먹이를 급여 시 가장 중요한 부분이 칼슘의 중요성을 이해하고 먹이 급여에 있어 칼슘(Ca)과 인(P)의 적절한 급여 비율을 조절하는 것이라고 할 수 있다. 일반적으로 칼슘과 인의 비율은 2(칼슘) : 1(인) 정도를 추천한다. 초식성 파충류에게 이상적인 식단은 고칼슘, 저단백, 고섬유질 식단이며 일반적으로 사람에게는 거친 듯한 채소류가 오히려 파충류에게는 이상적인 식물성 먹이이다. 일반적으로 초식성 파충류는 탄수화물 50%, 단백질 15~35% 정도를 요구하며 과다한 단백질 섭취 시 신장 기능의 이상이 생겨 신부전이 올 수 있으므로 고단백을 함유하고 있는 콩과의 식물의 경우도 초식성 파충류에게 장기 급여 시 좋지 않다. 여기서 언급한 위험요소는 장기간 혹은 한 종류의 채소만을 급여 했을 시 일어날 수 있는 현상이므로 너무 위험하다고 판단하여 아예 배제하는 것보단 건강한 개체에게 다른 사료와 더불어 골고루 소량을 급여하는 것이 적절하다.

★Tip★ 초식성 파충류에게 피해야 할 식물 종류

- 요산 과다 포함 채소 : 아스파라거스, 꽃양배추(컬리플라워), 버섯, 맥아, 강낭콩, 완두콩, 시금치
- 옥살산염(Oxalic acids) 포함 채소 : 옥살산이 많은 먹이를 급여하면 체내의 칼슘과 결합하여 용해되지 않는 수산칼슘으로 변하면서 칼슘의 흡수를 방해하여 칼슘 결핍을 일으키고 결과적으로 신장 또는 요도결석의 원인이 되기도 한다. 부정기적으로 급여하는 것은 가능하다. 시금치, 비트(사탕무), 브로콜리, 케일, 겨자, 근대, 파슬리, 당근의 상단부 등
- 갑상선종 유발물질(고이트로겐) 함유 채소 : 양배추, 케일, 근대, 순무(잎 제외), 겨자잎
- 콩류 : 식물성 단백질이 과다하게 함유되어 있다.
- 지나치게 수분이 많은 채소 : 상추. 설사를 유발하며 장을 약하게 만든다.
- 단 맛의 과일, 산도가 높은 과일 : 산성도와 당도가 높은 과일(사과, 오렌지, 귤, 포도 등)을 다량 급여했을 경우 소화기관 내의 pH를 변화시켜 파충류에게 유익한 소화 박테리아를 모두 죽게 만들 수 있다. 그렇게 되면 차후 먹이를 먹더라도 소화 박테리아들이 활동을 하지 못해 결과적으로 먹이를 소화를 시키기 어렵게 된다. 또한 단기간에 많은 박테리아가 죽으면 죽은 박테리아들이 소화벽에서 흡수되어 혈류로 들어가 치명적인 독소를 방출하게 된다.
- 양파, 생강, 마늘, 파, 고추 등의 자극적인 향신채
- 위의 내용은 초식을 하는 파충류만이 아니라 잡식성 파충류에게도 적용된다.

식물 종류	단백질(mg)	식이섬유(g)	칼슘(mg)	인(mg)
당근	1.10	2.90	40.00	38.00
애호박	1.40	1.40	13.00	44.00
배추	0.90	1.50	37.00	25.00
상추	-	-	-	-
치커리	1.70	1.10	79.00	39.00
청경채	1.30	3.14	90.00	38.00
참나물	-	3.00	-	-
냉이	4.70	5.70	145.00	88.00
곰취	2.90	-	241.00	65.00
쑥갓	3.50	2.30	38.00	47.00
질경이	3.00	-	108.00	43.00
민들레	3.50	4.43	-	-
토마토	0.90	1.30	9.00	19.00
케일	5.00	3.70	281.00	45.00
토끼풀	4.60	-	3.00	47.00
양상추	0.90	1.10	32.00	27.00
양배추	5.00	15.20	25.00	35.00
적양배추	5.00	15.20	25.00	35.00
(100g당 성분표, 농촌진흥청 식품영양기능성정보 참고)				

 인공사료 및 칼슘 영양제

✔ 인공사료

각 제조사별로 다양한 파충류용 인공사료가 시판되고 있으며, 인공사료는 보통 각종 영양소를 주재료로 하고 거기에 파충류에게 필요한 비타민이나 각종 미량원소를 첨가하여 수분 함량이 약 10% 미만인 건조사료(Dry Type)의 형태로 제조된다. 모든 양서파충류가 인공사료에 먹이붙임(먹이에 길들여지는 것)이 되면 좋겠지만 육식성 양서파충류의 경우 먹이동물의 움직임에 반응하는 경우가 대부분이며 일부 초식성과 잡식성 파충류에게는 사료 먹이붙임이 가능하다. 기호성은 생먹이에 비하여 떨어지긴 하지만 제한된 생먹이를 급여 시 부족할 수 있는 부분을 채워줄 수 있는 영양의 집합체이기 때문에 초기에 거부를 하더라도 생먹이와 적절히 섞어 급여하면 건강한 양서파충류를 기르는 데 도움이 된다.

✔ 칼슘

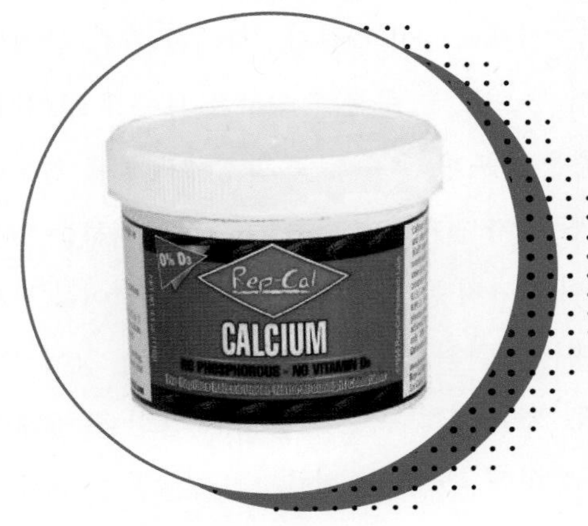

칼슘제나 비타민제를 준비

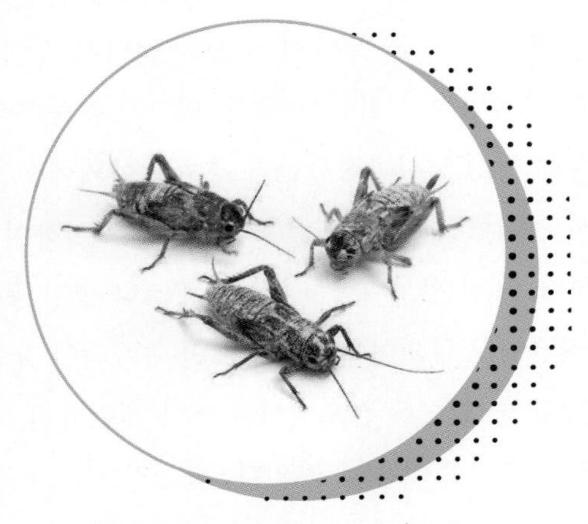
칼슘을 귀뚜라미에 뿌려서 급여

칼슘은 양서파충류 성장에 많은 영향을 끼친다. 특히 성장기의 어린 개체일수록 칼슘 부족 형상은 치명적이며 정상으로 자라지 못하게 된다. 주행성 파충류 경우 일반적으로 칼슘이 체내에 흡수되기 위해선 일광욕을 통한 UVB파장에 함유된 비타민 D_3의 합성이 꼭 필요하다. 이 조건이 충족되지 않을 경우 대사성 골질환(MBD; Metabolic Bone Disease)이라는 기형성 질환이 오게 되며, 이는 뼈가 제대로 자라지 못하여 정상적인 골격 체계를 갖추지 못하는 질병이다. 대사성 골질환의 심각성은 예방만이 필수이며 이미 진행이 된 경우에는 되돌릴 수 없는 심각한 질병이다. 하지만 이는 UVB자외선등 설치와 비타민 D_3가 함유된 칼슘을 급여함으로써 예방할 수 있다.

시중에 판매되고 있는 칼슘제는 입자의 크기, 비타민 D_3의 첨가 유무로 분류되어 있으며 일반적으로 주행성 양서파충류의 경우 UVB램프와 함께 비타민 D_3가 포함된 칼슘을, 야행성인 양서파충류의 경우 D_3가 포함되지 않은 칼슘제를 급여한다. 하지만 뭐든지 넘치는 건 부족함만 못하다고 하였다. 최근 많은 사육자들이 '파충류 건강=칼슘 급여'라는 인식이 강해서인지 칼슘의 남용 부작용의 심각성을 모르는 경우가 많고 부작용 또한 늘고 있다. 부족한 부분은 보충해 줄 수 있지만 과용했을 때 심각성은 부족한 상황보다 훨씬 심각해질 수 있다는 이야기다. 지나친 비타민 D_3나 칼슘 섭취의 경우 체내에서 많은 양이 흡수되지 못한 채 석회화되어 결석 등을 유발시키거나 연조직(장내조직)의 석화 현상을 유발할 수 있으며, 급성적으로 폐사로 이어질 수 있으므로 칼슘을 급여할 때 체내에 남은 칼슘이 배출되기 쉽도록 충분한 수분 섭취를 시켜 주는 것을 잊지 말아야 한다.

수분공급은 단순히 물그릇에 깨끗한 물을 채워 주는 것으로 그치는 것이 아니라 몸에 직접 잦은 분무와 온욕 등으로 충분히 공급될 수 있도록 조치해야 한다. 사실 초식성 양서파충류인 그린이구아나나 육지거북들이 병원을 찾는 경우가 많은 원인이 바로 몸 안에 결석이 생겨서인 경우가 많다. 수의학에서는 결석의 원인으로 칼슘 부족 혹은 과다, 수분 부족을 원인으로 든다. 그중 가장 큰 원인으로 꼽는 것이 바로 수분 부족이다. 초식성 파충류들은 주로 채소나 과일 등 수분함량이 높은 먹이를 먹기 때문에 수분 보충이 충분할 것이라고 안심하는 사육자들이 많은데, 지나친 칼슘 섭취와 수분 부족은 치명적인 위험을 줄 수 있으므로 분무와 온욕 등으로 늘 충분한 수분을 보충해 주어야 한다.

만약 주행성 양서파충류들의 경우도 야외에서 일광욕을 충분히 할 수 있는 환경에서 기를 경우에는 위에서 언급했던 비타민 D_3의 과잉을 막기 위하여 비타민 D_3가 첨가되지 않는 칼슘을 급여하는 것이 바람직하다. 또한 왕도마뱀류처럼 마우스나 핑키 등과 같이 뼈까지 통째로 먹는 경우에는 먹이를 통해 충분한 칼슘이 공급되어지므로 별도의 추가적인 칼슘 급여는 제한하는 것이 좋다. 칼슘제는 집에서도 손쉽게 만들 수 있는데 갑오징어의 뼈나 계란껍질, 굴 껍질 등을 세척 후 한번 삶아서 말린 후 곱게 빻아서 천연 칼슘제로 이용할 수 있다. 일반적으로 칼슘제는 먹이에 직접 더스팅(Dusting - 가루 등을 뿌리다)해서 먹이거나 레오파트 게코류 경우는 작은 접시에 담아 두면 자신들이 알아서 핥아서 먹기도 한다.

5 알맞은 먹이 급여 방법

건강한 양서파충류를 기르기 위해선 그들이 원하는 환경과 더불어 적절한 영양 공급이 필수 사항이다. 그들이 야생에서는 무얼 먹고 살았는지, 어떤 형태의 먹이를 원하는지 꼼꼼히 체크해봐야 하며 자신이 주는 사료성분에도 적절한 영양소가 들어 있는지 체크를 해보아야 한다.

✔ 먹이 부족으로 인한 영양결핍

첫 번째, 먹이 부족으로 인한 영양 결핍의 주요 원인은 사육주의 게으른 사양 관리나 여러 마리를 복수 사육하는 경우 마릿수에 비해 적은 먹이양으로 늘 먹이를 취하지 못하는 개체가 생겨 일어날 수 있다. 이럴 땐 먹이를 급여 시 어떤 개체가 먹이를 잘 먹는지 혹은 안 먹는지 먹이 먹는 모습을 관찰한 후 먹이 경쟁에서 뒤처지는 개체를 따로 분리 사육하여 약해진 개체를 보호하여야 한다.

무리를 이루는 종일수록 서열이 존재하며 서열이 낮은 개체일수록 먹이 먹을 때 적극적으로 동참하지 못하는 경우가 생기므로 먹이를 줄때 따로 분리해서 급여하든 먹이 접시를 두 군데로 분산해서 급여하는 것이 바람직하다.

✔ 식단의 불균형으로 인한 일부 영양소의 과잉이나 결핍

식단의 영양 불균형에 의한 특정 영양소의 결핍이나 과잉은 심각한 문제를 초래할 수 있다. 하지만 이런 부분은 대부분의 사육주가 자신이 기르는 동물이 영양소 결핍이나 과잉으로 인해 질병이 발병한 후에나 그 사실을 깨닫게 되므로 문제가 더욱 심각해진다. 이는 평소에 자신이 기르는 동물에 대한 학습 부족이므로 자신이 기르는 양서파충류가 요구하는 적절한 영양소에 대해 공부하고 동물의 평소 활동양이나 움직임, 외향을 보고 영양상태 체크를 하여 예방하는 방법이 최선이다.

✔ 균형 잡힌 식단이라도 과잉으로 급여해 영양과잉으로 인한 비만

영양과잉으로 인한 비만은 사육자들이 가장 쉽게 범하는 문제이다. 흔히들 비만은 만병의 근원이라고들 한다. 이는 동물도 예외가 아니다. 대부분의 사육자들이 자신의 애완동물에게 필요 이상의 과도한 먹이를 주는 경향이 있다. 이는 사실 어찌 보면 당연하다고 볼 수 있는 문제이다. 원체 움직임이 적은 파충류들이기에 먹이 먹는 모습이야말로 가장 역동적인 순간이며, 애완동물로 파충류를 사육하는 많은 애호가들의 사육의 즐거움이 바로 자신의 애완동물이 먹이 먹는 모습을 지켜보는 것일 것이다. 이런 이유로 많은 사육자들이 자신의 애완동물에게 필요 이상의 먹이를 급여함으로써 비만의 상태로 만들고 있는 경우가 많다.

파충류들은 일반 동물들과 달리 대사가 느리며 야생상태에서 오랜 굶주림을 참을 수 있도록 신체가 설계되어 왔다. 더구나 야생이 아닌 사육의 상태에서는 충분한 운동 또한 부족하기 쉬운 상황이므로 비만이 쉽게 올 수 있다. 특히 상대적으로 크기가 큰 동물일수록 작은 사육장에서 최소한의 움직임과 비교적 고영양의 먹이를 급여받으므로 쉽게 비만이 오며, 인간에게 사육되는 많은 이구아나나 모니터 왕양서파충류의 경우 지방간을 지니고 그로 인한 발병이 많은 실정이다.

이미 진행된 비만인 경우는 먹이 급여 횟수 조절 및 운동량을 늘려주어 치료할 수 있으나 가장 큰 문제는 사육자 자신이 자신의 동물의 비만도를 정확히 모른다는 것이다. 많은 사육자들이 일단 보기에 통통하게 살이 올라와 있으면 건강하다고 믿어 버리며 그 모습이 보기 좋다고 여기기 때문이다. 사육하는 동물의 이상적인 표준 체중이나 크기를 평소에 숙지하고 몸무게를 체크하여 자신의 동물이 비만이 되는 것을 예방해야 하며 먹이 급여 방법 또한개체의 상태에 따라 적절히 조절한다.

Keeping Reptiles & Amphibians

2장

양서류

척추동물 중 제일 먼저 육상에 첫발을 내딛은 양서류에 대하여 이야기해보자. 양서류는 꼬리가 있는 유미목인 도롱뇽과 영원, 꼬리가 없는 무미목인 개구리와 두꺼비, 그리고 무족영원목으로 분류되며 보통 변태의 과정을 거치나 종에 따라 몇몇 종은 변태과정을 거치지 않는 종들도 있다. 하지만 다른 동물군과 확연히 다른 특징은 피부호흡의 비율이 상당히 높다는 것이다. 이러한 특성 때문에 피부가 마르는 환경, 즉 완벽히 물을 떠나 살기 어려운 특징을 가지고 있다. 현재 지구상에는 양서류가 살아가기 위한 최소한의 환경적 안정임계치를 벗어나는 변화들이 매우 빠르게 일어나고 있다. 양서류는 물과 뭍 양쪽에서 서식하며 깨끗한 물에서만 산란하는 습성과 피부의 습기를 유지해야 하는 특성, 그리고 그들이 가지고 있는 독특한 투과성 피부로 인해 이러한 환경 변화에 특히 민감하기 때문에 민물 생태계의 건강성 여부를 가장 잘 나타내는 지표이자 환경적 스트레스의 지표, 즉 '환경지표종'의 역할을 한다. 그러나 물과 뭍 양쪽에서 서식한다는 이러한 사실은 서식지 선택의 폭이 넓어 생존에 유리하다는 의미일 수도 있고, 다른 한편으로는 그만큼 환경적 위험에 노출될 가능성이 크다는 의미이기도 하다. 그러므로 '양서류의 건강'은 곧 '전체로서의 생물권 건강'을 의미한다고도 이야기할 수 있다. 이러한 이유로 최근의 양서류의 급격한 감소와 멸종 추세가 지구환경변화에서 갖는 의미는 결코 작지 않다. 양서류는 그 전체 종의 수를 특정하기가 상당히 어렵다. 왜냐하면 양서류는 알, 유생, 성체의 모습이 완전히 다르며 각각의 시기에 따라 완전히 다른 서식공간에서 살아가기 때문에 조사를 함에 있어서도 기본적으로 다른 분류군들보다 어려움이 있고, 멸종되는 종이 해마다 늘어나고 있는 반면 동남아시아와 남아메리카 등지처럼 생물다양성이 상대적으로 풍부한 지역에서는 매년 30~ 40종이 새로 발견되어 신종으로 기재되고 있기 때문이다.

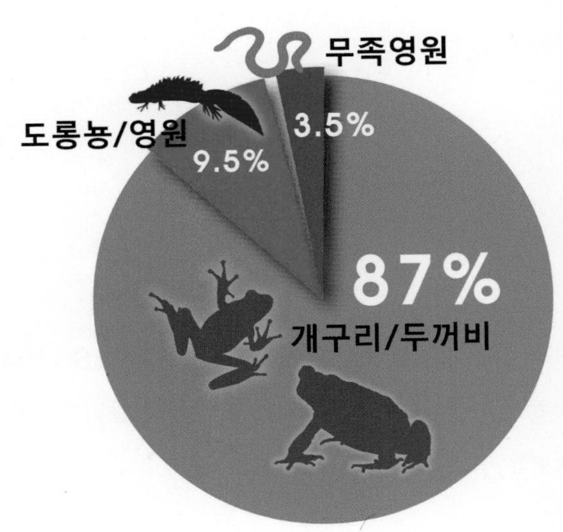

양서류의 신체적 특징

유생에서 성체로 순식간에 형태를 바꾸는 변태는 척추동물 가운데 양서류만의 고유한 특징이다. 양서류는 불완전한 폐호흡을 보충하는 방법으로 피부호흡을 발달시켜 상당 부분 그에 의존하고 있다. 양서류의 피부는 얇고 비각질성으로 투과성이 있으며, 항상 습하게 유지될 필요가 있기에 건조에 매우 취약하다. 양서류는 지구상에 있는 어떤 분류군과도 차별되는 독특한 투과성 피부를 지니고 있으며 체표에 털이나 깃털, 비늘을 가지고 있지 않다. 양서류는 몸 안에 뼈를 가지고 있는 척추동물이다. 지렁이처럼 보이는 무족영원목 역시 몸 안에 제대로 된 골격을 가지고 있다. 또한 양서류는 외부 온도에 의해 체온이 변화하는 변온동물이다. 뭍에 더 적응한 다른 척추동물들과는 달리 양서류는 물을 벗어나 생존하거나 번식할 수 없다.

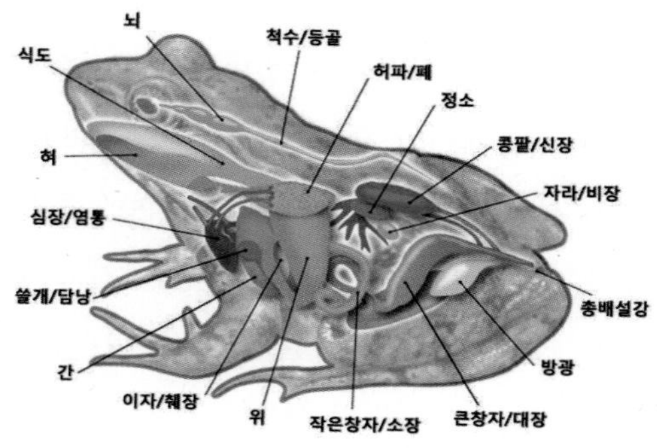

개구리의 내부 장기

양서류의 분류

현존하는 양서류는 '꼬리와 다리의 유무'에 따라 크게 꼬리를 가지는 유미목(Urodela)과 꼬리가 없는 무미목(Salientia), 다리가 없는 무족영원목(Gymnophiona)의 세 종류로 분류되며 약 7400여 종 정도로 알려져 있다(학자에 따라 영원목, 사이렌목, 도롱뇽목, 개구리목의 4개 목(目)으로 분류하는 학자도 있다).

1 유미목의 특징

유미목은 꼬리가 있는 무리라는 뜻으로 도롱뇽과 영원류가 속하는 무리로 처음 뭍으로 나온 양서류의 원형으로 여겨지는 원시적인 무리이다. 유미목을 의미하는 'Caudata'라는 명칭은 '꼬리'를 의미하는 라틴어 'Cauda'로부터 유래되었다.

유미목은 무미목과 달리 변태 이후에도 꼬리를 그대로 가지고 있기 때문에 형태적으로는 파충류인 도마뱀과 유사하다. 무미목과 마찬가지로 변태를 하기는 하지만 신체에서 상당한 비율을 차지하는 꼬리가 변태 이후에도 그대로 남아 있기 때문에 외형적으로 무미목에 비해 유생에서 성체로 되는 과정이 극적인 변화를 겪는 것처럼 보이지는 않는다.

보통 앞발가락이 4개, 뒷발가락이 5개인 4개의 다리를 가지고 있다. 다리는 몸통에서 직각으로 나오며 꼬리가 없는 개구리처럼 점프를 하는 경우는 극히 드물기 때문에 사지의 길이와 근육 발달 정도는 거의 비슷하다. 개구리류와는 달리 갈비뼈가 많으며 많은 종에서 꼬리에 절단면(Cleavage Plane)을 가지고 있다. 보통은 4개의 다리를 가지지만 사이렌처럼 앞에 두 개의 다리만 가지고 있는 종류도 있다. 도롱뇽과 영원을 포함하여 약 500종 내외가 있으며 우리나라에는 도롱뇽, 고리도롱뇽, 제주도롱뇽, 꼬리치레도롱뇽, 이끼도롱뇽 이렇게 모두 5종이 서식하고 있다.

남미, 중미, 미국 남부, 유럽, 지중해의 섬, 아프리카, 일본과 타이완을 포함한 아시아 지역에 서식하는데 북반구에 서식밀도가 높다. 서식 환경은 다양한데 물에서 사는 종, 뭍에서 주로 사는 종, 물과 뭍에서 모두 사는 종이 있다. 대부분 온대나 아열대지역에 서식하나 일부 종은 사막에 가까운 건조지역에서도 서식하며 일부 종은 해발 4,000m 이상의 추운 산악지대에서도 관찰된다.

유미목은 크게 도롱뇽(Salamander, 살라만더)과 영원(Newt, 뉴트)으로 나뉜다. 유미목인 이 두 생명체들 간의 관계는 무미목의 '개구리와 두꺼비'의 관계에 비유할 수 있다. 영원은 도롱뇽의 하위그룹이므로 모든 영원은 도롱뇽이다. 그러나 모든 도롱뇽이 영원은 아니다. 마치 모든 두꺼비는 개구리지만 모든 개구리는 두꺼비가 아닌 것과 같다. 이 둘은 편의상 암수에 따른 성적 이형성(외형 차이), 꼬리 모양, 서식지, 피부 독성의 수준과 같은 기준에 따라 분류하기는 하지만 서로를 명확하게 분류하기는 어렵다.

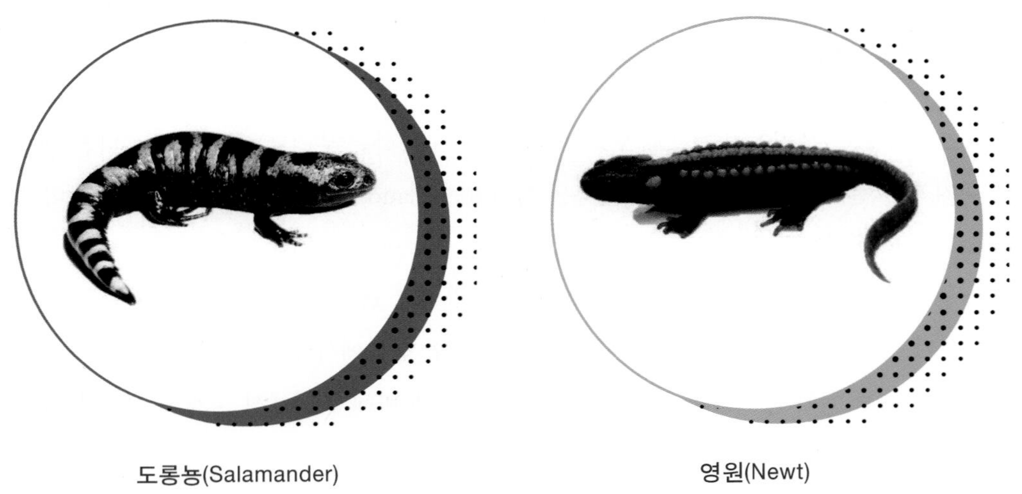

도롱뇽(Salamander) 영원(Newt)

영어로도 도롱뇽(Salamander, 살라만더)과 영원(Newt, 뉴트)은 간혹 뒤섞여 사용되는 경우가 많다. 이 둘의 차이를 보자면 도롱뇽은 전반적으로 매끈한 피부를 가지고 있고 종에 따라 독이 있거나 없는 종이 있는 것에 반하여 영원류는 거칠고 울퉁불퉁한 피부를 가지며 모든 종이 독을 가지고 있으며 독성 또한 영원류의 독이 강도가 더 세다. 또한 암수의 외형 차이를 보이는 성적이형성도 영원류가 더 두드러지며 생활상도 영원류가 도롱뇽보다 수 환경에서 주로 활동하는 경향이 강하다. 외형적인 차이로는 피부의 차이와 더불어 도롱뇽이 원통형의 두꺼운 꼬리를 갖는 것과 달리, 수 환경에 적합하도록 영원류는 노와 같은 납작한 꼬리를 가지고 지느러미도 발달되어 있다.

 무미목의 특징

무미목은 꼬리가 없는 양서류 무리로 개구리와 두꺼비가 속하는 무리를 뜻한다. 유미목보다 나중에 출현하였으며 이동이나 점프 능력이 무족영원목이나 사이렌에 비해 상대적으로 월등하게 발달되어 있다. 따라서 골격계 역시 이동이나 점프에 적합하도록 발달되어 있다. 두개골은 융합되어 있고 척추는 짧으며 목은 없다. 등뼈를 구성하는 척추골의 수가 영원류나 도롱뇽류의 경우 30~100개, 무족영원류의 경우 250개 이상이나 있는 데 비해, 개구리류 두꺼비의 척추골의 숫자는 고작 5개에 불과한데 그 이유는 도약이나 착지, 그리고 땅속에 구멍을 팔 때 요구되는 큰 힘을 견디기 위해서는 짧고 튼튼한 등뼈가 유리하기 때문이다. 무미목 양서류의 골격의 특징 가운데 하나가 갈비뼈이다. 특히 양서류 가운데 무미목은 도약을 위해 갈비뼈를 희생하도록 진화한 동물로 다른 육상 척추동물군에 비해 현저하게 짧고 척추에 융합된 갈비뼈를 가지고 있으며 일부 종은 갈비뼈가 없는 경우도 있다. 그러기에 양서류들은 다른 동물들처럼 갈비뼈 부위를 잡으면 피부 안에 단단한 뼈가 느껴지는 것이 아니라 물렁물렁하게 장기가 느껴진다.

보통 앞발에 4개의 발가락과 뒷발에 5개의 발가락이 있으며 발가락 끝에 발톱은 없지만 완전 수생종 가운데는 드물게 발톱이 발달되어 있는 종도 있다. 그럼 무미목에 속하는 개구리와 두꺼비는 어떤 차이가 있는 걸까? 개구리와 두꺼비의 차이는 개구리가 더 큰 개념이며 개구리 안에 두꺼비가 포함되어 있다.

개구리(Frog)　　두꺼비(Toad)

일단 개구리의 피부는 두꺼비에 비하여 매끈하며 물기가 있으며 종에 따라 독이 있기도 없기도 하지만, 두꺼비의 경우엔 모든 종이 독을 가지고 있고 울퉁불퉁한 피부와 개구리에 비해 건조한 피부를 가지고 있으며 개구리에 비해 건조한 환경에 대한 적응력이 뛰어나다. 생활상은 개구리류는 수중, 육상, 나무 위 등 다양하지만 두꺼비류의 경우에는 나무 위나 물에서 생활하는 극히 소수의 종을 제외하고는 거의 대부분이 육상생활을 하며 도약하는 능력은 개구리가 두꺼비에 비해 뛰어난 편이다.

3 무족영원목의 특징

무족영원목은 다른 양서류와 달리 다리가 없는 무리들로 지렁이와 흡사한 외형을 가졌다.

무족영원

28속 약 171종이 존재하며 매끈한 피부는 지렁이로 오해하기 쉬우나 무척추동물인 지렁이와 달리 척추뼈가 있다. 퇴화되긴 했지만 눈이 있고 입이 있으며 입에는 작고 날카로운 이빨이 있다. 특히 납작하고 견고한 두개골은 땅속에서 흙을 파기 좋은 형태로 되어 있으며 현재의 양서류와 크게 다른 형태로 약 4억 년 전에 살던 양서류와 비슷하여 학술적으로 중요한 역할을 한다. 이들은 중남미, 아프리카 및 인도의 열대 지방 산림이나 물가의 흙속에서 서식하며 몸의 색깔은 대부분 푸른색을 띤 회색이며, 먹이는 흙속의 작은 곤충류나 무척추 동물을 먹는다. 번식 방법은 체내 수정을 하고 종에 따라 알을 낳는 난생을 하거나 새끼로 출산하는 태생을 띤다. 난생을 하는 종은 물가의 축축한 흙에 알을 낳고 우기 때 물이 범람하면 물속에서 알이 부화하여 유생기를 보내나 태생을 하는 종들은 유생기를 거치지 않고 성체와 같은 형태로 출산되며 새끼들은 일정기간 어미 근처에 머무르면서 어미의 피부에서 나오는 분비물이나 허물 조각 등을 먹으며 성장한다. 무족영원목은 약 25%는 난생이며 75%는 태생을 한다.

골격만으로 본다면 뱀과 무족도마뱀, 무족영원은 거의 구분하기가 어려워 보이는데 두개골의 형태나 몸통과 꼬리의 비율을 살펴 어렵지 않게 구분이 가능하다. 총배설강의 위치를 기준으로 몸통이 꼬리보다 더 길면 뱀, 꼬리가 몸통보다 더 길면 무족도마뱀, 꼬리가 거의 없으면 무족영원으로 판별한다.

3 서식지에 따른 환경 조성

1 지상성

땅 위에서 서식하는 맹꽁이류, 두꺼비류, 뿔개구리류, 독화살 개구리류, 도롱뇽류 등을 위한 사육장이다. 사육장 형태는 높이보다 가로면적이 넓은 것이 유리하다. 사육하는 종에 따라 바닥재는 조금씩 달라질 수 있지만 기본적으로 수분을 잘 머금을 수 있는 재질이어야 하며 먹어서 탈이 나지 않을 재질의 바닥재가 좋다. 주로 야자껍질 분말을 많이 사용하나 건조할 경우 분진을 유발하고 양서류의 피부에 달라붙으므로 수초용 쏘일 등을 깔아주면 좋다.

2 지중성

주로 맹꽁이류의 사육장 형태로 아프리카에 서식하는 레인프록 종류가 대표적이며 같은 맹꽁이류인 토마토프록이나 처비프록 등도 땅을 파고 숨는 습성이 있다. 이 사육장에서 주의할 점은 양서류들이 잘 파고들 수 있는 부드러운 재질의 바닥재를 깔아 주며 무거운 돌이나 유목 등은 최소화하거나 단단하게 고정하여 파고든 양서류가 무거운 조형물에 깔리지 않도록 계획하여야 한다.

3 교목성

나무 위에서 살아가는 청개구리류를 위한 사육장으로 매달려 쉴 수 있도록 살아 있는 식물이나 조화 등을 넣어 꾸며준다. 먹이를 사냥하거나 물그릇에 몸을 담구기 위할 때 이외에는 바닥에 잘 내려오지 않는다. 바닥재는 수분을 잘 머금을 수 있는 바크 등의 재질이 좋다. 개구리들이 바닥 부분에 모여 있는 것은 사육장 내 습기가 너무 건조할 때 보이는 증상이므로 항상 다습한 환경을 유지할 수 있게 하며 사육장 아래 부분을 아예 물로 채워 팔루다리움 형태로 관리할 수도 있다.

교목성 개구리들 중 독특한 생활양식이 있는 왁시몽키 트리프록류의 경우 몸을 말릴 수 있는 일광욕 장소가 필요하다. 사육장 내부에 건조한 곳과 습한 곳을 만들어줘야 하며 커다란 물그릇도 배치하여 개구리들이 스스로 물속에 들어가도록 해줘야 한다.

4 반수생성

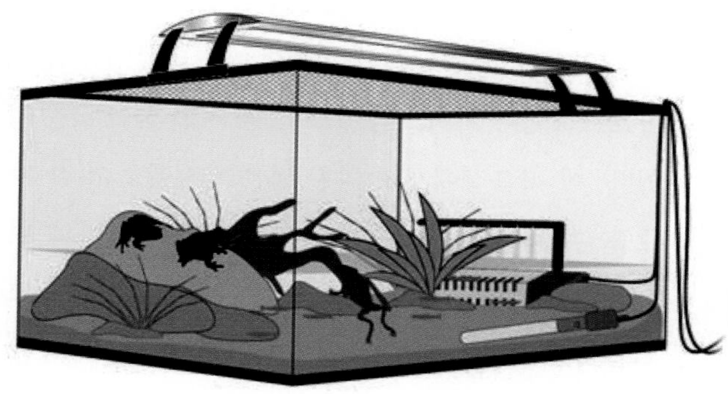

물과 육지를 오가는 반수생 종들을 위한 사육장으로 참개구리류나 영원류를 위한 사육장 형태이다. 수생 거북 사육장과 비슷하나 일광욕을 위한 열원은 따로 필요 없으며 이런 환경에 서식하는 종류들은 동면에 들어가는 종들이 많으므로 동면을 시키지 않을 계획이라면 수중히터로 온도를 일정하게 유지해 주는 것이 좋다.

5 수생성

일생을 물 안에서만 사는 종을 위한 사육장 형태로 대표적으로 피파피파류나 발톱개구리류, 수생성 도롱뇽과 영원류를 위한 사육장이다. 일반적인 열대어 수조와 환경구성이 같다. 여과장치와 수중히터로 수질과 온도를 일정하게 유지해줘야 하며 완전 수생종이라 할지라도 유리벽을 타고 탈출을 잘하므로 탈출을 방지할 뚜껑을 꼭 설치해야 한다.

양서류의 발정과 번식

자연상태에서 우리는 어렵지 않게 무수히 산란한 개구리 알들을 관찰할 수 있지만 완벽한 인공사육조건 하에서 성공적인 번식 사이클을 돌리는 것은 예상 외로 어려우나 최근 팩맨, 화이트 트리 프록, 독화살개구리, 영원, 도롱뇽 등 몇몇 종의 번식 사례가 보고되고 있다.

양서류의 번식을 위해서는 다른 동물보다도 더 해당 종의 생태에 대한 철저한 생태 지식 숙지가 무엇보다도 우선시되어야 한다. 다른 동물들도 마찬가지겠지만 특히나 양서류의 경우에는 해당 사육종의 생태에 대한 철저한 검토 없이는 번식에 성공하기가 어렵다. 현재까지 41가지나 알려진 양서류의 다양한 생식방법을 하나하나 자세히 설명하는 것은 거의 불가능한 일이다. 더구나 잘 알려져 있는 종이라 할지라도 그들이 안정적으로 산란하고 번식하는 환경이 어떠한 것인가에 대한 정확한 데이터는 잘 알려져 있지 않은 경우가 많다.

모든 양서류는 성이 분리되어 있고 대부분 체외 수정을 하며 알은 물 속에 낳는데 미수정된 알은 주로 젤리와 같은 막에 싸여 있다. 양서류의 알은 태아를 보호하기 위한 경계, 즉 막을 가지고 있지 않기 때문에 무양막류(Anamnia)라고 불린다. 그 가운데 무미목의 번식 방법은 약 41여 가지로 나뉘어지며, 모든 척추동물들 가운데서도 가장 다양하다고 알려져 있다. 수컷은 신장 앞부분에 1쌍의 정소를 가지고 있는데 정소에서 출정관이 나와 신장으로 들어간 뒤 수뇨관에 모였다가 총배설강이 열리면서 정자를 배출한다. 암컷은 난소를 가지고 있으며, 종에 따라서는 몸 안의 대부분을 차지할 정도로 크게 발달한 종도 있다.

양서류의 번식방법

✔ 체외수정(External Fertilization)과 체내수정(Internal Fertilization)

무미목(개구리, 두꺼비류)들은 대부분 암컷이 수중에 알을 낳고 수컷이 정자를 방출하여 수정을 시키는 체외수정으로 번식한다. 양서류에 있어 체내수정은 10~12종에 불과한 소수의 무미목, 대부분의 유미목, 모든 무족영원목에게서 관찰된다. 사이렌과(*Sirenidae*)나 도롱뇽과(*Hynobiidae*) 그리고 장수도롱뇽과(*Cryptobranchidae*)와 같은 원시적인 유미목도 체외수정을 한다. 그러나 일반적으로 유미목의 경우에는 체내수정을 한다고 알려져 있다. 하지만, 이들의 체내수정은 일반적으로 알려져 있는 교미의 형태가 아니라 암컷이 방출된 수컷의 정포(꼭지가 있는 작은 정자 다발)를 배설공을 통해 체내로 끌어들여 총배설강 상부에 있는 특수한 저정낭

에 보관했다가 산란할 때 수정이 이루어지는 방식으로 일반적인 다른 동물의 체내수정과는 그 의미가 조금 다르다. 구애의식이나 정포를 암컷에게 옮기는 방식은 종마다 상이한데 정포를 직접 암컷의 총배설강에 전달하여 넣는 종도 있고 자신의 정포가 있는 곳으로 암컷을 인도하는 종도 있으며 무미목처럼 암컷을 구속하는 포접을 하는 종도 있다.

암컷에게 옮겨진 정자는 당해의 번식에 이용되기도 하지만 저장했다가 다음 번식에 사용되기도 한다. 암컷에게 전달되는 정자의 가장 큰 역할은 수컷의 유전자를 다음 세대에게 물려주는 것이지만 북미의 타이거 살라만더의 일부 종과 같이 단순히 알을 자극하여 발생을 유도할 뿐 유전적으로는 기여하지 않는 경우도 있다.

무족영원목은 전 종이 체내수정을 하는데 뱀처럼 별도의 생식기를 가지고 있는 것이 아니라 총배설강을 반전시켜 송입기관(Intromittent Gland)으로 사용한다. 수컷은 정자 주머니에 정자를 저장했다가 반전된 총배설강을 통해 암컷의 총배설강에 전달한다. 수컷의 총배설강 안에 있는 한 쌍의 뮬러선(Mullerian Gland)은 정자를 운반하고 정자에 영양을 공급하는 액체를 분비한다. 수정은 수란관 안에서 이루어지는 것으로 추측되고 있다. 이렇게 체내수정으로 이루어지는 번식은 무족영원목의 특성이지만 무미목 가운데는 급류지역에 서식하는 종이 이들처럼 총배설강을 삽입기관으로 사용하는 경우가 있다. 이는 정자가 빠른 물살에 쓸려 내려가 수정이 안 되는 것을 방지하기 위한 적응의 결과이다. 이들 꼬리개구리(Tailed Frogs)라고 불리는 종의 꼬리는 실제 꼬리가 아니라 이러한 목적으로 수컷의 총배설강이 돌출된 것이다.

체내수정은 확실하게 자신의 유전자를 물려줄 수 있다는 장점이 있는데 반해 체외수정을 하는 종은 알을 많이 낳기 때문에 천적들이 일부 알을 먹더라도 그 가운데 일부가 살아남을 수 있고, 여러 수컷의 정자로 수정이 이루어지기 때문에 유전적 다양성이라는 측면에서 더 유리한 점이 있다고 할 수 있다.

✓ 난생(Oviparity), 태생(Viviparity), 난태생(Ovoviviparity)

양서류는 번식에 있어 난생과 태생, 난태생의 방법을 모두 이용한다.

양서류의 거의 모든 종은 알을 낳는 난생으로 민물이나 땅 위, 나무 위에 알을 낳는다. 산란하는 알의 숫자는 적게는 2개부터 많게는 2만 5천 개에 이르는데 여러 다른 동물들과 마찬가지로 알을 돌보지 않는 종은 많은 알을 산란하고 알을 잘 돌보는 종은 적은 알을 낳는다. 양서류의 세 목 상호 간을 비교해 보자면 유미목이나 무족영원목은 무미목들에 비해 상대적으로 적은 수의 알을 낳는다. 그러나 평균적으로 볼 때 양서류가 알에서 성체가 되는 비율은 전체의 20% 정도로 알의 수에 관계없이 그 비율은 거의 비슷하다.

완전히 발달된 유생을 낳는 양서류의 대부분은 난태생이다. 새끼들은 난관이나 위, 울음주머니, 입 안에서 알이 성숙되지만 부모로부터 직접적인 영양의 공급은 받지 않는다.

암컷이 수정란을 몸 안에 가지고 있는 태생종도 있는데 직접적인 태반 부착은 없지만 이럴 경우 배는 난황낭에 저장되어 있는 난황을 양분으로 사용하거나 암컷으로부터 직접 공급되는 난관 분비물의 영양분을 성장에 이용한다.

무족영원목의 약 75%는 뱃속에서 어린 태아에게 영양을 공급하다가 출산하는 태생으로 번식하며 나머지는 알을 낳는다. 태생의 무족영원은 배아에 영양을 제공하는데 이들의 새끼들은 난관의 벽에서 분비되는 당단백질인 자궁유(Uterine Milk - 수정란이 착상되는 시기를 전후하여 자궁강 내에 저장되어 있는 황색 또는 백색의 진하고 불투명한 액체)를 긁어 먹기 위해 치아가 발달되어 있다.

특이한 형태의 생식 방법 및 유생 보호 형태

수중에 낳은 알이 체외수정을 통해 수정되고 알에서 깨어나 올챙이가 되고, 이것이 자라 개구리로 변태하면서 땅 위로 나온다는 개구리의 한살이는 수많은 양서류의 번식방법 가운데 단 하나의 방법에 지나지 않는다. 무미목 가운데 수백 종이 야생에서 번식을 위해 물을 필요로 하지 않는다. 이들은 생태적 · 진화적 적응을 통해 번식을 위해 별도의 수 공간을 필요로 하지 않고도 번식이 가능하게 되었다.

현재까지 양서류의 생식 방식은 총 41가지에 이른다고 알려져 있다. 양서류, 특히 개구리 가운데는 우리가 알고 있는 일반적인 방법과는 다른 특이한 방법으로 번식하고 새끼를 극진히 보호하는 종들도 상당히 많다.

우리가 일반적으로 아는 것처럼 알을 물 속에 낳는 것이 아니라 위험한 습지를 피해 나무 위 혹은 땅 위, 땅속 구멍, 심지어 자신의 등이나 울음주머니, 수컷이 만든 진흙구덩이, 구멍이 난 대나무 줄기 안에 낳기도 하며 나뭇잎 위에 낳고 접어 자신의 분비물로 접합하기도 하고 중남미에 사는 퉁가라 개구리(Tungara Frogs)처럼 암컷이 분비한 계면활성제 단백질(Surfactant Proteins)을 수컷이 뒷다리로 뒤섞어 특수한 거품 주머니(Floating Foam)를 만든 뒤 그 속에 산란을 하는 종도 있다. 이러한 거품 주머니는 2~3일이 지나면 표면이 굳어져 알덩이 속에 있는 수분의 증발을 억제하며 부화시기에 맞추어 거품이 녹아 알에서 부화한 올챙이가 흘러나와 아래쪽의 물웅덩이로 떨어지게 된다. 이런 방식으로 번식하는 개구리도 전 세계에 4개 과가 있다.

체내수정을 하는 종도 많으며 올챙이 상태를 거치지 않고 알에서 바로 어린 개구리가 태어나는 종류도 9개 과 800여 종에 이른다. 주로 열대우림에 서식하는 개구리의 20% 정도가 이런 방식으로 번식한다. 이런 종류들은 알이나 올챙이를 천적이 들끓는 수중에 방치하지 않기 때문에 알의 생존율도 월등하게 높은 편이다. 어떤 종의 영원들은 알들을 한 개씩 정성스럽게 수초로 싸서 보호하기도 한다.

아프리카에 서식하고 체내수정을 하는 일부 종의 개구리는 올챙이 단계를 거치지 않고 바로 새끼 개구리를 출산하는 종도 있다. 이처럼 번식을 위해 물을 필요로 하지 않는 직접방생(Direct Development)을 하는 종의 번식 성공은 강우량과 계절적 타이밍에 의존한다.

일반적으로 보통의 양서류들은 산란한 알을 보호하거나 관리하지 않는다고 많이 알려져 있다. 그것은 우

리가 자연에서 산란한 알이나 올챙이는 본 적이 있지만 그것들을 보호하는 어미들의 특별한 노력에는 관심을 기울이지 못했기 때문일 것이다. 물론 알을 돌보지 않는 경우도 많지만 많은 수의 양서류들이 한쪽 부모가 알을 보호하는 행동을 하며 일부 종의 개구리는 보모가 알 또는 올챙이를 운반하며 관리한다. 육상에서 산란한 알들은 수분을 유지하기 어렵기 때문에 어미들이 알 위에 앉아 습기를 유지해 주기도 하고, 독화살개구리 중의 일부는 매일 자신이 수정시킨 알을 찾아가 알이 마르지 않도록 자신의 피부에서 나오는 수분으로 습기를 주기도 한다. 이처럼 고정된 장소에 산란을 하기도 하지만 많은 종의 개구리들이 스스로 알이나 새끼를 데리고 다니며 보호하는 행동을 하기도 한다. 최근에는 알이 아닌 올챙이를 바로 낳는 개구리(Fanged Frog - *Limnonectes larvaepartus*)가 인도네시아의 열대우림에서 발견되기도 했다. 대표적인 종이 브라질 북부에 서식하는 피파개구리(*Pipa Americana*)로 특이하게 자신의 등에 알을 낳고 부화 때까지 돌보며 종에 따라서는 수컷이 암컷이 산란한 알을 자신의 넓적다리나 허리 주위에 붙여 보호하는 종도 있다. 암컷이 산란한 끈 모양의 난괴를 뒷다리에 감아 다니기도 하고 특수한 보육낭을 발달시킨 종도 있다.

이렇게 외부에 매달고 다니는 것과는 반대로 칠레의 다윈개구리 같은 특수한 일부 종은 암컷이 산란을 마치면 수정시킨 알을 수컷이 삼켜서 울음주머니나 위 속에서 양육하기도 한다. 위주머니보관개구리(Gastric Brooding Frog) 2종은 암컷이 수정란을 삼켜 뱃속에서 올챙이를 부화시킨 뒤 입 안에서 새끼를 기르는 번식 형태를 가지고 있다. 유생의 구강점막에서 분비되는 프로스타글란딘 E_2(Prostaglandin E_2)라는 호르몬에 의해 어미의 위의 크기가 확장되며 연동운동과 염산 분비가 억제되기 때문에 알은 소화되거나 장으로 내려가지 않고 위에 머물면서 부화되고 그 이후로도 6~7주에 이르는 올챙이 시기를 어미의 위 안에서 보낸다(현재는 멸종되었다). 보통 육상에 산란하는 종은 올챙이 단계를 거치지 않고 알에서 직접 성체가 되는 경우가 많은데 이런 종도 8백여 종이나 있다. 열대 우림에 서식하는 전체 종의 20%가 이에 해당된다. 이처럼 수컷이 새끼를 보호하는 동물은 자연계에서 그다지 많지는 않다. 어류나 양서류에서 이런 현상이 두드러지는데 이는 체외수정의 특성으로 인한 것으로 보인다. 체외수정을 하면 수컷이 자신이 수정시킨 알이 어느 것인지 알 수 있기 때문에 새끼를 보호함으로써 자신의 유전자를 남길 확률을 높일 수 있기 때문이다.

또한 양서류의 가장 큰 특징 중 하나인 변태의 과정을 생략해 버린 종도 있는데 아프리카에 서식하고 체내수정을 하는 일부 개구리는 올챙이 단계를 거치지 않고 새끼 개구리(Froglets)를 바로 낳기도 한다. 뿐만 아니라 최근에는 인도네시아에서 림노넥테스 라베파르투스(*Limnonectes larvaepartus*)라는 이름을 가진 알이 아니라 올챙이를 낳는 신종 개구리가 발견되기도 했다.

무족영원류는 마치 뱀처럼 자신이 산란한 알을 서리고 보호하는 행동을 하며 아프리카 황소개구리의 경우 올챙이들이 모여 있는 웅덩이가 말라가면 뒷발로 땅을 파 물길을 내어 물을 끌어 오기도 한다. 또한 독화살개구리 종류는 지상에 산란하지만 부화된 올챙이는 어미의 등에 업혀 물웅덩이를 옮겨 다니며 돌봐지며 암컷은 무정란을 낳아 올챙이의 먹이로 주기도 한다. 알을 직접적으로 가지고 다니며 지키지는 않더라도 우리나라 도롱뇽처럼 일단 알을 수정시킨 수컷이 다른 수컷이 그 알에 다시 수정시키지 못하게 하도록 알을 지키는 행동을 하는 종도 있으며 암컷이 부화를 마칠 때까지 알을 지키는 종도 많다.

많은 종들이 개체마다 따로 산란을 하지만 특정한 종들은 공동장소에 산란을 하여 산란한 알들이 전체 한 덩어리를 이루는 경우도 있다. 이러한 공동산란은 초봄에 알이 얼어 버리는 것을 방지하기 위한 하나의 적응형태라고 볼 수 있다. 배아의 검은 부분은 태양빛을 효과적으로 흡수하고 배아를 감싸는 두꺼운 젤리층이 보온재의 역할을 하기 때문에 난괴 안의 온도는 주위 수온보다 5℃ 정도 높게 유지되기 때문이다.

✓ 무성생식(無性生殖, Asexual Reproduction)

보통 암컷 혼자서 생식하기 때문에 생물학에서는 처녀생식(Parthenogenesis)이라는 용어를 사용하기도 한다. 암수 개체가 필요 없이, 한 개체가 단독으로 스스로의 유전자와 동일한 새로운 개체를 형성하는 것을 무성생식이라고 한다. 몇 종류의 개구리와 일부 도롱뇽은 무성생식을 하는데 자연적인 발생 이외에도 바늘로 미수정란을 쿡쿡 찌르는 식의 외부적인 자극에 의해 미수정란이 활성하며 발생을 진행시킬 수도 있다. 무족영원목에서는 아직 무성생식의 사례가 보고되어 있지 않다.

중남미의 어떤 개구리는 기생충의 수가 많으면 유성생식을 하고 기생충의 수가 줄어들면 무성생식으로 돌아가는 패턴을 보이는데 이는 유성생식이 면역세포 생성과 관련이 있기 때문으로 보여진다.

✓ 계절 번식종(Seasonal Breeder)과 기회 번식종(Opportunistic Breeders)

동물은 인간처럼 연중 어느 시기라도 번식이 가능한 연중번식동물(Continuous Breeders), 개나 고양이처럼 특정한 주기로 번식이 가능한 주년번식동물(Annual Breeders) 그리고 계절번식동물(Seasonal Breeder)과 기회번식동물(Opportunistic Breeders)로 나눌 수 있다.

계절번식종은 온도와 먹잇감, 물 가용성 및 천적의 개체수와 같은 요인을 고려하여 새끼들이 생존할 수 있는 연중 가장 최적의 특정 시간 동안만 번식하는 동물들을 말하는데 양서류는 대표적인 계절번식종이다.

기회번식종은 강우량, 먹이의 발생시기, 온도 혹은 호우로 인해 형성되는 적절한 번식지 등과 같이 특정한 조건이 형성되었을 때 번식 능력과 동기가 부여되는 종을 말한다. 양서류 가운데는 강우에 의해 교미 행동이 유발되는 아프리카 발톱개구리가 대표적인 예이다. 사막에 서식하는 양서류들 역시 짧은 강우시기에 번식이 이루어지는 기회번식종이다. 그리고 기회번식종도 넓은 의미의 계절번식종에 포함된다.

3 양서류의 한살이

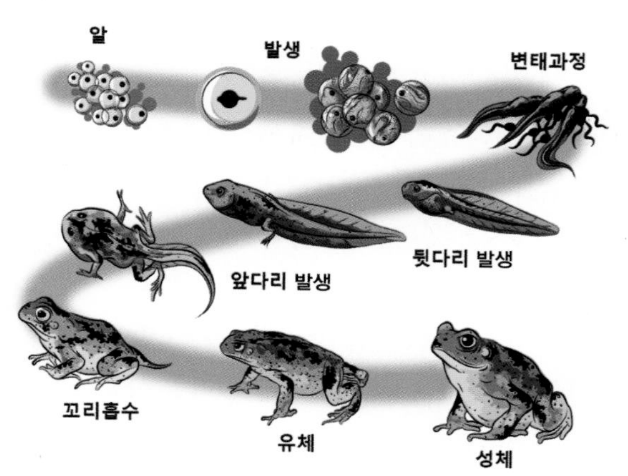

무미목과 유미목의 경우 중간 단계가 생략되는 종도 있지만 일반적으로 양서류의 발달 단계는 알, 올챙이, 유생, 성체의 순서로 이루어지며, 각각의 단계는 보통 몇 주일의 시간이 소요되지만 길게는 2년까지 걸리는 종도 있다. 변태 과정도 차이가 있는데, 무미목은 뒷다리부터 발생이 되지만 유미목의 경우엔 앞다리부터 발생되고 나중에 뒷다리가 나오는 차이를 보인다.

양서류는 대부분 알을 물속에 낳고 배란된 알은 몸체의 좌우에 있는 난자를 자궁으로 보내는 긴 관에서 분비되는 젤리 상태의 물질에 덮여 체외로 배출된다. 알에서 깨어난 유생은 아가미로 호흡하고 뼈가 없는 등지느러미를 가지고 헤엄치며 활동하지만 변태를 통해 쌍을 이루는 앞・뒷다리가 생기면서 사지동물의 특징이 나타나고 어깨와 팔을 지탱하는 골격과 허리를 가지게 된다. 무족영원목은 성체와 같은 형태로 부화한다.

양서류의 성장 크기에 따른 명칭
개체의 나이와 크기, 2차 성징의 발현 등을 기준으로 한다.

상태	산란 직후	변태과정	변태 후 1년 내	2년 내	3년 경과	4년 이후
한자명칭	알(卵)	유체(幼體)	아성체(兒成體)	준성체(準成體)	성체(成體)	완성체(完成體)
영명	Egg	Tadpole	Young Adult	Sub-adult	Adult	Fully-grown Adult
성장단계	부화하지 않은 단계	알에서 깨어나 변태를 종료하기 전까지의 개체	변태를 마치고 본격적으로 성장 중인 개체/태어난지 1년이 경과되지 않은 개체	부화한지 1년이 지났으나 아직 성적으로 성숙하지 못하고 암수에 따른 종(種)의 평균 크기의 70%(2/3) 내외	번식에 참여할 만큼 성적으로 완전히 성숙한 개체	종(種)의 평균 크기나 그 이상에 도달한 개체나 완전히 성적으로 성숙하고 매년 번식에 참여하는 개체

5 양서류의 성별 구분법

번식을 위해 사육자가 가장 먼저 해야 할 일은 번식이 가능할 정도로 성숙한 쌍을 구하고 관리하는 일이다. 성적으로 완전히 성숙하고 건강한 모체는 성공적인 번식의 가장 기본적인 토대가 되기 때문이다. 너무나도 당연한 이야기지만 그러기 위해서는 먼저 개체의 성별을 정확하게 구분할 줄 알아야 한다. 양서류는 암수의 생김새에 별다른 차이가 없어 보이기에 대부분의 사람들이 양서류의 암수를 판별하는 데 어려움을 겪는다. 하지만 성별 구별의 기준이 되는 몇 가지만 숙지해 둔다면 암수 구별이 어려운 일만은 아니다. 물론 암수를 판별하는 가장 정확한 방법은 해부를 통해 암수의 생식 기관의 차이를 비교하는 것이지만 연구를 위한 방법은 될지언정 사육하면서 번식을 위한 방법은 아니므로 아래의 방법을 이용하여 암수를 구분하게 된다.

1 크기 차이로 판별하는 법

가장 대중적인 애완 양서류 가운데 하나인 '화이트 트리 프록'의 경우를 예로 들자면 성체 수컷의 크기는 약 10cm인 데 비해 성체 암컷은 약 12cm 정도의 크기이다. 후손을 번성시키고 자신의 생존을 보장하는 데 더 유리하며 자식을 안정적으로 양육하는 데도 도움이 되기 때문에 많은 동물들이 수컷보다 암컷의 덩치가 크며 이는 양서류도 마찬가지이다. 대부분의 양서류는 암컷이 수컷보다 크고 성장도 훨씬 빠르다. 따라서 여러 개체가 모여 있을 경우에는 크기나 체구의 차이를 비교하여 대략적으로 암수를 구분할 수 있다. 그러나 완성체가 아닐 경우에는 구분하기가 어렵다는 단점이 있고 한 마리만 있을 경우에는 판단이 어렵다는 단점이 있기에 순수하게 크기만으로 암수를 판단하는 것보다는 다른 구별 특징과 조합하여 판별하는 것이 좀 더 정확하게 암수를 구별할 수 있는 방법이다.
또한 수컷이 암컷보다 큰 양서류도 있으므로 이 방법을 이용하여 암수를 판단할 경우에는 각각의 종에 있어 수컷의 평균 크기가 큰지 암컷의 평균 크기가 큰지에 대한 기본적인 지식이 필요하다.

수컷이 암컷보다 큰 아프리카 황소개구리

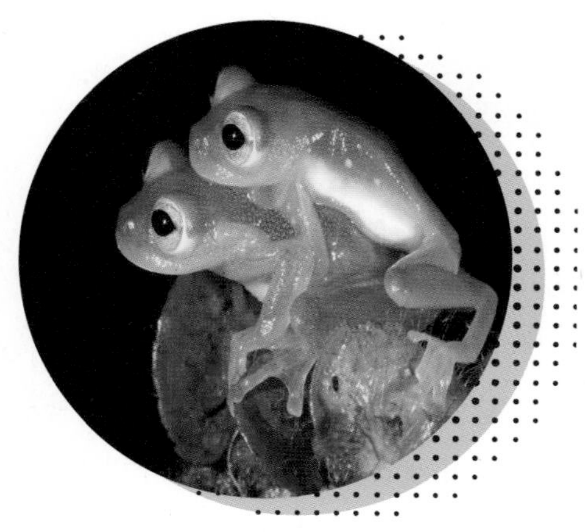
암컷이 수컷보다 큰 갈대 개구리

2 체색의 차이로 구분하는 법

Alpine Newt(위-수컷, 아래-암컷)

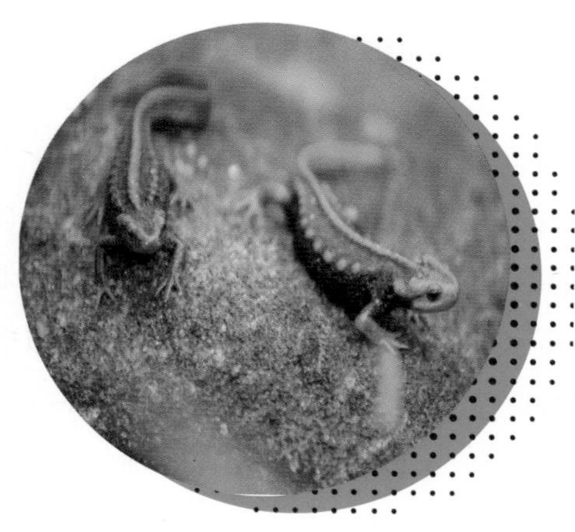
Emperor Newt(위-암컷, 아래-수컷)

이렇게 몸 색깔로 암수를 판별하는 것은 두 가지 경우가 있는데 우선 하나는 기본적으로 암수의 체색 차이가 나는 경우이며, 다른 하나는 번식기에 두드러지게 나타나는 혼인색(발정기 때 화려하게 변하는 색)을 관찰하는 것이다.

우리나라 무당개구리의 경우 배 쪽의 색깔을 보고 암수의 구별이 가능하다. 암컷은 주황색을 띠고 있는 반면 수컷은 주홍색을 띠고 있다. 참개구리는 보통 수컷은 누런색이나 초록색인데 비해 암컷은 갈색이나 회색을 띤다. 애완용으로 많이 기르는 아프리카 황소개구리의 경우에도 옆구리쪽의 색을 보고 암수 구분이 가능하며 마블 살라만더처럼 밴드 색깔의 농담이 차이가 나기도 한다. 아주 특이한 경우지만 일부 종은 울 때 체색을 특정한 색으로 변화시키는 종도 있으므로 이를 파악하여 암수를 구분할 수 있다. 그러나 체색은 개체에 따라 변이가 있는 경우가 있으므로 100% 정확한 동정법이라고는 할 수 없다.

개구리나 도롱뇽 가운데는 교미 시기가 되면 평소에 어둡고 칙칙하던 몸 색깔이 화려한 혼인색(Nuptial Coloration)으로 변하는 경우가 있는데 이것을 관찰하여 암수의 구분이 가능하다. 혼인색은 몸 전체에서 나타나기도 하고 꼬리나 배, 등 쪽 지느러미 부분처럼 신체의 일부에서 나타나기도 한다. 이 혼인색은 남성 호르몬의 작용으로 발현하고 수컷에 한정되어 있기 때문에 이러한 체색 변화가 일어나는 개체는 수컷으로 판별한다. 도롱뇽의 수컷은 가을철에 꼬리가 보라색으로 변하는데 이는 수컷의 생식기관인 정소의 발달과 관계가 있으므로 이러한 체색의 변화를 관찰하여 암수 구별을 할 수 있다.

3 체형으로 구분하는 법

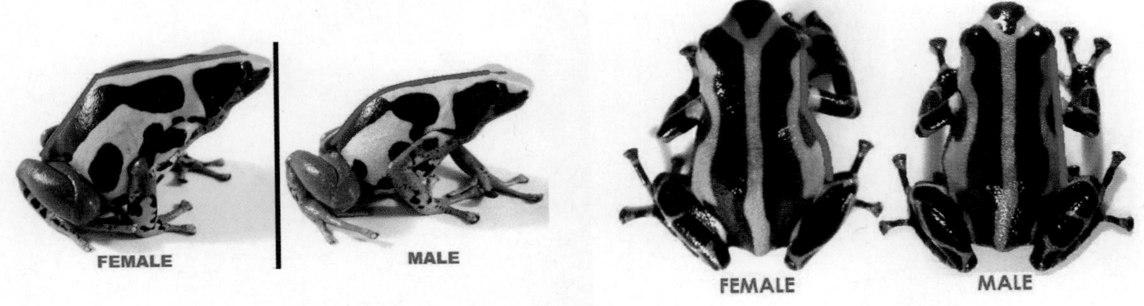

체형에 따른 암수 구분

크기와 더불어 체형으로도 암수의 구별이 가능하다. 대체로 무미목은 암컷의 덩치가 더 크기 때문에 몸길이와 몸통 둘레가 더 길고 두꺼우면 암컷으로 판별한다. 두꺼비의 경우 암컷의 다리가 더 짧고 피부의 융기가 조밀하다. 독화살 개구리의 경우에는 옆에서 보았을 때 암컷의 허리가 수컷에 비해 더 굽어 각도가 작은 것을 볼 수 있다.

그리고 보통 수컷의 몸집이 작더라도 포접할 때 암컷을 강하게 껴안기 위해 앞다리가 더 발달되어 있는 경우가 많기 때문에 이를 관찰하여 암수를 구별하기도 한다. 도롱뇽 가운데 교미 때에 뒷다리로 암컷을 구속하는 종은 뒷다리가 암컷보다 수컷이 더 발달되어 있기에 이를 암수 구별에 이용할 수도 있다. 하지만 이 방법은 여러 마리의 비교할 대상이 있을 때 가능한 방법이고 단독으로 구분하는 것에는 무리가 있다.

4 피부 돌기 등으로 구분하는 법

포접돌기, 혼인돌기 혹은 생식혹이라고도 불리는 혼인육지(첫 번째 발가락의 부풀어 오르는 부분)는 번식기에 수컷의 엄지발가락 아래에 돌기 모양으로 생기는 확연히 튀어 오른 살점 부분을 말한다. 이 혼인육지는 짝짓기를 할 때 수컷이 암컷을 강하게 움켜잡을 수 있도록 하며 암컷의 배를 자극해 알을 배출하도록 하는 역할을 한다. 번식기 수컷의 앞다리에는 이러한 육융이라고도 불리는 독특한 포접돌기나 융모가 발달되는데 이 부분을 확인하여 암수를 구별할 수 있다. 이 가운데 혼인육지를 관찰하는 방법은 암수를 판별하는 가장 확실한 방법 가운데 하나이지만 모든 종에게서 이 혼인육지가 나타나는 것은 아니며 번식이 가능한 성체일 경우에만 가능하고 번식에 참여하지 않는 아직 어린 개체일 경우에는 판별이 불가능하다는 단점이 있다.

혼인육지(Male Frog Nuptial Pad)

아프리카 발톱 개구리처럼 완전 수생종의 경우에는 이 혼인육지와 더불어 손바닥 부분에 작은 융모가 발달되어 있기에 이를 보고 암수를 판별하기도 한다. 혼인육지는 발가락 아래에만 있지만 융모는 발 앞발 전체에서 넓게는 겨드랑이까지 나 있다. 그러나 혼인육지가 오직 수컷에서만 나타나는 수컷 2차 성징으로 수컷임을 확실하게 판별하는 기준이 되는 데 비해 융모는 먹이를 확실히 잡기 위한 도구로 종에 따라서는 암컷에게도 관찰되기도 하기 때문에 이럴 경우 다른 동정 포인트와 함께 암수를 판별하는 보조적인 수단으로 이용하는 것이 좋다.

5 발가락의 크기와 길이로 구분

수컷 암컷

독화살 개구리의 경우에는 수컷의 발가락이 더 크고 발가락 끝의 하트모양도 더 분명하다. 특이한 예로 지저귀는개구리아과의 개구리 가운데 일부 종은 수컷의 앞발 세 번째 발가락이 다른 발가락에 비해 2~3배 정도 길기에 이것을 암수 구별에 이용하기도 한다. 일부 도롱뇽은 번식기에 알의 수정을 확실히 하는 데 도움을 주기 위해 뒷발의 측면 주름이 확연하게 발달하는 종도 있기에 이런 형태적인 변화를 확인하여 암수를 판별할 수도 있다.

6 고막의 크기로 구분하는 법

황소개구리의 경우 고막과 동공의 크기 차이를 살펴봄으로써 암수 구분이 가능하다. 암컷의 고막은 동공과 비슷한 크기이나 수컷의 고막은 동공의 2배 정도로 확연하게 차이가 있기에 눈 밑에 있는 울음판이 큰 것을 수컷으로 작은 것을 암컷으로 판별한다. 황소개구리의 경우 고막이 눈알보다 크면 수컷이고 더 작거나 같은 크기라면 암컷이라고 알려져 있으나 개체 차이가 있어 정확한 동정법은 아니다.

수컷

암컷

 교미 위치로 구분하는 법

양서류는 교미 시에 수컷이 암컷을 뒤에서 껴안는 포접 행동을 하므로 작은 덩치로 위에 올라타 있는 개체를 보통 수컷으로 판별한다. 하지만 이 판별법 역시 약한 수컷이 전략적으로 다른 수컷의 주의를 돌리기 위해 암컷의 흉내를 내고 있는 경우가 있기 때문에 100% 정확한 방법이라고는 할 수 없다.

8 총배설강의 형태나 위치로 구분하는 법

도롱뇽의 경우 수컷은 항문의 앞 끝에 작은 돌기가 있고, 항문 주위가 두툼하게 부풀어 있다. 피파 개구리 역시 번식기 때 암컷의 항문 부위가 고리 모양으로 부풀어 오르는 현상을 관찰할 수 있다.
다른 여느 무미목들과는 달리 번식기에 특이하게 수컷의 생식기관이 도드라지는 종도 있기에 이를 관찰하여 성별을 구별할 수 있는 경우도 있다. 이들 종은 물살이 빠른 지역에 서식하기 때문에 안정적으로 암컷에게 정자를 전달하기 위해 수정기관으로 이런 독특한 구조를 발달시켰다. 그러나 이런 형태를 가진 종류는 단 두 종의 꼬리 개구리(Coastal Tailed Frog - *Ascaphus truei*, Mountain Tailed Frog - *Ascaphus montanus*) 밖에 없다.
이와는 반대로 같은 무미목이지만 아프리카 발톱 개구리의 경우 암컷의 총배설강 주위에 총배설강이 돌기처럼 나와 있다. 산란 경험이 있는 개체의 경우에는 좀 더 확연하게 판별할 수 있는데 이는 발달된 산란기관이라고 할 수 있다. 무족영원들은 총배설강이 생식기로 변화되어 있기에 이를 관찰하여 암수를 판별할 수 있다.

9 꼬리의 길이와 굵기의 비교로 구분하는 법

유미목의 경우에는 총배설강의 끝이 암컷보다 수컷이 더 길고, 이러한 특징은 번식기에 더 두드러진다.

10 피부 질감의 변화로 구분하는 법

번식기의 질감으로 구분할 수 있는데 피파개구리 암컷의 피부는 번식기에 평소보다 두꺼워진다.

11 울음주머니의 크기와 탄력성의 정도로 구분하는 법

보통은 울음주머니가 크고 잘 발달되어 있는 것을 수컷으로 판별한다. 또한 자주 사용하기 때문에 울음주머니 부위가 암컷보다는 더 주름지고 근육이 처져 있는 경우가 많다. 우리나라 맹꽁이나 청개구리의 경우에는 번식기 때 이 울음주머니 부위의 피부가 늘어지면서 평소보다 무늬가 더 뚜렷해지기도 하는데 이를 관찰하여 암수의 구분을 하기도 한다. 하지만 금개구리처럼 수컷이 울음주머니를 가지고 있지 않은 종도 있기에 이 역시 모든 종에 공통되는 완벽한 판별법은 아니다.

12 울음소리로 구분하는 법

일반적으로 울음주머니는 수컷이 가지고 있으며 울음 역시 수컷이 낸다. 따라서 울음주머니의 유무와 울음소리를 내는지를 살펴 암수 구별이 가능하다. 보통 수컷만 울 수 있다고 알려져 있으나 모든 종이 그런 것은 아니다. 수컷만큼 크게 울지는 않지만 암컷도 작은 소리로 울 수 있다. 이처럼 소리를 이용해서 성별을 구분하는 방법은 지속적인 교육과 훈련이 필요하다. 이상은 살아 있는 상태에서 암수를 구별하는 방법이다.
성별을 구분할 경우에는 위의 한 가지 조건에만 맞는다고 성별을 단정해서는 안 된다. 특히 최근에는 야생에서 환경오염으로 인한 성별 혼란의 사례도 보고되고 있기에 위에 언급한 여러 가지 복합적인 동정 포인트를 조합하여 최종적으로 신중하게 성별을 구분하는 것이 좋다. 이러한 방법으로 성별을 구분해서 성숙한 쌍을 선별하게 되면 그 다음으로 선별 개체의 관리에 들어간다.

동면(Cooling)을 위한 모체 관리

사육을 하는 중에 갑자기 번식이 되는 경우도 있지만 계획적인 번식을 위해서는 체계적인 프로그램 안에서 시도하고 모체를 특별히 관리하는 것이 좋다.
원서식지에서는 자연적인 본능에 따라 생식 활동을 하고 문제가 생기는 경우가 드물지만 인공적인 사육환경 내에서는 모체의 영양 상태나 컨디션이 사육자에게 전적으로 좌우되기 때문에 적절하지 못한 관리로 산란 후 암컷이 급격히 약해지는 경우도 있다. 또한 번식을 하더라도 산란량이 적거나 발생률이 떨어지거나 약한 개체로 태어나는 경우와 같은 좋지 않은 변수가 생길 가능성이 많다. 우선 번식을 시도함에 있어서 완전히 성숙하지 않은 개체나 영양공급 부족으로 체중이 지나치게 가벼운 개체, 심각한 질병을 앓았거나 질병을 앓고 있는 개체, 혹은 질병에서 회복된지 얼마 되지 않은 개체, 분양 받은지 얼마 되지 않은 개체, 성적으로 성숙하지 않은 개체는 번식 프로그램에 포함시켜서는 안 된다. 동면기간을 안전하게 버틸 가능성이 높고 더 크고 많은 수의 알을 산란할 수 있어야 하므로 번식을 위한 개체는 사육하고 있는 개체들 가운데 가장 크고 건강한 것이어야 한다.

이때 주의할 점은 암컷 1마리, 수컷 1마리 단 한 쌍으로 번식을 시도하는 것보다는 조금 다수로 시작하는 것이 성공률이 높다는 것이다. 그리고 가급적이면 3년이 넘은 개체를 번식에 참여시키는 것이 좋다. 2년 정도 되어도 번식에 참여할 정도의 크기로 자라기는 하지만 2년 정도까지는 아직 체내에 충분한 지방을 축적하지는 않기 때문에 동면을 버텨내지 못할 가능성이 크다. 야생 채집 개체가 아니라 먹이를 충분히 급여하는 사육 하에서라도 보통은 3살을 넘기고 번식을 시도하는 것이 안전하다.

이렇게 선별된 모체는 동면 전에 모체를 성숙시키는 데 가장 적합한 환경에서 축양할 필요가 있다. 동면 중 수개월간 먹이를 먹지 않음에도 불구하고 양서류들이 죽지 않고 살 수 있는 것은 대사를 극한까지 억제하기 때문이다. 하지만 동면 중에도 체력과 체중은 서서히 감소하기 때문에 동면에 들어가기 전에 동면 기간을 문제없이 버틸 수 있는 신체 상태를 만들어 두어야만 안전하게 동면을 마칠 수 있고 안정적으로 산란을 할 수 있다. 그런 이유로 동면 몇 달 전부터 선별된 성체들의 충분한 영양 공급과 세심한 건강관리가 필요하다. 11월에 동면에 들어간다고 할 경우라면 9월 정도에 동면을 할 수 있을 정도의 컨디션을 만들어 두어야 한다. 따라서 갑자기 과도하게 영양가 높은 먹이나 평소에 급여하지 않던 동물성 단백질을 공급해 줄 필요는 없다. 동물성 단백질은 동면기간에는 전혀 필요치 않은 성분이다. 평소에 영양관리를 잘 해주고 있었다면 균형 있는 먹이 급여만으로 충분히 영양 섭취를 할 수 있었을 것이기 때문이다. 동면 전 관리는 장기간에 걸쳐 계획적으로 진행할수록 좋다.

최적의 영양 상태를 유지하되 과도하게 비만이 되게 하는 것 역시 조심해야 한다. 배고플 경우 눈 앞에 움직이는 물체를 무엇이나 입 안에 집어넣는 폭발적인 식성을 보이기는 하지만 평소 먹는 일정 숫자 이상의 먹이를 억지로 먹는 경우는 드물기 때문에 비만이 되는 경우는 드물지만, 사육 하에서는 일단 운동량이 자연에서보다 월등하게 적고 섭취하는 먹이의 질 역시 자연에서보다 뛰어난 경우가 많기 때문에 비만에 주의할 필요는 있다. 또한 질병이나 기생충, 외상 등으로부터도 보호할 필요가 있다.

마지막으로 영양을 충분히 축적한 후 동면 시기가 가까이 오면 본격적으로 동면에 들어가기 전 장을 비우기 위해 통상 동면 2주~1개월 전부터는 서서히 금식을 시켜야 한다(동면 프로그램 시작 시간이 촉박하더라도 최소 2주는 금식을 시키는 것이 좋다). 동면 기간 중 위장 내에 소화가 안 된 음식이 남아 있으면 이런 미소화물이 부패되면서 발생된 가스가 위나 장으로 모이면서 위장 장애나 패혈증과 같은 이차적인 감염증을 유발할 수 있고 이는 곧 폐사로 이어질 수 있다. 또한 동면에 들어가기 전에 충분한 수분을 공급하고 장 운동을 활성화시켜 장에 모여 있는 배설물을 제거해 주어야 한다. 만약 동면이 시작되기 전에 실수로 먹이를 먹였다면 완전히 소화를 마칠 때까지 동면 시작 시기를 늦추어야 한다. 올바른 지식과 철저한 관리만이 동면 중에 일어날 수 있는 여러 가지 변수들을 최대한 줄여줄 수 있다.

1 안정적인 쿨링(Cooling)/사이클링(Cycling)

자연상태에서의 동면(Hibernation)이란 변온동물인 개구리가 환경 조건에 적응하기 위해 체내의 대사 활동을 줄이고 체온을 낮추어 겨울을 나는 상태를 일컫는다. 이를 번식의 측면에서 생각하면 동면은 생식주기를 맞추는 데 도움을 주고 호르몬 밸런스를 유지시키며 동면에서 깨어날 때의 온도 변화는 생식 호르몬 분비의 촉진을 유도하여 교미를 자극하는 효과가 있다. 따라서 양서류의 번식을 위해서는 일정기간 온도 편차가 주어지는 휴면의 기간이 반드시 필요하다. 꼭 번식이 아니더라도 과도하게 비만인 개체의 경우에는 이처럼 장기간의 휴면을 통해 과도하게 축적된 지방을 연소시키게 할 수 있다. 이처럼 번식을 위해 인위적으로 일정기간 온도차를 조성해 주는 것을 쿨링(Cooling) 혹은 사이클링(Cycling)이라고 한다.

'쿨링'이 사육 하에서 인공으로 동면 환경을 제공해 주는 것이라면 아열대에 서식하는 종의 경우에 있어서 우기에서 건기로 넘어가는 과정에 차가운 비가 내리고 기온이 떨어져 일정 기간 낮은 온도와 높은 습도가 유지되는 기간의 환경을 인공적으로 제공해 주는 것을 '사이클링'이라고 부른다. 애완종 가운데는 팩맨, 버젯프록, 픽시프록 등이 사이클링이 필요한 대표적 종이다. 양서류에게 있어서 이런 휴면기는 번식의 측면에서 아주 중요한 역할을 할 뿐만 아니라 사육 개체의 '수명을 연장시키는 효과'도 있다고 알려져 있는데, 픽시프록의 경우 사이클링을 시킨다면 40년 이상까지도 생존시킬 수 있다. 그러나 양서류 사육에 있어서 이런 인공 동면 혹은 인공 사이클링은 상당히 위험하고도 어려운 기술이기 때문에 실제로 이 과정에서 동물이 폐사하기도 한다.

이런 동면기 폐사의 가장 큰 이유는 온도를 일정하게 내리고 올리는 것이 용이하지 않기 때문이다. 원하는 수치까지 온도를 올리는 것은 히팅 램프나 열판의 사용과 같은 여러 가지 열원의 사용으로 손쉽게 가능하지만, 특정한 기계를 이용하지 않는 이상 원하는 수치까지 온도를 일정하게 내리고 안정되게 유지했다가 또다시 일정하게 올리는 것은 생각만큼 쉽지 않다. 온도의 잦은 변동이나 급격한 온도 변화는 생물의 쇠약이나 즉각적인 폐사로 이어질 수 있으므로 동면기에는 온도를 일정하게 유지해 주어야 할 필요가 있으며 동면 프로그램을 시작할 때나 깨울 때도 충분한 시간을 두고 서서히 온도 변화를 주어야 한다.

쿨링은 정상적인 체온에서 단기간에 원하는 온도까지 내렸다가 올리는 것이 아니라 오랜 시간을 두고 서서히 원하는 온도까지 내려야 한다. 보통은 상온에서 섭씨 20도 정도 내려 며칠간 저온에 적응시킨 뒤 15℃에서 다시 며칠 후 5℃ 정도가 유지되는 곳으로 옮겨 본격적인 쿨링에 들어가는 것이 보통이다. 종에 따라서는 자연상태에서 몸이 얼어붙을 정도로 겨울을 나는 경우도 있으나 사육 하에서 그 정도의 온도까지 내리는 경우는 거의 없다. 무엇보다 동면 중에 일어나는 폐사의 대부분은 동면을 시작할 때나 동면에서 깨울 때 발생한다는 사실을 기억하고 그 기간에는 특별히 신경 써서 관리할 필요가 있다.

온도가 낮은 곳으로 사육장을 옮긴다거나 얼음을 넣는다거나 하는 아날로그적인 방법으로는 동면 온도의 잦은 변화가 필수적으로 동반되기 마련이고 이런 영향은 고스란히 사육종에게 부정적 영향으로 나타나게 된다. 의도하지 않게 원하는 온도 이하로 장시간 기온이 내려가 생물이 폐사하는 경우도 생길 수 있고 적온에서 동면을 시키지 않을 경우 동면 후 실명하거나 사지가 마비되는 증상이 나타날 가능성도 있다. 비록 건강한 개체라고 할지라도 동면 중, 혹은 동면 후의 폐사는 드문 일이 아니다. 그만큼 사육 하에서의 인공적인 동면은 많은 어려움과 위험 부담을 안고 있다. 번식을 시도하는 과정에서 사육 중인 개체를 죽이게 되는 주된 이유는 준비가 제대로 갖추어지지 않은 상태로 동면을 시도했거나 동면 기간 중에 적절한 관리를 하지 못했기 때문인 경우가 많다.

그렇기 때문에 사육 하에서의 이러한 인공적인 휴면은 가급적이면 시도하지 않는 것이 좋다. 여러 면에서 상당한 위험 부담을 안고 있는 일이니만큼 번식을 고려하지 않는다면 일부러 시킬 필요는 없고 확실한 준비 없이는 시도하지 않는 것이 오히려 안전하기 때문이다.

사이클링의 경우에는 상대적으로 쿨링보다는 그 위험성이 적다고는 하지만 역시 충분한 설비와 철저한 프로그램에 따라 계획적으로 진행해야 한다. 양서류는 온대부터 열대, 아열대, 스텝, 사막, 사바나처럼 다양한 기후대에 걸쳐 서식하고 있기 때문에 쿨링과 사이클링에 앞서 무엇보다 중요한 것은 사육종이 서식하는 원 서식환경을 정확히 분석하고 해당 종의 휴면과 번식기의 환경을 가급적 정확히 구현하려고 노력하려는 것이라고 할 수 있다.

온도 변화와 더불어 안정적인 번식을 위해서는 보조적으로 습도의 변화, 인공적인 샤워나 음향 등을 제공해 줄 필요가 있다.

 동면 상자 및 동면 수조의 제작과 설치

인공동면을 위해서는 별도의 동면용 구조물이 필요하다. 보통 상자를 이용하는데 양서류의 크기가 대체로 작은 만큼 동면에 사용하는 상자는 그다지 클 필요가 없고 소재에 특별한 제한이 있는 것도 아니다. 크기는 동면시키고자 하는 개체의 크기를 고려하여 용기 내에서 180° 방향을 바꿀 수 있는 정도면 되고 탈출할 수 없을 정도의 높이가 보장되거나 튼튼한 뚜껑이 있는 것이 좋다. 또한 동면 중에도 느리기는 하지만 호흡은 하므로 환기용으로 구멍을 충분히 뚫어 주어야 한다. 동면용 바닥재는 모래, 흙, 피트모스 등의 소재가 주로 사용된다. 바닥재는 과도하게 두껍게 깔아주지 않아도 되며 몸을 땅에 묻어 덮힐 정도면 된다.

좀 더 신경을 쓴다면 열전도의 속도를 감소시키는 효과가 있으므로 동면 상자에 단열재를 사용하면 좋다. 또한 양서류의 특성상 습도를 유지시킬 수 있는 소재여야 하고 수분 관리가 쉬워야 한다. 동면 상자의 크기나 소재보다는 설치 장소가 더 중요한데, 동면 상자가 설치되는 곳은 진동이 없어야 하며 쥐와 같은 천적의 침입으로부터 안전한 곳이어야 하고 지나치게 온도가 떨어지는 곳이어서는 안 된다. 사육자들 사이에서 냉장고를 사용하여 동면시키는 경우도 있는데 앞서 언급했다시피 동면의 관건은 안정적인 온도조절이므로 가급적이면 기계를 이용하는 것이 안전하다. 자연 상태에서 날씨가 점점 차가워지면 온대지역에 서식하는 많은 종류의 양서류들이 연못이나 호수의 바닥으로 헤엄쳐 바닥에 엎드리거나 진흙이나 돌 틈에 몸을 숨기고 그동안 저장해 둔 지방을 소모하며 기나긴 겨울을 난다.

물 속에서 동면하는 종의 경우에는 동면 환경 조성이 조금 더 용이하다. 냉각기만 설치한다면 사육하던 공간에서 그대로 동면시키는 것이 가능하기 때문이다. 동면기에는 대사활동이 저하되어 특별한 오염이 생기는 경우가 드물지만 수조 내의 세팅 구조물로 인해 생기는 오염을 줄이기 위해 빈 수조에 여과기와 냉각기, 은신처 정도만 설치된 수조로 옮겨 동면시키는 것도 가능하다. 온대지역에 서식하는 종이라면 우리나라 계절의 변화에 맞추어 수조의 물이 얼지 않을 지하실과 같은 장소로 사육장을 옮기고 주기적으로 수질 관리를 해주는 것 정도로 동면시키는 것도 가능하지만 저온을 일정하게 유지 · 관리하기가 용이하지는 않다. 온도가 낮더라도 수중의 오염 물질 발생이 서서히 증가하기 때문에 이처럼 물 속에서 동면시키는 경우에는 수질 관리를 세심하게 해 주어야 할 필요가 있다. 또한 자연 상태에서도 연못 바닥의 산소 수준이 너무 낮아 간혹 폐사하는 경우가 있다. 수중에서 동면할 경우 피부호흡의 의존량이 높아지기 때문에 수중에 충분한 산소가 녹아 들어갈 수 있도록 관리해 주어야 한다. 수중의 용존 산소량이 부족할 경우 문제가 되기 때문에 이처럼 물 속에서 동면을 시킬 경우에는 수중에 기포기를 이용하여 용존 산소량을 늘려 주는 것이 좋다.

★Tip★ 양서류 동면

변온동물인 양서류에게 겨울은 가혹한 계절이다. 겨우내 온 몸이 거의 얼어붙은 상태로 목숨을 부지해야 하기 때문이다. 청개구리의 경우 몸의 대부분이 얼어 붙은 채 심장 부근만 겨우 피를 돌려 생존한다. 인간은 추위에 노출되면 동상에 걸리는데 어떻게 개구리는 온몸이 얼어붙었다가도 무사히 다시 깨어날 수 있을까?

첫 번째 이유는 개구리의 세포들이 아주 뛰어난 신축성을 가지고 있기 때문이다. 수분은 얼면 팽창하게 되는데 신축성 있는 개구리의 세포들은 물이 얼음이 되어 팽창하더라도 세포의 구조를 무너뜨리지 않고 잘 보존할 수 있도록 해 준다.

두 번째 이유는 피브리노겐(Fibrinogen)이라는 혈중의 섬유소원의 수치를 향상시켜 혹시라도 생길 수 있는 얼음결정에 의한 혈관이나 세포의 손상을 억제하기 때문이다.

마지막으로 개구리는 기온이 떨어지는 것을 감지하면 신체 각 부분에 흩어져 있는 수분을 한 곳으로 모으려고 하고 체내에서 만든 에틸렌글리콜을 간장에서 고농도의 포도당으로 분해하여 체내 포도당 수치를 평상시의 100배 이상으로 급격하게 높인다. 포도당을 일종의 부동액처럼 이용하여 세포 내부 수분의 결빙점을 낮춤으로써 세포의 동결을 막아 보호하는 것이다. 이 덕분에 다른 부분은 얼더라도 중요한 내부 장기나 혈액은 얼지 않는다. 스스로를 얼음에 가두어 얼어 죽는 것으로부터 스스로를 지키는 것이다.

이런 종들은 한번 동결이 시작되면 다시 외부 환경이 따뜻해질 때까지는 심장과 뇌의 활동까지도 멈춘다. 의학적으로 완전히 죽었다가 다시 살아나는 것이니 놀라운 일이 아닐 수 없다. 흔히 겨울잠이라고 표현하지만 정확하게 말하면 잠에서 깨어나는 것이 아니라 죽음에서 깨어나는 것이다.

동면도 신비롭지만 인간은 3개월만 병상에 누워 있어도 온 몸의 근육이 퇴화해서 걷기가 힘든데 동면에서 깨어난 개구리는 멀쩡히 잘 뛰어다닌다. 이것은 또 어떻게 된 일일까?

과학정보전문매체 사이언스코덱스(sciencecodex.com)는 호주 퀸즐랜드 대학 연구진이 퀸즐랜드 북부에 널리 분포하는 개구리 종인 줄무늬굴개구리(Striped Burrowing Frog)의 동면을 연구하여 동면 중 근육퇴화를 막는 실마리를 찾아냈다고 보고한 바 있다. 바로 서바이빈(Survivin)과 키나제1(Kinase1)이라는 유전자에 그 비밀이 있다.

서바이빈은 세포사멸억제단백질 중 한 가지로 이름처럼 손상되거나 병든 세포를 제거해 근육이 생존하도록 도와주는 것으로 알려져 있다. 키나제1 역시 세포분해와 DNA 손상을 막아 근육이 비활성화 돼 망가지는 것을 방지해주는 것으로 추정된다. 이 두 유전자가 동면 중인 개구리의 근육 손상을 막아주는 것이다.

이는 다른 종에게서는 좀처럼 볼 수 없는 신비한 현상으로 이러한 현상은 과학적으로 인간에게 도움이 되기도 한다. 동면 기술을 인간에 적용할 수 있다면 이식을 기다리는 인간의 장기를 장기간 보관할 수도 있고 질병의 치료나 행성 간 여행을 위한 냉동인간을 만드는 데 응용할 수 있을 것이고, 근육퇴화의 비밀은 우주선 내 무중력 공간에서의 근육 손실 방지는 물론 근육감퇴질환을 앓고 있는 환자들에게 유용한 치료법을 발견하는 데 사용될 수 있을 것이기 때문이다.

3 사이클링 환경의 조성

사이클링은 두 가지 단계로 나누어 볼 수 있다. 먼저 어둡고 건조한 건기를 거치게 하는 것이고 다른 하나는 고온 다습한 환경과 샤워를 제공하는 것이다.

✔ 건기

이 기간은 개체에게 야생의 여름잠(하면)의 환경을 제공하는 것이다('Estivation'이라는 단어는 여름을 의미하는 라틴어 'Aestas'에서 유래되었다). 사육하던 상태 그대로 하면을 시키기도 하고 동면 상자와 같은 별도의 상자를 만들어 별도의 공간에서 잠을 재우는 경우도 있다. 버젯, 팩맨, 아프리카 황소개구리 등을 번식시키고자 할 때 필요하다.

이처럼 하면 시 중요한 것은 위장을 비우는 것과 온도와 습도, 조명을 천천히 내리고 올리는 것이다. 휴면 공간 안에 바닥재(스패그넘 모스나 에코어스 등)를 두텁게 깐 다음 건조하게 방치한다. 분무는 하지 않되 휴면 개체가 필요하다고 느낄 때 언제든 수분을 섭취할 수 있도록 같은 공간 안에 물그릇은 반드시 설치하고 관리하는 것이 좋다(그러나 사이클링이 성공적으로 진행되고 있다면 물그릇을 이용하지는 않아도 된다). 그리고 온도는 20도 내외를 유지한다. 온도와 마찬가지로 습도와 조명, 광주기도 천천히 낮추어 준다. 하면 공간은 어둡고 조용해야 한다.

이 과정에서 하면 개체는 피부를 통해 수분이 손실되는 것을 방지하기 위해 분비물을 내어 몸을 감싸면서 서서히 피부 바깥층이 건조되면서 경화되어 간다. 스스로의 분비물로 일종의 점액질 고치를 만드는 것이다. 종에 따라 수분 손실을 최소화하기 위해 요산을 배출하기도 한다. 종에 따라서는 이 시기에 체액의 삼투농도(Osmotic Concentration, 삼투압의 크기를 결정하는 분자 및 이온의 용질농도)를 증가시켜 증발되는 수분의 손실을 줄이기도 한다. 이렇게 온습도를 낮추는 과정에 맞추어 제대로 고치를 만들지 못한 개체는 순식간에 말라버릴 수 있기 때문에 사육자는 이 과정에서 잊지 말고 상태를 매일매일 살펴야 할 필요가 있다.

그러나 좀 더 정확하게 이야기 하자면 이 시기 개체에게 일어나는 생리적 혹은 생화학적 변화는 앞에 말한 것처럼 단순히 고치를 만들어 수분 손실을 방지하는 정도에 그치지 않는다. 그동안 저장해 둔 에너지를 보전하고 분배하며 체내에 수분을 가두고, 질소 최종 생성물을 처리하고 신체 기관이나 세포를 안정화시키는 복잡한 과정이 이 시기 개체의 몸 안에서 일어나게 된다. 그러므로 사육자는 이러한 생리적 변화를 안정적으로 진행할 수 있는 건강과 체력을 비축할 수 있도록 사육 중에 관리해 줄 필요가 있다.

훨씬 짧게 시키는 경우도 많지만 시간이 넉넉하다면 휴면을 시키는 기간은 2달 정도가 적당하다. 그 이후에 아래와 같은 방법으로 우기의 환경을 제공해 준다. 자연 상태에서는 고치 주위 온 · 습도의 증가 혹은 비가 내리면서 빗방울이 지면을 두드리는 소리를 신호로 하면이 종료되면서 휴면 상태에서 깨어나 빠르게 정상 상태로 되돌아간다.

이렇게 건냉기를 제대로 지냈다면 얼마 지나지 않아 번식활동을 시작한다. 하면에서 깨울 때에도 매주 3~4도씩 시간을 두면서 온도를 서서히 내리고 올린다.

★Tip★ 휴면 시 온도관리

평소 사육 : 온도(주간 25도, 야간 23도), 습도
휴면 첫 주 : 온도(주간 24도, 야간 20도)
휴면 둘째 주 : 온도(주간 18도, 야간 15도)

- 2달간 휴면 -

휴면 깨기 3주 전 : 온도(주간 20도, 야간 18도)
휴면 깨기 2주 전 : 온도(주간 27도, 야간 21도)
휴면 깨기 1주 전 : 온도(주간 29도, 야간 24도)

수생종인 경우에는 사육장에서 바로 휴면 상자로 옮기는 것이 아니라 사육장 바닥에 충분한 바닥재를 깔고 서서히 수위를 줄여주면서 스스로 바닥재를 파고 들어가도록 하는 것이 더 좋다.
아프리카 발톱개구리는 원서식지에 수온이 낮아지면서 번식이 촉발된다. 때문에 사육 하에서도 사육수조에 낮은 온도의 물을 환수하는 것으로 번식을 유도할 수 있다.

✔ 우기

사이클링 기간 동안은 사육종의 원서식지의 번식 환경을 그대로 재현하는 것을 목적으로 하기 때문에 수족관 안에는 보통 네 가지 조건이 제공되어야 한다. '빗소리 나는 어두운 환경'과 '휴면하기 적당한 정도의 낮은 온도와 높은 습도' 그리고 '샤워', 마지막으로 '알을 낳을 수 있는 환경 조건'이다. 동면과는 달리 사이클링 기간에는 샤워가 제공되어야 하기 때문에 이렇게 사이클링을 위해 특별히 제작되는 사육장을 '레인챔버(Rain Chamber)'라는 이름으로도 부른다. 이 레인챔버는 원서식지의 몬순이나 폭우를 시뮬레이션해 줌으로써 사육종에게 심리적인 안정을 제공하면서 안정적으로 번식 준비에 들어갈 수 있도록 도와주는 역할을 한다. 레인챔버는 현재 시판되지 않기 때문에 거의 자작하여 사용하는데 사실 그 제작법은 예상 외로 간단하다. 물이 지속적으로 순환되어야 하기 때문에 레인챔버의 제작은 일반적인 양서 파충류 사육장보다는 수조가 적합하다. 휴면시키고자 하는 종의 활동 형태를 고려하여 충분한 면적의 가로로 긴 사육장이나 세로로 긴 사육장을 선택한다. 그 이외에 여과기(혹은 순환 모터), 레인바(Rain Bar - 분무 구멍이 뚫린 관), 타이머, 냉각기, 유목이나 은신처가 될 만한 식물, 그리고 필요에 따라 환풍용 팬 등이 필요하다. 지상성 종의 경우 챔버 덮개가 특별히 필요하지 않으나 수상성 종의 경우에는 탈출 방지를 위한 덮개가 반드시 필요하다. 일반적인 어류 수조라면 수위를 낮추고 유목 등을 수면 위로 나오게 넣은 뒤 여과기 출수구에

레인바를 수조의 상부 끝까지 연결하면 된다. 여과기에서 여과된 물이 레인바를 따라 수조 상부로 올라간 뒤 수면으로 떨어지게 된다.

주의할 점은 출력이 약한 측면여과기인 겨울에는 수면 상부까지 물을 밀어 올릴 정도로 출수압력이 강하지 못할 수 있다는 점이다. 물이 수조 끝까지 밀려올라가지 않거나 올라가더라도 모터에 무리가 간다고 판단되면 여과기와는 별도로 순환모터를 설치해 주고 거기에 레인바를 연결하는 것이 좋다.

이렇게 레인바와의 분무와 환풍팬의 설치만으로 기화열로 인한 챔버 온도의 저하를 어느 정도 기대할 수 있으나 필요하다고 판단될 경우에는 냉각기를 사용하는 것도 고려해 볼 수 있다. 이럴 경우 냉각기는 여과기와는 별도로 수조에 설치해 주어도 좋고 여과기와 연결해도 괜찮다. 순환 펌프는 수동으로 동작을 조절해도 되지만 타이머를 사용하는 것이 더 편리할 수 있다. 조명은 한쪽 구석에 자외등으로 설치한다. 이는 휴면 중인 개구리에게 방해를 주지 않으면서 챔버 안 동물들의 상태를 점검할 수 있도록 해 준다.

그리고 무엇보다 중요한 것은 챔버 안에 산란을 할 수 있는 환경을 조성해 주어야 한다는 것이다. 수중에 알을 낳는 종이라면 챔버 내의 수질과 수위, pH를 지속적으로 산란에 적합한 조건으로 청결하게 유지해 주어야 하며 나뭇잎 뒤에 알을 낳는 종이라면 적당한 식물을 수조 내의 적합한 위치에 배치해 주는 등의 관리가 필요하다. 교미 시에 문제가 생기지 않도록 수위도 너무 깊지 않도록 조절해야 한다. 그리고 산란을 종료한 이후에는 성체들을 이동시키고 수위를 좀 더 높여 주는 것이 좋다. 마지막으로 여기에 조금 더 신경을 써 주면 좋을 것이 있다면 '조명'과 '음향'이다. 번식할 때와 유사한 밝기와 함께 열대 우림의 소리와 해당 종의 울음소리, 기타 서식지의 환경 배경음을 들려주면 사육종이 번식 모드로 돌입하는 데 더욱 도움을 줄 수 있다.

나무개구리류 사이클링 수조

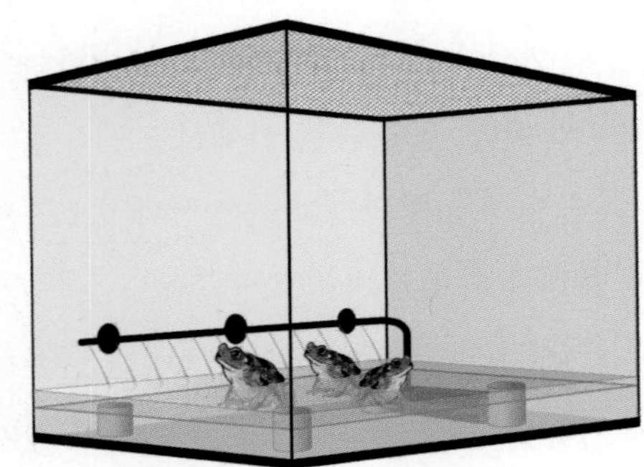

땅개구리류 사이클링 수조

 동면 끝내기와 동면 후의 모체 관리

자연상태에서처럼 종에 따라 3~4개월간 인공 동면시키는 경우도 있지만 일반적으로 동면 기간은 6~8주 이상 정도면 적당하다. 사이클링 기간 역시 비슷하게 잡는다.

자연상태에서 동면의 종료는 온도의 상승과 함께 시작된다. 온도가 오르면 양서류의 신진대사가 활발해져 동면에서 깨어날 준비를 하는데 동면을 끝낼 때도 동면을 시킬 때와 마찬가지로 천천히 실온까지 올리도록 한다. 우선 수분 공급만 하고 먹이는 개체가 상온에 완전히 적응했다고 판단된 이후부터 주는 것이 좋다.

동면에서 깨어날 때 일어나는 최초의 위험은 백혈구 세포(WBC)의 양이 줄어들어 저항력이 극단적으로 떨어져 일어나는 세균 감염과 그로 인해 일어나는 Post Hibernation Anorexia(동면 후 거식)이라고 할 수 있다. 이것은 동면 후 적절한 보온과 일광욕이 부족할 경우 동면 중 손실된 체중과 체력을 회복하기 위해 필요한 식욕이 감소하는 증상을 말한다. 따라서 일정 기간이 지난 뒤에도 거식이 풀리지 않으면 수의사의 도움을 받는 것이 좋다. 사이클링을 하는 종들은 우기에 번식을 하고 건기가 시작되면서 다시 비번식기로 들어간다. 사이클링을 시키는 종은 사이클링 과정에서 산란을 하는 경우가 보통이다. 그러나 동면을 시키는 종은 모체를 안전하게 동면에서 깨운 이후에 어느 정도의 회복기를 가진 다음 본격적으로 번식을 위한 합사에 들어가는 것이 좋다.

7 양서류의 구애 행동

번식기의 동물은 울음소리나 체색이 달라지거나 공격성이 증가하는 등 평소와는 다른 행동 패턴을 보이는 것이 일반적이다. 이러한 변화가 일어나는 가장 큰 이유는 번식기의 모든 암수가 교미에 이르는 것은 아니기 때문이다. 동일한 종 안에서도 개체들마다 가지고 있는 조건의 차이로 인해 성적 선택(Sexual Selection)의 차이가 생기게 되는데 이는 결과적으로 짝짓기 성공률의 차이를 불러와 종국에는 후대에 자신의 유전자를 물려줄 확률의 차이로 귀결된다. 이런 이유로 인해 각자의 종은 상대방 성에게 선택받기 위한 조건들로 서로 경쟁을 하는데 보통 그 경쟁은 암컷보다는 수컷에게 있어서 상대적으로 더 강하게 나타난다.

양서류 가운데서도 영역 의식을 가진 종이 없지는 않으나 전체 종 수를 고려하면 드물며 개체 간의 다툼은 번식기를 제외하고는 거의 일어나지 않는다. 양서류의 영역 의식은 다른 동물의 영토 개념과는 조금 다른데 보통 수컷은 암컷에게 자신의 울음소리가 더 잘 들릴 수 있는 위치를 선점하기 위해 싸우며 암컷은 좋은 산란처를 차지하기 위해 다른 암컷과 다툰다. 번식기에 수컷이 보이는 번식 행동은 그 대상이 암컷을 향한 것인지 수컷을 향한 것인지에 따라 크게 두 가지로 크게 나누어 볼 수 있다. 먼저 암컷이 많은 수컷들 가운데서 자기를 선택하도록 하기 위해 하는 여러 가지 신체적인 변화와 특정한 행동을 의미하는 성간선택(Intersexual Selection) 행동이 있다.

그 대표적인 것이 우리가 익히 알고 있는 '울음소리'인데 각 종의 양서류는 종마다의 독특한 울음소리로 암컷을 부르며 그 음색이나 소리의 크기는 개체에 따라서도 차이가 있다. 번식기의 이런 짝짓기 합창은 수컷에게는 아직 활성화되지 않은 내분비계(Endocrine)의 활동을 자극하고 암컷에게는 배란을 자극하는 것으로 알려져 있다.

또 하나 알려져 있는 것은 '혼인색'으로 번식기에 수컷은 신체 전체 혹은 일부가 평소와는 다른 체색으로 변화하는 경우가 많다. 양서류에게도 이러한 현상은 자주 보고되고 있다. 유럽에 서식하는 무어 개구리(Moor Frog - *Rana arvalis*)는 평소에는 갈색의 보호색을 띠지만 일년에 한 번 3월과 6월 사이 번식기가 되면 푸른색으로 체색이 변화한다.

마지막으로 양서류의 성간선택 행동으로 그다지 많이 알려져 있지 않은 것이 짝짓기 상대를 부르는 시각적 과시행동으로, 드물게 보고되고 있다. 대표적으로 춤추는개구리속(*Micrixalus spp.*)의 수컷 개구리들은 번식기에 뒷다리를 옆으로 쭉 길게 뻗다 접기를 반복하는 동작(Foot Flagging)을 선보이며 암컷을 유혹하기도 한다.

다른 하나는 성내선택(Intrasexual Selection) 행동이다. 이는 수컷들이 번식기에 암컷의 선택을 얻기 위해 격렬하게 싸우는 의례화 된 경쟁을 일컫는 용어로 양서류의 번식에 있어서는 보통 하나의 암컷에 여러 마리의 수컷이 달려들기 때문에 수컷은 암컷을 차지하기 위해 강한 힘으로 암컷의 몸을 붙잡으며 다른 수컷이 달려들면 뒷다리로 차는 행동(Foot- kicking)이 많이 관찰된다. 이 경쟁의 승패는 수컷 간 형질의 차이, 즉 수컷의 힘, 체구, 공격성, 인내심 등에 의해서 결정나게 된다.

번식기에 관찰되는 수컷의 신체적인 변화와 커다란 울음소리, 격렬한 다툼은 결국 자신의 유전자를 후대에 널리 퍼뜨리기 위한 피나는 노력의 산물이라고 할 수 있다. 보통 일반적인 동물의 경우라면 수컷끼리의 경쟁에서 이긴 더 강한 수컷이 암컷의 '선택'을 받지만 양서류의 장기 번식종의 경우 암컷이 수컷을 선택하며, 폭발형 번식종들의 경우에는 암컷이 수컷을 선택한다기보다는 수컷에게 선택당한다는 것이 조금 더 정확한 표현이다.

★Tip★ 양서류의 번식 유형

양서류의 번식 유형은 '단기 번식형(Explosive Breeder)'과 '장기 번식형(Prolonged Breeder)' 두 가지로 나누어 볼 수 있다.

'단기 번식형'은 우리나라에서 흔히 볼 수 있는 번식 형태이다. 번식장소에는 수컷이 먼저 도착하고 암컷이 뒤에 도착한다. 수컷들은 암컷을 차지하기 위해 서로 경쟁하는데 보통 수컷이 암컷에 비해 월등하게 숫자가 많은 경우가 흔하며 암컷을 유인하는 울음소리보다는 다른 수컷의 접근을 막기 위한 경계음을 주로 낸다. 외국에서는 대표적으로 사막지역과 같이 산란이 가능한 물웅덩이가 아주 짧은 시간만 유지되는 지역에서 이러한 형태의 번식 유형이 주로 관찰된다. 보통 유생들의 성장 속도가 빠르다.

'장기 번식형'의 가장 큰 특징은 암컷이 수컷을 선택한다는 것이다. 수컷이 먼저 자신의 영역 내의 산란에 적당한 장소 근처에 자리를 잡고 자신이 크고 강해 우수한 유전자를 전해 줄 수 있는 개체임을 울음소리로 표시하면 암컷은 그 소리의 강약과 고저를 듣고 적당한 수컷을 찾아 교미하는 형태이다. 보통 주파수가 낮은 체구가 큰 수컷이 선택되는 경우가 많다고 알려져 있다. 장기형의 경우 번식의 과정이 거의 한 달 정도 유지되기도 한다. 단기 번식형에 비해 유생들의 성장 속도가 느리다. 독화살개구리가 대표적이다.

 메이팅(Mating)

자연상태에서의 교미와 산란은 온대지방에서는 보통 겨울잠에서 깨어난 이후에 이루어지고, 아열대나 열대지방에 서식하는 종은 우기의 강우 시 집단적으로 이루어지는 경우가 대부분인데 그 시기는 해당 지역의 계절적 요인과 양서류의 종에 따라 상이하다. 사육 하에서는 안전하게 쿨링이나 사이클링을 마친 개체들이라면 본격적으로 번식을 시도해 볼 수 있다. 가장 먼저 할 일은 암컷과 수컷을 같은 공간에서 만나게 하는 것인데 이때 먼저 먹이를 급여하여 고픈 배를 채워주는 것이 필요하다. 자연계에서처럼 호르몬의 작용으로 번식의 본능이 식욕을 억제하는 경우라면 모르겠지만 사육 하에서는 식욕이 앞서 큰 암컷이 작은 수컷을 잡아 먹는 경우가 종종 있기 때문이다.

메이팅을 위해 준비할 일들은 다음과 같다. 이때 우선적으로 할 일이 있는데 그것은 메이팅과 산란을 하기에 적합한 환경을 조성해 주는 것이다. 양서류의 산란은 보통은 고여 있거나 흐르는 물에서 이루어지지만 이외에도 쓰러진 나무나 습기 있는 돌 밑, 구멍 속, 수컷이나 다른 동물이 만든 진흙 웅덩이, 수면 위로 뻗어나온 잎, 식물체의 우묵한 곳에 고인 물처럼 상당히 다양하다. 그러나 일반적으로 종에 따라 산란 장소의 경향은 일정하므로 종에 따라 적합한 공간을 제공해 주어야 할 필요가 있다. 산란 활동이 가능한 충분한 넓이의 공간을 제공해 주는 것 이외에도 적절한 온도와 습도, 조도의 빛을 제공하고 물에서 산란하는 종이라면 적절한 수위와 수질, 수온, pH를 제공해 주는 것이 필요하다. 나무 위의 물이 고인 곳에 산란하는 종이라면 그에 적합한 공간을 조성해 주는 것이 필요하다. 수온이나 수위와 같은 이러한 환경 조건의 변화는 양서류의 번식을 자극하는 중요한 요인이 되기도 하며 특히 개구리는 산란 장소를 상당히 민감하게 선택하기 때문에 이러한 조건이 충족되지 않으면 산란을 거부할 수도 있다(참개구리의 경우를 예로 들면 산란지의 수심은 20cm 내외가 적당하다. pH는 중성이 적당하다).

두 번째는 사육 대상종이 자연 상태에서 겪게 되는 산란시기의 환경 조건을 가급적 비슷하게 시뮬레이션 해 주는 것이다. 그렇기 때문에 성공적인 번식을 위해서는 자연 산란지의 수질, 수위, pH에서부터 자연환경에 이르기까지 가급적이면 모든 조건을 잘 숙지해 두는 것이 좋다. 만일 외래종으로 우기의 야간 우천 시와 같이 특수한 조건에서 번식활동이 이루어지는 종이라면 산란 장소를 어둡게 하고 호스나 레인바와 같은 것을 이용하여 비가 오는 상황을 연출해 주며 천둥번개가 치는 상황을 재연해 주는 것이 산란활동을 촉진하는 데 도움이 될 수 있다. 팩맨의 경우에도 다른 수컷의 울음소리를 녹음해서 들려주면 좀 더 공격적인 메이팅 반응을 보인다는 보고가 있다. 또 한 가지 중요하게 관심을 두어야 하는 사실은 메이팅 성비이다. 양서류들은 보통 1:1로 번식행동을 하지 않기 때문에 암컷 한 마리당 2~3마리의 수컷을 함께 합사하여 경쟁을 유도하는 것이 좋다.

마지막으로 관심을 두어야 할 부분은 번식 개체의 질병 여부, 특히 감염성 질병의 여부이다. 산란 전 사육과 동면이 같은 공간에서 이루어진 개체들 사이에서의 합사라면 위험성이 덜하지만 번식을 위해 다른 곳에서 잠시 데려온 개체라면 상호 간에 질병 감염의 위험성이 상존한다는 사실을 기억할 필요가 있다. 심한 경우에는 오랜 시간 기르던 개체를 폐사시키게 되는 경우가 생길 수도 있다. 이럴 경우에는 합사 전에 약욕을 먼저 시키는 것이 하나의 방법이 될 수도 있는데 알려진 바로는 참개구리의 경우 보통 5분 동안 5mg/L의 과망간산칼륨 용액에 약용을 시킴으로써 질병의 감염을 방지할 수 있다. 마지막으로 사육자는 산란 이후의 암컷과 수컷을 분리하며 체력이 소진한 암컷의 체력 회복과 상태 변화에 항상 신경 쓰며 이상 유무를 관찰해야 한다.

포접(Amplexus)

대부분의 무미목 양서류와 몇몇 종의 도롱뇽들은 번식지에서 수컷이 알을 가진 암컷을 뒤에서 강하게 껴안는 '포접(抱接)'이라는 행동을 통해 다른 수컷과의 정자 경쟁을 줄인다.

'포접'은 체외수정을 하는 동물의 암수가 몸을 밀착시켜 생식구를 근접시키고 암컷이 낳은 알에 즉시 정액을 뿌려 수정시키는 행위를 의미하는데 흔히 사용하는 교접(交接)이나 교미(交尾)와는 구분하여 사용하는 용어이다. 단순하게 본다면 포접이라는 행동의 사전적 의미는 '수컷이 암컷을 껴안는 행동'을 의미하지만 넓은 의미로는 '번식기에 효과적인 수정을 위한 수컷이 행하는 행동 전반'을 일컫는다고 할 수 있다. 즉, 포접은 자신의 정자를 암컷의 알에 수정시키기 위한 자세이지만 암컷의 신경 내분비기관을 자극함으로써 배란을 촉진시키는 역할도 한다. 또한 분비선에서 나오는 여러 가지 분비물로 암컷을 자극하면서 붙잡아 두는 역할을 하기도 하고 다른 수컷이 암컷에게 접근하여 구애하는 것을 저지하는 데 유리한 자세이기도 하다. 이 같은 포접은 그 자세에 있어 각각의 종마다 약간의 차이가 있으며 양서류의 종이 워낙 방대하기에 구애행동의 모든 단계에서 포접을 하지 않고 암컷이 자유롭게 돌아다니는 양서류도 많다. 그러나 반대로 암컷에 비해 수컷의 수가 극단적으로 많을 경우에는 보통 포접을 하며 이럴 경우에 수컷은 같은 종의 암컷뿐만 아니라 자기와 다른 종, 죽은 개체, 심지어 흙덩어리를 껴안기도 한다. 이 포접의 힘은 상당히 강력하기에 사람의 힘으로도 서로를 떼어 놓기가 쉽지 않다. 심한 경우에는 암컷을 다치게 하거나 익사나 질식사시키기도 하는데 이런 포접의 강도는 특정한 시기, 특정한 지역에 모여 산란하는 종일 경우나 암컷에 비해 수컷의 숫자가 월등하게 많아 짝짓기의 성공 확률이 상당히 낮을 경우에 더욱 강해지는 경향이 있다. 연구에 의하면 개구리의 수컷은 대뇌를 제거하더라도 무조건 반사에 의해 포접을 한다고 알려져 있다. 보통 포접은 최대 몇 시간 동안만 지속하지만 일부 종은 며칠 또는 몇 주 동안 포접 자세를 유지하기도 한다. 이러한 포접 시간은 수컷의 개체 수 및 정자 경쟁률과 관계가 있는 것으로 극단적으로 경쟁이 심하면 번식을 확실히 성공시키기 위해 비정상적일 정도로 긴 시간을 포접하는 경우도 있다(베네수엘라독개구리의 경우 125시간이 넘는 시간을 포접 상태로 있었다는 관찰 기록도 있다). 이처럼 장기간에 걸쳐 포접을 하는 중에는 암컷은 정상적인 먹이 활동을 하기에 영양 상태를 유지하지만 수컷은 먹이 활동을 전혀 하지 않기 때문에 점점 여위어가는 것이 일반적이다. 포접을 효과적으로 하기 위해 수컷은 생식혹이나 육융(Nuptial Pads)이 발달되어 있는데 이는 암수 구별의 기준이 되기도 한다. 이 생식혹은 앞발에 생기는 것이 보통이지만 턱이나 배, 뒷발의 물갈퀴 등 몸의 다른 부분에 생기는 종도 있다.

포접은 수컷이 암컷을 붙잡은 부위가 어디냐에 따라 다음과 같이 나누어 볼 수 있다.

포접의 종류

기본적으로 앞다리와 뒷다리 사이의 공간을 잡는 포접의 자세는 그 위치에 따라 겨드랑이 포접인 '액포형', 가슴 포접인 '흉포형', 허리 포접인 '요포형'의 세 가지 형태로 나누어 볼 수 있다(가슴 포접은 앞다리와 뒷다리 사이 부분을 잡는 형태인데 학자에 따라서 이 부분을 별도로 나누기도 하고 이를 요포형의 변형으로 보기도 한다). 이 명칭은 대략적인 위치를 기준으로 삼는 것일 뿐 수컷의 크기가 암컷에 비해 지나치게 작으면 암컷의 겨드랑이 안까지 깊숙이 앞발을 넣지 못하고 해당 위치 등쪽의 살을 붙잡는 경우도 있다.

먼저 '겨드랑이포접(Axillary Amplexus - 액포형)'은 진화된 종류의 개구리들이 취하는 자세로 수컷이 암컷의 앞다리 뒷부분, 즉 겨드랑이 부분을 잡는 형태이다. 이 자세는 암수의 총배설강이 자연스럽게 서로 밀착되는 장점이 있다. 우리나라에서 흔히 보이는 참개구리나 두꺼비의 포접이 대표적인 겨드랑이포접형이다.

또 다른 한 형태는 '서혜포접(Inguinal Amplexus - 요포형)'인데 이는 수컷이 암컷의 뒷다리 앞부분 즉 허리 부분을 잡는 자세로 형태학적으로 원시적인 과의 개구리에게서 주로 관찰되는 포접 형태이다. 애완으로 잘 알려진 종류로는 피파류나 쟁기발개구리류가 이런 형태의 포접을 하고 우리나라에서 이런 형태의 포접을 하는 대표적인 종으로는 무당개구리를 들 수 있다. 이렇게 허리 부분을 안는 자세는 암수의 총배설강 사이에 거리가 생기기 때문에 수컷은 암컷이 산란을 하는 동안 수컷이 암컷의 총배설강 가까이 몸을 구부려야 할 필요가 있다.

극히 드물게 독화살 개구리의 일종인 *Colostethus inguinalis*처럼 '머리위포접(Cephalic Amplexus)'을 하는 종도 있다. 지상에서 산란하는 몇몇 독개구리 종에게서 나타나는 방법으로 수컷은 긴 앞다리로 암컷의 머리 부분을 잡아끌어 당기고 그 위에 올라앉는 자세를 취한다.

아주 극히 희귀한 형태로 마다가스카르에 서식하는 만티다틸루스속(*Mantidactylus spp.*)의 개구리에게서 발견된 입식포접(Straddle Amplexus)이 있다. 이것은 수컷이 수직으로 식물의 잎 부분에 달라붙어 몸을 일으켜 세우고 서 있는 상태에서 암컷이 수컷의 뒷다리 아래에 머리 부분을 넣는 것이다. 이런 포접형태는 보통 비가 올 때 관찰되는데 수컷이 방출한 정자가 빗물과 함께 중력에 의해 암컷의 등을 따라 이동하다가 암컷에게 수정되는 형태이다.

그리고 또 다른 형태는 껴안지 않은 형태의 포접으로 말레이시아 맹꽁이(Malaysian Narrow - Mouthed Toad)처럼 수컷이 배에 접착성 있는 물질을 분비하여 암컷의 등에 달라붙는 형태의 접착포접(Glued Amplexus)을 하는 종도 있다. 다리가 아주 짧거나 땅딸막한 체형을 가지고 있는 종은 일반적인 껴안는 형태의 포접에 어려움이 있기 때문에 이러한 독특한 형태의 포접 방법을 발달시키게 되었다. 이러한 형태는 포접을 강제로 떼어 놓으려고 하면 접착성 물질로 인해 피부에 심각한 상처를 남기기도 한다. 보통 산란과 수정이 완료되면 접착성분이 분해되거나 암컷이 허물을 벗으면서 서로 떨어지기는 하지만 간혹 접착제 성분으로 암컷의 등 피부가 벗겨지는 경우도 있다.

무미목과는 다른 체형을 가지고 있는 유미목의 경우에는 포접의 형태에 있어서도 조금 차이를 보인다. 무미목의 포접이 체외수정을 위해 산란된 암컷의 알에 수컷이 방정을 신속히 하기 위한 자세라고 한다면 영원과 도롱뇽과 같은 유미목의 경우에는 체내수정을 주로 하기 때문에 정자를 암컷의 몸 안으로 주입할 수 있는 생식기를 가지고 있지 않은 수컷이 자신의 정포를 효율적으로 암컷에게 넘겨주기 위한 자세라고 할 수 있다. 따라서 약간의 차이가 있을 수밖에 없다. 무미목이 가지지 못한 기관인 꼬리를 이용하여 암컷의 몸을 감기도 하고 앞・뒷 다리 전부를 이용하여 암컷을 포접하기도 한다. 또는 뒷다리로 암컷의 목 부분을 포접하면서 분비샘이 있는 자신의 턱 하단부를 암컷의 주둥이에 비비기도 하고 앞다리로는 암컷의 목을, 뒷다리로는 암컷의 뒷다리를 잡기도 하는 등 다양한 자세가 나타난다. 일부 종은 서로의 총배설강을 직접적으로 맞대어 반전시킨 총배설강을 삽입기관으로 사용하기도 한다. 무미목의 경우에는 보통 수정을 완전히 마칠 때까지 포접을 유지하고 있지만 무미목 가운데는 처음에만 암컷을 포접했다가 정포를 넘겨 주기 직전에 암컷을 놓아주는 종도 있다. 유미목의 경우에는 포접을 하지 않고 암컷이 산란한 알을 잡고 수정을 시키기도 한다.

다른 분류군과는 달리 양서류가 이런 독특한 자세를 취하는 가장 큰 이유는 수많은 다른 수컷과 경쟁하고 있는 상황에서 자신의 유전자를 물려주기 위해서는 알이 배출되는 암컷의 총배설강과 가까운 위치에 자신의 총배설강을 위치시킨 후, 암컷이 산란을 하자마자 바로 정자로 방출하여 알을 수정시킬 필요가 있기 때문이다. 또한 이 자세는 수컷이 암컷의 배를 자극하여 산란을 도울 수 있는 이상적인 자세이기도 하다. 종종 수컷은 수정이 용이하도록 뒷다리를 능동적으로 이용하여 알 덩어리를 한데 끌어 모으는 행동이 관찰되기도 한다.

산란을 마친 암컷을 다른 수컷이 다시 포접하는 경우도 있는데 이럴 경우에 암컷이 특정한 소리(Release Call)로 산란을 마쳤다는 것을 표시하면 수컷은 금방 포접을 풀고 다른 암컷을 찾는다. 번식기에 암컷의 포접 부위를 사육자가 손가락으로 압박할 때도 이러한 릴리즈 콜을 들을 수 있다. 릴리즈 콜을 할 때는 메이팅을 위해 소리를 낼 때와는 달리 입을 벌리고 소리를 낸다.

포접을 하지 않고 체외수정을 하는 어류와 비교한다면 이러한 포접이라는 행동으로 인해 양서류의 수정 성공률은 어류보다는 상대적으로 높은 편이다. 하지만 좀 더 진화된 파충류의 체내 수정과 비교하면 성공적인 발생으로 이어질 확률이 낮다. 그러므로 어찌보면 포접이라는 이러한 행동 역시 양서류가 어류와 파충류의 중간단계에 위치하는 하나의 증거라고 할 수 있다. 포접은 양서류 가운데 무미목 양서류의 대표적 번식행동이라고 알려져 있지만 개구리 이외에도 해양생물인 투구게에게서도 관찰된다.

3 산란 및 수정

★Tip★ 양서류의 산란양

양서류의 종이 다양한 만큼이나 암컷이 산란하는 알의 양 역시 종에 따라 큰 차이가 있다. 보통은 상당히 많은 알을 낳지만 적은 숫자를 낳아 잘 관리하는 전략을 택한 종도 많다. 수중환경에서 산란하는 종은 상대적으로 수백 개 정도로 많은 알을 낳는 데 비해 육상이나 수상환경에서 산란하는 종은 5~10개 내외의 적은 숫자의 알을 낳는다.

보통 자연계에서 산란하는 알의 양은 성체까지의 생존율과 직접적으로 연관이 있다. 산란하는 알의 양이 많을수록 반대로 성체까지 생존하는 숫자가 적은 것이 일반적이다. 척추동물 가운데 가장 많은 알을 낳은 종은 어류인 개복치로 3억 개가 넘는 알을 낳지만 알을 돌보지 않기 때문에 성체가 되는 것은 그 가운데 1~2개에 불과하다. 양서류 역시도 동일하게 많은 양을 산란하는 종일수록 산란 이후의 특별한 관리를 하지 않는 경우가 많고, 반대로 적은 양을 산란하는 종은 알이나 올챙이를 잘 관리한다.

또한 보통 체외수정을 하는 종의 알이 체내수정을 하는 종보다 상대적으로 그 숫자가 많다. 특히 체외수정을 하는 종의 알 중 수컷의 정자가 뿌려지지 않은 부분은 수정이 되지 않아 부화가 안 될 가능성이 있기 때문에 산란하는 알의 숫자가 많다.

봄철 야외에 나가보면 산란된 개구리의 알을 관찰할 수 있다. 그러나 이 난괴의 산란 위치도 자세히 보면 차이가 있다. 어느 것은 수면 가까이 위치해 있고 어떤 것은 물 속에 있다. 이러한 차이는 종에 따른 차이이기도 하지만 수온과 용존산소량과도 관련이 있다. 수온이 차가울 경우에는 물 속에 녹아 있는 산소의 양이 많기 때문에 물 안쪽으로 산란하지만 용존산소량이 적은 따뜻한 물이라면 개개의 배(胚)가 충분한 산소를 얻을 수 있도록 수면 가까이에 산란한다.

이처럼 산란을 할 때는 1개만 낳는 것이 아니라 보통 1개의 알주머니 단위로 한 장소에서 모두 산란을 마치고 다시 일정 기간을 보낸 후 다른 장소로 이동해서 또 다시 산란을 하는데 그 알주머니의 단위를 클러치(Clutch)라고 한다. 당연히 하나의 클러치는 동일한 환경에 함께 놓이게 되는데 환경이 이 클러치에 미치는 영향을 'Clutch Identity' 혹은 'Clutch Effects' 라고 한다. 양서류의 알은 이처럼 보통 여러 개의 알이 하나의 난괴 안에 모여 있기 때문에 알 관리는 단 1개의 알뿐만 아니라 클러치 전체에 영향을 미치게 된다.

수생종 양서류의 경우라면 개체가 안정적으로 생활하는 환경만 지속적으로 유지해 준다면 별다른 무리 없이 알을 낳고 번식시킬 수 있다. 그러나 반수생종 사육 하에서 이렇게 산란을 시키는 것은 조금 어렵다. 성체가 서식하는 환경과 알을 낳을 환경은 완전히 동일하다고 이야기할 수 없기 때문이다. 성체가 산란지를 선택할 때에는 올챙이의 입장에서 생존이 유리한 환경을 우선적으로 고려한다. 실제로 자연에서 양서류는 산란지의 환경이 지난번 산란한 환경과 조금만 변화가 생겨도 산란을 하지 않는 아주 예민한 동물이다.

양서류는 산란지를 선택함에 있어서 우리가 생각하는 것 이상으로 엄청나게 철저하다. 양서류의 알은 파충류나 조류의 알처럼 방수 가능한 막이나 껍질을 가지고 있지 않아 건조에 절대적으로 취약하기 때문에 항상 물 속이나 습기가 충분히 유지되는 곳을 신중히 선택하여 낳는다. 또한 매년 찾아오던 번식지이고, 설사 지난해 아무런 문제없이 번식한 장소였다고 할지라도 수온이나 수질에서부터 pH의 변화, 수류의 변화, 화학적 오염원의 발생, 더 나아가서는 알에게 피해를 줄 천적의 개체수 증가나 올챙이들이 은신처로 삼을 수초의 밀생도 감소, 먹이원의 양과 질 저하, 심지어 포식자로부터 방출되는 극미량의 화학물질 신호(Chemical Cue)만 감지하더라도 서식이나 산란을 전혀 하지 않는 경우가 있다.

이런 이유로 양서류는 원서식지역이 개발될 경우에 다른 지역에 새로이 서식지를 조성해 주는 '대체서식지'라는 것을 조성하기가 거의 불가능에 가까울 정도로 어렵다. 오랜 시간 양서파충류의 사육과 증·양식에 관한 공부를 해 오고 있지만 개인적으로는 적어도 양서류에 한해서만은 '대체서식지'라는 개념 자체가 성립이 불가능하다고 보고 있다. 각 종의 환경적응성을 고려하더라도 완벽한 대체서식지를 조성해 주기 위해 고려해야 할 점이 너무나 많고 필요로 하는 환경조건 가운데는 인간의 힘으로 통제하기 어려운 요인도 적지 않기 때문이다. 차라리 인공증식이라면 한정된 공간 안에서 환경조건을 통제할 수 있기에 생존과 번식이 가능하지만 통제가 불가능한 자연상태에 이주시켜 원서식지와 같이 생존하고 번식하도록 하는 것은 심각하게 어렵다. 양서류는 최대한 원서식지를 보호하는 것이 최선의 보전 방법이다. 이러한 이유로 인해 실제로 사육 하에서 성공적으로 동면을 마치고 알을 가지고 있더라도 산란에 적절한 환경을 조성해 주지 못해 알을 받지 못하거나, 알까지 낳게 하더라도 발생이나 부화가 정지되고 폐사에 이르게 될 수도 있다. 이러한 서식지 선정의 신중함이 수중을 산란공간으로 하는 양서류의 인공증식이 아직은 활발하지 못한 가장 큰 이유 가운데 하나라고 할 수 있다.

사육 하에서 양서류의 성공적인 번식을 위해서는 단순히 깨끗한 물을 제공해 주는 것만이 아니라 이러한 복합적인 조건들을 충분히 고려할 필요가 있다. 또한 사육하고 있는 종이 서식하고 번식하는 원서식지의 환경에 대해 좀 더 확실하게 조사하고 공부할 필요가 있으며 그와 최대한 유사한 조건을 제공해 줄 수 있는 사육자의 능력도 아주 중요하다.

산란을 마친 암컷과 수컷은 즉시 다른 사육장으로 옮겨야 한다. 지체될 경우에는 알을 먹어 버릴 수도 있기 때문이다.

 양서류의 알

양서류의 알은 소화계, 생식계, 비뇨기계로 함께 사용되는 총배설강(Cloaca)을 통해 외부로 나오는데 물고기의 알처럼 하나하나 따로 떨어져 있는 것이 아니라 개개의 알들이 하나의 알 주머니에 쌓여 있는 덩어리 또는 긴 끈 형태가 많다. 이 알 주머니의 형태나 부착 위치, 하나의 알 주머니에 들어가 있는 알의 숫자 등은 종과 개체에 따라 차이가 있다. 고여 있는 물웅덩이라면 알 덩어리를 그냥 낳아두는 경우도 있지만 보통은 수초나 돌, 수중에 가라앉은 나뭇가지와 같이 고정되어 있는 곳에 알 주머니를 붙인다.

배란된 알은 암컷 몸체의 좌우에 위치한 기다란 수란관(Oviduct))에서 분비되는 투명한 젤라틴질 물질에 덮여 밖으로 나온다. 이 젤라틴질은 점액 단백질(Mucoprotein)과 점액성 다당류(Mucopolysaccharide)를 함유하고 있는데 이는 물과 기체가 투과할 수 있으며 수분을 흡수하면 부풀어 오른다. 이 우무질은 알을 외부의 적이나 세균으로부터 보호할 뿐만 아니라 보온의 역할과 태양빛을 모으는 렌즈의 역할도 한다. 이 알과 젤리의 덩어리를 난괴라고 보통 부르는데 자연상태에서는 이 알이나 난괴의 형태가 어떠한지, 어디에 낳는지, 어느 정도의 수심에 낳는지를 종 동정의 포인트로 삼기도 한다. 이 젤리와 같은 물질 때문에 정자의 수정이 방해받지는 않을까 싶기도 하지만 알과 정자가 접촉되기만 한다면 수정은 무리 없이 이루어진다. 이 젤리질 수정소(Fertilizin)는 20%의 아미노산을 함유하는 당단백질로 구성되어 있고 미량의 황산을 함유하고 있으며 정자가 효과적으로 알에 달라붙게 하는 역할을 한다. 또한 알에서 젤리층으로 확산되어 나오는 정자 활성물질은 정자의 운동성을 높이는 역할을 한다고 알려져 있다. 산란과 수정이 이루어지면 알이 충분히 산소와 접할 수 있도록 수중에 충분한 폭기(에어레이션)를 제공할 필요가 있다. 수중의 산소포화도는 알의 안정적인 발생에 있어서 중요한 요인이기 때문이다. 이것은 특히 개체수 회복을 위한 대량 증 · 양식을 하는 경우에는 더욱 관심을 두어야 할 부분이다.

자연상태에서는 같은 종이라고 하더라도 환경에 따라 산란하는 알의 크기나 숫자가 상이하다. 예를 들어 추운 지방에서는 알의 숫자는 작지만 알의 크기는 큰 데 비해 상대적으로 온도가 높은 지방에서는 알의 숫자는 많은 대신 알의 크기는 작으며, 고여 있는 물처럼 안정된 공간에 산란한 알은 크기가 작은 알을 많이 낳는 데 비해 수류가 좀 있는 곳에서는 크기가 큰 알을 적게 낳는 경향이 있다. 그만큼 양서류는 산란에 아주 신중하다. 양서류가 산란한 알은 시간이 지남에 따라 하나의 세포가 여러 개로 나뉘는 '분할'을 하면서 점차 올챙이의 형태를 띠게 된다.

처음에는 한 개의 작은 세포로 된 알은 시간이 지남에 따라 2개로, 2개에서 4개로, 4개에서 다시 8개의 세포로 나누어지는 분할을 시작한다. 이렇게 시작된 분할로 인해 1주일 정도의 시간이 지나면 세포는 그 숫자를 셀 수 없을 정도로 작아진다. 이렇게 발생을 계속한 알은 부화일이 되면 올챙이가 되어 막을 찢고 외부로 빠져 나오게 된다. 막 태어난 올챙이는 아직 헤엄을 칠 수 없기 때문에 물풀이나 수중의 구조물을 잡고 한동안 붙어 있게 된다.

5 난괴의 관리

부화 기간 전반을 걸쳐 가장 중요한 것은 수온 및 수질을 안정되게 관리하는 것이다.

알이 정상적으로 발생하기 위해서는 적당한 온도가 필수적으로 뒷받침되어야 한다. 그보다 저온일 경우 발생속도가 저하되거나 정지될 수도 있고 발생온도보다 지나치게 고온이라도 폐사로 이어질 수 있다.

수온의 유지와 더불어 중요한 다른 한 가지는 수질이다. 일반적으로 산란장의 수위는 그다지 깊지 않기 때문에 당연히 수량도 적을 수밖에 없다. 자연 상태라면 수많은 미생물들로 인해 안정적인 여과가 가능하지만 수조 안의 물은 그만큼 쉽게 오염되고 수량이 적은 만큼 수질의 변동 역시 쉽게 되기 때문에 물이 가득 차 있는 수조보다 안정된 수질을 유지하기 위해서는 더 많은 노력이 필요하다.

일단 산란한 알은 산란한 그 장소에 그대로 두고 관리하는 것이 좋다. 산란과 수정을 마치면 성체들을 별도의 사육장으로 이동시킨다. 알과 성체들을 하나의 사육장에서 관리할 경우 수질의 변동이 클 수 있고 그것은 산란한 알에 좋지 않은 영향을 미칠 수 있기 때문이다. 가급적이면 수질의 오염을 줄이기 위해 알만을 관리하도록 한다. 양서류는 산란지의 선택에 아주 신중하기 때문에 산란을 했다는 것은 그 곳이 환경적으로 안정되어 있고 또한 부화에 이르기까지 별다른 문제점이 없는 곳이라고 판단했다는 의미이기 때문이다. 오히려 새로운 부화지로 옮겼을 경우에는 수질의 차이나 환경적인 차이로 성공적인 부화가 어려워질 가능성도 있다. 산란지의 오염 등으로 인해 부득이하게 새로운 부화공간으로 알들을 이동시켜야 할 필요가 있는 경우에는 무엇보다 수질과 수온, 수위, pH 등의 조건을 산란지의 것과 동일하게 조성한 이후에 옮기는 것이 좋다. 필요 시 환수를 할 경우에도 최대한 영향을 주지 않도록 부분 환수를 하며 수조의 물과 새로운 물의 pH 차이가 1이 넘지 않도록 하는 것이 안전하다. 그리고 충분한 에어레이션을 제공해 주도록 한다.

이렇게 산란지를 유지하면서 인공 부화를 시킴에 있어서 중요한 것은 부화에서 변태에 이르기까지 생육 환경을 일정하게 유지하는 것이다. 발생 과정에서의 수질 오염이나 수조의 과열, 건조 등으로 인해 알들이 폐사하지 않도록 매일 세심하게 관리해야 한다. 독화살 개구리류처럼 어미가 올챙이를 옮기거나 업고 다니는 종이라면 어미가 올챙이를 잘 돌볼 수 있는 환경만 조성해 주고 그대로 두어도 괜찮다.

 양서류의 성별 결정(Sex Determination)

양서류의 성별은 기본적으로 유전자에 의해 결정되는데 보통 암컷이 무정란을 산란함과 동시에 수컷이 정자를 뿌려 수정이 이루어지는 순간에 결정된다. 인간과 마찬가지로 난자와 정자가 만나는 순간에 성별이 결정되는 것이다. 이렇게 유생시기부터 성별이 결정되어 있기는 하지만 변태를 거쳐 성성숙이 일어나기 전까지는 외형적으로 암수가 잘 구분되지 않는다. 일반적인 양서류의 성 결정은 부모 개체로부터 물려받은 성염색체의 조합(XY, ZW, OW)에 의한 것(GSD; Genetic Sex Determination)으로 보고되어 있다.

XY형	수컷 : XY 암컷 : XX 인간과 동일한 타입이며 성을 결정하는 쪽은 수컷으로 정자의 염색체가 XY인지 XX인지에 의해 성별이 결정
ZW형	수컷 : ZZ 암컷 : ZW 사람과 반대의 타입으로 성 결정은 암컷에 의해 결정
또 다른 ZW형	수컷 : OW 암컷 : ZW 수컷은 W 염색체 하나만을 가지고 있는 특이한 경우

양서류의 성은 앞에 언급한 바와 같이 원칙적으로 유전형에 의해 결정되는 것이 일반적이지만 몇몇 종의 양서류의 성은 발육 도중에 성호르몬이나 온도 등의 다른 요소에 의해 개체의 성이 수컷에서 암컷으로, 암컷에서 수컷으로 각각 역전하는 성전환(Sexual Inversion)이 일어나기도 한다. 이는 양서류나 어류에서는 다른 분류군에 비해 유전적인 성 결정의 힘이 비교적 약하기 때문이라고 알려져 있다. 양서류가 그 신체적인 면에서 보다 진화한 다른 분류군에 비해 내분비기관이 비교적 단순하다는 것도 비교적 쉽게 성전환이 가능한 이유이기도 하다. 또한 포유류, 조류 등은 체내수정을 하기 때문에 태내에서 오랜 기간 2세를 품고 있을 수 있도록 복잡한 생식기관을 가지고 있지만 양서류나 어류처럼 체외 수정을 하는 종들은 그럴 필요가 없다. 따라서 이처럼 암수의 신체적인 차이가 비교적 적다는 것이 성별의 전환을 가능하게 한다. 이처럼 성전환을 하는 대표적인 양서류 종으로는 아프리카의 숲과 사바나 지역에서 발견되는 Common Reed Frog(*Hyperolius viridiflavussms*)을 들 수 있다. 이 종은 수컷이 충분치 않을 경우 암컷이 수컷으로 성전환을 하는 것으로 알려져 있다.

이처럼 동물에게서 성전환은 거의 암컷이 수컷으로 변하는 것이 일반적이고 수컷이 암컷으로 변하는 경우는 극히 드물다. 왜냐하면 난자는 많은 에너지를 필요로 하는 데 비해 정자는 유전 정보만 가지고 있어 에너지가 적게 필요하기 때문이다. 또한 어떤 종의 개구리는 올챙이를 20℃의 수온에서 기르면 자웅동체가 되지만 32℃의 고온에서 기르면 수컷이 많고, 10~15℃의 저온에서 기르면 암컷이 많이 나타나기도 한다. 하지만 위에 언급한 이러한 경우는 성비나 온도에 의해 일어나는 극히 자연스러운 '자연성전환'으로 이런 현상이 생태계에 문제가 되는 경우는 없다.

그러나 환경호르몬에 의한 성별의 교란과 같이 그 원인이 인위적인 경우에는 생태계에 상당히 큰 문제를 유발할 수 있다. 일례로 전 세계적으로 농업생산량 증대를 위해 많이 이용되고 있는 제초제는 그 자체로도 양서류의 멸종을 야기하지만 양서류의 성을 변화시키는 원인 또한 되고 있다. 미국 캘리포니아대학 버클리 캠퍼스의 타이론 헤이즈 교수 연구팀은 '미 국립과학원회보(PNAS)'에 옥수수 재배에 널리 이용되는 제초제에 포함된 '아트라진(Atrazin)'이라는 성분이 수컷 개구리를 자웅동체 양성 수컷으로 변화시키거나 부화하는 알까지 낳을 수 있는 완전한 암컷으로 바꾸는 일종의 환경 호르몬의 역할을 한다고 보고한 바 있다. 연구팀이 수컷 올챙이 40마리를 2.5ppb(1ppb는 10억분의 1) 농도의 아트라진에 노출시킨 뒤 3년 동안 관찰한 바에 따르면 이 과정에서 10%인 4마리는 완전히 암컷으로 바뀌어 알까지 낳았으며 나머지들도 정상 수컷에 비해 남성호르몬인 테스토스테론의 수치가 훨씬 낮아졌고, 그 결과 수컷의 전형적인 형태나 행동이 많이 약해진 것으로 관찰되었다.

 올챙이(Tadpole)의 성장 과정과 관리

대부분의 양서류는 어류보다 발생기간이 훨씬 더 길다. 또한 양서류의 알은 많은 양의 난황을 가지고 있지 않다. 그러나 양서류의 알은 투명하여 각각의 알의 발생 정도를 쉽게 확인할 수 있기 때문에 발생의 진행 확인이나 관리가 비교적 용이한 편이다. 각각의 클러치에 따라 부화되는 시간에도 차이를 보인다. 일찍 산란한 클러치의 알은 더 일찍 부화되는 경향이 있는데 이는 먼저 태어나 먹이 경쟁에서 우위를 점하려는 전략이라고 볼 수 있다.

부화가 시작되면 배는 부화효소를 내서 젤리층을 녹이고 밖으로 나온다. 일단 부화가 시작되어 알 밖으로 올챙이들이 나오기 시작하면 바로 몸을 숨길만한 곳으로 이동하는 것이 아니라 우무질에 붙어서 알껍질을 먹기 시작한다. 알껍질을 다 먹은 올챙이는 입이나 작은 빨판을 이용해서 물 속의 물체에 달라붙는다. 두꺼비의 유생은 부화하면 머리 등면에 점착기라는 오목한 구조가 나타나 점액을 내서 물체에 붙는다. 그리고 이때부터 올챙이 관리가 시작된다. 자연상태에서 올챙이인 기간은 10일에서 종에 따라 길게는 2년까지 지속된다. 성장함에 따라 무미목의 올챙이의 꼬리는 점차 길어지면서 겉아가미가 사라지고 속아가미가 생기며, 그 바깥쪽은 호흡공이 되면서 피부로 둘러싸인다. 다음에 뒷다리가 나오고 이것이 크게 발달될 때쯤 피하에 발달되어 있던 앞다리가 바깥으로 나오며 꼬리의 퇴화가 시작된다. 이때쯤 되면 속아가미도 퇴화하고 폐가 발달하게 된다. 올챙이는 사육하는 종이 일시적으로 생기는 웅덩이에서 산란하여 성장하는 종일 경우 성장이 상당히 급격히 이루어지므로 이를 고려하여 충분한 영양공급을 해 주어야 동종 포식을 막고 정상적으로 성장시킬 수 있다. 또한 사육장 내에는 충분한 은신처를 제공해 주어야 할 필요가 있다.

★Tip★ 올챙이의 어원

'올챙이'는 무미목 양서류 수생시기의 어린 유생을 의미하는 말로, 양서류의 발생에 있어서 배가 부화효소를 내서 젤리층을 녹이고 그 밖으로 나와 유영하게 된 시기(헤엄치는 올챙이)와 더욱 발달하여 소위 배의 단계를 거친 것으로 유생을 의미한다.

'올창+-이→올창이>올챙이'의 순서로 올챙이는 원래 개구리를 나타나는 명칭이었다고 한다. '올치다'의 '올'은 원래는 '옫'으로 현대어의 '웃'과 같은 말로 '위'를 의미하고 '치다'는 빠른 속도로 급히 움직인다는 의미로 '올치다'는 '빠른 속도로 위로 솟구쳐 오르다'는 의미다. 올챙이는 올(웃, 위)+치+앙이(아기, 아이 등 작은 것을 가리킴), 즉 위로 빨리 뛰어 오르는 어린 놈이라는 의미였다. 원래는 개구리를 가리키던 이 말이 후에 개구리의 '어린 놈'을 가리키는 단어로 변경되었다.

다른 주장으로는 '오래지+않은 것', 즉 '네 다리가 없어 물 속에서 헤엄치며 뭍에 오르지 못하는 것'이라는 의미라는 주장도 있다.

올챙이는 영어로 'Tadpole'이라고 한다. 이는 중세 영어인 'Taddepol'에서 유래된 말로 'Toad(두꺼비)'와 'Poll(머리)'의 합성어이다.

✔ 사육 환경 관리

대부분의 올챙이는 물에서 생활하고 성체보다 약하기 때문에 수환경의 변화에 취약하며 수질의 변동이 있을 때 성체처럼 육상으로 도피할 수 없기 때문에 특히 수질 관리에 주의를 기울여야 한다.

가장 신경 쓸 것은 당연히 온도이다. 너무 낮은 온도는 먹이활동과 성장을 저해한다. 산란을 했다는 사실 자체가 사육장 내에 정상적인 생식활동을 할 정도의 온도가 제공된다는 의미이기는 하지만 열원을 이용하여 관리되는 사육장 내의 온도는 전기장치의 결함 여부에 의해 편차가 심하게 나기 때문에 열원이 정상적으로 작동하고 있는지는 매일 확인해야 한다. 가장 위험한 상황은 저품질의 히터 사용으로 설정한 온도보다 높게 수온이 상승하는 상황이나 유리관이 파열되면서 수조의 물이 끓어 버리는 상황이다. 드문 사례이기는 하지만 이를 방지하기 위해 가급적 좋은 품질의 제품을 사용할 필요가 있다. 또한 히터를 사용할 때는 반드시 커버를 하는 것이 좋다. 사실 히터를 사용하여 수온을 올릴 경우에는 수조 내에 직접적으로 히터를 설치하는 것보다는 상부 여과기나 측면 여과기 안처럼 별도의 공간에 히터를 설치하여 수온을 올리고 수온이 올라간 물을 축양장 안에 다시 넣어 주는 것이 가장 좋다. 그러나 이렇게까지 하기가 쉽지는 않기 때문에 보통은 수조 내에 히터를 바로 설치하는데 이때는 접촉 시에 발생할 수 있는 화상 방지를 위한 덮개 처리를 반드시 해야 할 필요가 있다.

또한 올챙이는 집단으로 생활하는 데다가 먹이활동이 활발하므로 그로 인해 생성되는 노폐물이 생각보다 많기 때문에 충분한 여과를 제공해 주어야 한다. 동일한 이유로 완전 수생종 개체들이나 올챙이들이 성장함에 따라 수위를 높이는 것이 수질 관리 면에서 유리하다. 갓 태어난 올챙이는 여과기 틈새에 빨려 들어가 헤어 나오지 못할 정도로 약하기 때문에 모터를 사용하는 여과 방식보다는 에어펌프를 이용하는 여과 방식을 사용하는 것이 보다 안전하다. 여과기의 정상작동 여부 역시 매일 확인해야 하고 수조 바닥에 쌓이는 노폐물이나 여과재 관리 또한 신경을 써야 한다. 환수는 한꺼번에 해 주는 것보다 매일 20~30% 정도씩 해 주는 것이 pH의 변화를 줄일 수 있기에 더 추천된다. 그리고 여과 박테리아의 활성을 돕고 부족할 우려가 있는 수중의 산소농도를 보충하기 위해 보조적인 에어펌프를 가동해 주는 것 역시 도움이 된다. 유지하기가 쉽지는 않지만 수중 식물을 식재하면 은신처와 먹이, 산소 공급의 역할을 모두 할 수 있다. 그러나 수련과 같이 수면을 덮는 식물은 생각보다 수중의 올챙이에게 충분한 산소를 공급하지 못하며, 오히려 수면에 녹아드는 산소를 차단할 수 있기 때문에 사육장 내에 과도하게 식재해서는 안 된다. 부상수초의 경우 보통 전체 수면의 25% 이상을 초과하는 것은 권장되지 않는다. 식물을 식재하더라도 폭기를 함께 해 주는 것을 추천한다.

올챙이는 염소와 중금속, 화학물질에 특히 더 취약하기 때문에 환수 시에 절대 수돗물을 바로 사용하지 않도록 해야 하며 올챙이 시기에는 방향제나 살충제 등의 사용을 자제하여 외부로부터의 화학물질 유입도 차단해야 한다. 또한 올챙이들은 수류가 있을 경우 스트레스를 받고 운동량이 증가하여 성장이 지체되기 때문에 여과기의 출수구를 조절하여 물의 흐름을 제한하는 것이 좋다. 완전수생종 개체들이나 올챙이들이 성장함에 따라 조금씩 수위를 높이는 것이 수질 관리 면에서 유리하다.

일부 종은 알 내부에서 변태를 완료하고 작은 새끼로 직접 부화하거나 어미가 업고 다니며 관리하는 경우도 있는데 이러한 경우에는 평소 하던 개구리의 사육환경 관리에 준하여 사육을 지속하면 된다.

먹이 관리

올챙이는 알에서 깨어나고 며칠 후부터 먹이를 먹기 시작하기 때문에 부화가 시작된다고 바로 먹이를 급여할 필요는 없다. 일단 은신처를 제공해 주는 것이 우선이다. 자연상태에서 올챙이는 유기물을 걸러 먹는 여과섭이(Filter Feeding)를 하는 종과 순치로 먹이를 갉아 먹는 종 등 다양하다. 무미목의 올챙이는 이빨 대신 각질의 이랑(Ridge)과 콧수염 비슷하게 발달된 돌기를 가지고 있는데, 보통 부화 초기에는 수중의 조류나 규조류를 포함하여 연못 바닥에 침전된 유기물들을 걸러 먹다가 성장함에 따라 아가미가 사라지면서 먹이를 삼켜 먹는 종도 있다. 따라서 초기에는 걸러 먹을 수 있는 분말 형태로 먹이를 가공해 줄 필요가 있다. 올챙이는 자연에서 유기물들을 걸러 먹으면서 박테리아를 함께 섭취한다. 이 박테리아는 올챙이가 섭취한 음식물을 분해 · 흡수하는 데 도움을 준다. 따라서 수조의 물은 올챙이들에게 이 박테리아를 옮겨 줄 수 있도록 충분히 묵어서 박테리아들이 활성화된 물이어야 한다.

올챙이들은 거의 먹기 위해 사는 것처럼 보일 정도로 하루 종일 먹이활동을 한다. 우리가 흔히 아는 올챙이는 식물성 음식을 소화하기 위하여 긴 나선 모양의 직장을 가지고 있다. 그러나 이 직장의 길이는 각 종이 섭취하는 먹이의 종류에 따라 상당한 차이를 보인다. 초식성의 올챙이는 길고 육식성의 올챙이는 상대적으로 짧다. 이처럼 폭발적인 성장을 뒷받침해주기 위해서는 충분하고도 균형 잡힌 영양공급이 선행되어야 한다. 대부분의 무미목 올챙이가 초식에 가까운 잡식을 하지만 전적으로 육식을 하는 종도 있고, 유미목 올챙이는 거의 육식을 하므로 자신이 번식한 종이 무엇인지를 바탕으로 하여 먹이 급여를 조절해야 한다.

★Tip★ 올챙이의 먹이

무미목의 올챙이는 대부분 채식주의이며 대부분 자연상태에서는 남조류나 규조류를 먹는다. 그 결과 올챙이는 일반적으로 조류의 성장을 조절하는 역할을 하는데 자연상태에서 올챙이 수의 감소는 조류의 과도한 성장으로 이어질 수 있고 이는 곧 수생 무척추 동물과 어류의 폐사로 이어질 수 있다. 생각보다 올챙이의 여과 능력은 뛰어나다.

부화된 지 얼마 되지 않았을 때에는 삶거나 녹인 야채나 채소, 빵가루, 어류의 사료나 알팔파와 같은 토끼사료의 분말을 물에 용해시켜 적당량 물에 떨어뜨려 급여한다. 시판되는 제품을 이용하고자 할 경우에는 잉어와 같은 초식성 어류용으로 제조된 사료를 베이스로 선택하는 것이 좋다. 유미목의 육식성 올챙이라면 뱀장어 사료 혹은 동물성 어류 사료를 베이스로 한다.

변태가 진행됨에 따라 육식성으로 바뀌는데 이때는 마우스(Mouse)나 렛(Rat) 사육용의 익스트루젼 고형사료를 물에 불려 급여하거나 알테미아나 삶은 노른자, 삶은 물고기 조각, 실지렁이 혹은 햄벅(닭가슴살이나 새우 혹은 소의 염통을 갈아 만든 물고기 사료)을 급여한다.

먹이를 급여할 경우에는 그대로 넣어 주는 것이 아니라 식물의 세포 조직을 연하게 하여 올챙이의 입과 소화기관에 부담을 주지 않으면서 소화를 쉽게 하도록 하기 위해 약간의 가공이 필요하다. 일반적인 올챙이 먹이의 가공 방법은 '익히는 것'과 '냉동하는 것' 두 가지로 나눌 수 있다.

야채나 채소의 종류에 따라 다르지만 30분 내외로 삶으면 적당하고, 냉장 방법을 이용할 경우에는 가능하다면 얼렸다 녹였다를 수 회 정도 반복하면 세포벽이 파괴되고 흐물흐물해지므로 올챙이들이 섭취하기에 좀 더 용이하다. 올챙이 먹이는 약한 개체를 배려하여 여러 군데로 나누어서 급여하도록 한다.

★Tip★ 친족인지(Kinship)

자연상태에서는 여러 알집에서 나온 올챙이들이 한데 뒤섞여 거대한 무리를 이루는 것을 많이 볼 수 있다. 이것을 '친족인지(Kinship)' 라고 하며 상대적으로 약한 동물들에게서 많이 보이는 행동이다.
이렇게 떼를 지어 있는 것은 여러모로 생존에 유리한데 우선 먹이를 찾기가 쉽고 따로 있는 것보다 포식자를 쉽게 알아차릴 수 있으며 천적을 혼란시켜 잡아먹기 어렵게 하는 여러 가지 이점이 있다. 또한 체색이 짙은 올챙이가 모여 있음으로써 태양빛으로 인해 주위 수온이 급상승하게 하여 생장에 유리한 온도 조건을 만들어 낼 수도 있다. 때로는 큰 무리를 이루어 헤엄치면서 소용돌이를 일으켜 바닥의 유기물이나 플랑크톤을 떠오르게 하거나 일정한 곳에 모으기도 한다.
또한 올챙이는 한 수조에 서로 다른 두 어미에게서 난 올챙이를 섞어 두면 시간이 지남에 따라 두 개의 무리로 나누어지는데 동물학자들은 이것이 근친교배를 피하고자 하는 행동이라고 해석하고 있다.

특히 성장 과정에서 칼슘의 공급을 간과할 수 없는데 먹이에 칼슘을 섞어 급여하거나 갑오징어 뼈를 깨끗이 세척하여 염분을 제거하고 수중에 넣어 두면 효과를 볼 수 있다. 액상으로 된 칼슘제를 직접적으로 사육장 내에 첨가해 주는 방법도 있다. 다른 변온동물들처럼 개체의 성장 속도는 편차가 큰데 동시에 부화된 새끼들이라 하더라도 서식환경이나 온도, 먹이의 양과 질, 성별, 운동량 등에 따라 크기에서 상당한 차이를 보인다.

✔ 사양 관리

충분한 영양을 공급하여 정상적으로 성장하도록 하는 것과 더불어 관심을 기울여야 할 부분이 하나 더 있는데 그것은 '개체의 성장 정도를 파악하여 비슷한 크기끼리 선별한 후 각각 다른 사육장으로 나누어 축양해야 한다.'는 사실이다.
개구리의 경우 동일하게 부화한 개체라도 영양 섭취에 따라 성장 정도가 심하게 차이 나는 경우가 많다. 특히 식물성 먹이를 섭취하는 일부 개체가 죽은 올챙이와 같은 동물성 먹이를 섭취하게 된 경우에는 다른 개체와 크게 차이가 날 정도로 급성장하고 이럴 경우에 큰 올챙이가 작은 올챙이를 공격해 상처를 입히거나 심한 경우 잡아먹는 경우가 흔하다. 따라서 충분한 양의 먹이를 급여하며 주기적으로 성장 정도를 살펴 비슷한 크기끼리 분리 사육하는 것이 이러한 동족포식(Cannibalism)을 예방하는 방법이 될 수 있다. 약한 개체는 질병원인균의 잠재적인 배양처가 될 수 있기 때문에 성장 속도가 급격히 차이가 나거나 질병이 관찰되면 별도의 사육장에 분리하여 관리하거나 격리시켜야 한다.

이렇게 사육 밀도를 조절해 주는 것은 청결한 사육 환경 유지를 위해서도 필요한 일이다. 만일 동시에 많은 수의 올챙이들이 폐사한다면 방에 살충제나 에어로졸을 분무한 일은 없는지, 수돗물을 그냥 수조에 넣지는 않았는지, 폭기가 잘 이루어져 수중에 산소가 잘 녹아드는지, 온도가 적정한지 등을 살피고 발생하는 문제점을 즉시 해결해야 한다.

✔ 변태 시의 관리

무미목의 변태 과정을 관찰하는 사육자는 그 과정에서 한 가지 놀라운 사실을 발견하게 된다. 그렇게나 정성을 들여 열심히 키웠던 올챙이가 변태를 마치고 나면 말도 안 되게 작은 개구리가 되어 버리는 것이다. 이런 현상의 가장 놀라운 예가 중·남 아메리카에 서식하는 파라독스 개구리(Paradox Frog - *Pseudis paradoxa*)인데 변태 전 무려 30cm에 이르던 거대한 올챙이가 변태를 마치면 불과 2cm에 불과할 정도로 줄어들게 된다(이 종의 최대 성장 크기도 겨우 5~7cm에 불과하다). 왜 이런 현상이 일어나게 되는 것일까? 이는 환경적인 요인이 가장 크다고 알려져 있는데 수중에서는 은신처가 한정되어 있기에 덩치가 커야 생존에 유리하지만 자연계에서 가장 약한 동물인 개구리로 변태하게 되면 큰 덩치는 오히려 포식자들에게 손쉽고 양 많은 먹잇감에 불과하기 때문에 생존에 유리하도록 크기가 줄어든다고 추측하고 있다. 그러나 올챙이의 골격에서 어떻게 그렇게 작은 개구리의 골격으로 바뀔 수 있는지 등은 아직 잘 알려져 있지 않다.

육상형 무미목의 올챙이 시기 막바지가 되어 변태가 시작되면 주의할 점이 하나 있는데 그것은 변태를 진행하는 과정의 개구리는 헤엄치는 능력이 저하된다는 사실이다. 그러므로 이때 수위를 줄이고 올라갈 육상 부분을 조성해 주는 등 이를 보조할 적당한 환경이 갖추어지지 않으면 익사할 수도 있으므로 매일의 성장 정도를 확인해야 할 필요가 있다. 이는 아프리카발톱개구리와 같은 완전 수생종의 경우에는 해당되지 않는다. 또한 먹이 역시 이 과정에서는 먹지 않는 경우가 대부분이므로 앞다리가 나오기 시작하면서부터 먹이 섭취량을 확인하여 서서히 줄여가면서 먹이로 인한 수질의 악화가 생기지 않도록 신경 쓸 필요가 있다. 보통 변태 직전에는 거식을 하며 변태 이후 며칠은 먹이를 거부하는 경향이 있으므로 억지로 먹이를 급여할 필요는 없다. 변태 이후 1~2개월 정도는 먹이 적응기라고 생각하고 보다 조심스럽게 다룰 필요가 있다.

✔ 변태 후 아와(兒蛙 - 어린 개구리)의 관리

변태를 마치고 육상으로 진출한 어린 개구리는 바로 먹이를 먹지 않는다. 꼬리의 재흡수를 통해 필요한 영양이 어느 정도 제공되기 때문이다. 그러나 다시 먹이를 먹기 시작하면 이 시기의 먹이가 사육 중에 가장 큰 문제가 되는데 안정적인 성장을 위해서는 아와에게 적합한 크기의 적합한 먹이를 지속적으로 공급해 주어야 할 필요가 있기 때문이다. 그러나 이 시기의 아와에게는 핀헤드 크기의 귀뚜라미나 밀웜, 혹은 초파리가 적합하고 소형종 딸기독화살개구리류의 경우는 톡토기 정도밖에 삼킬 수 없기 때문에 이 정도 크기의 먹잇감을 장기간 급여하는 것이 쉬운 일은 아니다(아와의 성장 속도보다 먹이의 성장이 빨라 먹일 수 없을 정도로 크게 자라버리게 되는 경우도 흔하게 생긴다).

현재 우리나라에는 양서류 양식이 법적으로 허가되고 있으나 대부분의 농장들이 안정적인 양식에 실패하고 있는데 그 가장 큰 이유 가운데 하나가 변태 후 아와 시기에 먹이의 안정적인 공급이 어렵기 때문이다. 그렇기 때문에 번식을 확실하게 계획하고 있다면 이 시기의 먹이는 올챙이 때부터 천천히 시간적 여유를 가지고 준비해 두는 것이 좋다.

다른 모든 동물들과 마찬가지로 어린 개체들은 환경 변화에 민감하고 많은 관심을 필요로 한다. 올챙이 때와 동일하게 이 시기에도 성장 단계별로 크기 차이가 나는 개체는 비슷한 크기끼리 모아 별도로 관리하는 것이 좋다.

개구리는 성장하면서 보통 1년에 한 번 정도 허물을 벗는데 이는 성장하면서 일어나는 정상적인 과정 가운데 하나이므로 어느 날 갑자기 겉껍질이 일어난다고 너무 걱정하지 않아도 좋다. 성장기에는 성체보다 더 자주 허물을 벗는다. 이렇게 벗은 허물은 종에 따라 먹기도 하므로 너무 이상하게 생각하지 않아도 된다.

8 양서류 질병의 예방과 치료1

1 항상성(Homeostasis) : 질병원과 저항력 사이의 균형

생명체는 모두 질병에 걸리며 질병인자는 지구상 어느 곳에나 존재한다. 태초에 생명체가 생기면서부터 질병도 함께 생겼기 때문에 생명체와 질병을 분리해서 생각할 수는 없다. 하지만 이러한 질병인자들이 체내로 유입된다고 해서 모든 생명체가 100% 질병에 걸리는 것은 아니다. 왜 그런 것일까?

의학적으로 질병이란 곧 '신체 생리 상태의 불균형'을 의미한다. 생명체가 정상적인 생명현상을 유지하기 위해서는 신체의 내부 환경, 즉 체온, 삼투압, pH, 전해질의 농도, 세포 외액의 양과 같은 물리화학적 상태가 항상 일정하게 유지되어야 할 필요가 있는데 이러한 신체의 여러 생리 조절 작용은 생체 내에서 스스로 가장 안정적인 수준을 유지하고 있다. 이 균형을 '항상성'이라고 하는데 신체 내・외부의 여러 가지 조건들에 의해 이러한 조절 기능에 이상이 생기면 신체 내의 항상성은 방해를 받게 되고 이는 곧 생명체에게 질병이나 죽음이라는 형태로 나타난다.

그리고 영양결핍, 수질의 악화, 수온의 변화, pH 쇼크, 수조 내의 용존산소 부족 등과 같은 스트레스 요인들이 궁극적으로 면역력의 균형에 큰 영향을 미친다. 이와 같은 스트레스 요인에 노출되면 동물 체내에서는 면역 및 호르몬 반응에 변화가 일어나며 생존에 필요한 필요 조절작용의 일환으로 성장, 면역, 번식에 필요한 에너지와 다른 영양소를 스트레스에 대응하기 위해 사용하게 된다. 이러한 과정은 자연계의 원서식지에서뿐만 아니라 인공사육 하의 사육장 내에서도 완벽하게 동일하게 발현된다.

각각의 사육장에는 사육장 내에 항상 존재하는 상주세균이 있으며 사육 중에 외부로부터 유입되는 것도 있다. 이러한 세균들은 사육장 내에 늘 자리를 잡고 있다가 스트레스 요인으로 인해 사육개체의 면역력이 떨어지면 병원체와 양서류 간의 항상성의 균형을 깨고 결국 질병을 일으키게 된다.

결과적으로 사육자가 실시하는 사육환경 관리를 질병의 예방이라는 측면에서 정의해 보면 '지속적인 사육환경 관리로 사육장 내의 상주균의 수를 줄이고 영양 관리나 스트레스 관리로 사육 개체의 면역성을 증가시켜 질병과 사육 개체 간의 항상성 균형(Homeostasis Balance)을 유지시키는 일련의 과정'이라고 할 수 있으며, 질병의 치료 행위는 '이렇게 깨진 항상성의 균형을 맞추어 주는 것'이라고 이야기 할 수 있다. 비단 질병의 치료에 한정하는 것이 아니라 어떻게 보면 '사육'의 상당 부분이 이 항상성의 균형을 조절하는 일련의 행위라고도 정의할 수 있는 것이다.

★Tip★ 양서류의 스트레스 요인

▶ **물리적 요인**

- 부적절한 사육 환경(적당하지 않은 온·습도와 사육장 세팅, 환기)
- 몸을 숨길만한 은신처가 설치되어 있지 않을 때
- 사육장 주변에서 지속적으로 발생되는 소음과 진동
- 온도나 습도의 급격한 변동
- 외상

▶ **화학적 요인**

- 청결하지 못한 수질
- 수조 내의 적절하지 않은 용존 가스의 존재나 농도
- 적절하지 않은 pH
- 영양 부족 및 불균형적인 영양 공급

- 방치된 오염물 및 배설물(암모니아 > 아질산염 > 질산염)
- 사육장에 유입된 염류나 독성물질
- 수중의 산소 부족

▶ **생물학적 요인**
- 과도한 사육 밀도
- 포식자로 인지되는 다른 동물의 존재
- 제거되지 않은 먹이 곤충의 존재나 그로부터의 공격
- 기생충
- 질병 원인균

▶ **작업적 요인**
- 핸들링
- 질병 치료
- 이동

질병의 발생 원인과 예방법

철저히 외부와 단절되어 관리되는 애완양서류의 특성상 사육 하의 양서류의 질병 발생은 선천적이거나 노화와 관련된 장애가 아니라면 거의 전적으로 사육자의 사육 관리에 의해 좌우된다. 그러므로 대부분의 질병과 상해는 평소에 영양 공급을 계획적으로 하고 사육환경을 철저하게 정비하는 것만으로도 상당 부분 예방할 수 있다.

가장 우선시되는 것은 식이로 일차적으로 평소에 영양 공급을 충분히 하고 너무 마르거나 비만이 되지 않도록 관리하는 것이 필요하다. '충분한' 영양 공급과 더불어 '균형 있는' 영양 공급 역시 아주 중요하다. 애완양서류 질병의 또 다른 원인 중 하나는 청결하지 못한 사육환경이다. 사육환경의 오염은 직접적으로 사육대상종에게 질병을 가져다 주기도 하지만 그렇지 않더라도 지속적인 스트레스의 원인이 된다. 이렇게 스트레스를 받은 개체가 스스로 외부 환경에 적응하기 위한 노력을 하게 되는 과정에서 점차 체력이 저하된다. 그리고 이 때문에 자체 면역력이 저하되어 병원체에 대한 감수성이 커진다. 그러므로 사육자는 매일 실시하는 위생관리에 더불어 사육장과 사육 장비를 주기적으로 청소하고 오염된 먹이나 물을 공급하지 않도록 하여야 한다. 수생종의 경우 수질을 항상 청결하게 유지하는 것도 질병을 예방하기 위해 중요하다.

영양이나 위생뿐만 아니라 사육환경도 마찬가지로 잘 관리되어야 한다. 사육장 내의 온도, 습도 및 환기조절장치, 히터 등을 수시로 점검하고 최적의 조건으로 조절하도록 한다. 연약한 양서류의 피부를 고려하여 거칠고 날카로운 사육장 조성물은 제거하거나 교체하여야 하며 화상을 방지하기 위해 열원을 반드시 잘 커버하여 사육종과의 직접적인 접촉이 불가능하도록 조치하여야 한다. 또한 환기를 철저히 하며 암모니아를 제거하고 곰팡이의 발생을 억제하는 등 사육환경을 항상 청결히 관리하도록 한다.

이처럼 사육장 내부 환경 관리를 실시하는 것과는 별도로 외부로부터의 질병원의 유입도 관리되어야 하는데 가장 신경 써야 할 것은 양서류 사육장이 설치된 공간 내에서의 화학물질 사용을 금해야 하는 것이다. 살충제나 에어로졸 등의 사용은 양서류에게 직접적이고 즉각적으로 유해한 영향을 미칠 수 있다. 다른 동물이나 개체를 많이 사육하고 있다면 사육 용품도 공용으로 사용하지 말고 개별적으로 사용하는 것이 좋다.

먹이로부터 질병이 유입되는 경우도 주의해야 한다. 특히 먹이로 물고기를 급여할 경우 어류에 감염되어 있던 기생충이나 질병들이 옮겨온 사례들이 보고되고 있다. 이를 방지하는 가장 좋은 방법은 예방 약욕을 시킨 후에 급여하는 것이다. 수족관에서 여러 종류의 약욕제들을 어렵지 않게 구할 수 있다.

이 외에 다른 개체로부터의 감염을 방지하기 위해 부득이하게 양서류들을 합사해야 할 경우에는 합사되는 각각의 '종'과 '개체의 공격성' 및 '합사 가능성'을 신중히 고려하여 결정하고, 새로운 개체는 일정 기간의 격리기를 반드시 거치도록 하며 서로 간의 접촉이나 다툼을 줄이기 위해 넉넉한 공간을 제공해 주는 것이 필요하다.

질병은 예고 없이 발생하기 때문에 사전에 미리 대비를 해 두면 조금이라도 빠른 대처를 할 수 있다. 모든 약품을 구비하지는 못하더라도 질병 개체 격리를 위한 치료용 수조, 소독을 위한 락스, 곰팡이 구제를 위한 약욕에 사용되는 소금 정도만이라도 구비해 두면 치료를 위한 시간을 조금이라도 더 벌 수 있다.

3 양서류 질병 예방의 중요성

사육자는 수의사가 아니다. 애완동물을 기르는 사람에게 수의학적인 전문지식까지는 요구되지 않으며 설사 많은 노력으로 그러한 전문지식을 쌓았다고 하더라도 주사나 투약 등의 의학적인 처치들을 임의로 행하는 것은 권장할 만한 일이 아니다. 그렇기 때문에 사육자는 '질병의 치료자'의 능력을 쌓기보다는 '질병의 예방자'로서의 능력을 배양하도록 노력해야 한다.

양서류는 여러 동물 가운데서도 형태적 · 생리적 · 의학적으로 상당히 특이한 존재이다. 이러한 특이한 생활사와 양서류 질병에 대한 정보의 미비, 수의학적인 경험의 부족 등으로 인해 양서류의 질병은 그 진단과 치료 그리고 효과적인 회복관리가 상당히 어려운 것이 사실이다. 이러한 이유들로 인해 양서류에게 질병의 발생은 특히 더 위험하며 예방의 중요성이 더욱 커진다. 다른 동물들보다 양서류에게 있어 질병이 특히 더 위험한 이유를 알아보자.

4 양서류 질병이 위험한 이유

사육 하의 양서류에게 있어 질병의 발생이 위험한 첫 번째 이유는 '양서류 사육 환경의 특수성'에 기인한다. 양서류의 모든 대사 과정이 물의 지배를 받는다고 해도 과언이 아닐 정도로 양서류의 생존은 물과 떨어져서는 생각할 수가 없다. 그러나 이처럼 양서류가 선호하는 수계 환경은 비단 양서류뿐만 아니라 질병 원인균에게도 역시 이상적인 번식 환경이라는 것이 사육에 있어서 문제가 된다. 이러한 수계 환경에서는 감염증을 유발한 병원체가 숙주에서 이탈하였을 때 공기 중에서보다 훨씬 더 오래 생존할 수가 있고 물을 매개로 하여 보다 쉽게 전파될 수 있다. 이런 이유로 인해 사육장의 위생 관리가 제대로 되지 않으면 자연에서와는 달리 병원균은 무서운 속도로 증식 · 확산되게 되고 병원균의 이러한 폭발적인 증식은 사육 개체의 저항력을 급격히 약화시키고 질병에 쉽게 노출되도록 하는 결과로 이어진다.

양서류의 질병이 위험한 다른 하나의 이유는 '발견이 어렵다'는 점이다. 일반적으로 야생동물은 질병이 있더라도 그것을 드러내는 경우는 드물다. 왜냐하면 자연이라는 환경 자체가 스스로 약한 모습을 내보이면 그 즉시 죽음으로 연결되는 냉혹한 생존경쟁의 세계이기 때문이다. 그렇기 때문에 야생동물은 증상이 극한에 이를 때까지 그것을 밖으로 드러내는 것을 극도로 꺼리는 본능이 있고 이러한 방어 본능은 사육자로 하여금 사육종의 이상증상을 알아차리기 어렵게 만든다. 이미 양서류를 사육하고 있는 사람이라면 느끼는 바겠지만 사육자가 사육종의 이상증상을 눈치 챌 정도면 이미 그 증상은 상당히 진행되어 있는 경우가 대부분이다. 질병을 숨기는 이러한 야생동물의 기본적인 생태 역시 양서류에게 있어 질병이 위험한 가장 큰 이유 가운데 하나이다.

또 다른 이유는 '환경 조건 변화에 대한 민감한 반응' 때문이다. 양서류가 '환경의 조기 경보기'로 불리는 이유는 환경 변화에 따라 관찰되는 제반 증상이 즉각적이고도 치명적이라는 의미와 상통한다. 이는 곧 이상증상이 나타나면 치료를 위해 손을 쓸 시간적인 여유가 그리 많지 않다는 것을 의미한다. 특히 화학적인 오염으로 인한 질병 증상일 경우에 문제가 더 심각하다.

그리고 가정에서는 '질병 원인의 정확한 판단이 어렵다'는 것도 하나의 이유가 될 수 있다. 양서류의 질병 가운데 상당수가 기생충성 및 세균성 질환인데 전문의들은 현미경이나 배양을 통한 방법으로 질병의 정확한 원인체를 파악할 수 있지만 가정에서는 외적으로 나타나는 증상만을 관찰하는 것이 고작이기 때문에 질병의 원인을 명확하게 판단하기는 용이하지가 않다. 이는 잘못된 급속도의 감염이나 잘못된 응급처치로 이어진다.

마지막으로 들 수 있는 이유는 '양서류의 치료를 위한 인프라가 잘 갖추어져 있지 않기 때문'에 설사 질병이 발견되더라도 치료하기가 용이하지 않다는 점이다. 양서류의 기본적인 생태나 양서류의 질병에 대한 기본 정보, 질병 예방이나 치료에 필요한 약품의 종류, 사용량, 사용 방법에 이르는 제반 정보들이 모두 적은 상황이고 또한 아직 애완양서류 자체가 드문 국내에서는 양서류의 치료 경험이 있는 수의사의 도움을 받기도 상당히 어렵다.

이러한 상황에서 사육자는 사육종의 치료를 위해서 상당한(현재 사육하는 종을 여러 마리나 다시 입양할 수 있을 정도의) 비용 지출을 감수해야 할 가능성이 많고, 설사 치료한다고 하더라도 회복 가능성이 확실하지 않기 때문에 보통의 사육자라면 기르던 동물에게서 질병 증상이 발견되면 일단 어느 정도 자가 치료를 하다가 포기하게 되는 경우가 많은 것이 사실이다. 이러한 여러 가지 원인들이 양서류 질병에 있어서 치료보다는 예방에 무엇보다 중점을 두어야 하는 이유이다.

단언컨대 잠시 맡아 두는 것이 아닌 이상 사육 전반에 걸쳐 단 한 번의 질병도 없이 사육종에게 완벽하게 건강한 삶을 제공하는 것은 100% 불가능하기 때문에 생명체를 사육하면서 질병에 대한 고려를 하지 않는 것은 어찌 보면 상당히 무책임한 행동이라고 할 수 있다. 그러므로 사육자는 해당 종의 사육에 앞서, 혹은 아프기 전에 미리 예상되는 질병의 종류를 숙지하고 어느 정도는 대책을 세워두고 사육을 시작하는 것이 좋으며 급박한 상황에서 도움이 될 만한 사람이나 동물병원의 주소와 위치, 연락처를 미리 알아 두는 것이 좋다. 그럼 이제부터 양서류의 질병 증상과 예방법, 처치법에 대해 알아보도록 하자.

5 질병의 징후

아무런 의사 표현을 하지 않는 동물에게서 미세한 질병 증상을 포착해내기 위해서는 무엇보다 본인이 기르는 개체의 '정상적인 컨디션'에 대해서 잘 알고 있어야 한다. 설사 그것이 아무리 사소한 것이라도 평소에 내가 알던 내 애완동물의 상태와는 뭔가가 다르다고 느껴진다면 '사육 환경'에 문제가 있거나 아니면 '사육 개체'에게 무엇인가 문제가 있는 것이라고 판단해도 좋다.

양서류는 소리로 자신의 이상증상을 표현하지 않기 때문에 사육자는 사육개체의 행동이나 체색, 냄새, 촉감 등을 통해 질병증상을 파악해야 한다. 평소의 체색이 아니라거나 체표에서 평소와는 다른 분비물이 관찰되는 경우, 늘 있던 평소와는 다른 위치에서 쉰다거나 평소와는 다른 자세로 앉거나 엎드려 있을 때, 취하고 있는 자세가 약간이라도 비대칭적일 때 그리고 사육장에서 평소와 다른 냄새를 맡게 된다거나 하는 것과 같은 극히 사소한 것이라도 심각한 질병의 예후일 수가 있다. 그런 만큼 평상시에 사육하는 개체에 대해 관심을 가지고 관찰을 게을리하지 않아야만 뒤늦게 질병을 발견하여 아끼는 개체를 폐사시키는 확률을 조금이라도 줄일 수 있다. 위에 언급한 이상 증상들이 어떤 의미인지 잠시 살펴보기로 하자.

우선 몸 색깔이 평소와 달라진다는 것은 생리적으로 양서류에게 어떠한 변화가 생겼다는 것을 의미한다. 양서류는 기본적으로 어느 정도 체색을 변화시키는 것이 가능하기는 하지만 모든 체색의 변화는 일정한 범위 내에서 이루어져야 한다. 과도한 체색의 변화는 사육환경, 특히 온도의 급변 또한 기생충이나 세균의 감염이 원인일 수 있다. 합사된 개체 중에서 이러한 체색의 변화가 소수의 개체에게서만 발생한다면 집단 중에서의 힘이 약한 것이 원인일 수도 있지만 체색이 변하는 개체의 숫자가 증가할 때에는 질병이나 수질, 사육환경 관리 상태를 제고할 필요가 있다.

많은 종류들이 그러하지만 특히 완전수생종의 경우에는 환경이 나빠지면 체표의 점액질 분비물의 분비가 확연하게 증가하는 현상이 나타난다. 양서류가 분비하는 이러한 분비물에는 세균이나 기생충에 대한 방어인자가 있어 기생충의 침입을 막고 피부의 자극을 감소시키며 삼투압 조절의 일부를 담당하기도 하고 체표에 막을 생성함으로써 물의 저항을 줄이는 역할을 한다. 그러나 이 분비물은 양서류의 체내에 있는 단백질을 이용하여 만들어지기 때문에 분비물의 지속적인 분비는 결국 체표에 점액의 보호층이 상실되는 결과를 초래한다. 이로 인해 해당 개체는 환경에 대한 적응력이 감소하고 질병에 대한 방어막이 소실되는 심각한 문제에 봉착하게 된다. 그렇기 때문에 평소와는 달리 이렇게 체표 분비물의 양이 많아지면 수질이나 기생충 등의 문제가 있는 것으로 생각하고 대처할 필요가 있다.

건강상 이상이 있는 개체가 가장 먼저 보이는 증상은 활력이나 활동성의 둔화 그리고 거식이다. 보통 우리가 양서류들을 쉽게 관찰할 수 있는 낮에는 대부분의 종들이 은신처에 숨어 잘 움직이지 않기 때문에 가끔씩은 저녁에 불을 끄고 적외선등 아래에서 개체들의 행동을 관찰해 보는 시간을 가질 필요가 있다. 무엇보다도 사육개체가 급격히 여위는 등의 증상이 포착되면 활동성부터 확인하도록 한다. 변온동물인 양서류가 살이 빠지는 가장 큰 이유는 활동성의 증가인 경우가 많다. 그러나 움직임이 별로 없음에도 불구하고 살이 빠진다는 것은 기생충에 감염되었거나 먹이를 오랜 시간 거부하거나 했을 경우이다. 동면 전이나 변태 전후 등에 관찰되는 정상적인 먹이 거부 반응이 아니라면 먹이를 거부하는 반응 역시 대표적인 질병 징후 가운데 하나라고 할 수 있다. 건강상태가 조금 좋지 않더라도 먹이에 대한 반응을 보이면 최소한 치료에 희망은 있다고 판단할 정도로 먹이 반응은 개체의 건강상태와 밀접한 관계가 있다.

★Tip★ 질병과 거식과의 관계

질병이 있을 때 오히려 식욕이 왕성해진다면 영양이 풍부한 음식을 많이 섭취할 수 있게 되고 그로 인해 증상이 더 빨리 호전될 수 있을 거라고 생각되지만 사실은 이와는 반대로 동물이 아플 때는 식욕이 감퇴하는 증상이 제일 먼저 나타난다. 그 이유는 무엇일까?

일단 동물에게 질병이 생기면 신체 내에서 복잡한 염증 작용이 생기게 되고 그 과정에서 특수한 생물활성인자(시토카인, Cytokine – 면역세포가 분비하는 단백질의 총칭으로 면역, 감염병, 조혈기능, 조직 회복, 세포의 발전 및 성장에 중요한 기능을 한다)가 분비되는데 이것이 식욕을 억제시키는 역할을 한다.

이것은 몸이 정상적이지 않은 상태에서 섭취한 음식을 소화시키는 데 체내의 에너지를 소모하기보다는 병원균과 싸우는 데 필요한 면역계통에 우선적으로 에너지를 몰아주기 위한 생명체의 본능적인 행동이다.

생명체는 평상시 건강할 때는 전체 대사 에너지 가운데 아주 적은 양만을 면역계 에너지로 소모하지만 신체에 이상이 있을 때 소식이나 절식을 하게 되면 백혈구가 활성화되고 더불어 대식작용이 증가하면서 결론적으로 면역계 전체가 강화되는 효과가 있다(백혈구는 체내로 유입되는 각종 미생물과 이물질로부터 신체를 보호하는 파수꾼의 역할을 하는데 거식으로 백혈구에 영양분의 공급이 제한되면 대식세포의 식균작용이 활발해지면서 질병 원인균을 제거해 나가게 되고 그 결과 점차 병이 호전된다).

다른 하나의 이유는 병균의 유입 경로를 차단하기 위해서이다. 양서류의 신체에서 외부의 물질이 유입되는 곳은 호흡기와 소화기, 그리고 피부 정도이다. 그 가운데 가장 큰 경로인 입으로부터의 오염원의 유입량을 줄임으로써 신체 내부 병균들에 대한 지원을 줄일 수 있는 효과가 있기 때문에 질병 개체는 먹이를 거부하게 된다. 그렇기 때문에 질병이 있는 개체가 먹이를 거부한다고 해서 조급하게 평소 급여하던 먹이를 강제로 급여하는 것은 극히 위험할 수 있다.

이러한 '포스피딩'은 일반적인 생각과는 달리 사육개체의 컨디션과 소화기능의 활성화 정도, 스트레스에 대한 반응 정도, 급여하는 먹이의 종류와 양, 가공 방법, 급여 방법 및 급여 횟수와 기간, 소화를 위한 최적의 환경조건의 제공 등을 포괄적으로 고려한 후에 결정하고 시도해야 하는 고급 사육기술 중 하나이다. 어느 정도 사육 경험이 있는 사육자들도 '포스피딩(Force feeding; 강제 급여)'을 무조건 입이나 위 안에 먹이를 욱여넣는 것 정도로 생각하는 경우가 있는데 그것은 즉각적으로 질병 개체를 폐사에 이르게 할 수도 있는 아주 위험한 행동이므로 신중하게 결정하고 실시하여야 한다.

다음으로 아플 때 신체에서 나타나는 이상행동(Abnormal Behavior)들이 있다. 대표적인 이상행동은 경련이나 마비, 자극에 대한 무반응, 몸을 비비거나 긁는 행동, 헤엄치는 모습의 이상, 평소와는 다른 갑작스러운 공격적 성향, 다른 개체와의 관계 악화, 지나치게 오랜 수면(기면 혹은 혼수상태), 지나치게 숨으려고 하는 행동, 계속되는 하품, 불규칙한 걸음걸이, 끊임없이 움직이는 것, 갑작스런 식성의 변화 등을 들 수 있다[보통 고등동물들은 사육 하에서 극심한 스트레스를 받게 되면 같은 행동을 끊임없이 반복하는 정형행동(Stereotyped Behavior)을 보이는 경우가 많지만 다행스럽게도 양서류에게는 이런 행동이 잘 나타나지 않는다]. 일례로 사육장 내에 적정습도가 유지되고 있음에도 불구하고 수상성 개구리가 바닥에 내려와 있거나 물그릇에 너무 오래 몸을 담그고 있는 등의 행동도 질병을 의심해 볼 수 있다.

행동으로 표현되는 것 이외의 질병증상으로는 육안으로 식별 가능할 정도의 골격 이상이나 부종(목, 안구 등)이 있을 경우, 안구가 탁해지거나 부어 있는 경우, 몸이 계속 부푼 채로 있는 경우, 체색의 과잉 변색 혹은 피부가 물러지거나 변형되는 경우가 있다. 피부가 벗겨지거나 상처나 딱지가 생기는 경우도 있으며 심한 경우 구토나 출혈이 있기도 하다. 이렇게 외부적으로 증상이 표현되는 경우는 그나마 다행스럽게도 질병을 즉각적으로 인지할 수 있다.

이런 시각적인 징후 외에도 사육장에서 평소와는 다른 독특한 냄새가 나는 경우도 질병을 의심해 볼 수 있다. 변 냄새나 소변 냄새가 아닌 다른 악취가 나면 피부 괴사가 일어났을 수도 있으므로 사육장 밖으로 꺼내 피부 상태를 다시 확인해 보는 것이 필요하다.

배변 상태 역시 건강상태를 파악할 수 있는 중요한 기준이 되는데 배변을 하지 않거나 배설물이 정상인 형태가 아닐 경우, 변에 기생충이 있을 경우 등은 질병 증상으로 의심해 볼 수 있다.

6 질병 개체 발견 시의 행동

사육 중인 개체가 질병으로 판단될만한 증상을 보일 때 사육자가 제일 먼저 할 일은 장갑을 끼는 것이다. 양서류에게 발생하는 곰팡이 가운데 상당수가 사람에게도 감염되므로 사육자의 안전을 위해 우선적으로 장갑을 착용하도록 하자.

다음으로 해야 할 일은 더 이상의 질병의 진행과 확산을 방지하기 위해 질병 개체를 즉시 통제된 별도의 사육장에 격리시키는 일이다. 격리는 최대한 빠르면 빠를수록 좋으며 이런 경우를 대비해서라도 여분의 사육장을 준비해 두는 것이 좋다. 동일한 사육장까지는 아니더라도 추가적으로 열원과 소켓 정도라도 보유하고 있으면 치료환경을 조성하는 데 많은 도움이 될 것이므로 질병에 대비한 사육장비도 어느 정도 여분을 구비하는 것을 추천한다. 이 치료용 사육장(Treatment Tank)에도 사육종에게 필요한 온 · 습도는 기본적으로 제공되어야 하며 수조의 경우에는 수중의 산소포화도를 높이기 위해 폭기(Aeration)를 강하게 해줄 필요가 있으므로 에어펌프를 구비하고 있으면 좋다. 그러나 바닥재나 미관상 필요한 다른 케이지 데코 용품들은 그다지 필요치는 않다. 수중환경이라면 치료에 사용되는 약품들이 여과박테리아를 죽이기 때문에 생물학적 여과를 제공해 줄 필요는 없다. 이럴 경우 잦은 물갈이로 수질을 유지하면 된다.

증세를 보아 가벼운 정도라고 판단될 경우에는 각 증상에 맞는 응급조치를 취하도록 하고 증상이 심하다고 판단되면 동물병원에 연락하여 정확한 진단과 전문가의 지도를 받도록 한다. 이런 상황에서 질병 원인과 처치 방법의 개인적인 판단은 사실 쉽지는 않다. 외관상으로 보이는 정도만으로 실제 질병의 심각성을 파악하기는 어렵기 때문이다. 때문에 사육자의 판단은 최소에 한하고 가급적 전문지식을 갖춘 수의사의 도움을 받는 것이 좋다.

치료와 더불어 사육자는 사육장 내 · 외부 전체를 소독하고 온도와 환기 조건을 점검하는 등 현재의 사육환경을 개선해야 할 필요가 있다. 수생종의 경우 부분 환수로 상주균의 농도를 감소시키고 폭기를 통해 산소농도를 높여 주며 수질 오염을 막기 위해 먹이 급여를 제한한다.

보통 질병의 치료를 위해서는 사육장의 온도를 평상시보다 조금 높게 조정한다. 양서류는 체온이 1℃가 올라갈 때마다 신진대사가 10%씩 증가한다는 연구 결과가 있다. 평소보다 높은 온도는 대사량을 증가시켜 면역계를 활성화시키고 치료 약품이 효과를 발휘할 수 있도록 하는 역할을 한다. 이렇게 사육장이나 수조의 온도를 높일 때는 사육종의 평소 사육 온도를 기준으로 하며 고온에 극히 취약한 종이나 온도 변화에 극히 민감한 종은 원래의 사육 온도를 유지하는 것이 오히려 안전할 수 있다. 수온이 높아짐에 따라 수중의 산소포화도는 낮아지기 때문에 완전수생 환경의 경우에는 수조의 수온을 상승시킴과 동시에 충분한 산소공급을 해 줄 필요가 있다. 또 하나 중요한 사실은 이처럼 치료를 위해 사육장의 온도를 상승시킬 때는 가급적 '서서히' 올려야 한다는 것이다. 하루에 3℃ 이상 올려서는 안 되며 평균 사육 온도보다 5℃ 이상 올리는 것은 위험하다. 양서류와 같은 변온동물의 사육에 있어서 사육자가 흔히 간과하는 사실 가운데 하나가 '인간에게의 1℃의 변화가 양서류에게도 1℃의 변화일 것'이라고 생각하는 것이다. 어류를 예로 들면 인간이 느끼는 1℃의 변화는 물고기에게는 6℃ 정도의 변화이다. 즉 온도가 단 3℃만 내려가도 실제 물고기가 느끼는 온도차는 18℃가 된다. 양서류의 정확한 측정치는 알려져 있지 않지만 같은 변온동물인 양서류가 느끼는 온도 차이도 어류와 크게 다르지 않을 것이라고 생각된다(실제로 지구의 온도가 단 1도만 상승하더라도 기온 상승과 물 속 산소량 부족이 겹치면서 체온을 일정하게 유지하지 못하는 양서류 전체가 절멸할 수 있다고 한다. 이처럼 양서류는 온도에 민감한 생명체이다). 수온 상승으로 인해 질병 개체가 오히려 스트레스를 받는 것 같으면 다시 수온을 낮추어 주어야 한다.

사육장 내부의 온도를 올리는 것뿐만 아니라 완전수생종의 경우 질병의 증상에 따라 수영을 잘 못하는 경우를 대비하여 수위를 낮추어 주는 등의 관리도 필요하다.

감염성 질병인 경우나 수질이 심각하게 오염되어 있는 경우를 제외하고는 pH쇼크를 방지하기 위해 가급적이면 물갈이는 하지 않도록 한다. 하지만 부득이하게 환수가 반드시 필요하다고 판단될 경우에는 시간적인 여유를 두고 부분물갈이로 수질을 유지하며 새로 넣는 물은 최대한 천천히 물맞댐을 함으로써 수온과 pH를 완충시켜야 한다.

또한 치료 중인 개체를 관리하는 데 그치는 것이 아니라 합사되어 있던 다른 개체들에게 질병 증상이 당장은 보이지 않더라도 당분간 지속적으로 건강상태를 모니터링하는 것이 필요하다. 차후 동일한 질병이 있을 때 자료로 삼기 위해 질병의 경과와 증상, 치료 내용을 기록으로 남기는 것도 좋다.

7 합사

합사는 말 그대로 '한 사육 공간에 여러 마리의 동물을 함께 기르는 것'을 뜻한다. 경우에 따라 합사하는 동물은 '동종의 양서류'일 수도 있고 '두 종 이상의 양서류' 혹은 '양서류와 물고기'와 같은 다른 종일 경우도 있다 .

합사가 가능한 종도 있고 합사를 하는 것이 더 좋은 종도 있지만 아무래도 단독 사육에 비해 문제가 될 만한 여러 변수들을 가지고 있기 때문에 특히 초보자는 가급적이면 합사를 지양하는 것이 좋다. 합사는 사육종에 대한 충분한 이해가 선행되어야 한다.

✔ 합사를 지양해야 하는 이유

- 모든 생명체는 자기만의 일정한 공간이 필요하다.
- 각 종마다 적정한 온도와 습도 등 기본적 사육환경이 다르다.
- 개체가 늘어날수록 먹이나 서식장소 경쟁이 치열해져서 함께 있는 개체들이 스트레스를 받고 공격성이 증가한다.
- 개체수가 늘수록 청결한 사육 환경을 유지하기가 그만큼 더 어려워지며 그로 인한 질병의 발생 위험이 높아진다.
- 크기 차이가 많이 나면 잡아먹거나 상처를 입힐 수 있다.
- 타 종일 경우 활동성이나 성격의 차이가 있을 수 있다.
- 교차 감염의 우려가 있다.
- 독이 있다(먹거나 공격을 받았을 때 분비하는 독성분의 위험).
- 감염성 질병의 발생 시 위험도가 높다.
- 별도로 관리해주지 않을 경우 먹이 경쟁에서 밀린 개체가 성장이 둔화될 수 있다.
- 자발적 먹이 섭취 욕구가 저하될 수 있으며 먹이 경쟁에서 밀려 영양상태가 나빠지고 성장률이 저하된다.
- 평상시에는 합사가 가능할 정도로 온순한 종이라 할지라도 번식기 등 특정한 시기와 상황에 따라 성격이 돌변하는 경우가 있다.
- 스트레스로 본연의 체색을 잃을 수 있다.
- 이외에도 예상치 못한 돌발 상황의 우려가 있다.

위와 같은 위험 때문에 합사는 가급적 피하는 것이 좋으며 그럼에도 불구하고 합사를 원하는 경우에는 다음과 같은 사항을 주의하도록 한다.

- 동종포식 성향이 강한 올챙이는 가급적 적은 개체군으로 나누어 사육한다.
- 개체수를 고려하여 먹이를 충분히 급여한다.
- 크기 차이가 심하게 나는 개체는 합사해서는 안 된다.
- 합사 후 성장하면서 크기 차이가 생기게 되면 분리 사육한다.
- 새로 도입된 개체는 절대 바로 합사해서는 안 되며 별도의 사육장에서 일정기간 격리시키며 상태를 관찰하여야 한다. 특히 물을 통해 질병이 옮겨올 수 있기 때문에 완전수생종의 경우 분양받아온 그대로 물과 함께 새로운 개체를 기존 수조에 쏟아 넣는 행동은 절대 금해야 한다.
- 어류와 합사하는 경우 공격성이 없고 혹시 잡아먹더라도 문제가 생기지 않도록 가시가 없는 어종이어야 하고 양서류의 피부나 외부 지느러미 등에 상처를 입히는 종이어서는 안 된다.
- 먹이 경쟁에서 밀려 영양상태가 나빠지는 개체가 없는지 관심을 두고 살핀다.
- 질병 개체는 즉시 격리시킨다.
- 합사 후 일정기간 상태를 주의 깊게 관찰한다.
- 합사를 할 경우에는 차라리 여러 마리를 합사하는 것이 서로 간의 카니발리즘을 줄이는 대안이 될 수 있다.

8 격리

합사 사육장에서 질병 개체 한 마리를 치료한다고 해도 다른 건강한 개체들이 사용 약품에 대한 스트레스를 받을 수 있기 때문에 아픈 개체는 별도로 관리하는 것이 좋다. 하지만 사육장 안의 여러 마리가 아프다면 전체 사육장을 대상으로 치료를 하는 것이 더 효율적일 수도 있다. 이처럼 개체를 격리하여 관리하는 경우에는 사육관리 용품도 구분해서 사용하는 것이 좋다.

- 새로 입양한 개체가 있을 경우 기존의 개체들과 합사하기 전에 별도의 공간에서 상처나 질병, 건강상태 확인을 위한 격리 관찰을 실시하는 것이 좋다. 그 기간은 최소 보름 이상, 질병 증상이 관찰되면 길게는 2~3달까지 적응 상태와 회복 상태를 살펴 본 후 별다른 이상이 없다고 판단될 때 합사하도록 한다.
- 질병 증세가 나타나면 즉시 다른 개체로부터 격리한다. 특히 그것이 감염성 질병이라고 판단될 때면 발견 즉시 격리해야 한다. 개인적으로 소수를 사육하는 경우에도 위험하지만 개체수 복원을 위해 대량으로 인공증 · 양식을 하는 경우라면 이러한 초동 조치가 더욱 중요해진다.

◆ 증상이 있는 개체가 다른 개체들과 합사를 했던 개체라면 같은 사육장에 있던 모든 개체를 따로 격리하는 것이 좋다. 질병의 치료 역시 개체마다 차이를 보이므로 격리하여 실시하는 것이 좋다. 개체 간 질병 증상에 경중의 차이가 있을 경우 각각 다른 사육장에 격리하여 관리하는 것이 좋다.

이처럼 질병 개체를 격리하는 이유는 질병 치료에 사용되는 약품들이 사육장이나 수조 내의 유익한 박테리아를 파괴시킬 수 있기 때문이다. 약품들은 해로운 박테리아를 구제하는 것을 목표로 하기는 하지만 해로운 박테리아만 선별적으로 제거하는 것은 불가능하다.

질병의 대책은 '사전 예방', '조기 발견', '정확한 진단'과 '신속한 처치'를 기본 준수사항으로 한다. 이런 면에서 볼 때 양서류의 질병 치료는 상당히 어렵다. 가정에서는 더욱 더 그러하다. 앞에 언급한 4가지 기본 준수사항 가운데 세 번째 사항인 '정확한 진단'이 어렵기 때문이다. 특징적인 증상이 나타나는 일부를 제외하고는 양서류의 질병 증상은 비슷비슷하고 복합적인 질병으로 사망하는 경우도 많기 때문이다. 정확한 진단을 위해서는 조직검사나 해부를 통해 내부장기에서 균이나 기생충을 동정하는 방법을 사용해야 하는데 이 정도라면 해당 개체는 이미 죽었거나 회복시키기는 어려운 상황이고 차후 다른 개체의 재발 방지나 교육 차원에서 이루어지는 일일 뿐이다.

'예방'이나 '조기 발견', '신속한 처치'는 사육자가 사육개체에 대해 얼마나 관심과 애정을 가지고 있느냐에 따라 달라지겠지만 정확한 진단이라는 부분에서는 전문적인 설비와 약품을 가지고 있는 않은 상태에서 취할 수 있는 처치는 상당히 한정될 수밖에 없다. 다시 한 번 강조하지만 예방이 최선의 치료법이다.

9 질병 치료에 관한 조언

필자 역시 제법 많은 수의 양서류를 사육해 보았고 오랜 기간 사육하면서 많은 질병증상을 겪고 더 많은 시행착오를 겪은 바 있다. 그 과정에서의 느낀 점들을 여기에 잠시 적어 본다.

✔ 침착하라

일례로 멕시코도롱뇽 사육장의 수질이 악화되고 수온이 올라가는 상황을 가정해 보자. 질병개체는 아가미가 녹고 체색이 변하면서 거식이 시작된다. 사육자는 열심히 인터넷을 검색해서 수조의 온도를 내리고 깨끗한 물로 환수를 해 주라는 조언을 얻는다. 그리고는 당장 수조의 물을 몽땅 깨끗한 수돗물로 갈아주고 얼음을 대량으로 쏟아 붓는다. 이 모든 과정이 한 시간 내에 이루어진 일이다. 이렇게 해 주면 상태는 호전될까?

기르던 개체에서 질병 증상을 확인한 순간 사육자는 마음이 급해진다. 이런 급한 마음에 인터넷에서 찾은 이런저런 치료방법들을 성급하게 시도하거나 약간의 거식증상이 있다고 무조건 강제 급여를 하는 경우가 있는데 그렇게 급하게 서두르지 말도록 하자. 이제까지 안정적인 영양공급을 해 왔다면 양서류는 한동안 굶어도 괜찮다. 급성 중독증상이 아니라면 양서류는 생각처럼 쉽게 폐사하지 않는다. 급한 고비를 넘겼다면 시간적 여유는 있을 것이고 만약 그 고비를 넘기지 못했다면 이미 더 이상 고민할 필요가 없는 상태일 것이다.
위에 예를 든 사례의 경우 개체의 질병 증상이 미약했다면 사육자의 응급 처치로 병이 나을 수도 있다. 수돗물의 염소를 버티고 급격한 pH와 수온의 변화, 암모니아 쇼크를 견뎌낼 정도의 힘이 남아 있었다면 말이다. 그러나 운이 좋았을 뿐이다. 이럴 경우 염소 중독 혹은 온도나 pH 쇼크로 바로 폐사에 이를 수도 있고 오히려 질병이 더욱 악화될 수도 있다. 실제로는 그럴 가능성이 더 크다. 질병 자체보다 오히려 질병의 치료 과정에서 개체를 급사시키거나 증상을 악화시키는 경우가 상당히 빈번하게 발생한다.
이럴 경우 나타난 증상의 원인이 수온과 수질로 인한 것인지에 대한 확신을 내리는 것이 우선이고 다음으로 수조 내의 에어레이션을 추가하고 염소를 제거한 물을 수조 내의 비슷한 수온과 pH로 조절하여 환수를 하고 가급적 서서히 수조의 온도를 적정사육온도까지 내려 주어야 한다.
치료도 천천히 회복도 천천히. 시간이 필요하다.

✔ 믿어라

모든 치료는 질병 개체가 스스로 병을 이겨내도록 돕는 정도에 그치는 것이 좋다. 사육자는 질병개체의 저항력을 길러주는 데 도움을 줄 뿐 질병과 싸우는 것은 결국 아픈 동물 자신이기 때문이다. 평소에 관심어린 사양관리를 해 왔다면 어느 정도는 그동안 자신이 애완동물에게 쏟은 애정과 애완동물이 길러온 체력, 자연치유력을 믿어보도록 하자.

✔ 격리하라

질병의 감염 여부에 상관없이 증상이 나타난 개체는 별도의 공간에서 관리하는 것이 빠른 회복에 도움이 된다. 또한 질병개체에게 행해지는 치료가 다른 건강한 개체에게 영향을 줄 수도 있다. 그러나 이처럼 격리할 경우 격리수조의 온습도에서부터 pH 등의 환경 조건이 기존 사육장의 조건과 크게 차이가 나서는 안 된다.

✔ 점검하라

사육환경을 다시 점검하라. 사육 중인 개체가 아프게 된 데는 분명히 무엇인가 원인이 있을 것이다. 특히 수온, 습도가 알맞은 수준으로 유지되고 있는가를 확인하고 사육장의 청결 관리가 잘 되었는지, 새로운 개체를 바로 합사하지 않았는지, 화학적인 오염과 접촉은 없었는지 등을 확인한다. 먼저 증상이 관찰되었을 때의 사육장의 사진을 찍어 남기고 그 동안 있었던 사육관리의 변동 사항을 찬찬히 기록해 보는 것도 좋다. 증상이 심해져서 수의사의 도움을 받아야 할 때 이 자세한 기록이 올바른 진단을 내리고 치료 방법을 정하는 데 도움이 될 수 있다.

✔ 늘려라 – 관심, 폭기, 환기

아픈 개체는 당연히 정상 개체보다 더 많은 사육자의 관심이 필요하다. 치료 수조의 산소 공급을 늘리고 오염된 가스를 제거한다. 특히 완전수생종의 경우 치료 과정에서 산소의 공급을 늘려주는 것이 회복에 상당한 도움을 줄 수 있다.

✔ 줄여라 – 손길, 빛, 진동

치료를 위해 핸들링을 안 할 수는 없겠지만 걱정이 된다고 너무 자주 건드리는 것은 질병 증상을 더욱 악화시킬 수 있다. 빛과 진동을 줄여주는 것 역시 스트레스 완화에 많은 도움이 된다.

✔ 정확하게 파악하고 전달하라

양서류의 이상 증상이나 질병으로 인해 동물병원을 찾아갈 경우는 최대한 수의사에게 정확하고 다양한 정보를 제공해 줄 수 있어야 한다. 사육장의 온도 변화에서부터 위생, 관리 현황, 수질, 물갈이 빈도, 질병 증상이 관찰되었을 당시의 사육 환경 변화 등을 정확히 수의사에게 설명할 수 있어야 한다. 가능하다면 사육장 사진이나 동영상, 혹은 사육장 자체를 동물병원으로 옮기는 것도 좋다. 수의사가 사육 환경을 정확하게 판단하는 데 도움이 되기 때문이다.

양서류 질병의 예방과 치료2

애완 양서류에 발생하는 질병은 선천적이거나 노화로 인한 자연스러운 것을 제외하고 과다하거나 결핍된 혹은 불균형하거나 부적절한 영양 공급으로 인한 '대사성/영양성 질환'과 오염된 먹이, 안정되지 않은 사육 환경으로부터 유발되는 '감염성 질환' 그리고 이동이나 합사 중에 발생하는 '환경, 행동 창상성 상해'로 나누어 볼 수 있다. 하지만 편의상 이렇게 범주를 나누기는 하지만 대부분의 질병은 환경과 병원체의 복합적인 감염에 의해 발생하는 것이 일반적이다.

대사성/영양성 질병

대사성 골질환(MBD; Metabolic Bone Disease)

Fibrous Osteodystrophy(골형성 장애), Osteomalacia(골연화증), Rickets(구루병) 이라는 용어도 같은 증상을 의미한다. 일반적으로 칼슘과 비타민 D를 제대로 섭취하지 못해 생기는 문제이지만 신장질환이나 부갑상선 종양과 같은 질병으로 인해 칼슘의 이동 통로가 막히거나 흡수가 중단되어 증상이 나타나기도 한다.

● 증상

대사성 골질환이 발생하면 골밀도가 감소하면서 이로 인해 척추나 사지, 꼬리의 골격이 휘거나 아래턱이 변형되는 러버자(Rubber Jaw) 현상이 나타나는 경우가 많고 약해진 뼈를 근육으로 지탱해야 하기 때문에 관절이나 근육이 부풀어 오르는 증상도 병행된다. 증상이 더 진행되면 움직임이 어렵게 되고 혈액 안에 칼슘이 부족해지면서 경련이 일어나기도 한다. 대사 장애인 고창증(Bloat - 소화과정에서 발생된 가스로 인해 배 부분이 부풀어 오르는 증상)이 나타나는 경우도 있다.

증상이 진행되면서 뼈와 근육이 약해지기 때문에 평소 같으면 아무렇지도 않을 정도의 점프나 추락에도 다리나 척추가 균열되거나 골절을 일으킬 수 있다. 그러므로 특히 진료를 위한 핸들링을 할 때 절대로 떨어뜨리는 일이 있어서는 안 된다.

골절과 다른 골격의 변형은 외관상으로도 확인이 가능하지만 X-Ray에 의해 진단되며 확진을 위해서는 혈액검사를 통한 칼슘과 인, 비타민 D 레벨의 확인이 필요하다.

● 원인

유전적인 요인으로 인해 위장관, 신장, 간과 같은 장기의 선천적 이상으로 비타민 D나 인의 흡수가 되지 않아서 발생하는 경우가 있지만 사육 하에서는 보통 후천적으로 불균형적인 영양 공급(비타민 D_3와 칼슘, 인 결핍), 일광욕 부족, 과다한 먹이 급여로 인한 급성장, 영양 장애 등이 원인이 되어 발병한다. 양서류 사육에서는 한 가지 먹이, 특히 귀뚜라미만 지속적으로 급여하는 경우에 잘 발생한다는 보고가 있다.

섭취한 먹이에서 충분한 칼슘을 섭취하지 못하면 양서류 체내의 혈액에 포함된 칼슘이 줄어들게 되는데 부족한 칼슘을 뼈에서 뽑아 쓰게 되면서 뼈가 약해지고 변형되는 증상이 나타난다.

예방

MBD는 불치병은 아니지만 일단 한번 발병하면 변형된 신체를 완벽히 정상적인 상태로 되돌리는 것은 거의 불가능하다. 더구나 중증인 경우에는 후유증이 더욱 크다. 한번 휘어버린 골격을 다시 원래대로 되돌리는 것은 사실상 불가능하기 때문이다. 따라서 평소 먹이 급여 시에 웜이나 귀뚜라미에 영양제를 가끔 더스팅(Dusting)해서 공급하는 방식으로 미리 예방하는 것이 좋다. MBD를 이해하기 위해서는 칼슘과 인이 동물 체내에서 어떠한 역할을 하는지 먼저 이해할 필요가 있다. 이 두 미네랄은 뼈의 성장과 개체의 발달에 아주 중요한 역할을 하기 때문이다. 특히 비타민 D는 칼슘의 흡수와 대사를 조절하는 중요한 역할을 하기 때문에 비타민 D의 부족은 양서류의 뼈와 연골에 문제를 일으킨다. 일반적으로 칼슘과 인의 이상적인 비율은 2:1이 되어야 하고 균형적인 식단이 MBD를 예방하는 출발점이 된다.

MBD는 골격에 나타나는 증상이 확연하기는 하지만 증상이 단순히 골격에 한정되지는 않고 내부 장기에도 영향을 미친다. 그러므로 육안으로 확인이 가능한 증상은 단순히 빙산의 일각일 수 있다. 다행스럽게도 육식동물은 먹이 동물의 뼈와 내부 장기 등으로부터 칼슘과 인을 공급받기 때문에 대부분 육식성인 양서류에게서 MBD는 흔히 관찰되는 증상은 아니지만 그렇다고 염려하지 않아도 되는 것은 아니다. 팩맨과 같은 특정 종에게서는 쉽게 나타나는 질환으로 해당 종을 사육하는 사육자는 영양 공급에 더욱 신경을 쓸 필요가 있다. 균형적인 먹이 공급을 하고 있다고 하더라도 여러 마리를 합사하고 있다면 먹이 경쟁에서 밀린 개체가 적절한 영양을 섭취하지 못함으로 인해 발생하는 경우도 있다. 그러므로 사육자는 먹이 급여 시에 반드시 시간적 여유를 가지고 모든 개체가 충분한 먹이를 섭취하는지를 관찰할 필요가 있다. 또한 증상이 진행되면서 턱과 관절이 약해져서 당연히 사냥이나 먹이 활동도 어렵게 되기 때문에 영양 공급에도 별도의 관심을 기울여야 한다.

치료

MBD의 원인이 식단 때문이라면 '식단을 바로 잡는 것'이 치료를 위해 첫 번째 해야 할 일이다. 충분하고도 균형적인 영양 공급과 함께 '자연광이나 풀스팩트럼 조명'을 통해 적절하게 비타민 D를 합성할 수 있도록 해 주면서 추가적으로 '칼슘을 급여'하는 것이 어느 정도 효과를 볼 수 있다.

현재는 국내에서도 다양한 양서파충류용 영양제들을 어렵지 않게 구할 수 있기 때문에 사육개체의 MBD를 예방하는 것은 그다지 어렵지 않다. 따라서 사육개체에게 MBD 증상이 나타나는 것은 거의 대부분 사육자의 책임인 경우가 많다. 일주일에 1~2회 정도 시판되는 칼슘제를 먹이에 더스팅하여 급여하면 된다. 어린 개체나 번식을 앞두고 있는 개체는 급여량을 조금 더 늘려 주는 것이 좋다. 그러나 과다하게 급여할 경우 치명적인 신장질환의 우려가 있다.

보통은 분말 타입이지만 최근에는 액상의 제품도 나와 있다. MBD가 진행되면 턱관절이 약해져 먹이를 잡을 수 없게 되므로 주사기를 이용하여 구강투여하는 방법을 사용해야 하는 경우도 생길 수 있다. 예방의 차원을 넘어섰다고 판단될 경우에는 수의사에게 보이고 칼슘제를 처방받아야 한다.

장 폐색증(Intestinal Obstruction])

증상

배가 장기간 꺼지지 않고 먹이 활동을 거부하는 경우에 이 증상을 의심해 볼 수 있는데 부분적 마비로 뒷다리의 움직임이 어색하다든지 척추 근처의 등이 부풀어 오르기도 한다.
양서류의 피부는 상당히 얇기 때문에 촉진으로도 충분히 감지가 가능하지만 필요한 경우에 동물 병원에서 X-ray 촬영으로 정확한 진단이 가능하다. 어린 개체나 알비노 개체의 경우에는 투명한 통에 넣고 하단에서 강한 빛을 조사하면 배 안의 내용물이 확인되기도 한다.

원인

사육자들은 보통 장폐색이나 임팩션(Impaction)이라고 부른다. 바닥재로 사용 중인 모래나 물이끼, 자갈처럼 정상적으로 소화되지 않는 이물질을 섭취함으로써 이로 인해 위나 장과 같은 소화기관이 막히고 정상적인 배변 활동을 하지 못하게 되는 증상을 의미한다. 바닥재 이외에 드물게 웜 종류를 과식하거나 털이 난 마우스를 과다하게 급여할 경우 소화되지 않는 털이 위나 장 안에 정체되어 발병하는 경우도 있다. 바닥재가 일반적인 모래 정도의 크기일 경우 양이 많지만 않다면 배설이 되는 편이지만 너무 많은 양을 먹었거나 운동량 부족으로 장의 운동성이 떨어졌을 때, 사육장 온도가 낮아 정상적인 소화활동이 이루어지지 않을 경우에는 문제가 될 수 있다.

예방

사육 중에 장 폐색이 원인이 되어 폐사에 이르는 경우가 많기 때문에 이를 우려하여 사육기간 전체에 걸쳐 바닥재를 사용하지 않거나 삼키기 어려운 키친타월 등을 이용하는 사육자도 있다. 자연적으로 조성한 테라리움 스타일로 사육하는 경우라면 사육 하에서도 심심치 않게 발생하는 증상 가운데 하나이다. 그러나 사육 초기에 바닥재의 선택을 신중히 하고 먹이 급여 시에 주의를 하는 것만으로도 상당히 예방이 가능한 질병이기도 하다.
사육 하의 개구리 가운데는 팩맨이나 버젯프록, 픽시프록과 같이 먹이 반응이 격렬한 종에게서 특히 많이 관찰된다. 원인이 대부분 바닥재로 인한 것이기 때문에 먹이 반응이 격렬하더라도 화이트트리프록처럼 나무 위에서 먹이 활동을 주로 하는 종에게서는 증상이 발견되는 경우가 드물다. 완전 수생종인 경우에는 침강성 먹이보다는 부상성 먹이를 급여하거나 먹이 급여 시에 수면에서 삼키도록 유도하면 바닥재를 삼키는 것을 방지할 수 있다 .
임팩션은 일단 발병하면 치료가 상당히 어렵고 정말 심각한 경우 외과적 처치로 해결해야 할 수도 있기 때문에 미리 사육환경을 정리하여 예방하는 것이 최선이다. 그러므로 임팩션이 확인되면 가장 먼저 자신의 사육 환경을 확인해 보는 것이 중요하다.
무엇보다 적당하지 않은 크기의 바닥재가 깔린 사육장에서 먹이를 먹을 때 바닥재를 먹이와 함께 삼킴으로 인해 발병하는 경우가 많으므로 사육을 시작할 때 바닥재를 에코어스나 다른 입자가 작은 소재로 깔아 준다거나 미리 삼킬 수 있을 정도 크기의 작은 물건은 사육장 내에서 완전히 제거해 준다거나 하는 정도로도 발병률을 상당히 감소시킬 수 있으며, 조금 번거롭더라도 먹이 급여 시에 삼킬만한 바닥재가 없는 별도의 공간에서 급여하는 것도 상당히 도움이 된다.
양서류도 생물인지라 먹이와 함께 삼킨 바닥재가 딱딱하면 상당한 빈도로 다시 토해내는 경우가 많다. 그러나 물이끼처럼 길이가 길고 부드러운 바닥재인 경우에는 토하지 못하고 그냥 삼켜서 문제가 되는 경우가 생긴다. 이럴 경우 바닥재인 물이끼를 잘게 잘라서 사용하는 것도 임팩션을 예방하는 하나의 방법이 될 수 있다.

치료

임팩션은 앞서 언급했다시피 식탐이 강한 종에게서 많이 나타나는 증상이라 개체 가운데는 심각한 증상에 이르고서도 먹이 반응이 유지되는 개체도 있다. 이럴 경우 먹이 급여는 치명적인 결과를 초래할 가능성이 다분하기에 증상이 확인되는 순간부터 문제가 해결되는 순간까지 절대 먹이 급여를 해서는 안 된다. 이를 방지하기 위해서는 사육 중인 개체를 주기적으로 들어 올려 배 부분을 촉진해 보고 먹이 급여 주기를 고려하여 정상적으로 먹이가 소화되고 있는지, 단단한 이물질이 만져지는 것은 없는지를 확인해 보는 것이 좋다.
증상 초기라면 소화 촉진제를 투여하거나 개체의 활동량을 늘려 자연스럽게 변으로 나오기를 기다리거나 복부 마사지를 해서 배출을 유도할 수도 있으나 증상이 심하면 마취한 후 입으로 도구를 넣어 꺼내야 할 수도 있으며 외과적 처치가 필요할 수도 있다.

탈장/탈항(Prolapse)

증상

일반적으로 다른 동물에게 있어 탈장은 대장의 말단부인 직장이 거꾸로 뒤집혀 바깥으로 노출되는 증상을 의미하지만 양서류의 경우 생식, 배설, 비뇨기가 분리되어 있지 않은 총배설강을 가지고 있기 때문에 그 부위의 명칭을 정확히 정의하기는 어렵다. 양서류에게서는 총배설강의 안쪽, 방광, 소장의 일부나 암컷의 경우 생식기의 일부와 같은 내부 장기가 다양한 원인으로 인해서 제자리를 벗어나 배설강으로부터 돌출되는 증상을 말한다. 발병하면 배설강에 붉은 색이나 갈색의 돌출된 장이 매달려 있는 것으로 확인할 수 있다.

원인

탈장의 원인은 정확하게 알려져 있지 않으나 스트레스 혹은 기생충이 원인인 것으로 추측하고 있다. 선천적인 원인도 있으나 추락, 비만, 중독, 배변 곤란이나 산란으로 인한 복압 상승, 지나친 과식으로 인한 위의 과부하(Gastric Overload) 등 후천적인 원인으로 발생하는 경우가 많다. 특히 사육 하에서는 체형이 비대한 종이나 운동량이 부족한 개체에게서 주로 발견된다.

예방

비만은 다양한 다른 질환을 유발할 수 있지만 탈장의 위험을 높이기 때문에 적절한 영양관리를 해줄 필요가 있다. 양서류 사육 하에서도 탈장은 팩맨처럼 통통하고 움직임이 적은 종에게서 많이 나타난다.

치료

즉각적으로 생존을 위협할 정도로 심각한 질병은 아니지만 방치하면 폐사에 이르기도 한다. 따라서 최대한 빠른 시간 내에 다시 체내로 들어가도록 조치를 취하는 것이 좋다. 일반적으로 살덩어리처럼 보이지만 간혹 마치 물주머니처럼 보이는 경우도 있는데 그렇다고 절대 터트려서는 안 된다.

탈장이 일어나면 우선 그 부분이 건조해지지 않도록 습도를 유지해 주는 것이 가장 중요하다. 수생 종이라면 바닥재나 구조물이 없는 청결한 수조로 옮겨 관리하며 수상 종이라면 깨끗한 물을 수시로 분무하거나 사육장 내에 깨끗한 물이 담겨 있는 큰 물그릇을 설치하여 주어야 한다. 탈장된 곳이 말라버리게 되면 외과적 처치로 그 부분을 제거해 주어야 하기 때문이다. 이렇게 습기를 유지한 상태에서 최대한 신속하게 돌출된 장을 몸 안으로 밀어 넣도록 한다. 가벼운 증상이라면 움직이면서 스스로 몸 안으로 들어가기도 하는데 필요할 경우 돌출된 부분을 설탕물에 적신 면봉 등으로 부드럽게 마사지해줌으로써 붓기를 줄여 탈장된 부분이 안으로 들어가도록 유도하기도 한다. 그러나 이 과정에서 과도하게 힘을 주어 돌출된 부분을 강제로 밀어서 집어 넣는 행동은 하지 않는 것이 좋다.

간혹 탈장된 부분이 제자리로 저절로 수납되기도 하지만 한번 일어난 탈장 증상은 재발되는 경우가 많으므로 증상이 빈번하다면 외과적 처치를 받아 재발을 방지하는 것이 가장 좋은 방법이다. 부위가 덧나거나 지속적으로 재발되면 외부로 튀어나온 부위가 마르지 않도록 물에 적신 탈지면이나 거즈로 덮어 동물병원으로 이동하고 수의사의 도움을 받도록 한다.

✓ 지방성 각막병증(Lipid Keratopathy)

● 증상

양서류는 시력에 생활의 상당 부분을 의지하기 때문에 눈에 문제가 생길 경우 생존을 심각하게 위협받는 경우가 대부분이다. 눈 질환이 발병되면 눈이 심하게 부어 오르거나 뿌옇게 변한다.

● 원인

양서류의 경우 대부분 눈이 두부의 다른 신체 부위보다 확연하게 돌출되어 있고 또 일부 종은 그 크기도 상당히 크기 때문에 눈 부분에 문제가 생길 소지가 많다. 언제든지 쉽게 다칠 수 있는 부위이며 그로 인한 감염이나 각막장애 등이 유발될 수 있다. 그러나 사육 하에서 가장 많이 보고되는 질병은 콜레스테롤 침착으로 인한 지방성 각막병증(Lipid Keratopathy)이다. 과도한 지방대사가 원인으로 높은 농도의 유지방을 먹고 자란 새끼 쥐를 장기간 먹이로 급여했을 경우에 관찰된다.

● 예방

세균에 의한 증상이라면 사육장을 청결히 관리하는 것으로 예방할 수 있다. 영양의 불균형이나 부족으로 인한 문제라면 양질의 먹이를 충분히 급여하고 고른 영양 공급을 함으로써 예방할 수 있으며 활동으로 인한 시력 장애는 사육장 내에 위험한 구조물을 제거하고 스트레스 요인을 줄여 갑작스러운 행동을 줄여 줌으로써 예방이 가능하다.

● 치료

소독방법으로는 우선 0.85% 식염수에 하루에 두 번씩 30분간 2주 정도 약욕을 시킨다. 감염된 눈은 증류수나 3% 붕산액으로 깨끗이 닦은 다음 눈꺼풀을 벌리고 그 액이 흘러들어가게 한다. 이렇게 세정제로 눈을 소독한 뒤 항생제를 발라주면 효과가 있다. 항생제는 젤 타입의 경우 앞다리를 이용하여 닦아낼 수 있으므로 액체 상태의 안약을 스포이드를 이용하여 눈에 떨어뜨려 주는 것이 좋다.

급성인 경우에는 비타민 A를 많이 포함한 먹이(지렁이 등의 생먹이, 닭의 간, 물고기 내장 등)를 급여하면 회복되기도 하며 시판되는 파충류용 비타민제를 직접적으로 급여하기도 한다. 단 비타민제의 경우 과다한 급여는 피하는 것이 좋다.

전문적 처치법으로는 비타민A 결핍의 경우 사료에 비타민 A를 투여하고, 세균감염에 의한 안검염의 경우에는 Gentamycin등의 항생제를 주사하고, 영양제(비타민복합제) 주사도 병행한다. 반드시 수의사의 진료를 받아 치료하도록 한다.

✔ 혈변(Hemafacia)

만일 피가 섞인 혈변을 보는 경우가 있다면 심각한 건강상의 이상이 있는 것이다. 패혈증, 아메바증 또는 다른 장내 침입체에 따른 장 손상 등 혈변의 원인이 되는 것은 전부 가벼운 응급처치로는 증상의 완화조차 힘든 위험한 질병들이기 때문이다. 이 경우에는 신속하게 동물병원으로 이송하여 전문적인 치료를 받게 하는 것이 최선이다.

2 감염성 질병 : 곰팡이, 세균, 바이러스, 기생충

양서류는 기본적으로 감염성 질병에 노출된 환경에서 서식하고 있지만 고유의 면역 시스템에 의해 그 균형이 잘 유지되고 있다. 그러나 이 말은 반대로 이야기하면 면역력이 저하되어 그 균형이 깨어지는 순간 언제든 질환이 생길 수 있다는 의미이기도 하다.

양서류의 질병 가운데는 이와 같은 감염성 질환이 상당 부분을 차지하는데 개개의 질병으로 인해 나타나는 증상은 상당히 유사하고, 전문적인 지식과 설비가 뒷받침되지 않은 이상 사육자가 개별 질병을 정확히 확진하기가 사실상 거의 불가능에 가깝다. 또한 확진이 되었다고 하더라도 수의사의 도움을 받지 않고 자체적으로 치료하는 것은 용이하지가 않다. 따라서 여기서는 각 감염성 질병에 대해서 간단히 알아보고 사육 개체가 감염성 질병이 의심될 때는 최대한 빨리 수의사의 도움을 받도록 하자.

✔ 곰팡이성 질환(Fungal Infection)

청결하지 않은 사육장에서 사육개체에게 상처가 있거나 스트레스로 면역력이 저하될 때 진균류가 감염되어 발생하는데 양서류에게 이러한 국소적이거나 전신적인 곰팡이성 감염은 아주 흔하게 관찰된다. 피부 괴사와 함께 피부 표면에 회백색의 균사체를 형성하는 물곰팡이증(Saprolegnia), 피부 표면에 육아종성의 작고 하얀 결절이 나타나는 털진균증(Phycomycosis), 색소진균증(Chromomycosis) 이 세 가지가 양서류에게서 발견되는 대표적인 곰팡이 원인균으로 알려져 있다.

건강한 개체에게 발생하는 경우는 드물며 초기 증상이 있더라도 체력이 회복되면 곰팡이도 자연스럽게 사라지는 경우가 많다. 보통은 사체나 약해진 개체들에게서 활발히 증식하기 때문에 사육장 내의 폐사체는 즉시 제거해 주어야 할 필요가 있고 약해진 개체 역시 미리 격리하는 것이 좋다. 또한 곰팡이 감염은 그 자체도 문제이지만 다른 유해한 박테리아와 바이러스의 감염을 더 용이하게 하는 역할을 하므로 절대 가볍게 취급되어서는 안 된다. 대표적인 증상으로 체표에 얼룩이나 솜 모양의 물질이 붙어 있는 것을 관찰할 수 있다. 피부의 변색이나 혼탁, 궤양, 눈의 변색은 곰팡이성 질환 감염의 증상 가운데 하나이지만 보다 정확한 진단을 위해서는 피부 생검이나 곰팡이 균사 혹은 포자의 동정을 필요로 한다.

곰팡이성 질환의 경우에는 외부에 감염된 진균보다는 내부 장기에 감염된 진균의 진단이 더욱 어렵다. 이처럼 내부 장기에 감염된 진균의 포자나 균사는 주로 배설물에서 발견된다.

그나마 다행스러운 점은 일부 치명적인 곰팡이균이 없는 것은 아니지만 상당수의 곰팡이성 질환이 약물로 어느 정도 효과적인 치료를 기대할 수 있다는 사실이다. 치료 이후에도 재발은 언제든 가능하지만 적절한 치료와 철저한 위생 관리로 다른 질병보다는 용이하게 통제가 가능하다. 일반적인 진균 치료법은 말라카이트 그린 또는 머큐로크롬의 2% 희석액에 5분 정도 약욕을 시키거나 8-하이드록시퀴놀린을 증상이 호전될때까지 증상 부위에만 발라주는 것이나 진균의 종류는 다양하므로 확진을 위해서는 수의사의 도움을 받는 것이 좋다.

★Tip★ 항아리곰팡이병(Chytridiomycosis)

이 병원균이 양서류라는 분류군에 미치는 심각한 영향은 '양서류의 에볼라', '척추동물종에 있어 최악의 감염병' 혹은 '질병으로 인한 사상 최악의 척추동물 다양성 상실'이라는 과학자들의 평가로 충분히 설명이 가능하다. 또한 2008년 5월에 세계동물보건기구(국제수역사무국; OIE)는 항아리곰팡이병을 회원국들이 의무적으로 신고해야 할 심각한 질병으로 지정한 바 있다는 사실로 이 질병의 위험성의 설명을 대신하도록 하겠다. 북아메리카 서부지역, 중미, 남미, 호주 동부지역에서 급속히 확산되어 양서류의 개체군에 치명적인 감소나 멸종을 가져오고 있으며 1993년 호주에서 처음 발견된 이래 1990년대에 파나마에서 단 4년만에 현지의 금개구리를 절멸에 이르게 했을 정도로 양서류에게는 치명적인 질병이다.

현재 전 세계적으로 가장 문제가 되고 있는 양서류 질병이며 애완동물 시장의 급격한 성장으로 국가 간에 양서류를 교역하면서 특정 지역에 서식하던 양서류가 전 세계로 퍼져 나가면서 함께 확산되고 있는 것으로 보인다. 아직 국내에서는 이 질병으로 인한 토종 양서류의 대량 폐사 사례는 보고되지 않았지만 국내 애완용 개체에서뿐만 아니라 야생 개체에게서도 발병된 개체가 발견된 사례가 있다. 이 질병은 이미 코스타리카 황금두꺼비(Costa Rican Golden Toad)와 호주 위부화개구리(Australian Gastric Brooding Frog)를 멸종시켰고, 과학자들은 다른 100여 종의 멸종에도 이 질병이 영향을 미쳤을 것으로 추정하고 있다. 또한 더욱 걱정스러운 것은 더 많은 종들이 멸종할 위기에 처해 있다는 사실이다. 1960년대 임신진단법의 한 방법으로 아프리카발톱개구리가 사용되면서 이후 방치된 이들 종을 자연에 방사함으로써 항아리곰팡이병의 확산이 촉진되었다는 연구가 있다.

최근 캘리포니아 주 시에라 네바다산맥에 서식하는 노란발 개구리(Yellow-leg Frog)로부터 추출된 자티노박테리움 리비디움(*Janthinobacterium lividium*)이라는 박테리아가 항아리 곰팡이를 제거한다는 사실을 발견했고 미국 오리건 스테이트 대학의 과학자들이 동물성 플라크톤인 '다프니아 마그나(*Daphnia magna*)'가 병원균인 항아리균을 잡아 먹는다는 사실을 확인해 치료와 확산에 희망이 생기게 되었다.

▶ **증상**

곰팡이균이 신체 표면에 기생하면서 피부의 가장 외부에 있는 케라틴질을 먹고 살기 때문에 번식하면서 점차 피부 호흡을 곤란하게 만들어 폐사에 이르게 한다. 감염이 확산됨에 따라 케라틴질이 상실되면서 피부가 두꺼워지고 창백해지는 현상이 관찰된다. 처음 증상은 무기력과 거식과 같은 가벼운 증상으로 시작해서 체색의 변화, 이상 행동, 자세의 이상 등의 증상을 보이다가 발병 2~5주 후에 폐사한다. 피부가 벗겨지는 것도 흔한 증상 가운데 하나이다.

▶ **원인**

항아리곰팡이병은 키트리드 진균류(Chytrid Fungus)의 일종인 *Batrachochytrium dendrobatidis*라고 불리는 곰팡이균이 발병의 원인이 되는 질병으로 오염된 물에 의해 감염이 이루어지며 치사율이 90%에 이르는 극히 심각한 감염성을 가지고 있다. 항아리곰팡이균의 원인균은 숙주가 없는 환경에서도 생존율이 높다고 알려져 있다.

▶ **예방**

전 세계적으로 일어나는 많은 수의 양서류 대량 폐사가 이 항아리곰팡이병과 관련이 있다고 알려져 있다. 이러한 위험성으로 인해 양서류 사육자는 조금 특별한 책임감을 가질 필요가 있다. 사육하고자 하는 개체를 분양받을 때부터 선별에 유의하며 입양 후에도 당분간은 건강 상태에 세심히 관심을 기울이고 관찰하여야 한다. 만약 사육 중인 개체의 증상이 항아리곰팡이병이라고 판단될 경우에는 감염 개체를 야외에 방사하지 않아야 하고 사체는 그냥 버리거나 묻지 말고 반드시 소각처리하며 사용한 바닥재와 사육자재는 열수나 화학적인 방법으로 완벽히 소독하여 페기하여야 한다. 양서류 애호가로서 국내 토종 양서류를 조금이라도 보호하고자 하는 마음이 있다면 사육자재를 청소한 물을 하수구에 그냥 버리는 것조차도 삼갈 필요가 있다.
실험 결과 항이리곰팡이균의 최적 생장 온도는 17~23℃로 100℃에서는 1분 안에 죽고 37℃에서는 4시간만에 소멸되었다. 따라서 열탕 소독만 제대로 실시하여도 감염원의 외부 노출 가능성을 상당히 감소시킬 수 있다.

▶ **치료**

진단은 피부 스크래핑 후 염색, 현미경 검사로 확진한다. 사육 하에서 해 줄 수 있는 치료는 약욕과 자외선 조사 정도인데 이트라코나졸(Itraconazole)과 같은 항공팡이제를 희석한 물에 약욕을 시키고 자외선등을 설치해 준다. 소금욕으로 피부의 점액 분비를 촉진시켜 곰팡이균을 떨어트리는 방법을 사용하기도 한다.

✔ 세균성 질환(Bacterial Infection)

양서류는 기본적으로 세균에 노출된 환경에서 서식하고 있지만 고유의 면역 시스템에 의해 그 균형이 잘 유지되고 있다. 그러나 이 말은 반대로 이야기하면 면역력이 저하되어 그 균형이 깨어지는 순간 언제든 세균성 질환이 생길 수 있다는 의미이기도 하다. 양서류가 가지고 있는 세균들로는 살모넬라(*Salmonella*), 슈도모나스(*Pseudomonas spp.*), 클렙시엘라(*Klebsiella spp.*), 대장균(*Escherichia coli spp.*), 프로테우스(*Proteus spp.*)와 같은 것들이 있는데 아픈 개체뿐 아니라 건강한 개체들도 일상적으로 가지고 있기 때문에 이러한 세균들을 가지고 있다고 해서 반드시 치료가 필요한 것은 아니다. 양서류는 피부에서 강력한 항생물질을 생산해 내기 때문에 세균성 질환은 박테리아 감염에 비해 상대적으로 적게 나타난다. 그러나 보통 박테리아 감염은 상당히 진행된 이후에 진단이 가능한 경우가 많기에 평소에 사육개체를 꼼꼼히 살피고 작은 변화도 놓치지 않으려는 노력이 필요하다. 보통 수중 생활을 하는 올챙이들이 세균 감염에 더 취약하다.

★Tip★ 붉은 다리 신드롬[Aeromonas Hydrophila; 적지병]

▶ 증상

대표적인 증상은 감염 개체의 다리 아래쪽이나 옆구리, 복부의 모세혈관이 팽창되면서 터져 붉은 색을 띠게 되는 것이다. 초기에는 뒷다리의 발가락 끝이 발개지다가 점점 증상의 범위가 넓어진다. 거식과 활동성이 저하되면서 증상이 진행되며 심한 경우 궤양, 출혈을 일으키는 증상을 보이다가 폐사에 이른다. 만성 감염 시에는 안구와 신경계 증상이 나타나기도 하는데 안염증, 경련, 구토 등의 증상이 나타난다.

질병 초기에 이 증상이 의심되면 증상 주변을 손가락으로 눌러 봄으로써 증상을 확인할 수 있다. 손가락을 눌렀다가 떼었을 때 그 부분이 원래의 체색으로 돌아오지 않고 계속 붉은 색을 유지하고 있다면 적지병일 가능성이 있다. 그러나 이 질병은 양서류에게 나타나는 질병 가운데서도 가장 많이 과진단되고 오진단되는 질병이기도 한데 정확하게는 피부에 국한된 병변이 아니라 피부 홍반(Cutaneous Erythema)을 동반한 전신적 감염증상이 관찰되는 경우를 'Led leg' 즉 '세균성 피부패혈증(Bacterial Dermatosepticemia)'이라고 진단한다.

▶ 원인

국소 또는 전신성 세균감염은 다른 감염성, 비감염성 질병의 일반적인 결과이기 때문에 정확한 병인의 구분은 용이하지 않다. 때문에 일반적인 용어로 붉은다리 신드롬은 과급성에서 급성의 세균성 패혈증으로 여겨지며 아에로모나스 하이드로필라(*Aeromonas hydrophila*)에 의한 질병과 동의어는 아니다. 아에로모나스는 어류에게서 관찰되는 솔방울병의 원인균으로 양서류와 어류에게만 병을 일으키는 것이 아니라 면역력이 저하되어 있다면 사람에게도 식중독, 수막염, 패혈증, 창상감염, 요로감염, 심내막염 등을 유발할 수 있다. 따라서 이 증상이 발견되면 감염 개체나 사육장, 사육설비와의 직접적인 접촉을 피하는 것이 좋다.

▶ **예방**

다른 질병들처럼 붉은 다리 신드롬 역시 비위생적인 사육 환경, 저온에서의 사육, 좁은 사육장의 사육, 과밀 사육, 과도한 스트레스 등에서 유발되기 때문에 청결한 사육 환경을 유지하는 것이 최선의 예방법이라고 하겠다. 사육환경을 청결히 유지하고 물갈이를 자주 해 주도록 한다.

양서류는 대부분 몸의 아래 부분을 바닥이나 벽면에 붙이고 있기 때문에 증상을 쉽게 확인하기가 어렵다. 그러므로 평소에도 사육 개체의 신체 말단부나 옆구리 등을 잘 살피고 주기적으로 사육장 밖에서 배 부분의 상태를 확인하도록 한다.

▶ **치료**

비경구성 광범위 항생제 투여가 가장 효과적이라고 알려져 있다. 전염성이 강하고 폐사율이 높은 질병으로 사육 중인 개체에게서 이 질병 증상이 발견되면 감염 개체를 그 즉시 격리시키고 일차적으로 2~5%의 식염수욕을 20분 정도 실시한다. 이때 주의할 점은 식염수가 양서류의 탈수 증상을 유발한다는 것으로 개체의 상태를 살피며 조심스럽게 행해야 한다. 이 외에 2% 황산구리용액이나 과망간산칼륨 용액에 약욕을 시키는 방법도 있으며 테트라 사이클린(Tetracycline)을 구강 투여하거나 물 10L에 15ml의 설파디아진(Sulfadiazine)을 희석시켜 3일 연속 사료에 묻혀서 급여하는 방법으로 회복을 유도하기도 한다. 반드시 수의사의 진료를 받아 치료하도록 한다.

바이러스성 질환

바이러스성 양서류 질병의 상당수가 라나 바이러스(*Ranvirus spp.*)에 의해 야기된다. 자연 상태에서 라나 바이러스는 때때로 90%를 초과하는 치사율로 인한 급격한 개체 수 감소와 자연도태와 관련되어 있는데 일반적으로 변태를 전후하여 감수성이 가장 높다. 아프리카를 제외한 모든 곳에서 발생했으며 양서류뿐 아니라 어류와 파충류를 포함한 다양한 숙주를 감염시킨다. 증상은 전신에 걸쳐 나타나며 2주간의 잠복기를 거쳐 급성으로 증상이 나타난다.

증상은 무기력, 식욕부진, 자세 이상, 운동능력 상실, 부력 결핍이며 외형적으로는 구강 주변이나 뒷다리의 점상 출혈, 홍반성 피부, 수포성 피부 병변, 림프낭과 체강삼출물로 인한 국소성 혹은 전신성 부종이 있다. 내부적으로도 다양한 내부장기의 부종이나 비대, 출혈, 변식이 나타난다.

라나 바이러스 이외에 잘 알려져 있는 것으로는 루케 헤르페스 바이러스(RaHV-1)가 있다. 처음 발견한 과학자 Luke J. Welton의 이름에서 명명된 질병으로 표범개구리에서 발생하는 신장 종양이다. 헤르페스 바이러스에 의해 발생하며 초봄에 주로 발생한다. 알이나 올챙이가 가장 취약하다. 전염은 감염된 감염개체의 배설물 혹은 감염개체와의 직접접촉에 의해 일어난다.

★Tip★ 구내염(Mouth Lot)

▶ 증상

혀나 구강에 염증이 생기고 감염이 일어나 고름이 차고 생성된 분비물이 입에 차고 목이 붓는다. 증상이 더 진행되면 악취가 나고 끈적거리는 분비물을 흘린다. 이런 증상 때문에 입을 다물지 못하고 있는 모습을 보이기도 하며 식욕이 감퇴하고 심한 경우 식도, 기관, 폐까지 염증이 확대된다. 턱으로 전이되어 골수염으로 진행되기도 한다.

▶ 원인

외상, 영양불량, 스트레스, 청결하지 못한 사육환경이 일차적 원인이나 세균, Herpes Virus의 감염이 직접적인 요인이 된다.

▶ 예방

예민한 종의 경우 갑작스런 자극을 줄여 점프를 하지 않도록 한다. 사육장 환경이 적합하지 않을 경우 철망이나 벽을 비벼 염증이 생기므로 스트레스 요인을 제거해 준다. 이동시킬 때 그물망을 이용하게 되면 쓸려서 감염이 올 수 있으므로 주의한다.

▶ 치료

전신, 국소에 대한 항생제 치료가 필요하다. 초기에 발견하면 입 안을 포비돈 용액으로 소독하고 항생물질을 발라주는 정도로 치료가 가능하나 악화되면 반드시 수의사의 도움을 받아야 한다.

★Tip★ 안구 돌출(Exophthalmia, Pop eye)

▶ **증상**

안구의 돌출은 질병이 아니라 감염의 증상 가운데 하나이다. 급성 감염이나 안구 뒤쪽의 감염, 아가미 안쪽의 충혈 증상으로 인해 안구가 튀어 나온다. 증상이 호전되더라도 물리적인 후유증으로 인해 안구가 안으로 들어가지 않는 경우가 있다. 간혹 2차 감염으로 실명하는 경우도 있다.

▶ **원인**

증상의 원인은 다양하다. 수생종의 경우 솔방울병, 세균성 복수병 등의 말기 증상으로 나타나는 경우도 있으며 높은 질산염/아질산염, 암모니아 혹은 화학물질 중독의 결과로 발생할 수도 있다.

▶ **예방**

오염된 수질이나 신선하지 않은 생먹이로 인해 생기는 경우가 있으므로 청결한 수질을 유지하고 오래되거나 부패한 먹이는 급여하지 않도록 한다. 안구를 다칠만한 레이아웃은 변경해 주는 것이 좋다. 청결한 수질을 유지하도록 노력한다.

▶ **치료**

치료는 용이하지 않다. 외상으로 인한 증상 초기라면 소금욕으로 삼투압을 낮추어 주고 상처 부위의 붓기를 완화시키는 데 도움이 될 수 있다. 심각한 경우라면 항생제 처방을 받는 것이 좋다.

기생충성 질환

양서류는 아메바(*Entamoeba spp.*)와 같은 원충(Protozoa), 모두충(*Capillaria spp.*)과 같은 선충(Nematods), 촌충(Cestods), 흡충(Trematods), 거머리, 진드기와 같은 다양한 기생충에게 감염될 수 있다. 이들은 장이나 폐, 근육, 피부 심지어는 혈액에까지 기생할 수 있다. 이러한 기생충 감염 시에 나타나는 증상으로는 거식, 체중감소, 무기력, 발육 정지, 호흡 곤란, 설사 및 구토 등이 있다. 촌충의 과다 증식으로 인해 위장관 폐쇄가 일어날 수도 있다.

건강한 개체들은 내부 기생충들과 공생할 수 있기에 기생충을 가진 채로도 오랜 수명을 누릴 수 있으나 면역력이 저하되고 특별한 조건 하에서 기생충이 과증식하면 문제가 될 수 있다. 기생충 감염은 그 자체로는 그다지 위험하지는 않지만 질병 개체의 면역력을 약화시켜 치명적일 수 있는 2차 감염에 노출되게 하며 건강한 다른 개체를 감염시킨다는 점에서 가볍게 취급되어서는 안 된다.

기생충 감염 여부는 피부 스크래핑 후 현미경으로 관찰해 기생충을 발견하거나 변을 통한 기생충 검사를 실시한 이후에 확진한다. 외부 원충은 수생 양서류의 아가미에서 발견되기도 하고 육안으로 피하에 선충이 관찰되는 경우도 있다. 이 외에 자연에서는 거머리 등의 흡혈은 흔하다.
치료를 위해 양서류만을 위한 약품은 개발되어 있지 않으며 일반적으로 어류에게 사용되는 구충제를 병용하여 치료한다. 예방을 위해서는 사육 환경을 위생적으로 유지해 주는 것이 중요하며 무엇보다 새로운 개체를 바로 합사하지 않는 것이 중요하다.

★Tip★ 안구 백탁 (Cloudy eyes)

▶ 증상

눈에 하얀 막이 끼는 것처럼 보여 외관상으로 어렵지 않게 확인이 가능하다. 그러나 세심한 관찰이 없으면 비교적 치료가 용이한 증상의 초기에 알아차리기는 어렵고 보통 증상이 눈에 확연히 드러날 정도가 되어서야 뒤늦게 발견하는 경우가 많다. 이렇게 백탁이 오면 일단 시력이 정상적이지 않기 때문에 먹이 사냥에 문제가 생기고 이동 중에 사육장 벽면이나 내부 구조물에 부딪혀 추가적인 부상이 생길 확률이 높아지고 그로 인한 2차 감염도 증가한다.
증상 초반에는 안구에 희뿌연 막과 같은 것이 보이다가 증상이 진행되면서 안구와 그 주위가 부풀어 오르고 조직이 괴사하며 더 심해지면 안구가 빠지는 경우도 있다.

▶ 원인

사육 하에서 안구의 백탁이 일어나는 원인은 다양하다. 일단 외상으로 인한 스크래치나 안구 부분의 심한 충돌, 여과기나 열원으로 인한 화상이 그 주요 원인이 될 수 있고 체내 이물질이나 균 혹은 기생충의 감염으로도 유발될 수 있으며 수질의 문제, 즉 수족관 내의 pH 농도 저하로 인한 수질의 산성화나 영양의 불균형 등도 그 원인이 될 수 있다.
양서류가 서식하는 환경은 여러 가지 균들이 번식하기 좋은 환경이다. 특히 수량이 제한된 수조나 사육장은 박테리아나 기생충에 의한 감염빈도가 원서식지에 비해 월등하게 높다고 할 수 있다.
주로 안구에 백점충이 기생하거나 *Capsalidae*와 같은 외부기생충에 감염되어 증상이 발병하고 외부 요인에 의한 상처에 2차 감염이 생기기도 한다.

▶ 예방

그러나 이처럼 균에 의한 백탁은 사육장 내의 수질이 청결히 유지되기만 한다면 흔하게 발생하는 현상은 아니다. 실제로 안구 백탁은 청결하지 못한 사육환경으로부터 기인한다고 해도 과언이 아니다. 그러므로 사육 중인 개체의 눈에서 백탁증상이 관찰되면 사육자는 자신의 사육환경과 청결상태를 다시 한번 점검해 볼 필요가 있다.

▶ **치료**

일단 완전수생종에게서 이 증상이 관찰되면 즉각적으로 환수를 해서 수중의 아질산 농도를 떨어뜨려 주어야 할 필요가 있다.

양서류의 경우 이처럼 눈의 백탁이 일어나면 치료는 상당히 어렵다. 증상 초기에 메틸렌 블루와 식염수를 1:5의 비율로 희석하여 그 혼합액을 눈에 떨어뜨려준다. 수족관의 물을 30~50% 정도 미리 받아둔 물로 갈아준다. 물을 교환할 때 미온수를 조금 섞어 수조의 수온을 원래의 수온보다 2~3도 정도 올려 회복을 돕도록 하는 것이 좋다.

이와 같이 치료를 하여 차도를 보이더라도 약 3~5회 정도는 지속적으로 환수를 해 주는 것이 좋다. 또한 백탁이 한번 발생했다 회복했다 하더라도 일단 한번 증상이 나타난 개체는 사육 환경이 조금만 악화되어도 다시 재발하는 경우가 많다는 사실을 명심하고 사육환경 관리에 관심을 더욱 기울여야 할 필요가 있다.

3 환경, 행동 창상성 상해

✔ 외상(Trauma)

양서류는 특별히 공격적인 종이 없기에 서로 간의 다툼으로 인해 외상을 입는 경우는 드물다. 가장 외상이 많이 생기는 시기는 올챙이 때인데 강한 먹이 반응으로 인해 서로를 상하게 하는 경우가 많다. 과밀 사육 시 조금만 관리를 소홀히 하면 꼬리나 다리를 쉽게 뜯어 먹는다. 심하지 않으면 다시 재생이 되기는 하지만 증상이 심하면 폐사에 이르는 경우도 흔하다.

성체일 경우에는 서로 간에 덩치 차이가 어느 정도 나서 먹이로 알고 입에 넣었을 경우에 외상이 생길 수 있으며 간혹 번식기에 다른 수컷과의 다툼으로 인해 상처가 생기기도 한다. 이 외에 사육자가 핸들링 중에 실수로 떨어뜨려 다치게 하거나 먹이 곤충이나 다른 동물의 공격으로 인해 다치는 경우가 간혹 있고 사육장 탈출을 위해 그물망이나 철망 등에 콧잔등을 비벼서 찰과상이 생기는 경우도 있다.

개구리의 피부는 강한 항균력을 가지고 있기 때문에 가벼운 외상이 심각하게 악화되는 경우는 의외로 드물다. 어지간한 상처는 그냥 두어도 잘 낫는 편이다. 그러나 좀 심한 상처라면 지혈을 하고 소독을 해 주는 것이 좋다. 이럴 경우에도 양서류의 피부가 투과성이라는 점을 잊지 말고 약품 사용에 주의를 요한다. 물과 접해 살아간다는 특성이 이 경우에도 치료와 회복에 제한 사항이 될 수 있다.

환부에 물이 너무 많이 닿으면 치료가 잘 되지 않고 그렇다고 몸에 물기가 마르게 되면 생존을 위협받게 되기 때문이다. 베타딘이나 3% 과산화수소용액 혹은 요오드 용액을 환부에 발라준다. 이처럼 외용성 약을 사용할 경우에는 환부 범위에만 바르도록 한다. 탈수를 방지하기 위해 분무기로 주기적으로 수분을 공급해 주는 방식으로 치료를 하는 것이 좋다. 그러나 심각한 외상일 경우에는 신속히 수의사의 도움을 받는 것이 좋다.

골절/내부장기 손상

점프를 잘 하는 개구리의 이미지 때문에 무미목들이 모두 점프를 잘 하고 낙하 시의 충격에 강할 것이라고 생각하는데 이는 사실과 다르다. 놀라운 점프력을 보여주는 반수생 종들은 점프로 멀리 뛰는 것이지 높은 데서 뛰어 내리는 것이 아니고, 수상성 종들의 점프 역시 나뭇잎과 나뭇가지라는 완충재가 있기 때문에 몸에 충격은 실제로 그리 크지 않다. 그러므로 대부분의 양서류들은 높은 곳에서 떨어지는 충격에 상당히 취약하다. 특히 다리가 짧은 유미목은 말할 것도 없고 무미목 가운데서도 두꺼비나 맹꽁이류는 거의 뛰어다니지 않기 때문에 평생에 걸쳐 다리나 내부 장기에 과도한 충격이 갈 일이 없다. 그러나 이런 종들은 단단한 땅을 파기 위해 강력한 뒷다리를 가지고 있고 필요 시 점프할 때 이 근육질의 뒷발은 강력한 추진력을 내게 해 주기 때문에 방심하고 핸들링을 하다가는 떨어뜨리게 되는 경우가 많다. 우리 속담 가운데 "개구리도 움츠려야 뛴다."는 말이 있지만 사실 개구리의 점프는 외형적으로 두드러지는 별다른 준비동작 없이 순식간에 이루어진다. 그렇기 때문에 조금만 부주의하면 놓치기 쉽다.
이러한 추락은 뼈의 골절뿐만 아니라 근육이나 내부 장기의 심각한 손상을 초래하므로 양서류를 핸들링할 때는 절대 떨어뜨려서는 안된다. 심각한 골절인 경우에는 깁스를 해야 할 필요가 있을 수도 있다.

탈수

투과성 피부를 가지고 있는 양서류는 몸 안으로 수분을 흡수하는 것이 용이한 반면에 몸에서 수분을 잃는 것도 쉽다. 탈수가 이루어지면 양서류는 곧바로 폐사한다. 양서류 사육에 있어 가장 어려운 것 가운데 하나가 청결한 사육 환경을 유지하는 것이라면 다른 하나는 탈수를 방지하는 것이다. 사육장을 습하게 하는 것 정도야 그리 어렵지 않다고 생각하지만 며칠만 제대로 습도 관리를 해 주지 않으면 어느새 미라가 되어 있는 사체를 발견하게 되는 경우가 드물지 않다. 특히 사육장 바닥에 열판을 사용할 때나 겨울철 습도가 낮을 때는 더욱 더 습도 유지에 신경을 써야 할 필요가 있다.

★Tip★ 탈수증[Dehydration]

외형적으로 나타나는 증상으로는 피부가 건조해지고 탄력이 없어지고 눈이 들어간다. 위의 증상과 더불어 피부를 가볍게 꼬집었을 때 즉시 정상상태로 돌아가지 않고 시간이 걸리면 탈수 증상을 보인다고 판단할 수 있다.
탈수의 치료는 체내에서 빠져나간 수분을 공급하고 체액 안의 전해질 농도와 분포를 정상상태로 되돌려 놓는 것을 의미한다(사육장의 습도를 높여주면 수분손실을 최소화할 수 있다). 변온 동물인 양서류에게 있어 온도보다 더 중요하게 취급되는 것이 수분 공급이다.
호주 북부 사막에 서식하는 나무개구리는 밤이 되면 일부러 추운 밖으로 나와 나무에 앉아 있다가 몸이 차가워지면 그나마 따뜻한 나무 구멍 속으로 다시 들어간다. 이때 개구리의 피부에 온도차로 인해 물방울이 맺히게 되는데 이 수분을 이용해서 이 종은 사막에서 살아간다.

4 기타 질환들

✔ 급성 중독 : 암모니아(NH_3), 아질산 중독, 질산염 중독

● 증상

아가미의 상피 세포가 부어오르고 색깔이 변한다. 알비노 개체나 밝은 색의 아가미일 경우에는 색깔의 변색을 쉽게 확인할 수 있다. 정상적으로 작동하지 못해 호흡에 지장을 초래한다. 수중에 산소가 부족해지므로 수면으로 올라와 호흡하는 횟수가 증가하며 심한 경우 육상으로 올라오기도 한다. 육상종의 경우 사육장을 탈출하려는 행동이 강해진다. 수정체 손상으로 안구의 백탁이 올 수 있다. 신체 말단 부위나 아가미가 말리는 증상을 보인다. 보통 독소로 인해 피부가 약해지고 점액이 분비되며 심한 경우 벗겨지기도 한다. 증상이 심해지면 경련을 일으키며 폐사한다.

● 원인

수생생물은 단백질을 이용해 에너지를 얻는 과정에서 생긴 노폐물, 즉 암모니아를 다른 형태로 바꾸지 않고 그대로 몸 밖으로 배출한다. 그러므로 양서류에게서는 완전 수생종의 경우에 자주 발생하는데 여과가 충분치 않은 수조 환경에서 수질이 급속도로 악화되면 중독 증상이 나타날 수 있다.
드물게 환기가 안 되는 좁은 통에 배설물이나 토한 먹이 등의 오염을 장기간 방치했을 경우에도 발생할 수 있다.

예방

암모니아의 독성을 낮추기 위해서는 낮은 농도를 유지해야 하고 그러기 위해서는 많은 양의 물이 필요하므로 우선 지나치게 작은 수조의 사용은 자제한다. 수량이 적을수록 수질의 변화가 심하기 때문에 가급적이면 충분히 큰 수조를 사용하는 것을 추천한다. 수조에 충분한 용량의 여과와 폭기를 제공해 주고 주기적으로 여과기를 청소해 주는 등의 관리가 필요하다. 수중에 구조물이 많을 경우에 오염물들이 수류를 따라 돌다가 구조물 아래쪽에 모이는 경우가 많으므로 청소를 할 때 호스를 이용하여 반드시 제거해 주어야 한다.

또한 먹이 급여 시에 남기지 않을 만큼 적정량을 급여해야 하며 먹고 남은 먹이 역시 즉시 제거해 주도록 한다. 특히 부패하기 쉬운 생먹이를 먹였을 경우에는 수조 내에 남은 먹이가 방치되지 않도록 관리하여야 한다. 먹이 먹은 후에는 소화에 도움이 되도록 온도 관리를 함으로써 다시 토하는 일이 생기지 않도록 해야 토한 먹이가 부패하여 암모니아가 발생하는 것을 방지할 수 있다.

간혹 쉽게 구할 수 있는 불투명한 소재의 좁은 플라스틱 박스에서 사육개체를 유지하다가 토한 먹이를 확인하지 못해 중독 증상이 나타나는 경우가 있다. 그러므로 육상종 사육장은 투명하게 안을 확인할 수 있어야 하며 충분한 환기구멍이 뚫려 있어야 한다.

치료

우선적으로 취해야 할 환경적인 처치는 최대한 빨리 수조 내의 암모니아 농도를 낮추어 주는 것과 여과용량을 늘려 가능한 신속하게 수조 내의 암모니아를 제거하는 것이다. 동일한 조건의 수조가 있을 경우 증상이 나타난 개체를 즉시 새로운 수조로 옮기는 것이 가장 좋은데 이때 동일한 조건이란 수온, 수질, pH 면에서 큰 차이가 나지 않는 수조를 의미한다. 이러한 조건들이 심하게 차이가 나는 경우에는 옮기지 않고 현 수조에서 관리하되 즉시 30~50%의 환수를 실시한다(이때 환수하는 물의 양은 개체의 상태를 관찰하여 가감한다). 급한 마음에 수조의 물을 전부 환수하는 것은 오히려 위험할 수 있으므로 지양해야 한다. 여과 박테리아를 활성화시키기 위해 수조 내에 폭기를 추가하여 산소 공급을 늘려 주는 것이 좋으며 필요시 직접적으로 박테리아를 투입하거나 박테리아 활성제를 넣어 주는 것도 고려해 볼 만하다. 여과 박테리아는 빛을 싫어하므로 수조의 조명을 줄여 주면 박테리아의 증식에 도움이 된다.

환경 개선과 동시에 증상 개체에 대한 치료를 실시하는데 사육자가 질병개체를 완치시키겠다는 것보다는 개체의 저항력을 믿고 스스로 나아질 수 있도록 돕는 정도의 역할을 하는 것이 좋다. 일차적으로 수조 내에 점막을 보호하는 효과가 있는 메틸렌 블루나 다른 약품을 용량에 맞게 투입한다. 피부가 벗겨진 부분은 우선적으로 지혈하고 괴사한 말단 부분은 회복의 가능성이 보이지 않으면 2차 감염을 방지하기 위해 절단한다. 수조에 미량의 소금을 투입하는 것도 회복에 도움을 줄 수 있다.

★Tip★ 수조 내 약품 사용의 3대 주안점

- 평소 사육 온도보다 고온 유지 : 생체 리듬의 활성화
- 충분한 산소의 공급
- 약품 투여량에 따른 환수

가스 색전증(Gas Embolism, Gas Bubble Disease)

증상

일반적으로 아프리카 발톱개구리나 멕시코 도롱뇽과 같은 완전수생종 양서류 사육 시에 관찰되는 질병이다. 사육개체가 과포화된 물을 흡입하게 되면 용해된 가스가 모세혈관에 전달되면서 미세한 기포가 생기기 시작하고 시간이 지나면서 점점 기포의 크기가 커지고 숫자도 늘어나게 된다. 결국 체내에 생긴 이 기포들로 인해 혈관 울혈과 점상 출혈, 피하 기종이 유발된다. 비단 혈관뿐 아니라 내부 장기나 림프낭에도 기포가 형성될 수 있다. 이로 인해 육안으로 홍반이 관찰되며 안구가 돌출되거나 심한 경우 피부괴사까지 일어난다. 이 과정에서 가스버블의 영향으로 먼저 앞다리의 통제력을 상실하면서 정상적인 운동능력에 방해를 받게 되고 증상 진행 48~72시간 후에는 사지의 통제력을 완전히 잃고 수면에 떠오르게 된다. 증상이 외관상 심각해 보이고 돌연사를 유발하는 경우도 있으나 보통은 순전히 이 증상으로 인해 폐사하는 것보다는 이것이 다른 질병의 원인이 되어 폐사하는 경우가 더 많다.

원인

사육 수조 내에 과도한 폭기(Over Aeration)가 제공되었을 경우에 발생한다.

예방

무엇보다 수중에 너무 과하다 싶은 폭기는 자제해야 하는데 부피가 작은 사육장에 너무 고효율의 에어펌프를 장시간 가동하는 것은 피하는 것이 좋다. 일반적인 에어펌프라도 24시간 풀가동하지는 말라는 조언도 귀담아 들을 필요가 있다.
또한 낮은 수온을 유지하고 있는 수조에 갑자기 온도 차이가 많이 나는 온수를 부었을 경우에도 발생할 수 있다. 수온이 갑자기 상승함과 동시에 수중에 용해되어 있던 가스의 압력이 대기압보다 낮아지게 되면서 양서류 혈액 속에 녹아 있는 가스가 기포를 생성하면서 혈행을 막아 증상이 나타나는 경우도 있으므로 환수 시에 적정 수온을 확인하고 시간을 두고 천천히 환수하는 것만으로도 증상을 예방할 수 있다.

아직 국내에 많이 보고되는 질병은 아니지만 현재 완전수생종 양서류도 애완으로 폭넓게 사육되고 있으므로 유의할 필요는 있다.
이 증상은 자연 상태에서도 연못에 밀생하는 수초들이 과다 증식하여 광합성이 활발하게 일어나는 경우에도 발생할 수 있으므로 적절한 트리밍을 통해 연못의 산소농도를 조절해 줄 필요가 있다.

치료

과포화 원인을 바로 잡는 것이 가장 우선이다. 에어펌프의 전원을 차단하여 수조 내로 유입되는 공기의 양을 줄여준다. 여과기도 잠시 작동을 멈추는 것이 좋다.
가스 색전을 완전히 없애는 데는 상당한 시간이 걸리고 만성적인 증상이 나타날 수도 있다. 개인적인 처치는 지양하고 수의사의 도움을 받는 것이 좋다.

수종(Dropsy, Bloating Disease)

증상

복부나 다리, 턱의 체액이 과도하게 많아지면서 마치 풍선이 부푸는 것처럼 부풀어 오른다. 비만과 혼동하지 말아야 하는데 비만은 머리와 몸 주변 피부가 주름지고 층이 있는 반면에 부종인 개체는 마치 공기를 주입한 것처럼 부풀어 있는 형태이다.
일차적으로 체액의 압력으로 먹이 섭취에 문제를 일으키면서 거식에 들어가다가 결국에는 수면 위에 떠오르게 된다. 체액의 압력은 다른 내부 장기에도 악영향을 미친다.

원인

이처럼 몸이 부푸는 질병의 원인은 두 가지 유형이 있는데 하나는 내부 세균 감염의 결과로 발생하고 다른 하나는 신장 또는 간 기능 이상으로 인한 림프계 이상의 결과로 체액이 비정상적으로 복강이나 정상 조직 외부에 축적되면서 발생한다. 증상이 진행되면 한동안은 이러한 상태를 유지하면서 생존하다가 어느 순간 먹이를 거부하며 체내 조직의 부종 과다의 결과로 수면 위로 떠오르게 된다. 아프리카 발톱개구리나 아프리카 난쟁이 발톱개구리 등에게 특히 흔한 질병으로 알려져 있으며 내부 박테리아 감염에 취약한 개체이거나 사육환경 오염, 영양부족으로 인해 발생한다고 추측되고 있다.

예방

먹이로 장구벌레만을 장기간 급여할 경우에 발생 빈도가 높다는 연구 결과가 있다. 다양한 먹이를 급여하도록 하고 소화를 돕기 위해 수온을 잘 조절해 줄 필요가 있다. 가능한 깨끗한 수질을 유지하며 염소를 제거한 물을 사용하고 주기적인 테스트로 pH를 중성으로 유지하도록 한다.

치료

이렇게 몸이 부풀어 있는 상태에서도 개체는 상당히 오랜 기간 생존한다. 증상이 호전될 때까지 1리터의 물에 해수염(Aquarium Salt) 10g 정도를 용해시킨 후 20분 정도 소금욕을 시키거나 체내 박테리아 감염 예방 처리제(Anti-Internal Bacterial Tropical Fish Remedy)를 쓰면 도움이 될 수 있다. 그러나 증상이 심한 경우 회복시키기가 용이하지 않다. 수영에 문제가 있기 때문에 치료 중에 수위는 낮추어 줄 필요가 있다.

✔ 휜 다리 증후군(Spindly Leg Syndrome, Paralyzed Leg Syndrome)

증상

다리의 운동성을 서서히 잃고 경련과 부분 마비, 빛에 대한 동공의 반응성 상실, 피부 건조가 진행된다. 주로 앞다리에 증상이 나타나는데 다리가 약해지고 손상되기 쉽기에 먹이 활동과 활동성이 감소한다.

원인

다리를 가진 유미목과 무미목에게서 나타나는 근육 병증으로 중금속이나 화학물질에의 노출, 질산염과 아질산염에 노출 혹은 기생 흡충의 피해로 인해 발생한다. 또한 올챙이가 고온에서 사육되는 경우에 발생 빈도가 높다고 알려져 있다. 요오드나 미량원소의 부족도 원인의 하나로 지목되고 있다. 유전일 수도 있으며 일부 종은 유전적 영향이 더 크다고 알려져 있다.

예방

더스팅으로 평소에 비타민과 칼슘을 보충해 준다. 중금속이나 화학물질 오염을 차단한다.

치료

수생의 경우 비타민욕을 하며 반드시 씻어내고 원위치시킨다. 흡충류가 의심되면 구충을 한다. 사냥이 어려우므로 잘 돌보지 않으면 쉽게 죽을 수 있다. 사실상 사형선고이며 안락사를 시키는 것이 좋다.

✔ 비만

애완으로 사육되는 상당수의 양서류들이 비만 증상을 보이는 경우가 많다. 사육자들이 개구리들이 먹는 모습을 자주 보고 싶어 급여 횟수를 늘리는 데 비해 상대적으로 좁은 사육장에서 운동량은 적기 때문에 일어나는 자연스러운 현상이다. 비만인 개구리는 전체적인 체형이 둥글둥글해지고 눈 위, 턱 아래로 살이 처져 있는 모습이 관찰된다. 사람과 마찬가지로 양서류에게도 이런 지방 축적은 심각한 문제를 야기할 수 있으므로 절식과 주기적 금식으로 적정 체형을 유지시켜 주는 것이 좋다.

5 사육자의 위생관리

보통 흔하지 않은 야생동물의 경우에는 미지의 병원체를 보유하고 있을 가능성이 높아 애완동물로 기르지 않는 것이 현명하지만 양서류의 경우는 교차 감염되는 인수공통감염병이 다른 동물보다 적어 별다른 예방접종은 필요치 않다. 그러나 양서류도 야생동물인 만큼 사육자에게 질병을 옮길 가능성을 완전히 배제할 수는 없다. 그러므로 사전에 양서류가 인간에게 옮기는 질병에 대해서 미리 알아두고 그 예방법이나 대응방법을 실천할 필요는 분명히 있다. 양서류가 사람에게 옮기는 질병으로 대표적인 것은 살모넬라감염증(*Salmonella spp.*) 정도이다.

살모넬라 감염증

살모넬라는 인간을 포함한 동물의 소화관에 살고 있는데 일반적으로는 인간이 동물 분변으로 오염된 식품을 섭취함으로써 전달된다. 주로 동물의 배설물과 피부 허물에서 발견된다. 자연에서는 사람에게 감염될 수 있는 수준까지 증식하지 못하지만 사육 하에서 수질이 청결하게 유지되지 못하면 급격히 증식해 사람에게까지 영향을 미칠 수 있다.

살모넬라는 사람이나 동물에게 티푸스 질환 감염 증상[설사, 혈변, 복통, 구토, 현기증, 발열(38~40°C), 격렬한 위경련 등]을 일으키고 식중독의 원인균이 되기도 한다. 잠복기는 6~72시간이며, 대개 12~24시간 전후로 많이 발생한다. 주요 증상은 1~2일 사이에 가장 심하게 나타나며 경과는 비교적 짧아 4~7일간 지속되며 치료 후 1주일 정도 지나면 회복된다. 건강한 이들에게는 그다지 위험하지 않으나 임신한 여성이나 면역력이 약한 노인, 만성 질환자, 5세 이하의 유아들은 체내의 면역력이 약해 일반인에 비해 20배 이상 발병 가능성이 높고 발병 빈도 또한 높기 때문에 조심해야 한다. 심한 탈수증상을 보이지 않거나 감염이 장에서 다른 부위로 확산되지 않는다면 치료가 필요치 않은 경우도 흔히 있다. 하지만 면역력이 약할 경우 감염이 장에서 혈류로, 그 후 다른 신체 부위로 확산될 수 있으며 즉시 항생 물질로 치료하지 않으면 사망으로 이어질 수 있다.

살모넬라는 우리 주위에 널리 분포되어 있기 때문에 인위적으로 모든 살모넬라균을 완벽하게 제거하기란 불가능하다. 또한 양서류는 피부에 강한 항균력을 가지고 있기 때문에 개구리를 만진다고 해서 쉽게 감염되지는 않는다. 그러나 일반적으로 양서류의 사육을 위한 따뜻하고 습한 사육 환경은 살모넬라균의 이상적인 번식환경이기도 하기 때문에 주의할 필요는 있다. 사육종을 만지고 손을 잘 씻고, 무엇보다 사육환경을 청소할 때 고무장갑을 착용하고 청소를 마친 후에 깨끗하게 손을 씻는 정도의 행동만으로도 살모넬라 감염을 상당히 차단할 수 있다.

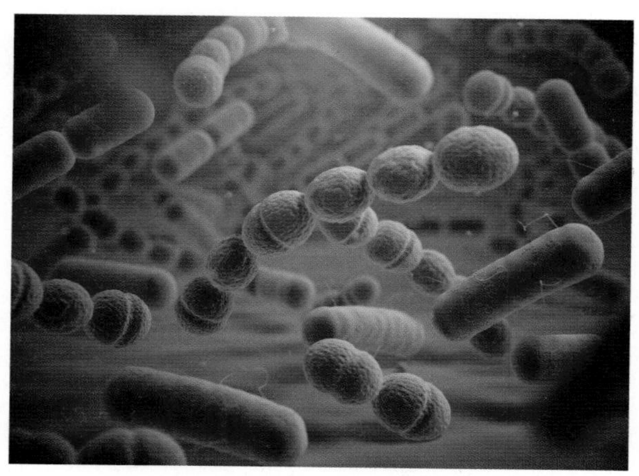

★Tip★ 살모넬라 예방법

- 과도한 접촉을 피한다.
- 만지기 전과 후에 꼭 손을 세척하고 이빨을 닦는다. 핸들링 시 장갑을 사용하는 것도 좋다.
- 물건을 함께 사용하지 않음으로써 교차오염을 방지한다.
- 조리 및 설거지 하는 곳(싱크대 등)에서 씻기거나 사육 용품을 세척하지 않는다.
- 사육장은 항상 청결하게 유지하고 정기적으로 사육장과 사육 용품을 소독한다. 배설물은 바로 처리하고 사육장 환기에도 신경을 쓴다.
- 다루거나 청소하는 중에 음식물을 먹거나 담배를 피우지 않는다.
- 아기가 태어날 가정이나 면역력이 약한 환자나 노약자가 있는 가정, 5세 미만의 어린이가 있는 보육원, 유치원, 혹은 다른 시설에서는 가급적 양서류를 기르지 않도록 한다.
- 양서류를 만지다가 아이에게 먹을 것을 준다거나 기저귀를 갈아주는 등의 행동을 하지 않는다.
- 양서류가 자유롭게 집안을 돌아다니지 않도록 한다.
- 살모넬라 감염증이 의심될 경우에는 양서류를 기르고 있다는 사실을 의사에게 반드시 알리고 적절한 처치를 받는다.

살모넬라의 생육 조건

조건	최저(Minimum)	최적(Optimum)	최대(Maximum)
온도(℃)	5.2	35~43	46.2
pH	3.8	7~7.5	9.5

살모넬라의 최대 생육 온도는 46.2도로 열에 대한 저항성이 낮아 사육장과 사육 비품을 60도 이상의 물로 소독하면 발생을 억제할 수 있다. 건조에 대해서는 저항성이 강하기 때문에 일광소독은 살모넬라 살균법으로서 적절하지 않다.

평소에 건강한 체력을 유지하도록 노력하고 가까운 곳에 항균 비누와 손 소독제를 비치하고 습관적으로 손을 청결히 하는 버릇을 들이면 살모넬라 감염에 대한 염려는 그다지 심각하게 하지 않아도 좋다.

✔ 스파가르눔 감염

스파가르눔은 만손열두조충의 유충에 의한 인체 감염증을 말한다. 제1 중간숙주인 플레로서코이드에 오염된 물벼룩이 들어 있는 물을 마시거나 제2 중간숙주인 파충류나 양서류, 어류(가물치 등)에 기생하는 기생충이다. 감염 경로는 뱀이나 개구리를 생식했을 때나 이들의 껍질을 상처나 안질의 치료 목적으로 사용했을 경우에 인체로 감염될 수 있다. 현재 구제할 수 있는 약은 없으며 피부에서 혹처럼 나왔을 때 외과적 처치로 제거하는 것이 유일한 방법이다. 다행스럽게도 인체 내에서 생식이 불가능하므로 더 이상의 번식은 불가능하다. 감염 초기에는 자각 증상이 없으나 충체가 이동할 때 압통이나 가려움증을 동반할 수 있다. 복벽이나 음낭, 다리, 드물게 안와, 복강, 척추강, 오료 등에 발생할 수 있다. 애완으로 양서류를 기르는 경우에 감염되는 경우는 보고된 바가 없으며 보통 야생종 양서류나 그 알을 보신을 위해 날것으로 먹었을 경우에 감염된다. 따라서 야생의 양서류나 양서류의 알을 생식해서는 절대 안 된다.

✔ 교상으로 인한 감염증

양서류는 사람에게 외상을 입힐 만한 뿔이나 발톱, 비늘 등의 무기를 가지고 있지 않다. 유일하게 무기가 하나 있다면 이빨 정도인데 대부분의 사육 양서류가 온순하고 크기가 그다지 크지 않기 때문에 물리는 경우는 거의 없다. 그러나 극히 드물기는 하지만 가끔 대형종 개구리나 두꺼비에게 물려 상처가 생기는 경우가 있다. 그것도 의도적으로 사육자를 공격하는 것이 아니라 강한 식탐으로 인해 먹이인 줄 알고 손가락을 무는 경우가 일반적이다. 대형 개구리의 무는 힘은 생각보다 세고 뾰족한 치돌기가 발달되어 있기 때문에 상당히 아플 수도 있다. 그러나 그 상처가 심각한 경우는 드물기에 일반적인 소독과 처치를 하면 쉽게 낫지만 가끔 치료하지 않고 그냥 방치함으로써 사육자에게 감염증이 생기기도 한다. 그렇기 때문에 물려서 상처를 입었을 경우에는 응급처치를 한 후 림프절이 아프고 붓거나 긁힌 부위가 붉게 변하는지, 열이 나는지 등을 한동안 관찰할 필요가 있다.

급성 중독

24절기 가운데 세 번째 절기인 경칩은 보통 개구리와 뱀이 겨울잠에서 깨어나는 날이라고만 알려져 있지만 경칩 민속 중에는 보신을 위해 논이나 연못에서 개구리 알을 건져 먹는 풍습이 있다. 환경 보호의 측면에서도 개구리 알은 먹어서는 안 되겠지만 독성이 있는 종의 알은 특히 더 섭취해서는 안 된다. 현재는 국내 대부분의 양서류 종이 포획금지종으로 지정되어 있고 이처럼 개구리나 도롱뇽의 알을 먹는 풍습도 점차 사라졌지만 현재도 가끔 두꺼비나 무당 개구리의 알을 먹음으로써 일어나는 사고 소식이 간혹 들리고 있다. 독성뿐만 아니라 기생충의 감염 우려 역시 있기 때문에 삼가야 한다.
그러나 이러한 일은 사육과 상관없는 사회적인 문제 현상이고 사육 중에는 먹어서 문제가 생기는 것보다는 독성이 있는 종의 두꺼비나 무당개구리류를 만지고 손을 입에 넣거나 눈을 비벼서 문제가 되는 경우가 더 많다. 양서류의 진피에는 보호기작으로 독성물질이나 인간의 점막에 염증을 야기하는 물질을 분비하는 많은 분비선이 존재한다. 따라서 독성을 가진 종을 만지기 전이나 만지고 난 다음에는 스스로 더 주의할 필요가 있다.

10 주요 종 소개

포이즌 다트 프록 (Poison Dart Frog)

지상성

- 학 명 : *Dendrobatidae spp.*
- 현 황 : CITES Ⅱ
- 원산지 : 중앙·남아메리카 아마존 일대
- 크 기 : 종마다 다양하나 6cm를 넘지 않는다.
- 습 성 : 주행성
- 생 태 : 열대우림 바닥에 서식하며 수영은 하지 못한다.
- 식 성 : 소형 곤충류, 충식성
- 온·습도 : 주간 22~26°C, 야간 18~20°C

볼리비아, 코스타리카, 브라질, 콜롬비아, 에콰도르, 수리남, 기아나, 페루, 파나마, 가이아나 등 중남미 열대우림의 숲 바닥 부분에 서식한다. 이 개구리들은 피부에 치명적인 신경 독을 가지고 있으며 독이 있음을 암시하는 다채롭고 강렬한 경고 색을 나타내고 있어 아마존의 살아있는 보석이라고도 불린다. 16속 약 200여 종이 있으며, 이런 독 때문에 야생에서 천적은 현저히 적고 생활습성도 다른 양서류들과 달리 낮에 활동하는 주행성 개구리류이다. 독화살 개구리라는 명칭은 남미의 인디오들이 이 개구리의 독(Batrachotoxin)을 부는 화살의 화살촉에 발라 사냥을 한 것에서 유래되었다. 모든 종류의 개구리가 다 독을 가지고는 있지만 이런 용도로 사용된 것은 특별히 독이 강한 3종(Phyllobates terribilis, Phyllobates bicolor, Phyllobates aurotaenia) 정도이다. 독의 합성은 야생에서 독성 식물을 먹은 진딧물이나 개미, 풍뎅이 등 곤충들을 먹음으로써 얻게 되는 것으로, 야생에서 채집한 개체라도 인공 사육 시 3주 정도 지나게 되면 그 독성을 잃는다. 번식과정은 알과 올챙이를 수컷이 적극적으로 양육하며 암컷은 무정란을 낳아서 새끼에게 제공하는 등 양육에 암수 모두 헌신적이다. 나무에는 잘 오르지만 물갈퀴가 없어 수영에는 능숙하지 않으므로 깊은 물에서는 익사할 수가 있다. 사육 하에서는 배양된 초파리나 갓 부화된 귀뚜라미의 유체 등을 먹이고 칼슘과 비타민 등을 더스팅 해주어야 한다. 다른 개구리와 달리 덩치에 비하여 소형 먹이를 선호한다.

원주민의 부는 화살(blowgun)을 이용한 전통사냥법

다트프록을 위한 비바리움

만텔라 프록 (Mantella Frog)

지상성

- 학 명 : *Mantella spp.*
- 현 황 : CITES II
- 원산지 : 마다가스카르
- 크 기 : 3cm 내외
- 습 성 : 주행성
- 생 태 : 습지대 땅 위에 서식하며 수영은 잘 하지 못한다.
- 식 성 : 소형 곤충류, 충식성
- 온·습도 : 주간 22~26°C, 야간 18~20°C

만텔라 개구리라고 불리며 16종이 존재한다. 화려한 발색과 피부의 독을 축적하는 방식이 Poison Dart Frog과는 평행진화형태이다. Poison Dart Frog 종류가 크기나 체형, 무늬가 다양한 것에 비하여 이 속의 개구리들은 전 종이 3cm 정도의 소형종들이다. 이들도 피부에 독을 축적할 수 있으며 사육환경이나 사육법은 Poison Dart Frog에 준한다. 물가에 서식하는 종도 많아서 낮은 물그릇이나 물과 육지를 오갈 수 있는 사육환경을 조성해 준다.

아메리칸 혼드 프록 (American Horned Frog)

지상성

- 학 명 : *Ceratophrys ornata*
- 원산지 : 미국 남부, 멕시코, 남미 일대
- 크 기 : 16~18cm 내외
- 습 성 : 야행성
- 생 태 : 물가 습지에 서식하나 수영은 하지 못한다.
- 식 성 : 곤충, 물고기, 개구리, 소형 파충류 등 육식성
- 온·습도 : 주간 25~27°C, 야간 22~23°C

암컷이 수컷보다 크며, 눈 위의 돌기 때문에 뿔개구리라는 이름이 붙여졌다. 몸에 비해 큰 입을 가지고 있으며 자신보다 작은 것이라면 닥치는 대로 먹으려고 하는 대식가이다. 어린 개체들도 성체들에게 사냥당하며 이들은 적극적으로 사냥하기 보다는 가만히 숨어 먹이를 기다리는 편이다. 주로 몸을 땅에 반쯤 묻고 먹잇감을 기다리며 날카로운 이빨로 자신과 거의 비슷한 크기의 먹이도 사냥을 하며, 먹이를 유인하기 위해 뒷발가락을 벌레처럼 꿈틀거리며 움직이는 유인책을 쓰기도 한다. 천적을 만났을 때는 몸을 부풀리고 굉장히 날카롭고 큰 소리로 위협을 한다.

수리남 혼드 프록 (Surinam Horned Frog)

지상성

- 학　명 : *Ceratophrys cornuta*
- 원산지 : 남미 아마존 일대
- 크　기 : 16~18cm 내외
- 습　성 : 야행성
- 생　태 : 물가 습지에 서식하나 수영은 하지 못한다.
- 식　성 : 곤충, 물고기, 개구리, 소형 파충류 등 육식성
- 온·습도 : 주간 24~28°C, 야간 22~23°C

American Horned Frog과 근연간이다. 암컷이 수컷보다 크며 눈 위의 돌기 때문에 뿔개구리라는 이름이 붙여졌다. 몸에 비해 큰 입을 가지고 있으며 자신보다 작은 것이라면 닥치는 대로 먹으려고 하는 대식가이다. 어린 개체들도 성체들에게 사냥당하며 이들은 적극적으로 사냥하기 보다는 가만히 숨어 먹이를 기다리는 편이다. 주로 몸을 땅에 반쯤 묻고 먹잇감을 기다리며 날카로운 이빨로 자신과 거의 비슷한 크기의 먹이도 사냥을 한다. 천적을 만났을 때는 몸을 부풀리고 굉장히 날카롭고 큰 소리로 위협을 한다.

롱 노우즈드 혼드 프록 (Long-nosed Horned Frog)

지상성

- 학　명 : *Megophrys nasuta*
- 원산지 : 말레시아반도, 싱가포르, 수마트라, 보르네오, 태국 남부
- 크　기 : 수컷 10cm 내외, 암컷 16~18cm 내외
- 습　성 : 야행성
- 생　태 : 축축한 땅 위에서 생활하며 움직임이 거의 없다.
- 식　성 : 곤충류, 지렁이 등 육식성
- 온·습도 : 주간 22~26°C, 야간 18~20°C

말레이시아 혼드 프록이라고도 한다. 코와 눈 위쪽이 뾰족한 독특한 체형으로 다른 종과 쉽게 구분된다. 체구에 비해 상당히 큰 머리를 가지고 있고 굉장히 커다란 눈을 가진 있는 야행성 종이다. 양쪽 눈 돌기 바깥쪽에서 앞다리 뒤쪽까지 이어지는 주름이 있고 그 안쪽으로 다시 골반까지 이어지는 주름이 하나 더 있다. 체색과 형태는 열대우림 바닥의 썩은 잎과 비슷해서 효과적인 보호색이 된다. 뾰족한 뿔 때문에 상당히 공격적으로 보이는 외형을 가지고 있지만 그와는 반대로 상당히 온순한 종이다. 보호색을 이용하여 낮에는 낙엽더미 밑에 은신하다가 밤에 움직이는데 숨어서 먹이를 기다리다가 잡아먹는다.

쳐비 프록 (chubby Frog)

지상성

- 학 명 : *Kaloula pulchra*
- 원산지 : 필리핀 등 동남아시아
- 크 기 : 수컷 4~5cm 내외, 암컷 6~7cm 내외
- 습 성 : 야행성
- 생 태 : 지중성, 거의 땅속에서 지내다 저녁에 활동한다.
- 식 성 : 개미나 흰개미 등 충식성
- 온·습도 : 주간 24~26°C, 야간 22~23°C

머리와 몸통의 구별이 어려운 동글동글한 체형 때문에 풍선 개구리(Bubble Frog)라는 별명으로도 불린다. 맹꽁이답게 재빠르게 땅을 팔 수 있도록 뒷다리가 발달되어 있다. 몸을 파묻어 안정을 취하는 종으로 사육 중에서도 파고들 수 있도록 습기 있는 바닥재를 넉넉히 깔아 주는 것이 좋다. 자연 상태에서는 개미와 흰개미를 주로 먹는 것으로 알려져 있다. 일반적인 개구리보다 입이 작기 때문에 작은 크기의 먹이를 급여하여야 한다.

토마토 프록 (Tomato Frog)

지상성

- 학 명 : *Dyscophus guineti*
- 현 황 : CITES II
- 원산지 : 마다가스카르
- 크 기 : 수컷 6cm 내외, 암컷 10cm 내외
- 습 성 : 야행성
- 생 태 : 축축한 땅 위에서 생활한다.
- 식 성 : 소형 곤충류나 절지류 등 충식성
- 온·습도 : 주간 22~26°C, 야간 18~20°C

이름처럼 토마토와 같은 붉은 체색을 나타내는 종으로 국내에는 '삼바바 토마토프록[Sambava tomato frog(*Dyscophus guineti*)]'과 '진짜토마토 프록[Tomato frog(*Dyscophus antongilii*)]' 두 종이 소개되었다. 기존에 흔히 유통되던 종은 CITES가 아닌 Sambava tomato frog이었으나, 이 종 또한 CITES II에 등재되었다. 등은 붉은색, 주황색, 붉은 오렌지색이고 배는 노란색에 가깝다. 가끔 목에 검은 반점이 있는 개체도 있다. 등에 마름모 형태의 무늬가 있으며 눈의 뒤쪽 측면으로 검은 줄무늬가 관찰된다. 통통한 몸통과 큰 눈, 작은 입을 가지고 있으며 다른 맹꽁이들처럼 눈과 입 끝의 거리가 짧아 귀여운 인상을 가지고 있다. 체형에서 알 수 있듯이 수영은 익숙하지 않다. 적응성이 좋기 때문에 반수생으로 사육해도 큰 문제는 없지만 본래의 습성대로라면 육지 환경에 바닥재를 파고들도록 하여 기르는 것이 좋다.

범블비 워킹 토드 (Bumblebee Walking Toad)

지상성

- 학　명 : *Melanophryniscus stelzneri*
- 원산지 : 남부 볼리비아, 브라질, 파라과이, 우루과이, 아르헨티나. 해발 500~1,000mdp 주로 서식
- 크　기 : 수컷 2cm, 암컷 3~4cm
- 습　성 : 주행성
- 생　태 : 고산지대 개울가에서 서식하며 다른 두꺼비보다 점프를 잘한다.
- 식　성 : 흰개미, 초파리 등 충식성
- 온·습도 : 주간 22~26°C, 야간 18~20°C

'Bumblebee'는 '호박벌'을 의미하는데 일반적인 다른 두꺼비 종류들과는 달리 'Black-and-Yellow Walking Toad'라는 다른 이름처럼 검정색과 선명한 노란색이 선명하게 대비되는 화려한 체색을 지니고 있다. 배 부분에도 등과 마찬가지로 노란 점박이 무늬가 나타난다. 본 종이 서식하는 팜파스초원은 열대우림보다 상대적으로 더 건조하고 시원한 편이다. 따라서 사육 시의 기준 습도는 50~60% 내외로 한다. 고온에는 상대적으로 적응을 잘 하는 편이지만 장기적으로 70% 이상의 높은 습도에서 기르는 것은 위험하다. 습도가 지나치게 높으면 거식을 한다. 사육장 환기는 필수적이다.

케인 토드 (Cane Toad)

지상성

- 학　명 : *Rhinella marina*
- 현　황 : 2019년 유입주의 생물 지정
- 원산지 : 중남미 멕시코, 중미 아마존이 원서식지다. 호주, 하와이, 미국 동부, 일본, 대만, 필리핀, 서인도 제도와 뉴기니 섬에까지 유입되었다.
- 크　기 : 수컷 15cm, 암컷 25cm
- 습　성 : 주행성, 야행성
- 생　태 : 반건조한 땅 위에 서식하며 식욕이 왕성하다.
- 식　성 : 곤충류, 지렁이, 소형 포유류 등 육식성
- 온·습도 : 주간 22~26°C, 야간 20~23°C

마린 토드(Marine Toad)라고도 불리지만 최초 이 종을 발견했던 학자들이 서식지를 잘못 기록한 것이 그대로 전해져 지금에 이르고 있는 것일 뿐 실제로 해안지역에 서식하지는 않는다. 그러나 본 종은 약간의 소금기가 있는 물에서도 산란이 가능하다고 알려져 있다. 올챙이는 약 15% 농도의 소금물에서도 생존이 가능하며 파나마에서 27.5% 농도에서 살아 있는 올챙이가 발견된 바 있고 성체가 1.5km의 바다를 헤엄쳐 다른 섬에서 발견된 기록도 있다. '사탕수수두꺼비(Cane Toad)'라는 이름은 이 종을 이용해 구제하려고 했던 사탕수수풍뎅이(Cane Beetle)에서 유래되었다. 위협을 받으면 등 쪽에 있는 분비샘으로부터 유백색의 점액질인 부포톡신(Bufotoxin)을 분비하는데 사람으로 하여금 피부자극을 유발하거나 눈이나 점막을 자극할 수 있다. 독은 인간도 사망케 할 수 있다.

스무드 사이디드 토드 (Smooth Sided Toad)

지상성

- 학　명 : *Bufo guttatus*
- 원산지 : 남미
- 크　기 : 20~23cm
- 습　성 : 주행성, 야행성
- 생　태 : 축축한 땅 위에서 생활한다.
- 식　성 : 곤충류, 지렁이, 소형 포유류 등 육식성
- 온·습도 : 주간 25~28°C, 야간 20~22°C

남미의 습지대나 열대우림 바닥에 서식하는 종으로 다른 두꺼비류에 비하여 매끈한 피부를 가지고 있다. 이들도 부포톡신이라는 두꺼비 독을 지니고 있으나 온순한 편이다. 수영은 하지 못하나 낮고 넓은 물그릇을 배치해 주어야 한다.

두꺼비 (Asiatic Toad)

지상성

- 학 명 : *Bufo gargarizans*
- 원산지 : 한국, 중국
- 크 기 : 8~12cm
- 습 성 : 주행성, 야행성
- 생 태 : 땅 위에서 생활하며 움직임이 느리고 거의 걸어 다닌다.
- 식 성 : 곤충류, 지렁이 등 육식성
- 온·습도 : 주간 22~26°C, 야간 18~20°C

개구리목 두꺼비과에 속하는 양서류이다. 한반도, 일본, 중국, 몽골 등에 서식한다. 다른 개구리와 달리 잘 뛰지 못하며 보통 엉금엉금 기어다닌다. 피부에 부포톡신이라는 독이 있는 물질을 내뿜는데 이 때문에 다른 양서류에 비해 천적이 적으며 특히 뱀 종류한테 이 독성이 매우 효과적이다. 그러나 천적이 아주 없는 것은 아닌데, 성체의 경우 유혈목이, 능구렁이 등의 두꺼비 독에 면역이 있는 뱀이 특히 무서운 천적이며 몸집이 큰 쥐 같은 설치류, 때까치, 들고양이, 들개 등도 천적이다.

맹꽁이 (Boreal Digging Frog)

지중·지상성

- 학 명 : *Kaloula borealis*
- 원산지 : 한국, 중국
- 크 기 : 4~4.5cm
- 습 성 : 주행성, 야행성
- 생 태 : 지중성, 지상성
- 식 성 : 소형 곤충류 등 충식성
- 온·습도 : 주간 25~27°C, 야간 22~23°C

맹꽁이과에 속하며 주둥이는 짧고 작으며, 맨끝이 약간 둔하면서 뾰족하고 아랫입술보다 약간 앞쪽으로 돌출돼 있다. 맹꽁이 역시 다른 개구리와 마찬가지로 울음소리로 암컷을 유인한다. 맹꽁이는 장마철에 만들어진 웅덩이나 고인 물에 산란하므로 다른 개구리류에 비해 변태과정을 빨리 거친다. 연중 땅 속에서 생활하다가 밤중에 지표로 나와 먹이를 잡아먹는다.

파이어 살라만더 (Fire Salamander)

지상성

- 학 명 : *Salamandra salamandra*
- 원산지 : 남부 및 중부 유럽, 서아시아 및 북부 아프리카 전역, 모로코와 알제리, 터키, 레바논 해발 250~1,000m에서 주로 발견
- 크 기 : 18~20cm, 최대 28cm
- 습 성 : 야행성
- 생 태 : 축축한 땅 위에서 생활한다.
- 식 성 : 곤충류, 연체동물 등 육식성
- 온·습도 : 주간 21~23°C, 야간 18~20°C

공식적으로 학계에 보고된 최초의 도롱뇽이었으므로 '*Slamandra salamandra*'라는 학명을 가지고 있다. 예전에 나무로 난방을 하던 때는 땔감으로 불 속에 던져 넣은 통나무 안에서 살라만더가 기어 나오는 일들이 잦았다. 이런 모습에서 살라만더는 불 속에서 살 수 있으며 피부에서 나오는 분비물로 불을 끈다는 오래된 속설이 생겨나게 되었고 이것이 곧 이름의 유래가 되었다. 양 눈 뒤쪽에 두꺼비처럼 분비선이 발달되어 있다. 본 종이 가지고 있는 알칼로이드 독소인 사만다린(Samandarine)은 모든 척추동물에 있어서 호흡곤란과 함께 강력한 근육 경련과 고혈압을 유발한다. 육상종으로 번식행동은 땅에서 이루어지며 난태생으로 번식을 위해서만 물로 돌아간다. 원서식지에서의 번식기는 일반적으로 초가을이며 이른 봄에 변태를 마치고 육상으로 이동한다.

마블드 살라만더 (Marbled Salamander)

지상성

- 학 명 : *Ambystoma opacum*
- 원산지 : 미국 남동부 전역, 미국 텍사스 동부, 오클라호마, 일리노이, 플로리다, 뉴햄프셔
- 크 기 : 8~10cm
- 습 성 : 야행성
- 생 태 : 축축한 땅 위에서 생활하며 수영은 못한다.
- 식 성 : 곤충류, 연체동물 등 육식성
- 온·습도 : 주간 22~26°C, 야간 18~20°C

검은색 바탕에 흰색 혹은 은색의 밴드 무늬를 몸 전체에 걸쳐 가지고 있다. 밴드의 크기와 모양은 다양하며 불완전할 수 있다. 이 무늬는 커질수록 더 선명해지며 아름다워진다. 밴드의 색상 차이로 암수의 구별이 가능하다. 회색이나 은색의 밴드는 암컷이며 그에 비해 밴드가 밝고 흰색을 띠면 수컷이다. 이 무늬는 번식기에 변화가 더 뚜렷해진다. 번식기의 수컷은 몸의 뒤쪽에 하얀 줄무늬가 더 두드러지는 데 비해 암컷은 체색이 반대로 더 탁해지는 경향이 있다. 사육 시 특히 유의할 점은 물그릇을 설치한다면 반드시 쉽게 빠져 나올 수 있는 구조물을 설치해 주어야 한다는 것이다. 물에 빠지면 쉽게 익사한다.

스팟티드 살라만더 (Spotted Salamander)

지상성

- 학 명 : *Ambystoma maculatum*
- 원산지 : 미국 동부 및 캐나다
- 크 기 : 15~25cm
- 습 성 : 야행성
- 생 태 : 축축한 땅 위에서 생활한다.
- 식 성 : 곤충류, 연체동물 등 육식성
- 온·습도 : 주간 25~27°C, 야간 22~23°C

영명으로 '점박이 도롱뇽(Spotted Salamander)'이라고 하면 본 종을 의미한다. 체색은 주로 검정색이지만 간혹 어두운 회색이나 어두운 갈색 혹은 짙은 푸른색을 띠는 경우도 있으며 이름처럼 노란색의 동그란 무늬가 두 줄로 눈 뒤쪽에서 꼬리까지 이어져 있다. 머리 위쪽에 있는 점이 다른 부위의 점보다 붉은색이 조금 더 강한 경향이 있는데 개체에 따라 머리 위에 있는 점이 주황색을 띠기도 한다. 배는 회색이나 옅은 황색을 띤다.

타이거 살라만더 (Tiger Salamander)

지상성

- 학　명 : *Ambystoma tigrinum*
- 원산지 : 북미대륙에 광범위하게 서식한다. 드물게 캐나다 남부와 멕시코 남부에서도 발견된다.
- 크　기 : 평균 25cm 내외, 드물게 35cm
- 습　성 : 야행성
- 생　태 : 땅속, 땅 위, 물과 육지를 오간다.
- 식　성 : 곤충류, 연체동물 등 육식성
- 온·습도 : 주간 22~26°C, 야간 18~20°C

'타이거(Tiger)'라는 이름처럼 검정색 바탕에 노란색의 무늬가 있다. 땅을 파헤치는 데 도움이 되는 넓고 납작한 머리에 작은 눈, 길고 두꺼운 꼬리를 가지고 있다. 자연 상태에서는 주로 딱정벌레, 지렁이, 귀뚜라미 등을 먹는다. 사육 하에서도 곤충을 주먹이로 하되 가끔 핑키나 물고기 등의 다른 동물성 먹이를 영양식으로 급여한다. 땅을 파고 들어가 생활하는 종으로 Mole salamander류에 속한다. 지표 2m 아래에서 발견된 개체가 있을 정도로 땅을 파는 능력이 뛰어나다.

엠페러 뉴트 (Emperor Newt)

지상성

- 학　명 : *Tylototriton shanjing*
- 현　황 : CITES II
- 원산지 : 중국 윈난성 중남부 해발 100~2,500m 사이의 산림
- 크　기 : 최대 20cm
- 습　성 : 야행성
- 생　태 : 고산지대의 축축한 물가에서 생활한다.
- 식　성 : 곤충류, 연체동물 등 육식성
- 온·습도 : 주간 22~24°C, 야간 18~20°C

짙은 갈색 바탕의 체색을 바탕으로 몸통 위에는 세 줄의 주황색이나 황색 융기가 확연하다. 융기 가운데 하나는 머리 중앙에서 시작하여 척추능선을 따라 꼬리까지 이어지고, 다른 두 개는 두개골의 측면에서 시작되어 척추 양 옆에서 둥근 주황색의 무늬로 꼬리의 시작 부분까지 이어진다. 이 융기는 독 분비샘으로 적에게 제압되면 흉곽을 확장하여 독을 분비하는데 7,500마리의 쥐를 죽일 수 있는 매우 강한 독성을 가지고 있다. 거의 완전한 육상 생활을 한다. 번식기를 제외하고는 거의 물에 들어가지 않는다.

마블드 뉴트 (Marbled Newt)

지상성

- 학　명 : *Triturus marmoratus*
- 원산지 : 남부 유럽 전역, 프랑스, 스페인, 포르투갈
- 크　기 : 수컷 14cm 내외, 암컷 16cm 내외
- 습　성 : 야행성
- 생　태 : 물과 육지를 오가며 생활한다.
- 식　성 : 곤충류, 연체동물 등 육식성
- 온·습도 : 주간 20~22°C, 야간 18~20°C

갈색이나 검은색과 뒤섞인 불규칙한 녹색 패턴을 가지고 있다. 다른 이름 'European Green Newt'라는 이름으로 불릴 만큼 몸의 상부에는 녹색의 비율이 높고 검은색의 얼룩 혹은 둥근 점무늬가 관찰된다. 이 체색과 무늬는 네 다리에도 마찬가지로 나타난다. 머리에서 꼬리 끝까지 척추선을 따라 주황색의 줄무늬를 가지는데 이 무늬는 어린 개체들은 암수의 구별 없이 모두 있으나 암컷은 성체가 되어도 그대로 유지되는 데 비해 수컷은 성장하면서 점차 희미해진다. 배는 검은색이나 회색, 크림색으로 흰 점이 산재해 있다.

모잠비크 레인 프록 (Mozambique Rain Frog)

지중성

- 학　명 : *Breviceps mossambicus*
- 원산지 : 중앙아프리카, 남아프리카의 모잠비크, 스와질란드, 탄자니아, 잠비아, 짐바브웨
- 크　기 : 수컷 3cm, 암컷 5cm
- 습　성 : 야행성
- 생　태 : 건기 때 땅속에서 생활하다가 우기 때 지상에 나와 활동한다.
- 식　성 : 흰개미 등 충식성
- 온·습도 : 주간 22~26°C, 야간 18~20°C

모잠비크 외 다른 아프리카 지역에서도 발견되며 사바나 초원에서 서식한다. 건기 때에는 땅속에서 여름잠을 자다가 우기가 오면 지상 위로 올라와서 같은 환경에서 번식에 돌입하는 흰개미를 사냥하고 번식에 돌입한다. 암컷이 수컷보다 크며 교미 시에 끈끈한 물질을 피부에서 내뿜어 암컷의 등에 수컷이 달라붙는다. 짧은 우기 동안 먹이를 먹고 교미를 한 뒤 건기가 오기 전에 땅을 파고들어 여름잠을 자는데 그 중 암컷은 거품이 많은 알을 낳고 그 거품 안에서 어린 올챙이들은 변태 과정을 거친다. 사육 시에는 바닥재를 두껍게 깔아 주어서 몸을 숨길 수 있게 해줘야 하며 바닥재로는 주로 수초, 소일 등을 이용한다.

레드아이드 트리 프록 (Red Eyed Tree Frog)

교목성

- 학 명 : *Agalychnis callidryas*
- 현 황 : CITES II
- 원산지 : 중미의 파나마, 코스타리카, 콜롬비아, 멕시코, 벨리즈, 과테말라, 온두라스, 코스타리카의 열대우림
- 크 기 : 수컷 5cm 내외, 암컷 7~8cm 내외
- 습 성 : 야행성
- 생 태 : 나무 위에서 주로 나뭇잎에 매달려 생활한다.
- 식 성 : 충식성
- 온·습도 : 주간 24~28°C, 야간 20~21°C

전체적으로 날씬한 체형을 가지고 있다. 몸에 비해 긴 다리를 가지고 있어 나무를 이동하는 데 용이하고 앞발의 1/2, 뒷발의 2/3에 물갈퀴가 있으며 발가락 끝에 패드가 발달해 있다. 나무 위에서 주로 서식하는 종이지만 수영도 잘 하는 편이다. 그러나 물그릇을 설치했을 경우에는 잡고 나올 수 있도록 유목을 걸쳐 두는 것을 추천한다. 특이하게도 무리 생활을 하는 종으로 여러 마리를 합사할 때 더 잘 자라는 경향이 있다. 자연 상태에서 산란은 현지의 우기인 10월부터 이듬해 3월 사이에 이루어지는데 1회에 30~50개의 알을 5번 정도 물가의 나뭇잎 뒷면에 낳으며 5일 정도가 지나면 부화와 동시에 아래쪽의 물 속으로 떨어져 올챙이로 성장한다. 특이하게도 알 속의 배아가 젤리 형태인 막의 진동 정도를 파악하여 포식자의 공격을 감지하는 능력이 있다고 알려져 있다.

자이언트 왁시 몽키 트리 프록 (Giant Waxy Monkey Tree Frog)

교목성

- 학 명 : *Phyllomedusa bicolor*
- 원산지 : 아르헨티나, 볼리비아, 파라과이, 페루, 브라질
- 크 기 : 수컷 9~10cm 내외, 암컷은 11~12cm 내외
- 습 성 : 야행성
- 생 태 : 나무 위에서 생활한다.
- 식 성 : 충식성
- 온·습도 : 주간 25~28°C, 야간 22~24°C, 핫존 29~32°C

야행성이며 수상성(樹上性) 종으로 이름처럼 나무 위를 움직이는 원숭이처럼 뛰기 보다는 주로 느릿느릿 걸어다닌다. 보통의 나무 개구리들이 발가락 끝에 큰 패드가 발달되어 있는 데 비해 본 종은 패드가 두드러지지 않는 길고 섬세한 손가락을 가지고 있다. 이런 이유로 다른 청개구리 종류보다 나무를 타고 오르는 능력이 더 뛰어나다고 평가되고 있다.

왁시 몽키 트리 프록 (Waxy Monkey Tree Frog)

교목성

- 학 명 : *Phyllomedusa sauvagii*
- 원산지 : 아르헨티나, 볼리비아, 파라과이, 브라질
- 크 기 : 수컷 7~8cm, 암컷 9~10cm
- 습 성 : 야행성
- 생 태 : 나무 위에서 생활한다.
- 식 성 : 충식성
- 온·습도 : 주간 25~28°C, 야간 22~24°C, 핫존 29~32°C

커다란 은색 눈에 세로형의 동공을 가지고 있고 눈 뒤쪽으로 마치 두꺼비의 독샘처럼 크게 융기되어 있는 분비샘을 가지고 있다. 성체가 되면 이 분비선이 등 쪽에서도 나타나면서 등이 울퉁불퉁하게 두드러진다. 이름처럼 나무 위를 움직이는 원숭이처럼 뛰기 보다는 주로 느릿느릿 걸어 다닌다. 보통의 나무 개구리들이 발가락 끝에 큰 패드가 발달되어 있는 데 비해 본 종은 패드가 두드러지지 않는 길고 섬세한 손가락을 가지고 있다. 본 종이 속한 '*Phyllomedusa*'속의 개구리들은 개구리 중에서 드물게 일광욕을 하는 종이다. 따라서 우리가 일반적인 지식으로 알고 있는 개구리 사육법과는 조금 다르게 고온건조한 환경에서 사육해야 안정적으로 생존시킬 수 있다. 29~32℃ 온도를 제공하는 스팟 이외에도 칼슘 흡수와 비타민 D_3 합성에 도움이 되는 UVB조명을 설치해주면 더욱 좋다. 피부에서 분비되는 지질 분비물을 다리를 이용하여 몸 전체에 펴 바르는데 이렇게 본 종이 온 몸에 왁스를 바르는 이유는 고온건조한 환경에서 수분 증발을 방지하고 피부를 보호하기 위해서이다.

타이거 렉 몽키 트리 프록 (Tiger Leg Monkey Tree Frog)

교목성

- 학 명 : *Phyllomedusa hypochondrialis*
- 원산지 : 아마존 열대우림 전체에 광범위
- 크 기 : 수컷 4~5cm, 암컷 6cm
- 습 성 : 야행성
- 생 태 : 나무 위에서 생활한다.
- 식 성 : 충식성
- 온·습도 : 주간 25~28°C, 야간 22~24°C

본 종의 가장 큰 특징은 무엇보다도 몸의 옆면과 허벅지, 종아리의 안쪽에 나타나는 검정색의 줄무늬이다. 주황색 바탕에 나타나는 선명한 검은 줄무늬는 본 종의 이름의 유래가 될 정도로 특징적이다. 몸의 하단부는 아래턱에서 앞다리가 시작되는 부분까지는 흰색, 그 아래 부분은 주황색으로 간혹 검은 점무늬가 불규칙하게 관찰되기도 한다. 다리는 길고 사지의 말단은 주황색으로 여기에도 검정색의 무늬가 관찰된다.

화이트 트리 프록 (White's Tree Frog)

교목성

- 학 명 : *Litoria caerulea*
- 원산지 : 오세아니아(인도네시아, 호주 북부)
- 크 기 : 수컷 7~8cm, 암컷 9~10cm
- 습 성 : 야행성
- 생 태 : 나무 구멍이나 나무 위에서 생활한다.
- 식 성 : 곤충, 소형 양서파충류, 소형 설치류 등 육식성
- 온·습도 : 주간 25~28°C, 야간 22~24°C

1770년 아일랜드의 외과 의사이자 식물수집가 'John White'가 호주 탐험에 참여하여 최초로 발견한 종이다. 1790년 이 탐험을 기록한 66페이지의 저널에 여러 종의 동식물과 함께 본 종을 발표하면서 발견자의 이름을 붙여 'White's Tree Frog'이라고 불리게 되었다. 나이가 들수록 피부가 처지는 종이다. 빠른 성장 속도 때문에 MBD에 비교적 취약하다는 평이 있으므로 일주일에 두 번 정도 비타민과 칼슘을 더스팅해서 급여한다. 지나친 비만에 주의해야 하는데 지방을 눈 위에 저장하는 경향이 있으므로 이 부위를 확인하여 먹이를 가감한다.

화이트 립드 트리 프록 (White Lipped Tree Frog)

교목성

- 학 명 : *Litoria infrafrenata*
- 원산지 : 오세아니아(인도네시아, 호주 북부)
- 크 기 : 수컷 11~14cm, 암컷 15cm
- 습 성 : 야행성
- 생 태 : 나무 위에서 생활한다.
- 식 성 : 곤충, 소형 양서파충류, 소형 설치류 등 육식성
- 온·습도 : 주간 22~26°C, 야간 22~24°C

'Giant Tree Frog'이라는 또 다른 이름이 말해주듯이 세계에서 가장 크게 성장하는 청개구리이며 원서식지인 호주에서는 가장 덩치가 큰 개구리이다. 등 쪽은 녹색이지만 다른 청개구리처럼 환경 조건에 따라 갈색으로 변하기도 한다. 같은 녹색이지만 화이트 트리 프록의 녹색보다는 더 밝고 선명한 밝은 녹색을 띤다. 몸 상부에 산재해 있는 자잘한 돌기와 주름은 옆구리 부분에서 크고 넓어지는데 배 옆 부분의 녹색은 이 도드라진 피부로 인해 흰색이나 옅은 노란색의 반점이 관찰된다. 배는 흰색 혹은 아이보리색이다. 아랫 입술에는 이름이 유래된 특유의 흰색 줄무늬가 양쪽 어깨까지 선명하게 이어져 있다.

아마존 밀크 프록 (Amazon Milk Frog)

교목성

- 학 명 : *Trachycephalus resinifictrix*
- 원산지 : 동부 수리남, 콜롬비아, 에콰도르, 프랑스령 기아나, 중앙 가이아나, 페루, 볼리비아, 브라질
- 크 기 : 수컷 6~7cm, 암컷 10~12cm
- 습 성 : 야행성
- 생 태 : 나무 위에서 생활한다.
- 식 성 : 곤충, 소형 양서파충류, 소형 설치류 등 육식성
- 온·습도 : 주간 22~26°C, 야간 22~24°C

밝은 회색의 몸체에 밝은 점무늬가 있는 어두운 갈색 혹은 카키색 밴드 무늬를 가지고 있다. 다리, 팔, 손가락에서도 이런 줄무늬가 관찰된다. 어린 개체는 색채의 대비가 더 선명한 경향이 있는데 얼핏 전체적으로 푸르스름해 보이는 체색으로 인해 'Blue Milk Frog'는 이름으로 불리기도 한다. 일반적으로 불리는 '밀크(Milk)'라는 이름은 그들의 체색에서가 아니라 이 속의 개구리들이 유백색의 독성 물질을 분비하는 것에서 유래되었다. 이들의 독특한 체색은 일종의 경고색이라고 할 수 있다.

빅 아이드 트리 프록 (Big Eyed Tree Frog)

교목성

- 학 명 : *Leptopelis vermiculatus*
- 원산지 : 아프리카 탄자니아의 산림
- 크 기 : 수컷 4cm, 암컷 6~8cm
- 습 성 : 야행성
- 생 태 : 나무 위에서 생활한다.
- 식 성 : 충식성
- 온·습도 : 주간 25~27°C, 야간 22~23°C

Forest Tree Frog, Leaf Frog로도 불리는 *Leptopelis*속의 개구리들은 아프리카 전역에서 발견되는 개구리들로 열대우림의 닫힌 캐노피, 900~1,800m 사이의 고도에 서식한다. 현재까지 49종이 보고되어 있는데 그 가운데 국내에 소개된 종은 *Leptopelis vermiculatus*(Peacock Tree Frog, 밝은 녹색에 검정색의 자잘한 점이나 얼룩이 전체적으로 산재해 있다.), *Leptopelis millsoni*(불규칙한 굵기의 진한 갈색의 가로 줄무늬), *Leptopelis flavomaculatus*(등에 진한 갈색 삼각형 무늬) 정도이다. 각각의 종마다 색상과 패턴은 크게 다르지만 보통 어릴 때는 밝은 녹색을 띠는 경향이 있고 나이가 들수록 갈색으로 변화한다. 발가락, 윗 입술의 끝부분은 짙은 녹색이나 검은색 테두리가 둘러진 하얀 얼룩무늬가 있다. 이름처럼 커다란 눈에 세로형의 동공을 가지고 있다.

클라운 트리 프록 (Clown Tree Frog)

교목성

- 학 명 : *Dendropsophus leucophyllatus*
- 원산지 : 남미 아마존 우림
- 크 기 : 수컷 2cm, 암컷 3cm
- 습 성 : 야행성
- 생 태 : 나무 위에서 생활한다.
- 식 성 : 충식성
- 온·습도 : 주간 25~28°C, 야간 21~23°C

화려한 무늬로 광대개구리란 이름이 붙여졌다. 소형 나무 개구리류로 남미 전역에서 서식한다. 고온다습한 환경을 선호하며 습도 유지를 위해 사육장 내에 살아 있는 식물을 심어 주어야 한다. 소형 종으로 작은 귀뚜라미나 과일 초파리 등을 먹이로 삼으며 작은 체구와 달리 체질은 튼튼한 편이다.

보르네오 이어드 프록 (Borneo Eared Frog)

교목성

- 학 명 : *Polypedates otilophus*
- 원산지 : 보르네오, 인도네시아, 말레시아
- 크 기 : 수컷 8cm 내외, 암컷 10cm내외
- 습 성 : 야행성
- 생 태 : 나무 위에서 생활한다.
- 식 성 : 충식성
- 온·습도 : 주간 23~26°C, 야간 20~22°C

눈 뒤쪽 고막 위에 뚜렷하게 솟아오른 융기가 있어서 'Eared'이라는 이름이 붙여졌다. 귓바퀴처럼 보이는 이 융기는 실제로 뼈의 굴곡으로 인한 것이다. 이 특징적인 융기 이외에 또 하나의 본 종의 특징적인 점이라면 흰색, 황갈색, 갈색, 검정색이 뒤섞인 독특한 나무결 무늬를 들 수 있다. 전체적으로 갈색 바탕에 어두운 색의 줄무늬는 더 가늘다. 이러한 체색은 야간에 이들이 활동할 때는 조금 더 짙어진다. 본 종의 주된 서식지는 열대우림의 캐노피인데 주간에 나뭇가지에 붙어 쉬는 동안 이 색깔은 최적의 보호색이 된다. 허벅지 안쪽과 다리에는 흰색 바탕에 검정색의 줄무늬가 관찰된다.

자반 글라이딩 트리 프록 (Javan Gliding Tree Frog)

교목성

- 학 명 : *Rhacophorus reinwardtii*
- 원산지 : 보르네오, 인도네시아, 말레시아
- 크 기 : 수컷 3~5cm, 암컷 6cm
- 습 성 : 야행성
- 생 태 : 나무 위에서 생활하며 이동 시 물갈퀴 방향을 조절하며 활강한다.
- 식 성 : 충식성
- 온·습도 : 주간 25~27°C, 야간 22~23°C

수평의 동공을 가진 커다란 눈을 가지고 있다. 나무를 타는 종으로 흡반이 발달되어 있는데 뒷발가락에 있는 흡반은 앞발가락에 있는 것보다 작다. 날씬한 체형에 팔다리는 매우 길고 손가락과 발가락에 커다란 물갈퀴가 발달해 있다. 팔과 다리의 측면 피부는 약간 늘어져 있다. 멀리 있는 먹이를 발견하거나 자신에게 위험이 닥치면 앞다리와 뒷다리 발가락 사이에 있는 물갈퀴를 펼쳐 공중을 난다. 그러나 '플라잉(Flying)'이라는 이름과는 달리 이들의 비행은 낙하산의 활강에 가깝다. 즉 수평에 대해 45° 미만의 각도로만 하강할 수 있다. 그러나 강하 중에 발의 각도를 조절함으로써 180° 몸을 회전시킬 수 있고 15m 아래의 바닥까지는 별다른 무리 없이 부드럽게 착지할 수 있다.

청개구리 (Japanese Tree Frog)

교목성

- 학 명 : *Hyla japonica*
- 원산지 : 중국, 일본, 대한민국
- 크 기 : 2.5~4cm
- 습 성 : 야행성
- 생 태 : 나무 위에서 생활하며 낮은 나무를 선호한다.
- 식 성 : 충식성
- 온·습도 : 주간 22~26°C, 야간 18~20°C

청개구리는 등쪽이 초록색을 띠고 있지만 항상 그런 것은 아니며 환경에 따라 현저하게 색이 변하기도 한다. 나무나 풀, 숲에 있을 때는 녹색을 띠지만, 땅에 있을 때면 회갈색으로 변하거나 흑색의 무늬가 나타나기도 하기 때문에 다른 개구리로 잘못 알아보기 쉽다. 죽은 나무 밑에서 겨울잠을 자고 번식기는 5~6월경인데, 한국에서는 논에 모를 심기 직전에 물 밖으로 나와 있는 흙이나 풀에서 수컷이 울며 암컷을 유인한다. 알은 논이나 못 등 고인 물의 물풀 같은 곳에 붙어 있으며 알덩어리는 진한 황갈색으로 불규칙한 모양을 하고 1~10개의 알이 한 덩어리를 이룬다. 낮에는 숲 속에서 조용히 있으나 밤이 되면 논가로 몰려나와 울기 시작하는데, 구애장소에서 수컷의 경쟁은 다른 개구리와 마찬가지로 치열하다.

리드 프록(Reed Frog)

교목성

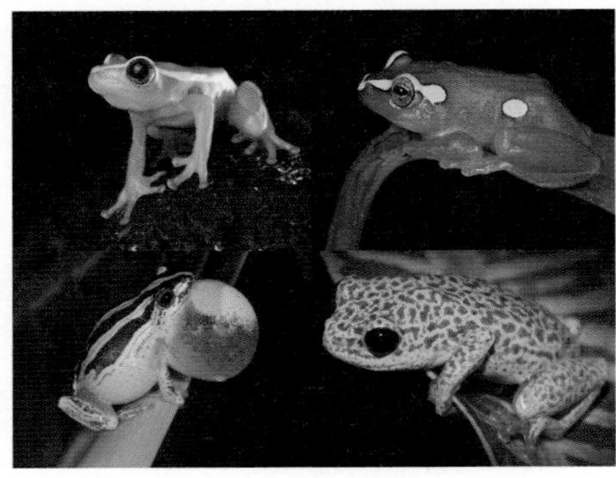

- 학　명 : *Hyperolius spp.*
- 원산지 : 아프리카 동부 사바나 습지
- 크　기 : 수컷 1.5cm, 암컷 2~2.5cm 내외
- 습　성 : 야행성
- 생　태 : 나무 위에서 생활한다.
- 식　성 : 충식성
- 온·습도 : 주간 25~28℃, 야간 21~23℃

아프리카 갈대 개구리 혹은 풀 개구리(Hyperolius)라고 불리는 이 속의 개구리는 150종 이상을 포함하는 그룹이며 굉장히 다양한 체색을 가지고 있는 소형 개구리류이다. 주로 아프리카 습지 갈대밭에서 서식하며 작은 곤충들을 먹고 산다. Argus Reed frog는 성적 이형이 두드러지는 종으로, 수컷은 연두색을 띠는 녹색이나 암컷은 주황색을 띤다. 갈대 개구리류는 종류도 다양하고 체색 또한 아름다워 야생 채집 개체들이 과거 국내에 종종 소개되었으나 소형종인데다 작은 먹이를 공급하는 것이 까다로워서 대중적이지 않았다. 하지만 최근 먹이 수급이 원활하고 식물을 이용한 양서류 비바리움(vivarium)을 꾸미는 사육 분위기로 사육자가 늘고 있다. 사육 시 초파리나 작은 귀뚜라미를 제공하면 되고 체질도 튼튼한 편이다.

글라스 프록(Glass Frog)

교목성

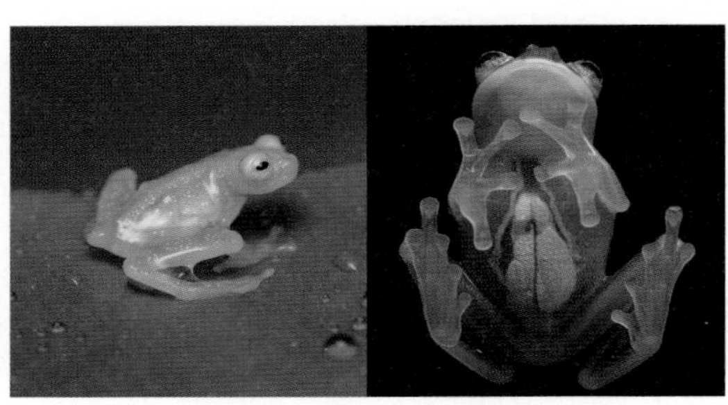

- 학　명 : *Hyalinobatrachium spp.*
- 현　황 : CITES Ⅱ
- 원산지 : 중앙아메리카~남아메리카
- 크　기 : 수컷 1.5~2cm 내외, 암컷 3cm 내외
- 습　성 : 야행성
- 생　태 : 나무 위에서 생활한다.
- 식　성 : 충식성
- 온·습도 : 주간 25~28℃, 야간 20~22℃

유리 개구리(glass frog)는 유리 개구리과(Centrolenidae)에 속하는 양서류의 총칭이며 12속 152종으로 이루어져 있다. 유리 개구리라는 이름에서 알 수 있듯 온몸이 반투명한 젤리와 같고 등은 연녹색이며 배 부분은 흰색이다. 배 부분 피부는 더욱 투명해서 내부 장기는 물론 알까지도 눈으로 볼 수 있는 젤리처럼 투명한 개구리로 알려져 있다. 이런 투명한 피부는 나뭇잎 위에 앉아 있을 때 빛이 투과되어 천적들이 개구리를 쉽게 알아보지 못하게 하는 효과가 있다. 이런 독특한 피부뿐만 아니라 신체적으로 다른 특징은 일반적인 개구리들과 달리 눈이 정면을 향하고 있다는 것이다. 번식 방법은 물 위 나뭇잎 위에 산란하고 부화할 때까지 어미가 알을 지키는 것으로 알려져 있다. 초소형종 개구리이며 귀여운 외모로 양서류 마니아 사이에서 비바리움(vivarium) 생물로 각광받고 있다. 사육 시 초파리와 작은 핀헤드 귀뚜라미를 급여하고 체질 또한 연약해 보이는 외모와 다르게 강한 편으로 사육 난이도는 쉬운 편이다.

아프리칸 자이언트 불 프록 (African Giant Bull Frog)

반수생성

- 학 명 : *Pyxicephalus adspersus*
- 원산지 : 사하라 사막 이남의 아프리카 남부 지역
- 크 기 : 수컷 20~25cm, 암컷 10~13cm
- 습 성 : 야행성
- 생 태 : 물가에서 생활한다.
- 식 성 : 곤충류, 어류, 소형 양서파충류 등 육식성
- 온·습도 : 주간 22~26°C, 야간 18~20°C

국내에는 '아프리카 황소개구리'라는 이름보다는 학명을 따서 '픽시 프록(Pixie Frog)'이라는 별명으로 많이 불리고 있으며 튼튼하고 먹성이 좋아 양서류 사육의 입문종으로 많이 길러지고 있는 종이다. 어릴 때는 주둥이부터 등을 가로질러 뒷다리 사이에 이르는 녹색 줄무늬를 가지고 있어서 마치 참개구리처럼 보이는 외형과 체색을 가지고 있지만, 성체가 되면 녹색의 무늬가 거의 사라지면서 올리브 그린의 체색으로 바뀌고 몸이 비대해지면서 다리가 짧아진다. 색은 좀 옅어지지만 이 줄무늬는 암컷의 경우 성체가 되어서도 유지되는 경향이 있다. 돌출된 피부 융기가 등 쪽에서 관찰된다.

아메리칸 불 프록 (American Bull Frog)

반수생성

- 학 명 : *Lithobates catesbeianus*
- 원산지 : 북미
- 크 기 : 15~20cm, 암컷이 수컷보다 더 크다.
- 습 성 : 주행성, 야행성
- 생 태 : 물과 육지를 오가며 점프력이 강하다.
- 식 성 : 육식성
- 온·습도 : 주간 25~27°C, 야간 22~23°C

원래 북미 일부 지역에만 서식하였던 개구리속의 일종이다. 수생생활을 위주로 하는 종이며 날씨가 습해지면 활동범위가 넓어질 수 있다. 몸길이 20cm에다 750g이 나가 개구리 중에서는 상당히 큰 편이며, 이들의 크기와 왕성한 번식력, 식성은 도입된 지역의 생태계를 교란시키고 있다. 현재 생태계 교란 야생생물로 지정되었다. 목에 큰 울음주머니가 있어 밤에 황소울음 같은 소리를 낸다. 뒷다리는 길고 튼튼하여 도약력이 뛰어나며 한번에 5m 이상을 뛰는 것도 있다. 연못이나 웅덩이에서 살며 거의 물가를 벗어나지 않지만 비오는 밤에는 멀리까지 이동한다. 뒷다리의 물갈퀴가 발달하여 헤엄을 잘 친다. 먹이는 곤충, 물고기, 작은 개구리, 뱀, 가재, 조개류, 들쥐 등을 먹는다.

북방산개구리 (Dybowski's Brown Frog)

반수생성

- 학 명 : *Rana dybowskii*
- 원산지 : 한국, 러시아, 일본
- 크 기 : 4~7cm
- 습 성 : 주행성, 야행성
- 생 태 : 물과 육지를 오가며 점프력과 수영능력이 뛰어나다.
- 식 성 : 충식성
- 온·습도 : 주간 22~26°C, 야간 18~20°C

우리나라 전역에 서식하며 러시아와 일본에도 분포한다. 주로 산과 계곡의 낙엽이나 돌, 산지와 인접한 경작지 · 농수로 · 하천 등지에서 관찰된다. 북방계에 서식하여 북방산개구리로 불린다. 몸길이가 4~7㎝로 산개구리 중 가장 크다. 몸색깔은 다양하게 나타나는데, 일반적으로 등면은 황갈색 혹은 적갈색이고 작은 흑색 반점들이 산재해 있다. 등 양쪽으로 갈색의 융기선이 두 줄 나 있다. 배면은 회백색 또는 황색이며 주둥이는 뾰족한 편이다. 눈 뒤에서 목덜미까지 흑갈색의 줄무늬가 있으며 눈 뒤에 둥근 고막이 뚜렷하다. 수컷은 턱 아래에 울음주머니 한 쌍이 있다. 이 종은 복부와 턱밑의 바탕색이 우윳빛 흰색인 반면, 계곡산개구리는 미색 바탕에 흑색의 작은 얼룩무늬들이 산재해 있어 구별이 된다.

무당개구리 (Korean Fire-bellied Toad)

반수생성

- 학 명 : *Bombina orientalis*
- 원산지 : 대한민국, 중국
- 크 기 : 4~5cm
- 습 성 : 주행성, 야행성
- 생 태 : 물과 육지를 오가며 맑은 수질을 선호한다.
- 식 성 : 곤충 및 무척추동물
- 온·습도 : 주간 22~26°C, 야간 18~20°C

무당개구리과에 속한다. 대한민국과 중국, 연해주에 주로 분포한다. 천적의 위협을 받으면 배 부분의 붉은 무늬를 드러내고 죽은 척하는데, 피부에서 흰 독액이 나와 천적에게 해를 입힐 수 있다. 인간이 점막 등에 독액이 닿으면 심한 가려움 등이 생길 수 있으나 그 외에 큰 해를 끼치진 않는다. 특유의 배 부분의 붉은색 무늬 때문에 '독개구리'라는 이미지가 강해서 필요 이상으로 경계하는 사람들이 많은 편인데, 사실 먹지 않는 이상 크게 해롭지 않다. 외국에서는 관상용으로 사육된다.

베트남 모시 프록 (Vietnamese Mossy Frog)

반수생성

- 학　명 : *Theloderma corticale*
- 원산지 : 베트남 북부 그리고 그와 인접해 있는 라오스, 중국 일부 지역
- 크　기 : 8~9cm, 수컷은 암컷보다 작고 얇다.
- 습　성 : 야행성
- 생　태 : 물과 나무를 오가며 이끼가 많은 곳을 선호한다.
- 식　성 : 충식성
- 온·습도 : 주간 22~26°C, 야간 18~20°C

'이끼 개구리' 혹은 '사마귀 나무 개구리'라고 불린다. 고도 700~1,500m 이상의 고온다습한 상록열대 · 아열대 우림의 가파른 산악 석회암 바위 지대에서 주로 생활한다. 이처럼 인간의 접근이 용이하지 않은 험한 지역에서 서식하고 있기 때문에 이 종의 야생 생태에 대해서는 거의 알려진 바가 없다. 사육장에는 편안히 몸을 붙일 수 있는 넓고 큼직한 유목을 넉넉히 넣어 주는 것이 좋다. 이끼가 활착되어 있으면 더욱 좋다. 자연 상태에서는 바위 구덩이나 나무 구멍에 고인 물에서 번식한다. 1회에 10~30개 정도의 알을 산란하며 알은 1~2주 안에 부화하고 부화한 이후 올챙이에서 개구리로 변태하는 데는 약 5~8개월 정도가 소요된다.

멕시칸 살라만더 (Mexican Salamander)

수생성

- 학　명 : *Ambystoma mexicanum*
- 현　황 : CITES II
- 원산지 : 멕시코 소치밀코 호수
- 크　기 : 25~30cm
- 습　성 : 야행성
- 생　태 : 완전 수생성으로 물 밖으로 나오는 일이 없다.
- 식　성 : 육식성
- 온·습도 : 수온 22~24°C

또 다른 이름인 'Axolotl'은 'atl(물)'과 'xolotl(미끄럽거나 주름진 것, 몬스터, 남자 하인)'이 합쳐진 말로 '물에 사는 미끄럽고 주름진 괴물'이라는 의미를 가지고 있다. 국내에서는 '엑솔로틀' 혹은 '멕시코 도롱뇽'으로 불리며 '아홀로틀', 일본에서 만든 '우파루파'라는 상업명도 많이 쓰이고 있다. 어릴 때의 모습을 그대로 가지고 성체가 되는 유형성숙(Neoteny)으로 유명하기 때문에 피터팬 도롱뇽(Peter Pan's Salamander)이라는 별명으로도 불린다. 요오드나 티록신 등의 갑상선 호르몬을 투여하면 다른 도롱뇽과 마찬가지로 변태가 일어나는 것으로 볼 때 원산지에서는 낮은 수온과 먹이의 결함으로 갑상선 호르몬 분비 메커니즘이 교란되어 변태하지 못한다고 추측되고 있다.

그레이터 사이렌 (Greater Siren)

수생성

- 학 명 : *Siren lacertina*
- 원산지 : 멕시코 및 미국
- 크 기 : 평균 50~70cm, 최대 1m 미만
- 습 성 : 야행성
- 생 태 : 완전 수생성이나 필요시 육상으로 이동하기도 한다.
- 식 성 : 육식성
- 온·습도 : 수온 18~24°C

사이렌류는 가장 원시적인 도롱뇽으로 간주된다. 모든 사이렌류는 기다란 몸에 뒷다리와 골반이 없이 짧은 앞다리만 가지고 있으며 전 생애에 걸쳐 아가미를 가지는 공통적인 특징을 공유하고 있다. Greater Siren은 북미에서 가장 큰 양서류 가운데 하나로 완전 수생 도롱뇽이다. 반드시 필요할 경우가 아니면 거의 물에서 나오지 않지만 부득이할 경우에는 짧은 거리의 육지를 이동할 수 있다. 앞다리는 연골로만 이루어져 있는데 4개의 발가락이 있는 앞발은 너무 작아서 아가미에 숨길 수 있을 정도이다. 체색은 검은색에서 갈색까지 다양하며 몸의 등면과 측면에 노란색 혹은 초록색의 반점이 있다. 배는 밝은 회색이나 노란색이다.

파이어 밸리 뉴트 (Fire Belly Newt)

수생성

- 학 명 : *Cynops spp.*
- 원산지 : 중국 및 일본
- 크 기 : 5~6cm
- 습 성 : 야행성
- 생 태 : 완전 수생성이며 느린 유속을 선호한다.
- 식 성 : 곤충류, 연체동물 등 육식성
- 온·습도 : 수온 18~24°C

국명 '붉은배 영원'의 영명으로 'Red Belly Newt' 혹은 'Fire Belly Newt'라는 이름으로 불린다. 피부의 질감은 거칠고 눈 뒤쪽으로 독샘이 발달되어 있다. 국내에서 분양되는 종들은 거의 중국 원산이다. 일본종은 중국종보다 크기가 좀 더 크고 독샘이 더 발달해 있으며 꼬리 끝이 좀 더 뾰족하고 피부의 돌기가 더 두드러진다.

차이니즈 자이언트 살라만더 (Chinese Giant Salamander)

수생성

- 학 명 : *Andrias davidianus*
- 현 황 : CITES I
- 원산지 : 중국
- 크 기 : 100~180cm
- 습 성 : 야행성
- 생 태 : 완전 수생성이며 물 밖으로 나오면 사나워진다.
- 식 성 : 물고기, 갑각류 등 육식성
- 온·습도 : 수온 22~26°C, 야간 18~20°C

원시적인 유미류로서 대형 도롱뇽이다. 중국에서 서식하며 일본, 대만에도 비슷한 종이 있지만 중국 종이 가장 크다. 중국의 중부 고산지대에서 서식하며 유속이 빠른 맑고 차가운 계곡물에서 서식한다. 단독 생활을 하며 암컷과 교미 후 수컷이 알을 지킨다. 과거 중국에서 약용이나 식용으로 남획되어 개체수가 감소하였으나 양식법을 알아내어 보호지구에서 양식이 되고 있다. 중국에서 1급 보호동물이며 중국을 상징하는 양서류이다. 국내에도 도입되어 서울대공원에서 사육된 바가 있다.

버젯 프록 (Budgett's Frog)

수생성

- 학 명 : *Lepidobatrachus laevis*
- 원산지 : 파라과이 남부, 볼리비아에서 흔히 발견되고 아르헨티나에서는 북부에서 드물게 발견된다.
- 크 기 : 9~14cm, 수컷은 암컷에 비해 작다.
- 습 성 : 야행성
- 생 태 : 완전 수생성이다.
- 식 성 : 어류, 수서곤충, 소형 양서파충류, 설치류 등 육식성
- 온·습도 : 수온 22~26°C, 야간 18~20°C

1899년 영국의 동물학자 존 버젯(John Samuel Budgett)에 의해 최초로 보고되었고 그의 이름을 따서 '버젯 프록(Budgett's Frog)'으로 명명되고 있다. 전체적인 체형은 3등신으로 납작하고 전체 크기의 1/3에 이르는 커다란 머리를 가지고 있다. 위턱에는 커다란 잇몸이 있고 아래턱에는 두 개의 커다란 이빨이 있다. 이들의 커다란 턱은 올챙이 시기부터 관찰된다. 물 속 생활에 유리하도록 눈과 콧구멍은 위쪽을 향해 나 있다. 네 다리는 몸에 비해 상대적으로 짧고 물갈퀴는 뒷다리에만 발달되어 있다. 헤엄을 칠 때 앞발은 거의 사용하지 않는다. 피부의 질감은 옆줄이 있는 부위를 제외하고는 거의 매끄러운 편이다. 먹이 급여 측면에서는 식욕이 왕성하고 동종 포식을 하는 종으로 합사는 피하는 것이 좋다. 야생에서는 다른 개구리를 주로 먹이로 삼는다고 알려져 있다.

수리남 토드 (Surinam Toad)

수생성

- 학 명 : *Pipa pipa*
- 원산지 : 볼리비아, 브라질, 에콰도르, 콜롬비아, 페루, 수리남, 베네수엘라, 트리니다드토바고, 베네수엘라, 프랑스령 기아나 일대
- 크 기 : 10~17cm, 20cm
- 습 성 : 야행성
- 생 태 : 완전 수생성이다.
- 식 성 : 어류, 수서곤충 등 육식성
- 온·습도 : 수온 25~27°C, 야간 22~23°C

보통 '수리남 두꺼비'라고 불리는데 그 생태를 보면 두꺼비보다는 개구리에 가깝다. 국내에서는 '피파피파'라고 학명을 부르거나 혹은 '피파개구리' 등으로 많이 불린다. 'Pipa'란 포르투갈어로 '연(鳶)'을 의미하는데 본 종의 체형이 직사각형의 넓적한 평면인 것에서 이러한 이름이 유래되었다. 원시적인 개구리로 혀와 이빨, 눈꺼풀, 고막이 없다. 몸의 측면에 선형으로 발달된 측선으로 다른 동물의 움직임을 감지한다. 완전 수생종으로 혀와 이빨이 없기 때문에 연못 바닥을 헤쳐 먹이를 찾거나 찾은 먹이를 입으로 가져갈 때 앞다리를 사용한다.

3장

도마뱀

1 진화 및 생태학적 특징

척추동물 파충류강에 속하는 도마뱀과에 속하는 동물로 생물학적으로 단일한 집단은 아니나 유린목(有鱗目 - Squamata - 비늘이 있는 동물)의 아목인 도마뱀아목(Lacertilia)으로 함께 묶여 분류된다. 도마뱀의 어원은 우리말로 '도막난 뱀'이라는 뜻으로 자신을 보호하기 위해 포식자에게 꼬리를 잘라 내어 주고 도망가는 행동을 보고 붙여진 이름이다. 도마뱀은 파충류 무리 중 가장 공룡과 흡사한 외모를 가지고 있으며 그로 인해 가장 전형적인 파충류의 형태로 인식되어 왔다. 하지만 도마뱀은 두개골 형태에서 공룡 및 다른 파충류와는 다른 형태를 보이며 그들만의 독특한 특징을 가지고 넓은 지역에서 분포 및 발달해왔다. 이들은 전 세계적으로 약 6,000여 종이 있으며 모양과 행동 양식이 매우 다양하다.

도마뱀의 신체적 특징

도마뱀류의 특징은 네 다리, 긴 꼬리와 더불어 독특한 형태의 피부이다. 파충류의 피부는 다양한 기능을 갖추고 있는 기관으로 내부조직과 외부환경의 장벽 역할을 하며 방어, 은폐, 번식, 이동 등의 역할을 한다. 파충류의 피부는 양서류와 달리 호흡기능이 없는 비투과성 피부이다. 파충류의 피부는 다른 척추동물과 마찬가지로 2개의 층, 상피와 진피로 이루어져 있으며 파충류의 비늘은 사람의 손톱을 이루고 있는 케라틴이라는 섬유단백질로 구성되어 있다. 파충류의 비늘은 케라틴 층이 부분적으로 두꺼워져서 생긴 것이며 그것을 나머지 얇은 부분이 경첩과 같이 서로를 연결하고 있다. 낱낱이 떨어져서 겹쳐진 물고기 비늘과는 달리 도마뱀의 비늘은 한 장의 연속된 상피의 일부이다.

상피의 케라틴층은 그 아래 세포층의 활동에 의해 주기적으로 벗겨지면서 새로운 것으로 교환된다. 뱀류의 경우엔 허물을 한번에 벗는 반면, 대부분의 도마뱀류는 부분적인 조각으로 벗는다. 하지만 멕시칸 엘리게이터 리자드나 몇몇 종류의 도마뱀의 경우엔 뱀처럼 허물을 한번에 벗는 종류도 있다. 도마뱀류 중에서 자신의 몸의 색을 급격히 바꿀 수 있는 종들이 많은데 파충류의 진피에는 대부분 색소포가 있으며 그 대부분은 흑색소포로 검은색을 포함하고 있다. 그러나 그 밖에 백색, 황색, 적색, 청색의 색소포도 있으며 흑색소포 안에서 일어나는 색소의 확산과 집중 색소포를 통해 나타나는 광학적 효과가 카멜레온이나 일부 아가마(Agamidae)과 도마뱀으로 잘 알려져 있는 체색 변화의 원인이다. 검은색의 멜라닌이 세포의 중앙에 있을 때는 빛이 다른 색소포를 통해 반사되기 때문에 여러 가지 밝은 색상을 나타낼 수 있는 것이다. 또한 도마뱀 무리는 대부분이 네 발을 가진 사지동물이지만 다리가 퇴화하여 뱀과 같이 몸만 있는 무족도마뱀, 아예 눈꺼풀이 없이 뱀의 눈처럼 렌즈 형태로 변화된 도마뱀 붙이와 뱀 붙이 도마뱀이 있고 활강할 수 있는 비막이 있는 등 파충류 무리 중 가장 다양한 체형의 변화를 보이는 무리이다.

3 도마뱀의 분류

도마뱀의 분류는 아직 불완전하며 각 과의 상호 관계에 대한 기록이 별로 없는 실정이다. 도마뱀의 분류는 일반적으로 골격, 머리나 몸의 형태, 치아의 형태, 머리와 몸의 비늘 수와 비늘의 형태 같은 외형적 요인과 더불어 생리적인 특징으로 분류가 된다. 하지만 같은 과에 속한 도마뱀의 경우에도 그 외형이 같은 과의 종들과 상이하게 다른 종들이 포함되어 있으며, 일반적인 그 과의 고유의 특징이 표면적인 외형상으로 드러나지 않는 종류도 있어 도마뱀과에 대한 일반적인 설명이 해당되지 않는 경우도 있으므로 참고하길 바란다.

1 아가마과 (*Agamidae*)

Sailfin Dragon　　Bearded Dragon

서식지는 마다가스카르를 제외한 아프리카, 아시아, 호주 전역에 분포하며 많은 종이 암수의 체색이 다르거나 몸의 빛을 바꿀 수 있다. 비늘은 눕혀져 있거나 가시와 같은 비늘을 가지고 있거나, 목의 장식이나 돌기, 주름 장식이 있거나 등과 꼬리에 큰 가시를 가지고 있는 등 화려한 장식이 있는 종들이 많다. 스스로 꼬리를 자르는 자절현상이 없고 잘리더라도 다른 도마뱀들과 달리 재생이 되지 않는 종이 많다.

카멜레온과 (*Chamaeleonidae*)

Veiled Chameleon

Blue-nosed Chameleon

이들의 서식지는 마다가스카르 및 아프리카, 스페인 남부, 아라비아반도 남부, 파키스탄, 인도, 스리랑카 등 다른 도마뱀들에 비해 제한된 지역, 즉 구대륙에 분포한다.

또한 가장 큰 특징은 다른 도마뱀류와 확연히 구분되는 외형이다. 몸의 체형은 대부분의 종이 세로로 넓적한 형태를 띤다. 많은 종이 주로 나무 위에서 생활하고 머리는 투구와 같은 형태로 발달되어 있으며 머리나 코 부분에 돌기가 있거나 뿔의 형태가 있는 종도 있다. 돌출된 눈은 각각 움직여 사물을 바라볼 수 있고, 나무를 잘 잡을 수 있는 발가락이 양쪽으로 갈라져 마주보는 앵무새의 발과 같이 대칭되는 모양의 대지족이며 작은 비늘이 밀집되어 있는 아스팔트 같은 형태의 피부를 지닌다.

꼬리는 다른 도마뱀과 달리 잘리지 않으며 꼬리로 나무를 감을 수 있어 제5의 발 역할을 하고 이 나뭇가지에서 저 나뭇가지로 이동 시 안전띠와 같은 역할을 한다. 또한 자신의 몸길이보다 길고 끈적한 혀를 순식간에 뻗어 멀리에 있는 사냥감을 사냥한다.

무엇보다도 이들의 가장 큰 특징은 바로 몸의 색을 순식간에 바꿀 수 있다는 것이다. 카멜레온은 우리가 일반적으로 생각하는 것처럼 주변 환경에 맞게 색을 자유자재로 바꾸는 것이 아니라 밝거나 어둡게 변화되는데 주로 심리적인 요인이 크다. 카멜레온의 체색은 자유롭게 모든 색으로 변화되는 것이 아니라 자신이 가지고 있는 색소포에 의한 것이며 바뀔 수 있는 색에 한계가 있다. 이들은 대부분 사회성이 낮고 평상시에는 암수 모두 단독생활을 하다가 번식기에 들어가면 짧은 기간에 암수가 만나 교미를 한 후 헤어지며 자신만의 세력권을 갖는다.

3 이구아나과 (*Iguanidae*)

Green Iguana　Brown Anole

신대륙의 캐나다 남부에서부터 아르헨티나까지 몇몇 종이 마다가스카르, 피지제도, 통가제도에 서식한다. 이구아나과는 몸길이의 2/3를 꼬리가 차지할 정도로 대부분의 종들이 꼬리가 길며 뒷다리가 잘 발달한 것이 특징이며 시력이 발달하였고 모두 낮에 활동하는 주행성(낮에 활동하는) 도마뱀류이다. 크기는 15cm 정도의 작은 에놀(Anole)부터 2m가 넘는 대형인 라이노 이구아나(Rhinoceros Iguana)까지 크기가 다양하며 체색은 갈색이나 회갈색, 검은색이나 주로 녹색을 띠는 종이 많다. 식성 또한 소형 종은 주로 육식성이나 잡식성이지만 대형 종의 경우 거의 초식성을 띤다.

4 도마뱀붙이과 (*Gekkonidae*)

Satanic Leaf-Tailed Gecko　Leopard Gecko

도마뱀붙이과 도마뱀의 대부분은 작은 비늘로 덮여 있는 나긋나긋하고 부드러운 피부를 가지고 있으며 몇몇 종은 겹친 비늘 형태의 크고 부드러운 피부를 가진다. 주로 야행성(밤에 활동하는)이나 낮에만 활동하는 데이 게코(Day Gecko)류 또한 이 무리에 속한다. 이들은 토케이 게코(Tokay Gecko)나 데이 게코(Day Gecko)류처럼 눈꺼풀이 없이 맑은 막으로 싸인 돌출된 눈을 가지거나 레오파드 게코류처럼 눈꺼풀이 있는 종류도 있다. 또한 다양한 발가락 형태를 가지고 있으며 벽에 붙을 수 있는 도마뱀붙이류의 경우 발바닥은 넓적한 비늘이 줄지어 돋아 있으며 그 사이에 미세한 털과 같은 강모가 난 발을 가지고 있다. 하지만 땅에서 서식하는 도마뱀붙이류의 경우 빨판이 없고 발가락이 가는 짧은 발을 가지고 있다. 이들의 또 다른 특징은 다른 도마뱀들에 비해 발성기관이 발달한 종이 많고 울음소리를 낼 수 있는 종이 많으며 모든 종이 스스로 꼬리를 자르는 자절 행위를 할 수가 있다는 것이다.

5 뱀붙이도마뱀과 (*Pygopodidae*)

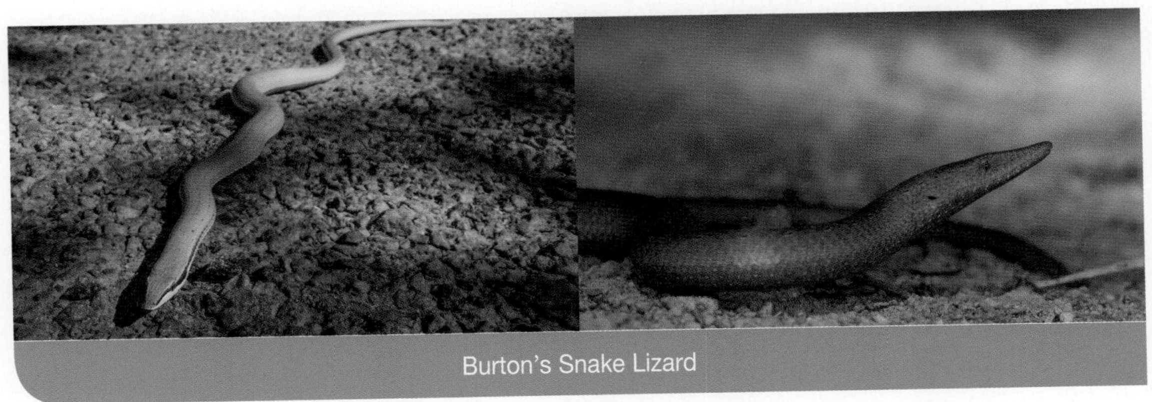
Burton's Snake Lizard

호주와 오세아니아에 서식하는 이 도마뱀은 뱀과 비슷한 체형을 가진 도마뱀으로 뱀 도마뱀(Snake Lizard)으로 불린다. 일반적으로 다리가 없어서 무족도마뱀으로 흔히 불리며 무족도마뱀과로 오해하기가 쉬운 이 도마뱀들은 겉모습은 전혀 상이하지만 도마뱀붙이류와 근연종이다. 다른 무족도마뱀류와 달리 뱀처럼 작은 눈에 눈꺼풀이 없고 도마뱀붙이류처럼 넓적한 혀로 눈을 핥아 청소하는 습성이 있어 분류상 뱀붙이도마뱀으로 불린다. 이들은 앞다리는 퇴화되어서 없고 뒷다리 또한 있는 종도 있고 흔적만 있는 종도 있다. 이들은 모든 종이 야행성(밤에 활동하는)이며 주로 작은 곤충을 먹지만 몇몇 종은 다른 소형 도마뱀을 즐겨 먹는다.

6 경주도마뱀과 (*Teiidae*)

Western Whiptail　Giant Ameiva

미국 남부에서부터 남미 및 서인도제도에 분포하며 해발 3,962m까지 서식한다. 비늘은 머리 부분은 크고 좌우 대칭이며 몸의 비늘은 작고 과립형이다. 일반적으로 뾰족한 주둥이와 잘리기 쉬운 꼬리를 가지며 배 쪽에는 육각형 비늘판이 있다. 일반적으로 눈꺼풀이 잘 발달되어 있고 귓구멍은 열려 있으나 몇몇 종은 피부에 완전히 감춰져 있는 종도 있다. 이들은 작은 종부터 커다란 테구까지 다양한 형태와 크기를 가지고 있다. 특히 번식기 때는 수컷이 아름다운 발색을 띠는 종이 많다.

작은 곤충부터 작은 새, 소형 포유류, 다른 도마뱀, 조개류, 식물류를 먹으며 원산지의 원주민들은 이들을 포획하여 약재나 식량자원으로 활용하고 있다. 뉴멕시코에 서식하는 채찍꼬리 도마뱀은 단성생식(암컷으로만 번식을 하는)을 하는 것으로 유명하다.

7 장지뱀과 (*Lacertidae*)

Italian Wall Lizard　Ocellated Lizard

아프리카, 유럽, 아시아의 거의 전역에 걸쳐 분포하며 보통 25cm 미만의 소형 종들이 대부분이다. 비늘은 머리 부분에선 크고 서로 좌우 대칭의 형태로 되어 있으며 몸의 비늘은 작고 불규칙하다. 그러나 배 쪽의 비늘은 크며 장방형의 형태를 띠고 있고 잘 발달된 사지와 긴 꼬리를 가지고 있다. 장지뱀류 또한 잘 발달된 눈꺼풀을 가지고 있으며 혀는 길고 가늘며 끝이 깊게 패여 있다.

장지뱀류는 많은 종이 사회적인 생활상을 가지며 수컷이 암컷보다 크고 번식기 때는 수컷의 색깔이 한층 선명해진다. 장지뱀류는 대부분이 난생이지만 약 3종, 표범 장지뱀속 2종과 보모 장지뱀의 경우 난태생으로 새끼를 낳는다. 그러나 이들도 사는 서식지에 따라 알을 낳는 경우도 있다. 예를 들어 날씨가 추운 곳에서는 알을 낳기보단 새끼로 낳는 것이 번식에 유리하기 때문에 난태생을 띠지만 그렇지 않은 온화한 기후에서는 같은 종일지라도 난생으로 번식하는 경우가 발견되고 있다. 장지뱀류는 매우 오래 살 수 있으며 보석 장지뱀(Jewelry Lizard)의 경우 사육 상태에서 20년을 살았다는 기록이 있다.

8 밤도마뱀과 (*Xantusiidae*)

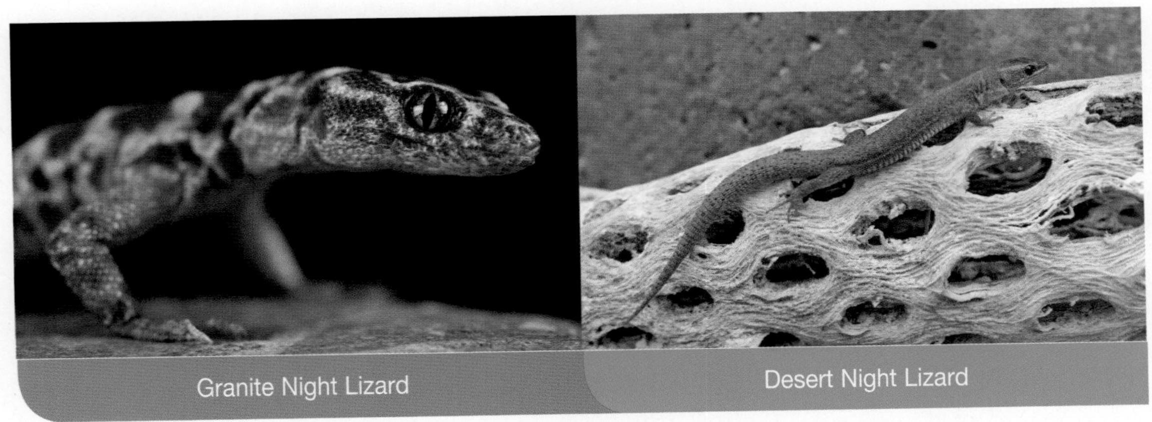

Granite Night Lizard　Desert Night Lizard

쿠바 동부, 파나마에서 멕시코 동부 및 미국 남서부에 분포하며 체색은 주로 암갈색, 회색이나 검은색이다. 몸통과 꼬리 쪽 피부는 작은 과립형이며 종에 따라 피골판이 있다. 이름은 밤도마뱀이지만 모든 종이 야행성(밤에 활동하는)인 것은 아니며 몇 종은 낮에도 활동한다.

눈꺼풀은 없고 고양이의 눈처럼 조리개로 빛의 양을 조절한다. 이들은 작은 곤충부터 작은 씨앗이나 꽃의 일부까지 먹는 잡식성이다. 대부분의 종이 난태생이며 코스타리카나 파나마에 있는 개체군에서는 단성생식(암컷으로만 번식을 하는)을 하는 종도 있다.

9 도마뱀과 (*Scincidae*)

Five-lined Skink

Red Eyed Crocodile Skink

도마뱀의 과 중에서 가장 많은 종이 포함되어 있는 가장 큰 그룹이다. 열대 및 온대의 전지역, 특히 아프리카, 남아시아, 뉴기니아, 호주, 뉴질랜드 및 캐나다 남부에서 아르헨티나 북부까지 분포한다. 국내에도 2종, 도마뱀(*Scinella laterale laterale*)과 미끈 도마뱀(*Scincella vandenburghi schmidti*)이 서식하고 있다. 8cm부터 50cm까지 크기와 모양이 다양하며 많은 종들이 머리의 비늘판은 크며 서로 좌우 대칭되어 있고 몸통 비늘판이 평평하고 서로 겹쳐져 있다. 이들 또한 꼬리를 쉽게 끊을 수 있는 대표적인 종이며 작은 충격이나 소리에도 꼬리를 스스로 잘라내 버릴 수 있다. 도마뱀류는 사막에서부터 산림까지 땅 위나 땅 속, 나무 위까지 다양한 곳에서의 생활방식을 보이고 있고 번식 방법은 난생과 난태생이며 난생을 하는 도마뱀류는 새끼가 태어날 때까지 조류처럼 알을 품는 종도 있다. 이들은 일반적으로 길쭉하고 납작한 사각형의 몸과 머리 끝부터 꼬리 끝까지 자연스러운 미끈한 곡선을 이루고 있는 형태를 가진 종들이 많다. 국내에 서식하는 도마뱀들은 흔히 장지뱀과 혼동되기도 하는데 장지뱀류는 도마뱀류보다 꼬리가 더 길며 도마뱀과 다른 비늘의 형태와 페로몬 분비기관인 서혜인공을 가지고 있으나 도마뱀류는 이런 서혜인공이 없다. 대부분이 이런 미끈한 형태의 외형을 지니지만 외형 또한 다양해서 같은 그룹이라고 보기에 너무나도 상이한 형태를 띠고 있는 종들도 있다.

10 갑옷도마뱀과 (*Cordylidae*)

Armadillo Girdled Lizard　Giant Girdled Lizard

사하라 이남의 아프리카, 마다가스카르에 분포하며 해발 3,500m까지 서식한다. 머리 부분의 비늘은 좌우 대칭되어 있으며 몸의 비늘은 대개 장방형으로 서로 겹쳐져 있다. 이들은 이름에서 알 수 있듯이 딱딱한 비늘로 덮여 있으며 이 비늘은 자신의 몸을 보호하는 역할을 한다. 사회성이 발달된 종들이 많으며 건조하고 바위가 많은 지역에 서식한다. 체형은 종에 따라 다양하다.

11 장님도마뱀과 (*Dibamidae*)

Blind Lizard

뉴기니아와 인도네시아 및 멕시코 동부에서 서식하며 몸길이는 12~17cm 정도의 소형종이다. 이들은 아시아에 3종, 멕시코에 1종이 서식한다. 주둥이와 아래턱 머리 부분은 커다란 비늘판이 있고 몸통과 꼬리 부분의 비늘은 매끄럽고 겹쳐져 있다. 눈과 귀는 피부에 덮여 있으며 이빨은 작고 안쪽으로 휘어져 있다. 체형은 뱀과 같이 생겼으며 앞다리가 없고 수컷에게만 작은 지느러미 모양의 뒷다리가 있다. 이 뒷다리는 배의 노처럼 생겼으며 교미 시 암컷을 끌어안는 데 사용된다.

12 무족도마뱀과 (*Anguidae*)

Slow Worm Lizard　　European Glass Lizard

캐나다의 남서부, 미국의 대부분 지역에서부터 아르헨티나 북부, 유럽, 아프리카 북서부에서 남아시아까지 분포하며 해발 4,260m까지 서식한다. 비늘은 매끄러우나 약간 돌출되어 있고 배 부분조차도 딱딱한 비늘로 덮여있어 전체적으로 몸이 딱딱해 보인다.

체형은 짧고 굵은 것부터 길고 날씬한 것까지 다양하며 종에 따라 다리가 전혀 없거나 짧은 다리를 가지거나 퇴화하는 중간 단계를 보이는 종도 있다. 대부분은 땅 위에서 살지만 일부는 나무 위에서 살며 다른 것을 감을 수 있는 꼬리를 가진 종도 있다. 이들은 주로 작은 도마뱀이나 쥐, 새의 알이나 새끼, 올챙이, 작은 곤충 등을 먹고 산다. 서식환경도 덥고 건조한 환경부터 습기가 많고 서늘한 곳에서 사는 종까지 나뉜다.

13 악어도마뱀과 (*Xenosauridae*)

Flathead Knob-scaled Lizard

악어도마뱀과(*Xenosauridae*)는 뱀목에 속하는 무족도마뱀류과이며 중미에서 발견된다. 멸종된 2개 속(*Exostinus, Restes*)과 현존하는 1개 속(악어도마뱀속)으로 이루어져 있다. 이전에는 중국악어도마뱀(Shinisaurus Crocodilurus)도 악어도마뱀과에 포함시켰으나, 현재는 별도의 과로 분류하고 있다. 현존하는 대부분의 종은 습윤한 서식지를 좋아하며 육식성 또는 식충성 파충류이다. 다양한 크기의 원형 피골판이 있다.

14 중국악어도마뱀과 (*Shinisauridae*)

Chinese Crocodile Lizard

중국악어도마뱀(*Shinisaurus crocodilurus*)은 뱀목에 속하는 무족도마뱀류의 일종이다. 중국 광시성과 베트남 일부에 서식한다. 중국악어도마뱀과(*Shinisauridae*)와 중국악어도마뱀속(*Shinisaurus*)의 유일한 현존 종이다. 석회암지대나 화산지대의 건조한 관목림에서 습기가 많은 운무림까지 찾아 볼 수 있으며 주로 해질 무렵이나 초저녁에 활발히 활동한다. 이들의 식성은 작은 곤충부터 물고기, 올챙이, 작은 포유류까지 완벽한 육식성 도마뱀류이다. 이들 대부분이 악어처럼 반수생의 습성을 가지고 있고 새끼를 낳는 난태생이다. 이들은 늦은 봄에서 한여름에 걸쳐 4~7마리의 새끼를 출산한다.

15 독도마뱀과 (*Helodermatidae*)

Gila Monster　Mexican Beaded Lizard

미국 남서부에서부터 멕시코 서부, 과테말라에 분포하며 미국 독도마뱀과 멕시코 독도마뱀 2종이 있으며 주로 바위가 많고 열대의 반 건조한 환경에서 서식한다. 이들은 이름에서 알 수 있듯이 독을 가진 도마뱀이며 학계에 알려진 유일한 독이 있는 도마뱀 그룹이다. 코모도 드래곤 또한 독을 분비한다는 것이 확인되었다. 이들은 독선이 아래턱에 있으며 신경 독을 주입하는데 독성은 사람에게 극심한 고통을 수반하긴 하지만 생명에 지장을 줄만큼 강한 것은 아니다. 이들은 주로 먹이를 잡을 때 독을 이용하나 포유류나 조류 외의 양서류에게는 이 독이 그다지 크게 작용하지 못한다고 한다. 먹이는 작은 포유류, 조류, 작은 파충류, 새나 파충류의 알, 곤충류, 그리고 각종 시체도 먹는다. 외형은 몸길이는 약 50cm가량이며 원통형 몸통을 가지며 지방을 저장하는 두툼한 꼬리를 가지고 있다. 몸 빛깔은 검거나 암갈색 바탕색에 붉거나 노란 무늬가 있으며 등 쪽의 비늘은 과립형으로 크며 돌출되어 있고 가로세로로 나란히 늘어서 있다. 이들은 주로 지상에 서식하며 설치류나 작은 포유류가 파놓은 구멍에서 낮 동안 쉬다가 서늘한 저녁시간 때 활동한다. 평소에는 움직임이 느리지만 화가 나면 빠르게 움직일 수 있다. 번식은 봄철에 이루어지며 30분에서 1시간가량에 걸쳐 교미를 한다. 암컷은 늦여름에 3~13개 정도의 알을 낳으며 부화하는 데는 100~120일 정도 소요된다.

16 귀머거리도마뱀과 (*Lanthanotidae*)

Bornean Earless Monitor Lizard

보르네오 해안선 부근에 분포하며 몸길이는 약 20cm가량이다. 귀머거리도마뱀은 1종으로 1속 1과를 이룬다. 몸 빛깔은 암갈색이나 검은색이다. 눈은 거의 퇴화되었으나 후각이 발달하였다. 겉모습은 독도마뱀류와 거의 흡사하나 콧구멍이 주둥이의 양쪽이 아니라 위에 있다는 점이 다르다. 외이공(귓구멍)과 목의 피부주름이 없다는 점도 다른 점이다. 이들도 독을 지닌 것으로 알려져 있다. 이들은 대형의 비늘에는 구멍이 있어서 촉각기관의 역할을 하며 반수생의 생활상을 띤다. 식성은 육식성이며 바닷물고기나 지렁이, 바다거북이나 새의 알의 노른자를 즐겨 먹는다. 일반적으로 성질은 활발하지 않으나 수컷은 공격적인 성향을 보인다. 야행성(밤에 활동하는)이며 생식 방법은 난생이다.

17 왕도마뱀과 (*Varanidae*)

Komodo Dragon

Emerald Tree Monitor

아프리카에서 동남아시아를 거쳐 뉴기니아, 호주까지 분포되어 있다. 이 종은 작은 종은 몸길이 12cm부터 대형 종은 3m까지 자라며 다른 종에 비해 목이 길고 잘 발달되어 있고 몸통이 짧은 편이다. 몸빛은 주로 갈색이나 회색, 검은색 등 우중충한 색이나 나무에 사는 종은 아름다운 녹색을 띠는 종도 있다. 머리는 일반적으로 길고 폭이 좁으며 주둥이는 뾰족하다. 이들은 뱀처럼 두 갈래로 갈라지는 긴 혀를 이용하여 공기 중 떠다니는 냄새의 맛을 보며 뱀처럼 먹이를 통째로 삼키는 경향이 있다. 이들은 주행성(낮에 활동하는)이며 거의 모든 종이 적극적으로 먹이를 찾는다. 먹이는 작은 곤충부터 작은 설치류, 조류, 작은 포유류, 작은 파충류, 물고기, 조류의 알이나 파충류의 알, 썩은 시체 등 가리지 않고 먹어 치우며 코모도 왕도마뱀의 경우 사슴이나 멧돼지, 물소까지 사냥한다. 이들은 특히 후각이 발달한 종이 많으며 발달한 후각으로 멀리에 있는 먹이도 쉽게 찾아낸다. 특히 야생에서는 악어의 알을 훔쳐 먹는 행위로 인해 천적 관계에 있다. 이들은 야생에서 청소부 역할을 하고 커다란 포식자가 없는 호주에선 대형 육식 포유류와 같은 생태적 지위를 가지고 있다. 이들은 대부분 육상에서 생활하나 나무 위나 물 속에서 생활하는 종도 있으며 모든 종이 능숙한 수영솜씨를 자랑한다. 적으로부터 달아나기 위해 물 속에 1시간가량 잠수를 할 수도 있다. 이들은 바위가 많은 사막이나 사바나 산림, 강기슭이나 맹그로브지대에서 서식하는데 동남아시아에 서식하는 물 왕도마뱀의 경우는 도시의 민가 근처에서도 흔히 서식하며 사람들이 버리는 음식 쓰레기를 먹기도 한다.

4 서식지에 따른 환경 조성

1 지상성(지면에서 생활하는 습성)

주행성(낮에 활동하는) 사막형 도마뱀 사육장	야행성(밤에 활동하는) 사막형 사육장
	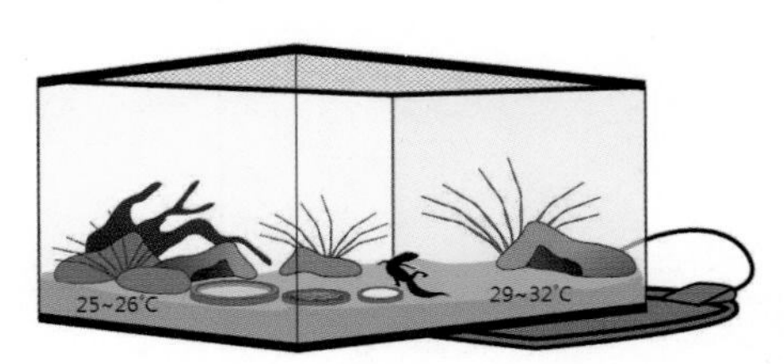
주행성(낮에 활동하는)이며 일광욕을 즐기는 사막형 도마뱀을 위한 사육장이다. 사육장 한 곳은 암석으로 일광욕자리를 만들고 스팟램프로 사육장 내 온도편차를 만들어 준다.	야행성(밤에 활동하는) 도마뱀을 위한 사육장으로 조명은 필요 없으나 야간 관상용 조명을 사용하기도 한다. 열원은 바닥히터로 사육장의 3분의 1 지점에만 깔아주어 사육장 내부에 온도편차를 제공한다.

주행성(낮에 활동하는) 바닥형 사육장	주행성(낮에 활동하는) 습지형 사육장
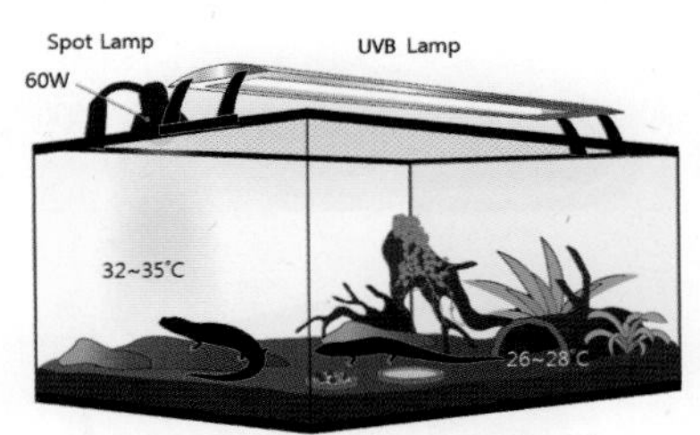	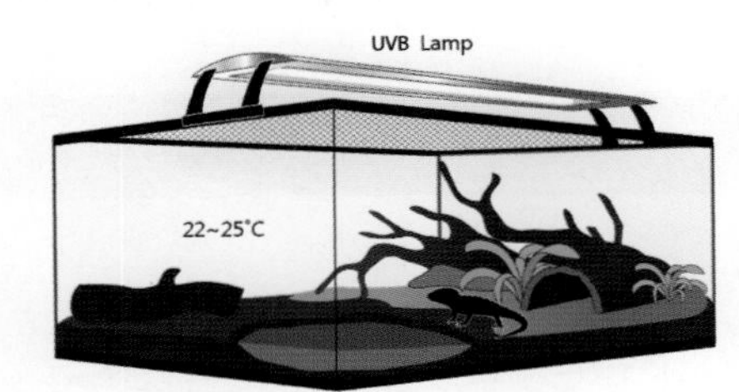
바닥을 파고 들지 않는 블루텅스킨크나 싱글백 등 주로 바닥에서 활동하는 도마뱀을 위한 사육장이다. 바닥재는 서식지에 따라 모래나 바크 등으로 꾸며 주고 높이보다는 넓은 사육장을 마련해 주는 것이 좋다.	레드아이 아머드 스킨크처럼 높은 습도를 요구하는 도마뱀을 위한 사육장으로 바닥재는 습기를 머금을 수 있는 바크와 피트모스, 흙 등을 혼합해 주고 넓은 물그릇이나 한구석에 물웅덩이를 마련해 주는 것이 좋다.

2 지중성(땅을 파고드는 습성)

야행성(밤에 활동하는) 사막형 사육장	주행성(낮에 활동하는) 바닥형 사육장
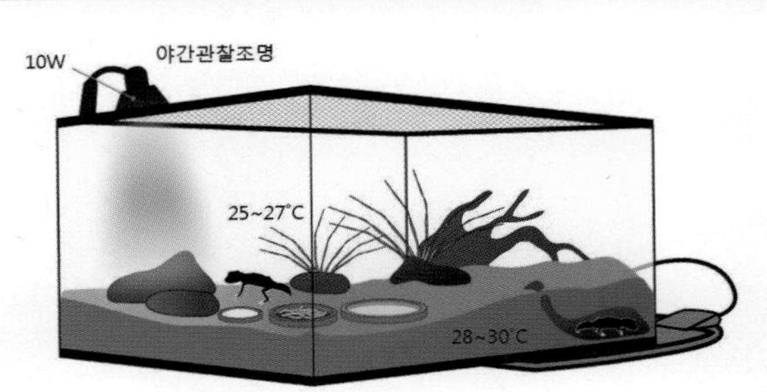	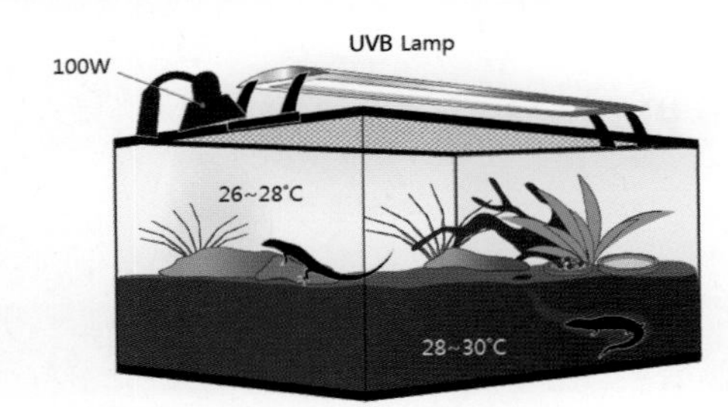
굴을 파는 습성이 있는 납테일게코류 등을 위한 사육장이다. 수분을 머금으면 굳는 성질의 모래(모래+황토흙)를 혼합하여 깔아 준다. 열원은 바닥히터로 사육장의 3분의 1 지점에만 깔아주어 사육장 내부의 온도편차를 제공한다.	파고들기 좋아하는 아프리칸 파이어 스킨크나 샌드피쉬 같은 도마뱀류를 위한 사육장이다. 바닥재는 종에 따라 바크나 모래로 선택할 수 있으며 열원은 상부에서 한 부분만 조사하여 사육장 내부의 온도편차를 제공한다.

3 교목성

열대우림형	열대우림형+반수생형
60W Spot Lamp UVB Lamp 32~35°C 24~26°C	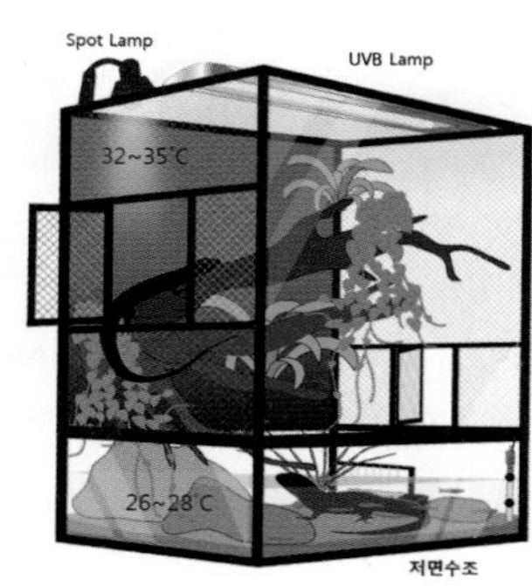
일반적으로 나무 위에 매달려 사는 종을 위한 사육장 형태이다. 이구아나류나 게코류, 아가마류 등이 대표적이며 이 종들은 바닥에 머무르기보다 나무에서 대부분의 시간을 보낸다. 일광욕 장소는 사육장 상단의 나무 일부분에 마련해 주어 도마뱀들이 스스로 체온을 유지하도록 한다.	물가의 나무 위에 서식하는 종들을 위한 사육장으로 대표적으로 카이만 리자드나 그린바실리스크, 차이니즈 워터드래곤, 호주 워터드래곤, 셀핀 리자드 등이 있다. 이 종들의 특징은 교목성이면서 위급한 상황에는 물로 뛰어드는 습성이 있으며 높은 습도를 요구하는 종이다.

반수생성

반수생형	
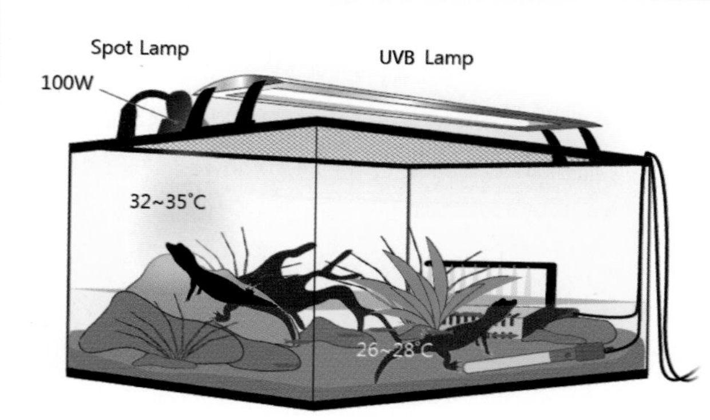	악어류나 보르네오 이어리스 모니터, 워터 스킨크처럼 물과 육지를 오가는 종을 위한 사육장 형태로 반수생 거북류와 같은 사육장 형태이다. 하지만 종에 따라 요구하는 온도대가 다를 수 있으므로 수중히터로 사육장 내 온도를 조절한다.

스크린형	
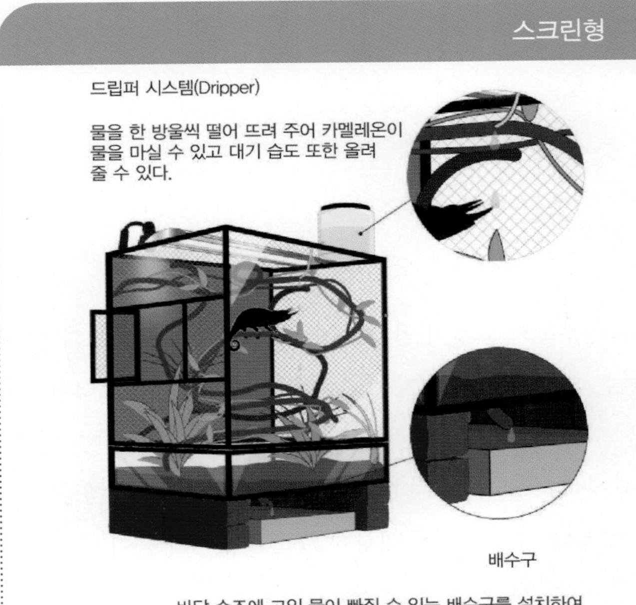	카멜레온류나 멕시칸 엘리게이터 리자드처럼 통풍이 잘 되는 환경을 선호하는 종을 위한 사육장이다. 이들은 사육장 내 공기가 정체되어 있으면 스트레스를 받는 종으로 공기의 순환이 원활해야 한다. 습도 또한 일정하게 유지되어야 하므로 살아 있는 식물을 식재하고 분무로 습도를 유지해 주어야 한다.

5 도마뱀의 번식

도마뱀류의 경우 생활방식이 다양한 종이기 때문에 번식에 이르게 하려면 각자의 종들이 원하는 다양한 요소가 필요하다. 도마뱀을 사육하면서 번식을 목적으로 한다면 어떤 종을 번식시킬 것인가부터 결정해야 한다. 일반적으로 쉽게 번식이 이루어지는 종들의 경우 다양하고 유용한 정보들이 많이 있으나 사육의 역사가 짧은 종이나 요구하는 환경이 까다로운 종의 경우 번식과 관련된 쓸 만한 정보를 찾기가 쉽지 않기 때문이다. 그렇다면 도마뱀의 번식에 있어서 가장 중요한 요소는 무엇일까? 바로 번식이 가능한 성숙하고 건강한 도마뱀의 쌍을 확보하는 것이다. 성적으로 성숙하고 건강한 모체는 번식의 기본 토대가 되므로 기본적으로 이를 확보하기 위해선 도마뱀의 성별을 정확히 구별할 수 있어야 한다. 일반적으로 도마뱀은 어린 개체일 때의 명확한 암수 구분은 거의 불가능하다. 소수의 종의 경우 어린 개체 때부터 뚜렷한 암수 차이를 보이는 종들도 있지만 그 외의 대부분의 종이 어린 개체의 경우 육안으로의 암수 구분이 힘들다. 종에 따라서 준성체 때부터 발달된 우관이나 갈기의 형태로 쉽게 구분이 가는 종도 있는 반면 도마뱀(Skink)류의 경우 외형상의 별 차이를 보이지 않는 종들도 있기 때문에 도마뱀의 성별 구분법은 명확한 보기를 들기가 힘들다. 그럼 일반적으로 도마뱀들의 암수 차이를 나타내는 몇 가지 특징에 대해 알아보자.

암수 차이를 나타내는 특징

암수의 크기 차이

도마뱀의 경우 몇몇 종을 제외하고 일반적으로 대부분의 수컷이 암컷보다 크다. 특징적으로 보다 크고 건장한 체격을 가지고 있는데 대부분의 수컷들은 영토를 가지고 자기 영역 안의 암컷들을 거느리며 경쟁 수컷에게서 영역을 지키기 위한 영역다툼을 하기 위해 암컷보다 큰 덩치를 가지고 있는 종들이 많다. 암수를 쉽게 구분할 수 있는 차이이긴 하지만 종에 따라서 암컷이 더 크게 자라는 종들도 있기 때문에 절대적인 기준이 될 수 없다. 완전한 성체가 아닐 경우나 대조할 만한 대상이 없는 경우는 구분이 어려우므로 이로써 암수를 구별하기에는 무리가 있다.

특징적인 외형의 차이

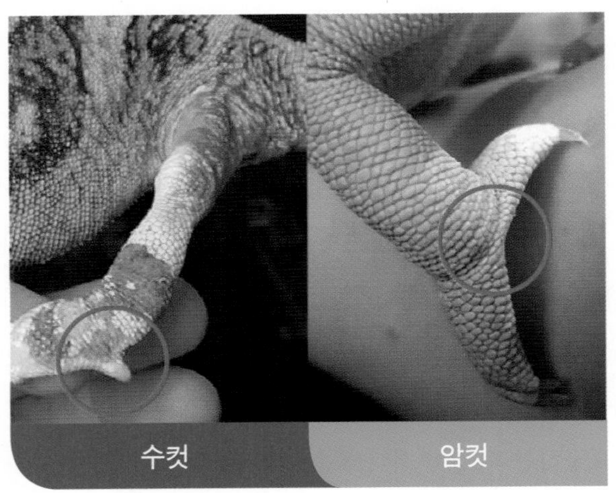

도마뱀들 중 몇몇 종은 아주 어린 개체 때부터 암수 구분이 확연하게 되는 종들이 있다. 대표적인 종이 바로 베일드 카멜레온(Veiled Chameleon)이며 이들은 태어나자마자 암수의 식별이 가능하다. 수컷의 경우 뒷발가락의 접히는 바깥 부위에 볼록하게 돌기가 솟아있고 암컷의 경우에는 밋밋하므로 쉽게 구분이 가능하다.

외형적인 발달의 차이

성적이형성 도마뱀

이와 같은 종들은 주로 수컷이 장식 갈기나 특징적인 장식을 가진 종 또는 암컷에 비해 수컷의 채색이 아름다운 종들로 쉽게 구분이 가는 종들이다. 하지만 이와 같은 특징이 나타나기 위해선 성숙이 어느 정도 진행되어야 확실한 구분이 가능하며, 이들도 어린 개체 때의 정확한 구분은 어렵다.

고환의 유무

이는 완전한 성 성숙에 다다랐을 때 구분할 수 있는 가장 손쉬운 구분법이지만 종에 따라서 크레스티드 게코(Crested Gecko)처럼 수컷의 고환이 두드러지는 종이 있는가 하면 확연하게 차이를 보이지 않는 왕도마뱀류(Monitor Lizard)나 블루텅 스킨크(Blue-tongued Skink)와 같은 모호한 종도 있다.

✓ 서혜인공(Femoral Pore)의 발달 차이

서혜인공이란 흔히 대퇴 모공이라고 불리기도 하며 분비샘이 있는 조그만 돌기 같은 비늘을 말한다. 이는 도마뱀들의 사타구니에 있는 페로몬 분비기관으로 모든 도마뱀들은 피부에 점액선이 전혀 없지만 사타구니에 특별한 지방체를 가지고 페로몬을 분비해 상대방을 유혹한다. 이런 서혜인공은 도마뱀의 종류에 따라 모양과 개수가 각각 틀리고 모든 도마뱀들에게 있는 것은 아니며 도마뱀류(Skink)에게는 없다.

2 번식의 과정

번식이 가능한 건강한 도마뱀의 쌍을 구하면 이제 번식에 돌입하는 일만 남았다. 번식을 위해 사육을 할 경우 그 종의 생활 패턴을 알아보는 것이 중요하다. 사육하는 도마뱀이 사회적으로 무리를 이루는 종인지, 아니면 독립된 생활상을 가진 종인지 알아야 한다.

사회적인 종류 | 단독생활을 하는 종류

파충류 무리 중 도마뱀들의 경우 많은 종이 의외로 사회성을 띠며 일부다처의 생활 형태를 보인다. 번식의 방법도 자연스럽게 한 사육장에서 사육을 하면서 번식을 유도하는 방법과 암수를 따로 분리해서 사육하다가 같이 합사를 하여 번식을 유도하는 방법 두 가지로 나뉜다. 또한 쿨링(Cooling)의 과정이 필요한 종이나 그렇지 않은 종 등 각 도마뱀의 생태에 따라 번식의 과정이 달라지게 된다. 번식의 과정은 [쿨링(Cooling) - 메이팅(Mating) - 산란 - 알의 수거 - 인큐베이팅 - 부화 - 유체관리]의 순으로 진행되며 사육자가 매년 지속적인 번식을 계획하고 있다면 일련의 과정을 잘 기록해 두는 것이 좋다.

번식의 준비가 다 갖춰졌다면 다음에 해야 할 일은 바로 동면이나 사이클링이다. 온대 기후에 서식하는 파충류의 경우 겨울에 겨울잠을 자며 이때 낮은 온도로 인해 번식에 필요한 호르몬 변화가 일어나며 정자 생성과 배란이 촉진된다. 동면을 하지 않는 열대나 아열대 지역 파충류의 경우에도 건기와 우기라는 계절적 환경변화를 겪게 된다. 열대에 서식하는 도마뱀들에게 우기 동안의 높은 습도와 낮은 온도는 마찬가지로 동물들의 번식에 중요한 요소가 되므로 사육 시 인위적으로 온도의 변화를 주어 야생에서와 비슷한 환경 변화를 줌으로써 번식을 유도할 수 있다. 종에 따라서 이런 쿨링이나 사이클링이 없이 번식이 되는 종도 있지만 대부분의 열대성 파충류 번식의 가장 큰 성공요인은 쿨링을 얼마나 동물의 몸에 무리 없이 잘 시키느냐로 판가름 날 수 있다.

3 쿨링(Cooling, 동면)

쿨링(Cooling)이란 간단하게 풀이하자면 우리나라에 서식하는 파충류들이 겨울철에 동면을 하는 것과 같이 사육하는 도마뱀들에게 인위적으로 온도를 낮춰 주는 것인데 쿨링의 목적은 도마뱀들이 계절의 변화를 느껴 번식에 돌입할 수 있게끔 유도하기 위함이다. 일반적으로 동면은 겨울이 있는 온대지역에 서식하는 동물들에 한정되어 있는 행위로 알고 있지만 이런 온대의 겨울과 비슷한 계절적 변화는 열대지방이나 사막지방에도 일어난다. 열대지방의 우기는 온대지방의 겨울시기와 비슷하게 10월부터 이듬해 3월까지 지속되는데 약 5개월 중 가장 강수량이 많고 기온이 낮아지는 기간은 약 2~3달간이다. 사육 시에도 인위적으로 온도를 낮춰주고 습도를 높여주는 방법으로 쿨링(Cooling)을 해주게 되면 호르몬 분비 촉진으로 인해 번식에 들어가게 된다.

쿨링 방법은 건강한 암수를 선택하여 1주일간 먹이를 주지 않는 것이다. 여기서 가장 중요한 부분은 도마뱀들에게 2~3달여간의 금식기간을 버틸 만한 건강상의 문제가 없어야 된다는 것이다. 몸의 영양상태가 부실하거나 몸에 질병이 있거나 병을 앓고 난 후 회복한지 얼마 되지 않은 개체는 쿨링을 시키지 않는 것이 좋다. 만약 건강상으로 충분한 영양이 몸에 축적되어 있지 않으면 쿨링 시 오히려 폐사로 이어지게 되므로 쿨링하고자 하는 동물의 건강상태를 꼼꼼히 살펴봐야 한다. 쿨링 중에도 틈틈이 도마뱀들의 몸 상태를 체크하여 쿨링 중인 도마뱀의 몸무게가 너무 많이 감소했다거나 혹은 질병의 징후를 보인다면 쿨링을 중단시켜야 한다.

사실 쿨링은 분명히 위험이 많이 따르는 상황이며 이 때문에 많은 사육주들이 쿨링을 해야 하는 도마뱀류 번식의 어려움을 느낀다. 거의 모든 사육자들이 파충류 사육 시 낮은 온도에 의한 폐해에 대해서 막연

한 두려움이 있다. 이는 많은 이들이 도마뱀 번식에 섣불리 도전을 하지 못하는 이유이기도 하다. 쿨링이 필요한 도마뱀을 번식시키기 위해서는 평소의 사양 관리가 굉장히 중요하며 그러기 위해선 평소 도마뱀의 몸무게를 꼼꼼히 기록해 두는 것이 도움이 된다. 이렇듯 도마뱀의 건강에 이상 없다고 판단되면 쿨링에 돌입하는데, 쿨링에 들어가기 전에 한 가지 더 체크해야 할 부분은 도마뱀의 몸 안에 음식물의 소화가 완벽히 되었는지 확인하는 것이다. 만약 소화가 채 덜 되거나 배설물을 배출하지 못한 상태로 쿨링에 들어 갈 경우 낮은 온도로 인해 소화가 안 된 채 음식물이 썩을 수 있으므로 필히 몸 안의 것을 다 배출한 것을 확인 후에 쿨링에 들어가야 한다.

몸 안의 먹이가 완벽히 소화되어 마지막 배설이 끝나게 되면 먹이를 주지 않고 수분만 보충해주며 3일 후부터 서서히 온도를 낮춰준다. 온도를 낮춰줄 때는 약 2주 정도의 시간을 들여 서서히 낮춰주어야 한다. 약 이틀 간격으로 2°C 정도 서서히 낮추어 최종적으로 주간의 온도 23~25°C, 야간의 온도를 15~18°C로 설정해 준다. 하지만 종에 따라 리프테일 게코(Leaf-tailed Gecko)처럼 평소 사육 시에도 높은 온도를 선호하지 않는 종의 경우 더 낮은 온도를 설정해 주어야 하는 경우도 있다. 이런 종의 경우 주간 온도는 20°C, 야간 온도를 15°C 정도로 낮춰 주도록 한다. 또한 온도를 낮춰 주는 것과 동시에 중요한 부분은 습도를 높여 주는 것이다. 이는 열대지방의 우기를 재현하는 것으로 밤에 많은 양의 물을 분무해주어 습도를 100%에 가깝도록 높여주어야 한다. 이 기간 동안에는 도마뱀들에게 먹이는 주지 않으며 대신 수분을 충분히 섭취할 수 있도록 해주어야 한다. 이것은 열대지방의 동물의 경우이며 이들은 쿨링 시에도 완벽한 동면이 아니라 종종 활동하는 모습이 관찰된다. 쿨링 시 더 낮은 온도대를 요구하는 온대지방의 동물들의 경우, 완전히 동면에 돌입할 수 있도록 축축한 피트모스와 낙엽 등을 채운 동면상자를 만들어서 마찬가지로 서서히 온도를 낮춘 후 주간과 야간 모두 일정하게 5~8°C로 유지해 주도록 한다. 쿨링이 끝나면 마찬가지로 서서히 온도를 올려 주어야 한다.

✔ 쿨링 중 온도관리

파충류와 같은 변온동물을 기르다보면 의외로 꽤 많은 종류의 파충류들이 그리 높지 않은 온도에서 살아가고 있다는 점에 놀라게 된다. 다양한 생활 형태를 가지고 있는 도마뱀류는 다양한 온도대에서 적응해서 살아가고 있으며 특히 고산지역에서 서식하는 종들의 경우 열대지방에 서식하더라도 25°C 이하의 낮은 온도를 선호하는 종들이 많다.

고온을 요구하는 종의 경우 히팅램프나 발열판 등으로 고온의 환경 조성이 쉬운 반면 저온을 요구하는 종들의 온도를 인위적으로 낮춰주는 것이 오히려 더 어렵다. 특히 쿨링은 자칫하면 도마뱀의 생명을 잃을 수도 있는 위험성을 내제하고 있기 때문에 일정한 온도의 유지는 무엇보다 중요하다. 만약 온도가 너무 낮아져 버리거나 나무 높아지게 되면 자칫 쿨링 중인 도마뱀의 폐사로 이어질 수 있기 때문에 특히 신경 써야 한다.

그럼 집에서 간단하게 쿨링을 할 수 있는 방법에 대해 알아보자.

여름철에는 사육장 온도를 저온으로 유지하기가 어렵지만 쿨링의 경우 겨울철에 이루어지기 때문에 비교적 쉽다고 할 수 있다. 방법은 작은 방 하나를 쿨링 룸으로 꾸며주고 사육장을 그 곳에 설치한 후 자동 온도 조절기를 이용하여 원하는 온도대로 설정하는 것이다. 우선 준비물은 개폐식 자동 환풍기와 저면 발열판, 자동온도조절기 2개를 준비한다. 환풍기는 작동하지 않을 시 커버가 덮이는 종류의 환풍기를 준비한다.

그럼 1차적으로 할 일은 방의 창에 환풍기를 설치하고 나머지 부분은 스티로폼으로 막아 외부의 공기를 원할 때만 끌어 쓸 수 있도록 준비한다. 그 다음은 사육장 바닥에 전기방석이나 파충류용 히팅 패드를 설치한다.

낮 동안 방의 온도는 사육장의 온도가 20˚C가 유지되도록 방의 보일러를 가동해 주고 야간의 온도는 15˚C로 낮춰 줄 수 있도록 자동온도조절기 2대를 각각 환풍기와 사육장 바닥의 저면 열판에 연결한다. 사육장의 온도가 15˚C 이상 올라가면 환풍기가 작동되어 찬바람을 유입시켜 온도를 떨어트려 주고 사육장이 온도가 15˚C 이하로 떨어질 경우를 대비해 히팅패드에 자동온도 조절기를 설치해 15˚C 이하로 떨어질 경우 작동할 수 있도록 설치한다.

이때 중요한 점은 방 온도가 아닌 사육장 내부온도에 센서를 설치해야 한다는 것이다. 쿨링 시 우기의 환경 조성을 위해 사육장 내부의 습도를 같이 올려주게 되는데, 그렇게 되면 높은 습도로 인하여 방의 온도보다 사육장 내부의 온도가 더 낮아지게 되므로 필히 사육장 온도에 센서를 설정해야 한다. 쿨링 시 사육장 내부의 습도를 높이기 위해 분무는 하루에 두 차례 아침과 저녁에 사육장 내부가 흠뻑 적셔지도록 두 차례 해주도록 한다. 주간의 습도는 80%, 야간은 90~100%의 습도를 유지해 준다.

또한 쿨링 시 같이 시행해야 할 부분은 빛의 광주기를 짧게 해주어야 한다는 것이다. 거북류처럼 아예 땅 속에 몸을 파묻고 쿨링 기간을 보내는 것이 아니기 때문에 주간엔 평소의 조명을 켜주되 일반적인 사육 시 낮의 길이가 12시간이었다면 쿨링 시에는 조명을 켜주는 시간을 8시간으로 줄여 주도록 한다. 사육 시 쿨링의 기간은 약 6주나 8주 정도로 야생상태보다는 짧은 기간으로 끝내는 편이 안전하다. 쿨링이 끝났다고 갑자기 온도를 올리지 않도록 하며 쿨링을 시작할 때와 마찬가지로 서서히 온도를 올려 주도록 한다.

★Tip★ 쿨링(Cooling)은 꼭 필요한가?

쿨링은 야생에서는 자연스러운 자연현상으로 야생의 도마뱀들은 본능적으로 잘 대처하게 되며 큰 위험이 따르지 않는다. 그러나 사육되는 도마뱀들의 경우엔 쿨링에 많은 위험이 따르게 되므로 신중해야 한다.
사실 사육하는 모든 도마뱀에게 꼭 쿨링이 필요한건 아니다. 쿨링이 없이도 수월하게 번식이 되는 종들도 있고, 쿨링을 통해 자극을 받고 배란이 이루어지는 종들도 있으며, 쿨링이 필요한 종일지라도 쿨링 없이 번식이 되는 경우도 발생한다. 또한 적절한 쿨링이 되었어도 번식에 실패하거나 심각한 경우 알을 낳고 어미가 폐사하는 경우도 발생한다. 쿨링은 수월한 번식행동을 끌어내기 위함일 뿐 오히려 적절치 못한 쿨링의 경우 도마뱀을 죽음으로 몰 수 있음을 명심해야 한다.
예를 들자면 외국의 어떤 유명 브리더의 경우에는 쿨링 없이 여러 마리 도마뱀들을 매해 꾸준히 번식시켜 오고 있으며 또 다른 브리더의 경우 번식을 위해서는 쿨링이 꼭 필요하다고 말한다. 또한 쿨링의 방법 또한 완벽한 정석은 없으며 많은 브리더들이 각자의 스타일이 있어 어떤 방법이 좋고 꼭 맞다고 말할 수 없다. 우리가 다루는 도마뱀은 기계가 아닌 생명체이므로 다양한 변수가 작용하며 각각의 개체마다 쿨링 시 요구하는 환경적 차이나 상황이 다르므로 "이것이 바로 정답이다."라고 말할 수 없는 부분이다.

4 교미(Mating)

교미자극을 위한 가짜교미 / 암수의 교미

안전하게 쿨링이 끝나게 되면 본격적인 번식 행위에 돌입하게 된다. 수컷은 암컷을 따라다니며 구애를 시작하고 종류마다 구애의 방법은 다르지만 거의 수컷이 머리를 힘차게 위아래로 흔들면서 자신의 힘을 과시하는 행동을 한다. 또한 수컷들은 교미 시 과격하게 암컷의 몸의 여기저기를 물어서 상처를 내기도 한다. 교미가 끝나고 나면 수컷은 얼마 안 가 흥미를 잃게 되지만 그렇지 않고 계속 암컷을 괴롭힐 경우 암컷이 심각한 상처를 입을 수 있으므로 따로 격리해주어야 한다. 메이팅 후 종에 따라 차이는 보이지만 1~2달 후면 암컷은 산란을 하게 된다.

5 산란장 꾸미기

암컷은 알 낳을 시기가 가까워져오면 먹이를 거부하고 불안한 듯한 행동을 보인다. 중형의 종들의 경우 뱃속에서 알이 성숙하게 되면 손으로 만졌을 때 알의 형태가 느껴지며 산란에 임박하면 육안으로 확인될 정도로 겉 피부에도 알의 형태가 보이는 경우가 많다. 도마뱀들의 경우 산란의 방법도 다양한데 땅 속에 알을 낳는 일반적인 습성을 지니는 종들도 있고 나무나 벽면에 알을 붙이는 종들도 있으며 몸 속에서 알을 부화시켜 새끼로 낳는 종들도 있다. 또한 알을 낳는 습성도 종에 따라 흙만 살짝 덮일 수 있는 지면 가까이 알을 낳는 종이 있는가 하면 땅 속 꽤 깊은 곳까지 파고들어가서 알을 낳는 종들도 있으므로 습성에 맞는 산란공간을 마련해주어야 한다.

산란 장소를 찾지 못하고 바닥에 흘려버린 알

적당한 곳을 찾은 암컷

붙이류도마뱀은 끈적이는 알을 나무나 유리 면에 붙인다.

일반적으로 땅 속에 알을 낳는 종들을 위해 안심하고 알을 낳을 수 있는 장소를 만들어 주어야 하는데 이는 사육장 안에 설치해 줄 수도 있으며 종에 따라서 따로 산란상자를 만들어 산란이 임박해지면 산란상자로 옮겨 줘야 하는 경우도 있다. 일반적으로 크기가 작은 게코류의 경우 흔히 반찬을 보관할 때 쓰는 가로 · 세로 15cm, 높이 10cm 정도 되는 작은 플라스틱 박스에 도마뱀이 드나들 수 있는 크기의 구멍을 뚫고 안에 피트모스나 수태, 버미큘라이트 등 수분을 머금을 수 있는 재질의 바닥재를 넣어주면 암컷 도마뱀이 들어가 알을 낳는다. 반대로 카멜레온류들은 알을 낳을 때 땅 속 꽤 깊이까지 파고들어가서 알을 낳는데 일반적으로 다용도 옷 정리함으로 쓰이며 리빙 박스라 불리는 커다란 플라스틱 박스에 원예용 상토를 가득 채워 충분한 깊이의 산란장소를 마련해 주는 것이 좋다. 그리고 쉽게 번식이 되고 있는 비어디드 드래곤의 경우도 따로 리빙박스를 산란상자로 이용하여 산란을 유도하는 것이 좋다. 만약 산란장소가 없을 경우 건조한 바닥재를 파고 알을 낳거나 물그릇에 알을 낳는 경우가 발생하며 이를 사육자가 늦게 발견할 경우 알의 상태가 좋지 못하여 부화율이 떨어지거나 죽은 알이 될 수 있다.

일반적으로 암컷 도마뱀들은 알을 낳을 시기가 다가오면 사육장 여기저기를 파헤치는 행동을 하므로 이런 행동을 발견하면 산란상자로 옮겨 주어야 한다. 특히 산란 때 많은 암컷 도마뱀들이 마땅한 알자리가 없어서 산란을 미루다가 알 막힘이 원인이 되어 폐사에 이르기도 하므로 꾸준한 관찰로 자신의 도마뱀이 산란의 기미가 보일 때 산란박스로 옮겨 주는 것이 좋다.

이렇게 공기가 통하도록 환기구를 뚫은 산란상자에 암컷 도마뱀을 옮겨주고 플라스틱 박스의 뚜껑을 덮고 하루가 지나면 암컷이 산란을 하게 되는데 바로 산란하지 않고 이틀 이상 걸리는 경우도 있다. 확인 후 아직 알을 낳기 전이면 미지근한 물에 온욕을 시켜주어 수분을 보충해주고 난 후 다시 산란상자에 넣는다. 대부분 한밤중에 산란을 하는 경우가 많다.

산란이 끝난 암컷은 주둥이 부위에 흙이 묻어 있으며 산란으로 인해 배가 홀쭉해져 있으므로 쉽게 구분이 된다. 산란을 마친 암컷은 미지근한 물에 온욕을 해주어 피부에 묻은 이물질 제거와 충분한 수분을 섭취 시킨 후에 사육장으로 옮긴 다음 알을 조심스럽게 채취한다.

6 알 옮기기

암컷 도마뱀이 산란을 끝마치면 이젠 사육자가 그 알을 인큐베이터로 옮기는 일이 남아 있다. 알을 채취하기 전 미리 준비해야 할 일이 하나 더 있다. 알을 옮겨 담을 부화상자를 준비해야 하는데 일반적으로 반찬 보관용 그릇을 이용하며 가로 25cm, 세로 15cm, 높이 10cm 정도 되는 플라스틱 그릇에 물에 적신 버미큘라이트(질석)를 2/3 정도 깔고 손가락으로 살짝 눌러 알이 놓일 위치를 잡아 둔다. 그 다음 신속하고 조심스럽게 알을 채취한 다음 알을 손가락으로 눌러 놓은 부분에 살짝 묻히도록 놓는다.

이때 버미큘라이트의 반죽 정도는 물기가 너무 많거나 혹은 너무 적어도 좋지 않다. 손으로 집어 들었을 때 입자가 하나씩 부슬부슬 떨어지면 물이 너무 적은 경우이며 만졌을 때 손에 입자가 많이 묻게 되면 물의 양이 너무 많은 것이므로 만졌을 때 물을 머금어 무게감이 있되 물기가 흐르지 않는 정도의 반죽이 좋다. 알을 부화상자에 옮겨 놓을 때 알끼리의 간격은 알 하나의 간격 정도로 떨어뜨려 놓는 것이 좋은데 이는 부화 중 상태가 좋지 못한 알이 부패하는 경우 영향을 받지 않기 위해서이다. 도마뱀의 알 중 간혹 두 개나 세 개가 서로 붙어 있는 경우가 있는데 그때는 일부러 떼어내려고 하지 말고 그 상태 그대로 올려놓으면 된다. 알은 겉 표면이 마르지 않은 상태에서 인큐베이터로 옮겨져야 한다.

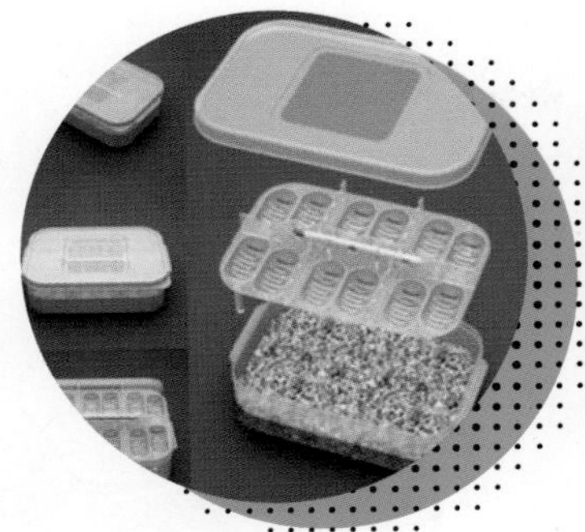
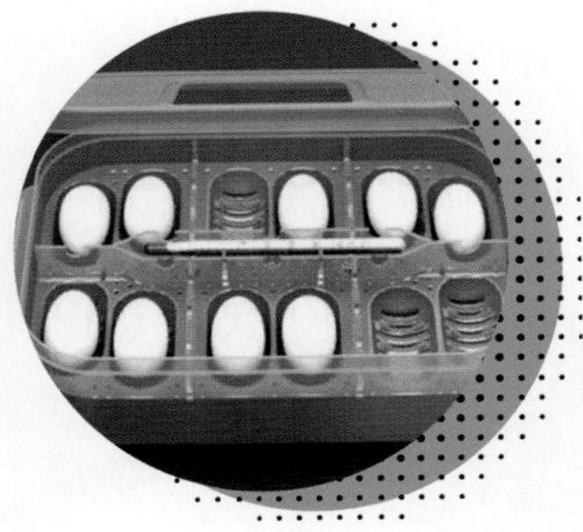

시판되는 알 부화용 상자

부화용 바닥재료

버미큘라이트(Vermiculite)

질석을 약 1,000°C로 구운 것으로 배합토의 재료이다. 무게는 모래의 1/15 정도로 가볍고 통기성과 보수성이 우수하며 무균 상태이므로 파종, 삽목, 분실용 토로서 많이 쓰인다. 규산층과 알미늄층이 2:1로 형성된 팽창판자형 제2차 토양광물이다.

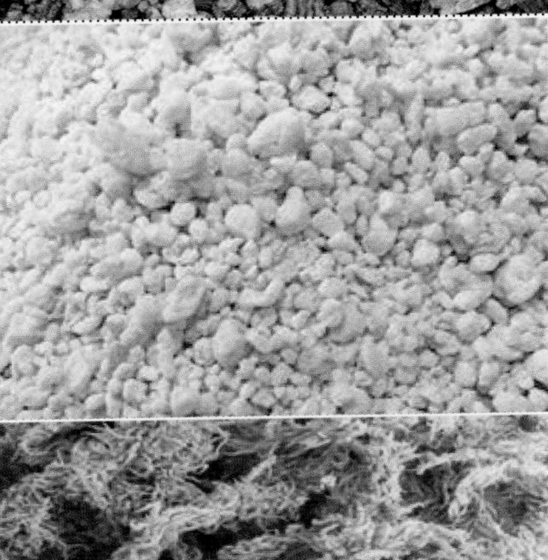

펄라이트(Perlite)

화산 작용으로 생긴 진주암을 850~1200°C로 가열, 팽창해 만든 인공 토양이다. 진주암을 순간적으로 고열로 가열하면 안에 있던 수분(2~6%)이 밖으로 나와 팽창하는 현상을 이용해 생산된다. 펄라이트는 주로 식물 재배나 건축 자재로 사용된다. 펄라이트는 가열 시 소독이 되기 때문에 무균 상태이며 잡초종자나 해충이 없어 주로 식물 재배용으로 사용된다.

스패그넘 모스(Sphagnum Moss)/수태

물이끼가 마른 것으로 수분 흡수율이 높고 독성이 없어 토피어리 제작이나 화예용으로 많이 쓰인다.

7 부화

시판되는 파충류 인큐베이터

쿨링팬이 있는 제품으로 낮은 온도대 형성 가능

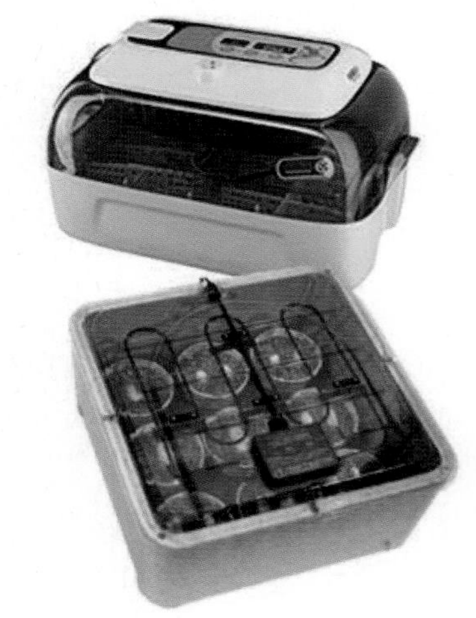

쿨링팬 없이 열선으로만 온도를 설정하는 제품

인큐베이터 제작

알을 어린 도마뱀으로 부화시키기 위해서는 부화의 조건에 알맞은 환경의 조성이 필요하다.
파충류 부화기의 원리는 조류처럼 전란 과정(알을 굴려주는)이 없기 때문에 적정 온도와 습도 유지만 해주면 되므로 간단하다. 주로 가정에서 사용하거나 알의 개수가 적은 경우에는 보온이 용이한 아이스박스 등을 이용하여 간편하게 제작할 수 있다. 인큐베이터는 아이스박스에 물을 채우고 수중 히터로 온도를 조절하는 습식 방법과 필름히터나 동파방지열선을 이용하고 자동 온도 조절장치를 이용하여 부화통 내에 바닥재(물과 반죽한 버미큘라이트, 펄라이트)의 습도를 이용하는 건식 방법이 있다.

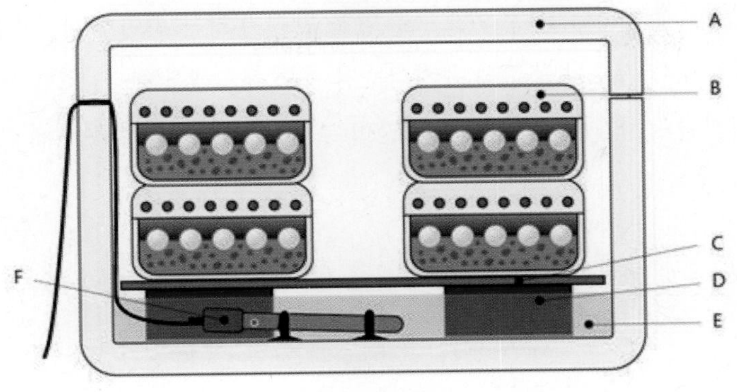

습식부화기

A	아이스 박스
B	알 부화 상자(Egg Container)
C	철망 선반
D	벽돌
E	물
F	수중히터

습식의 경우 준비물은 아이스박스나 커다란 스티로폼 박스 등 보온이 되는 형태의 박스를 1개 준비한다. 다음은 성능이 좋은 수중용 히터가 필요한데 될 수 있으면 가격이 비싸더라도 온도의 오차 범위가 작고 온도가 정확히 설정되는 믿을 수 있는 제품을 구입하는 것이 좋다. 다음은 아이스박스 안에 꽉 차는 크기의 철망과 철망을 지지할 수 있는 받침대용 벽돌을 4개 준비한다. 그리고 알을 옮겨 담을 뚜껑이 있는 작은 플라스틱 반찬통들을 여러 개 준비한 후 환기가 되도록 옆면에 구멍을 뚫어 준다. 알을 옮겨 담을 부화상자는 큰 것도 상관이 없으나 다음 산란을 준비하고 있는 암컷들의 알을 위해 인큐베이터 공간 활용상 가로 25cm, 세로 15cm, 높이 10cm 정도 되는 플라스틱 그릇이 적당하다.

준비물이 준비가 다 되었으면 먼저 아이스박스 안에 벽돌을 넓적한 부분이 정면으로 보이게끔 세운 후 네 군데 모퉁이에 하나씩 지지용으로 세운다. 다음에는 벽돌의 키를 넘지 않을 정도의 높이까지 물을 채운 다음 수중 히터를 물 속에 완전히 잠길 수 있게 옆으로 눕혀서 넣는다. 히터를 넣기 전에 온도를 미리 설정해야 하는데 도마뱀 종류에 따라서 부화의 온도가 다르기 때문에 먼저 부화하고자 하는 도마뱀의 적정 온도를 설정한 후 넣도록 한다. 일반적인 종의 경우 28~34˚C의 온도에서 무리 없이 부화가 진행이 되나 몇몇 카멜레온이나 게코류 중에서는 25˚C 이상 온도가 넘어갈 경우 알이 부패하는 종들도 있으므로 필히 사육종의 적정 부화온도를 확인해야 한다. 그 다음은 그 위에 철망을 깔고 알이 담긴 부화상자를 차곡차곡 넣고 뚜껑을 덮은 후 부화가 될 때까지 기다리면 된다. 이때 수중히터로 인해 온도와 습도가 유지되게 되는데 파충류의 알의 경우 조류의 알과 달리 알을 굴려 줄 필요가 없으며 부화가 진행될 때 알의 앞뒤가 뒤바뀌거나 하면 중지란이 될 수 있으므로 알을 만지지 않는 편이 좋다. 이후 온 · 습도계를 내부에 설치하여 일정한 온도와 습도가 꾸준히 유지되는지 자주 체크해야 한다. 또한 부화기에 들어 있는 알의 관리는 알에 직접적인 물방울 등이 닿게 되면 알이 부패할 수 있으므로 하루에 한 번씩 부화상자 뚜껑에 맺힌 물방울 등을 털어내 주는 것이 좋다.

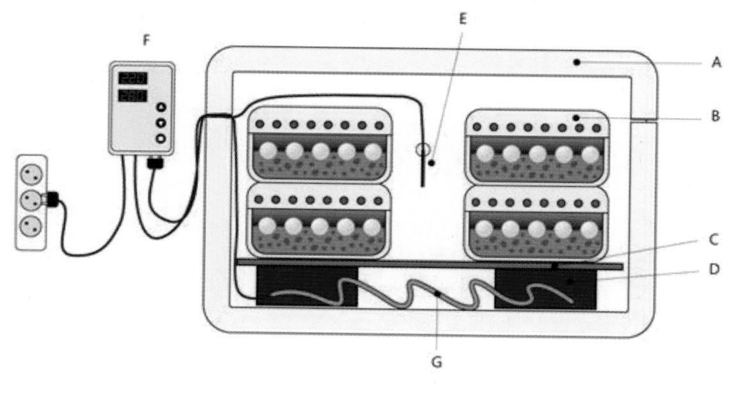

건식부화기

A	아이스 박스
B	알 부화 상자(Egg Container)
C	철망 선반
D	벽돌
E	온도감지센서
F	자동온도조절기
G	동파방지열선

건식 부화기는 습도와 온도에 민감한 종들을 위해 최근 사용되는 방법이다. 과습하게 되면 알에 영향이 있는 종류를 부화시킬 때 흔히 사용되는 방법이며 최근 파충류를 기르는 사육자들 사이에서 대중적으로 사용하는 방법이기도 하다.

8 부화 및 부화 후 유체 관리

Emerald Tree Monitor

Standings Day Gecko

파충류의 알은 부화 날짜가 종에 따라서, 혹은 인큐베이터 온도에 따라서 차이가 나므로 부화 예정일이 가까워 오면 자주 인큐베이터 상황을 체크해야 한다. 부화가 시작되면 먼저 부화가 된 개체부터 깨끗한 사육장으로 옮긴다. 이때 사육장의 바닥은 키친타월이나 부직포 등을 깔아 주는 것이 좋다. 도마뱀의 종에 따라 카멜레온 종의 경우는 새끼 때부터 바로 매달릴 수 있는 작은 화분이나 넝쿨 등을 넣어 주는 것이 좋으며 보온을 위해 스팟램프나 적외선램프를 켜주는 것이 좋다. 어린 유체의 경우 특히 수분공급에 신경 써줘야 하며 보온은 사육장 전체를 고온으로 유지하는 것보다 성체의 도마뱀과 같이 종류별로 원하는 온도대를 형성해 주어야 한다. 먹이는 아직 뱃속에 난황이 남아 있으므로 부화 2일째까지는 수분만을 공급하며 3일째 되는 날부터 크기에 맞고 먹기 쉬운 작은 먹이를 급여하도록 한다. 부화된 개체의 수가 많은 경우나 눈에 띄는 약한 개체가 있는 경우 한 케이지에 같이 사육하는 것보다 비슷한 크기로 그룹을 나누어 따로 관리하여 약한 개체가 먹이 경쟁에서 밀려 먹이를 못 먹는 경우가 없도록 세심히 관리해 주는 것이 좋다.

6 도마뱀의 주요 질병과 예방 및 치료

제한된 환경에서 사육되는 도마뱀들은 다양한 스트레스로 인하여 면역체계가 약해지게 된다. 이는 성체도 마찬가지지만 어린 개체의 경우 성장 억제, 면역기능 약화, 질병에 대한 감수성 증가 등 더욱 치명적인 요인으로 작용한다. 그러므로 그들이 원하는 환경을 이해하고 스트레스를 주게 되는 요인을 파악하고 제거해주는 것이 건강한 도마뱀 사육 시의 기본이라 할 수 있다.

일상적인 도마뱀의 스트레스를 줄여 줄 수 있는 방법은 기본적인 적절한 사육환경 즉 온도와 습도, 적절한 영양 공급 및 수분 공급이 이루어져야 한다. 이런 기본적인 관리 이외에도 각각의 종에 따라 예민한 종과 그렇지 않은 종들의 차이점을 파악하여 다룰 때 주의하도록 한다. 특히 너무 잦은 핸들링이나 사육장의 환경이 자주 바뀔 경우 쉽게 스트레스를 받을 수 있으므로 안정된 사육환경을 유지하고 핸들링은 최대한 자제하는 것이 바람직하다. 그리고 특별히 예민하지 않은 종일지라도 개체 간의 성격 차이를 보이며 예민한 성격을 가진 개체가 있기도 한다. 예를 들면 비어디드 드래곤이나 레오파드 게코의 경우 사육 시 예민하지 않으며 핸들링이나 다룰 때 특별히 스트레스를 받지 않는 종으로 많이 알려져 있다. 그러나 개체에 따라 사람이 모습만 보이더라도 소리를 지르거나 물려고 하는 공격적인 성향을 보이는가 하면 심한 경우 꼬리를 스스로 자를 수 있는 게코의 경우 사육자가 별다른 행동을 하지 않았는데 스스로 꼬리를 끊는 일도 발생한다. 이렇듯 다양한 변수가 작용하므로 자신이 사육하는 도마뱀들의 성격을 잘 파악하는 것이 좋다.

일반적으로 파충류와 인간은 인수공통 감염병이 없는 것으로 알려져 있다. 그래서 수입 시에도 특별한 검역 없이 당일 출고가 가능하다. 하지만 많은 파충류들이 살모넬라균을 가지고 있으며 사람에게 옮길 수 있다. 사실 살모넬라균은 비단 파충류뿐만 아니라 날 돼지고기나 깨끗하지 못한 도마에서도 흔히 발견되며 감염되면 복통과 설사를 일으키는 균이다. 살모넬라는 식중독을 일으키는 균으로 사람이나 동물에게 티푸스질환 감염증상(설사, 혈변, 복통, 구토, 현기증, 38~40도의 발열, 격렬한 위경련 등)을 일으키며 잠복시간은 6~72시간 정도이다. 대개 12~24시간 전후로 많이 발생하고 주요 증상은 1~2일 사이에 가장 심하게 나타나며 경과는 비교적 짧아 4~7일간 지속되고 치료 후 1주일 정도 지나면 회복된다. 건강한 이들에게는 그다지 위험하지 않으나 노약자나 임신 중인 여성이나 5세 이하의 유아들은 체내 면역력이 약해 일반인들에 비해 20배 이상 발병 가능성이 높고 발병 빈도도 높기 때문에 파충류와의 접촉을 삼가는 것이 좋으며, 접촉을 했다면 접촉 후 뜨거운 물에 비누로 손을 깨끗이 씻어야 한다. 사실 살모넬라균은 도처에서 발견되는 균이며 손을 뜨거운 온수로 비누를 이용해 세척하는 것만으로도 충분히 예방이 가능하다.

사육자의 개인위생 관념이 중요한 이유는 비단 사육자의 건강뿐 아니라 기르는 동물의 건강에도 영향을 미치게 되기 때문이다. 우리는 흔히 동물들이 사람에게 병을 옮길 경우에 대해서만 걱정을 하게 된다. 하지만 반대로 사람이 동물에게 병을 옮기는 매개체가 되기도 한다는 걸 명심하자. 파충류와 사람이 같이 걸리게 되는 인수공통의 병은 없지만 사육자가 병든 개체를 만지거나 외부기생충에 걸린 개체를 만지고 나서 손을 소독하지 않고 다른 건강한 개체를 만질 경우, 사람은 이상이 없지만 사람을 매개체로 건강한 도마뱀들도 병원체에 노출되어 발병할 수 있음을 명심해야 한다. 전국적으로 발병하여 국가적으로 비상사태를 일으킨 구제역의 경우를 보더라도 사람이 매개가 되어 병의 확산이 급속도로 퍼지게 된 케이스라고 볼 수 있겠다.

1 일반적인 질병의 징후 및 상태

파충류의 질병은 다양해서 아직 많은 질병들이 알려져 있지 않거나 정확하게 설명되지 않은 경우가 대부분이다. 수의학계에 매해 새로운 감염원이 보고되고 있으며 보통 질병은 다양한 원인에 의해 유발되며 특정한 원인에 의한 것이라고 결정하기 어려운 것이 많고 만성적인 것이 많다. 파충류의 경우 질병은 서서히 나타나는 경향이 있으며 이상 증상이 발견됐을 시 이미 병이 많이 진행된 경우가 대부분이다. 모든 질병이 그렇겠지만 파충류의 질병은 예방이 가장 좋은 해결책이나 질병 발병 시 적절한 병원치료와 더불어 사육자의 포기하지 않는 꾸준한 간호가 필요하다.

병이 걸린 파충류의 가장 일반적인 증상은 식욕부진 및 무기력증이다. 먹이를 거부하고 무기력하게 계속 잠을 자거나 배설물에서 심한 악취가 나거나 소화가 채 덜 된 배설물을 배설한다면 일단 병의 발생을 의심해봐야 한다. 평소 활동성이 적은 도마뱀 종의 경우 발병 사실을 파악하기가 어려운 경향이 있다. 그러므로 평소 먹는 먹이의 양이나 허물 벗는 시기 등을 평소에 잘 체크를 해두는 것이 병의 조기 발견에 도움이 된다. 병의 발생원인은 다양한데 지속적인 너무 낮은 온도에서의 사육이나 낮은 습도와 분진에 의한 호흡기 질환, 상한 먹이나 음수에 의한 중독 증상, 먹이에 의한 내부 기생충 감염과 외부에 유입된 외부 기생충, 비타민 D_3 결핍으로 인한 대사성 골질환, 싸움으로 인한 상처, 영양과잉과 운동부족으로 인한 비만 등의 증상이 대표적이다. 아직 도마뱀이나 애완파충류 사육 인구가 많지 않으며 동물병원 또한 파충류에 대한 임상경험이 없는 곳이 많으므로 사육자의 평소 관리와 세심한 관찰을 토대로 사육자의 소견과 증상을 의사와 상의해서 진료하는 것이 바람직하다.

✔ 호흡기 질환(감기, 폐렴)

개구호흡증상 | 무기력증상

일반적으로 많은 사육주들이 범하는 오류가 바로 파충류는 항상 따뜻하게 길러야 한다는 편견을 가지고 있는 것이다. 양서파충류들이 주로 서식하는 사막이나 열대우림의 경우도 낮과 밤의 일교차가 있으며 그에 맞게 사육 시에도 주간 온도와 야간의 온도 편차를 두고 사육하는 것이 파충류에게 저항력을 길러줄 수 있다. 온도편차는 약 5~7°C가 좋으며 번식을 꾀하거나 할 때는 10°C가량 차이를 주는 것이 좋다. 이처럼 온도변화는 파충류에게 꼭 필요한 것이나 파충류가 추우면 안 된다는 편견 때문에 항상 일정하고 고온의 안전한 온도대(30℃)에 기르게 된다면 면역력이 약해지며 갑자기 급강하는 온도에는 쉽게 감기에 걸릴 수 있다. 방치된 채 감기가 진행되면 폐렴으로 발전할 수 있다. 하지만 파충류 비강에 맑은 콧물이 있는 것은 일반적인 것이며 호흡기에 이상이 있게 되면 소리가 나는 거친 호흡을 하거나 끈적한 분비물이 나온다. 코에 콧물이 난다고 해서 무조건 병원치료를 한다거나 자가 치료로 항생제를 쓰는 것은 오히려 위험하므로 늘 주의 깊게 관찰하여 이상이 있는 콧물인지 감기나 폐렴에 의한 것인지 구분할 필요가 있다.

호흡기 질환의 또 다른 원인으로는 바닥재의 분진 및 너무 건조한 사육환경에 의한 질환이 있다. 분진이 너무 많은 바닥재를 사용하거나 고습을 요구하는 동물을 너무 건조한 환경에 방치한 경우 호흡기 점막에 상처를 입어 염증을 유발할 수 있다.

★ 치료 및 처치 ★

호흡기 질환일 경우 동물병원에서 X-ray검사로 확진하며 치료는 호흡기 질환에 걸린 도마뱀에겐 높은 습도와 평상시보다 높은 온도를 유지해주며 카나마이신(Kanamycin) 같은 항생계열 물질로 비강에 직접 분사하거나 가습 형태로 분사해 주는 방법이 있다. 자가 치료보다는 병원에 내원하여 정확한 원인과 병의 진행 정도를 보고 치료를 하는 것이 바람직하다.

✔ 내부 기생충

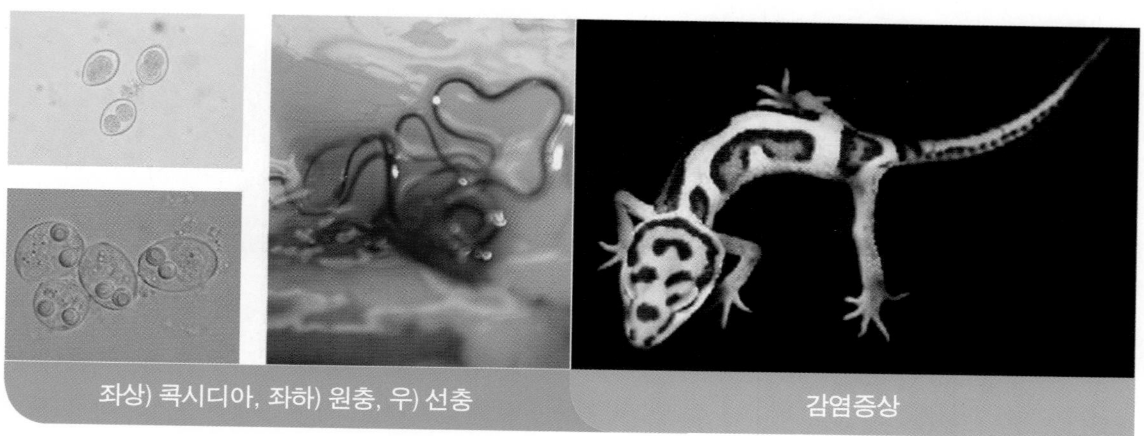

좌상) 콕시디아, 좌하) 원충, 우) 선충

감염증상

초식을 하는 도마뱀이건 육식을 하는 도마뱀이건 내부 기생충의 감염은 생식을 하는 도마뱀의 특성상 늘 위험성을 가지고 있으며 내부 기생충 감염은 만성적인 질병이라고 볼 수 있다. 야생의 도마뱀들도 내부 기생충에 늘 감염이 되어있으나 야생의 기생충은 일반적으로 숙주에게 최소한의 병변을 일으킨다. 그러나 도마뱀이 심한 스트레스를 받는 상황에 처하거나 영양 부족의 상태나 다른 감염원에 노출되었을 경우 피해가 커진다. 야생의 도마뱀은 넓은 영역을 가지고 다른 환경적 상황에 직면하는 반면 포획된 도마뱀은 일생 동안 같은 환경에 있으면서 내부 혹은 외부 기생충에 반복적으로 노출되는데 이러한 상황에서 기생충은 과 번식하게 된다. 특히 야생에서 채집된 개체(Wild Caught)를 입양 시 구충은 필히 해야 한다. 내부 기생충은 꾸준한 구충으로 예방할 수 있으며 한 케이지에 도마뱀 여러 마리를 복수 사육하는 경우 같이 마시는 물이나 다른 도마뱀의 분변에 의해 감염이 쉽게 되므로 계획적인 구충이 필요하다. 기생충 감염이 의심되는 개체는 바로 따로 분리하여 격리 사육과 동시에 기생충 치료에 들어가야 하며 같이 있던 사육장의 개체들 또한 기생충 치료를 실행해야 한다.

파충류의 대표적인 내부 기생충으로는 섬모충(Ciliate), 콕시디아(Coccidia), 형행 기생충성 원충류(Haemoparasitic Protozoa), 선충(Nematode), 요충(Oxyurid), 사상충(Filaria), 오구설충(Pentastomid) 등이 있다. 대부분 감염 시 초기에 무증상을 보이나 면역력이 감소된 도마뱀은 식욕부진이나 설사 및 구토, 탈수와 출혈성 장염의 증상을 보인다.

★ 치료 및 처치 ★

- 일반적으로 파충류의 구충에 쓰이는 약제 중 펜벤다졸(Febendazole)은 선충류, 메트로니다졸(Metronidazole)은 원충류에 쓰인다. 처치 방법은 동물의 상태에 따라 조절해가는 것이 옳으며 약물 투여법은 세 가지 방법이 있다.
  첫 번째, 몸무게 1kg당 100ml를 투여한 후 14일이 지난 후 한 번 더 투여를 한다.
  두 번째, 몸무게 1kg당 50ml를 투여한 후 48시간 간격으로 3회 투여하며 21일 경과 후 다시 반복한다.
  세 번째, 몸무게 1kg당 25ml를 1주일간 매일 투여한다.
- 구충 시 유의할 사항은 구충을 할 때는 정확한 용량으로 급여하는 것이 무엇보다 중요하다. 너무 적은 양을 투여할 경우 약에 내성이 생겨 다음 구충 시 효과가 나타나지 않을 수 있고 반대로 과다 투여하게 되면 구토나 설사, 심한 경우 폐사에 이를 수 있는 부작용이 있다. 가급적이면 임의적으로 사육자가 구충을 실시하는 것보다 동물병원에 내원해 정확한 기생충의 종류를 파악하고 그에 맞는 약을 처방받는 것이 바람직하다.

외부 기생충

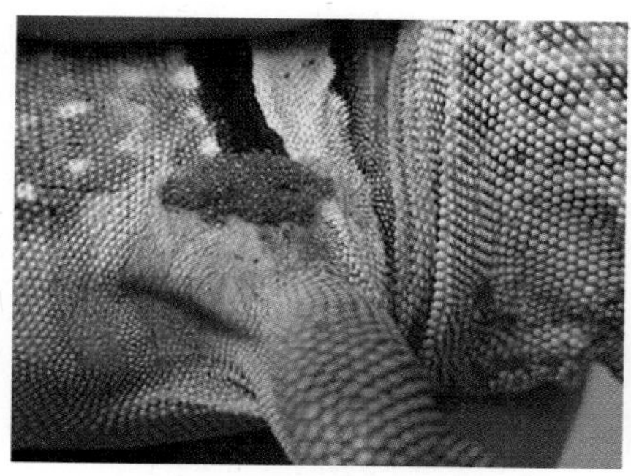

참 진드기(Mite)

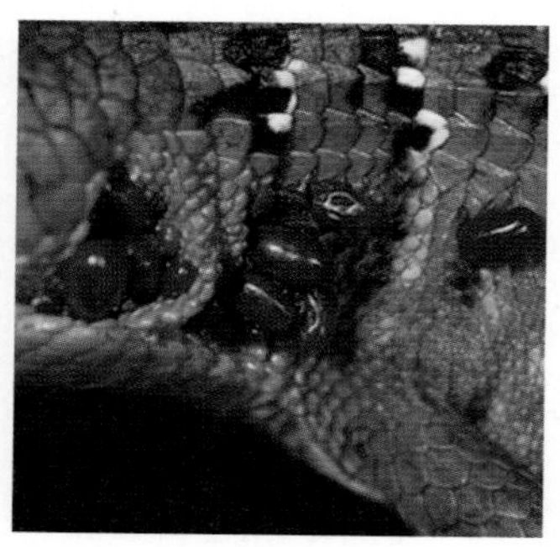
진드기(Tick)

참 진드기(Mite)와 진드기(Tick)는 야생에서 채집된 개체 (Wild Caught)에서 일반적으로 나타난다. 이들은 바이러스, 사상충(Filaria), 리케치아(Rickettsia - 바이러스와 마찬가지로 살아 있는 숙주세포에 감염하지 않으면 증식할 수 없는 특수한 미생물) 감염의 원인체로 작용한다. 붉은 참 진드기(Red mite)는 다리, 눈, 고막 부위와 귀 입구의 피부 주름에 서식하여 감염된 피부를 검게 변색시킨다. 진드기류는 일반적으로 턱 끝이나 고막 부위, 총 배설강 주름, 다리의 피부 주름 등 닿지 않는 부위에 주로 서식하며 이런 외부 기생충은 감염된 야생개체와의 접촉이나 오염된 바닥재, 유목 등에서 감염될 수 있다.

★ 치료 및 처치 ★

퍼메트린(Permethrin)은 최근 파충류 사육사들이 마이트나 틱 등의 외부 기생충을 제거하는 방법으로 가장 선호하는 성분이다. 사용방법을 제대로 숙지하면 대단히 안전하고 효과적인 성분으로, 사용법 또한 어렵지 않다. 일반적으로 2.5~5% 농도의 퍼메트린 제품을 사용하는데 국내에서 구할 수 있는 퍼메트린의 대표적인 제품은 비오킬이다. 약국에서 구입할 수 있으며 주로 2.5%의 농도를 판매한다. 미국이나 유럽에서는 주로 Provent-a-mite라는 파충류 전용 제품을 사용하는데 국내에서는 입수하기 쉽지 않아 주로 비오킬로 대체하며 효과는 거의 같다. 사용법은 대단히 간단한데 외부 기생충에 감염된 개체와 물그릇, 먹이그릇을 사육장에서 꺼낸 후 사육장에 골고루 분무한다. 사육장의 표면은 물론 바닥재나 장식품에도 분무한 뒤 완전히 말린 후 물그릇과 먹이그릇, 그리고 개체를 돌려놓는다. 이 과정을 한 달에 한 번씩 총 세 번 반복한다. 설사 한 번 혹은 두 번 만에 기생충이 보이지 않는다고 하더라도 알(퍼메트린은 기생충의 알에도 매우 효과적이다)이나 눈에 보이지 않는 아주 작은 새끼들이 남아있을 수 있기 때문에 최소 세 번은 반복하는 것이 좋다. 주의할 점은 해당 개체에 직접 뿌리거나 분진을 마시지 않도록 하는 것, 그리고 직사광선에 노출되면 빠르게 분해되기 때문에 직사광선을 피해야 한다는 점이다. 무척추동물과 수생동물에게는 매우 강한 독성을 보이지만 포유류와 조류, 그리고 파충류에게는 비교적 안전하기 때문에 올바른 사용법만 숙지하면 매우 안전하고 효과적으로 기생충을 제거할 수 있다.

✔ 영양성 질병

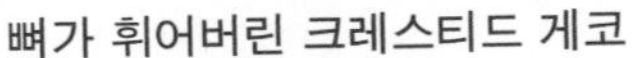

뼈가 휘어버린 크레스티드 게코

턱관절이 부어오른 그린이구아나

애완으로 사육되는 도마뱀의 영양 요구량은 활동 수준과 재생 상태가 야생과는 다르다. 또한 질병이나 스트레스에 노출되었을 때에는 소화와 직접적 · 간접적 흡수율이 변하게 된다. 가장 일반적인 영양성 질병에는 대사성 골질환(MBD; Metabolic Bone Disease)이 있다. 대사성 골질환의 원인은 자외선인 UVB 파장에 함유된 비타민 D_3가 결핍되면서 골격의 주성분인 인산칼슘이 정상적으로 뼈에 침착되지 못 하게 되어서이다. 어린 개체의 경우 구루병(골격이 정상적으로 경화되지 못해 골단부가 비대되고 팔다리가 휘는 현상)이 유발되고 성체의 경우는 골연화증(대사에 필요한 칼슘을 뼈에서 뽑아 쓰게 됨으로써 골의 치밀도가 낮아지는 현상)으로 골격에 변형이 생기고 약해진 뼈를 근육으로 지탱하기 위해 근육이 부어오르거나 관절의 기능이 저하되어 제대로 움직이지 못하는 등의 증상이 나타나게 된다. 증상이 더 진행되면 신장, 간장, 소장에까지 영향을 미치기도 한다. 이는 파충류에게 자외선 파장(UVB)을 조사하고 비타민 D_3가 첨가된 칼슘을 섭취시킴으로써 예방할 수 있다. 만약 대사성 골질환이 진행돼버리면(뼈가 휘거나 턱이 짧아지는 등 외형상 기형) 나중에 적절한 칼슘공급과 자외선을 조사하여 주어도 병의 진행을 막을 뿐 진행된 결과는 돌이킬 수 없으므로 예방만이 최선의 방법이다.

★ 치료 및 처치 ★

- 비타민 A 저하증 : 일반적으로 시력기능 장애와 호흡성 감염이 청각증, 척수 경련 등의 장애를 가져온다. 비타민 A 전구체인 채소나 과일 등의 섭취가 적은 카멜레온들에게서 자주 발견되며 예방법은 먹이에 비타민제를 같이 묻혀서(Dusting) 급여한다.
- 비타민 B 저하증 : 중추신경계의 이상으로 무기력해진다. 치료는 비타민 복합제의 주사, 대구 간유 등의 경구투여로 해결한다. 예방법은 일주일에 2회 정도 비타민을 보충한다.

- 비타민 E 저하증 : 혹, 지방종, 지방조직의 농양 등이 나타난다. 치료 방법은 농양을 제거하고 비타민을 주사하거나 경구 투여한다.
- 비타민 D_3 저하증 : 성장률 저하, 뼈의 변형을 가져온다. 예방법은 비타민 D_3가 함유된 칼슘을 공급하고 자외선(UVB)등을 조사해 준다.
- 인과 칼슘 결핍 : 인과 칼슘이 1:8의 비율로 공급이 이루어지지 않으면 비타민 D_3 결핍증상과 같은 결과를 초래한다. 예방 및 치료는 비타민 D_3가 함유된 칼슘을 공급하고 자외선(UVB)등을 조사해 준다.

✔ 구내염(Mouth Rot)

블루텅스킨크의 구내염

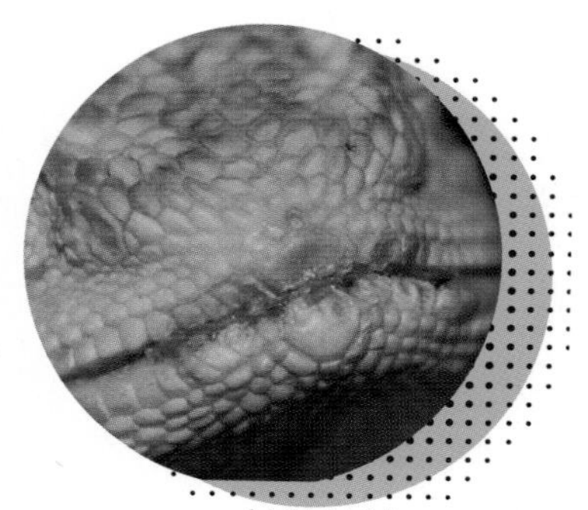
고름으로 인해 입이 붙은 상황

뱀에게 흔하게 발견되는 구내염은 드물게 도마뱀에게도 나타나며 원인으로는 면역 저하, 부적절한 음식과 부패한 음수, 입 안의 상처로 인한 세균 감염, 헤르페스균이나 근원적인 대사성 골질환(MBD)에 의한 발병이 있다. 건강한 도마뱀이라도 구내염에 걸린 동물과 같이 물을 마시거나 하면 감염이 되므로 증상이 발견된 개체는 격리 조치해야 한다. 증상으로는 악취가 나며 노란 치즈 같은 덩어리가 입에 끼게 된다. 만약 방치할 경우 식욕이 저하되어 먹이를 먹지 않고 영양실조 및 골수염으로 발전된다.

★ 치료 및 처치 ★

가벼운 증상인 경우 깨끗한 면봉에 과산화수소를 묻혀 이물질을 제거하고 소독해주면 초기에 집에서도 쉽게 치료할 수 있다. 만약 목 안쪽까지 전이된 경우 병원에서 처치를 받는 것이 안전하다. 예방법은 항상 깨끗한 물 공급과 적절한 크기의 먹이 급여 및 균형 잡힌 식단으로 면역력을 높여주는 방법뿐이다.

✓ 비뇨기계 질병(방광결석)

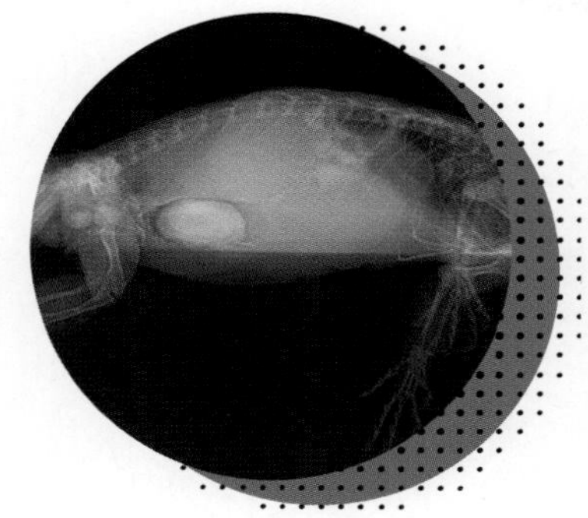

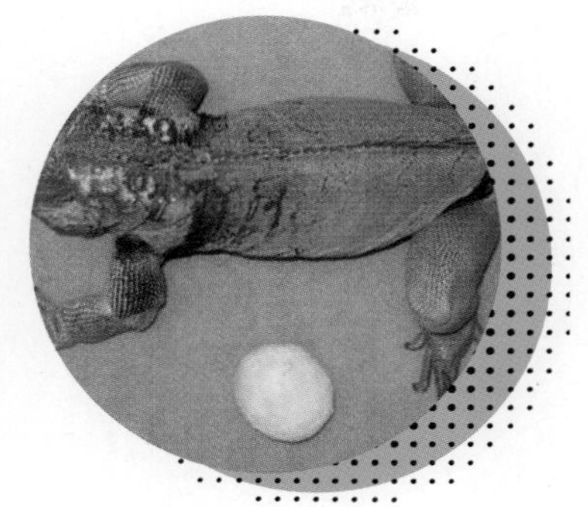

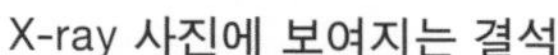

X-ray 사진에 보여지는 결석

외과적 수술로 꺼낸 결석

방광결석은 이구아나나 초식성 육지거북에게서 흔히 발견된다. 요산은 단백질의 일차적 질소성 대사산물이다. 신장에 의해 배설되지만 이 증상은 신장에서 제 기능을 다하지 못하고 신부전증이 같이 유발되면서 결석의 크기가 커져서 배출이 안 되고 동물에게 고통을 주는 병이다. 그 원인은 다양한데 첫 번째 원인은 대부분 적절치 못한 먹이 급여다. 초식동물에게 단백질 함량이 높은 먹이를 장기간 급여했거나 칼슘을 과다 급여하여 발생하며 가장 큰 원인은 수분 부족에 의한 것으로 보인다. 일반적으로 이구아나나 초식거북류의 경우 채소를 먹기 때문에 늘 수분이 충분할 것이라 방심하기 쉽지만 섭취한 수분 양에 비해 과한 칼슘 공급은 체내에 흡수되고 남은 칼슘의 배출을 어렵게 하여 결석이 생기게 된다.

★ 치료 및 처치 ★

치료는 작은 결석의 경우 배설이 될 수도 있지만 이미 많이 커진 경우는 병원에서 외과적인 수술로 제거해야 하므로 예방만이 최선이다. 늘 충분한 수분을 보충해 주는 것이 중요하며 물그릇에 물을 채워 놨다고 해서 해결되는 것이 아니다. 잦은 분무와 온욕 등으로 충분한 수분 섭취 및 적절한 칼슘 급여를 하는 것이 관건이다. 매 식사 때마다 칼슘으로 범벅된 먹이를 급여한다면 오히려 독이 되므로 일주일에 3회 정도가 적당하다. 미네랄과 비타민 과잉은 결핍보다 더 위험할 수 있으므로 주의해야 한다.

✔ 장 폐색증(Impaction in the Intestines)

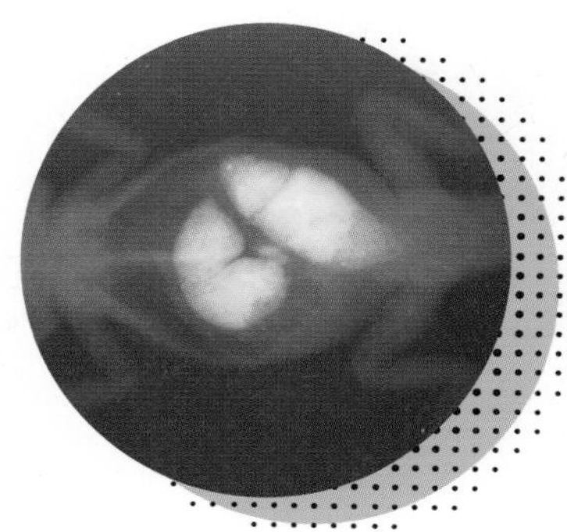
장기에 가득 찬 이물질

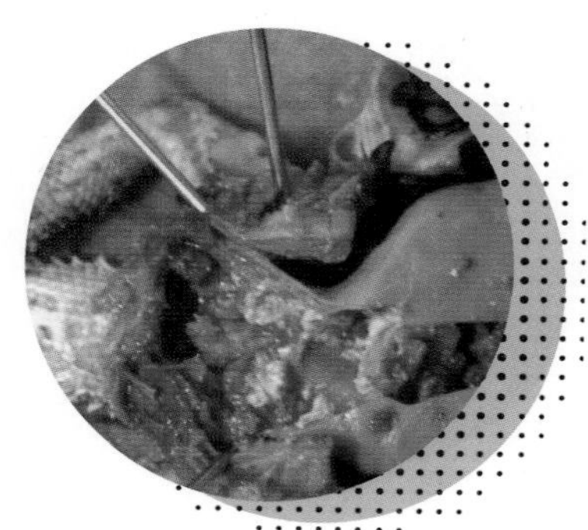
폐사 후 부검 결과

일반적으로 임펙션이라 부르며 파충류들이 이물질을 삼켜 장이 막혀 배출하지 못하는 상황이다. 주로 육지거북류나 작은 레오파드 게코류, 비어디드 드래곤 등에서 발견되는데 적절하지 못한 바닥재를 사용했을 때 발견된다. 먹이를 먹을 때 바닥재나 장식용으로 넣어 두었던 자갈이나 인공 조화 등을 함께 먹어 장이 막히는 경우이며 이물질의 입자가 작을 때는 그냥 배설물과 배출이 되지만, 이물질 자체가 크다든지 혹은 날카로운 단면을 가지고 있다면 문제는 심각해질 수 있다. 주로 멀쩡하던 도마뱀이 갑자기 먹이를 거부하고 계속 잠만 잔다면 이것을 가장 먼저 의심해볼 수 있다. 치료는 사육자가 할 수 있는 부분이 아니다. 병원에 내원해서 엑스레이를 찍은 후 자연히 배출될 수 있는 크기인지 수술을 해야 하는 상황인지 판단해야 한다.

★ 치료 및 예방 ★

임펙션(Impaction) 문제 때문에 사육자들이 바닥재 선택에 극도로 신경을 쓰고 있다. 뱀이나 도마뱀들은 주로 먹이를 사냥하는 과정에서 바닥재가 딸려 들어가는 경우가 대부분이나 육지거북류의 경우 바닥재에 배인 먹이 냄새나 배설물 냄새 등으로 먹이로 오인해 스스로 먹기도 한다. 먹어도 배출이 용이한 입자의 바닥재나 아예 삼키기 힘든 크기의 바닥재, 혹은 소화가 가능한 바닥재를 선택하는 것이 좋으나 이는 많은 사육자들의 숙제이며 여전한 딜레마다.

그렇다면 야생의 파충류는 어떨까? 야생의 파충류도 먹이를 사냥하는 과정에서 이물질을 같이 삼키는 경우가 많지만 멀쩡히 배출해내고 심지어 미네랄 보충에 도움이 되기도 한다. 하지만 사육 중인 파충류는 상황이 다르다. 여러 환경적인 요인이 같이 작용하게 되며 신체적으로 스트레스가 오게 되면 기생충의 이상 번식 및 평소의 건강상태에 따라 심각성은 달라진다. 평소에 비만이 되지 않게 유의하고, 사육하는 도마뱀이 어린 개체라면 바닥재 대신 키친타월이나 부직포 등을 이용하여 이물질을 삼킬 수 있는 환경 자체를 조성하지 않는 것이 좋다.

✔ 설사

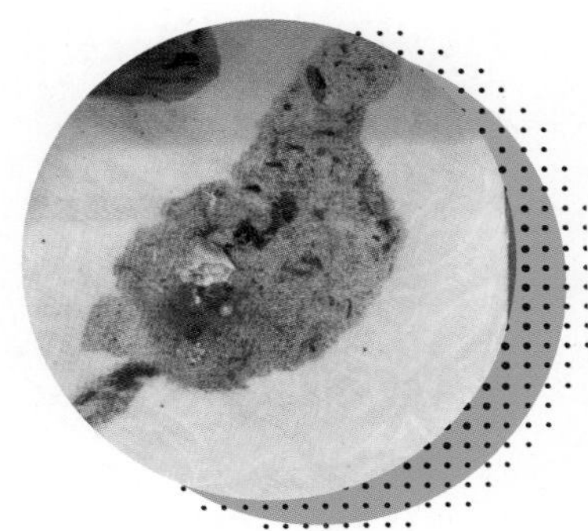
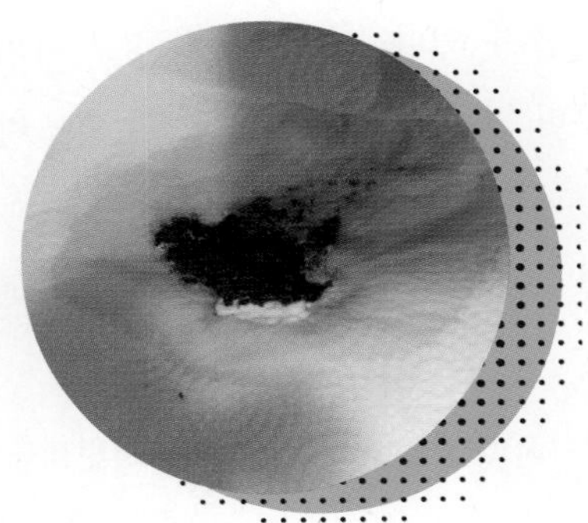

오염된 먹이나 기생충 감염에 의한 설사

설사는 평소보다 묽은 변을 보는 증상이며 배설물에 수분이 많고 악취가 난다. 설사의 원인은 다양한데 상한 먹이를 먹거나 먹이를 먹은 후 낮은 온도로 인한 소화불량, 기생충 감염, 낮은 온도의 차가운 먹이를 급여한 경우나 수분이 너무 많은 채소류나 과일류를 급여한 경우에 나타난다.

★ 치료 및 예방 ★

사육환경이나 먹이로 인한 일시적인 경우는 사육장 온도를 체크한 후 금식을 시키는 것으로 증상이 완화되나 심각한 기생충 감염이나 오염된 음식물에 의한 중독 증상으로 상태가 호전되지 않을 때에는 병원에 내원하여 정확한 원인을 파악하고 치료해야 한다.

✔ 피부질병

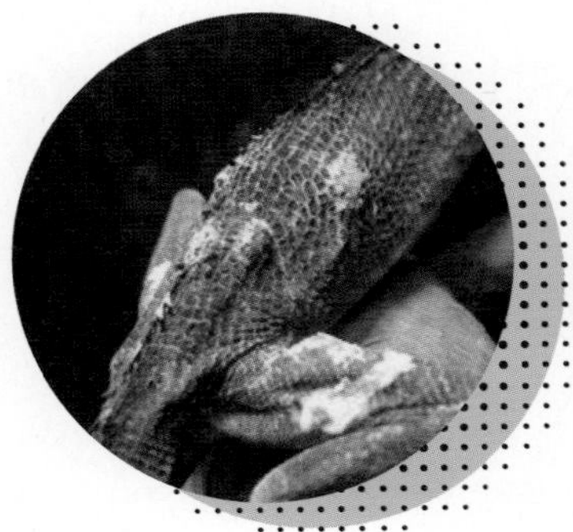

나이트 에놀의 종창

잭슨 카멜레온의 종창

피부 밑의 종양과 종창은 이구아나와 카멜레온에게 흔히 나타난다. 세균이 농양의 가장 흔한 원인이나 곰팡이, 비타민 E 결핍이나 기생충에 의해서 유발되기도 한다. 피하 농양은 하나의 세균종이나 혼합 감염에 의해 발생할 수 있다. 카멜레온의 경우 턱의 각이나 구강, 눈 주위 조직과 관절 등에서 흔히 생성되며 원인은 싸우다 난 상처에 의한 세균 감염과 비타민 E 부족이다.

★ 치료 및 예방 ★

농양을 제거하고 항생물질로 소독하며 비타민제를 투여한다.

패혈성 피부궤양질환

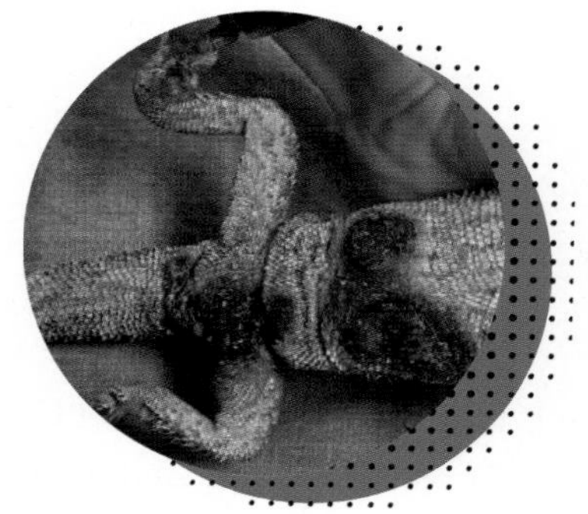
오염에 의한 피부 괴사

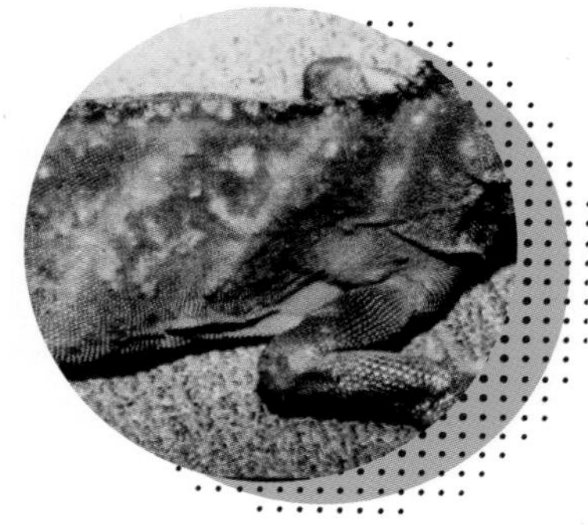
오염된 환경에서의 상처는 감염이 발생한다.

주로 물에 접촉하는 빈도가 높은 반수생의 도마뱀류에게 발생하기 쉬운 질병이다. 수질 악화와 오염된 사육장에서의 상처나 화상 등의 상처가 난 부위가 감염되어 발병하며 피부 감염 부위가 썩거나 발톱이 빠지는 증상도 나타난다. 증상은 피부가 희뿌옇게 변색이 되며 병이 진행되면 조직이 노출되거나 피나 고름이 나오는 증상을 동반할 수 있다. 합사 시 감염의 위험이 있으므로 격리 사육하며 최대한 신속하게 조치를 취하는 것이 좋다.

★ 치료 및 예방 ★

손상 부위를 제거하고 설파다이아진(Silver Sulfadiazine, 포도상균, 임균질환 약), 포비돈, 과산화수소 등으로 소독한 후 상처 부위를 완전히 말려 주거나 설파제를 푼 물에 약욕을 시킨 후 바닥재가 없는 깨끗한 사육장에서 몸을 완전히 말려 주어야 한다.
의학적 치료로는 포비돈-요오드 소독 후 체중 100g당 1mg의 젠타마이신을 48시간 간격으로 5회 주사한다.

✔ 꼬리 손실

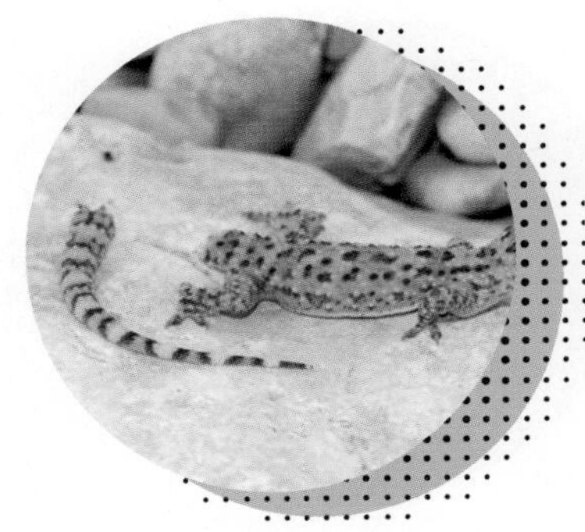

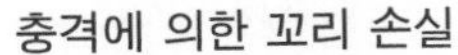

충격에 의한 꼬리 손실　　꼬리가 떨어져나간 자리에서 아무는 과정

파충류 중에서도 특히 도마뱀에게 흔하게 일어날 수 있는 증상으로, 도마뱀의 종에 따라 스스로 꼬리를 자르거나 스스로 꼬리를 자를 수 없는 종일지라도 물리적인 충격으로 인하여 꼬리가 끊어지는 경우가 빈번히 일어난다.

야생에서의 도마뱀의 자절현상은 자신을 보호하기 위해 취하는 극단적인 방어의 방법이며 이는 분명 몸에 무리가 가게 된다. 특히 스스로 꼬리를 자를 수 있는 종류의 경우 사육자의 사소한 충격이나 소음만으로도 놀라서 꼬리를 자르는 경우가 발생하므로 특별히 주의를 해야 한다. 꼬리가 잘린 도마뱀들은 꼬리에 축적되어 있는 영양분을 손실하게 되며 심각한 스트레스를 받게 된다.

★ 치료 및 예방 ★

스스로 꼬리를 자르는 종의 경우 대부분 출혈도 없으며 곧 아물어서 특별한 조치가 없어도 별 문제가 발생하지 않지만 오염된 바닥재로 인해 2차 감염이 우려되므로 꼬리가 잘린 도마뱀의 경우 바닥재가 깔리지 않은 사육장에서 상처가 아물 때까지 사육하는 것이 바람직하다. 물리적인 충격으로 인해 꼬리가 잘리는 사고를 당한 도마뱀의 경우 출혈이 따르며 지혈과 함께 깨끗이 소독해주고 감염이 되지 않도록 거즈 등으로 감싸주는 것이 좋다. 심한 경우 봉합 수술을 해야 되는 경우도 있으며 이도 마찬가지로 아물 때까지 2차 감염을 막기 위해 바닥재가 없는 깨끗이 소독된 사육장에서 사육한다. 꼬리를 손실한 도마뱀의 경우 특히 꼬리와 함께 손실된 영양분을 보충하기 위해 충분한 영양 섭취가 필요하므로 먹이 급여에 특별히 신경 써 주어야 한다.

생식기계 이상 : 알 막힘(Egg Binding)

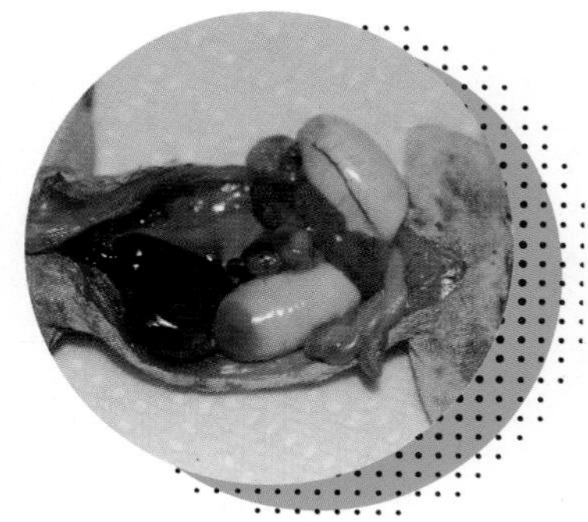
호르몬 이상으로 비대해진 알

호르몬 이상으로 너무 많은 알의 생성

대부분의 번식에 관련된 문제는 주로 암컷에게 일어나며 특히 이구아나와 카멜레온에서 흔하다. 난산은 암컷의 일부 또는 모든 각화된 알이 생식기계로부터 통과하지 못하는 경우 유발된다. 난산은 알이 기형 또는 모양 이상 때문에 통과하지 못한 경우에 나타나며 혹은 암컷이 적당한 알 낳을 장소를 찾지 못하거나 스트레스를 받거나 비정상적 호르몬 자극에 의한 배란 실패에 의해 나타난다.

★ 치료 및 예방 ★

암컷 도마뱀을 기르게 되면 늘 조심해야 할 부분이고 한번쯤 겪는 일일 수도 있지만 대부분이 죽음으로 이르는 결과를 초래한다. 예방법은 딱히 없으나 번식을 시키지 않고 단순히 관상이나 애완 목적의 단독 사육이라면 난소를 제거하는 수술을 받는 것이 좋다. 알 막힘의 증상인 듯싶으면 일단 병원에 내원하여 엑스레이나 초음파로 진단 후 외과적인 수술로 제거할 수 있으나 비용 부담이 있고 수술 후 예후가 좋지 않은 경우도 많다. 예방 차원에서 번식을 시킬 계획이 없다거나 암컷 도마뱀 한 마리만 사육할 경우 난소 제거 수술을 해 주는 것이 바람직하다.

★Tip★ 알 막힘(Egg Binding)·자가 치료

사육하는 도마뱀이나 뱀, 거북류가 알 막힘 증상을 보일 때 아무 조치도 취하지 않고 그냥 방치하거나 고민하기보다는 집에서 시도할 수 있는 최소한의 조치를 한다. 만약 사육하는 도마뱀이 어느 정도 기력이 있는 상황이라면 알을 낳을 수 있게 커다란 플라스틱 박스에 상토를 2/3 정도 채우고 하루나 이틀 정도 넣어 둔다. 대부분의 알 막힘의 원인은 알 낳을 장소가 없어서 도마뱀이 알을 배에 억지로 담고 있다가 생기는 경우이므로 알 낳는 장소를 마련해준다. 하루 정도 시간이 지나도 알을 낳지 못할 경우나 이구아나처럼 커다란 왕 도마뱀처럼 알 낳을 장소를 마련하는 것이 어려운 경우는 전신이 다 잠길 만한 욕조나 대야에 물을 도마뱀의 몸이 푹 잠길 수 있을 만큼 채운다. 많은 도마뱀들이 알 낳을 장소가 마땅치 않으면 물그릇에 들어가 알을 낳는다. 이는 배설도 마찬가진데 미지근한 물이 장운동에 도움이 될 수 있다. 그렇다고 약해진 도마뱀에게 너무 깊은 물은 익사의 위험이 있으니 주의하여야 하며 물 높이는 목 부분까지 정도로 고개를 들면 쉽게 숨 쉴 수 있어야 한다. 특히 물의 온도는 겨울철의 경우 25°C 이하로 떨어지지 않도록 수중히터를 넣어주고 수시로 물의 온도가 일정한지 체크해야 한다. 이때 물의 온도가 낮아지게 되면 오히려 상황을 더욱 악화시킬 수 있으므로 물의 온도 부분이 가장 주의해야 할 부분이다. 이 방법은 지친 어미 도마뱀의 체온을 유지시켜주며 미지근한 물이 장운동을 활발하게 해주어 알을 낳을 때 무리하게 힘을 주지 않고 낳을 수 있다. 또한 알을 낳을 때 힘을 주고 몸을 비비면서 총배설강 부분이 바닥재에 의해 상처를 입고 오염되거나 감염되는 상황을 예방해준다. 만약 이렇게 해도 알이 배출이 안 되면 이때는 외과적인 수술로 알을 제거하는 방법 밖에는 없다.

✔ 비만

빈속에도 지방이 꽉 차 주름이 전혀 보이지 않는 비어디드 드래곤

비만은 흔히 만병의 근원이라고 한다. 이는 우리와 같은 포유류뿐만 아니라 파충류에게도 해당된다. 특히 파충류들은 일반 동물들과 달리 대사가 느리며 야생상태에서 오랜 시간 굶주림을 참을 수 있도록 신체가 설계되어 왔으며 이로 인해 비만은 파충류들에게 더욱 치명적일 수 있다. 운동성이 떨어지는 파충

류에게 고 영양식을 매일 주게 된다면 비만은 금방 찾아오게 되며 앞에서 열거했던 장 폐색증이나 알 막힘 등의 경우 더욱 위험한 상황으로 발전하게 된다. 또한 심장질환이나 신부전 등 다양한 합병증을 유발하게 되어 많은 도마뱀들의 돌연사가 바로 비만에서 오게 되는 경우가 많다.

★ 치료 및 예방 ★

이미 진행된 비만인 경우는 먹이 급여 횟수를 조절한다. 비만의 가장 큰 문제는 사육자 자신이 자신의 동물의 비만을 정확히 모른다는 것이다. 일단 보기에 통통하게 살이 올라와 있으면 건강하다고 믿어버리며 그 모습이 보기 좋다고 여기기 때문이다. 자신이 기르는 동물의 표준 체중이나 크기를 평소에 숙지하고 몸무게를 체크해야 한다. 먹이를 급여 시 성체의 경우 1주일에 2일, 유체의 경우 1주일에 하루는 먹이를 공급하지 않는 금식의 날을 지정해 영양 과잉이 되는 것을 예방해야 한다.

7 주요 종 소개

레오파드 게코 (Leopard Gecko)

지상성 건계형

- 학 명 : *Eublepharis macularius*
- 원산지 : 파키스탄, 아프카니스탄, 서부인도 건조지역의 해발고도 2,500m 이상의 바위가 많은 사막과 관목 숲에 서식
- 크 기 : 수컷 25cm, 암컷 20~24cm
- 습 성 : 야행성
- 생 태 : 낮 동안 굴 속에 숨어 있다가 밤이면 지상으로 나와 사냥한다.
- 식 성 : 곤충이나 소형 절지류 등 충식성
- 온·습도 : 쿨존 22~25°C, 핫존 30~35°C 은신처 30%, 습식은신처 80%

흔히 도마뱀 붙이류는 나무나 벽에 몸을 붙일 수 있는 빨판과 비슷한 발을 가지고 있고 눈꺼풀이 없는 게 특징이나 레오파드 게코는 발에 빨판이 없고 눈을 보호할 수 있는 눈꺼풀이 있는 도마뱀이다. 레오파드 게코의 습성은 야행성(밤에 활동하는)으로 빨판이 없어 벽을 타거나 점프력이 좋지 않으며 주로 땅 위를 느릿느릿 기어 다닌다. 사육환경에서 약 20년 이상 사는 강한 도마뱀이다. 레오파드 게코의 이름은 몸 전체에 퍼져 있는 점에서 비롯되었는데, 어릴 때는 밴드무늬를 가지다가 점차 커가면서 표범과 같은 점박이 무늬로 변하는데 이는 일반적으로 야생개체의 성체에서 발견되는 발색이다.

아프리칸 팻 테일드 게코 (African Fat-Tailed Gecko)

지상성 건계형

- 학 명 : *Hemitheconyx caudicinctus*
- 원산지 : 서아프리카 카메룬, 세네갈의 건조지역
- 크 기 : 수컷 20cm, 암컷 18cm
- 습 성 : 야행성
- 생 태 : 낮 동안 굴 속에 숨어 있다가 밤이면 지상으로 나와 사냥한다.
- 식 성 : 곤충이나 소형 절지류 등 충식성
- 온·습도 : 쿨존 22~25°C, 핫존 30~35°C
  은신처 50~60%, 습식은신처 80~90%

아프리칸 팻 테일드 게코는 레오파드 게코와 굉장히 흡사한 외형을 지니고 있으나 다른 점은 크기가 더 작으며 발가락 또한 더 작다. 성체 시 레오파드 게코보다 작으며 꼬리 또한 더 짧고 뭉툭한 인상을 준다. 레오파드 게코가 점박이무늬로 변하는 것과는 달리 새끼 때의 무늬가 성체까지 그대로 남아있다. 개체에 따라서 흰 줄무늬가 머리부터 몸통 끝까지 척추를 따라 길게 한 줄이 있는 개체도 있다. 일반적인 사육법은 레오파드 게코와 동일하나 이들은 좀 더 높은 습도를 요구하므로 은신처는 항상 축축한 수태나 피트모스를 깔아 주고 은신처 주변에 하루에 2번 정도 분무를 해 주는 것이 좋다.

프록 아이드 게코 (Frog Eyed Gecko)

지상성 건계형

- 학 명 : *Teratoscincus scincus*
- 원산지 : 이란, 아프가니스탄, 카자흐스탄, 동쪽 아라비아, 북쪽과 서쪽 중국
- 크 기 : 수컷 12~16cm, 암컷 11~12cm
- 습 성 : 야행성
- 생 태 : 낮 동안 굴 속에 숨어 있다가 밤이면 지상으로 나와 사냥한다.
- 식 성 : 곤충이나 소형 절지류 등 충식성
- 온·습도 : 쿨존 22~24°C, 핫존 30~35°C
  은신처 30%, 습식은신처 80~90%

프록 아이드 게코는 원더 게코(Wonder Gecko)라고도 불리며 스킹크 도마뱀붙이라고도 불린다. 피부가 다른 게코류와 달리 특이하게 생겼으며 그로 인해 Wonder Gecko, 즉 '경이로운 도마뱀붙이'라는 이름이 붙여진 듯하다. 이들은 다른 게코류와 달리 각각의 두꺼운 비늘 형태의 부드러운 피부를 가지고 있다. 소위 Skink(도마뱀류)의 비늘 형태와 비슷한 큰 비늘을 가지고 있다.

헬멧티드 게코 (Helmeted Gecko)

지상성 건계형

- 학 명 : *Tarentola chazaliae*
- 현 황 : CITES II
- 원산지 : 서아프리카 해안 사막, 모로코의 해안과 건조한 바위 지역
- 크 기 : 8~10cm
- 습 성 : 야행성
- 생 태 : 낮 동안 굴 속에 숨어 있다가 밤이면 지상으로 나와 사냥한다.
- 식 성 : 곤충이나 소형 절지류 등 충식성
- 온·습도 : 쿨존 22~25°C, 핫존 30~35°C
  은신처 30%, 습식은신처 80%

헬멧티드 게코는 이름에서 알 수 있듯이 투구를 쓴 듯이 머리 뒷부분이 넓게 펼쳐져 있다. 얼굴에 비하여 상대적으로 큰 눈은 강한 인상을 준다. 체형은 머리 부분은 크나 꼬리는 가느다란 형태를 띠며 짧다. 습성은 야행성(밤에 활동하는)이며 지상성(지면에서 생활하는 습성, Ground-dwelling) 게코이다. 일반적인 사육은 통풍이 용이한 사육장이 좋다. 이들은 모로코의 건조한 바위 사막, 주로 아프리카의 북서쪽 해안을 따라 상당히 좁은 지역에서 발견된다. 일반적으로 대서양에서 발생되는 안개가 이들의 주요 수분의 원천이 되며 내륙의 사막과 달리 습도가 높은 환경에 자주 노출되므로 사육 시에도 습도관리에 신경 써주는 것이 좋다. 하지만 항상 습한 환경은 오히려 스트레스를 주게 되며 기본적으로 건조한 환경을 조성해주고 하루에 1~2번 분무로 습도를 높여주며 통풍이 용이한 사육장에서 서서히 습도가 낮아질 수 있도록 해 주는 것이 좋다.

납 테일드 게코 (Knob-tailed Gecko)

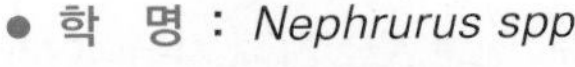

Common Smooth Knob-tailed Geckos

- 학 명 : *Nephrurus spp.*
- 원산지 : 호주 건조지역
- 크 기 : 6~12cm, 종에 따라 다르며 암컷이 수컷보다 크다.
- 습 성 : 야행성
- 생 태 : 낮 동안 굴 속에 숨어 있다가 밤이면 지상으로 나와 사냥한다.
- 식 성 : 곤충이나 소형 절지류 등 충식성
- 온·습도 : 쿨존 22~25°C, 핫존 30~35°C
  은신처 30%, 습식은신처 80%

Banded Knob-tailed Gecko

Centralian Rough Knob-tailed Gecko

납 테일드 게코는 호주의 건조한 사막지역에 사는 지상성(지면에서 생활하는 습성, Ground-dwelling) 게코류이며 야행성(밤에 활동하는)이다. 독특한 피부타입으로 거친(Rough) 피부 타입종과 부드러운(Smooth) 피부 타입종으로 나뉜다. 두 타입 피부 모두 우둘투둘한 돌기가 나있는데 거친 피부 타입의 종은 피부돌기가 더욱 두드러지며 좀 더 건조하며 남성적인 느낌이 강하다. 이름에서 알 수 있듯이 두 타입 모두 꼬리 끝에 손잡이(Knob) 같은 길쭉한 부분이 튀어나와 있다.

- *Nephrurus amyae* / Centralian Rough Knob-tailed Gecko
- *Nephrurus deleani* / Pernatty Knob-tailed Gecko
- *Nephrurus levis* / Smooth Knob-tailed Gecko
- *Nephrurus levis occidentalis, Nephrurus levis pilbarensis* / Western Smooth Knob-tailed Gecko
- *Nephrurus milii* (Underwoodisaurus milii) / Barking gecko
- *Nephrurus sphyrurus* / Ogilby's Knob-tailed Gecko
- *Nephrurus vertebralis* / Midline Knob-tailed Gecko
- *Nephrurus wheeleri* (Nephrurus wheeleri cinctus) / Banded Knob-tailed Gecko
- *Nephrurus asper* / Rough Knob-tailed Gecko
- *Nephrurus laevissimus* / Smooth Knob-tailed Gecko
- *Nephrurus levis levis* / Common Smooth Knob-tailed Geckos
- *Nephrurus sheai* / Kimberley Rough Knob-tailed Gecko
- *Nephrurus stellatus* / Stellate Knob-tailed Gecko

스콜피온 테일드 게코 (Scorpion-tailed Gecko)

지상성 건계형

- 학　명 : *Pristurus carteri*
- 원산지 : 사우디아라비아, 오만, 예멘, 아랍 에미레이트
- 크　기 : 수컷 8cm, 암컷 6cm
- 습　성 : 주행성
- 생　태 : 낮에 활동하며 지상성이며 바위나 낮은 나무 위에서 오가며 생활한다.
- 식　성 : 곤충이나 소형 절지류 등 충식성
- 온·습도 : 주간 22~25°C, 핫존 40~45°C, 야간 20°C
  은신처 30%, 습식은신처 80~90%

주행성(낮에 활동하는) 그라운드 게코로 독특한 생활상을 띠는 도마뱀이다. 길쭉하고 호리호리한 몸통과 긴, 발, 그리고 미세한 돌기가 나있는 꼬리는 몸 쪽으로 말아 올릴 수 있어 전갈이 공격하려는 자세와 비슷하다 하여 전갈 도마뱀붙이라는 이름이 붙여졌다. 둥그런 얼굴에 뾰족한 주둥이와 커다란 눈은 시력이 잘 발달된 것을 알 수 있다. 주로 지면 가까이서 생활하며 바위나 낮은 나무 위를 오르내리며 곤충 등을 사냥한다. 소규모로 무리 생활을 하는 사회성이 있는 도마뱀이다.

바이퍼 게코 (Viper Gecko)

지상성 건계형

- 학　명 : *Teratolepis fasciata*
- 원산지 : 파키스탄의 건조지역
- 크　기 : 수컷 12~16cm, 암컷 11~12 cm
- 습　성 : 야행성
- 생　태 : 낮 동안 굴 속에 숨어 있다가 밤이면 지상으로 나와 사냥한다.
- 식　성 : 곤충이나 소형 절지류 등 충식성
- 온·습도 : 쿨존 22~25°C, 핫존 30~35°C
  은신처 30%, 습식은신처 80~90%

방울뱀과 비슷한 색상과 비늘, 패턴을 띠어서 바이퍼 게코라 이름이 붙여졌다. 사나워 보이는 외모와 달리 온순하다. 보통의 수컷들의 경우 강한 영역성을 지니며 다른 수컷에게 공격적인 성향을 드러내는 것과 달리 이 종은 무리 생활을 한다. 하지만 여러 마리를 기를 때에는 충분한 은신처를 제공해줘야 한다.

오스트레일리안 틱 테일드 게코 (Australian Thick-tailed Gecko)

지상성 건계형

- 학 명 : *Underwoodisaurus milii*
- 원산지 : 호주 남부
- 크 기 : 12~14cm
- 습 성 : 야행성
- 생 태 : 낮 동안 굴 속에 숨어 있다가 밤이면 지상으로 나와 사냥한다.
- 식 성 : 곤충이나 소형 절지류 등 충식성
- 온·습도 : 쿨존 22~25°C, 핫존 30~35°C
  은신처 30%, 습식은신처 80%

두꺼운 꼬리 게코라고 불리지만 꼬리 시작 부분과 중간 지점까지 굵다가 갑자기 가늘어지는 독특한 꼬리 형태를 띠고 있다. 납 테일드 게코와 비슷한 외모지만 더 긴 체형과 긴 꼬리를 가지고 있다. 천적을 만났을 때 커다란 경고음을 내서 오스트레일리안 바킹 게코(Australian Barking Gecko)라고도 한다.

깃지 스킨크 (Gidgee Skink)

지상성 건계형

- 학 명 : *Egernia stokesii*
- 원산지 : 호주 서부, 노던 테리토리, 퀸즐랜드, 뉴 사우스 웨일즈 및 사우스 오스트레일리아주
- 크 기 : 20~22cm
- 습 성 : 주행성
- 생 태 : 지상성, 바위틈에서 서식한다.
- 식 성 : 식물의 새싹이나 곤충 등 잡식성
- 온·습도 : 주간 25~28℃, 핫존 40~45℃, 야간 22℃
  습도 50% 내외

호주의 건조한 지역에 서식하는 도마뱀류로 사회성이 있어 주로 바위의 틈새 등에서 가족단위로 무리 생활을 한다. 특징적인 짧은 꼬리는 뾰족한 가시와 같은 비늘이 나있다. 외모와 달리 온순하고 잡식성이며 가리는 먹이가 없어 사육도 용이하다. 또한 새끼로 출산하는 난태생으로 번식 또한 어렵지 않아 인기 있는 사육종이다.

써던 피그미 스파이니 테일드 스킨크(Southern Pygmy Spiny-tailed Skink)

지상성 건계형

- 학 명 : *Egernia depressa*
- 원산지 : 호주(노던 준주, 사우스 오스트레일리아주, 웨스턴 오스트레일리아주)
- 크 기 : 9~10cm
- 습 성 : 주행성
- 생 태 : 지상성, 바위틈에서 서식한다.
- 식 성 : 식물의 새싹이나 곤충 등 잡식성
- 온·습도 : 주간 25~28°C, 핫존 40~45°C, 야간 22°C
  습도 50% 내외

깃지 스킨크와 비슷한 외모지만 소형종이라 난쟁이 가시꼬리 도마뱀이라고 한다. 국내에서는 학명인 '데프레사'로 불린다. 습성은 깃지 스킨크와 거의 흡사하다.

이스턴 필바라 스파이니 테일드 스킨크(Eastern Pilbara Spiny-tailed Skink)

지상성 건계형

- 학 명 : *Egernia epsisolus*
- 원산지 : 호주 북서부 필바라(Pilbara) 지역
- 크 기 : 9~10cm
- 습 성 : 주행성
- 생 태 : 지상성, 바위틈에서 서식한다.
- 식 성 : 식물의 새싹이나 곤충 등 잡식성
- 온·습도 : 주간 25~28°C, 핫존 40~45°C, 야간 22°C
  습도 50% 내외

데프레사와 거의 흡사한 외모를 가지고 있으나 체색이 붉은 모래색이다. 국내에서는 학명인 '앱시솔루스'로 불리며 *Egernia*속 도마뱀 중 위 두 종보다 고가에 거래되고 있다. 건조한 환경에서 서식하며 습성은 깃지 스킨크와 거의 흡사하다.

이스턴 칼라드 리자드 (Eastern collared Lizard)

지상성 건계형

- 학 명 : *Crotaphytus collaris*
- 원산지 : 아메리카대륙 텍사스, 멕시코 반 건조지대
- 크 기 : 수컷 23cm, 암컷 20cm
- 습 성 : 주행성
- 생 태 : 건조한 암석지대에 서식한다.
- 식 성 : 곤충이나 소형 도마뱀 등 육식성
- 온·습도 : 주간 22~25°C, 핫존 40~45°C, 야간 20°C
  습도 50% 이하

목 무늬 도마뱀이나 목걸이 도마뱀으로 불린다. 이들은 특징적인 검은색 띠가 목과 어깨 부분에 두 줄로 나타난다. 이들은 얼굴이 짧고 둥그스름한 얼굴형을 가지며 귀여운 인상을 가지고 있다. 몸의 색은 지역에 따라 매우 다양한데 동부에 서식하는 종은 몸에 푸른빛을 띠며 서부에 서식하는 종의 경우 연갈색에 붉은 빛을 띤다. 이들은 주로 건조한 바위 사막지역에 서식을 하며 소규모 무리를 지어 살고 수컷 한 마리가 여러 마리 암컷을 거느리며 생활한다. 일반적으로 수컷의 경우 연한 회색바탕에 밝은 푸른빛과 노란빛을 띠며 밝은색 반점이 있다. 암컷은 수컷에 비해 수수한 색을 띤다.

비어디드 드래곤 (Bearded Dragon)

지상성 건계형

- 학 명 : *Pogona vitticeps*
- 원산지 : 호주 중부와 동부 건조한 산림과 사막지역
- 크 기 : 수컷 50cm, 암컷 40cm
- 습 성 : 주행성
- 생 태 : 건조한 사바나지역의 암석지대에 서식한다.
- 식 성 : 식물의 새싹이나 곤충 등 잡식성
- 온·습도 : 주간 22~25°C, 핫존 35~40°C, 야간 20°C
  습도 50% 이하

비어디드 드래곤은 호주가 원산인 아가마과 도마뱀으로, 가시 같은 비늘이 목 주위에 발달하여 비어디드 드래곤(턱수염 도마뱀)이라는 이름이 붙여졌다. 호주에서 유럽으로 유입되어 미국, 캐나다 등지로 퍼졌으며 일본과 우리나라에서도 애완도마뱀으로 가장 많이 길러진다. 예민하지 않은 성격과 튼튼한 체질로 처음 입문하는 사육자들에게 가장 많이 추천되는 종류이기도 하다. 비어디드 드래곤은 야생상태에서 강한 수컷이 일정한 영역을 보호하며 자신의 영역권 안의 여러 마리의 암컷들을 지배한다. 이런 특성상 사육 시에도 한 마리만 단독 사육하는 것보다 수컷 한 마리에 암컷 여러 마리를 같이 기르는 것이 바람직하다.

랜킨스 드래곤 (Rankin's Dragon)

지상성 건계형

- 학 명 : *Pogona brevis*
- 원산지 : 호주 중부 사바나지역
- 크 기 : 수컷 33cm, 암컷 30cm
- 습 성 : 주행성
- 생 태 : 건조한 사바나지역의 암석지대에 서식한다.
- 식 성 : 식물의 새싹이나 곤충 등 잡식성
- 온·습도 : 주간 22~25°C, 핫존 35~40°C, 야간 20°C
  습도 50% 이하

랜킨스 드래곤은 비어디드 드래곤과 아주 흡사한 외모를 가지고 있지만 그 크기가 절반 정도에 미치는 소형이라서 난쟁이 비어디드 드래곤(Dwarf Bearded Dragon)라는 이름으로 불리고 있다. 외형은 비어디드 드래곤과 거의 흡사하나 비어디드는 등의 돌기가 작고 빽빽이 나 있는 형태라면 랜킨스는 등에 더 굵은 돌기가 넓은 간격으로 등줄기 방향으로 나있다. 일반적인 사육은 비어디드와 거의 같고 오히려 더 쉬운 편이다. 이들은 예민하지 않으며 체질도 튼튼한 도마뱀이다. 크기도 작으므로 2자(60cm X 45cm)사육장에 수컷 1마리에 암컷 3마리의 그룹을 사육할 수 있다. 비어디드와 마찬가지로 사회적인 도마뱀이며 일반적으로 비어디드보다는 수컷끼리의 경쟁도 심하지 않은 편이다.

필바라 락 모니터 (Pilbara Rock Monitor)

지상성 건계형

- 학 명 : *Varanus pilbarensis*
- 현 황 : CITES II
- 원산지 : 호주 서부 필바라(Pilbara) 암석지역
- 크 기 : 수컷 50cm, 암컷 45cm
- 습 성 : 주행성
- 생 태 : 바위틈에서 서식한다.
- 식 성 : 곤충류, 소형 설치류, 파충류 등 육식성
- 온·습도 : 주간 25~28°C, 핫존 40~45°C, 야간 22°C
  습도 50% 내외

호주 필바라지역의 붉은 암석지대에 서식하며 체색 또한 눈에 잘 띠지 않는 적갈색을 띤다. 몸의 2/3가 꼬리이며 날씬한 체형을 가진 소형 왕도마뱀류이다. 야생에서 바위틈을 은신처로 삼으며 사육 시에는 습도가 70% 정도로 유지될 수 있는 은신처가 필요하다.

스파이니 테일드 모니터 (Spiny-tailed Monitor)

지상성 건계형

- 학　명 : *Varanus acanthurus*
- 현　황 : CITES Ⅱ
- 원산지 : 호주 북서부 전반
- 크　기 : 약 50~70cm
- 습　성 : 주행성
- 생　태 : 지상성
- 식　성 : 곤충류, 소형 설치류, 파충류 등 육식성
- 온·습도 : 주간 25~28°C, 핫존 40~45°C, 야간 22°C
  습도 50% 내외

Ackie Monitors라고도 하며 호주 북서부 건조한 지역 전반에 걸쳐 서식하는 왕도마뱀류이다. 삼각형의 머리와 적갈색의 체색과 등에 밝은 원형태의 무늬가 있다. 꼬리는 작은 가시와 같은 비늘로 이어져 있다. 몸의 1.5배 정도 되는 긴 꼬리를 가지고 있으며 다른 소형 왕도마뱀류에 비해 두꺼운 목과 통통한 몸을 가지고 있다. 비늘은 용골 형태이다.

킴벌리 락 모니터 (Kimberley Rock Monitor)

지상성 건계형

- 학 명 : *Varanus glauerti*
- 현 황 : CITES Ⅱ
- 원산지 : 호주 북부
- 크 기 : 70~80cm
- 습 성 : 주행성
- 생 태 : 바위틈에서 서식한다.
- 식 성 : 곤충류, 소형 설치류, 파충류 등 육식성
- 온·습도 : 주간 25~28°C, 핫존 40~45°C, 야간 22°C
  습도 70% 내외

호주 북부의 암석지대에 서식하며 체색은 회갈색에 진한 적갈색 밴드 안에 둥근 무늬가 있고 주둥이부터 눈, 귀까지 특징적인 검은 줄무늬가 있다. 체형은 몸의 2/3가 꼬리이며 주둥이와 목 또한 다른 소형모니터류보다 길며 전반적으로 날씬한 체형을 가진 소형 왕도마뱀이다. 야생에서 바위틈을 은신처로 삼으며 좁은 바위틈에 들어가기 쉽도록 납작한 체형을 가지고 있다. 최대 성장은 80cm까지 자랄 수 있지만 날씬한 체형으로 작아 보인다. 사육 시에는 습도가 70% 정도 유지될 수 있는 은신처가 필요하다.

데저트 혼드 리자드 (Desert Horned Lizard)

지상성 건계형

- 학 명 : *Phrynosoma platyrhinos*
- 현 황 : CITES Ⅱ
- 원산지 : 북미의 네바다 주, 텍사스의 건조한 사막지역
- 크 기 : 수컷 9cm, 암컷 8cm
- 습 성 : 주행성
- 생 태 : 지중성, 지상성
- 식 성 : 개미, 소형 곤충 등 충식성
- 온·습도 : 주간 25~28°C, 핫존 40~45°C, 야간 22°C
  습도 50% 내외

'뿔 두꺼비'라는 애칭이 있는 이 도마뱀은 몸이 땅딸막하며 둥글고 납작하다. 온몸이 뾰족한 뿔로 둘러싸인 이 독특한 도마뱀은 미국의 건조한 사막지역에 서식한다. 이들은 이구아나 그룹에 속하지만 체형은 확연히 다른데, 일단 다른 이구아나류 같은 경우 많은 종들이 몸의 2/3에 달하는 긴 꼬리와 다리가 잘 발달되어 있지만 이들의 꼬리는 몸에 비하여 짧고 앙증맞다. 이들의 뿔과 같은 뾰족한 피부는 몸을 적으로부터 방어하는 효과뿐 아니라 모세관 작용으로 인해 축축한 모래에 몸을 파묻고 모래에 있는 수분을 피부를 따라 끌어올려 입으로 섭취를 하거나, 물웅덩이에 입을 대지 않고도 신체의 일부분만 물에 닿으면 물이 피부를 따라 입으로 취할 수 있게 해주는 작용을 한다. 이들은 주로 개미를 주식으로 하며 낮 동안 너무 더울 때는 모래에 몸을 파묻고 머리만을 내 놓은 상태로 몸을 식히거나 먹이를 기다리거나 포식자로부터 몸을 숨기는 특징이 있다. 또 하나의 독특한 특징은 자신의 몸을 방어하는 방법이다. 자신보다 큰 코요테 같은 포식자에게 공격을 받을 때 안구의 혈압을 상승시켜 혈관을 터트려 냄새나는 피를 적의 얼굴에 뿌리는 독특한 방어술을 가지고 있다.

자이언트 혼드 리자드 (Giant Horned Lizard)

지상성 건계형

- 학 명 : *Phrynosoma asio*
- 현 황 : CITES Ⅱ
- 원산지 : 멕시코 동남부, 과테말라 사막지역
- 크 기 : 15~16cm
- 습 성 : 주행성
- 생 태 : 지중성, 지상성
- 식 성 : 개미, 소형 곤충 등 충식성
- 온·습도 : 주간 25~28°C, 핫존 40~45°C, 야간 22°C
  습도 50% 내외

Desert Horned Lizard 아종으로 멕시코에 서식하며 뿔 도마뱀류 중 가장 크다. Desert Horned Lizard는 야생에서 주식이 개미여서 사육 시 오래 기르는 것이 힘들지만, 이 종은 장기간 귀뚜라미로 사육이 가능하여 Desert Horned Lizard보다 사육하기 쉽고 사육 하에 번식이 어렵지 않은 종이다.

거들 테일드 아르마딜로 리자드 (Girdle-tailed Armadillo Lizard)

지상성 건계형

- 학 명 : *Ouroborus cataphractus*
- 현 황 : CITES Ⅱ
- 원산지 : 남아프리카 서부 해안 사막지역
- 크 기 : 15cm
- 습 성 : 주행성
- 생 태 : 바위틈에서 서식한다.
- 식 성 : 식물의 새싹이나 곤충 등 잡식성
- 온·습도 : 주간 25~28°C, 핫존 40~45°C, 야간 22°C
  습도 50% 내외

아르마딜로는 '갑옷을 두른 작은 동물'이라는 스페인어에서 유래했으며 위급한 상황에서는 꼬리를 입으로 물고 몸을 둥글게 마는 습성 때문에 붙여졌다. 몸은 전체적으로 뾰족한 가시가 나있는 갑옷을 입은 것처럼 되어 있다. 발색은 노란색에서 황토색의 발색이며 입술 쪽은 검은 발색을 다른 신체부분보다 더 많이 가지고 있다. 다른 거들 테일 리자드 종들보다도 더 많은 가시돌기를 가지고 있으며 수명은 약 10년 정도이다. 해가 떠있는 낮이면 은신처이자 서식지인 바위 위로 올라와 일광욕을 한다. 집단생활을 하는 사회성이 높은 종으로 육상과 공중에서 위협하는 적을 서로에게 알려 피할 수 있도록 한다. 1년에 한번 새끼를 출산하는 난태생 도마뱀이다.

선게이저 (Sungazer)

지상성 건계형

- 학　명 : *Smaug giganteus*
- 현　황 : CITES Ⅱ
- 원산지 : 남아프리카 사바나초원
- 크　기 : 약 60cm
- 습　성 : 주행성
- 생　태 : 굴을 파고 생활하며 일광욕이나 먹이 활동을 위해 나온다.
- 식　성 : 육식에 가까운 잡식성
- 온·습도 : 주간 25~28°C, 핫존 40~45°C, 야간 22°C
습도 50% 내외

뾰족한 가시와 같은 비늘로 둘러싸인 독특한 외모를 가지고 있는 본 종은 갑옷 도마뱀과 중 가장 아름답고 독특한 종이라고 평가되는 종이며 가장 큰 종이다. 이들은 남아프리카 공화국의 건조한 사바나지역의 초원에 서식을 한다. 이들은 입자가 곱고 배수가 용이한 실트질(Silty)의 지면에 깊은 굴을 파서 생활을 하며 사회적인 습성으로 소규모 단위의 무리가 함께 생활한다. 여러 마리가 함께 굴 입구에 나와서 머리를 쳐들고 해를 향해 일광욕을 하는 특징적인 모습 때문에 선게이저(태양을 바라보는 자)라는 이름이 붙여졌다.

사바나 모니터 (Savannah Monitor)

지상성 건계형

- 학　명 : *Varanus exanthematicus*
- 현　황 : CITES Ⅱ
- 원산지 : 아프리카의 토고와 가나, 자이르, 세네갈의 건조한 사바나지역
- 크　기 : 80~110cm
- 습　성 : 주행성
- 생　태 : 지상성
- 식　성 : 설치류, 소형 양서파충류, 절지류 등 육식성
- 온·습도 : 주간 25~28°C, 핫존 40~45°C, 야간 22°C
습도 50% 내외

늘씬한 체형의 물가에 서식하는 왕도마뱀종들과 달리 좀 더 뭉툭하고 단단한 느낌의 체형을 지녔으며 체색 또한 황갈색으로 모래와 비슷한 색상을 띤다. 일반적인 체형은 다른 왕도마뱀류보다 목이 짧고 머리가 상대적으로 큰 편이어서 얼핏 테구 도마뱀(Tegu)과 닮은 듯한 외형을 지녔다. 튼튼한 네 다리와 날카로운 발톱은 단단한 흰개미집을 파헤칠 수 있다. 체색은 연한 갈색 바탕에 테두리가 진한 회백색의 무늬가 있으며 주황색의 홍채를 가진 눈 옆으로 흐릿하게 진한 갈색의 줄무늬가 나타나 있다. 어린 개체일 때는 진한 황갈색이다가 자라면서 회색에 가까운 갈색으로 변한다.

오셀레이티드 리자드 (Ocellated Lizard)

지상성 건계형

- 학 명 : *Timon lepidus*
- 원산지 : 이탈리아 북서부와 프랑스 남부, 스페인, 포르투갈
- 크 기 : 수컷 5~60cm, 암컷 30cm
- 습 성 : 주행성
- 생 태 : 지상성
- 식 성 : 곤충류 및 과육, 풀의 씨앗 등 잡식성
- 온·습도 : 주간 22~25°C, 핫존 35~40°C, 야간 20°C
  습도 50% 이하

국내에선 일반적으로 쥬얼드 라세타(Jewelled Lacerta)라고 불린다. 이들은 튼튼한 몸통에 잘 발달한 사지와 날카로운 발톱, 몸의 3분의 2에 해당하는 두껍고 긴 꼬리를 가지고 있고 성체 시 60cm에 다다르며 유럽에 서식하는 장지뱀류 중 가장 대형에 속한다. 비교적 건조한 지역의 숲속에서 서식하며 주행성(낮에 활동하는)으로 작은 곤충류부터 달팽이나 지렁이, 소형의 도마뱀류와 조류의 알이나 파충류의 알을 먹으며 소형 설치류, 심지어 소형의 뱀들도 사냥한다. 이런 동물성 먹이 이외에 잘 익은 과일 등도 좋아한다.

버터플라이 아가마 (Butterfly Agama)

지상성 건계형

- 학 명 : *Leiolepis belliana*
- 원산지 : 인도차이나의 메콩분지, 태국, 말레이시아 반도, 수마트라섬의 해안지역
- 크 기 : 수컷 30cm, 암컷 20~25cm
- 습 성 : 주행성
- 생 태 : 지상성
- 식 성 : 곤충류 및 과육, 풀의 씨앗 등 잡식성
- 온·습도 : 주간 22~25°C, 핫존 30~35°C, 야간 20°C
  습도 50% 이하

뭉툭한 머리와 날렵한 몸, 긴 꼬리를 가진 도마뱀으로 주로 해안가나 사바나기후의 건조지역에서 서식하며 땅굴을 파고 서식한다. 수컷은 암컷에 비하여 체구가 더 크고 화려한 색을 가진 반면 암컷은 전반적으로 흐린 색상을 지니고 있다. 이들은 일광욕을 할 때나 수컷이 영역을 주장할 때 늑골을 납작하게 펼쳐서 옆구리의 색상을 보여주는데 진한 갈색과 선명한 주황색의 무늬가 나비의 날개처럼 보인다 하여 이름이 붙여졌으며 특징적인 4개의 날카로운 이빨이 있다. 이 종은 특히 현지에서 식용으로 이용되기도 하며 암컷의 경우 수컷 없이 번식하는 처녀 생식을 하는 종이기도 하다.

바하 블루 락 리자드 (Baja Blue Rock Lizard)

지상성 건계형

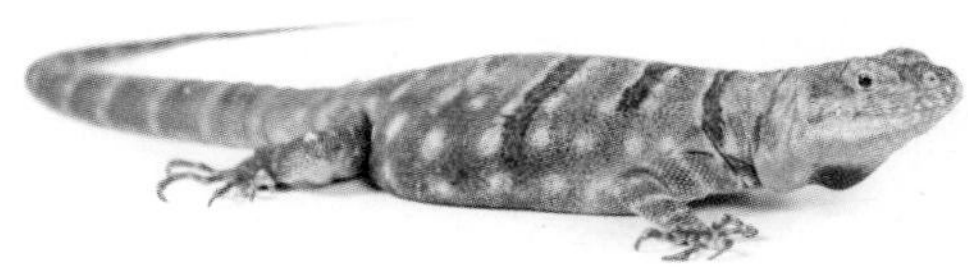

- 학 명 : *Petrosaurus thalassinus*
- 원산지 : 바하 캘리포니아
- 크 기 : 수컷 45cm, 암컷 30~36cm
- 습 성 : 주행성
- 생 태 : 바위틈에서 서식한다.
- 식 성 : 곤충류 및 나뭇잎, 풀의 씨앗 등 잡식성
- 온·습도 : 주간 25~28°C, 핫존 40~45°C, 야간 22°C 습도 50% 내외

회색의 몸통에 머리는 청색을 띠고 눈 주위는 적색에서 주황색으로, 노란 목에는 푸른 반점과 줄무늬가 있으며 등 쪽에 검은색 가로 줄무늬가 있다. 길이는 꼬리를 포함하여 최대 45cm에 달하고 몸통은 가죽처럼 조밀한 작은 비늘로 이뤄져있으며 평평한 몸체를 가지고 있다. 꼬리의 뒷부분은 짙은 파란색의 어두운 무늬가 있다. 몸의 체색은 번식기 때에는 더 선명한 색상을 띤다.

커먼 척왈라 (Common chuckwalla)

지상성 건계형

- 학 명 : *Sauromalus obesus*
- 원산지 : 미국 남서부, 북부 멕시코
- 크 기 : 50cm
- 습 성 : 주행성
- 생 태 : 바위틈에서 서식한다.
- 식 성 : 식물의 잎, 꽃 등 초식성
- 온·습도 : 주간 25~28°C, 핫존 40~45°C, 야간 22°C 습도 50% 내외

이구아나과에 속하는 도마뱀으로 단단하고 약간 납작한 형태를 가지며 북미 남서부지역의 건조한 바위언덕에 서식한다. 이 종은 몸길이가 약 50cm까지 성장한다. 몸은 흐린 색깔이며 때때로 붉은 반점들이 산재하거나 꼬리에 검은 띠를 갖고 있다. 특징적인 것은 일반적인 도마뱀들의 꼬리와 달리 꼬리의 끝이 뾰족하지 않고 뭉툭하다는 것이다. 척왈라는 야생에서는 건조한 곳에 서식하는 낮은 관목류 식물의 잎을 먹으며 바위의 갈라진 틈을 은식처로 삼고, 적으로부터 방해를 받으면 폐를 부풀려서 몸 크기의 반 이상을 늘인다. 이러한 행위는 바위틈에 몸이 끼도록 해서 적이 끌어내지 못하게 한다.

스파이니 테일드 리자드 (Spiny-tailed Lizard <Mastigure>)

- 학 명 : *Uromastyx spp.*
- 현 황 : CITES II
- 원산지 : 남서부 아시아 및 아프리카의 사하라 사막, 아라비아 반도 북서부, 인도
- 크 기 : 30~35cm
- 습 성 : 주행성
- 생 태 : 사막이나 사막의 암석지대에 서식한다.
- 식 성 : 식물의 잎, 꽃, 씨앗 등 초식성
- 온·습도 : 주간 26~30°C, 핫존 45~52°C, 야간 20~22°C 습도 30% 내외

- *Uromastyx ornata* / Ornate Spiny-tailed Lizard
- *Uromastyx dispar* / Mali Spiny-tailed Lizard
- *Uromastyx geyri* / Saharan Spiny-tailed Lizard
- *Uromastyx ocellata* / Eyed Dabb Spiny-tailed Lizard
- *Uromastyx thomasi* / Oman Spiny-tailed Lizard

국내에선 흔히 학명 그대로 유로메스티스라고 불린다. 이들이 서식하는 환경은 매우 가혹한데, 건조하고 무더운 사막의 한낮의 대기온도는 50°C가 넘기 일쑤이며 해가 지게 되면 급강하하여 기온이 영하 가까이 내려간다. 이런 매우 혹독한 환경으로 인하여 유로메스티스들은 땅 속에 깊은 굴을 파서 혹독한 더위와 추위를 피하며 생활한다. 유로메스티스의 외형은 거북의 얼굴을 닮은 듯한 짧고 뭉툭한 얼굴과 통통하고 넓적한 몸통, 뾰족한 가시로 뒤덮인 튼튼한 꼬리를 가지고 있는 도마뱀이다. 이들이 납작하고 통통한 체형을 지니게 된 이유는 대부분의 초식성 동물들이 그렇듯 소화를 위해 육식동물에 비해 꼬불꼬불한 매우 긴 장을 가지고 있기 때문이다. 특징적인 꼬리는 가시투성이여서 방어를 위해 잘 무장되어 있다. 천적으로부터 공격을 받게 되면 이 종은 포식자로부터 자신을 지키기 위하여 굴이나 바위틈으로 들어가 뾰족한 가시가 난 꼬리로 입구를 막는다. 유로메스티스는 약 13개의 아종이 있으며 이들은 물이 부족한 건조한 사막 환경에 잘 적응한 도마뱀류다. 주로 밤에는 땅 속의 굴이나 바위틈에서 숨어 지내다가 낮에는 고온의 사막의 열기에도 아랑곳하지 않고 일광욕을 즐기며 채식활동을 한다.

수단 플레이티드 리자드 (Sudan Plated Lizard)

지상성 건계형

- 학 명 : *Gerrhosaurus major*
- 원산지 : 아프리카 탄자니아(잔지바르 섬 군도 포함), 케냐, 모잠비크
- 크 기 : 수컷 60~70cm, 암컷 45~50cm
- 습 성 : 주행성
- 생 태 : 바위틈에서 서식한다.
- 식 성 : 육식에 가까운 잡식성
- 온·습도 : 주간 25~28°C, 핫존 40~45°C, 야간 20~22°C 습도 50% 내외

Giant Plated Lizard라고도 한다. 아프리카 중부와 동부, 남부에 분포하며 사바나지역의 작은 돌산이나 절벽 틈 등지에서 작은 무리를 지어 생활하는 도마뱀이다. 외형적 특징은 좁은 바위틈에 잘 기어 들어갈 수 있도록 사각형의 납작하고 탄탄한 몸통을 가졌다. 비늘은 딱딱하며 사각형이고 용골이 있어서 기왓장처럼 생겼으며 기왓장을 쌓아 놓은 모양처럼 갑옷과 같이 겹쳐져 있다. 머리는 삼각형이며 큰 눈과 외부에 드러나 보이는 큰 귓구멍이 있다. Plated Lizard(도금한 도마뱀)라는 이름에 걸맞게 갑옷과 같은 딱딱한 비늘은 태양빛을 받으면 금으로 도금한 듯한 금속광택을 띤다.

쉴드 테일드 아가마 (Shield-tailed Agama)

지상성 건계형

- 학 명 : *Xenagama taylori*
- 원산지 : 아프리카 소말리아, 에디오피아
- 크 기 : 수컷 8cm, 암컷 6cm
- 습 성 : 주행성
- 생 태 : 건조한 사막의 단단한 모래지역에서 서식한다.
- 식 성 : 풀이나 곤충 등 잡식성
- 온·습도 : 주간 25~28°C, 핫존 40~45°C, 야간 22°C 습도 50% 내외

아프리카의 건조한 지역에 서식하는 소형종 아가마과 도마뱀으로 굉장히 독특한 외모를 가지고 있다. 부채처럼 넓적하게 펼쳐진 짧은 꼬리는 가시와 같은 뾰족한 돌기로 이루어져 있고 꼬리 끝은 뾰족한 형태로 이루어져 있으며 중간의 돌기는 더 길다. 이런 독특한 꼬리 때문에 '방패꼬리 아가마' 라는 이름을 가지게 되었다. 이들은 연한 갈색에서부터 붉은 벽돌색까지 색상을 지니며 성숙한 수컷의 경우 목 주변에 아름다운 밝은 푸른색을 띠게 된다.

유러피언 글래스 리자드 (European Glass Lizard)

지상성 건계형

- 학 명 : *Ophisaurus apodus*
- 원산지 : 유럽의 발칸반도에서 카스피해까지 분포
- 크 기 : 90~110cm
- 습 성 : 주행성
- 생 태 : 건조한 산림지역에서 생활한다.
- 식 성 : 절지류, 소형 설치류, 무척추동물 등 육식성
- 온·습도 : 주간 22~25°C, 핫존 30~35°C, 야간 20°C
  습도 70% 이하

Russian Glass Snake, Glass Lizard, Sheltopusik라고도 한다. 유럽에 서식하는 무족 도마뱀 중 가장 큰 종이며, 몸 색깔은 올리브색이나 황갈색 또는 짙은 갈색이고 머리는 연한 색이다. 유럽의 발칸반도에서 카스피해까지 분포하며, 터키, 시리아와 코카서스 중앙아시아의 산림 지대의 건조하고 바위가 많은 경사지에서 많이 발견된다. 이들은 주로 황혼이나 새벽 무렵에 활발히 활동하며, 곤충부터 작은 도마뱀, 소형 설치류를 잡아먹고 산다. 큰 사각형 비늘로 덮여 있으며, 옆구리에는 작은 비늘로 이루어진 주름이 있다. 겉모습은 뱀을 닮았지만 머리는 전형적인 도마뱀처럼 생겼으며 움직이는 눈꺼풀과 귓구멍이 있다.

유카탄 스파이니 테일드 이구아나 (Yucatan Spiny-tailed Iguana)

지상성 건계형

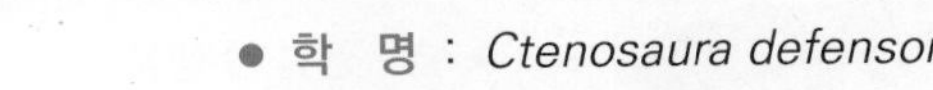

- 학 명 : *Ctenosaura defensor*
- 현 황 : CITES II
- 원산지 : 멕시코 유카탄반도
- 크 기 : 수컷 20cm, 암컷 15cm
- 습 성 : 주행성
- 생 태 : 반건조지역에서 생활한다.
- 식 성 : 식물의 잎, 꽃, 씨앗 등 초식성
- 온·습도 : 주간 25~28°C, 핫존 40~45°C, 야간 20~22°C
  습도 50% 내외

멕시코 유카탄반도에 서식하는 소형 이구아나로 가시모양 비늘이 돋은 짧은 꼬리와 짧은 몸통, 짧은 머리형태를 띠고 있다. 어깨부분에는 세 줄의 검은 가로줄 무늬가 있으며 허리부분과 머리는 밝은 주황색을 띠는 화려한 도마뱀이다. 습성은 주로 지상 근처에 머물고 식물을 먹는다. 1990년대만 해도 미국에 흔히 수출되던 저렴한 도마뱀으로 인식되었지만 서식지 파괴와 개체 수 감소로 인하여 현재는 고가로 거래되는 종이 되었다.

데저트 이구아나 (Desert Iguana)

지상성 건계형

- 학 명 : *Dipsosaurus dorsalis*
- 원산지 : 미국 남서부와 멕시코 북서부의 소노란 사막과 모하비 사막
- 크 기 : 수컷 30cm, 암컷 15~18cm
- 습 성 : 주행성
- 생 태 : 건조한 사막의 암석지대에서 생활한다.
- 식 성 : 풀이나 곤충 등 잡식성
- 온·습도 : 주간 25~28°C, 핫존 40~45°C, 야간 20~22°C
  습도 50% 내외

사막 이구아나는 튼튼한 몸통과 긴 꼬리, 작은 머리를 가지고 있다. 또한 작은 과립형 비늘이 등을 덮고 있으며 조금 더 큰 비늘이 척추를 따라 줄지어 있다. 피부 무늬는 회색과 갈색, 분홍색 점들로 이루어져 있으며 밝은 회갈색의 몸에 밝은 둥근 무늬가 몸 전체에 퍼져 있고 전반적으로 수수한 외모를 띤다. 이들은 다른 도마뱀보다 고온에 강하며 하루 중 한낮의 가장 뜨거운 시간에도 활동한다. 주로 초식성이 강하나 곤충이나 무척추동물, 썩은 고기나 심지어 자신의 배설물을 먹기도 한다.

쉬글백 스킨크 (Shingleback Skink)

지상성 건계형

- 학 명 : *Tiliqua rugosa aspera*
- 원산지 : 호주
- 크 기 : 30~35cm
- 습 성 : 주행성
- 생 태 : 건조한 사바나지역에 서식한다.
- 식 성 : 과일, 절지류, 소형 설치류 등 잡식성
- 온·습도 : 주간 25~28°C, 핫존 40~45°C, 야간 22°C
  습도 50% 내외

호주의 건조한 남부 사막과 관목 숲에서 서식하는 도마뱀으로 블루텅 스킨크(Blue-tongued Skink)와 같은 속에 속하는 종이다. 이들은 다음과 같은 4종의 아종이 있다. Common Shingleback(*Tiliqua rugosa rugosa*), Eastern Shingleback(*Tiliqua rugosa aspera*), Shark Bay Shingleback(*Tiliqua rugosa palarra*), Rottnest Island Shingleback(*Tiliqua rugosa konowi*) 이며, 블루텅 스킨크와 비슷하면서도 다른 굉장히 독특한 외모를 가지고 있다. 통통하고 긴 몸에 짧고 뭉툭한 꼬리, 삼각형의 넓적한 머리 그리고 매우 짧은 다리와 매우 큰 비늘이 각각 솟아 있다. 이들은 적을 만나게 되면 블루텅 스킨크와 마찬가지로 소리를 내며 큰 입을 벌리고 푸른색 혀를 적에게 보여주는 위협적인 행동을 한다. 이들은 또한 'Sleepy Lizard(잠자는 도마뱀)'라는 이름으로도 불리는데 이 이름은 이들의 평소 습성을 잘 알려준다. 활동 시 움직임이 굼뜨고 주로 가만히 일광욕을 즐기거나 거의 움직임이 없이 잠자는 등의 조용하고 활동적이기 때문이다. 또한 이들은 암수 간의 의리가 강한 종으로도 유명한데 한 번 짝이 정해지면 봄에 2~3달간 같이 지내면서 교미를 하고 헤어져서 다시 이듬해에 같은 짝과 만나 같은 암수가 번식을 하는 일부일처제의 도마뱀으로 알려져 있으며 이런 관계는 20년 넘게 유지되는 경우도 있다.

피터스 밴디드 스킨크 (Peter's Banded Skink)

지중성 건계형

- 학　명 : *Scincopus fasciatus*
- 원산지 : 아프리카 북부 사막지역
- 크　기 : 약 25cm
- 습　성 : 야행성
- 생　태 : 땅 속이나 땅 위에서 생활한다.
- 식　성 : 곤충 및 절지류 등 충식성
- 온·습도 : 주간 22~25°C, 핫존 35~40°C, 야간 22°C
  습도 30% 이하

온순하고 뭉툭한 머리 때문에 사막의 블루텅 스킨크라고 불리기도 하지만 야행성 도마뱀 종류이다. 큰 머리와 큰 눈 그리고 밝은 노란 몸통에 선명한 검은 가로 줄무늬가 인상적이다. 온순한 성격이며 비교적 최근에 애완동물로 거래되어 정보가 많지 않은 편이다. 또한 사육장 내부에 습도가 높으면 치명적이다. 물그릇을 넣어 주고 그 주변만 습도가 높게 유지되도록 하고 나머지 사육장 부분은 건조하게 유지해 주는 것이 좋다. 바닥재는 깨끗한 모래가 좋다. 이들은 위험하다고 여겨지면 모래 속으로 몸을 숨기는 습성이 있기 때문이다. 국내에 수입되는 대부분의 종이 야생 채집 개체로 입수 초기에 구충을 해주는 것이 바람직하다.

마다가스카르 레인보우 샌드 리자드 (Madagascar Rainbow Sand Lizard)

지중성 건계형

- 학　명 : *Tracheloptychus petersi*
- 원산지 : 마다가스카르섬의 남서부 건조한 지역
- 크　기 : 12~15cm
- 습　성 : 주행성
- 생　태 : 땅 속이나 땅 위에서 생활한다.
- 식　성 : 곤충 및 절지류 등 충식성
- 온·습도 : 주간 22~25°C, 핫존 35~40°C, 야간 22°C
  습도 30% 이하

Madagascar Jewel Lizard라고도 불린다. 뾰족한 청회색의 얼굴과 갈색의 등, 옆구리는 붉은 점박이 무늬가 있는 아름다운 종이다. 마다가스카르섬의 남서부지역의 해안가나 건조한 지역에 서식하며 모래에 파고드는 습성이 있다. 잘 발달된 뒷다리로 굉장히 빨리 달리며 위급하면 모래 속으로 숨는다.

샌드피쉬 스킨크 (Sandfish Skink)

지중성 건계형

- 학 명 : *Scincus scincus*
- 원산지 : 동남아시아지역부터 북아프리카, 사우디아라비아 동부, 이라크, 이란, 오만의 사막
- 크 기 : 수컷 12cm, 암컷 14cm
- 습 성 : 주행성
- 생 태 : 주로 모래 속에서 생활한다.
- 식 성 : 곤충 및 절지류 등 충식성
- 온·습도 : 주간 22~25°C, 핫존 35~40°C, 야간 22°C 습도 30% 이하

쐐기형으로 생긴 코를 가지고 있고 몸 전체는 매끈한 비늘로 덮여 있어서 모래 속으로 파고들기에 적합하다. 코의 모양을 보고 다른 말로 '삽코 도마뱀'이라고도 부른다. 대체로 노란색 바탕에 흰색, 검은색 줄무늬의 몸체를 가지고 있고, 눈에는 눈꺼풀이 있어 모래 속에서 활동하며 눈 속의 모래를 밖으로 빼낸다. 또한 콧구멍도 매우 작아서 코 속과 폐 속의 모래를 효과적으로 빼낼 수 있다. 일반적으로 사막에서도 오아시스 주변과 같이 약간의 습도가 유지되는 곳에서 생활한다.

노던 스파이니 테일드 게코 (Northern Spiny-tailed Gecko)

교목성 건계형

- 학 명 : *Strophurus ciliaris*
- 원산지 : 호주 북부 건조지역
- 크 기 : 12~15cm
- 습 성 : 야행성(주로 밤에 활동하나 낮에 일광욕을 즐기므로 UVB와 스팟램프를 설치해준다)
- 생 태 : 나무와 암벽에 매달려 생활한다.
- 식 성 : 곤충 및 절지류 등 충식성
- 온·습도 : 주간 22~25°C, 핫존 30~35°C, 야간 22°C 습도 50% 이하

이 독특한 외모의 도마뱀은 눈 위와 꼬리 부분에 날카로운 가시를 가지고 있다. 특히 본종은 *Strophurus*에 속하는 도마뱀들 중에서도 가시가 가장 발달한 종이기도 하다. *Strophurus*속의 특징은 꼬리 부분에서 악취가 나는 액체를 분비하여 자신을 방어하는 특징을 가지고 있다. 기본적으로 야행성(밤에 활동하는)이지만 UVB램프와 스팟램프를 설치해 주어야 하며 일광욕으로 체온을 유지하거나 비타민 D_3를 합성하기도 한다. 이 종들은 벽에 붙을 수 있으며 야생에서는 주로 나뭇가지에 매달려 생활하므로 사육장에 붙잡을 수 있는 가지들을 넣어 주어야 한다.

골든 스파이니 테일드 게코 (Golden Spiny-tailed Gecko)

교목성 건계형

- 학 명 : *Strophurus taenicauda*
- 원산지 : 호주 동부지역
- 크 기 : 8~9cm
- 습 성 : 야행성(주로 밤에 활동하나 낮에 일광욕을 즐기므로 UVB와 스팟램프를 설치해준다)
- 생 태 : 나무 위나 암벽에 매달려 생활한다.
- 식 성 : 곤충 및 절지류 등 충식성
- 온·습도 : 주간 22~25°C, 핫존 30~35°C, 야간 22°C 습도 50% 이하

황금 가시꼬리 게코라고 불린다. 이들은 회색 바탕에 검고 작은 점이 산재해 있으며 허리부터 꼬리까지 밝은 노란색의 줄무늬가 있다. 또한 붉은 눈을 가진 종도 있는데 굉장히 독특한 외모를 가지고 있는 종이다. *Strophurus*속의 특징은 꼬리 부분에서 악취가 나는 액체를 분비하여 자신을 방어하는 특징을 가지고 있다. 기본적으로 야행성(밤에 활동하는)이지만 UVB램프와 스팟램프를 설치해 주어야 하며 일광욕으로 체온을 유지하거나 비타민 D_3를 합성하기도 한다. 이 종들은 벽에 붙을 수 있으며 야생에서는 주로 나뭇가지에 매달려 생활하므로 사육장에 붙잡을 수 있는 가지들을 넣어 주어야 한다.

소프트 스파이니 테일드 게코 (Soft Spiny-tailed Gecko)

교목성 건계형

- 학 명 : *Strophurus spinigerus*
- 원산지 : 호주 남서부지역
- 크 기 : 수컷 8cm, 암컷 10cm
- 습 성 : 야행성(주로 밤에 활동하나 낮에 일광욕을 즐기므로 UVB와 스팟램프를 설치해준다)
- 생 태 : 나무나 암벽에 매달려 생활한다.
- 식 성 : 곤충 및 절지류 등 충식성
- 온·습도 : 주간 22~25°C, 핫존 30~35°C, 야간 22°C 습도 50% 이하

*Strophurus*속의 특징은 꼬리 부분에서 악취가 나는 액체를 분비하여 자신을 방어하는 특징을 가지고 있다. 기본적으로 야행성(밤에 활동하는)이지만 UVB램프와 스팟램프를 설치해 주어야 하며 일광욕으로 체온을 유지하거나 비타민 D_3를 합성하기도 한다. 이 종들은 벽에 붙을 수 있으며 야생에서는 주로 나뭇가지에 매달려 생활하므로 사육장에 붙잡을 수 있는 가지들을 넣어 주어야 한다.

블루 텅 스킨크 (Blue Tongued Skink)

지상성 습계형/건계형

- 학　명 : *Tiliqua scincoides, Tiliqua gigas*
- 원산지 : 오세아니아
- 크　기 : 50~60cm
- 습　성 : 주행성
- 생　태 : 열대우림의 바닥 면에 생활한다.
- 식　성 : 과일 및 무척추동물, 소형 설치류 등 잡식성
- 온·습도 : 주간 25~28°C, 핫존 35~40°C, 야간 22°C
  습도 50~80% 내외

인도네시아와 오세아니아에 서식하는 중형의 이 도마뱀은 파충류 마니아라면 누구나 알만한 유명한 도마뱀이다. 우리말 이름은 '푸른 혀 도마뱀'으로 독특한 푸른색의 혀를 가지고 있다. 이들의 외형은 미끄러운 비늘로 덮인 뚱뚱한 몸통에 끝으로 가면서 가늘어지는 꼬리와 커다란 갑판이 붙은 넓은 머리가 있다. 이들은 야생에서 위협을 받을 때 쉿 소리를 내고, 입을 벌리고 푸른 혀를 내밀며 흔들어 상대를 위협하는 행동을 한다. 블루 텅 스킨크는 아종이 많으며 주로 국내에 소개되는 종은 인도네시아의 밀림이 원산지인 Tiliqua gigas종이다. 이들은 주로 인도네시아와 호주 등 오세아니아에서 서식하며 서식지도 다양하여 습도가 높은 밀림이나 건조한 사바나지역까지 다양하게 분포한다. 또한 새끼를 낳는 난태생 도마뱀이다. 사육 시에도 다양한 환경에 적응을 잘하는 종으로 도마뱀 사육의 입문 종으로 많이 추천되는 종이다.

아프리칸 파이어 스킨크 (African Fire Skink)

지상성 습계형

- 학　명 : *Riopa fernandi*
- 원산지 : 서부 아프리카
- 크　기 : 수컷 30~35cm, 암컷 25~30cm
- 습　성 : 주행성
- 생　태 : 열대우림의 바닥 면에 생활한다.
- 식　성 : 무척추동물, 소형 설치류 등 육식성
- 온·습도 : 주간 22~25°C, 핫존 35~40°C, 야간 22°C
  습도 70% 이상

파이어 스킨크는 이름에서 알 수 있듯 불타는 듯한 진한 붉은색의 발색이 아름다운 도마뱀류이다. 스킨크류 중에서 화려한 발색을 자랑하는 종이다. 이들은 서부 아프리카의 기니, 앙골라의 자이르, 우간다지역에 서식하며 전형적인 스킨크류의 체형에 탄탄하고 사각형의 미끈한 몸을 가졌다. 등 부분은 황금빛이 도는 황갈색에 배옆면으로 붉은색의 무늬와 검은 무늬가 교차되어 있으며, 윗입술 부분은 붉은색이며 턱 밑은 흰색과 검은색이 교차되어 있다. 꼬리는 검은색이나 연한 하늘색의 점이 보석을 뿌려놓은 듯 흩어져 있다. 수컷의 경우 더욱 밝고 화려한 색상을 띤다. 이들은 현지에서 인가 근처에서도 흔히 발견되며 주로 땅 속에 굴을 파고 생활한다. 현지인들은 이들의 화려한 색상을 보고 독이 있는 도마뱀이라 오해하여 건드리지 않기도 한다.

레드 아이드 아머드 스킨크 (Red-eyed Armored Skink)

지상성 습계형

- 학 명 : *Tribolonotus gracilis*
- 원산지 : 인도네시아, 파푸아뉴기니
- 크 기 : 12~15cm
- 습 성 : 이른 아침과 일몰 때 활발
- 생 태 : 습기가 높은 열대우림바닥 및 물가에서 생활한다.
- 식 성 : 무척추동물, 곤충 등 육식성
- 온·습도 : 주간 24~26°C, 야간 22°C / 습도 80% 이상

Red-eyed Armored Skink이란 이름에서 알 수 있듯이 이들의 몸은 딱딱한 갑옷과 같은 가시처럼 돌출된 튼튼한 네 줄의 등비늘이 있다. 이런 특징때문에 Red-eyed Crocodile Skink라고도 불린다. 이들은 인도네시아의 이리안 쟈야(Irian Jaya)와 뉴기니의 비교적 고도가 높은 산림지대의 수로를 따라 서식하며, 흔히 야생에서는 물이 고인 코코넛 더미 등에서 발견되기도 한다. 이들은 겁이 많은 종으로 야행성(밤에 활동하는)이며 주로 낮 동안은 작은 굴이나 빈 코코넛 열매 껍질 안에 숨어 지내다가 날이 어두워지면 나와서 작은 곤충류를 잡아먹는다. 이들은 다른 스킨크류와 전혀 다른 외모를 가지고 있으며 심지어 사람 손에 잡히게 되면 개구리처럼 '끽 끽'거리는 울음소리를 내거나 죽은척을 하기도 한다. 고온에 취약하며 탈수에 취약한 종이다.

파푸아 스네이크 리자드 (Papua Snake Lizard)

지상성 습계형

- 학 명 : *Lialis jicari*
- 원산지 : 파푸아뉴기니, 호주
- 크 기 : 30~35cm
- 습 성 : 야행성
- 생 태 : 땅 위에서 생활한다.
- 식 성 : 소형 도마뱀, 무척추동물, 곤충 등 육식성
- 온·습도 : 주간 25°C, 핫존 35°C, 야간 20°C / 습도 70% 이상

New Guinea Snake-Lizard, Burton's Legless Lizard라고도 한다. 일반적으로 다리가 없어서 무족도마뱀으로 불리며 무족도마뱀과로 오해하기가 쉽다. 이 도마뱀들은 겉모습은 전혀 다르지만 도마뱀붙이류(Gecko)와 근연종이다. 다른 무족도마뱀류와 달리 뱀과 마찬가지로 작은 눈에 눈꺼풀이 없고 도마뱀붙이류처럼 넓적한 혀로 눈을 핥아 청소하는 습성이 있어 분류상 뱀붙이도마뱀으로 불린다. 이들은 모든 종이 야행성(밤에 활동하는)이며 주로 작은 곤충을 먹지만 몇몇 종은 다른 소형 도마뱀을 즐겨 먹는다. 다른 도마뱀류와 같이 사냥할 때 꼬리를 떨어 유인하는 행동을 하며 꼬리도 끊어 낼 수 있다.

그린 아메이바 (Green Ameiva)

지상성 습계형

- 학 명 : *Ameiva ameiva*
- 원산지 : 중앙아메리카 및 남아메리카 전역
- 크 기 : 40~58cm
- 습 성 : 주행성
- 생 태 : 작은 관목이 우거진 곳에서 생활한다.
- 식 성 : 소형 도마뱀, 무척추동물, 곤충 등 육식성
- 온·습도 : 주간 22~25°C, 핫존 35~40°C, 야간 20°C
  습도 70% 이상

남미에서 가장 흔하게 볼 수 있는 도마뱀이다. 이들은 파나마 남부에서 아르헨티나 북부, 안데스 동부까지 분포하며 개간된 숲과 개활지의 도로 근처에서 서식한다. 외형은 수컷의 경우에는 머리 부분은 갈색을 띠는 회색빛을 띠며 몸의 뒤로 갈수록 녹색의 빛이 돌고 꼬리 쪽에 다다라서는 녹색과 섞인 창백한 푸른빛이 돈다. 옆구리에는 갈색 줄무늬와 창백한 푸른색 또한 노란색 점들로 이루어진 무늬가 있으며 개체에 따라 변화가 심하다. 암컷은 화려한 수컷과는 달리 수수한 갈색의 발색을 띤다. 어린 개체는 성체보다 몸의 색깔이 선명하며 피부는 작은 과립형 비늘로 되어 있으며, 크고 독특한 형태의 뾰족한 삼각형의 머리는 큰 갑판들이 덮고 있다. 이들의 머리는 위에서 볼 때에도 뾰족한 삼각형을 띠며 측면에서 볼 때에도 뾰족한 형태를 띠는 사각 원뿔 형태이다.

베트나미즈 케이브 게코 (Vietnamese cave Gecko)

지상성 습계형

- 학 명 : *Goniurosaurus araneus*
- 현 황 : CITES II
- 원산지 : 베트남, 중국남부 광시성
- 크 기 : 수컷 12~13cm, 암컷 10~11cm
- 습 성 : 야행성
- 생 태 : 축축하고 온도가 낮은 동굴 속에서 생활한다.
- 식 성 : 무척추동물, 곤충 등 육식성
- 온·습도 : 온도 22~26℃, 28℃ 이상 고온에 취약
  습도 70~80% 이상

Cave Gecko류는 베트남, 중국, 일본 등 아시아에 서식하는 게코류이다. 얼핏 레오파드 게코와 외모가 흡사하나 더 가늘고 긴 형태의 체형을 가지고 있고 눈의 색은 붉은 갈색을 띤다. 몸 표면의 밴드 무늬가 레오파드 게코와는 달리 성체까지도 선명이 유지된다. 야행성이며 저온을 선호하는 저온종이다. 동굴 게코류는 저온 다습한 환경을 선호하며 28°C 고온으로 올라가면 식욕을 잃고 30°C 이상 온도가 올라가면 죽음에 이를 수 있다. 사육장은 축축한 이끼나 습도를 머금을 수 있는 바닥재를 깔아 주고 습기를 유지할 수 있는 은신처를 두고, 낮과 밤의 온도 편차를 주는 것이 좋다.

나일 모니터 (Nile Monitor)

지상성 습계형

- 학　명 : *Varanus niloticus*
- 현　황 : CITES Ⅱ
- 원산지 : 아프리카
- 크　기 : 140~200cm
- 습　성 : 주행성
- 생　태 : 물가 습지에 서식, 수영에 능하다.
- 식　성 : 어류, 양서파충류, 절지류, 설치류 등 육식성
- 온·습도 : 주간 25~28°C, 핫존 40~45°C, 야간 23°C / 습도 70% 이상

사하라 사막 이남의 아프리카에 넓게 분포하며 강과 호수와 늪에서 서식하는 종이다. 이들은 아시아에 서식하는 워터 모니터(Water Monitor)와 마찬가지로 물가에 서식하며 습성이나 외형이 비슷하다. 목이 길고 날씬한 체형에 헤엄치기에 좋은 용골이 솟은 긴 꼬리, 뾰족한 머리가 특징이다. 어린 개체는 몸 위쪽에 노란색 점들이 있는 검은색을 띠며 꼬리에는 노란색 가로 줄무늬가 있다. 성체는 종종 균일한 암회색을 띠며 꼬리에만 줄무늬가 있다. 나일 모니터는 두 종류의 아종이 있는데, 아프리카 동부 · 남부에 사는 종(Varanus niloticus niloticus)은 앞다리와 뒷다리 사이에 노란 점으로 된 줄무늬가 6~9개 있으며, 아프리카 서부에 사는 종(Varanus niloticus ornatus)은 3~5개가 있다. 사실 이들은 커다란 몸집과 공격성으로 인하여 워터 모니터와 마찬가지로 애완으로써의 사육은 권장할 만한 종은 아니다.

워터 모니터 (Water Monitor)

지상성 습계형

- 학　명 : *Varanus salvator*
- 현　황 : CITES Ⅱ
- 원산지 : 동남아시아 일대
- 크　기 : 150~200cm
- 습　성 : 주행성
- 생　태 : 물가 습지에 서식, 수영에 능하다.
- 식　성 : 어류, 양서파충류, 절지류, 설치류 등 육식성
- 온·습도 : 주간 25~28°C, 핫존 40~45°C, 야간 23°C / 습도 70% 이상

본종은 넓은 분포를 보이며 동남아시아의 열대 우림 강가나 바닷가, 심지어 도시나 인가 근처에도 서식하는 대중적인 종으로 같은 왕도마뱀류 중 비교적 흔한 종이다. 체색은 어린 개체의 경우 회갈색에 밝은 베이지색의 둥그런 무늬가 가로로 이어져 있으며 얼굴 부분 또한 밝은 베이지색이고 눈 옆으로 검은색의 긴 무늬가 있다. 하지만 성체로 갈수록 밝은 색의 무늬는 흐려지며 전체적으로 어두운 빛깔을 띠게 된다. 왕 도마뱀류는 후각이 발달했으며 생태계에서 중간 포식자로서 역할을 수행하며 죽은 사체나 썩은 고기도 섭취하면서 청소부의 역할을 하는 종들이다. 또한 발달된 후각으로 조류의 알이나 모래 속에 묻혀 있는 바다거북이나 악어의 알을 훔쳐 먹기도 한다.

아르젠틴 블랙 앤 화이트 테구 (Argentine Black and White Tegu)

지상성 습계형

- 학 명 : *Salvator merinae*
- 현 황 : CITES Ⅱ
- 원산지 : 남미
- 크 기 : 80~120cm
- 습 성 : 주행성
- 생 태 : 땅 위에서 생활한다.
- 식 성 : 과일, 절지류, 설치류 등 잡식성
- 온·습도 : 주간 25~28°C, 핫존 35~40°C, 야간 22°C / 습도 70% 이상

남미에서 서식하는 대형종 도마뱀류이며 이들의 아종 중 가장 일반적으로 사육되는 종은 Argentine Black and White Tegu(아르헨티나 블랙 엔 화이트 테구)와 Red Tegu(Salvator rufescens-레드 테구)가 있다. 이들은 육상생활을 하는 대형종 도마뱀이며 다리가 길고 힘이 세서 달리는 데 알맞으며 어린 개체의 경우 뒷다리만으로 달릴 수 있다. 이들은 위험에 처하면 길고 두툼한 꼬리를 채찍처럼 휘둘러 자신을 방어한다. 또한 아시아에 서식하는 왕도마뱀류종들과 마찬가지로 대형종이지만 잡식성 도마뱀이다. 왕도마뱀류가 목이 길고 비교적 날씬한 체형을 가졌다면 테구류는 짧고 굵은 목을 가지고 있다. 특히 테구의 경우 나이가 많은 성체는 아랫목 밑에 부풀어 오른 듯한 볼 주머니 같은 목주름이 있다. 이들은 야생에서는 모든 생물을 먹이로 삼는 활발한 포식자이며 새와 악어의 알을 훔쳐 먹고 썩은 고기를 먹는 청소부 역할도 한다.

피콕 데이 게코 (Peacock Day Gecko)

교목성 습계형

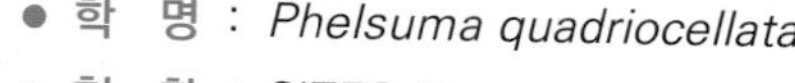

- 학 명 : *Phelsuma quadriocellata*
- 현 황 : CITES Ⅱ
- 원산지 : 마다가스카르
- 크 기 : 9~12cm
- 습 성 : 주행성
- 생 태 : 암벽이나 나무에 매달려 생활한다.
- 식 성 : 꽃의 꿀, 과육, 곤충 등 잡식성
- 온·습도 : 주간 23~25°C, 핫존 30~35°C, 야간 22°C
  습도 70% 이상

게코류의 대부분이 야행성(밤에 활동하는)인 것에 반해 데이게코(Day Gecko)류는 말 그대로 낮에 활동하는 게코류이다. Peacock은 공작새를 뜻하는 말로 앞발 옆구리에 공작새 꼬리 깃의 무늬와 비슷한 무늬가 있어서 이름이 붙여졌다. 야생에서는 주로 곤충류와 더불어 꿀이나 잘 익은 과육, 그리고 뽈 매미라고 불리는 곤충의 달콤한 분비물을 즐겨 먹으며 뽈 매미와 공생관계를 형성한다. 눈은 눈꺼풀이 없으며 야행성(밤에 활동하는) 게코류와 달리 동공이 수축하지 않는다. 주행성(낮에 활동하는) 도마뱀으로 UVB램프는 필수이며 충분한 칼슘을 공급해줘야 한다. 영역성이 강한 편으로 다른 수컷과의 합사는 피하는 것이 좋다. 국내에 수입되는 종들은 대부분 야생 채집개체가 많으므로 사육 초기에 구충을 실시하는 것이 바람직하다. 사육장 내부에 대나무나 유목 등 도마뱀들이 붙을 수 있는 구조물을 넣어 주거나 살아 있는 식물을 심어주면 번식에 도움이 된다.

라인드 데이 게코 (Lined Day Gecko)

교목성 습계형

- 학 명 : *Phelsuma lineata*
- 현 황 : CITES II
- 원산지 : 마다가스카르
- 크 기 : 9~12cm
- 습 성 : 주행성
- 생 태 : 암벽이나 나무에 매달려 생활한다.
- 식 성 : 꽃의 꿀, 과육, 곤충 등 잡식성
- 온·습도 : 주간 23~25°C, 핫존 30~35°C, 야간 22°C
  습도 70% 이상

피콕 데이 게코와 거의 흡사한 외모이지만 옆구리의 무늬 대신 검은색의 긴 줄무늬가 있어 라인드 데이 게코라고 이름이 붙여졌다. 소형종으로 작은 사육장에서 번식이 용이한 종이며 수컷이 암컷보다 크다. 국내에 수입되는 종들은 대부분 야생 채집개체가 많으므로 사육 초기에 구충을 실시하는 것이 바람직하다.

네온 데이 게코 (Neon Day Gecko)

교목성 습계형

- 학 명 : *Phelsuma klemmeri*
- 현 황 : CITES II
- 원산지 : 마다가스카르
- 크 기 : 8~10cm
- 습 성 : 주행성
- 생 태 : 암벽이나 나무에 매달려 생활한다.
- 식 성 : 꽃의 꿀, 과육, 곤충 등 잡식성
- 온·습도 : 주간 23~25°C, 핫존 30~35°C, 야간 22°C
  습도 70% 이상

소형 데이 게코로 머리는 샛노랗고 등은 청회색을 띠며 네온사인의 빛처럼 양쪽으로 푸른 라인이 들어가고 귀부터 뒷다리까지 선명한 검은 라인이 있는 종으로 아주 아름답다. 다른 데이 게코류들은 영역성이 강해 합사가 어려운 특징이 있지만 이 종은 온순한 성격으로 작은 무리를 지어 사육이 가능하다. 그래도 수컷끼리는 공격성을 보이므로 수컷과 암컷 쌍으로 사육을 하거나 수컷 1마리에 암컷 2~3 마리로 사육이 가능하다. 국내에 수입되는 피콕이나 라인드 데이 게코의 경우 대부분 현지의 야생 채집개체인 것에 비해 본종은 번식된 개체들이 많아 인공번식개체들이 주로 거래되고 있다.

골드 더스트 데이 게코 (Gold Dust Day Gecko)

교목성 습계형

- 학　명 : *Phelsuma laticauda*
- 현　황 : CITES Ⅱ
- 원산지 : 마다가스카르, 하와이에도 유입
- 크　기 : 15~22cm
- 습　성 : 주행성
- 생　태 : 암벽이나 나무에 매달려 생활한다.
- 식　성 : 꽃의 꿀, 과육, 곤충 등 잡식성
- 온·습도 : 주간 23~25°C, 핫존 30~35°C, 야간 22°C
  습도 70% 이상

마다가스카르가 원산이지만 하와이에 애완용으로 수입된 개체들이 야생에 정착하여 현재는 하와이에서도 서식한다. 몸 색깔은 밝은 초록색이나 황록색 또는 드물게 푸른색이다. 이 종은 목과 등 위쪽에 금가루를 뿌린 듯 노란색 작은 점 무늬가 있어 '황금먼지 낮 도마뱀붙이'라는 이름이 붙여졌다. 이마부분과 허리부분에는 붉은 무늬가 있으며 규칙적이지는 않다. 눈 주위의 피부 윗부분은 파랗고 꼬리는 납작하며, 밑면이 베이지색이다. 수컷은 영역성이 강해 다소 공격적이며 다른 수컷을 만나면 강한 공격성을 보이고 좁은 사육장에선 암컷이 수컷의 과격한 구애로 상처를 입을 수도 있으니 숨을 곳을 마련해 주는 것이 좋다.

스탠딩스 데이 게코 (Standing's Day Gecko)

교목성 습계형

- 학　명 : *Phelsuma standingi*
- 현　황 : CITES Ⅱ
- 원산지 : 마다가스카르
- 크　기 : 27~28cm
- 습　성 : 주행성
- 생　태 : 암벽이나 나무에 매달려 생활한다.
- 식　성 : 꽃의 꿀, 과육, 곤충 등 잡식성
- 온·습도 : 주간 23~25°C, 핫존 30~35°C, 야간 22°C
  습도 70% 이상

마다가스카르 남서쪽에 서식하는 데이 게코로 자이언트 데이 게코와 더불어 데이 게코류 중 큰 종의 하나이다. 어린 개체는 밝은 녹색이나 노란색의 머리와 청회색의 몸통에 얼룩말처럼 갈색의 가로 줄무늬가 있으나 자라면서 줄무늬가 깨져 나이가 들수록 흐려지는 경향이 있다. 다른 강렬한 색상의 데이 게코류에 비하여 화려한 색상이 아니라서 관상용으로 인기는 높은 편이 아니다.

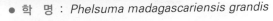

마다가스카르 자이언트 데이 게코 (Madagascar Giant Day Gecko)

교목성 습계형

- 학　명 : *Phelsuma madagascariensis grandis*
- 현　황 : CITES II
- 원산지 : 마다가스카르
- 크　기 : 27~30cm
- 습　성 : 주행성
- 생　태 : 암벽이나 나무에 매달려 생활한다.
- 식　성 : 꽃의 꿀, 과육, 곤충 등 잡식성
- 온·습도 : 주간 23~25°C, 핫존 30~35°C, 야간 22°C
습도 70% 이상

데이 게코류 중 가장 큰 종으로 밝은 에메랄드빛의 몸에 얼굴 옆선과 허리부분에 붉은 반점이 있는 아름다운 색상을 가지고 있다. 이들은 온순해 보이는 외모와 달리 영역성이 강하여 같은 종끼리의 합사 시 주의해야 한다. 한 케이지에 한 쌍만을 사육할 수 있으며 수컷은 물론이고 암컷끼리의 공격성도 강하다. 아름다워 일찍부터 사육에 돌입되었으며 현재는 여러 가지 품종도 만들어졌다. 주로 색상을 강화시키는 방법으로 개량되어 붉은 점이 많은 종이나 머리와 꼬리 부분에 푸른 발색이 강화된 종, 붉은 반점이 아예 생략된 종 등 품종 개량이 이뤄지고 있다.

모시 리프 테일드 게코 (Mossy Leaf Tailed Gecko)

교목성 습계형

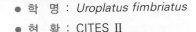

- 학　명 : *Uroplatus fimbriatus*
- 현　황 : CITES II
- 원산지 : 마다가스카르
- 크　기 : 22~30cm
- 습　성 : 야행성
- 생　태 : 나무에 매달려 생활한다.
- 식　성 : 꽃의 꿀, 과육, 곤충 등 잡식성
- 온·습도 : 주간 23~25°C, 야간 20°C / 습도 70% 이상

아프리카 마다가스카르섬에서 서식하는 리프 테일드 게코 무리들은 완벽한 보호색을 가지고 있으며 꼬리 모양이 나뭇잎과 닮아 있다. 독특한 외모를 가지고 있는 이들은 야생에서 나무에 붙어 있으면 나무의 색깔과 그들의 몸 색깔, 심지어 눈의 색깔도 나무의 이끼가 낀 거친 무늬와 흡사해 구분이 잘 되지 않는다. 이들은 주로 해발이 높은 고지대에 서식을 하며 낮에는 커다란 나무에 머리를 아래쪽으로 향한채 거꾸로 매달려서 지내며 종에 따라서는 덤불이나 낙엽 사이에서 서식한다. 주로 낮에는 그늘진 나무에서 매달려 휴식을 취한 후 밤이 되면 먹이가 되는 곤충을 잡기 위해 활동을 하는 야행성(밤에 활동하는) 게코류이다. 외형은 나뭇잎을 닮은 넓적한 꼬리를 가지고 있는 것이 특징이며 얼굴은 주둥이는 길쭉하고 넓으며 끝으로 갈수록 좁아지며 눈꺼풀이 없는 커다란 눈을 가지고 있다. 눈꺼풀이 없는 많은 도마뱀들이 그렇듯 투명한 막으로 눈이 보호되고 있으며 종종 혀를 이용하여 눈을 깨끗이 닦는다. 눈은 빛의 세기에 따라 고양잇과 동물의 눈처럼 조리개가 확대 · 축소된다. 낮 동안은 거의 움직이지 않고 한 장소에서 나무껍질색으로 위장한 채 보낸다.

크레스티드 게코 (Crested Gecko)

교목성 습계형

- 학 명 : *Rhacodactylus ciliatus*
- 원산지 : 뉴칼레도니아
- 크 기 : 12~15cm
- 습 성 : 야행성
- 생 태 : 나무에 매달려 생활한다.
- 식 성 : 꽃의 꿀, 과육, 곤충 등 잡식성
- 온·습도 : 주간 23~27°C, 야간 22°C / 습도 70% 이상

크레스티드 게코는 뉴칼레도니아섬의 나무 위에 서식하는 수상성(Tree-dwelling) 게코류로서 야생에서는 낮은 관목과 덤불 사이에 숨어지내다가 밤이 되면 활동하는 야행성(밤에 활동하는) 게코류다. 이 게코의 외형적인 특징은 머리 주위 부분과 눈 위에 독특한 돌기가 머리와 척추를 따라 Y자 형태로 나 있는 게코이다. 이런 돌기 때문에 속눈썹 게코, 장식 머리(Crested) 게코라는 이름이 붙여졌다. 이들은 주로 연한 황색이나, 갈색, 붉은 갈색, 주황색, 회색을 띠며 크고 납작한 머리와 눈꺼풀이 없는 눈, 벽에 붙을 수 있는 발 그리고 물건을 감을 수 있는 미세하고 거친 돌기가 나 있는 길쭉한 꼬리를 가지고 있다. 벽에 사는 다른 게코류에 비하여 행동이 빠르지 않아서 핸들링이 쉽고 온순하여 많은 마니아들의 사랑을 받는 게코류이다. 하지만 꼬리가 잘리면 다른 도마뱀들과 달리 재생이 안 되므로 다룰 때 조심해야 한다. 레오파드 게코와 마찬가지로 인공 번식과 개량으로 인한 다양한 색상과 패턴들이 존재하며 세계적으로 인기가 많은 애완도마뱀이다.

가고일 게코 (Gargoyle Gecko)

교목성 습계형

- 학 명 : *Rhacodactylus auriculatus*
- 원산지 : 뉴칼레도니아
- 크 기 : 12~15cm
- 습 성 : 야행성
- 생 태 : 나무에 매달려 생활한다.
- 식 성 : 꽃의 꿀, 과육, 곤충 등 잡식성
- 온·습도 : 주간 23~27°C, 야간 22°C / 습도 70% 이상

크레스티드 게코와 더블어 뉴칼레도니아 출신의 애완 도마뱀이다. 크레스티드와 생활상은 거의 같으나 외형적으로 차이가 크다. 얼굴은 좀 뾰족하고 몸의 패턴도 줄무늬나 얼룩무늬 등 다양한 패턴을 가진다. 이 종 또한 애완용으로 개량이 많이 진행되어 다양한 품종이 생겨났다.

뉴칼레도니언 자이언트 게코 (New caledonian Giant Gecko)

교목성 습계형

- 학 명 : *Rhacodactylus leachianus*
- 원산지 : 뉴칼레도니아
- 크 기 : 30~33cm
- 습 성 : 야행성
- 생 태 : 나무에 매달려 생활한다.
- 식 성 : 꽃의 꿀, 과육, 곤충, 소형 동물 등 잡식성
- 온·습도 : 주간 23~27°C, 야간 22°C / 습도 70% 이상

뉴칼레도니아에서 서식하는 게코 중 가장 대형종이며, 가장 무게가 많이 나가는 종이다. 국내에서는 학명 그대로 주로 '리키에너스'라고 불린다. 몸은 회색이나 연한 갈색이며 위장하기 알맞은 나무껍질과 비슷한 패턴의 녹색이나 회색의 반점이 있다. 이들의 위장색은 완벽하여 나무 위에 붙어 있으면 식별이 어렵다. 전체적인 외형은 둔해 보이는 덩치에 다른 야행성(밤에 활동하는) 게코류의 얼굴에 비해 작은 듯한 눈이 특징이다. 튼튼한 짧은 다리와 넓적한 발, 옆구리에 늘어진 피막과 발가락 사이의 물갈퀴와 비슷한 막 말고는 특별한 장식이 없으며 몸에 비해 날씬하고 짧은 듯한 꼬리를 가지고 있다. 이들은 낮 동안 나무의 수관부나 나무 구멍 속에서 쉬다가 밤이 되면 활동을 하는 야행성(밤에 활동하는) 게코류이다. 주식은 과일(바나나와 파파야)이나 나무 수액, 꿀, 곤충류이며 큰 개체는 작은 새와 포유류를 잡아먹기도 하며 대륙에서 멀리 떨어진 섬에 살기 때문에 천적이 거의 없다.

토케이 게코 (Tokay Gecko)

교목성 습계형

- 학 명 : *Gekko gecko*
- 현 황 : CITES II
- 원산지 : 동남아시아 일대
- 크 기 : 18~35cm
- 습 성 : 야행성
- 생 태 : 민가 근처나 숲의 암벽, 나무에 매달려 생활한다.
- 식 성 : 곤충, 작은 파충류 등 육식성
- 온·습도 : 주간 26~30°C, 야간 22°C / 습도 70% 이상

아시아 대륙에서 가장 큰 도마뱀 붙이류이며, 동남아시아의 인가나 도시의 가로등 밑에서 흔히 볼 수 있는 게코류이다. 이들은 발성기관이 있어 밤이면 '토~케이'라고 울어서 토케이 게코라는 이름이 붙여졌다. 외모는 연한 회색이나 푸른빛이 도는 회색 혹은 연한 갈색바탕에 붉거나 주황색 반점이 흩어져 있다. 커다란 머리와 넓적한 발 그리고 눈꺼풀이 없는 노란 눈이 특징이며 위협을 할 때는 입을 크게 벌리는 행동을 하며 보는 이에 따라서 혐오스러울 수도 있는 외모를 지녔다. 예로부터 말린 왕수궁이라 하여 토케이 게코를 남성들의 원기회복 한약재로 이용해 왔으며 중국 남부지방에서는 여전히 요리의 재료로 활용되기도 한다. 이들은 커다란 덩치와 달리 굉장히 민첩하며 또한 사나운 성질을 가지고 있어 다루기가 쉽지 않다. 현지에서는 주로 식용으로 이용되나 마니아층이 많아지고 있어 다양한 품종이 개량되고 있다.

몽키테일드 스킨크 (Monkey-tailed Skink)

교목성 습계형

- 학 명 : *Corucia zebrata*
- 현 황 : CITES Ⅱ
- 원산지 : 솔로몬제도
- 크 기 : 75~80cm
- 습 성 : 야행성
- 생 태 : 나무 위에서 생활한다.
- 식 성 : 식물의 싹, 잎, 과일 등 초식성
- 온·습도 : 주간 26~28°C, 핫존 40°C, 야간 22°C 습도 70% 이상

이 독특한 도마뱀들은 솔로몬제도의 작은 섬들의 해안가 밀림에서 서식한다. 이들은 다른 도마뱀류(Skink)와 굉장히 다른 생활상을 띠며 외형 또한 독특하게 진화되어온 종이다. 일반적으로 많은 종류의 스킨크류들이 주로 지상생활을 영위한다면 이들은 완벽히 교목형 생활에 알맞도록 진화된 도마뱀 종이다. 본종의 외형적인 특징은 튼튼해 보이는 삼각형의 머리와 스킨크류 특유의 번들거리는 큰 비늘을 가지고 있다. 아주 날카로운 발톱을 가진 튼튼한 발과 회초리와 같은 기다란 꼬리는 카멜레온류와 같이 나뭇가지를 말아 잡을 수 있는 제 5의 발 역할을 한다. 체형과 크기는 블루텅 스킨크와 비슷하지만 꼬리가 상대적으로 길며 다리가 짧은 블루텅 스킨크와는 반대로 길고 튼튼한 다리와 크고 길쭉한 발가락을 가지고 있어서 나무 위에서 생활하기 적합한 몸을 가지고 있다.

사타닉 리프 테일드 게코 (Satanic Leaf Tailed Gecko)

교목성 습계형

- 학 명 : *Uroplatus phantasticus*
- 현 황 : CITES Ⅱ
- 원산지 : 마다가스카르
- 크 기 : 6~9cm
- 습 성 : 야행성
- 생 태 : 나무에 매달려 생활한다.
- 식 성 : 곤충 및 소형 절지류 등 충식성
- 온·습도 : 주간 20~23°C, 야간 18°C / 습도 80% 이상

사타닉 리프 테일드 게코는 도마뱀 무리 중 가장 독특한 종이 아닌가 싶다. 이들은 완벽하게 마른 나뭇잎과 같은 외모를 가지고 있으며 개체에 따라 연한 핑크에서 노란색, 갈색 그리고 나무에 녹색 이끼가 낀 듯한 피부색 등 주변 환경과 어우러져 완벽한 보호색을 띠고 있다. 주로 이들은 낮은 관목이나 낙엽이 많이 쌓인 밀림의 하단부에서 서식하며, 서식지의 해발은 높은 편이어서 서늘한 곳에 머문다. 외형적 특징은 눈 위에 날카로운 뿔과 같은 돌기가 있고, 짧은 주둥이와 눈꺼풀이 없는 큰 눈을 가지고 있다. 나뭇잎을 닮은 납작한 꼬리는 나뭇잎이 벌레 먹은 듯한 상처까지도 흉내내고 있다. 암컷이 더 크며 꼬리가 넓적한 나뭇잎 형태는 암컷이다. 수컷은 꼬리가 더 작고 벌레 먹은 듯한 형태를 띤다. 고온에 취약하여 국내에서 여름을 나는 것이 어려운 종으로 온도와 습도관리가 까다롭다.

멕시칸 엘리게이터 리자드 (Mexican Alligator Lizard)

교목성 습계형

- 학　명 : *Abronia graminea*
- 현　황 : CITES II
- 원산지 : 멕시코, 과테말라의 고산지대
- 크　기 : 30cm
- 습　성 : 주행성
- 생　태 : 나무 위에서 생활한다.
- 식　성 : 곤충 및 소형 절지류 등 충식성
- 온·습도 : 주간 25~28°C, 야간 18~22°C / 습도 80% 이상

멕시코 원산의 도마뱀으로 몸통의 비늘이 악어의 등 용골과 닮아서 악어도마뱀이라고 불린다. 이들은 해발이 높은 고지대 나무 위에서 서식하는 종으로 녹색부터 푸른색, 은회색, 붉은 얼룩 등 다양한 아종이 있다. 감을 수 있는 긴 꼬리를 가지고 있으며 새끼로 출산하는 난태생 도마뱀이다. 온순하고 아름다워 애완용으로 인기가 많으나 사육은 쉽지만은 않다. 이 종은 저온다습하고 통풍이 용이한 환경을 요구하기 때문에 여름철에 온도관리에 세심한 신경을 써야 하며 통풍이 용이하도록 스크린케이지에서 사육을 한다. 사육장 내 습도를 유지하기 위해 살아 있는 식물들을 많이 배치해 주면 좋다.

프릴드 리자드 (Frilled Lizard)

교목성 습계형

- 학　명 : *Chlamydosaurus kingii*
- 원산지 : 파푸아뉴기니, 호주
- 크　기 : 50~70cm
- 습　성 : 주행성
- 생　태 : 땅 위나 나무 위에서 생활한다.
- 식　성 : 식물의 싹, 절지류 등 잡식성
- 온·습도 : 주간 23~25°C, 핫존 35~40°C, 야간 22°C
  습도 50~70% 내외

목도리 도마뱀은 그 독특한 외모 때문에 파충류나 도마뱀에 관심이 없는 사람도 알만큼 잘 알려진 도마뱀 종류이다. 이들은 위험에 처하게 되면 목에 있는 접힌 주름을 우산처럼 펼쳐 자신의 몸을 크게 보이게 하는 일종의 허세 방어술로 유명하다. 이처럼 목도리를 펴 상대를 위협하다가 상대가 물러서지 않으면 두 다리로 뛰어 달아나다가 나무 위로 올라가 몸을 숨긴다. 호주 북부지역과 뉴기니 섬에 서식하는 목도리 도마뱀은 외관상의 차이를 보이는데 호주에 서식하는 종은 몸의 색상이 더 붉은색을 띠고 뉴기니 섬에 서식하는 종보다 덩치가 더 크다. 뉴기니 섬에 서식하는 종이 최대 70cm 정도 자란다면 호주에 사는 종은 90cm 정도까지 자란다. 뉴기니 섬에 서식하는 종은 회색이나 회갈색을 띠며 사는 서식지 또한 호주에 서식하는 종은 사바나의 건조한 기후에서 살며, 뉴기니 섬에 서식하는 종은 다습한 열대기후에서 서식하므로 호주에 서식하는 종보다 일반적으로 원하는 습도가 더 높다.

그린 이구아나 (Green Iguana)

교목성 습계형

- 학 명 : *Iguana iguana*
- 현 황 : CITES Ⅱ, 사육시설 등록대상종
- 원산지 : 중미의 멕시코부터 남미 전역 및 미국 남부에도 유입
- 크 기 : 150~200cm
- 습 성 : 주행성
- 생 태 : 물가의 나무 위에서 생활한다.
- 식 성 : 식물의 싹, 잎, 과일 등 초식성
- 온·습도 : 주간 23~25°C, 핫존 35~40°C, 야간 22°C
  습도 70% 이상

아마도 그린 이구아나는 전 세계적으로 가장 잘 알려진 도마뱀일 것이다. 1960년대부터 인간에게 애완용으로 길러져 꾸준한 인기를 지니고 있는 이 도마뱀은 전 세계적으로 가장 많은 수가 팔려나가고 있는 애완도마뱀이다. 이구아나들은 어린 개체일 때는 밝은 녹색이다가 나이가 들어감에 따라 황갈색으로 변하며 서식지에 따라 중미에 사는 것은 코 끝에 작은 뿔과 같은 돌기가 있으며, 남미에 사는 것은 코 끝에 돌기가 없다. 밝은 녹색의 피부와 잘 발달한 목주름, 목부터 척추를 따라 꼬리까지 나 있는 돌기비늘은 마치 작은 공룡의 모습을 연상케 하며 원시적이면서 아름답다. 그린 이구아나의 귀 아래 턱 끝 부분에는 특징적인 둥그런 비늘이 있다. 하지만 현재는 시설 등록종으로 지정되어 사육하려면 기준에 맞는 사육시설을 갖춰야 하기에 사육이 쉽지만은 않다.

블랙 스파이니 테일드 이구아나 (Black Spiny-tailed Iguana)

교목성 습계형

- 학 명 : *Ctenosaura similis*
- 현 황 : CITES Ⅱ
- 원산지 : 중미의 멕시코, 미국의 플로리다에 유입
- 크 기 : 수컷 100cm, 암컷 70~80cm
- 습 성 : 주행성
- 생 태 : 땅 위나 나무 위에서 생활한다.
- 식 성 : 식물의 싹, 잎, 과일, 절지류 등 잡식성
- 온·습도 : 주간 23~25°C, 핫존 35~40°C, 야간 22°C
  습도 70% 이상

꼬리에 난 날카로운 가시 때문에 검은 가시꼬리 이구아나란 이름이 붙었다. 갓 태어난 새끼는 회갈색이지만 곧 밝은 녹색으로 변하며 성장함에 따라 몸의 색깔은 다시 회색으로 변하고 검은색의 가로 막대 무늬가 몸통에 나타난다. 외형적 특징은 길쭉한 얼굴형에 목부터 몸통까지 난 톱니같이 날카롭고 낮은 갈기가 있으며 꼬리에는 비늘이 가시처럼 각각 솟아 있다. 이들은 주로 그린 이구아나와 달리 나무 위보다 지상에서 생활을 하며 작은 무리를 지어 생활한다. 위급해지면 몸을 부풀리고 가시가 솟은 긴 꼬리를 휘둘러 자신을 방어한다. 9종의 근연종이 있으며 모두 특징적으로 가시가 난 꼬리를 지니고 있다.

스무드 헬멧티드 이구아나 (Smooth Helmeted Iguana)

교목성 습계형

- 학 명 : *Corytophanes cristatus*
- 원산지 : 멕시코 남부, 콜롬비아
- 크 기 : 수컷 25cm, 암컷 20cm
- 습 성 : 주행성
- 생 태 : 나무 위에서 생활한다.
- 식 성 : 곤충 및 소형 절지류 등 충식성
- 온·습도 : 주간 23~25°C, 핫존 29~32°C, 야간 22°C 습도 80% 이상, 야간 습도를 높여준다.

투구머리 이구아나는 다습한 열대우림의 관목림에 서식하는 도마뱀으로 거의 대부분의 시간을 나무에 매달려 보낸다. 활동적이지 않으며 주로 기다렸다가 먹잇감이 다가오면 사냥하는 특징이 있다. 신체적인 특징적으로 삼각형의 볏과 같은 부분이 있으며 암수 둘다 볏을 가지고 있으나 수컷의 볏이 더 크다. 고온다습한 환경을 요구하는 종으로 탈수에 취약하다.

그린 에놀 (Green Anole)

교목성 습계형

- 학 명 : *Anolis carolinensis*
- 원산지 : 미국 남동부
- 크 기 : 수컷 16cm, 암컷 12cm
- 습 성 : 주행성
- 생 태 : 나무 위에서 생활한다.
- 식 성 : 곤충 및 소형 절지류 등 충식성
- 온·습도 : 주간 23~25°C, 핫존 30~35°C, 야간 22°C 습도 70% 이상

미국에 서식하는 그린 에놀은 굉장히 독특한 특징이 있는데 바로 도마뱀붙이류처럼 미끄러운 유리면에 붙을 수 있는 발을 가지고 있다는 것이다. 외형적 특징은 몸에 비하여 큰 머리, 청록색의 눈두덩이와 작은 눈, 밝은 녹색의 피부, 청록색의 배, 흰색의 턱, 평소에 숨겨져 있으나 수컷의 과시행동을 할 때 나오는 부채와 같은 붉은 목주름 등이다. 귀엽고 앙증맞은 외모를 가진 도마뱀이며 유사 종으로 갈색 에놀(*Anolis sagrei*)이 있다. 이런 특징 이외에도 몸의 색상이 밝은 녹색에서 갈색으로 컨디션이나 감정에 따라 변할 수 있으며 온순하고 다루기 쉬워서 도마뱀을 처음 기르는 초보자도 쉽게 기를 수 있다. 또한 도마뱀을 먹는 뱀이나 다른 도마뱀의 먹이가 되기도 하여 외국에서는 먹이 생물로도 분양되고 있다.

쿠반 펄스 카멜레온 (Cuban False chameleon)

교목성 습계형

- 학 명 : *Anolis barbatus*
- 원산지 : 쿠바
- 크 기 : 수컷 30cm, 암컷 25cm
- 습 성 : 주행성
- 생 태 : 나무 위에서 생활한다.
- 식 성 : 곤충류, 무척추동물(달팽이), 과일 등 잡식성
- 온·습도 : 주간 23~25°C, 핫존 30~35°C, 야간 22°C
  습도 70% 이상

'쿠바 거짓 카멜레온'이라고 이름이 붙여진 이유는 카멜레온같은 피부 질감과 튀어나온 눈 그리고 기분에 따라 급속히 색이 밝아지거나 어두워지는 특징 때문이다. 하지만 카멜레온처럼 화려한 색상을 가지고 있지 않으며 연한 살구색을 띤다. 에놀 종류 중 큰 종에 속하며 이들 또한 벽에 붙을 수 있는 발바닥 패드가 있다. 몸에 비하여 머리가 크고 큰 입과 매우 날카로운 이빨을 가지고 있으며 강한 턱 힘으로 야생에서 달팽이를 즐겨 먹는다.

쿠반 나이트 에놀 (Cuban Knight Anole)

교목성 습계형

- 학 명 : *Anolis equestris*
- 원산지 : 쿠바, 플로리다에 유입
- 크 기 : 33~45cm
- 습 성 : 주행성
- 생 태 : 나무 위에서 생활한다.
- 식 성 : 곤충류, 무척추동물(달팽이), 과일 등 잡식성
- 온·습도 : 주간 23~25°C, 핫존 30~35°C, 야간 22°C
  습도 70% 이상

에놀 종류 중 가장 큰 종이며 이로 인해 Knight Anole(기사 에놀)이라는 이름이 붙여졌다. 일반적으로 쿠바 기사 에놀로 불리며 미국 플로리다에도 유입되어 토착화한 에놀이다. 몸의 색상은 밝은 녹색을 띠며 간혹 갈색이나 짙은 녹색 점을 가진 개체들도 있다. 양 눈 밑의 입 주변과 어깨 위에는 각각 두 개의 밝은 노란색이나 흰색의 줄무늬가 있다. 수컷의 목주름은 분홍색이다. 이들의 머리는 크고 주둥이는 뾰족하며 입이 몸에 비하여 크다. 이들은 위협을 받을 때 큰 입을 벌려 위협하는 행위를 취하며 공격적인 성향이 다른 종에 비하여 높다. 야생에서는 대개 야자수의 수관부나 큰 나무 위에서 서식한다. 쿠바가 원산이나 미국 플로리다에 유입된 종들은 곤충이나 작은 개구리, 친척인 그린 에놀이나 브라운 에놀을 잡아먹는다. 이런 육식성 먹이 이외에도 식물성 먹이도 섭취하며 잘 익은 과일이나 나무의 여린 새싹 등을 먹는다.

크로커다일 모니터 (Crocodile Monitor)

- 학 명 : *Varanus salvadorii*
- 현 황 : CITES Ⅱ
- 원산지 : 파푸아뉴기니
- 크 기 : 수컷 300cm, 암컷 250cm
- 습 성 : 주행성
- 생 태 : 땅 위나 물가, 나무 위에서 생활한다.
- 식 성 : 어류, 양서파충류, 절지류, 설치류, 조류 등 육식성
- 온·습도 : 주간 25~28°C, 핫존 40~45°C, 야간 23°C
  습도 80% 내외

파푸아뉴기니의 열대우림의 상단부인 나무 위에서 주로 생활하는 교목성 모니터류이다. 대부분의 모니터들이 어린 개체일 때 동종의 성체들을 피하기 위하여 나무 위에서 잠시 동안 서식하는 것과는 달리 이들은 2미터 50센티가 넘는 거구가 되어도 나무 위를 능숙하게 오르며 다양한 채식활동을 한다. 이들은 나무타기 이외에 헤엄치기에도 능숙한 다재다능한 사냥꾼이다. 외형적인 특징은 이구아나류처럼 몸의 3분의 2에 해당하는 기다란 꼬리를 지녔으며 잘 발달한 사지와 날카로운 발톱을 이용하여 능숙하게 나무에 오를 수 있다. 두상의 형태는 대부분의 모니터들이 주둥이 부분이 뾰족한 것과는 달리 주둥이 부분이 오리의 주둥이처럼 뭉툭하면서 넓적하다. 이들은 목이 길고 체형이 날씬하며 몸에서 꼬리가 차지하는 비율이 높아 몸 길이는 길지만 무게는 같은 크기의 워터 모니터보다 나가지는 않는다. 크로커다일 모니터의 이러한 체형은 나무 위에 오르기에 적합하다.

트리 모니터류 (Tree Monitors)

교목성 습계형

Varanus prasinus / Green(Emerald) Tree Monitor

Varanus macraei / Blue-spotted Tree Monitor

Varanus reisingeri / Yellow Tree Monitor

Varanus beccarii / Black Tree Monitor

- 학 명 : *Varanus prasinus spp.*
- 현 황 : CITES Ⅱ
- 원산지 : 인도네시아, 파푸아뉴기니
- 크 기 : 수컷 100cm, 암컷 80cm
- 습 성 : 주행성
- 생 태 : 주로 나무 위에서 생활한다.
- 식 성 : 어류, 양서파충류, 절지류, 설치류, 조류 등 육식성
- 온·습도 : 주간 25~28°C, 핫존 40~45°C, 야간 23°C
습도 80% 내외

뉴기니의 열대우림과 코코아농장의 대규모 경작지 등지에 서식을 하며 왕도마뱀류 중 소형에 속하고 굉장히 아름다운 외형을 가지고 있다. Green Tree Monitor라는 이름에서 알 수 있듯이 밝은 에메랄드빛 녹색의 몸에 검정색의 얇은 무늬가 등을 가로질러 나타나 있으며 목 주변에도 검은색의 얇은 무늬가 있다. 이들의 밝은 녹색과 검은색의 무늬는 나무에서 몸을 숨기기 알맞으며 검은색의 무늬는 나뭇잎과 그늘에 적절한 조화를 이루어 눈에 잘 띠지 않도록 보호색의 역할을 한다. 이들은 아종에 따라서 밝은 노란색에 가까운 녹색부터 진한 파란색 혹은 완전히 검은색을 가지는 개체도 있다. 다른 왕도마뱀류가 어린 새끼 때에는 밝은 색의 무늬와 색상을 띠다가 자라면서 색상이 흐려지는 경우와 달리 이들은 성체도 어릴 때의 밝고 선명한 체색을 유지한다. 이들은 완벽한 교목성 도마뱀류로 크기가 작고 몸체가 가늘어 더 상대적으로 작아 보인다. 또한 길고 가는 꼬리는 물건을 붙잡을 수가 있어 나뭇가지를 붙잡고 나무 위에서 이동 시 몸을 지탱해주는 역할을 한다. 다른 왕도마뱀류에 비하여 야생의 거친 매력이나 체질적인 튼튼함이 느껴지지 않는 종이지만 오히려 이러한 이유로 많은 마니아들의 꾸준한 사랑을 받고 있는 종이다.

팬서 카멜레온 (Panther chameleon)

교목성 습계형

- 학 명 : *Furcifer pardalis*
- 현 황 : CITES II
- 원산지 : 마다가스카르
- 크 기 : 수컷 55cm, 암컷 40cm
- 습 성 : 주행성
- 생 태 : 나무 위에서 생활한다.
- 식 성 : 곤충류, 소형 도마뱀 등 육식성
- 온·습도 : 주간 23~25°C, 핫존 30~35°C, 야간 22°C
  습도 70% 이상 통풍이 용이한 사육장

카멜레온류 중에서 가장 다채로운 색상을 띠는 종 중의 하나이다. 무척 아름다운 다양한 색상을 지니고 있으며 온순하여 애완 카멜레온으로서 인기가 많은 종이다. 이들은 마다가스카르의 해안가의 습하고 무질서한 관목림 등에서 서식하며 현재 유통되는 카멜레온들은 야생 채집이 아닌 인공 번식된 개체들이 많이 유통된다. 지역에 따라서 색상이 다양하게 나타나며 이를 따라 같은 종의 팬더 카멜레온이라도 붉은 색이 많은 계열과 푸른빛을 많이 띠는 계열, 녹색이 주를 이루는 계열, 노랑이나 주황빛을 많이 띠는 계열 등 개체의 차가 무척이나 다양하다. 이들은 지역 차에 의한 색상의 차이로 분류되었으나 다양한 컬러가 교잡되어 새로운 품종들이 선보이고 있다. 영역성이 강한 동물로 한 케이지에 한 마리씩 사육하는 것이 바람직하다.

파슨 카멜레온 (Parson's chameleon)

교목성 습계형

- 학 명 : *Calumma parsonii*
- 현 황 : CITES II
- 원산지 : 마다가스카르섬
- 크 기 : 수컷 65~68cm, 암컷 50cm
- 습 성 : 주행성
- 생 태 : 나무 위에서 생활한다.
- 식 성 : 곤충류, 소형도마뱀 등 육식성
- 온·습도 : 주간 23~25℃, 핫존 29~30℃, 야간 22℃
  습도 70% 이상 통풍이 용이한 사육장

마다가스카르 동부와 북부의 습한 숲에 서식하는 종으로 세계에서 가장 대형 카멜레온종이다. 전체적으로 옥색 빛깔의 청록색을 띠며 코끼리의 피부와 흡사한 독특한 주름의 피부 질감이 특징적이다. 성숙한 수컷들은 머리 뒤쪽의 투구와 같은 후드와 코 주변에 돌기가 발달하여 암컷과 외형적 차이를 보인다. 서식 지역에 따라서 눈 주변이 오렌지색을 띠거나 입술이 노란색을 띠기도 한다.

잭슨스 카멜레온 (Jackson's chameleon)

교목성 습계형

- 학 명 : *Chamaeleo jacksonii*
- 현 황 : CITES II
- 원산지 : 아프리카 케냐, 탄자니아, 하와이
- 크 기 : 수컷 30cm, 암컷 20cm
- 습 성 : 주행성
- 생 태 : 나무 위에서 생활한다.
- 식 성 : 곤충 및 소형 절지류 등 충식성
- 온·습도 : 주간 23~25°C, 야간 22°C / 습도 70% 이상 통풍이 용이한 사육장

아프리카 케냐의 고산지역에 서식하는 카멜레온이나 1972년 하와이의 한 애완동물 가게에서 애완용으로 들어왔던 잭슨 카멜레온이 오랜 기간 판매가 되지 않자 남은 12마리의 잭슨 카멜레온이 야생에 버려지면서 토착화해 현재는 하와이와 미국의 캘리포니아에 유입되어 토착화되었다. 잭슨 카멜레온은 세 종의 아종이 있으며 수컷의 경우는 큰 차이를 보이지 않으나 암컷의 경우 차이를 보인다. Jacksons Chameleon *[Chamaeleo (Trioceros) jacksonii xantholophus]* - 수컷에만 뿔이 있고 몸의 색상은 진한 녹색에 올리브색 얼룩이 있으며 암컷에게는 뿔이 없다. Mt. Kenya Jacksons Chameleon *[Chamaeleo (Trioceros) jacksonii jacksonii]* - 이들은 수컷은 밝은 녹색에 배면에 밝은 노란빛이 돌지만 암컷은 어두운 녹색과 올리브색이 혼합되어 있으며 암컷도 수컷과 같은 뿔이 있으나 더 작다. Dwarf Jacksons Chameleon *[Chamaeleo (Trioceros) jacksonii merumontana]* - 세 종 중 가장 작은 종이며 수컷은 밝은 녹색에 노란 투구와 뿔을 가지고 암컷은 코끝에 한 개의 뿔이 있다.

베일드 카멜레온 (Veiled chameleon)

교목성 습계형

- 학 명 : *Chamaeleo calyptratus*
- 현 황 : CITES II
- 원산지 : 아라비아반도 해안가 관목림
- 크 기 : 수컷 60cm, 암컷 25cm
- 습 성 : 주행성
- 생 태 : 나무 위에서 생활한다.
- 식 성 : 식물의 싹, 곤충류 등 잡식성
- 온·습도 : 주간 23~25°C, 핫존 29~30°C, 야간 22°C 습도 70% 이상 통풍이 용이한 사육장

일반적으로 예멘 카멜레온, 혹은 베일드 카멜레온이라 불린다. 하지만 우리나라에서는 베일드 카멜레온이라는 명칭이 더욱 익숙하다. 이들은 아라비아반도 남서쪽의 매우 습한 바닷가의 저지대와 산기슭, 고원의 덤불에서 서식한다. 베일드 카멜레온의 가장 큰 특징은 머리에 높이 솟은 투구라 할 수 있다. 이 투구의 모양 때문에 가면을 쓴 것 같다는 이유로 가면 카멜레온이라 불린다.

에메랄드 스위프트 리자드 (Emerald Swift Lizard)

교목성 습계형

- 학 명 : *Sceloporus malachiticus*
- 원산지 : 멕시코 유카탄, 벨리즈, 과테말라, 온두라스, 엘살바도르, 니카라과, 코스타리카, 파나마
- 크 기 : 15~20cm
- 습 성 : 주행성
- 생 태 : 땅 위와 나무 위에서 생활한다.
- 식 성 : 곤충 및 소형 절지류 등 충식성
- 온·습도 : 주간 23~25°C, 핫존 30~35°C, 야간 22°C 습도 70% 이상 통풍이 용이한 사육장

에메랄드 스위프트는 수컷의 경우 전체적으로 에메랄드 빛깔의 발색을 지니고 있으며 턱과 배 부분을 푸른 발색을 띤다. 암컷의 경우 갈색에서 회색에 가까운 발색을 지니고 있다. 수컷의 경우 가끔 파란색에 가까운 발색을 지니기도 한다. 교목성 도마뱀으로 오르내리고 쉴 수 있는 유목 등을 배치해 주어야 한다. 특히 비늘의 형태가 뾰족하고 피부에 밀착된 형태가 아니라 외부기생충 감염에 취약하다.

써레이티드 캐스크 헤드 이구아나 (Serrated casque Head Iguana)

교목성 습계형

- 학 명 : *Laemanctus serratus*
- 원산지 : 멕시코, 벨리즈, 온두라스, 과테말라
- 크 기 : 수컷 80cm, 암컷 70cm
- 습 성 : 주행성
- 생 태 : 나무 위에서 생활한다.
- 식 성 : 곤충 및 소형 절지류 등 충식성
- 온·습도 : 주간 24~28°C, 핫존 30~35℃, 야간 22~23°C 습도 70% 이상

톱니 투구머리 이구아나라고 불리는 도마뱀으로 콘 헤드(Cone Head) 이구아나 종이다. 가는 몸통에 가느다란 긴 다리를 가졌으며 비바리움 사육장에서 기르는 종으로 인기가 높다. 콘 헤드 이구아나 중에서도 튀어나온 돌출 부위가 톱니처럼 생겨 이와 같은 이름이 붙여졌다.

커먼 그린 포레스트 리자드 (Common Green Forest Lizard)

교목성 습계형

- 학 명 : *Calotes calotes*
- 원산지 : 스리랑카 관목림
- 크 기 : 수컷 60cm, 암컷 55cm
- 습 성 : 주행성
- 생 태 : 나무 위에서 생활한다.
- 식 성 : 곤충 및 소형 절지류 등 충식성
- 온·습도 : 주간 26~27°C, 핫존 30~35°C, 야간 22°C / 습도 70%

흔히 트리 드래곤(Tree Dragon)으로 불리는 나무위성 아가마 도마뱀류 중에서 대형에 속한다. 특히 꼬리는 몸에 비하여 약 두 배 정도 길다. 본종은 몸통이 에메랄드빛이며 희거나 푸른 띠와 같은 무늬가 있으며 머리부터 등을 따라 가시돌기가 나있다. 흥분하게 되면 머리 부분이 순식간에 빨갛게 변하는 특징이 있으며 카멜레온처럼 기분에 따라 변한다. 주로 영역을 주장하거나 구애를 할 때 머리가 붉어지며 이때의 모습은 굉장히 아름답다.

카멜레온 포레스트 드래곤 (Chameleon Forest Dragon)

교목성 습계형

- 학 명 : *Gonocephalus chamaeleontinus*
- 원산지 : 인도네시아 자바섬
- 크 기 : 28~30cm
- 습 성 : 주행성
- 생 태 : 나무 위에서 생활한다.
- 식 성 : 곤충 및 소형 절지류 등 충식성
- 온·습도 : 주간 23~25°C, 핫존 30~32°C, 야간 22°C
  습도 70% 이상, 야간 습도를 높여준다.

화려한 색상과 독특한 돌기로 아름다운 도마뱀은 인도네시아 자바 섬의 습한 관목림에 서식한다. 카멜레온이라는 이름에서 알 수 있듯 수컷은 굉장히 화려한 패턴의 무늬와 색상을 띠며 기분에 따라 색이 급격하게 밝아지거나 어두워질 수 있다. 낮 동안 대부분을 수직으로 나무에 매달려 있으며 대기 중 습도가 높은 환경에 서식하는 종으로 사육 하에서도 잦은 분무로 사육장 내 습도를 높여 주어야 한다. 특히 탈수증이 올 수 있으므로 몸에 직접 분무를 해 주는 것도 좋다. 국내에 수입되는 개체 대부분이 야생채집 개체이므로 입수 초기에 구충을 실시하고 탈수가 오지 않도록 관리하면 생각보다 사육환경에 잘 적응한다.

보이즈 포레스트 드래곤 (Boyd's Forest Dragon)

교목성 습계형

- 학 명 : *Lophosaurus boydii*
- 원산지 : 호주 북부 퀸즐랜드 습한 관목림
- 크 기 : 수컷 40cm, 암컷 35cm
- 습 성 : 주행성
- 생 태 : 나무 위에서 생활한다.
- 식 성 : 곤충 및 소형 절지류 등 충식성
- 온·습도 : 주간 23~25°C, 야간 20~22°C / 습도 70% 이상

보이드 포레스트 드래곤은 원시적인 도마뱀으로 일반적으로 갈색 또는 회색이며 녹색인 경우도 있다. 몸체는 옆으로 납작하다. 크고 도드라진 하얀 뺨의 비늘, 눈에 띄는 머리의 볏 및 확대된 등뼈와 턱 아래에 노란색의 처진 볏이 있다. 고막은 크고 등쪽의 볏은 뾰족한 비늘로 이루어져 있는데, 비대칭인 딱딱하고 뾰족한 비늘로 이루어져 있으며 꼬리 부분까지 내려간다. 다른 대부분의 도마뱀과는 달리 보이드 포레스트 드래곤은 직접 햇볕을 쬐지 않고 대신 공기 온도(체온 조절보다는 열 콘 포밍)로 체온을 변동시키는 특징이 있다. 28°C 이상 고온인 경우에 스트레스를 받는다.

그린 바실리스크 (Green Basilisk)

교목성 반수생형

- 학 명 : *Basiliscus plumifrons*
- 원산지 : 중미 남동부 열대 우림
- 크 기 : 수컷 40cm, 암컷 35cm
- 습 성 : 주행성
- 생 태 : 물가나 나무 위에서 생활한다.
- 식 성 : 곤충 및 소형 절지류 등 충식성
- 온·습도 : 주간 23~25°C, 핫존 30~35°C, 야간 22°C
  습도 70% 이상

유럽의 전설적인 동물로 알려져 있는 바실리스크는 사실 중미대륙 열대의 강가에 서식하는 도마뱀이다. 그린 바실리스크 도마뱀은 매우 아름다운 도마뱀 중 하나이며, 물 위를 뛰어 건널 수 있는 도마뱀으로 알려져 있다. 바실리스크는 총 4종이 있으며 그 중 그린 바실리스크(*Basiliscus plumifrons*), 커먼 바실리스크(*Basiliscus basiliscus*), 브라운 바실리스크(*Basiliscus vittatus*)가 애완동물로 흔하게 접할 수 있는 종이다. 이구아나과에 속하는 이들은 잘 발달된 꼬리와 다리를 가지고 있으며 꼬리 끝으로 갈수록 갈색의 띠 모양이 있다. 수컷은 머리와 등, 꼬리에 각각 골질의 가시로 지탱되는 잘 발달된 볏을 가지고 있다. 그린 바실리스크의 몸의 색깔은 밝은 녹색이며 대개 밝은 파란색과 흰색의 점 무늬가 흩어져 있으며 밝은 노란색의 홍채를 가지고 있다. 야생에서 이들은 포식자를 피하기 위하여 높은 나뭇가지 끝에서 잠을 자며, 적이 나타나면 물 속으로 뛰어들어 도망가고 강 바닥에 몸을 숨긴다. 또한 이들은 달리기 실력이 굉장히 뛰어나서 폭이 넓지 않은 강은 물 위로 달려서 건널 수 있다.

카이만 리자드 (Caiman Lizard)

교목성 반수생형

- 학 명 : *Dracaena guianensis*
- 현 황 : CITES Ⅱ
- 원산지 : 브라질, 콜롬비아, 에콰도르, 페루 및 기아나
- 크 기 : 수컷 110cm, 암컷 90cm
- 습 성 : 주행성
- 생 태 : 물과 나무 위에서 생활한다.
- 식 성 : 달팽이, 어류, 갑각류 등 육식성
- 온·습도 : 수온 25~27℃, 핫존 35~40℃, 야간 24℃
몸을 담글 수 있는 물그릇이나 반수생 형태 사육장

본종은 남미 아마존강 유역의 늪과 지류, 홍수림에 서식하는 도마뱀이며 물과 나무 위를 번갈아가며 생활하는 도마뱀류이다. 얼굴은 테구나 유럽 장지뱀류와 비슷하게 생겼으며 몸은 악어의 몸처럼 울퉁불퉁한 용골이 솟아 있고 꼬리 또한 악어의 꼬리와 아주 흡사하며 수영하기에 알맞게 옆으로 납작한 꼬리를 가지고 있다. 다리는 튼튼하고 긴 발가락 끝에는 날카로운 발톱이 있어 나무 위에 오르기 손쉽도록 되어 있다. 이들의 체색도 홍미로운데 머리 부분은 붉은빛의 주황색을 띠며 목을 지나 몸으로 가면서 녹색의 색상을 띠고 꼬리로 갈수록 다시 연한 갈색으로 변한다. 이들은 식성 또한 특이하여 주식으로 삼는 먹이는 강에서 서식하는 우렁이이다. 소형 설치류나 조류, 조류의 알, 곤충들도 섭취하지만 이들이 가장 좋아하고 즐겨 먹는 먹이는 바로 신선한 우렁이이다. 이들의 턱의 힘은 우렁이를 깨부술 수 있을 만큼 세며 맷돌과 같은 이빨을 가지고 있다.

차이니즈 워터 드래곤 (Chinese Water Dragon)

교목성 반수생형

- 학 명 : *Physignathus cocincinus*
- 현 황 : CITES Ⅱ
- 원산지 : 중국 남부지역과 동남아시아 일대 강가의 관목림
- 크 기 : 수컷 100cm, 암컷 80cm
- 습 성 : 주행성
- 생 태 : 물과 나무 위에서 생활한다.
- 식 성 : 과일, 새싹, 어류, 곤충 및 무척추동물 등 잡식성
- 온·습도 : 주간 23~25°C, 핫존 30~35°C, 야간 22°C
습도 70% 이상, 몸을 담글 수 있는 큰 물통

'중국 물 도마뱀' 혹은 '초록 물 도마뱀'으로 불리는 이들은 어렸을 때는 보통 사람들의 눈에는 이구아나와 거의 구분이 안 가는 외형을 지니고 있다. 하지만 자세히 관찰해보면 머리 부분이 더 뭉툭한 느낌이며 눈이 머리에 비해 상당히 크다. 그리고 이구아나보다 더 진한 녹색이며 연한 하늘색의 가느다란 띠가 등에서 배 쪽으로 향해 있다. 몸의 색깔은 진한 녹색에서 황갈색까지 다양하며 성체 시엔 턱 밑의 흰 돌기가 두드러진다. 수컷의 경우 눈 옆에 진한 녹색이나 검은색의 띠가 생겨나며 자랐을 때 1미터 가까이 커지는 대형 아가마류이다.

세일핀 리자드 (Amboina Sailfin Lizard)

교목성 반수생형

- 학 명 : *Hydrosaurus spp.*
- 원산지 : 필리핀, 인도네시아, 파푸아뉴기니
- 크 기 : 수컷 120cm, 암컷 100cm
- 습 성 : 주행성
- 생 태 : 물과 육지, 나무 위에서 생활한다.
- 식 성 : 과일, 새싹, 어류, 곤충 및 무척추동물 등 잡식성
- 온·습도 : 주간 23~25°C, 핫존 35~40°C, 야간 22°C
  습도 70% 이상, 몸을 담글 수 있는 큰 물통

세일핀 리자드는 세 종이 있는데 필리핀에 서식하는 *Hydrosaurus pustulatus*종과 말레이시아 및 파푸아 뉴기니에 서식하는 *Hydrosaurus amboinensis*, 몰루카 제도에 서식하는 *Hydrosaurus weberi*가 있다. 세일핀 리자드는 약간 신경질적인 성향을 띠며 겁이 많은 편이다. 특히 어린 개체일 때 그런 경향이 뚜렷하며 순간적인 속도도 빠른 편으로, 사육장 밖에서 놓칠 경우 굉장히 빠르므로 사육장 밖에서 꺼내어 핸들링할 때 특히 주의해야 한다. 먹이나 물을 주기 위해 사육장 문을 열 때 뛰쳐나가지 못하도록 주의해야 한다. 또한 이들은 유리나 아크릴 재질의 투명한 수조에서 기를 때 유리를 인식하지 못하고 놀라서 뛰쳐나가려다가 종종 유리벽에 부딪혀 주둥이가 함몰되는 경우가 발생하기도 한다.

차이니즈 크로커다일 리자드 (Chinese crocodile Lizard)

반수생형

- 학 명 : *Shinisaurus crocodilurus*
- 현 황 : CITES Ⅰ, 사육시설 등록대상종
- 원산지 : 중국 남부의 후난, 광시, 귀주성의 고산지역, 베트남 일부
- 크 기 : 40~45cm
- 습 성 : 주행성
- 생 태 : 물과 육지를 오가며 생활한다.
- 식 성 : 어류, 소형 양서파충류, 곤충류 등 육식성
- 온·습도 : 수온 23~24℃, 핫존 26~28℃, 야간 20~22℃
  몸을 담글 수 있는 물그릇이나 반수생 형태 사육장

중국 남부와 베트남 북동부에 서식하는 이 희귀하고 특이한 도마뱀은 독일 학자로부터 1928년에 발견되었다. 이들은 빗물로 인해 석회암이 녹아 내려 형성된 카르스트 지형의 작은 연못이나 물의 흐름이 완만한 강가의 풀이 우거진 낮은 물가나 돌이 많은 산간의 계곡에 주로 서식한다. 이들의 외형은 두툼하고 짧은듯한 얼굴과 튼튼한 턱을 가지고 있으며 눈은 동그랗고 홍채는 밝은 노란색을 띤다. 피부 전체에는 울퉁불퉁한 용골이 솟아 있으며 꼬리로 갈수록 용골이 합쳐지며 악어의 꼬리처럼 Y자 형태로 합쳐진다. 고온에 취약한 저온종이며 반 수생성으로 수질에 신경써줘야 한다.

이어리스 모니터 리자드 (Earless Monitor Lizard)

반수생형

- 학　명 : *Lanthanotus borneensis*
- 현　황 : CITES Ⅱ
- 원산지 : 보르네오섬
- 크　기 : 45~50cm
- 습　성 : 야행성
- 생　태 : 물과 육지를 오가며 생활한다.
- 식　성 : 무척추동물, 갑각류, 어류 등 육식성
- 온·습도 : 수온 25~27℃, 야간 22℃, 몸을 담글 수 있는 물그릇이나 반수생 형태 사육장

보르네오 해안선 부근에 분포하며 몸길이는 약 20cm 가량이다. 귀머거리 도마뱀은 1종으로 1속 1과를 이룬다. 몸 빛깔은 암갈색이나 검은색이다. 모습은 독 도마뱀류와 거의 흡사하나 콧구멍이 주둥이의 양쪽이 아니라 위에 있다는 점이 다르다. 외이공(外耳孔 - 귓구멍)과 유독기관, 목의 피부주름이 없다는 점도 다른 점이다. 이들의 대형 비늘에는 구멍이 있어서 촉각기관의 역할을 하며 반수생의 생활상을 띤다. 식성은 육식성이며 물고기나 지렁이, 갑각류를 즐겨 먹는다.

힐라 몬스터 (Gila Monster)

지상성 건계형

- 학　명 : *Heloderma suspectum*
- 현　황 : CITES Ⅱ
- 원산지 : 미국 남부의 유타주 건조한 초원지역과 사막지역, 멕시코의 시날로아 북부에 분포
- 크　기 : 40~60cm
- 습　성 : 주야 모두 활동
- 생　태 : 굴이나 땅 위에서 생활한다.
- 식　성 : 설치류, 조류, 조류의 알 등 육식성
- 온·습도 : 주간 26~28°C, 핫존 35~40°C, 야간 22°C 습도 50% 내외

도마뱀의 무리 중 독을 가진 도마뱀으로 가장 널리 알려진 종이다. 멕시칸 비디드 리자드(Mexican Beaded Lizard - 멕시코 구슬도마뱀)과 근연종이며 외형과 습성이 모두 흡사하다. 이들은 주로 소노란 사막 근처에서 많이 서식하며 멕시코 북부까지 분포하며 멕시코 비디드 리자드(Mexico Beaded Lizard)와 서식지가 일정 부분 겹쳐진다. 두 종 다 비슷한 외모와 생활 습성, 독을 가진 것 또한 비슷하지만 힐라 몬스터의 경우 더 작은 체형과 더 둥글고 넓적하고 짧은 머리를 가지고 있다. 색상도 더 명확한 검정색과 노란색이나 살구색, 핑크빛의 무늬를 가지고 있으며 이는 자신이 아주 위험한 동물임을 강렬히 경고하고 있다. 이들은 물리게 되면 극심한 고통을 수반하는 독을 가지고 있는데 힐라 몬스터는 뱀과 달리 독선이 아래턱에 있고 아주 날카로운 이빨을 가지고 있으며 한번 물게 되면 잘 놓지 않는 성질 때문에 더욱 위험하다고 알려져 있다.

4장

뱀

1 진화 및 생태학적 특징

분류상으로 '뱀'이란 '동물계 척삭동물문 파충강(爬蟲岡) 유린목(有鱗目) 뱀아목(—亞目)에 속하는 사지(四肢)가 퇴화된 파충류'들을 나타내는 말이다. 현재까지 발견된 가장 오래된 뱀의 화석으로 미루어 보아 뱀이 처음으로 지구상에 모습을 보인 시기는 지금으로부터 약 1억 5천만 년 전인 신생대 제3기의 일로 추정하고 있다.

일반적으로 중생대를 '공룡의 시대', 신생대를 '포유류와 조류의 시대'라고 칭하는데 뱀의 출현은 파충류의 시대가 거의 끝나는 시점에 이루어졌다고 할 수 있으니 뱀은 거북이나 악어 등 다른 파충류에 비한다면 비교적 최근에 분화된 신생 군이라고 할 수 있다. 현재까지 발견된 화석들의 연구 결과로 미루어 보건데 뱀의 선조는 왕도마뱀 속(*Varanus*)과 매우 유사한 도마뱀이었을 것으로 보인다. 현재의 왕도마뱀은 형태적으로 뱀과 많은 차이를 보이지만 뱀처럼 먹이를 통째로 삼키고, 소리를 내기보다는 거친 호흡음인 히싱(Hissing)으로 경계를 하는 등 뱀과 유사한 행동을 보이고 있다. 또한 비교적 원시적인 뱀으로 분류되는 보아왕뱀(Boa)류나 비단구렁이(Python)류는 총배설강 옆에 뒷다리의 퇴화 흔적인 발톱처럼 보이는 '흔적 다리(Spur)'를 가지고 있고 몸 안쪽으로 골반 뼈의 흔적도 관찰된다. 초기의 뱀은 도마뱀처럼 4개의 다리를 가지고 있었으나 특정한 이유로 땅속 생활을 하게 되었다. 그러나 땅속에서는 다리가 별로 도움이 되지 않으므로 시간이 지남에 따라 점점 퇴화되어 점차 다리가 없고 기다란 몸을 가진 뱀의 체형이 완성되었다. 이후 다시 육상으로 진출하여 현재의 뱀이 되었다는 것이 현재로는 정설로 받아들여지고 있다.

몸의 형태는 가늘고 길며 땅 위부터 땅속, 나무 위, 물속, 바닷속 등 다양한 환경에 적응하여 살아가고 있다. 보통 뱀은 몸에 비하여 꼬리가 짧아 몸길이의 1/10 정도를 차지한다. 머리 부분은 크고 목 부분은 잘록하지만, 땅속에서 사는 종은 온몸이 같은 굵기로 가늘고 긴 원통 모양으로 되어 있다. 바다뱀은 육상의 뱀이 바다환경에 적응하여 진출한 것으로 여겨진다.

뱀의 서식지역은 상당히 광범위한데 약 50여 종의 바다뱀을 제외하고는 대부분이 육지에 서식하고 있다. 뱀은 전 세계의 온대, 아열대, 열대 지방에 고루 서식하고 일부는 북극권 부근까지도 서식지로 삼고 있다. 육상에서 뱀이 서식하지 않는 지역은 남극대륙과 뉴질랜드, 아일랜드 및 태평양 남서부의 몇몇 작은 섬, 그리고 아주 높은 산의 정상부 근처 정도에 불과하며 위도상 가장 높은 곳에 서식하는 뱀은 유럽살모사로, 북위 60도 이상인 스칸디나비아 북부까지 분포하고 있다. 그러나 뱀이 활동하기에 이상적인 온도는 30도 내외이기에 서식밀도는 온대지방에서 열대지방으로 갈수록 높아진다. 뱀이 서식하는 환경 역시도 삼림, 초원, 습지, 황무지, 사막 등 거의 모든 생활권에 접해 있고 땅, 나무, 땅속, 해양에까지도 서식하고 있다. 일부 종은 인간의 거주지역과 서식지를 공유하기도 한다. 바다뱀은 대양 가운데 태평양과 인도양의 따뜻한 바다에 널리 분포하지만 대서양은 차가운 물이 섞이기 때문에 서식하지 않으며 지중해, 홍해, 카리브해에도 서식하지 않는다.

우리나라에는 뱀과(Colubridae), 바다뱀과(Hydrophiidae), 살모사과(Viperidae)의 3개 과에 걸쳐 총 12종이 서식하고 있으며 유일하게 울릉도와 독도에는 서식하지 않는다.

예로부터 인간과는 오랜 천적관계이므로 여전히 뱀에 대한 공포심을 가지고 있는 사람들이 많다. 소리 없이 다가와 공격을 한다든지 강력한 독을 지녀 생명을 위협했던 동물이기에 양서파충류 무리 중 가장 비호감을 표하는 동물군이기도 하다. 뱀이 많이 서식하는 곳에서는 여전히 뱀과의 마찰이 일어나고 있다. 대부분의 뱀들은 인간을 두려워하며 마주치면 먼저 자리를 피한다. 하지만 아프리카에 서식하고 가장 빠른 뱀으로 알려진 블랙 맘바는 성질이 포악하여 흥분하면 먼저 사람을 공격하는 것으로 알려져 있다.

2 뱀의 신체적 특징

뱀은 사지가 없는 동물로 머리, 몸통, 꼬리로 나누어 볼 수 있다. 뱀과 혼동하기 쉬운 무족도마뱀이나 뱀붙이도마뱀과의 차이점은 무족도마뱀과는 눈꺼풀과 외이공(귀)의 유무의 차이를 들 수 있고, 뱀붙이도마뱀의 경우 뱀과 같이 눈꺼풀이 없기 때문에 꼬리 길이의 차이로 구분할 수 있다. 무족도마뱀이나 뱀붙이도마뱀은 몸통에 비해 꼬리가 긴 편이나 뱀은 몸이 길고 꼬리는 비율상 굉장히 짧은 편이다. 몸의 표피가 각질화된 비늘로 덮여 있고 대부분의 종은 머리 부분에서 대형의 비늘로 분화하지만, 반시뱀류, 보아류 등 일부는 머리 윗부분이 가는 비늘로 덮여 있다. 다리가 없으며(0개) 보아과와 소경뱀과 등 원시적인 무리에서는 발톱 모양을 한 뒷다리의 흔적이 있다.

무족도마뱀

뱀붙이도마뱀

뱀

다른 파충류처럼 뱀의 호흡은 근육의 수축과 이완작용으로 늑골이 확장되면서 체내의 용적을 변화시킴으로써 이루어진다. 다른 내부 장기가 여타의 동물들과 그 숫자와 역할이 유사한 것에 비해 뱀의 폐는 좀 특이하다. 보아왕뱀(Boa)류나 비단구렁이(Python)처럼 원시적인 뱀은 양쪽 폐가 모두 기능하지만 대부분의 뱀에게 있어 왼쪽 폐는 퇴화되어 거의 기능을 하지 않고 오른쪽 폐만 상당히 발달되어 있다. 폐는 극히 얇은 막으로 구성되어 있으며 앞부분은 혈관이 많이 분포되어 있어 호흡을 하는 데 사용되고, 뒷부분은 조류의 기낭(氣囊)과 같이 공기를 저장할 수 있는 기능이 있다.

일반적인 뱀의 폐는 폐의 후실이 몸통의 중간까지 이르지만 바다뱀 가운데는 몸통의 밑 부분까지 이르는 것이 있어 공기를 저장하고 장시간 잠수를 할 수 있다. 보통 뱀은 허파 하나로 1분에 5~10회 정도의 호흡을 하며 살아간다. 5~6미터인 비단구렁이의 폐의 길이는 약 3.5미터에 이르는데 이렇게 거대한 폐로 뱀은 40분에서 1시간까지도 호흡을 참을 수 있다. 뱀의 입 안쪽을 보면 혓바닥의 위치에 구멍이 나 있는 것을 확인할 수 있다. 이 구멍은 호흡에 따라 열렸다가 닫혔다가를 반복하는데 이것이 기도이다. 평소에는 혓바닥 위치에 있지만 삼키기 어려울 정도로 큰 먹이를 먹을 경우에는 이 후두를 옆으로 틀어 입 밖으로 빼서 질식하지 않으며 먹이를 삼킬 수 있다. 호흡에 사용되는 기능 이외에 폐는 유영할 때 부력을 증가시키거나 몸통을 부풀게 하여 적을 위협하는 데 유용하며, 강한 입김을 토해내어 '쉬익~' 하는 위협적인 소리를 내는 데도 사용된다.

척추는 200~400개에 이르는 척추골로 이루어져 있으며 각 척추골은 돌기에 의해 교묘하게 연결되어 왼쪽 · 오른쪽으로 약 25°, 위 · 아래로 25~30° 구부릴 수가 있다. 따라서 뱀은 긴 몸을 자유롭게 구부렸다 폈다 하면서 포획물을 감아서 죌 수 있다. 각 늑골은 뒤끝 부분에서는 배판에, 가운데 부분에서는 배판에 접히는 몸 비늘과 각각 근육으로 연결되어 보행의 원동력이 된다. 뱀의 내장은 가늘고 긴 모형에 비례해 길며 구부러짐이 적다.

뱀의 음경은 2개이고 동시에 발기되고 두 개 중 하나만 삽입된다. 암컷도 마찬가지로 질이 2개이며 자궁은 1개이다.

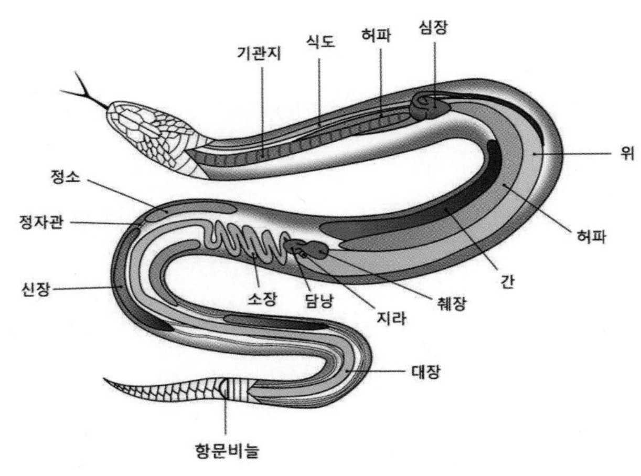

뱀의 내부 장기

1 뱀의 머리

뱀의 대부분의 감각기관은 머리 쪽에 집중되어 있다. 뱀의 특징 중 하나가 뱀의 이빨은 먹이를 자를 수가 없어 자신의 머리보다 훨씬 큰 먹이를 통째로 삼키는 것인데, 이것이 가능한 이유는 독특한 머리뼈 구조 때문이다. 뱀의 턱은 쉽게 분리가 되며 아래턱은 붙어 있지 않고 인대조직으로 결합되어 있어 입을 크게 벌릴 수가 있다. 이러한 턱의 구조와 쉽게 늘어나는 신축성 좋은 가죽 때문에 왼쪽과 오른쪽을 각각 눌러내려 입을 더욱 크게 벌릴 수 있으며, 자신의 머리보다 훨씬 큰 먹이를 쉽게 삼킬 수 있다. 하지만 이때가 뱀이 가장 취약한 때이므로 먹이를 삼킬 때 방해 받거나 공격을 당하면 삼켰던 먹이를 토해내고 도망간다. 또한 큰 먹이를 먹고 소화를 시킬 때는 심장박동이 평소의 3배나 빨라지며 먹이를 소화시키는 데 집중을 하며 최선을 다한다. 배가 부른 뱀은 빨리 움직이기가 힘들어서 삼킨 직후 또한 뱀이 가장 취약한 때이다.

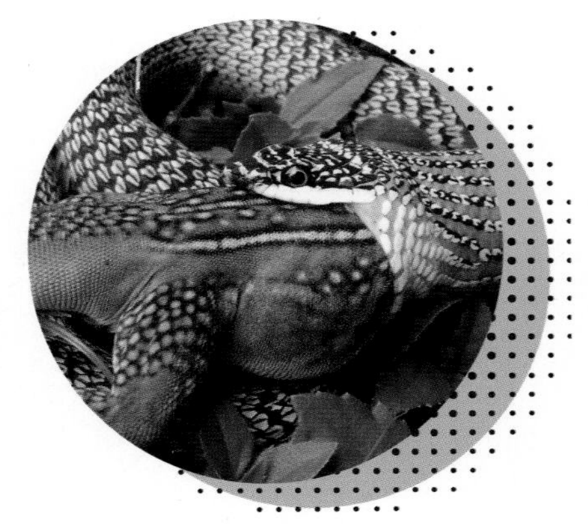

통째로 먹이를 삼키는 뱀

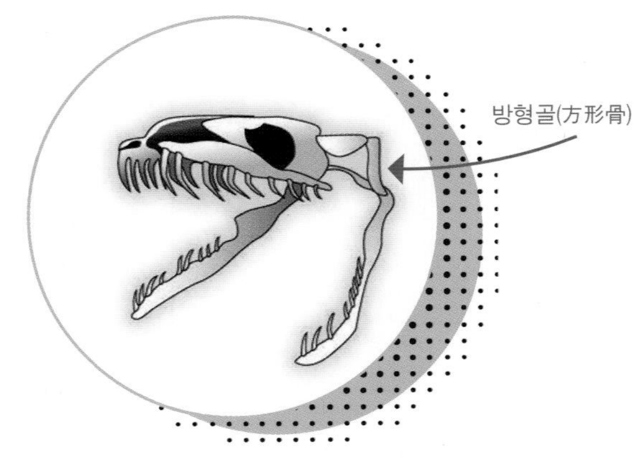

분리되어 있는 아래턱

뱀의 후각과 열 감지

뱀의 콧구멍은 뒤쪽으로 열려 있어 내뿜는 호흡이 뒤로 배출된다. 때문에 사냥감의 바로 코앞에서도 사냥감은 뱀의 호흡을 느낄 수가 없다. 코로는 호흡한 공기를 강하게 내뿜어 경고음(Hissing)을 내기도 한다. 그러나 뱀은 코로 냄새를 맡지는 않는다. 뱀이 냄새를 맡는 방식 역시 다른 동물과 상당히 많은 차이를 보인다.

일반적으로 다른 동물들은 냄새를 맡기 위해 '코'라는 기관이 있지만 뱀은 '혀'와 입 속(좀 더 정확하게 이야기하면 입천장)에 위치한 '야콥슨 기관[Jacobson's Organ - 비강(鼻腔)의 일부가 왼쪽 · 오른쪽으로 팽창된 1쌍의 주머니 모양인 후각용기(嗅受容器)]'이라는 부위로 냄새를 맡는다.

야콥슨 기관은 서골비기관(또는 보습 코 연골기관, Vomeronasal Organ(VNO))으로도 불리며 많은 동물들에게서 발견되는 보조적인 후각 기관이다. 한국말로는 서비기관(鋤鼻器官)이라고 불리는 이 기관은 1813년 덴마크의 외과의 루트비히 야콥슨(Ludwig Lewin Jacobson, 1793-1843)에 의해 최초로 발견된 페로몬 수용기관으로, 혀로 수집된 화학신호를 분석하여 먹이를 추적하거나 적 또는 교미상대에 대한 정보를 제공하는 역할을 한다. 뱀이 혀를 날름거리는 것은 개가 코를 킁킁거리는 것과 같은 행동이라고 생각하면 된다. 뱀은 평소에는 혀를 입안, 기도 구멍 밑 혀 주머니에 넣어 둔다. 뱀은 혀를 날름거리기 위해 일부러 입을 벌리지는 않는다. 뱀의 구강 구조상 위 · 아래턱이 닫혀도 가운데 부분은 서로 닿지 않는데 뱀의 혀는 그 사이로 나온다. 주위 상황에 변화가 감지되면 뱀은 혀를 내밀어 상하로 흔들어 공기 중에 떠도는 냄새의 미립자를 수집하여 야콥슨 기관에 전달한다. 가만히 있을 때보다는 움직일 때, 익숙한 장소보다는 낯선 장소일 때, 그리고 주위에서 자신 이외의 생명체를 감지했을 때 뱀은 혀를 더 활발히 움직인다.

뱀의 혀가 두 갈래로 갈라져 있는 것은 입천장 위에 두 개로 나 있는 야콥슨 기관에 대응하여 효과적으로 화학물질을 전달하기 위해서이다. 두 갈래로 갈라져 있는 혀는 단순히 냄새 입자를 수집하는 역할뿐 아니라 혀 양 끝에 다른 농도로 냄새 입자가 포착되기 때문에 그 냄새가 나는 방향까지도 감지할 수 있다. 혀는 공기의 진동 · 흐름 · 온도차 등을 감지하기도 한다.

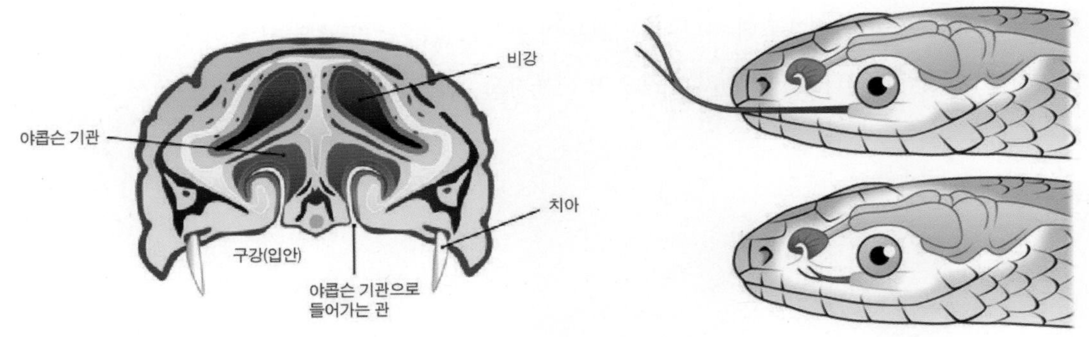

야콥슨 기관(Jacobson's Organ)

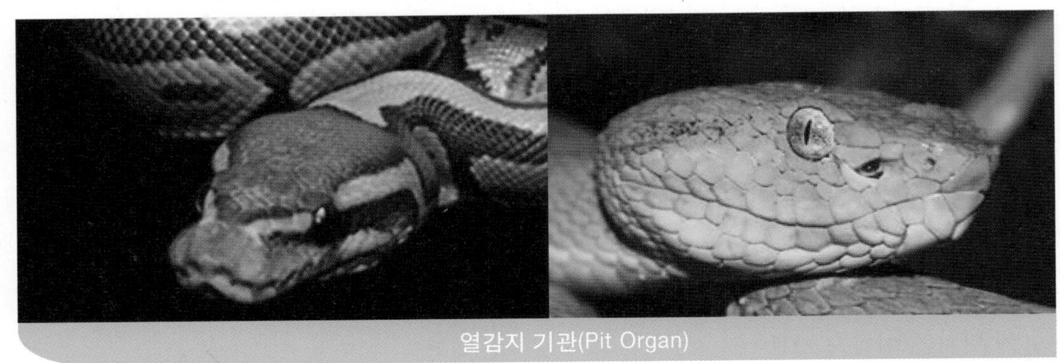
열감지 기관(Pit Organ)

또한 야콥슨 기관과 함께 뱀이 가지고 있는 가장 특징적인 감각 기관 중 하나가 열감지 기관인 피트(Pit) 기관이다. 피트 기관은 머리 앞부분에 위치한 1개 혹은 다수의 작은 구멍으로 주로 먹잇감이나 적의 체온을 탐지하는 역할을 한다. 이것은 0.001도 이하의 온도변화까지 감지하기에 빛이 완전히 없는 공간에서도 사냥이 가능하게 한다. 보아나 비단구렁이류, 독사류에 주로 발달되어 있다. 특히 살모사류의 피트 기관은 구조적으로 우수하므로, 어두운 밤에도 왼쪽 · 오른쪽 1쌍의 피트에서 먹이나 천적의 위치를 입체적으로 포착해서 정확하게 독아를 찔러 넣을 수가 있다. 피트 기관은 먹잇감을 공격하는 것뿐만 아니라 스스로를 방어하는 데도 상당한 도움이 된다. 뱀은 접근하는 동물이 발산하는 열 정보를 통하여 먹잇감이 될 만한 작은 동물인지 아니면 도망을 쳐야 하는 상대인지를 판단한다.

3 뱀의 눈과 시각

일반적으로 눈꺼풀이 없는 것이 뱀과 다른 동물을 구분 짓는 가장 대표적인 특징이라고 여겨지고 있는데, 생물 가운데서 유독 뱀에게만 눈꺼풀이 없는 것은 아니다. 같은 파충류 가운데서도 다수의 도마뱀붙이류(Gecko)와 뱀붙이도마뱀류 역시 눈꺼풀이 없다. 그럼에도 불구하고 깜빡거리지 않고 차가워 보이는 눈은 뱀을 대표하는 이미지 가운데 하나이다. 보통의 동물들과는 달리 뱀은 전 종이 모두 눈꺼풀이 없어 평생 동안 눈을 감지 않고 눈물도 흘리지 않으며 눈동자도 움직이지 않는다.

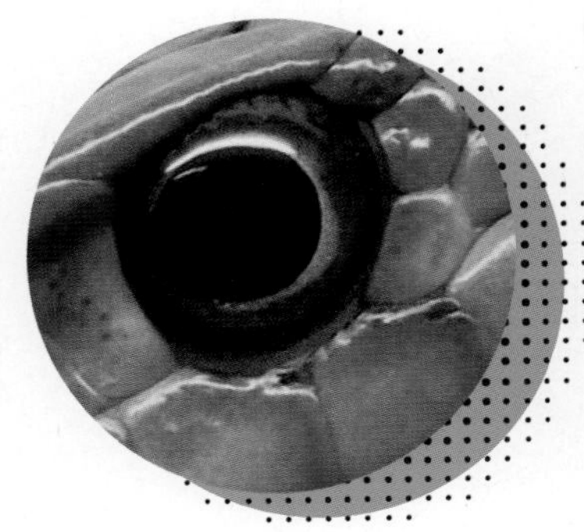
주행성 뱀의 눈

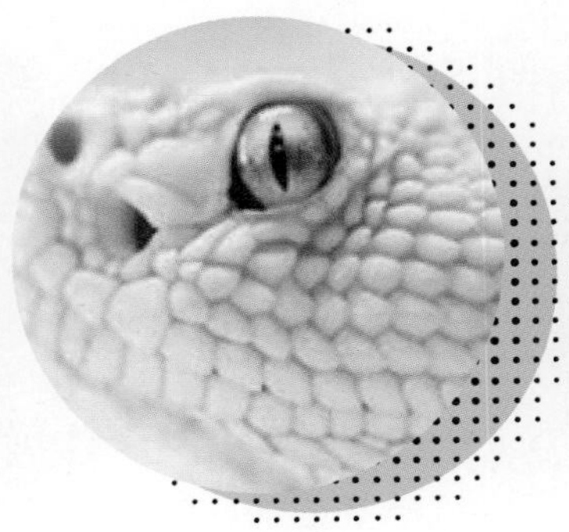
야행성 뱀의 눈

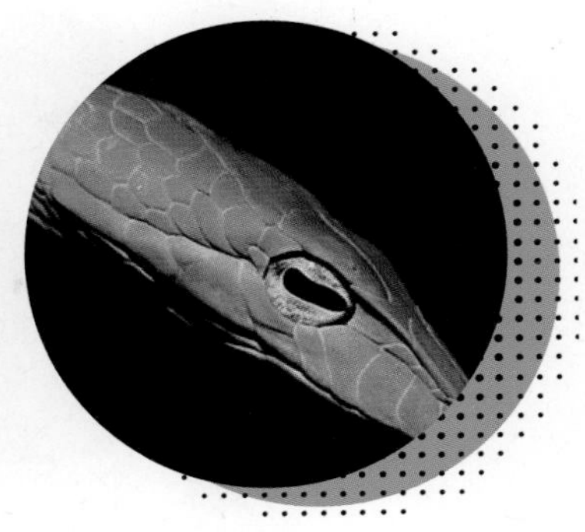
가로형태 뱀의 눈(주행성)

뱀의 눈에는 눈동자를 보호하는 눈꺼풀이 없는 대신에 마치 콘텍트 렌즈와 같은 투명한 비늘이 덮여 있다. 주된 활동 시간대에 따라 눈동자의 형태가 다른데 낮에 주로 활동하는 주행성 종의 눈동자는 원형의 둥근 형태를, 밤에 활동하는 야행성 종은 고양이 눈과 같이 세로로 가는 눈동자를 가지며 두 종류 모두 빛의 밝기에 따라 동공의 크기가 조절된다. 대부분의 눈동자가 이 두 가지 형태지만 나무 위에서 생활하는 종 가운데 일부는 마치 염소처럼 가로로 가늘고 길며 납작한 독특한 형태의 동공을 가진 종도 있다.

뱀의 청각과 진동 감지

뱀은 진화하면서 귀가 퇴화되어 소리를 듣지 못한다. 귓구멍이나 고막, 외이(귓바퀴)는 없고 하나뿐인 이골이 턱으로 이어져 있다. 때문에 청각은 둔하나 진동에는 상당히 민감하다. 특히 낮은 주파수에 민감하고 공기 중의 소리보다는 땅 위로 전달되는 진동에 더욱 민감하게 반응한다. 큰 소리가 나면 뱀도 반응을 하는데 이는 소리보다는 공기 중의 떨림을 감지하였기 때문이다. 그러므로 뱀의 몸 전체가 귀의 역할을 한다고 볼 수 있다. 뱀을 사육하다 보면 머리 전체를(턱을) 바닥에 대고 가만히 엎드려 있는 경우가 있는데, 잠자고 있는 경우가 아니라면 적이나 먹잇감이 만드는 진동을 감지하기 위해서이다.

인도의 코브라 춤

인도에는 피리를 불며 코브라 춤을 보여 주는 사람이 많은데 뱀은 피리 소리에 반응하는 것이 아니라 연주자의 움직임과 발을 구르는 진동에 반응하는 것이다. 앞부분에서 뱀의 갈라진 아래턱뼈는 진동의 방향까지도 감지할 수 있다.

5 뱀의 미각과 촉각

뱀의 혀는 맛보다는 냄새를 파악

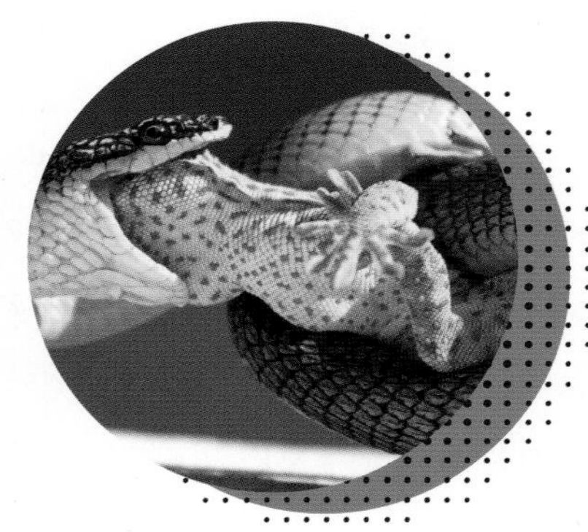

몸의 감각기관으로 먹잇감의 상태를 확인

뱀은 맛을 보는 미각기관이 존재하지 않는다. 뱀의 혀는 일반적인 다른 동물처럼 미각기관이 아니라 후각기관이기 때문에 맛을 느끼지 못한다.

뱀은 촉각으로 미세한 진동 등을 감지한다. 먹이를 감아 죽이는 구렁이류나 비단 구렁이류들의 경우엔 먹이의 몸을 조이면서 먹이의 심장이 멈추는 걸 감지하고, 완전히 죽은 후 삼키는 행동을 시작한다.

6 뱀의 비늘과 허물 벗기

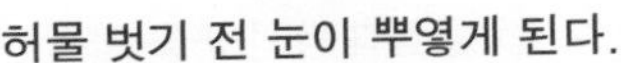

허물 벗기 전 눈이 뿌옇게 된다.

완벽히 벗겨진 허물

뱀의 몸은 표피가 각질화된 비늘로 덮여 있는데, 이 비늘은 외부적 자극으로부터 몸을 보호하고 위장에 도움을 주며 몸의 수분이 빠져 나가지 않도록 보호막의 역할을 한다. 비늘의 형태는 종에 따라 매끄럽거나 거칠다. 비늘의 중요한 역할은 이동으로, 넓은 배비늘을 이용하여 이동하며 비늘을 비비거나 떨어 적에게 경고를 보내기도 한다. 뱀의 비늘 피부는 두 겹으로 되어 있으며 안쪽은 계속 분열하여 자라는 세포로 구성되어 있는데, 안쪽의 세포가 죽으면 새로운 세포에 의해 밖으로 밀려나 바깥 세포층을 이룬다. 이 바깥 세포층이 해지면 허물을 벗는다. 짧은 동안이지만 탈피를 하기 전에는 활동이 무디어지며 몸 전체가 뿌옇게 색이 탁해지고 눈이 점차 흐려지다가 탈피를 하기 직전에 다시 맑아진다. 이후 코 부분을 거친 것에 문질러 주둥이와 머리 부분의 허물을 느슨하게 만든다. 그 다음 낡은 허물을 벗고 새 껍질로 갈아입는다. 뱀의 허물은 눈까지 완벽히 한번에 벗겨지며 뱀이 허물벗기를 얼마나 자주 하는지는 뱀의 나이와 그 뱀이 얼마나 활동적인지에 달려 있다. 뱀은 허물벗기 전 허물이 몸과 잘 분리될 수 있도록 습도가 높은 곳에 머문다. 한창 성장하는 뱀은 늙은 뱀보다 허물벗기를 자주 하며 더운 지방에 사는 뱀은 추운 지방에 사는 뱀보다 활동하는 기간이 길기 때문에 더 자주 허물을 벗는다. 그리고 방울뱀은 탈피를 할 때마다 꼬리의 방울 조각이 늘어난다.

7 뱀의 독

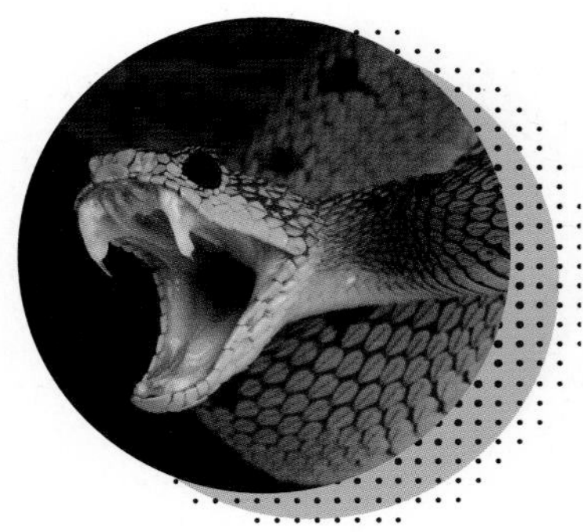

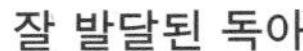

잘 발달된 독아

독을 상대방의 눈을 향해
뿌리는 스피팅 코브라

독을 가진 뱀은 독사라 하며 여전히 두려움의 대상이 되기도 한다. 사람에게 치명적이거나 약간의 해를 입히는 독사는 약 270종이 있다. 독사 중 아시아에 사는 킹코브라, 아프리카에 사는 검은맘바와 가시북살무사, 호주에 사는 타이판이 유명하다.

뱀의 독은 각종 효소와 독성 단백질 등의 복잡한 성분으로 이루어져 있으며 크게 혈액독과 신경독으로 나눌 수 있다. 혈액독은 혈관내벽을 파괴하고 조직세포를 파괴시키며 적혈구를 파괴시키는 용혈현상이 나타난다. 심한 통증과 함께 부기와 부종, 출혈 등을 동반하며 매우 고통스럽고 끔찍한 모습을 유발한다. 신경독은 주로 마비를 시키는 독으로 입과 목, 호흡근을 마비시켜 심장마비로 죽게 한다. 독은 뱀의 종에 따라 성분 구성이 약간씩 다르며 대표적인 신경독의 뱀으로는 코브라, 바다뱀류가 있으며 혈액독은 살모사류가 주로 보유하고 있다.

독의 주목적은 먹이에 주입하여 저항력을 잃게 해서 효율적으로 먹이를 얻는 것이며, 성분 중의 효소는 먹이의 소화를 촉진시키는 효과도 있다. 일반적으로 독사들의 독니는 입 앞부분에 1쌍 있지만 '후아류'라고 하여 어금니 쪽에 독니가 있는 종도 있다. 후아류의 경우에는 공격이나 방어의 수단으로 독을 발달시켰다기보다는 먹잇감을 사냥하기 위한 것으로 보여지며, 후아류 중에 가장 유명한 종은 미국의 돼지코뱀과 국내에 서식하는 유혈목이가 있다. 독은 뱀이 자신을 지키기 위한 훌륭한 무기이자 방어의 수단으로 물어서 상대에게 독을 주입시키는 방법이 일반적이다. 그 외에 스피팅 코브라의 경우엔 독액을 상대의 눈에 뿌려 상대방의 시력을 상실케 하는 방법을 사용한다. 하지만 독사라 할지라도 자신의 독을 함부로 낭비하지 않으며 보통 적을 만나면 자신이 자리를 피해버린다. 하지만 상황이 여의치 않으면 바로 공격으로 돌아선다.

독이 있는 독사와 비독사의 사냥법은 차이를 보인다. 독사의 경우 먹잇감을 굉장히 빠른 속도로 물어 독을 주입한 후 독이 주입된 먹이가 도망가다 독이 몸에 퍼져 죽게 되면 느긋하게 냄새로 추적하여 먹이를 삼키는 반면, 독이 없는 뱀은 포획물에게 덤벼들어 몸통으로 감아 죄어서 질식시킨 후 바로 그 자리에서 삼킨다.

8 뱀의 이동방법

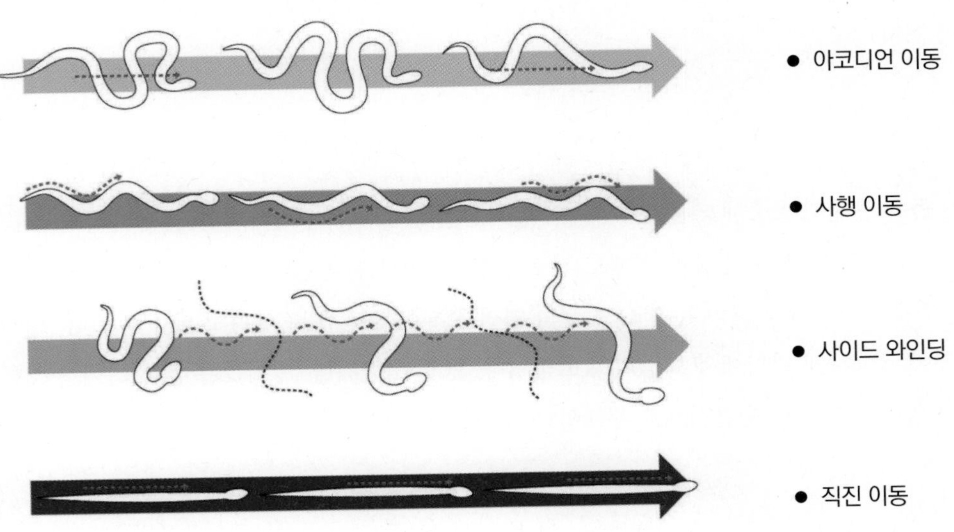

✔ 아코디언 이동

사행이동이 불가능한 좁은 장소를 이동하거나 매끄러운 표면을 이동할 때 사용한다. 몸통을 지그재그로 접고 몸통 앞부분을 밀어 몸을 고정한 뒤 몸통 뒷부분을 잡아당기는 방식으로 이동한다.

✔ 사행 이동(측선 물결이동)

대부분의 뱀들은 이 방법으로 앞으로 나아간다. 일반인들이 야외에서 도망가는 뱀을 보았을 때 확인할 수 있는 이동방법이다. 수면 위나 수중을 헤엄칠 때도 동일한 방식을 사용한다. 이동 방법 가운데 속도가 가장 빠르다.

사이드 와인딩(Side Winding)

주로 사막에 서식하는 종들이 사용하는 방식으로 마치 용수철이 굴러가는 듯이 보이는 이동방법이다. 지면의 열기를 피하기 위해 몸의 최소 면적만 땅에 닿도록 하기 위해 이렇게 이동한다.

직진 이동

피부를 지면의 한 점에 붙이고 피부 안의 몸통을 밀어낸 후 뻗어 배 비늘을 지면의 작은 돌기에 걸리게 한 후, 피부 안의 몸통을 잡아당기고 몸통이 나아간 곳까지 피부를 끌어당긴다. 보통 몸통이 굵은 뱀들이 사용하는 방식으로 조용한 이동이 가능하다는 것이 가장 큰 장점이지만 뱀의 이동 방법 가운데 속도가 가장 느린 방법이다.

점프

다리가 없는 뱀이 몸을 완전히 공중에 띄울 수 있을까? 불가능할 것이라고 생각하지만 점핑 바이퍼(Jumping Viper, *Bothrops nummifer*)와 같은 몇몇 종은 실제로 점프를 한다. 일부 움직임이 활발한 레이서류나 힘이 강한 독사류의 경우에는 자신의 몸길이 혹은 그 이상의 거리를 뛰어 공격할 수 있다고 알려져 있다. 대체로 몸집이 작은 종이 급박하게 위험에서 도망치려고 하거나, 맹렬히 공격할 때 똬리를 튼 상태에서 재빨리 몸을 쭉 펴면서 앞이나 옆으로 순간적으로 점프하는 것이 가능하다.

글라이딩

파라다이스 스네이크는 높은 나무에서 뛰어내린 후 늑골을 펴서 나무와 나무 사이를 활강하기도 한다.

✔ 후진

일반적인 경우라면 뱀은 옆으로도 가지 못하고 후진도 할 수 없다. 막다른 길이라면 머리를 돌려 방향을 바꾼 뒤 다시 전진하는 방식으로 움직이는 것이 보통이다. 뱀은 앞으로 나가다가 장애물에 부딪치면 뒤로 가지 않고 옆으로 방향을 튼다. 산에서 뱀을 잡는 땅꾼들이 길게 그물을 쳐놓고 한쪽 옆에서 기다리고 있는 것 또한 후진을 하지 않는 뱀의 습성에 기인한다. 그러나 좁은 굴과 같이 몸을 밀착시킬 수 있는 경우라면 근육을 이용하여 뒤로 다시 나오기도 한다.

9 뱀의 체색

전체적으로 단색부터 알록달록한 원색까지 종에 따라 상당히 다양하며 무늬 역시 개체에 따라 상이하다. 이런 체색과 무늬는 각각의 서식지에서 효과적인 보호색으로 작용한다. 또한 다른 동물들처럼 알비노나 부분 탈색개체와 같은 돌연변이도 존재한다.

극히 드문 몇몇 종을 제외하고는 일반적으로 성장하면서 체색의 변화는 없으며 성별에 따른 색채 차이도 없다. 그러나 기본적으로 가지고 있는 색채 이외에 햇볕을 받으면 무지개색의 광채가 더해지는 종도 있다.

인랜드 타이판(Inland Taipan)처럼 계절에 따라 체온 조절을 용이하게 하기 위해 여름에는 밝은 색, 겨울에는 어두운 색으로 체색이 변하는 종도 있다. 일부 종은 일광욕 시 우선적으로 머리 부분의 온도를 높여 주위 상황을 신속히 파악하고 대비할 수 있도록 머리 부분이 몸통에 비해 짙은 색을 띠고 있기도 하다.

뱀은 카메레온처럼 짧은 시간 안에 체색을 바꾸지 못한다고 알려져 있었으나, 2005년 세계자연보호기금(WWF, World Wide Fund for Nature) 소속 과학자들에 의해 인도네시아 보르네오섬 밀림지역에서 발견된 '카푸아스 진흙뱀(Kapuas Mud Snake, *Enhydris gyii*)'은 주변 환경에 따라 체색을 바꾸는 현상이 나타난 것으로 확인되었다. 이런 특수한 몇몇 종의 체색 변화를 제외한다면, 대부분의 파충류의 체색 변화는 스트레스나 질병으로 인한 것일 때가 많지만 뱀은 이런 경우에도 눈에 띄게 체색이 변하는 경우가 드물다.

10 뱀의 식성

Egg Eating Snake

뱀은 완전한 육식동물이다. 현재까지 일부라도 초식을 하는 종은 알려져 있지 않으며 먹이는 곤충에서 무척추동물, 척추동물까지 다양하다. 사육하는 뱀류는 일반적으로 설치류를 먹는 종이 대부분이나 야생에서는 특정 먹이만을 고집하는 종들도 있다. 특이한 종으로는 조류의 알만을 먹는 에그이터 종, 가재나 게 같은 갑각류만을 먹이로 삼고 살아가는 종 등이 있다. 뱀의 식성은 체구가 커지고 성장하면서 변화되는 경우가 많지만 절대 풀을 먹지는 않는다.

소화기관은 다른 척추동물과 같지만 길이가 비교적 짧은 편이라 위액의 소화력이 강해서 먹이로 삼킨 척추동물의 가장 단단한 부위인 뼈, 이빨, 발톱, 뿔까지 모두 녹인다. 그러나 털이나 깃털은 위산에 녹지 않으므로 그대로 배설된다.

11 뱀의 수명 및 성장

공비단구렁이(Ball Python)

캘리포니아 왕뱀(California Kingsnake)

뱀은 변온동물로 대사가 느리기 때문에(조류나 포유류의 1/10 정도라고 알려져 있다) 다른 동물에 비해 상당히 장수하는 동물이라고 할 수 있다. 일반적인 설치류가 3년, 개가 15년 정도라면 콘스네이크나 킹스네이크 등의 일반적인 콜러브리드류는 보통 20년 내외, 대형종인 보아나 파이톤은 40년 이상까지 산다고 알려져 있다.

성장에 따른 차이가 확연하지 않기 때문에 태어난 날짜를 확실하게 알지 못하는 이상 뱀의 나이를 정확하게 알기는 사실상 불가능하다. 일반적인 파충류들처럼 뱀 또한 평생 동안 성장을 계속한다. 하지만 보통의 외온성 척추동물들처럼 같이 부화된 새끼들이라 하더라도 성장 속도는 각각의 서식환경이나 온도, 먹이 양, 성별 등에 따라 상당한 편차를 보인다. 물론 그 가운데서 가장 큰 변수는 먹이의 양이다. 보통은 태어난 후 2~4년 정도에 걸쳐 급격하게 성장하여 성적으로 성숙하게 되면서부터는 성장 속도가 점차 더 더지는 경향을 보인다. 그러나 죽을 때까지 성장이 완전히 정지되지는 않는다. 먹이의 양이나 온도 등 성장과 관련된 조건들이 최대한 충족되면 뱀의 성장은 놀라울 정도로 급속도로 이루어진다. 장미보아(Rosy Boa)의 경우 태어난 지 9개월 만에 이 종의 최대 성장치에 도달하였다는 보고도 있다.

뱀의 분류

장님뱀하목(Scolecophidia)
● 미국실뱀과*(Anomalepididae)*
● 게르호필루스과*(Gerrhopilidae)*
● 가는장님뱀과*(Leptotyphlopidae)*
● 장님뱀과*(Typhlopidae)*
● 제노티프롭스과*(Xenotyphlopidae)*
참뱀하목(Alethinophidia)
● 파이프뱀과*(Aniliidae)*
● 정글왕뱀과*(Tropidophiidae)*
● 제노피디온과*(Xenophiidae)*
● 왕뱀사촌과*(Bolyeriidae)*
● 보아상과*(Booidea)*
■ 칼라바비단뱀과*(Calabariidae)*
■ 마다가스카르나무보아과*(Sanziniidae)*
■ 고무보아과*(Charinidae)*
■ 모래보아과*(Erycidae)*
■ 태평양보아과*(Candoiidae)*
■ 보아과*(Boidae)*
● 아노모킬루스과*(Anomochilidae)*
● 아시아파이프뱀과*(Cylindrophiidae)*

● 가시꼬리뱀과(*Uropeltidae*)
● 선빔뱀과(*Xenopeltidae*)
● 멕시코비단구렁이과(*Loxocemidae*)
● 비단뱀과(*Pythonidae*)
● 줄판비늘뱀과(*Acrochordidae*)
● 제노데르무스과(*Xenodermatidae*)
● 파레아스과(*Pareatidae*)
● 살무사과(*Viperidae*)
● 호말롭시스과(*Homalopsidae*)
● 람프로피스과(*Lamprophiidae*)
● 코브라과(*Elapidae*)
● 뱀과(*Colubridae*)

유전적 특성으로 분류하는 방법은 위 표와 같으며 대중적으로 애완용으로는 보아과와 비단뱀과, 뱀과의 무독성 뱀들이 주로 길러지고 있다. 보아과와 비단뱀과는 원시적인 뱀과로 뱀과와 달리 총배설강 주변에 1쌍의 흔적다리가 있다. 모든 뱀들은 애완용으로 사육이 가능하나 독이 있는 독사류 같은 경우 탈출 시 사육자나 이웃에게 큰 위협이 될 수 있으므로 독사의 사육은 지양해야 한다.

서식지에 따른 환경 조성

뱀은 남극과 아일랜드섬을 제외한 지구의 다양한 환경에서 서식하고 있다. 일반적으로 많은 종들은 지표면 가까이 서식하지만 바다뱀이나 수생 종들의 경우엔 거의 평생을 물속에서 살아간다. 반면 거의 평생을 나무 위에서만 서식하는 종도 있고 모래나 흙속에 파고들어 평생을 생활하는 종들도 있다. 서식환경에 따라 고온다습하거나 저온다습한 환경, 건조한 환경 등 요구하는 환경도 각각 다르므로 사육하는 종의 서식지의 기후에 대하여 숙지하여야 한다.

1 사육장의 형태

뱀의 사육장에서 가장 중점적으로 체크해야 할 부분은 바로 탈출을 할 수 없도록 잠금장치가 있어야 한다는 것이다. 뱀은 생각보다 힘이 세서 아주 작은 틈으로도 탈출하는 경우가 있으며 이는 타인에게도 위험한 상황이지만 뱀 또한 위험에 노출되는 상황이기에 주의해야 한다.

사육장의 형태는 뱀의 서식환경에 따라 지상성, 지중성, 교목성, 반수생성, 수생성으로 나뉠 수 있다. 사육장 크기는 주로 바닥에서 서식하는 종의 경우 성체가 몸을 쭉 폈을 때 길이 정도면 이상적이며 뱀 몸길이의 2/3 정도만 되도 충분히 사육할 수 있다. 나무 위에서 서식하는 종은 바닥 넓이보다 위로 긴 형태의 사육장에서 뱀이 똬리를 틀 수 있는 가로목을 설치해 주는 것이 좋다. 사육장의 크기는 종류마다 다를 수 있지만 충분한 면적을 확보하고 다양한 온도대가 존재할 수 있도록 해주어야 한다.

2 바닥재의 종류 및 특성

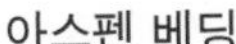
아스펜 베딩

바크

지면에 배를 깔고 생활하는 뱀의 특성상 바닥재의 선택은 매우 중요하다. 일반적으로 뱀의 몸에 상처를 입히지 않는 재질이어야 하며, 삼킬 수 없거나 삼켰을 때 배출이 되어야 하는 조건에 부합하는 바닥재를 사용해야 한다. 가장 대중적으로 쓰이는 바닥재는 아스펜(Aspen) 베딩으로 분진이 적고 부드러워서 삼켰을 때 배출이 쉽기 때문에 일반적인 뱀 바닥재로 널리 쓰인다. 그러나 높은 습도를 요구하는 열대성 뱀의 경우 수분을 머금을 수 있는 나무상피 껍질인 바크를 사용하는 것이 좋다. 이들 말고도 키친타월이나 신문지, 애견패드 등을 사용할 수 있다. 주기적으로 오염된 부분을 제거하고 새로운 바닥재를 추가해 주거나 전체 교체를 해주어 뱀의 몸에 오염물이 묻지 않도록 관리해 줘야 한다.

3 서식환경에 따른 사육장 스타일

지상성 사육장

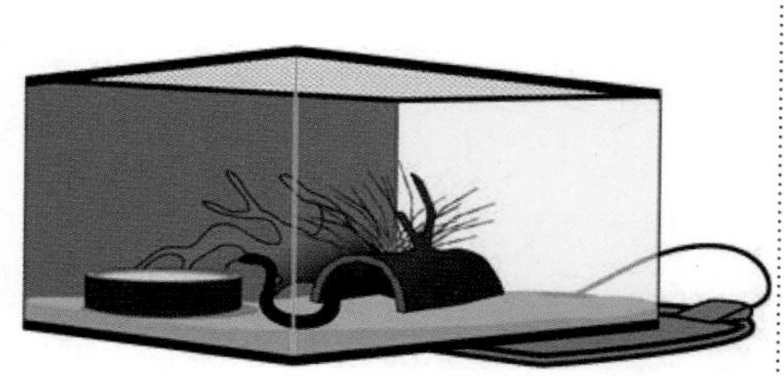

지상성 뱀의 사육장은 가로로 넓은 타입의 사육장을 사용하여 충분한 활동 공간을 제공해 주는 것이 좋다. 또한 사육장은 평소에 건조하게 유지하되 탈피를 하는 기간에는 일시적으로 사육장의 습도를 높여 주도록 한다. 일반적으로 사육장의 세팅은 바닥재의 선택으로부터 시작된다. 사육장 바닥에 깔리는 바닥재는 사육하고자 하는 종과 사육 개체의 크기를 고려하여 가장 적합한 최적 사육 습도의 유지가 가능하도록 선택하여야 한다. 지상성 뱀의 사육장 바닥재는 상당히 다양하다. 간단하게는 신문지나 키친 타월, 매트를 사용하기도 하며 모래 지역에 서식하는 종의 서식환경을 고려하여 파충류용 모래를 깔아주기도 한다. 습도 유지를 요하는 종은 바크를 사용하기도 한다.

교목성 사육장

보아류, 트리 보아, 그린 트리 파이톤 등 나무 위를 주된 서식 공간으로 하는 종의 사육에 있어서는 가로로 긴 형태의 육상뱀 사육장보다는 세로로 긴 형태의 사육장이 적합하다. 교목성 뱀의 사육장은 가로나 세로보다는 높이가 더 중요하다. 개체의 크기를 고려하여 충분히 높은 형태의 사육장을 선택하고, 사육장의 설치 위치 역시 바닥이나 눈높이보다 조금 높은 곳에 위치시키는 것이 좋다. 교목성 뱀들은 저면 열원보다는 상부 열원을 사용하는 것이 효과적이기 때문에 위쪽은 철망으로 처리되어 열원의 안정적인 설치가 가능해야 하며, 효율적인 관리를 위해서는 전면 개폐식의 사육장을 사용하는 것이 좋다.

반수생성 사육장

습계 뱀이라 하더라도 사육장의 일부분 스팟 지역은 건조한 상태를 유지하여 몸을 말릴 수 있도록 해주어야 한다. 한 가지 주의할 점은 사육장 전체의 습도를 높일 경우 곰팡이나 진드기, 응애 등의 외부 기생충 번식이 용이한 고온다습한 환경이 되므로 사육장 청결 유지에 더욱 신경을 써야 한다는 것이다. 번거롭더라도 주기적인 관리가 반드시 필요하다.

수생성 사육장

완전 수생종의 사육장 조성은 뱀 사육장을 조성한다는 느낌보다는 열대어 수조 세팅을 한다고 생각하고 조성하는 것이 이해가 쉽다. 물론 어류와 파충류는 완전히 다른 생명체이기는 하지만 서식공간이 동일하고, 수생 동물 사육에 있어 가장 중요한 수질 관리 부분이 거의 대동소이하기 때문이다. 때문에 열대어 사육에 경험이 있는 사람이라면 완전 수생 뱀 사육장의 조성과 관리는 상당히 용이하다. 완전 수생종 사육장의 조성에 있어서는 사육장 내의 환경을 서식환경과 유사하게 조성하는 것도 중요하지만 종이 서식하는 수질과 유속, pH를 고려하여 수질 환경을 조정해 주는 것 역시 아주 중요하다. 무엇보다 대부분의 수생뱀은 강한 수류를 좋아하지 않으므로 측면 여과기의 강한 물살은 조정해 주는 것이 좋다. 또한 청결한 수질을 유지하는 것 못지 않게 종이 선호하는 pH를 제공해 주는 것 역시 질병 예방을 위해 아주 중요하다. 열대어처럼 직접적으로 영향을 받지는 않지만 장기적으로 사육을 한다고 할 때 그 영향을 무시할 수는 없기 때문이다.

5 뱀의 번식

교미

산란

겨울이 없는 열대의 뱀들은 우기의 온·습도 변화를 기준으로 번식을 한다. 온대 지역에 서식하는 뱀은 동면에 들어가기 전 교미한 후 겨울을 나고 산란을 하는 종과 동면에서 깨어난 직후 교미하여 여름에 번식하는 종이 있다. 이처럼 서식지가 어디건 상관없이 일정기간의 온도의 변화를 감지해 번식 활동이 활발해지는 경향이 있기 때문에 사육 하에서도 번식을 위해서는 일정기간의 인공적인 온도변화기간

(Cooling)을 거치게 하는 것이 유리하다. 자연 상태에서는 동종끼리 모여 집단으로 교미를 하는 경우도 있고 몇몇 개체만 따로 교미를 하기도 한다. 뱀류는 몇몇이 번식기에 집합하거나 동면을 위해 한 공간에 모여드는 것 외에는 평상시에 무리를 이루는 일이 없다.

교미 시에는 수컷이 암컷의 몸 위에 올라가 자극하기도 하고, 보아나 비단구렁이처럼 총배설강 옆에 발톱이 있는 종들은 이 발톱으로 암컷의 몸을 긁어 자극하기도 한다. 수컷에게는 주머니 모양의 1쌍의 반음경(Hemipenis)이 있어서 이것으로 교미를 한다. 보통 때는 뒤집어서 몸속에 넣고 있다가 교미할 때 1개만 꺼내 사용한다. 수컷의 정자는 생식기 표면에 있는 홈을 통해 흘러나와 암컷의 몸속으로 들어간다. 대개 수정은 곧바로 일어나지만 일부 종의 암컷은 수컷의 정자를 장기간 몸속에 보존할 수 있기 때문에 한 번의 교미로 몇 번의 수정이 가능하다.

1 뱀의 성별 구분

African Rock Python의 팝핑

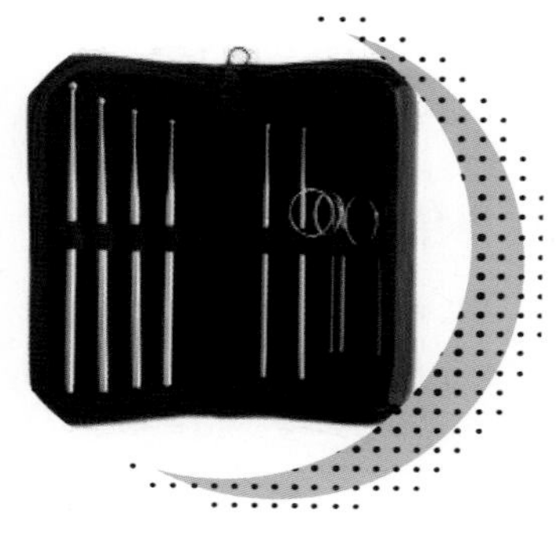

프루브

뱀은 외관상으로 암수의 구분이 용이하지 않지만, 뱀의 성별 구분 방법은 육안 구별법, 팝핑(Popping), 프루브(Probe)를 이용한 방법, 그리고 캔들링(Candling) 등 여러 가지 방법이 있다. 그러나 다른 동물들과는 달리 정확한 판별을 위해서는 충분한 경험과 정확한 기술, 숙달이 필요하다는 차이점이 있다.

육안 관찰

뱀의 성별을 구분하는 가장 기본적인 방법으로, 대개 성적으로 성숙한 크기에서 외형적으로 나타나는 차이를 관찰하는 것이다. 육안 관찰 시에 중점적으로 살펴보는 부위는 두상과 전체적인 체형, 체장, 그리고 특히 꼬리 부분의 굵기와 길이이다.

일반적으로 뱀은 암컷이 수컷보다 크게 성장한다. 보통은 암수의 크기 차이가 눈에 띌 정도로 확연하지 않지만 보아류나 파이톤류처럼 성적 이형성이 두드러지는 종의 경우는 육안으로도 암수를 구별할 수 있다. 체형이나 체장을 구별하는 것보다 좀 더 확실한 것은 꼬리를 관찰하는 것이다. 뱀의 수컷에게는 주머니 모양의 1쌍의 반음경(Hemipenis)이 있어서 이것으로 교미를 한다. 보통 때에는 뒤집어서 몸속에 넣고 있다가 교미할 때 1개만 꺼내 사용하는데, 수컷은 평소에는 생식기를 뒤집어 꼬리 부분에 수납하고 있기 때문에 암컷보다 꼬리가 굵고 더 길다. 이 때문에 총배설강 부분이 살짝 가늘어지는데 이러한 차이를 확인하여 암수를 판별할 수 있다.

이외에도 암수의 차이가 나는 기관을 가진 종도 있다. 흔적다리를 가지고 있는 보아나 파이톤의 경우 수컷이 교미 시에 능동적으로 흔적다리를 이용하므로 체구가 작더라도 흔적다리가 더 큰 것을 수컷으로 판별한다.

이러한 육안 관찰은 개체의 크기, 성적 성숙도 등에 따라 난이도가 달라지고 사육자의 경험에 따라 오동정의 여지가 많기 때문에 충분한 경험이 필요하고 다른 성별 구분 방법과 병행하여 사용하는 것이 좋다.

✓ 팝핑(Popping)

평소에 체내에 뒤집혀 수납되어 있는 생식기를 꼬리 쪽에 인위적인 압력을 가해 강제로 돌출시켜 암수를 판별하는 방식이다. 뱀을 잘 잡은 다음 꼬리 부분을 뒤집은 후, 꼬리를 등 쪽으로 살짝 굽히며 엄지손가락을 꼬리 끝에서 총배설강 쪽으로 밀면서 동시에 가볍게 누르는 방식으로 실시한다. 성공적으로 실시했을 때 수컷의 경우 생식기가 양쪽으로 돌출된다.

특별한 도구 없이도 간단히 시행할 수 있는 판별법이기는 하지만 확인하는 사람의 경험이 충분하지 않거나 적절한 압력으로 실시하지 않은 경우 뱀을 다치게 할 가능성이 있다. 또한 보아나 파이톤처럼 덩치가 크고 강한 힘을 가진 종에게는 실시하기가 용이하지 않은 방법이다.

✓ 프루빙(Probing)

특수 제작된, 끝이 둥근 섹싱 프로브(Sexing Probe)라는 막대기를 생식기 구멍에 넣어 그 들어간 깊이로 암수를 판별하는 방법으로 프로브가 깊이 들어가면 수컷, 조금 들어가면 암컷으로 판별한다.

실시할 때에는 개체의 크기를 고려하여 적당한 굵기의 프로브를 선택하는 것이 중요하고 지나치게 강한 힘으로 밀어 넣을 경우 내상을 유발할 수 있기 때문에 주의하여야 한다.

간혹 수컷의 강한 거부반응으로 프로브가 얕게 삽입되는 경우도 있고 유전적으로 생식기에 문제가 있을 가능성도 있어 오판의 가능성이 완전히 없지는 않지만 뱀의 암수 구별법 가운데 가장 정확한 방법이라고 알려져 있다.

✔ 캔들링(candling)

알의 수정 유무를 판별하는 검란(檢卵)처럼 몸의 반대편에서 강한 빛을 비추어 내부 장기를 관찰하여 성별을 판별하는 방법이다.
체색이 짙거나 빛이 투과하기 어려울 정도로 많이 성장한 개체에게는 사용하기 어렵고, 암수에 따른 내부 생식기의 차이를 구분할 수 없다면 사용하기 어려운 방법으로 많이 사용되지는 않는다.

2 뱀의 산란 및 부화

Grass Snake : 난생

Copperhead : 난태생

뱀의 번식은 알을 낳는 '난생(卵生)'과 새끼를 바로 낳는 '난태생(卵胎生)'의 두 가지 타입이 있다. 29,000여 종의 뱀 가운데 3/4은 난생이지만 보아류나 살모사류, 물뱀, 바다뱀 등의 일부는 난태생으로 번식한다. 난태생은 말하자면 암컷의 몸을 일종의 인큐베이터로 이용하는 것으로 알이 안정적으로 발생하기 어려운 환경, 즉 고도가 높거나 위도가 높은 지역에 서식하는 종 또는 물이나 물가처럼 온도가 낮은 지역에 서식하는 종은 난태생으로 번식하는 경우가 많다.
난태생종 중 새끼를 돌보는 종은 없으며, 난생종 중 일부 비단구렁이류, 렛스네이크나 콘스네이크처럼 몇몇 종만 부화되기 전까지 알을 품는다고 알려져 있다. 알을 돌볼 때는 단순히 외부적인 위험으로부터만 알을 지키는 것이 아니라 산란 굴 밖을 능동적으로 오가면서 데워진 체온을 이용하여 산란에 필요한 온도를 유지시키고, 온도가 떨어지면 근육을 급격히 떨면서 열을 내어 부화 온도를 유지한다. 알의 부화 시기는 온도에 따라 차이를 보이는 것이 일반적이며 부화 후 새끼들은 각자 뿔뿔이 흩어져 새로운 환경으로 떠나게 된다.

이처럼 파충류는 기본적으로 새끼를 돌보지 않는 생물로 알려져 있었으나, 악어류와 비단뱀 중 아프리칸 락파이톤의 경우에는 새끼를 일정기간 돌보는 것으로 밝혀졌다.

양서류와 달리 파충류가 이렇게 양막(羊膜)에 쌓인 알을 낳을 수 있다는 사실은 물에서 멀리 떨어져 지낼 수 있도록 진화되었음을 의미하는 것이기도 하다.

보통 파충류는 암수의 교미를 통해 번식을 하고 수컷의 정자를 보관하는 능력이 있어 일 년 동안 수컷과의 접촉이 없어도 유정란이나 새끼를 낳기도 하지만 화분뱀과 같은 일부 종의 경우 암컷만으로 번식을 하는 단성생식(單性生殖)을 하는 경우도 있다. 단성생식은 짝짓기를 위한 에너지 소모를 줄이고 교미 중에 생길 수 있는 잠재적 위험을 줄일 수 있으며 개체수를 쉽게 늘릴 수 있어 낯선 환경에서 새로운 개체군을 확립하기 쉽다는 장점이 있다. 그러나 어미와 자식의 유전자가 거의 비슷하기 때문에 유전적 변이도가 낮아짐으로써 질병이나 기생충, 급격한 환경적 변화에 취약해질 수 있다는 단점도 가지고 있다.

6 뱀의 주요 질병과 예방 및 치료

1 외부 기생충

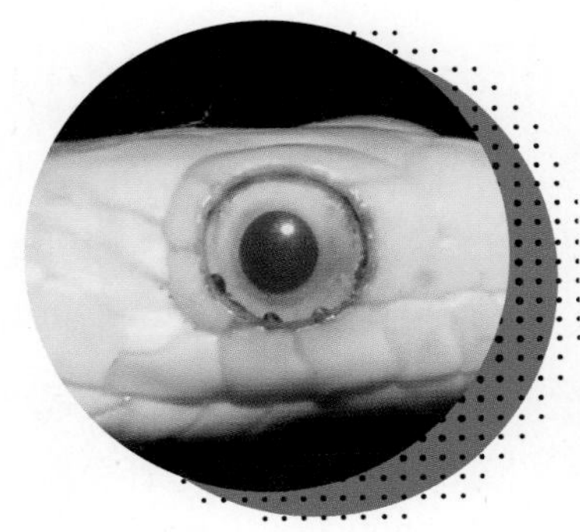

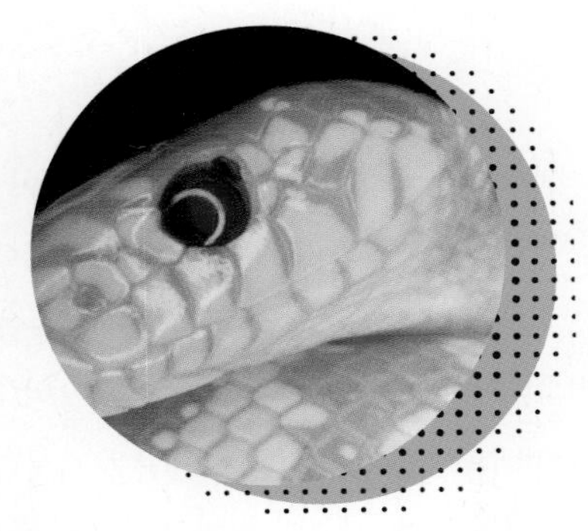

진드기 감염사례

뱀도 도마뱀과 마찬가지로 야생에서 채집된 개체 (Wild Caught)에서 일반적으로 참진드기(Mite)와 진드기(Tick)가 나타난다. 이 진드기류는 턱 밑 주름 사이나 눈 주변 부위, 총배설강 주름, 피트 기관, 비늘 사이사이에 주로 서식하며 이런 외부기생충은 감염된 야생개체와의 접촉이나 오염된 바닥재, 유목 등에서 감염될 수 있다. 증상은 육안으로도 쉽게 구분이 가능한데, 눈은 움푹 들어가고 눈 테두리가 튀어나와 보일 때 이 부분을 확인하면 작은 기생충을 확인할 수 있다. 또한 뱀이 사육장 벽에 몸을 비비며 움직이는 행위를 한다거나 물그릇에 들어가 머리만 내놓은 상태로 있다면 외부기생충 감염을 의심해 볼 수 있다.

진드기류 두 종 모두 피를 빨아 먹는데 심한 경우 사육 개체가 빈혈로 폐사에 이르기도 한다. 외부기생충에 감염되면 뱀은 거친 물체나 사육장 벽면에 몸을 강하게 문지르거나 물그릇에 장시간 들어가는 행동을 한다. 이는 뱀에게 지속적인 스트레스 요인이 되고 세균성 바이러스의 매개체의 역할을 하기에 발견되는 대로 신속하게 구제해 주어야 한다.

틱(Tick)은 평소엔 잘 보이진 않지만 피를 충분히 빨면 3~5mm 정도의 크기가 되어 육안으로 확인이 가능한 기생충이다. 면봉에 알코올을 묻혀 틱의 몸에 충분히 묻힌 다음 5분 정도 기다렸다가 핀셋으로 조심스럽게 떼어낸다. 틱은 숙주의 몸에 이빨을 박고 있으므로 떼어낼 때 이 이빨까지 함께 떼어내는 것이 중요하다. 거칠게 제거하면 몸통만 제거되고 이빨은 그대로 박혀 있게 되는 경우가 있는데 이럴 경우 뱀이 불편해하고 감염의 통로가 되기도 하기 때문이다. 혹 떼어내다 실수로 터트렸다면 알이 뱀의 몸에 남지 않도록 철저하게 제거해야 한다. 마이트(Mite)는 틱(Tick)보다 더 작은 검정색의 벌레이다. 우선 1mm 정도의 크기로 인해 틱보다 확인이 쉽지 않다는 것이 가장 큰 문제점이다. 많은 사육자들이 초기에는 마이트의 존재를 알아차리지 못하고 있다가 뱀의 몸을 덮는 하얀 점과 같은 마이트의 변 때문에 그 존재를 인식하게 되고는 한다. 틱보다는 마이트가 더 위험하고 귀찮은 존재로 인식되고 있는데, 무엇보다 무서울 정도로 급속도로 번식하고 운동성이 있어 근처에 있는 다른 사육장에까지 스스로 이동해 가기 때문이다. 때문에 한 번 마이트가 생겼을 때 조기에 발견하고 구제하지 않는다면 구제될 때까지 몇 달간 상당히 번거로운 구제 활동을 계속해야 하는 상황이 발생한다.

★ 치료 및 처치 ★

퍼메트린(Permethrin)은 최근 파충류 사육사들이 마이트나 틱 등의 외부기생충을 제거하는 방법으로 가장 선호하는 성분이다. 사용방법을 제대로 숙지하면 대단히 안전하고 효과적인 성분으로, 사용법 또한 어렵지 않다. 일반적으로 2.5~5% 농도의 퍼메트린 제품을 사용하는데 국내에서 구할 수 있는 퍼메트린의 대표적인 제품은 비오킬이다. 약국에서 구입할 수 있으며 주로 2.5%의 농도를 판매한다. 미국이나 유럽에서는 주로 Provent-a-mite라는 파충류 전용 제품을 사용하는데 국내에서는 입수하기 쉽지 않아 주로 비오킬로 대체하며 효과는 거의 같다. 사용법은 대단히 간단한데 외부기생충에 감염된 개체와 물그릇, 먹이그릇을 사육장에서 꺼낸 후 사육장에 골고루 분무한다. 사육장의 표면은 물론 바닥재나 장식품에도 분무한 뒤 완전히 말린 후 물그릇과 먹이그릇, 그리고 개체를 돌려놓는다. 이 과정을 한 달에 한 번씩 총 세 번 반복한다. 설사 한 번 혹은 두 번 만에 기생충이 보이지 않는다고 하더라도 알(퍼메트린은 기생충의 알에도 매우 효과적이다)이나 눈에 보이지 않는 아주 작은 새끼들이 남아있을 수 있기 때문에 최소 세 번은 반복하는 것이 좋다. 주의할 점은 해당 개체에 직접 뿌리거나 분진을 마시지 않도록 하는 것, 그리고 직사광선에 노출되면 빠르게 분해되기 때문에 직사광선을 피해야 한다는 점이다. 무척추동물과 수생동물에게는 매우 강한 독성을 보이지만 포유류와 조류, 그리고 파충류에게는 비교적 안전하기 때문에 올바른 사용법만 숙지하면 매우 안전하고 효과적으로 기생충을 제거할 수 있다.

2 구내염(Mouth Rot)

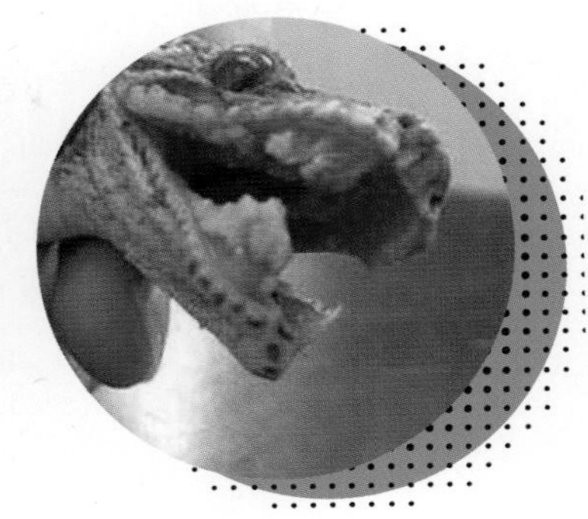

마우스롯 감염사례

구내염은 사나운 종의 경우 잦은 입질로 유리면에 입 부분을 부딪혀 상처가 생기고 거기에 세균이 감염되는 경우가 있다. 또한 온순한 종이라 하더라도 사냥 중에 혹은 부적절한 사육 환경이나 스트레스 때문에 사육장을 이탈하기 위해 벽면을 문지르는 과정에서 입 부분에 상처가 생기고 그 부분에 세균(Herpes virus)의 감염이 일어나면서도 발생한다. 사육장 내부 장식자재들이 뱀에게 상처를 낼 만큼 날카롭거나 작은 상처에도 쉽게 감염이 일어날 정도로 사육 환경이 위생적이지 못할 경우에 발생빈도가 증가한다. 조류를 먹이로 삼는 보아나 교목성 비단구렁이류처럼 앞니가 길게 발달한 종에게 발생빈도가 높다고 보고되고 있다. 호흡기 질환처럼 뱀에게 상당히 쉽게 나타나는 질병이므로 미리 기본적인 정보를 숙지하는 것이 좋다.

초기 증상은 먹이를 거부하고 입 부분에 미세한 분비물이 생긴다. 이 시기에 입을 벌려 안쪽을 확인해 보면 평소보다 혈관이 확장되어 있고, 전체적으로 붉은색을 띠어 평소와는 다른 모습을 보이므로 구내염의 의심이 들면 구강 안쪽을 확인해 보도록 한다. 그러나 굳이 그렇게 하지 않더라도 뱀이 입을 자주 여닫는다거나 다물고 있는 모습이 평소와 조금이라도 다르면 입에 뭔가 문제가 있는 것이므로 미리 확인해서 조치를 취하는 것이 최선이다. 그러나 이렇게 초기에 증상을 포착해내는 경우는 드물고 보통은 증상이 좀 더 진행되어 혀나 구강에 염증과 고름이 생기고, 생성된 분비물이 입에 차고 목이 붓는 정도가 되어야 발견되는 경우가 많다. 증상이 더 악화되면 악취가 나고 끈적거리는 분비물을 흘린다. 이런 증상 때문에 입을 다물지 못하고 있는 모습을 보이기도 하며 심한 경우 식도, 기관, 폐까지 염증이 확대된다. 조직뿐 아니라 뼈에까지 전이되어 이빨이 빠지고 골수염으로 진행되기도 한다. 이런 증상으로 인해 식욕이 감퇴하기 때문에 강제 급여가 필요하게 되는 경우도 생길 수 있다.

★ 치료 및 처치 ★

구내염은 다른 개체에게 전염이 되므로 격리해야 한다. 증상 초기라면 감염 부분을 면봉 등으로 꼼꼼히 긁어 제거하고 물과 1:1로 희석한 포비돈이나 과산화수소 용액으로 감염 부위를 철저히 소독한 후 항생제를 발라 주는 것으로도 증상을 어느 정도 완화시키는 것이 가능하지만, 증상이 진행되면 동물병원에서 외과적 처치와 전신 및 국소에 대한 전문적인 항생제 치료가 필요하다. 한번 증상이 악화되면 일반 가정에서는 대처가 어렵기 때문에 너무 많이 진행되기 전에 미리 발견하고 조치를 취하는 것이 무엇보다도 중요하다. 그러므로 거식을 하게 되면 온도와 습도 관리에만 관심을 기울이지 않고 구내염도 의심해볼 필요가 있다.

3 비늘 감염(Scale Rot)

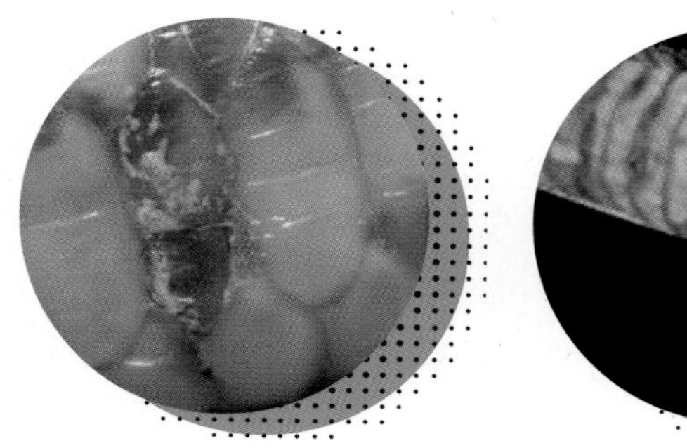

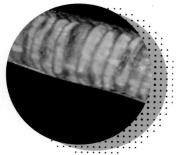

Scale Rot 감염사례

구내염(Mouth Rot)과 마찬가지로 오염되고 습한 사육장이 원인이 되어 발생하는 질병이다. 등 부분보다는 항상 바닥에 대고 있는 배 부분에서 쉽게 발생하는데 대부분의 경우에 배 비늘에서 시작하여 증상이 진행됨에 따라 등 쪽으로 감염범위가 넓어진다. 평소 사육장이 오염되어 있거나 배설물을 바로바로 치워주지 않으면 오염물질이 배 비늘 사이에 끼게 되고 세균이 증식하여 감염된다. 사육장이 따뜻한데다 바닥재가 축축하기까지 하면 발생 빈도가 급격히 증가한다.

질병의 특성상 육상에 서식하는 대형 종 뱀에게서 발현 빈도가 높다. 증상 초기에 배를 뒤집어 보면 배 비늘 군데군데 울긋불긋한 감염 자국을 확인할 수 있는데, 사육하는 뱀의 배 부분 색깔이 짙거나 얼룩무늬가 있는 종이면 감염 초기에 발견하기가 쉽지 않으므로 사육하고 있는 종의 최적 컨디션일 때의 배의 색상과 무늬를 기억해 두는 것이 좋다. 증상이 진행되면 비늘이 떨어져 나가고 수포나 물집이 생기기도 한다. 수생뱀의 경우에도 수질 관리가 잘 되어 있지 않으면 역시 피부 관련 질환이 쉽게 생길 수 있다.

★ 치료 및 처치 ★

치료하기 위해 가장 먼저 해야 할 것은 감염된 뱀을 청결한 사육장으로 옮기는 것이다. 기존의 오염된 사육장 내에서는 치료효과를 전혀 기대할 수 없다. 이렇게 치료를 위해 새로 준비한 사육장에는 물그릇은 넣어 주지 않는 것이 좋다.
비늘이 울긋불긋해지는 정도의 증상 초기라면 10% Betadine으로 약욕시키면 어느 정도 효과를 기대할 수 있다. 이 질병의 치료에 있어 한 가지 유의할 것은 이러한 응급처치가 가능한 것은 수포로 진행되기 전까지라는 것이다. 그 이상 경과가 진행되면 수의사의 도움을 받아야 한다. 이 병은 항생제 치료가 필요하며 치료에 상당한 시간과 노력을 요하는 길고도 지루한 과정이므로 사전 예방이 무엇보다 중요하다. 다행스럽게도 비늘 감염은 사육장만 청결하고 건조하게 유지한다면 어렵지 않게 예방할 수 있는 질병이다.

4 외상 및 화상

레트(Rat)의 공격에 의한 외상

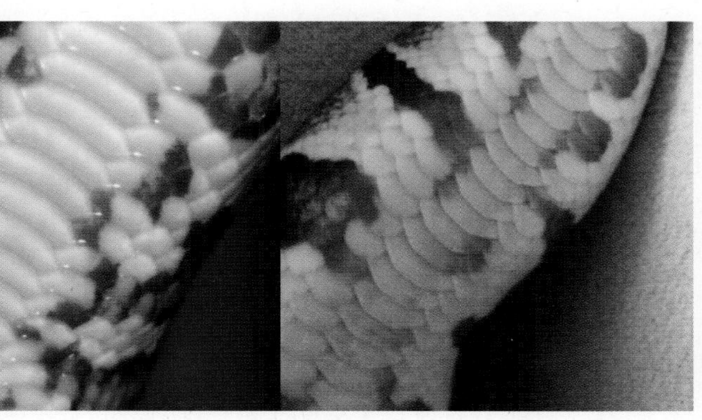
저온화상 (우)

뱀은 아주 유연하게 움직이기 때문에 사육장 내부 장식 용품들의 모서리가 좀 날카롭더라도 이동하면서 상처가 생기는 경우는 없으나, 간혹 갑자기 놀라게 하였을 때 황급히 피하면서 부딪쳐 상처가 생기는 경우가 있다. 특히 탈피시기에는 비늘이 부드러워지기 때문에 탈피 허물을 비벼 벗는 과정에서 상처가 생기기도 한다. WC(야생채집)개체나 겁이 많은 종인 경우에는 우리를 탈출하는 과정에서 코 부분에 외상이 생기는 경우가 많다. 이를 방지하기 위해서는 사육장을 어둡게 해 주거나 적절한 장소에 은신처를 제공해 주는 것이 도움이 된다.
또 한 가지 외상의 중요한 요인으로는 먹이동물로부터 공격을 받는 경우가 있다. 먹잇감을 완전히 제압하지 않고 사육장 내에 방치했을 경우 오히려 뱀이 공격당해 심한 부상을 입는 경우도 있다. 토끼처럼 덩치가 큰 동물을 산 채로 먹이로 줄 경우에도 완전히 제압하지 않고 급여하면 뱀에게 조여진 상태에서 격렬히 움직이는 발톱에 뱀이 상처를 입는 경우가 있으며, 레트의 경우엔 날카로운 이빨로 뱀을 공격해 심각한 상처를 낼 수 있다.
특히 주의해야 할 것은 화상이다. 잘못된 열원의 설치나 고장으로 인해 화상을 입는 경우가 있으므로 열원은 안정된 위치에 정확히 설치해야 하고 온도 관리는 수시로 해 주는 것이 좋다. 열등을 설치할 경우에는 반드시 사육장 외부에 설치하도록 하고 저면 열판은 사육장 일부에만 설치하여야 한다.
오래 전 사육장 안쪽에 열원 소켓을 설치하고 타이머로 전원을 조절했을 때 다수 문제가 생긴 사례가 있다. 사육자는 뱀이 올라가지 못할 정도의 높이에 설치했다고 생각했지만 열원이 꺼진 틈에 뱀이 전구 소켓과 전구 사이의 좁은 공간에 자리를 잡았고, 나중에 타이머가 작동되어 심각한 화상을 입은 사례가 종종 있다. 누차 강조하지만 파충류와 열은 밀접한 관계를 맺고 있으므로 사육하면서 열과 관련된 기기들은 와트(W)수부터 설치 위치, 가동 시간에 이르기까지 세심한 계획 하에 설치되어야 한다.
또한 저면 열원을 사용할 때 치명적으로 높은 온도는 아니지만, 사육장 바닥 전체가 일정한 온도로 유지되면 지속적인 열에 의한 저온화상을 입을 수 있으니 전기방석 같은 저면 열원을 사용하는 경우 사육장 바닥 전체가 데워지지 않도록 주의해야 한다.

★ 치료 및 처치 ★

가벼운 상처라면 항생제 치료를 하지만 심한 경우에는 외과적 처치가 필요할 수도 있다. 특히나 심한 화상은 뱀을 폐사에 이르게까지 하지는 않더라도 애완으로서의 가치를 상실하게 하여 사육자의 사육 의욕을 저하시키게 되는 경우가 많기에 더 조심해야 한다.
위의 외상들은 초기에 치료를 시작하면 회복되는 경우가 많다. 더구나 사육 환경이 청결하고 적절한 치료만 병행한다면 뱀을 폐사에 이르게 할 정도로 심각한 문제가 되지는 않는다. 그러나 초기에 적절한 치료를 실시하지 않으면 균류 및 박테리아 감염이나 패혈증 등으로 치명적인 결과를 초래할 수도 있다. 때문에 감염이 일어나지 않도록 사육장을 청결히 관리하는 것이 무엇보다 중요하다. 덧붙여서 사육 환경을 청결히 하지 않을 경우 치료 효과가 나타나기 어렵고 오히려 증상이 급격히 악화될 수 있으므로 반드시 사육장의 소독과 청소를 병행하여야 한다.

5 구토

뱀은 한번 사냥하여 완전히 삼킨 먹이를 잘 토하지는 않지만 부득이하게 삼킨 먹이를 토하게 되는 몇 가지 상황이 있다.
첫 번째는 '개체의 안전이 보장되지 않을 때'이다. 먹이를 먹는 것보다 생명을 구하는 것이 더 중요할 때 뱀은 어렵게 잡은 먹이를 토한다. 자연 상태에서는 소화를 시키기 위한 안전한 장소로 이동하는 중에 천적의 위협을 받아서 반격하거나 도망치기 위해 몸을 가볍게 해야 할 필요가 있을 때 먹이를 토한다. 먹이를 급여한 후 바로 핸들링하거나 자극하는 등의 스트레스를 주면 뱀은 삼킨 먹이를 다시 토해내고 방어 태세를 갖춘다.

두 번째는 '소화시킬 환경이 갖추어지지 않았을 때'인데, 좀 더 정확하게 이야기하면 '먹이를 먹은 이후에 소화시킬 만큼 충분한 온·습도가 제공되지 않을 경우'이다. 소화에 필요한 온도를 외부에서 제공받는 변온동물인 뱀은 충분한 체온을 유지하지 못하면 삼킨 먹이가 배 속에서 부패되어 죽게 된다. 이럴 때 뱀은 먹이를 토해낸다.

세 번째로 뱀의 구토를 가장 걱정해야 할 때는 '기생충 감염이나 소화기관의 이상, 혹은 극심한 스트레스로 인한 것'일 때이다. 스트레스나 온도로 인한 구토 이외에 뱀이 하는 구토는 '심각한 질병의 예후'인 경우가 많다.

★ 치료 및 처치 ★

뱀에게 먹이를 급여하고 최소 48시간 이내에 과도하게 핸들링하면 먹이를 토할 수 있다. 먹이를 토하는 두 번째 이유는 '너무 많은 먹이를 먹었을 때'이다. 소화시킬 수 없을 만큼 큰 먹이나 너무 많은 먹이를 먹었을 경우에 뱀은 삼켰던 먹이의 일부 혹은 전부를 토해낸다. 사육 하에서는 드문 일이지만 초보 사육자의 경우 지나치게 좋은 먹이 반응에 너무 많은 먹이를 급여하여 뱀을 토하게 만드는 경우가 간혹 있다.

이 두 가지 경우에 하는 구토는 지극히 정상적인 행동이며 오히려 뱀의 반응 상태가 정상적이고 개체가 건강하다는 증거가 되기도 한다. 다시 먹이를 먹이려면 좀 성가시기는 하지만 이런 경우 뱀이 먹이를 토했다고 해서 크게 걱정할 것은 아니다. 다만 위의 사례에 해당하지 않는데도 지속적인 구토를 한다고 하면 기생충 감염이나 소화기관 이상을 의심해 봐야 하며, 이는 수의사로부터 정확한 진단과 더불어 처치가 필요하다.

6 변비(Constipation)

뱀의 배변 빈도는 먹이 급여의 빈도와 급여하는 먹이의 종류 및 양에 따라 상당히 많은 차이를 보인다. 대부분 별다른 문제없이 배설을 잘 하는 편이지만 간혹 오랜 기간 배설을 하지 않는 경우가 있다. 변비는 육식성 거북이나 왕도마뱀 등 완벽한 육식을 하는 파충류 종에게서는 드물지 않게 발견되는 질병이지만, 다행스럽게도 뱀에게서는 상당히 보기 드문 증상 가운데 하나이다.

그러나 사육 중인 파충류는 만성적인 탈수와 운동 부족으로 대사과정이 방해받는 경우가 많기 때문에 아무래도 자연 상태에서보다 발현 빈도가 높다고 할 수 있다. 변비의 원인은 운동 부족과 탈수 이외에도 스트레스로 인한 대사불량, 알을 가지고 있을 때, 이물질 혹은 기생충으로 인한 장관 폐색 등 다양하여 한 가지로 특정 짓기 어렵다.

★ 치료 및 처치 ★

회복을 위해서는 먹이를 급여하는 빈도와 급여량을 줄여 운동량을 늘리거나 구충을 하는 방법이 있다. 또한 주기적으로 실시하는 온욕은 변비를 방지하거나 완화시키는 효과가 있다. 사육장 내에 설치하는 물그릇 하단에 히팅 패드를 설치하여 수온을 미지근하게 유지해 주는 방법으로 배변을 유도할 수도 있다.
이렇게 예방을 했음에도 불구하고 변비 증상이 있다면 총배설강 부분에 변이 걸려 있는 부분에 윤활액을 주입해서 직접 짜내는 응급처치도 실시할 수 있는데, 경험이 없다면 믿을 만한 수의사의 도움을 받는 것이 좋다.

 탈장/탈항(Prolapse)

뱀의 총배설강 부분에 붉은색의 돌출된 장을 매달고 있는 것이 관찰되면 탈장을 의심해 볼 수 있다. '탈장'은 배설강의 안쪽, 소장의 일부나 암컷의 경우 생식기의 일부가 총배설강으로부터 돌출되는 증상을 말한다. 간혹 배변을 하다가 혹은 번식기 때 생식기의 일부를 외부로 돌출하는 것을 보고 탈장을 의심하기도 하는데 이는 극히 정상적인 현상이므로 크게 걱정하지 않아도 괜찮다. 이럴 경우 돌출된 생식기는 곧바로 몸속으로 들어가 문제가 되진 않는다. 탈장의 원인은 정확하게 알려져 있지 않지만 스트레스 혹은 기생충이 원인이거나 선천적 · 후천적인 원인으로 인해 배설을 돕는 근육이 약해진 것이 원인인 것으로 추측되고 있다.
탈장은 사육자가 보기에는 심각한 증상처럼 보이지만, 초기 증상이라면 뱀에게는 생존을 위협할 정도로 심각한 질병은 아니며 뱀 역시 그리 고통스러워하지는 않는다. 하지만 그럼에도 불구하고 빠른 치료가 필요한 이유는 돌출된 부위가 비교적 작은 상태라면 특별한 치료를 하지 않아도 다시 들어가는 경우가 있지만, 심한 경우에는 탈장된 부위에 혈액 순환이 되지 않아 괴사하고 세균 감염이나 염증, 복막염으로 발전하여 조직이 죽고 살이 썩게 되어 폐사에 이르는 경우가 있기 때문이다. 그러므로 최대한 빠른 시간 내에 다시 체내로 들어가도록 조치를 취하는 것이 좋다.

★ 치료 및 처치 ★

뱀에게 탈장이 일어나면 우선 그 부분이 건조해지지 않도록 습도를 유지해 주는 것이 필요하다. 깨끗한 물을 분무하거나 사육장 내에 깨끗한 물이 채워진 큰 물그릇을 설치하여 주어야 한다. 탈장된 곳이 말라버리게 되면 외과적 처치로 그 부분을 제거해 주어야 하기 때문이다. 항생연고를 발라주는 것도 돌출 부분의 습기를 유지하는 데 어느 정도는 도움이 될 수 있다.

돌출된 부분은 최대한 신속하게 몸 안으로 밀어 넣도록 한다. 가벼운 증상이라면 뱀이 움직이면서 스스로 몸 안으로 들어가기도 하는데 필요할 경우 돌출된 부분을 부드럽게 마사지함으로써 회복을 유도하기도 한다. 그러나 이 과정에서 돌출된 부분을 강제로 밀어서 집어넣는 행동은 하지 않는 것이 좋다. 자칫 잘못하면 돌출된 부분에 상처가 나거나 감염되기 쉽기 때문이다.
탈장이 진행되고 시간이 지나면 그 부분이 붓기 시작하는데 심하게 부으면 다시 집어넣기가 어렵다. 이때 민간요법으로 설탕물에 온욕을 시킨다거나 미지근한 물에 설탕을 진하게 타서 꾸준히 발라주면 붓기가 빠진다. 사육장에 따라서는 사람용 치질연고를 사용하기도 한다.
이렇게 일단 응급처치로 돌출물이 체내로 들어갔다 하더라도 수의사에게 데려가 진찰을 받아보는 것이 좋다. 무슨 이유에서건 내부 장기가 밖으로 나오는 것이 정상적인 현상은 아니기 때문에 그 원인을 찾아 제거하여야 재발을 방지할 수 있기 때문이다. 그대로 방치할 경우 한번 일어난 탈장 증상은 재발되는 경우가 상당히 많으므로 증상이 빈번하다면 외과적 처치를 받아 확실하게 재발을 방지하는 것이 좋다. 동물병원에서는 탈장된 부위를 절개하여 빠져나와 있는 장기를 원래의 위치로 넣은 다음 탈장 구멍을 봉합하거나 다른 물질로 채워주는 처치를 하게 된다.

8 탈피부전

탈피부전 사례

뱀의 탈피 횟수는 '1년에 몇 회'처럼 정확하게 정해져 있는 것은 아니다. 질병에 의해서나 외피의 손상이 많을 경우처럼 성장에 관계없이 탈피가 일어나기도 하지만 대부분의 탈피는 성장에 의해서 일어나게 되므로 그에 따라 수시로 일어나는 것이 탈피이기 때문이다.
파충류의 탈피는 개체의 영양 상태와 나이, 개체의 성장률, 개체가 섭취하는 먹이 공급의 정도, 기온, 습도, 상처나 외부 기생충의 유무, 개체의 활동량 등의 요인에 따라 상당히 편차가 많다. 자연 상태의 유체의 경우 1년에 2 ~3회, 성체의 경우 1년에 1~2회의 탈피를 하게 되며 보통 1~2주에 걸쳐 진행된다. 사육하에서는 1년에 4~6번 허물을 벗는데, 이때 뱀은 불투명체(Opaque)가 된다.

탈피가 시작되면 먼저 거식이 시작된다. 먹이의 거부는 탈피기에 관찰되는 대표적인 증상으로, 평소에 먹성이 좋은 개체라도 탈피기간에는 먹이를 거부하는 경우가 대부분이다. 물론 킹스네이크와 같은 일부 먹성 좋은 뱀 중에는 탈피 중이더라도 먹이를 먹는 개체가 없는 것은 아니지만, 다시 토하는 경우 또한 많기 때문에 탈피기간에는 금식을 시키는 것이 좋다. 일반인들도 쉽게 탈피를 알아챌 수 있는 대표적인 변화로 체색의 변화를 들 수 있다. 눈이 뿌옇게 변하고 체색이 탁해지며 이때 뱀을 뒤집어 보면 배 비늘이 자라나온 게 육안으로도 확인된다. 이렇게 블루 현상이 시작되면 시력이 떨어지므로 자연스럽게 활동량도 줄어들며 자극이 있을 때 거부반응이나 공격성이 평소보다 증가한다. 탈피는 수분과 밀접한 관계가 있다. 원활한 탈피를 위해서는 충분한 수분이 공급되어야 한다. 뱀은 평소보다 물을 자주 마시며 사육장 내에서 수분이 많은 곳으로 이동하거나 물그릇에 몸을 담근다. 블루 현상 뒤 체색이 다시 선명해지고 다시 그로부터 며칠이 지나면 본격적인 탈피가 시작된다.

뱀은 먼저 거친 구조물에 주둥이를 문질러서 윗입술 부분부터 허물을 벗는다. 그리고 이미 벗겨진 부분을 몸통으로 누르면서 벗겨 나간다. 묵은 껍질이 어떤 물체에 걸리게 되면 탈피시간이 단축된다. 벗겨진 껍질은 마치 양말을 뒤집어 벗어놓은 것 같이 뒤집어진다. 건강한 뱀은 머리부터 꼬리 끝까지 허물이 찢어지지 않게 깨끗이 벗고 몇 분에서 몇 시간 안에 탈피행동을 완료한다. 영양실조나 기생충에 감염된 뱀은 깨끗하게 벗지 못하고 부분탈피를 하는데 때로는 묵은 껍질이 겹쳐져 딱딱하게 되는 경우도 있다. 묵은 껍질이 계속 남아 있으면 혈액 공급을 방해하여 그 부분을 괴사시키거나 감염을 유발할 수 있기 때문에 반드시 제거해 주어야 한다.

★ 치료 및 처치 ★

안약 탈피부전이라고 판단되면 파충류 몸 전체를 담글 수 있는 크기의 물그릇에 미지근한 물을 받은 다음 한동안 충분히 불린 후에 직접 손으로 벗겨 주도록 한다. 이때 주의할 것은 수조 안의 물이 일정한 온도를 유지해야 한다는 것이다. 수온은 너무 차갑거나 뜨겁지 않도록 조정하며(27~30도 정도) 온욕 중에 물의 온도가 일정하게 유지되도록 신경 쓰도록 한다. 수조 내 수온의 변화가 심하면 정상적으로 탈피를 마치더라도 체온이 떨어져 호흡기 질환이나 다른 질병이 생길 수도 있기 때문이다.

탈피한지 얼마 되지 않았다면 잠시 온욕을 시켜주는 것만으로도 낡은 허물이 물에 불어서 저절로 벗겨지기도 하지만, 탈피 시간이 오래 지날수록 긴 시간 온욕이 필요하다. 탈피부전 초기라면 10~15분 정도가 적당하지만 시간이 꽤 지났다면 불리는 시간을 좀 더 늘려주도록 한다. 온욕통의 물의 깊이는 뱀의 몸이 잠길 수 있으면 되고 GTP와 같은 수상성 뱀은 온욕 중에도 몸을 감고 있을 수 있도록 온욕통 내에 구조물을 설치해 스트레스를 줄여주는 것이 좋다.

이렇게 탈피를 시켜준 후에도 혹시라도 남은 부분이 없는지 세심하게 살펴야 하며 혹 몸에 미처 벗지 못한 낡은 허물이 있다면 다시 제거해 주어야 한다. 이때 젖은 수건을 이용하면 좀 더 쉽게 낡은 허물을 제거할 수 있다.

9 호흡기 감염 (RI; Respiratory Infection)

실제로 파충류를 사육하고 파충류 사육 동호회에 가입하여 활동을 하다 보면 심심치 않게 접하게 되는 용어가 이 'RI'이다. 다른 질병보다 발생 빈도도 높고, 그런 만큼 파충류 사육자들 사이에서 상당히 자주 이야기되는 질병이기 때문이다. 뱀을 포함한 모든 파충류에게 발생하는 호흡기질환은 사람의 감기와는 완전히 다른 의미를 가지고 있는 질병이라고 할 수 있다.

뱀은 횡경막이 없다. 때문에 의도적으로 기침을 해서 폐에 고인 분비물을 가래나 침의 형태로 몸 밖으로 내보낼 수가 없다. 즉 호흡기에 들어온 세균을 몸 밖으로 내보낼 수 없는 구조이기 때문에 일단 감염이 되어 치료가 늦으면 폐렴으로 진행되는 경우가 많다. 이러한 독특한 뱀의 폐 구조와 기능으로 인해 뱀의 호흡기 질환은 사람의 감기보다 훨씬 치명적이다.

사육 중에 보온되지 않은 사육장이나 지나치게 건조한 사육장, 차가운 외풍, 극심한 온도 변화, 겨울철 온욕통에 장시간 방치하는 행동 등은 호흡기 질환을 유발하는 주요 원인이 된다. 드물게 과습한 바닥재나 분진이 많이 발생하는 바닥재, 환기가 되지 않는 오염된 탁한 공기로 인해 발생하기도 한다. 특히 사막이나 열대 지방 원산의 뱀은 짧은 시간의 추위와 잠깐 동안의 급격한 온도 변화에도 호흡기 질환에 걸릴 수 있으므로 관리에 더욱 주의를 요한다.

거식 증상을 보이고 활동성이 둔화되는 기본적인 질병 증상과 더불어서 호흡기 질환만의 특징이 관찰된다. 호흡기 질환에 걸리면 당연히 평상시처럼 정상적으로 호흡하지 못하게 된다. 평소에는 들리지 않던 거친 호흡음이 생기고 입을 자주 열었다 닫았다 하는 행동, 입을 크게 벌려 호흡하거나 혹은 고개를 치켜들고 숨을 쉬는 등의 행동을 보인다. 그와 더불어 코와 입에 분비물이 생기는데, 콧물을 흘리고 증상이 진행됨에 따라 코와 눈, 입 주위에 끈적거리는 분비물이 형성된다. 분비물의 색이 맑은 색이 아니라 희거나 노르스름한 경우에는 폐렴의 증상일 수도 있다.

호흡기 질환의 경우 동물병원에서는 X-ray 검사로 확진하며 네뷸라이저와 항생제 처리로 증상을 완화시키게 된다. RI증상을 확인하고 일단 치료를 시작하면 한두 번의 치료로 완치되는 경우는 드물다. 때문에 예방이 최선이다.

★ 치료 및 처치 ★

사육자가 해야 할 일은 발병 개체 및 합사 중이던 개체를 격리 수용하고 치료 공간의 온도를 30℃ 정도로, 습도를 60% 이상으로 높게 유지하는 것이다. 이때 습도를 유지하는 것이 관건이다. 수생뱀이라면 사육수조의 수온은 평소보다 5℃ 정도 올려 준다. 집중적인 온욕이나 스팀욕도 치료에 많은 도움이 된다. 파충류용 비타민제를 급여하고 스트레스 요인을 제거하며 식욕이 있다면 평소 선호하던 먹이를 소량씩 자주 주어 체력을 키워주는 것도 필요하다.

호흡기 질환의 경우 단기간 내에 호전 증상이 보이지 않으면 만성화되어 폐렴으로 발전할 수 있으므로 반드시 수의사의 치료를 받아야 한다. 항생물질을 주사하는 것이 효과적이며 항생물질을 가습기에 넣어 호흡하게 하는 네블라이저 요법으로 치료할 수 있다.
호흡기 질환이 확인되면 제일 먼저 할 일은 질병 개체를 격리하고 기성품인 케이지 소독제품 또는 클로로헥시딘 등의 소독제를 이용하여 사육장을 완벽하게 소독하는 것이다. 그리고 치료 중인 뱀이라면 신진대사를 활성화시키고 면역력을 증진시키며 혹 사용해야 할 약품의 활성화를 돕기 위해 모든 방법을 동원하여 뱀의 체온을 올려야 한다. 이때 탈수에 유의해야 하는 것은 물론이다.

7 주요 종 소개

그린 아나콘다 (Green Anaconda)

반수생성

- 학 명 : *Eunectes murinus*
- 현 황 : CITES Ⅱ, 사육시설 등록대상종
- 원산지 : 남미 북부, 트리니다드섬, 아마존강 유역
- 크 기 : 평균 수컷 2.5~3.5m, 암컷 5m 내외, 최대 8m 이상
- 습 성 : 야행성
- 생 태 : 수영에 능한 수생종이다.
- 식 성 : 카피바라, 악어, 물고기 등
- 온·습도 : 수온 27~32°C, 핫존 35°C, 야간 24°C 습도 80~100%

현존하는 뱀 중 가장 덩치가 큰 뱀이며 파충류 전체를 통틀어서도 가장 덩치가 큰 축에 속한다. 수변 공간을 주 서식지로 하는 대표적인 물뱀으로 습지나 물속에서 움직임이 더 민첩하다. 체구에 비해 작은 머리를 가지고 있으며 눈과 콧구멍이 머리의 위쪽에 위치해 있다. 올리브 그린의 체색인 몸에 위쪽으로는 검은색의 둥근 무늬가, 측면으로는 테두리가 검정색인 노랗거나 붉은 반점 무늬가 관찰된다. 눈 앞뒤로는 검은색 테두리에 붉은색의 줄무늬가 있다. 이런 무늬는 그린 아나콘다 고유의 것으로 다른 종과 명확히 구분할 수 있도록 하는 동정 포인트가 된다. 성격은 사나운 편으로 취급에 주의를 요한다.

옐로우 아나콘다 (Yellow Anaconda)

반수생성

- 학 명 : *Eunectes notaeus*
- 현 황 : CITES Ⅱ, 사육시설 등록대상종
- 원산지 : 브라질, 파라과이, 우루과이, 아르헨티나 북부, 볼리비아 남동부
- 크 기 : 2.4~4.6m, 몸무게 30~40kg
- 습 성 : 야행성
- 생 태 : 수영에 능한 수생종이다.
- 식 성 : 어류, 파충류, 소형 포유류
- 온·습도 : 수온 27~32°C, 핫존 35°C, 야간 24°C 습도 80~100%

근연관계에 있는 그린 아나콘다보다 상대적으로 작게 성장하지만 뱀 전체 크기로 볼 때 절대 작은 크기는 아니다. 전체적인 체형은 그린 아나콘다와 흡사하나 체색은 완전히 상이한데, 갈색 혹은 노란색 바탕에 연속적인 갈색 혹은 검정색의 줄무늬가 몸 전체적으로 관찰된다. 다른 아나콘다보다 물가의 나무 위에서 시간을 보내는 빈도가 높은 종으로, 반 수생 환경을 조성해 줄 때 충분한 굵기의 구조물을 상부에 설치해주면 보다 입체적인 활동 모습을 관찰할 수 있다. 사나운 성격을 가진 종으로 취급에 주의를 요할 필요가 있다. 난태생 종으로 갓 태어난 새끼 역시 강한 공격성을 가지고 있다. 대형 종으로 식사량이 많고 물속에서 주로 배설을 하는 경우가 많아 수질 관리에 관심을 기울일 필요가 있다. 탈피로 인한 문제는 거의 일어나지 않는다.

레드 테일 보아 (Red-tailed Boa)

교목성 · 지상성

- 학 명 : *Boa constrictor*
- 현 황 : CITES Ⅱ, 사육시설 등록대상종
- 원산지 : 브라질, 콜롬비아, 프랑스령
- 크 기 : 최대 4m
- 습 성 : 야행성
- 생 태 : 나무 위에서 주로 서식하며 땅에도 가끔 내려온다.
- 식 성 : 원숭이, 조류, 소형 포유류
- 온·습도 : 주간 26~28°C, 핫존 32~35°C, 야간 24°C
  습도 70~80%

보아는 수많은 종류들이 있으나 보통 특별한 접두사 없이 Boa(뱀)라고 하면 일반적으로 본 종인 붉은꼬리 보아를 지칭한다. 붉은꼬리 보아 역시 10개의 아종이 알려져 있으나 보통 보아라고 할 때는 기아종인 Boa Constrictor constrictor를 가리킨다. 보아의 체색은 지역에 따라 크게 차이가 나고 무늬 또한 개체별로 차이가 많이 나며 개량 역시 폭넓게 이루어지고 있어 개체별로 무늬나 색의 편차가 너무나 상이하다. 그러나 큰 덩치와 근육질의 몸통, 주둥이 부분이 좁은 삼각형의 머리 그리고 몸통에 나타나는 통칭 '박쥐' 형태의 독특한 밴드 무늬, 특징적으로 꼬리 부분에서 관찰되는 붉은색을 통해 이 종을 동정할 수 있다. 나무 위에서 주로 서식하는 종으로 먹잇감을 놓치지 않기 위해 다른 뱀보다 이빨이 특별히 길게 발달되어 있다. 야생 개체나 어린 개체는 상당히 사나울 수 있으나 사육 하에서는 지속적인 접촉으로 어렵지 않게 순치가 가능한 종이다.

브라질리안 레인보우 보아 (Brazilian Rainbow Boa)

지상성

- 학 명 : *Epicrates cenchria*
- 현 황 : CITES Ⅱ
- 원산지 : 브라질
- 크 기 : 1.5~2m
- 습 성 : 야행성
- 생 태 : 습지대 땅 위에 서식하며 수영은 잘 하지 못한다.
- 식 성 : 소형 설치류, 조류
- 온·습도 : 주간 26~28°C, 핫존 32~35°C, 야간 25°C
  습도 70~80%

9~10개 정도의 아종이 알려져 있는 레인보우 보아 가운데서도 가장 대중적으로 잘 알려져 있는 종이다. 기본적인 무늬는 대동소이하나 체색은 서식지에 따라 상당한 차이를 보인다. 그러나 자연광이 비칠 때 나타나는 무지개빛의 아름대운 광채는 모든 아종에게서 공통적으로 나타난다. 머리는 몸통에 비해 작은 편이며 체색은 붉은색 혹은 주황색이다. 몸 위쪽으로 검정색 테두리를 가진 원형의 무늬가 몸 전체에서 관찰된다. 나무 위 보다는 지상생활을 선호하는 경향이 있다.

콜롬비안 레인보우 보아 (Colombian Rainbow Boa)

지상성

- 학 명 : *Epicrates maurus*
- 현 황 : CITES II
- 원산지 : 콜롬비아
- 크 기 : 1.5~2m
- 습 성 : 야행성
- 생 태 : 습지대 땅 위에 서식하며 수영은 잘 하지 못한다.
- 식 성 : 소형 설치류, 조류
- 온·습도 : 주간 30~32°C, 핫존 32~35°C, 야간 25°C
  습도 70~80%

레인보우 보아 가운데서도 가장 작은 종이다. 일반적으로 균일한 갈색을 띠고 브라질리안 레인보우 보아에 비해 수수한 외모로, 인기가 높은 종은 아니다. 사육법은 브라질리안과 거의 대동소이하며 어린 개체일수록 건조한 환경에 버티지 못한다. 일반적으로 레인보우 보아 아종 중 브라질리안과 콜롬비안 두 종이 애완용으로 사육되고 있다.

에메랄드 트리 보아 (Emerald Tree Boa)

교목성

- 학 명 : *Corallus caninus*
- 현 황 : CITES II
- 원산지 : 에콰도르, 가이아나, 콜롬비아, 수리남, 브라질, 베네수엘라, 페루, 볼리비아 등지
- 크 기 : 2m 내외
- 습 성 : 야행성
- 생 태 : 대부분 완전 나무 위 생활을 한다.
- 식 성 : 조류, 소형 포유류, 파충류
- 온·습도 : 주간 25~27°C, 핫존 32~35°C, 야간 22~24°C
  습도 60~80%

전체적인 체색과 나무 위에서 주로 취하는 특유의 휴식 자세로 인해 많은 사람들이 그린트리 파이톤과 헷갈리는 종이지만 머리 부분의 비늘과 열감지기관인 피트의 위치를 관찰하여 정확히 동정할 수 있다(두부 상면의 비늘이 그린트리 파이톤보다 더 크고 피트는 윗입술에 위치하고 있다). 머리가 상당히 크고 근육질이며 목 부분이 확실하게 구분된다. 어린 개체는 어두운 주황색이나 붉은색을 띠지만 생후 1년을 즈음하여 전체적으로 에메랄드빛이 도는 녹색으로 변하고, 등에는 하얀색의 가로줄무늬가 나타난다. 나이가 들수록 녹색의 체색은 더 진해지는 경향이 있다. 몸통의 옆쪽 등과 배의 경계면, 입술비늘은 노란색이고, 몸의 아래 부분은 흰색이다. 마치 독니처럼 보일 정도로 위턱의 앞니가 상당히 길게 발달되어 있는데 이는 주된 먹잇감이 되는 조류를 단번에 실수 없이 낚아채기 위한 진화의 결과이다.

아마존 트리 보아 (Amazon Tree Boa)

교목성

- 학　명 : *Corallus hortulanus*
- 현　황 : CITES Ⅱ
- 원산지 : 콜롬비아, 베네수엘라, 가이아나, 수리남, 브라질, 에콰도르, 페루, 볼리비아 등지
- 크　기 : 최대 1.7m 내외
- 습　성 : 야행성
- 생　태 : 대부분 완전 나무 위 생활을 한다.
- 식　성 : 조류, 소형 포유류, 파충류
- 온·습도 : 주간 26~28°C, 핫존 32~35°C, 야간 25°C 습도 60~80%

에메랄드 트리 보아와 함께 남미를 대표하는 나무 보아로 붉은색이나 갈색을 띠는 개체가 많으나 보아 가운데서도 체색의 변이가 다채로운 종이다. 주황색이나 노란색, 회색, 녹색, 빨간색 혹은 여러 가지 색깔이 조합된 개체 등도 나타난다. 에메랄드 트리 보아와 비교하면 상당히 가늘고 날렵한 체형을 가지고 있어 행동이 민첩하며 가는 몸통으로 인해 머리가 더 커 보인다. 매우 사나운 성격을 가지고 있는 종으로 사육장 안에서도 스스로를 자극하는 물체가 있으면 공격하여 입 부분에 상처를 입고 감염되는 경우가 많기 때문에 사육 전반에 있어 불필요하게 자극하지 않는 것이 좋다. 교목성 보아답게 긴 이빨을 가지고 있어 물리면 매우 고통스럽기에 취급에 주의를 요한다.

듀메릴스 보아 (Dumeril's Boa)

지상성

- 학　명 : *Acrantophis dumerili*
- 현　황 : CITES Ⅰ
- 원산지 : 마다가스카르 해안이나 서남쪽
- 크　기 : 평균 1.5m, 최대 2m
- 습　성 : 야행성
- 생　태 : 땅 위에서 생활한다.
- 식　성 : 소형 포유류
- 온·습도 : 주간 27~29°C, 핫존 32~35°C, 야간20~23°C 습도 30~40%

마다가스카르 남서쪽의 건조한 사막지대에서 주로 관찰된다. 마치 국화 문양과 같은 무늬가 몸 전체에서 관찰되는 것이 본 종의 가장 큰 특징이다. 어릴 때는 복숭아색이나 밝은 갈색이었다가 성장하면서 조금씩 무채색으로 변화되는 경향이 있다. 머리 위에는 앞・옆으로 두 개의 가는 줄무늬가 있으며, 눈 뒤쪽과 아래쪽으로 얼룩무늬가 나타난다. 배 부분은 연한 갈색에 갈색 혹은 황갈색의 복잡한 얼룩무늬가 있다. 서식지가 위협받고 있어 CITES Ⅰ으로 보호받고 있다. 어린 개체의 경우 나무 위를 오르내리는 경우도 많지만 성체는 주로 땅 위에서 생활한다.

바이퍼 보아 (Viper Boa)

지상성

- 학 명 : *Candoia aspera*
- 현 황 : CITES Ⅱ
- 원산지 : 인도네시아 동부, 파푸아뉴기니
- 크 기 : 1m 내외
- 습 성 : 야행성
- 생 태 : 땅 위에 낙엽이 많은 곳에서 생활한다.
- 식 성 : 소형 설치류
- 온·습도 : 주간 25~27°C, 핫존 30°C, 야간 22~24°C
  습도 60~70%

크기가 1m에 불과한 소형종 보아로 작은 크기와 짧고 뚱뚱한 체형으로 마치 살모사처럼 보인다고 해서 바이퍼 보아로 불린다. 땅 위에서 주로 생활하는 종으로 체색 역시 갈색 바탕에 더 진한 갈색의 연결된 가로 줄무늬를 가지고 있다. 머리는 전형적인 보아 형태이지만 좀 더 편평하고 날렵한 편이다. 머리 부분의 체색은 몸통보다 더 진한 경향이 있고 몸의 옆 부분은 몸의 위쪽보다 더 밝은 색을 띤다. 거친 질감의 비늘을 가지고 있으며 이름이나 생김새와는 달리 상당히 온순한 성격을 가지고 있다.

볼 파이톤 (Ball Python)

지상성

- 학 명 : *Python regius*
- 현 황 : CITES Ⅱ
- 원산지 : 서아프리카에서 중앙아프리카에 이르는 넓은 지역의 저지대 초원이나 숲
- 크 기 : 평균 1m, 최대 1.8m까지 성장
- 습 성 : 야행성
- 생 태 : 땅 위에서 생활한다.
- 식 성 : 소형 포유류나 설치류
- 온·습도 : 주간 27~29°C, 핫존 32~35°C, 야간 25°C 내외
  습도 40~50%

위협을 받았을 때 머리를 가운데 두고 몸을 동그랗게 말아 취약한 머리를 보호하는 습성으로 인해 보통 Ball Python이라는 이름으로 더 잘 알려져 있다. 아프리카에서 서식하는 비단 구렁이 가운데 가장 체구가 작은 종으로 작은 체구와 온순한 성격, 튼튼한 체질로 세계에서 가장 많이 길러지고 있는 애완뱀이다. 굵고 짧은 몸통에 비해 상대적으로 작은 머리와 짧은 꼬리를 가지고 있다. 원종은 전체적으로 검정색이나 짙은 갈색 바탕에 밝은 갈색이나 금색의 줄무늬 또는 원형의 무늬가 몸 전체에 배열되어 있다. 몸통의 중간에는 목 부분부터 꼬리까지 불규칙한 타원형의 무늬가 이어져 배열되어 있으며, 그 양 옆으로 더 큰 얼룩무늬가 나타난다. 그러나 워낙 많은 품종이 개량되어 있기 때문에 무늬와 체색으로 본 종을 동정하기는 어렵다. 스트레스에 강하지만 상당히 온순하고 겁이 많으며, 예민하지만 잘 기르면 30년 이상 장수하는 종이다.

버미즈 파이톤 (Burmese Python)

지상성

- 학 명 : *Python bivittatus*
- 현 황 : CITES Ⅱ, 사육시설 등록대상종
- 원산지 : 동남아시아 일대
- 크 기 : 평균 6m 내외(암컷)
- 습 성 : 야행성
- 생 태 : 땅 위나 나무 위, 물 속 등 다양한 곳에서 생활한다.
- 식 성 : 설치류, 포유류, 조류, 파충류
- 온·습도 : 주간 27~30°C, 핫존 32~35°C, 야간 22~23°C
  습도 70~80%

근육질의 크고 굵은 몸통에 큰 머리를 가지고 있다. 전체적으로 짙은 갈색 바탕에 밝은 갈색의 그물 무늬가 몸 전체에 나타난다. 머리는 위에서 볼 때 옆쪽으로 몸통과 같은 밝은 갈색의 무늬가 나타나기 때문에 마치 화살표와 같은 모양의 짙은 갈색 무늬가 관찰된다. 볼 파이톤만큼은 아니지만 원종 이외에 알비노, 하이포, 그린, 알비노 그린, 지그재그, 그래닛 등의 다양한 품종이 개량되고 있다. 애완용으로 흔하게 길러지고 있는 종이기는 하지만 자연 상태에서는 가죽을 상업적으로 이용하기 위해 남획되고 있어 개체 수가 점차 줄어들고 있다. 원서식지에서는 건조한 지역보다는 물이 가까운 지역에서 자주 관찰되므로 사육 하에서도 지나치게 건조한 환경에 방치하는 것은 좋지 않다. 성격은 평균적으로 온순한 편이라고 평가받고 있지만 기본적으로 다른 뱀보다 크기가 월등하게 크고 강한 힘을 가지고 있기 때문에 취급에 주의하는 것이 좋다.

리티큘레이티드 파이톤 (Reticulated Python)

지상성·교목성

- 학 명 : *Malayopython reticulatus*
- 현 황 : CITES Ⅱ, 사육시설 등록대상종
- 원산지 : 동남아시아 일대
- 크 기 : 4~7m, 암컷 최대 9m 이상
- 습 성 : 야행성
- 생 태 : 땅 위나 나무 위, 물 속 등 다양한 곳에서 생활한다.
- 식 성 : 설치류, 포유류, 조류, 파충류
- 온·습도 : 주간 27~30°C, 핫존 32~35°C, 야간 22~23°C
  습도 70~80%

몸 전체에 퍼져 있는 불규칙한 다이아몬드 무늬로 인해 그물무늬 비단구렁이로 불리며 뱀 가운데 몸길이가 가장 긴 종이다. 그러나 나무 위에서 서식하는 종으로 날씬한 체형을 가지고 있기 때문에 같은 길이의 아나콘다나 미얀마 비단구렁이에 비하면 몸무게는 상대적으로 훨씬 가볍다. CB(인공 번식) 개체는 순치되기도 하지만 성격은 상대적으로 사나운 편으로, 자연 상태에서는 사람도 포식한 사례가 보고되고 있다. 습도가 높은 열대 우림에서 서식하면 나무 위에서 주로 서식하지만 물을 좋아하고 수영에도 능하다.

아프리칸 락 파이톤 (African Rock Python)

지상성

- 학 명 : *Python sebae*
- 현 황 : CITES II
- 원산지 : 사하라사막 이남의 아프리카 중부 및 남부(기니, 가나, 브르키나파소, 가봉, 콩고)
- 크 기 : 평균 4~5m, 최대 6m에 100kg 내외
- 습 성 : 야행성
- 생 태 : 땅 속이나 땅 위에서 생활한다.
- 식 성 : 설치류, 포유류, 조류, 파충류
- 온·습도 : 주간 26~28°C, 핫존 32~35°C, 야간 23~25°C 습도 50~60%

아프리카 바위 비단구렁이라고 불리며 두 개의 아종이 있다. 아프리카에서 가장 큰 뱀으로 생김새와 크기는 버미즈 파이톤과 상당히 유사하지만 몸에 있는 그물무늬가 버미즈 파이톤보다 좀 더 복잡하고 체색이 좀 더 밝은 것으로 구분이 가능하다. 버미즈 파이톤만큼 덩치가 크지만 훨씬 빠른 움직임을 가지고 있는데다가 성격이 사납고 공격적인 것으로 유명한 종으로, 오래 기르더라도 순치가 거의 불가능하기 때문에 다룰 때 극히 주의를 기울일 필요가 있다. 모성애가 강한 종으로 특히 산란하여 알을 지키고 있을 경우에는 더 조심하는 것이 좋다. 식욕이 왕성한 종으로 특별히 거식 등의 문제는 거의 발생하지 않는다.

카펫 파이톤 (carpet Python)

교목성 · 지상성

- 학 명 : *Morelia spp.*
- 현 황 : CITES II
- 원산지 : 호주, 뉴기니(인도네시아 및 파푸아뉴기니), 비스마르크 군도, 북부 솔로몬 군도
- 크 기 : 2~4m, 코스탈 카펫이 가장 크다.
- 습 성 : 야행성
- 생 태 : 땅 위나 나무 위에서 생활한다.
- 식 성 : 조류, 소형 포유류, 도마뱀 등
- 온·습도 : 주간 28~30°C, 핫존 32~35°C, 야간 22~24°C 습도 60~70%

카펫 파이톤 혹은 융단비단뱀이라는 이름으로 불리는 중형의 비단뱀이다. 머리가 크고 근육질의 날씬한 체형을 가지고 있다. 눈 뒷부분의 근육이 크게 발달되어 마치 독을 가진 것처럼 머리가 삼각형으로 보이지만 독은 가지고 있지 않다. 체색은 검정색을 바탕으로 갈색 혹은 노란색의 불규칙한 무늬가 산재해 있다. 서식지역에 따라 체색은 조금씩 상이하지만 다이아몬드카펫을 제외하고는 무늬는 대동소이하다. 정글, 다이아몬드, 이라안자야 등 다양한 자연에서 존재하는 6개의 아종 이외에도 최근 여러 브리더들에 의해 인위적으로 활발하게 개량이 진행되고 있는 종이다. 그린트리 파이톤과의 교잡도 이루어지고 있다.

그린트리 파이톤 (Green Tree Python)

교목성

- 학　명 : *Morelia viridis*
- 현　황 : CITES Ⅱ
- 원산지 : 인도네시아, 파푸아뉴기니
- 크　기 : 수컷 1.5m 내외, 암컷 2m 이내
- 습　성 : 야행성
- 생　태 : 거의 나무 위 생활을 한다.
- 식　성 : 조류, 소형 포유류, 도마뱀 등
- 온·습도 : 주간 28~30°C, 핫존 32~35°C, 야간 22~24°C
  습도 70~90%

머리가 크고 그에 비해 목은 가늘며 전체적으로 다른 뱀에 비해 가는 체형을 가지고 있다. 어렸을 때는 노란색이나 붉은색을 띠고 있다가 아종마다 약간의 시기적인 차이는 있지만 생후 6개월 정도부터 서서히 성체의 색으로 변화가 일어난다. 아종마다 체색과 크기, 성격, 체형, 꼬리 색깔에서 차이가 있다. 낮에는 독특한 자세로 나무에 똬리를 틀고 있다가 해가 지면 활동을 시작한다. 이런 생태적 특성으로 인해 열원에서 서로 높이가 다르게, 편안히 자세를 잡을 수 있는 굵기의 가로목을 충분히 설치해 주는 것이 필수적이다. 배가 고프면 꼬리를 늘어뜨려 꼼지락거리며 움직이면서 먹잇감을 유인하는 방식으로 사냥한다. 사육 중에서도 이런 행동을 보이면 먹이 급여 시기라고 판단할 수 있다. 그러나 움직임이 적어 다른 뱀보다 상대적으로 대사가 느린 편이므로 지나치게 과식을 시키는 것은 좋지 않고, 먹이 급여 후 온도 관리에 신경을 써 주는 것이 좋다. 성격이 대체로 사나운 편으로 다룰 때는 가급적 도구를 이용하는 것이 안전하다.

블러드 파이톤 (Blood Python)

지상성

- 학 명 : *Python curtus*
- 현 황 : CITES II
- 원산지 : 태국, 말레이시아, 수마트라, 인도네시아
- 크 기 : 1.5~1.8m, 최대 2.5m
- 습 성 : 야행성
- 생 태 : 강가나 습지의 땅 위에서 생활한다.
- 식 성 : 설치류, 소형 포유류
- 온·습도 : 주간 28~30°C, 핫존 32~35°C, 야간 22~24°C / 습도 80~90%

어릴 때는 조금 더 긴 볼 파이톤의 체형이지만 완전히 성장하면 엄청난 굵기와 그에 대비되는 짧은 몸통을 가진 독특한 인상을 준다. 모든 뱀 가운데서 몸길이 대비 가장 굵은 몸통을 가진 종이다. 그런 만큼 장거리를 이동하거나 활발히 움직이는 종은 아니다. 체색은 이름의 유래가 된 붉은 바탕을 기본으로 갈색과 흰색, 검정색이 어우러진 마블무늬를 가지고 있다. 원서식지에서는 늪이나 습지, 강이나 개울 근처처럼 어느 정도 습도가 보장되는 지역에서 서식하는 종이다. 그만큼 다른 뱀에 비해 호흡기 감염에 상당히 취약한 종으로 사육장의 습도 유지에 관심을 기울일 필요가 있다. 성격은 대체로 사납고 순치가 어렵다. 체형으로 인한 선입관 때문인지 먹이를 과잉 급여하는 경우가 많은데 쉽게 비만이 되고, 그로 인한 돌연사도 잦은 종이므로 먹이 급여는 계획적으로 하는 것이 좋다.

볼린스 파이톤 (Boelen's Python)

교목성·지상성

- 학 명 : *Morelia boeleni*
- 현 황 : CITES II
- 원산지 : 뉴기니 산악지대
- 크 기 : 2.5~3m, 최대 4m 이상
- 습 성 : 야행성
- 생 태 : 땅 위나 나무 위에서 생활한다.
- 식 성 : 포유류, 조류
- 온·습도 : 주간 28~30°C, 핫존 32~35°C, 야간 22~24°C / 습도 60~70%

머리의 크기는 몸통에 비해 상당히 크며 입 주위에는 검정색의 줄무늬가 세로로 나 있다. 체색은 어릴 때는 전체적으로 적갈색을 바탕으로 검정 테두리를 가진 흰색 혹은 갈색의 줄무늬가 꼬리까지 가로로 배열되어 있다. 자연광을 받으면 무지개색의 신비로운 광채가 나타난다. 어릴 때의 적갈색의 체색은 생후 2년 이후 몸길이가 1m에 이르기 시작하면 점차 검정색으로 변한다. 배 부분은 옅은 노란색이 일반적이다. Ameythistine Python이 유전적으로 가장 가깝다고 알려져 있으나 아직 생태가 정확히 알려져 있지 않다. 다른 종에 비해 성장이 상당히 느리다고 알려져 있는데 수컷은 3년, 암컷은 5년이 지나야 성적으로 성숙한다. 다른 종보다 낮은 온도와 너무 강하지 않은 빛을 선호하는 경향이 있다. 열대우림의 바닥에서 주로 활동한다고 알려져 있으나 나무를 타는 것도 능숙한 종으로 사육장을 입체적으로 조성해 주는 것이 좋다.

블랙 헤디드 파이톤 (Black Headed Python)

지상성

- 학 명 : *Aspidites melanocephalus*
- 현 황 : CITES Ⅱ
- 원산지 : 호주 북부
- 크 기 : 1.5~2m, 최대 3.5m까지 성장
- 습 성 : 야행성
- 생 태 : 굴 속이나 땅 위에서 생활한다.
- 식 성 : 포유류, 도마뱀 등의 파충류
- 온·습도 : 주간 28~30°C, 핫존 35~40°C, 야간 22~24°C / 습도 50%

소형뱀 가운데에는 머리 부분만 몸통보다 확연히 짙은 색인 뱀이 있기는 하지만, 대형종 보아나 파이톤 가운데 머리 부분만 검정색을 띠고 있는 종은 본 종밖에 없기 때문에 다른 종과 확연하게 구분이 가능하다. 이처럼 머리 부분만 검정색을 띠는 것은 머리 부분만 은신처에서 내놓아 서둘러 두뇌를 활성화하도록 하기 위한 진화로 보인다. 체색은 같은 *Aspidites* 속인 Woma Python처럼 갈색의 가로 줄무늬가 몸 전체에 나타나고 생태 역시 대동소이하다. 더운 지역에 서식하는 특성상 포식한 먹이를 더 빨리 소화시키기 때문에 먹이 반응이 활발하다. 독에 대한 내성을 가지고 있기 때문에 원산지에서는 독사도 먹이로 삼는다. 사육 하에서는 이를 고려하여 계획성 있게 먹이 공급을 조절할 필요가 있다.

워마 파이톤 (Woma Python)

지상성

- 학 명 : *Aspidites ramsayi*
- 현 황 : CITES II
- 원산지 : 호주 중부, 남서부
- 크 기 : 평균 1.5m, 최대 2.5m
- 습 성 : 야행성
- 생 태 : 굴 속이나 땅 위에서 생활한다.
- 식 성 : 조류, 소형 포유류, 도마뱀 등
- 온·습도 : 주간 28~30°C, 핫존 35~40°C, 야간 22~24°C / 습도 50%

밝은 황색 혹은 아이보리 색의 체색을 바탕으로 몸 전체에 독특한 갈색의 가로 줄무늬가 나타난다. 작은 삼각형의 머리는 노란색 혹은 옅은 주황색을 띠고 있고 코 끝과 양 눈 위쪽에는 검정색의 무늬가 있다. 배 부분은 크림색 혹은 밝은 노란색에 갈색의 점무늬가 나타난다. 홍채의 색이 짙어 눈동자가 잘 보이지 않기 때문에 검은 구슬을 박아 놓은 것처럼 보인다. 포식행동이 상당히 원시적인 형태를 보이는 종으로 독을 사용하거나 먹이를 능숙하게 감아서 제압하는 것이 아니라 먹이를 물고 벽이나 바닥 면에 눌러서 제압하는 방식으로 사냥을 한다. 이런 이유로 살아 있는 먹이를 그대로 급여하게 되면 반격을 받아 상처를 입는 경우가 많기 때문에 반드시 완전히 제압하여 급여하는 것이 안전하다. 그러나 보통 식탐은 강한 편으로 충분한 먹이 공급이 뒷받침된다면 상당히 급속도로 성장하는 종이다. 평소에는 온화한 성격이지만 배가 고플 경우 공격성이 급격히 증가한다는 사실을 염두에 두고 굶주리지 않도록 관리할 필요가 있다. 머리를 삽처럼 이용하여 은신처를 파거나 넓히는 행동을 하므로 은신처를 제공해 주고 바닥재를 넉넉히 제공해 본능에 따른 행동을 할 수 있도록 해 주는 것이 좋다. 건조지대에 서식하는 종으로 습도에 대한 특별한 요구사항은 없다.

화이트 립드 파이톤 (White lipped python)

지상성

- 학 명 : *Bothrochilus albertisii*
- 현 황 : CITES II
- 원산지 : 파푸아뉴기니, 인도네시아의 이리안자야
- 크 기 : 1.8~2.4m, 최대 3.5m
- 습 성 : 야행성
- 생 태 : 땅 위나 나무 위에서 생활한다.
- 식 성 : 조류, 소형 포유류, 도마뱀 등
- 온·습도 : 주간 27~30°C, 핫존 32~35°C, 야간 22~25°C / 습도 70%

전체적으로 길고 날렵한 체형이며, 몸에 비해 상당히 큰 머리를 가지고 있다. 별다른 무늬가 없는 짙은 갈색의 체색에 머리 부분의 색은 몸통보다 더 짙은 색이고, 입술비늘은 검은색과 흰색이 섞여 있어 마치 피아노건반처럼 보인다. 이런 독특한 체색으로 인해 다른 종과 어렵지 않게 구분이 가능하다. 가끔씩 먹이를 먹은 후 털이나 깃털을 뭉쳐 덩어리 형태로 다시 토하는 행동을 하기도 한다. 보통 이럴 경우 다른 종은 질병증상인 경우가 많으나 본 종은 건강상의 이상과는 상관없이 그러한 행동을 하므로 너무 걱정하지 않아도 좋다. 성격은 보통 사나운 편으로 다룰 때 도구를 이용하는 것이 안전하다.

에메티스틴 파이톤 (Amethystine Python)

교목성

- 학 명 : *Morelia amethistina*
- 현 황 : CITES Ⅱ
- 원산지 : 호주, 파푸아뉴기니, 인도네시아
- 크 기 : 평균 5~6m, 최대 8.5m 이상까지 성장한다.
- 습 성 : 야행성
- 생 태 : 거의 나무 위에서 생활한다.
- 식 성 : 조류, 소형 포유류, 도마뱀 등
- 온·습도 : 주간 28~30°C, 핫존 35~40°C, 야간 22~24°C / 습도 60~70%

국내에서는 스크럽 파이톤(Scrub Python)으로 많이 알려져 있다(스크럽은 오스트레일리아의 가시덤불 지대를 의미하는 용어로 본 종의 서식지를 나타낸다). 호주와 파푸아뉴기니에 서식하는 뱀 가운데 가장 덩치가 큰 종이다. 갈색의 바탕에 더 진한 갈색이나 검정색의 가로 줄무늬로, 특별한 특징은 없으나 자수정(Amethystine) 비단뱀이라는 이름처럼 자연광을 받았을 때 아름다운 반사광이 나타난다. 먹이 반응이 왕성하기 때문에 먹이를 과다하게 급여하는 경우가 많으나 상당히 날씬한 체형을 가진 종이라는 사실을 인식하고, 먹이 급여를 계획적으로 조절해 줄 필요가 있다. 본 종은 다른 파이톤과 비교했을 때 상당히 얇은 체형을 가지고 있다. 이런 체형 때문에 아나콘다나 버미즈 파이톤처럼 중·대형급의 동물들을 사냥하기는 어렵다. 핸들링이나 순치가 가능한 개체도 보고되고 있으나 보통은 덩치가 크고 사나운 성격을 가지고 있는 종으로 취급에 주의를 요한다.

올리브 파이톤 (olive Python)

지상성

- 학 명 : *Liasis olivaceus*
- 현 황 : CITES Ⅱ
- 원산지 : 호주
- 크 기 : 평균 2.5m, 최대 5m 내외
- 습 성 : 야행성
- 생 태 : 주로 땅 위에서 생활한다.
- 식 성 : 조류, 소형 포유류, 도마뱀 등
- 온·습도 : 주간 28~30°C, 핫존 35~40°C, 야간 22~24°C
  습도 40~60%

호주 토착종으로 2개의 아종이 알려져 있으며 호주에서 두 번째로 큰 뱀이다. 전체적으로 올리브 그린이나 진한 갈색의 체색이며 배 부분은 흰색이나 크림색으로 몸 전체에 별다른 무늬가 없다. 이런 체색이 맹독성으로 사람들에게 위협적인 Brown Snake와 비슷하기 때문에 오해를 받아 죽음을 많이 당한다. 그러나 독은 가지고 있지 않다. 서식지에서는 수원지가 멀지 않은 암석지대나 절벽 및 협곡에 주로 서식하기 때문에 경사지를 이동하는 데 능숙하다. 일반적으로 먹이 반응이 폭발적이기 때문에 먹이 급여를 위해 사육장 문을 열 때 주의를 기울이는 것이 좋다.

엘리펀트 트렁크 스네이크 (Elephant trunk snake)

수생성

- 학　명 : *Acrochordus javanicus*
- 원산지 : 동남아시아, 인도네시아, 호주, 뉴기니 섬
- 크　기 : 최대 2m 내외
- 습　성 : 야행성
- 생　태 : 완벽히 물 속에서 생활한다.
- 식　성 : 어류, 양서류
- 온·습도 : 수온 25~27°C

몸통은 상당히 굵은데 굵은 몸통에 비해 상대적으로 작고 납작한 머리를 가지고 있으며, 얼굴 앞부분은 거의 편평하고 콧구멍은 주둥이 상단에 위치하고 있다. 어릴 때는 얼룩덜룩한 마블 무늬가 몸 전체에서 관찰되지만 성장하면서 전체적으로 무늬가 사라지고 갈색으로 체색이 변화하는 경향이 있다. 주름지고 느슨해 잘 늘어나는 신축성 있는 피부와 거친 사포와 같은 느낌의 비늘이 몸 전체를 덮고 있다. 이 느슨한 피부와 거친 비늘은 주된 먹이가 되는 물고기를 확실하게 제압하기 위한 것이다. 활동량은 상당히 적은 편이며 움직임 역시 아주 느리고 매우 온순하다. 완전수생 생활에 적응한 종으로 지상에서는 스스로의 몸무게를 지탱할 수 없기 때문에 물 밖에 오래 방치하는 것은 상당히 위험할 수 있다.

콘 스네이크 (corn snake)

지상성

- 학　명 : *Pantherophis guttatus*
- 원산지 : 북미 전역
- 크　기 : 1.2~1.5m 내외
- 습　성 : 주행성
- 생　태 : 땅 위에서 생활한다.
- 식　성 : 설치류
- 온·습도 : 주간 28~30°C, 핫존 32°C, 야간 22~24°C
  습도 40~60%

콘 스네이크는 애완 뱀 중 가장 대중적인 종이며 가장 인기를 누리는 종이기도 하다. 성격이 온순해 다루기 쉽고 튼튼한 체질로 사육이 용이하다. 또 먹이반응이 좋고 번식이 쉬우며 지나치게 크게 자라지도 않아서 이상적인 애완 뱀으로 여겨지고 있다. 품종 개량도 많이 이뤄져 다양한 컬러나 패턴이 존재한다. '옥수수뱀'이라는 이름의 유래는 두 가지가 있다. 먹이인 쥐를 잡아먹기 위해 옥수수 창고에서 자주 발견되어 뱀에 대한 지식이 부족한 시절엔 뱀이 옥수수를 먹으러 왔다고 생각하여 붙여졌다는 설과 몸의 패턴이 옥수수 알에서 보이는 체크무늬와 비슷하다는 이유에서 옥수수뱀이라고 명명되었다는 설이 있다.

타이거 렛 스네이크 (Tiger Rat Snake)

교목성

- 학 명 : *Spilotes pullatus*
- 원산지 : 중미, 남미, 트리니다드 토바고섬
- 크 기 : 평균 1.7~2.5m, 최대 3m 이상
- 습 성 : 주행성
- 생 태 : 땅 위나 나무 위에서 생활한다.
- 식 성 : 포유류, 조류, 도마뱀 등의 파충류
- 온·습도 : 주간 26~29°C, 핫존 35°C, 야간 22~24°C / 습도 50~70%

스페인어로 송곳니라는 이름의 'Caninana'라고도 불린다. 검정색 바탕에 노란색의 줄무늬 혹은 밴드 무늬를 가지고 있다. 노란색과 검정색은 배색으로 실제로는 상당히 화려하게 보인다. 체형은 비교적 날씬하고 옆으로 두상은 짧고 좁은데다가 커다란 눈을 가지고 있다. 공격적인 종은 아니지만 위협을 받으면 머리를 세우고 목을 세로로 부풀리며 히싱(Hissing)을 하거나 꼬리를 떠는 행동을 한다. 순간적인 동작이 신속하고 속도가 상당히 빠른 종이기 때문에 탈출하는 일이 없도록 주의할 필요가 있다. 원서식지는 수원지에 멀지 않은 저지대 숲에서부터 반 건조 지역 및 시원하고 높은 고지대까지 다양한 서식지에 널리 적응하여 서식한다. 사육장 역시 세로로 높은 것이 좋으며 내부를 입체적인 형태로 레이아웃 해 주는 것이 좋다. 포유류나 다른 먹이도 먹지만 먹잇감 가운데서는 조류의 비중이 높다고 알려져 있다. 고온다습한 기후를 선호하므로 사육장 전체의 분무와 환기에 신경 쓸 필요가 있으며 커다란 물그릇을 설치해 주면 몸을 담그고 있는 모습도 자주 관찰할 수 있다.

뷰티 렛 스네이크 (Beauty Rat Snake)

지상성

- 학 명 : *Elaphe taeniura*
- 원산지 : 중국 서부 및 동북부 비역을 제외한 남동부 및 동남부 아시아의 대부분의 지역(중국, 태국, 말레이시아, 베트남, 대만, 캄보디아, 미얀마, 일본, 라오스, 북한)
- 크 기 : 1.5~2.5m 내외
- 습 성 : 주행성
- 생 태 : 땅 위나 나무 위에서 생활한다.
- 식 성 : 포유류, 조류
- 온·습도 : 주간 26~29°C, 핫존 32°C, 야간 22~24°C / 습도 50~70%

북한에 Chinese Beauty Rat Snake가 서식하는 것으로 알려져 있으며 '줄 꼬리뱀'이라는 이름으로 불린다. 상당히 광범위한 지역에 여러 아종이 서식하고 있다. 중국이나 동남아에서는 식용으로 이용되기도 한다. 전체적인 체색은 황색 혹은 황갈색을 기본으로 검정색 혹은 진갈색의 점, 줄무늬 혹은 밴드무늬가 나타난다. 어린 개체의 경우 성체보다 밝은 체색을 띠지만 성장하면서 점차 체색은 진해진다. 체색이나 패턴은 각각의 아종이 상이하지만 전 종이 눈 앞부분에서 뒤쪽으로 검정색의 줄무늬를 가지고 있다는 특징이 있다. 활동적이고 먹이반응 역시 활발하다. 대형으로 성장하고 간혹 예민하고 신경질적인 성향을 보이는 경우가 많다고 알려져 있다. 난생으로 알을 서리고 보호하는 습성이 있으며 사육 하에서의 번식 역시 그다지 어렵지 않다.

만다린 렛 스네이크 (Mandarin Rat Snake)

지상성

- 학 명 : *Euprepiophis mandarinus*
- 원산지 : 인도, 타이완, 베트남 북부, 라오스, 베트남, 중국 남부 및 중부
- 크 기 : 평균 1m, 최대 1.7m 내외
- 습 성 : 주행성
- 생 태 : 습기가 많은 땅 위에서 생활한다.
- 식 성 : 소형 설치류
- 온·습도 : 주간 22~26°C, 야간 16~18°C / 습도 50~70%

전체적으로 연한 회색을 띠는 각각의 비늘에 자주색의 점무늬가 있다. 이 체색을 바탕으로 18~40개 정도 되는 검정 테두리의 노란 다이아몬드 무늬가 목부터 꼬리까지 배열되어 있다. 머리에도 동일한 무늬가 보이는데 주둥이 부분에는 검정색, 그 뒤쪽으로는 노란색의 가로 줄무늬가, 눈 뒤쪽과 목 부분에 노란색의 V자형 무늬가 나타난다. 원서식지는 고도 3,000m에서 관찰되며 이처럼 낮은 온도를 선호하는 종으로 높은 사육 난이도 때문에 제대로 잘 성장시키기 어려운 종으로 알려져 있다. 그러나 2017년 중국과학원에서 최초로 번식이 성공한 이래 최근에는 인공 번식된 개체도 유통되고 있다.

레드테일 레이서 (Red- tailed Racer)

교목성

- 학 명 : *Gonyosoma oxycephalum*
- 원산지 : 동남아시아
- 크 기 : 최대 2.5m 이내
- 습 성 : 주행성
- 생 태 : 주로 나무 위에서 생활한다.
- 식 성 : 포유류, 도마뱀 등의 파충류, 조류
- 온·습도 : 주간 26~29°C, 핫존 32~35°C, 야간 22~24°C
  습도 50~70%

전체적으로 녹색의 몸에 꼬리 부분은 붉은색이나 적갈색을 띠고 있다. 각각의 비늘에는 검정색의 규칙적인 점무늬가 있으며 용골이 없이 매우 매끄럽다. 배 부분의 비늘이 넓어 나무를 오르는 데 유리하다. 진한 초록색의 머리는 몸통보다 크고 길쭉하며 눈을 가로지르는 어두운 색의 줄무늬가 있다. 혀의 색깔이 독특한데 전체적으로 검은색이지만 측면에 갈색과 파란색 줄무늬가 관찰된다. 위협을 받으면 목 부분을 세로로 부풀리는 경계 행동을 한다. 상당히 큰 덩치에도 불구하고 나무를 타는 데 아주 능숙하다. 사육장은 이를 고려하여 충분히 입체적으로 조성해 주어야 할 필요가 있다. 원서식지에서 킹코브라의 주된 먹잇감이 되고 있다.

옐로우 렛 스네이크 (Yellow Rat Snake)

지상성

- 학 명 : *Elaphe obsoleta quadrivittata*
- 원산지 : 노스 캐롤라이나 연안에서 조지아 남동부 및 플로리다 반도 대부분의 지역
- 크 기 : 1.5~1.8m, 최대 2m 이상까지도 성장한다.
- 습 성 : 주행성
- 생 태 : 땅 위나 나무 위에서 생활한다.
- 식 성 : 포유류, 도마뱀 등의 파충류, 조류
- 온·습도 : 주간 26~29°C, 핫존 32~35°C, 야간 22~24°C 습도 50~70%

이름처럼 밝은 노란색을 바탕으로 조금 더 진한 갈색의 줄무늬가 4개 나타나고 배는 옅은 노란색이나 크림색이다. 혀는 검고 눈동자 역시 노란색이다. 어린 개체와 성체의 체색과 무늬 차이가 상당히 확연하게 나는 종이다. 새끼 때는 회색 얼룩이 있는 밝은 회색 바탕에 짙은 체크무늬의 반점이 있지만 성장하면서 반점의 색은 바래지고 검은 줄무늬가 생긴다. 일반적으로 렛 스네이크들은 비교적 온순한 편인데 비해 본 종은 신경질적이고 예민한 경향이 있으며 사나운 개체의 경우 성장하면서도 순치되는 경우가 드물다고 알려져 있다.

루시스틱 텍사스 렛 스네이크 (Leucistic Texas Rat Snake)

지상성

- 학 명 : *Elaphe obsoleta lindheimeri*
- 원산지 : 미국 텍사스, 루이지애나, 알칸소, 오클라호마
- 크 기 : 최대 1.8m 내외
- 습 성 : 주행성
- 생 태 : 땅 위나 나무 위에서 생활한다.
- 식 성 : 포유류, 도마뱀 등의 파충류, 조류
- 온·습도 : 주간 26~29°C, 핫존 32~35°C, 야간 22~24°C 습도 50~70%

원종보다는 온몸이 하얀 루시스틱(Leucistic) 모프가 애완용으로는 더 잘 알려져 있다. 원종은 전형적인 렛 스네이크의 줄무늬와 밴드 무늬가 있지만 루시스틱 품종은 아무런 무늬가 없는데다 갓 부화했을 때는 분홍빛을 띠지만 성장할수록 흰색이 더 진해져 마치 흰색 페인트를 칠해놓은 것과 같은 순수한 흰색으로 변화한다. 어렸을 때는 튀어나온 눈 때문에 머리가 입체적으로 보이지만 성장하면서 부드러운 다이아몬드 형태로 변화한다. 매우 활발한 종으로 탈출에 능하기 때문에 사육장 잠금장치를 확실히 할 필요가 있다. 순치가 되는 종이지만 소심하고 겁이 많아 경계하고 있을 때 자극하면 사향샘에서 독한 냄새가 나는 호르몬을 분비한다.

시날론 밀크 스네이크 (Sinaloan Milk Snake)

지상성

- 학 명 : *Lampropeltis triangulum sinaloae*
- 원산지 : 멕시코 시날로아 주 남서부의 건조한 사막지대
- 크 기 : 1.5m 내외
- 습 성 : 주행성
- 생 태 : 땅 위에서 생활한다.
- 식 성 : 포유류, 도마뱀 등의 파충류, 조류
- 온·습도 : 주간 26~29°C, 핫존 32°C, 야간 22~24°C 습도 40~60%

시날로아(Sinaloa)는 본 종이 주로 서식하는 멕시코 남서부 태평양 연안에 위치한 멕시코의 한 주의 이름이다. 붉은색의 체색을 바탕으로 검정색 테두리를 가진 크림색 혹은 흰색의 줄무늬가 몸 전체에 나타난다. 붉은색의 영역이 흰색과 검정색을 합친 것의 2~3배 정도의 넓이이다. 밴드는 대체로 규칙적으로 아름답게 배치되어 있으나 간혹 한두 개가 완전하지 않은 것도 있다. 배 부분은 흰색이나 크림색으로 별다른 무늬가 없다. 머리는 검정색이며 눈 뒤쪽으로 흰색의 가로 줄무늬 하나가 관찰된다. 주둥이 끝부분은 약간 밝은 색을 띠는 것이 일반적이다. 선명한 붉은색은 나이가 들면 점차 어두워지는 경향이 있다.

푸에블란 밀크 스네이크 (Pueblan Milk Snake)

지상성

- 학 명 : *Lampropeltis triangulum campbelli*
- 원산지 : 멕시코 중동부 푸에블라 주 건조한 사막지대
- 크 기 : 1.2m 이내
- 습 성 : 주행성
- 생 태 : 땅 위에서 생활한다.
- 식 성 : 포유류, 도마뱀 등의 파충류, 조류
- 온·습도 : 주간 26~29°C, 핫존 32~35°C, 야간 22~24°C 습도 40~60%

너무 크지 않은 크기와 튼튼한 체질, 아름다운 체색 그리고 낮은 사육난이도로 애완으로 길러진 역사가 긴 종이다. 애완 파충류가 알려지기 시작한 초기부터 국내에 처음으로 소개된 밀크 스네이크 종으로 많이 길러졌으나 현재는 오히려 보기 어렵다. 빨강, 검정, 노랑(크림 혹은 흰색)의 세 가지 색깔의 밴드 무늬가 몸 전체에 나타난다. 밴드의 넓이는 붉은 부분의 영역이 조금 넓기는 하지만 다른 색과 크게 차이가 나지 않는다. 머리는 검정색이고 눈 뒤에서부터 노란색, 검정색, 붉은색, 검정색, 노란색, 검정색의 순으로 체색이 나타난다. 주둥이 부분의 색은 약간 밝다.

혼듀란 밀크 스네이크 (Honduran Milk Snake)

지상성

- 학 명 : *Lampropeltis triangulum hondurensis*
- 원산지 : 중미(온두라스, 니카라과, 코스타리카 북동부)
- 크 기 : 1.2~1.8m
- 습 성 : 주행성
- 생 태 : 땅 위에서 생활한다.
- 식 성 : 포유류, 도마뱀 등의 파충류, 조류
- 온·습도 : 주간 26~29°C, 핫존 32~35°C, 야간 22~24°C 습도 40~60%

학명인 트라이앵귤럼(Triangulum)은 라틴어로 '3'을 뜻하며 몸에 나타나는 빨강, 검정, 노랑 등 세 가지 색깔을 의미한다. 독이 있는 산호뱀과 비슷하게 의태하기 위한 진화의 결과이지만 독을 가지고 있지는 않다. 밀크 스네이크 가운데서도 가장 대형으로 성장하는 종이며 다양한 색으로 개량이 활발하게 이루어지고 있다.

멕시칸 블랙 킹 스네이크 (Mexican Black King Snake)

지상성

- 학 명 : *Lampropeltis getula nigrita*
- 원산지 : 멕시코 남서부, 아리조나 서부 지역의 일부
- 크 기 : 1~1.2m
- 습 성 : 주행성
- 생 태 : 땅 위에서 생활한다.
- 식 성 : 설치류 및 도마뱀이나 다른 뱀 등
- 온·습도 : 주간 26~29°C, 핫존 32~35°C, 야간 22~24°C 습도 40~60%

이름처럼 몸 전체가 균일한 채도의 검정색 단색으로 이루어져 있다. 어릴 때는 목 아래 부분에 일부 흰색이나 노란색 반점이 남아 있지만 성장하면서 희미해지거나 사라진다. 머리는 둥글고 목은 특별히 구분되지 않는다. 비늘에는 용골이 없고 아주 부드럽다. 매우 활동적인 종이며 거의 지상에서 생활하지만 낮은 정도의 나무를 등반하는 경우도 간혹 있다. 검정색의 체색으로 인해 탈피를 포착하기는 쉽지만 평소 사육장을 건조하게 유지하고 있다면 탈피 시기에는 큰 물그릇을 넣어 주는 것이 좋다. 순치가 쉽게 되는 종이지만 식탐이 강한 종으로 배가 고플 경우 공격성이 드러나기 때문에 굶주리지 않도록 해 줄 필요가 있다.

그레이 밴디드 킹 스네이크 (Gray Banded King Snake)

지상성

- 학 명 : *Lampropeltis alterna*
- 원산지 : 미국 남서부(텍사스 남서부, 뉴 멕시코 남부)와 그와 인접한 멕시코 북부 지역
- 크 기 : 평균 90cm, 최대 1.2m
- 습 성 : 주행성
- 생 태 : 땅 위에서 생활한다.
- 식 성 : 설치류 및 도마뱀이나 다른 뱀 등
- 온·습도 : 주간 26~29°C, 핫존 32~35°C, 야간 22~24°C 습도 40~60%

회색을 바탕으로 하는 독특한 체색과 그에 대비되는 검정색 테두리를 가진 선명한 주황색의 밴드를 가지고 있다. 문양의 변이는 개체마다 차이가 있다. 다른 킹 스네이크와 비교해 볼 때 더 크고 넓은 머리를 가지고 있고 둥근 눈동자에 커다란 눈을 가지고 있다. 머리 윗부분에는 불규칙한 검정색의 얼룩무늬가 눈 앞 · 뒤쪽에 나타난다. 원서식지에서는 숲이나 물가보다는 바위가 많은 반 건조지대에 주로 서식한다. 외향적 성격의 다른 킹 스네이크에 비해 다소 소심하고 몸을 숨기는 것을 좋아하는 경향이 있으므로 반드시 사육장 내에 은신처를 설치해 주는 것이 좋다. 킹 스네이크 가운데서도 최대 성장 크기가 작은 종이다.

아리조나 마운틴 킹 스네이크 (Arizona Mountain King Snake)

지상성

- 학 명 : *Lampropeltis pyromelana*
- 원산지 : 아리조나 사막 암석지대
- 크 기 : 1m 내외
- 습 성 : 주행성
- 생 태 : 땅 위에서 생활한다.
- 식 성 : 설치류 및 도마뱀이나 다른 뱀 등
- 온·습도 : 주간 26~29°C, 핫존 32~35°C, 야간 22~24°C 습도 40~60%

몸 전체에 붉은색의 줄무늬와 검정색 테두리를 가진 흰색의 줄무늬가 교대로 반복되어 있다. 몸통의 옆에서 흰 줄무늬는 두 개로 갈라진다. 목 부분에 흰 무늬가 있으며 머리 위쪽으로는 줄무늬의 연장인 검정색과 붉은색이 섞인 무늬가 있다. 다른 밀크 스네이크보다 밴드의 수가 확연하게 많은 편으로, 그로 인해 훨씬 화려하게 보인다. 특히 어릴 때는 색상이 더 선명하기 때문에 더욱더 인상적이다. 머리의 크기는 다른 킹 스네이크에 비해 작은 편이다.

캘리포니아 킹 스네이크 (California King Snake)

지상성

- 학 명 : *Lampropeltis getula californiae*
- 원산지 : 미국 서부와 멕시코 북부
- 크 기 : 1~1.8m
- 습 성 : 주행성
- 생 태 : 땅 위에서 생활한다.
- 식 성 : 설치류 및 도마뱀이나 다른 뱀 등
- 온·습도 : 주간 26~29°C, 핫존 35°C, 야간 22~24°C
  습도 40~60%

킹 스네이크 가운데 전 세계적으로 가장 대중적으로 길러지고 있는 종이다. 가장 일반적인 패턴은 검정색과 흰색이 교대로 반복되는 밴드 무늬이지만 검정색 바탕에 머리에서 꼬리까지 척추를 따라 이어지는 흰색의 줄무늬를 가진 개체도 있다(반대로 흰색 바탕에 검정색도 있다). 튼튼하고 사육 하에서의 적응도가 높으며 먹이 급여 역시 용이하여 사육 입문자가 기르기에도 무리가 없다. 순치는 되지만 식탐이 강한 종으로 굶주리게 하면 순치와 상관없이 먹이로 오인하여 물릴 수 있으니 주의를 요한다.

프레리 킹 스네이크 (Prairie king snake)

지상성

- 학 명 : *Lampropeltis calligaster*
- 원산지 : 미국 중서부와 남동부
- 크 기 : 1m
- 습 성 : 주행성
- 생 태 : 땅 위에서 생활한다.
- 식 성 : 설치류 및 도마뱀이나 다른 뱀 등
- 온·습도 : 주간 26~29°C, 핫존 35°C, 야간 22~24°C
  습도 40~60%

이름처럼 원서식지에서는 평원지대에서 주로 관찰되며 경작지, 목초지, 목장, 바위산, 임야 등지에서도 서식한다. 원종은 갈색이나 황갈색, 회갈색을 바탕으로 가장자리가 검정색인 적갈색, 암갈색, 녹갈색인 점 혹은 얼룩무늬가 등을 따라 꼬리까지 이어진다. 몸의 측면에도 같은 무늬가 있는데 등의 무늬보다 그 크기가 조금 더 작다. 이러한 무늬는 같은 서식지를 공유하는 쥐뱀들과 유사하지만 전형적으로 크고 둥글둥글한 킹 스네이크의 머리 모양을 하고 있는 것으로 구분이 가능하다. 현재까지 3개의 아종이 알려져 있다.

데저트 킹 스네이크 (Desert king Snake)

지상성

- 학 명 : *Lampropeltis splendida*
- 원산지 : 미국 텍사스, 아리조나, 뉴멕시코 지역
- 크 기 : 1.2~1.5m
- 습 성 : 주행성
- 생 태 : 땅 위에서 생활한다.
- 식 성 : 설치류 및 도마뱀이나 다른 뱀 등
- 온·습도 : 주간 26~29°C, 핫존 35°C, 야간 22~24°C
  습도 40~60%

검정색 혹은 짙은 고동색을 바탕으로 등 쪽에는 가는 흰색 혹은 크림색의 가로 줄무늬가 나타난다. 이 줄무늬는 몸통의 옆쪽에서 두 개로 갈라지면서 옆쪽의 무늬와 연결되어 복잡한 무늬를 만들어낸다. 몸통의 측면에는 흰색의 자잘한 점무늬가 산재해 있다. 개체에 따라 흰색의 비율이 높기도 하고 검정색의 비율이 높기도 하다.

플로리다 킹 스네이크 (Florida King Snake)

지상성

- 학 명 : *Lampropeltis getula floridana*
- 원산지 : 미국 플로리다
- 크 기 : 최대 1.7m 내외
- 습 성 : 주행성
- 생 태 : 땅 위에서 생활한다.
- 식 성 : 설치류 및 도마뱀이나 다른 뱀 등
- 온·습도 : 주간 26~29°C, 핫존 35°C, 야간 22~24°C
  습도 40~60%

연한 노란색이나 갈색의 체색을 바탕으로 검정색의 그물무늬가 몸 전체에 나타난다. 이런 무늬 때문에 Chain King Snake라고 불리기도 한다. 이 무늬는 몸 전체에 걸쳐 균일하게 나타나지만 검정색의 점무늬가 규칙적으로 사라지기 때문에 몸통의 가로줄 무늬만 식별할 수 있다. 보통 다른 킹 스네이크들은 머리 무늬가 몸통과 차이가 나는 경우가 많지만 본 종은 머리와 몸통의 무늬가 크게 차이가 나지 않는다. 어릴 때는 분홍색이 강하고 그물무늬가 성체보다 확연하지 않으므로 체색이 성체와는 상당히 차이가 난다. 킹 스네이크 가운데서도 상당히 대형으로 성장하는 종이다.

인디고 스네이크 (Indigo Snake)

지상성

- 학 명 : *Drymarchon spp.*
- 원산지 : 중미에서 남부, 동남부 아메리카
- 크 기 : 평균 2m 이상, 수컷이 더 크다.
- 습 성 : 주행성
- 생 태 : 땅 위에서 생활한다.
- 식 성 : 주로 뱀을 먹는다.
- 온·습도 : 주간 26~29°C, 핫존 35°C, 야간 22~24°C 습도 40~60%

길고 날씬하지만 근육질의 몸통을 가지고 있다. 어릴 때의 두상은 보통의 뱀이지만 성장하면 짧고 납작해지는 경향이 있다. 이는 강한 치악력을 가지는 종의 특징이다. 로컬에 따라 체색과 무늬는 상이하다. 인디고는 섬유 염색이나 서양화 채색에 사용되는 검푸른색 염료의 이름을 따서 붙여진 이름이다. 보아나 파이톤을 제외한 콜루브리드 가운데서 가장 덩치가 큰 종으로 *Drymarchon*은 '숲의 통치자' 라는 의미이다. '크리보'라고도 불린다. 옐로우 테일 크리보를 제외하고는 눈 아래쪽으로 눈물자국과 같은 서너 개의 세로 줄무늬가 관찰된다. 원서식지에서 섭취하는 먹이에서도 뱀의 비중이 높으며 무독성이지만 독에 대한 내성이 있어 맹독사들도 먹이로 삼는다. 동종포식을 하는 종으로 다른 뱀과의 합사는 하지 않는 것이 좋다. 순치 가능성이 높은 종으로 오래 기르면 대부분 어렵지 않게 핸들링이 가능하다. 성장이 빠르고 활동적이며 덩치가 큰 종으로 충분히 넓은 크기의 사육장을 제공해 줄 필요가 있다.

고퍼 스네이크 (Gopher Snake), 불 스네이크, 파인

지상성

- 학 명 : *Pituophis spp.*
- 원산지 : 북미 전역
- 크 기 : 평균 2m 내외 최대 2.5m, 암컷이 수컷보다 크다.
- 습 성 : 주행성
- 생 태 : 땅 위에서 생활한다.
- 식 성 : 포유류, 파충류, 조류
- 온·습도 : 주간 26~29°C, 핫존 35°C, 야간 22~24°C 습도 40~60%

Pituophis 속에 속하는 이 뱀들은 북미 지역에서 발견되는 상당히 큰 콜러브리드류이다. 불/파인/고퍼 스네이크는 각각 다른 종이지만(불 스네이크는 고퍼 스네이크의 아종이다). 전 종이 모두 근육질의 적당히 날렵한 몸통과 짧은 꼬리, 목 부분이 약간 넓은 작고 뾰족한 머리를 가지고 있다. 기본 체색은 방울뱀과 비슷하며 독사처럼 용골이 발달된 비늘, 역삼각형 머리, 위험에 처하면 머리를 납작하게 하고 꼬리를 바닥에 빠르게 내리치는 행동 때문에 방울뱀으로 오인하는 경우가 종종 있으며 그로 인해 죽임을 당하는 경우가 있다. 하지만 본 종은 독이 없는 무독사이다.

웨스턴 호그 노우즈드 스네이크 (Western Hog-nosed Snake)

지상성

- 학 명 : *Heterodon nasicus*
- 원산지 : 북미, 멕시코 북부
- 크 기 : 평균 60cm 내외, 최대 1m 이내
- 습 성 : 주행성
- 생 태 : 땅 위에서 생활한다.
- 식 성 : 설치류, 양서류, 작은 도마뱀 등
- 온·습도 : 주간 26~28°C, 핫존 30~35°C, 야간 22~25°C
  습도 40~60%

몸을 숨기기 위해 흙을 밀고 파는 데 도움이 되는, 확연하게 위로 들려진 들창코가 본 종의 특징이다. 원종의 체색은 밝은 갈색 바탕에 진한 갈색의 둥근 점무늬가 몸 전체에 줄을 지어 산재해 있다. 머리에도 같은 색의 무늬가 있는데 원형이 아니라 가로 줄무늬 형태로 나타난다. 비늘에는 용골이 발달되어 있어 상당히 거친 느낌을 준다. 최근 들어 폭발적으로 다양한 체색으로 개량되고 있어 무늬를 보고는 정확한 동정이 어렵지만 워낙 독특한 형태적 특징을 가진 종이라 동정하기가 어렵지는 않다. 체색이나 습성이 독사처럼 보이지만 거친 외모와는 달리 온순하고 기르기가 용이한 종이다. 위협을 받으면 죽은 척 하는 특징이 있다. 어금니에 긴 송곳니를 가지고 있으며 먹잇감을 마비시키는 약한 독을 가지고 있다. 사람에게는 해를 끼칠 정도는 아니다.

아시안 썬빔 스네이크 (Asian Sunbeam Snake)

지상성

- 학 명 : *Xenopeltis unicolor*
- 원산지 : 중국 남부, 동남아시아
- 크 기 : 1m 내외
- 습 성 : 야행성
- 생 태 : 축축한 흙 속에서 생활한다.
- 식 성 : 개구리, 소형파충류, 설치류
- 온·습도 : 주간 22~26°C, 야간 20°C / 습도 80%

지하생활을 즐기는 종으로 땅을 파기 쉽도록 넓적하고 편평한 머리와 전체적으로 검정색의 체색에 몸 옆으로는 좀 더 밝은 갈색의 줄무늬가 관찰된다. 배 부분은 무늬가 없는 흰색이나 크림색이다. 체색은 어둡고 별다른 특징이 없지만 자연광을 받았을 때는 마치 프리즘을 통해 나타나는 것과 같은 휘황찬란한 무지개 광채가 나타난다. 댐이나 물 근처의 토양이 단단하지 않은 지역에서 주로 서식하며, 거의 지하생활을 하다가 먹이사냥을 하는 야간 또는 우기에 폭우가 내릴 때나 지상으로 나온다. 습성을 고려하여 부드러운 소재의 바닥재를 넉넉히 제공해 줄 필요가 있으며 습기를 충분히 제공해 주는 것은 본 종을 사육할 때 항상 신경을 써야 하는 부분이다.

롱 노우즈드 휩 스네이크 (Long Nosed Whip Snake)

교목성

- 학 명 : *Ahaetulla nasuta*
- 원산지 : 인도, 스리랑카, 방글라데시, 태국, 캄보디아, 베트남, 미얀마
- 크 기 : 평균 1m 내외, 최대 2m
- 습 성 : 주행성
- 생 태 : 나무 위에서 생활한다.
- 식 성 : 도마뱀 등의 파충류
- 온·습도 : 주간 26~28°C, 핫존 30°C, 야간 22~25°C 습도 60~80%

가늘고 긴 체형과 녹색의 체색을 가지고 있다. 얼핏 보면 전체적으로 녹색의 단색으로 보이지만 비늘 안쪽에는 검정색과 흰색이 감추어져 있어 흥분하면 몸을 부풀리면서 이 색이 드러난다. 머리는 몸에 비해 상당히 크고 뾰족한 형태이며 유난히 커다란 눈을 가지고 있는데 눈동자가 마치 염소처럼 가로형이다. 자연 상태에서는 도마뱀을 주로 포식한다고 알려져 있으며 이처럼 먹이 공급이 까다롭고 성격이 예민하여 사육이 용이한 종은 아니다. 나무 위에서 주로 생활하는 종이므로 사육장을 복잡하게 입체적으로 조성해 줄 필요가 있다. 어금니 부분의 송곳니로 먹잇감을 마비시키는 약한 독을 주입하지만 사람에게 위협이 되지는 않으며 적극적인 경고 행동에 비해 대체로 공격적이지는 않은 종이다.

커먼 가터 스네이크 (Common Garter Snake)

반수생성

- 학 명 : *Thamnophis sirtalis*
- 원산지 : 북미에서 중부 아메리카까지
- 크 기 : 평균 50~60cm, 최대 130cm, 120cm 이상의 개체는 드물다.
- 습 성 : 주행성
- 생 태 : 물과 육지에서 생활한다.
- 식 성 : 무척추동물, 양서류, 도마뱀이나 물고기
- 온·습도 : 주간 26~29°C, 핫존 30°C, 야간 22~24°C, 수온 25°C 습도 70~80%

*Thamnophis*속에 속하는 종들을 일반적으로 가터 스네이크라고 통칭한다. 이 속에 속한 종들의 분류는 학자들 간에 이견이 많다. 일반적으로 검은색이나 갈색 또는 녹색을 바탕으로 노란색의 줄무늬가 있다. 개체에 따라 체색은 다양하며 몸의 측면에 체크무늬가 나타나는 개체도 있다. 상당히 넓은 지역에 분포하고 있기 때문에 서식지 역시 다양하다. 물 근처에 서식하는 개체도 있고 물에서 상당히 먼 숲이나 들판, 초원지대에 서식하는 개체도 있다. 먹잇감을 마비시키는 독성이 있는 타액을 보유하고 있다. 사람에게는 가려움이나 붓기를 유발할 수 있지만 위험하지는 않다. 물을 좋아하는 종으로 사육 중에는 특히 수질 관리에 관심을 기울일 필요가 있다.

그린 스네이크 (Green Snake)

교목성

- 학 명 : *Opheodrys spp.*
- 원산지 : 북미
- 크 기 : 50cm 내외
- 습 성 : 주행성
- 생 태 : 주로 관목 사이에서 서식한다.
- 식 성 : 무척추동물, 양서류, 도마뱀이나 물고기
- 온·습도 : 주간 26~29°C, 핫존 30°C, 야간 22~24°C
  습도 60~80%

Rough Green Snake(*Opheodrys aestivus*)와 Smooth Green Snake(*Opheodrys vernalis*)가 있다. 모두 가늘고 긴 체형에 큰 머리, 전체적으로 아무런 무늬가 없는 완전한 밝은 녹색의 체색을 가지고 있다. 배 부분에도 역시 아무런 무늬가 없으며 색은 흰색이나 연한 노란색을 띠고 있다. 공격적이지 않고 독을 가지고 있지 않으나 사람의 손길을 그리 즐기지는 않는다. 몸이 가늘기 때문에 오랜 시간 손으로 잡고 있는 것은 좋지 않다. 물 근처의 습한 초원과 삼림 지대에서 주로 서식한다. 지상에서 대부분의 시간을 보내지만 나무도 잘 타며 수영에도 아주 능숙하다. 몸이 가늘고 행동이 빠른 종이므로 탈출 방지에 관심을 기울일 필요가 있다.

파라다이스 트리 스네이크 (Paradise Tree(flying) Snake)

교목성

- 학 명 : *Chrysopelea paradisi*
- 원산지 : 중국 남부, 동남아시아 일대
- 크 기 : 60cm~1.2m 내외
- 습 성 : 주행성
- 생 태 : 나무 위를 오가며 생활한다.
- 식 성 : 도마뱀, 설치류, 조류 등
- 온·습도 : 주간 26~29°C, 핫존 30°C, 야간 22~24°C
  습도 70~80%

뱀 가운데 공기를 통해 이동할 수 있는 유일한 종으로 알려져 있으며 먹이를 잡기 위해 이동하거나 포식자를 피하기 위해서 높은 나뭇가지에서 낮은 가지 사이로 활강할 수 있다. 활강할 때는 늑골을 펼쳐 몸을 납작하게 하고 지면을 기듯이 몸을 S자로 구부리면서 최대 수평거리로 100m까지 활강할 수 있다. 야생에서 주식은 주로 도마뱀류이며 먹잇감을 마비시키기 위한 약한 독을 가지고 있다. 독니는 어금니 쪽에 있는 후아류 독사이며 사육 시는 지속적인 먹이 공급이 어렵고 예민한 성격 때문에 애완용으로 추천하기 힘든 종류이다.

러시안 렛 스네이크 (Russian Rat Snake)

지상성 · 교목성

- 학 명 : *Elaphe schrenckii*
- 현 황 : 국내 멸종위기 야생생물 II급
- 원산지 : 한국, 중국, 러시아
- 크 기 : 1.5~1.8m 내외
- 습 성 : 주행성, 야행성
- 생 태 : 땅위나 나무, 돌무덤 등에서 생활한다.
- 식 성 : 설치류, 양서류
- 온·습도 : 주간 25~28℃, 야간 22~25℃ / 습도 50~60%

국내에 서식하는 뱀 중 가장 큰 종이다. 구렁이라는 명칭은 보통의 뱀 종류에 비해 굵은 종류라는 의미로 붙여졌으며 독이 없는 뱀들을 뜻한다. 구렁이는 한국 전통문화에서 집을 지키는 신성한 동물로 알려져 왔다. 주로 민가에 숨어든 쥐를 잡아먹거나 초가지붕에 둥지를 튼 새의 알 또는 새끼 새를 잡아먹기 위하여 민가 근처에서 서식하며 인간과 자주 마주쳤다. 집을 지키는 구렁이를 해하면 재앙이 생긴다는 미신이 있어서 공존하는 듯하였으나 주택의 개량, 농약, 살충제 등으로 그 수가 점차 줄어들었다. 특히 뱀고기가 자양강장의 효과가 있다는 속설 때문에 무분별하게 남획되어 현재는 야생에서 보호되고 있는 실정이다. 과거 식용으로 중국에서 많은 수가 밀수입되었다. 개체의 변이가 다양하여 황구렁이, 먹구렁이, 구렁이 등으로 부르며 나누기도 했으나 하나의 종으로 보고 있다. 현재는 인공증식을 통한 복원이 진행되고 있다.

뱀부 렛 스네이크 (Bamboo Rat Snake)

지상성

- 학 명 : *Oreocryptophis porphyraceus*
- 원산지 : 인도, 미얀마, 태국, 말레시아, 중국 남부, 대만 등 해발 800m 고산지역
- 크 기 : 70~80cm 내외
- 습 성 : 야행성
- 생 태 : 땅 위에서 생활한다.
- 식 성 : 설치류, 양서류
- 온·습도 : 주간 22~25℃, 야간 18~20℃ / 습도 70~80%

중국 남부와 태국의 열대 상록수 지역의 고산지대에 서식하는 소형종의 구렁이 종이다. 6종의 아종이 존재하며 패턴이 다른 특징이 있다. 행동은 굉장히 민첩한 편이며 붉은 계열의 색상을 띤다. 야생에서도 서늘한 곳에서 서식하는 종이며 습도가 높은 지역을 선호한다. 일반적인 뱀들이 먹이를 소화시키기 어려운 낮은 온도대에서도 활발히 활동하고, 먹이 소화력 또한 문제가 없다. 평상시 25℃ 이상의 고온에는 취약하며 28℃의 고온에 장기간 노출되면 몸이 약해지고 쉽게 죽음에 이를 수 있다. 특히 국내의 여름철에 버티기 힘든 종으로 사육 시 낮은 온도와 높은 습도를 유지시켜 주어야 하므로 사육난이도가 높은 종이다.

5장

거북

1 진화 및 생태학적 특징

척추동물 파충강에 속하는 거북은 현존하는 파충류 가운데 가장 오래전부터 존재해 온 동물이다. 최초의 포유류가 모습을 드러낸 약 2억 2,000만 년 전 중생대 트라이아스기 후기에 지구상에 나타나 현재에 이르기까지 별다른 외형의 변화 없이 인류와 더불어 생존하고 있다. 그러나 오랜 역사에 비해 그 진화의 과정은 자세히 알려져 있지 않다. 발견되는 거북 화석의 형태로 판단하건데 거북은 2억 만 년이 넘는 오랜 시간 동안 외형의 변화가 거의 없이 살아온 동물인 만큼 '거북의 진화'에 대한 이야기는 곧 '거북 등딱지의 발생과 형성 과정'에 대한 이야기라고 할 수 있다.

현재 거북의 등딱지의 진화에 대해서는 두 가지 가설이 있다. 하나의 가설은 갈비뼈가 커지고 늘어나게 되어 배 부분의 딱딱한 각질이 먼저 형성된 후 피부 사이에 묻히게 되었고 이것이 뼈처럼 되어 딱딱한 뼈의 판을 형성하게 되었다는 것이다.

다른 하나의 가설은 거북의 조상은 뼈피부라고 하는 작은 뼈의 판들을 가지고 있었는데 이것이 확장되어 일종의 '피부판'을 이루게 되었고, 그 피부판이 오랜 시간이 지나면서 점차 확장되어 다른 뼈의 판과 합쳐지고 갈비뼈와도 서로 붙어 전체적인 뼈의 판이 형성되었다는 것이다. 앞의 이론을 지지하는 과학자들은 거북의 배아 발생 과정에서 등 쪽 껍데기(배갑)가 아니라 배 쪽 껍데기(복갑)가 먼저 생성되는 것으로 보아 진화상에서도 등 쪽보다는 배 쪽에서 등딱지가 먼저 발생했으리라 추측하고 있지만 그것을 뒷받침할만한 증거는 오랫동안 발견되지 않고 있었다. 하지만 지난 2008년 거북의 진화를 설명해 주는 중요한 화석 하나가 발견되었다.

껍질은 완전하게 발달하지 못한 반면 늑골이 확장되어 융합된 것처럼 보이는, 불완전하게 발달된 배의 껍질을 가진 2억 2,000만 년 전에 살았던 오돈토켈리스 세미테스타케아(*Odontochelys semitestacea*, '이빨과 절반의 껍질을 가진 거북'이라는 의미)가 중국 남부 귀주성에서 발견된 것이다. 현재까지 발견된 거북의 화석 가운데 가장 오래된 이 화석의 발굴로 거북의 등딱지는 갈비뼈가 변형된 것이라는 전자의 가설이 힘을 얻게 되었다. 그리고 가장 오래된 거북의 등딱지가 등 쪽이 아니라 배 쪽에서부터 발생되었다는 것은 배 부분의 공격을 방어하기 위한 목적으로 진화한 것으로 볼 수 있고, 이것은 곧 거북의 조상이 육지에서가 아니라 물에서 태어났음을 의미한다고 할 수 있다. 오돈토켈리스는 현생종과는 달리 긴 주둥이와 꼬리, 날카로운 이빨을 가지고 있었고 목을 등딱지 안으로 집어넣을 수가 없었다.

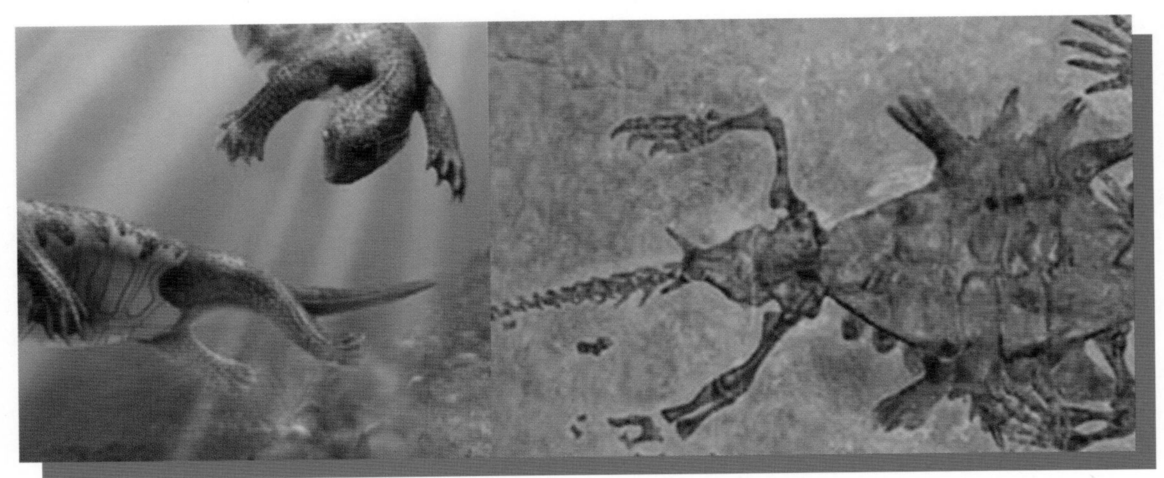

오돈토켈리스 세미테스타케아

그러나 다른 학설을 지지하는 과학자들 역시 자신들의 학설을 뒷받침하는 다른 증거를 찾아냈다. 2009년 뉴멕시코에서 발견된 약 2억 1,500만 년 전(트라이아스 후기)에 생존했던 킨레켈리스 테네르테스타(*Chinlechelys tenertesta*)는 목에 피골로 된 가시와 같은 구조물을 가지고 있고 현생종 거북과 같이 늑골과 완전히 융합되지는 않은 약 1~ 3 mm의 얇은 배갑을 가지고 있었다. 이것은 앞의 가설과는 반대로 피부갑옷이 확장되면서 늑골과 척추와 융합되어 배갑을 형성하게 되었다는 학설의 증거가 된다. 흥미로운 것은 중국에서 발견된 거북은 수생종이었으며 미국에서 발견된 거북은 육상종이었다는 사실이다. 이는 거북의 골판(骨板)이 특정 환경에서 진화되었지만 다른 환경에도 잘 적응하였다는 것을 나타낸다고 할 수 있다.

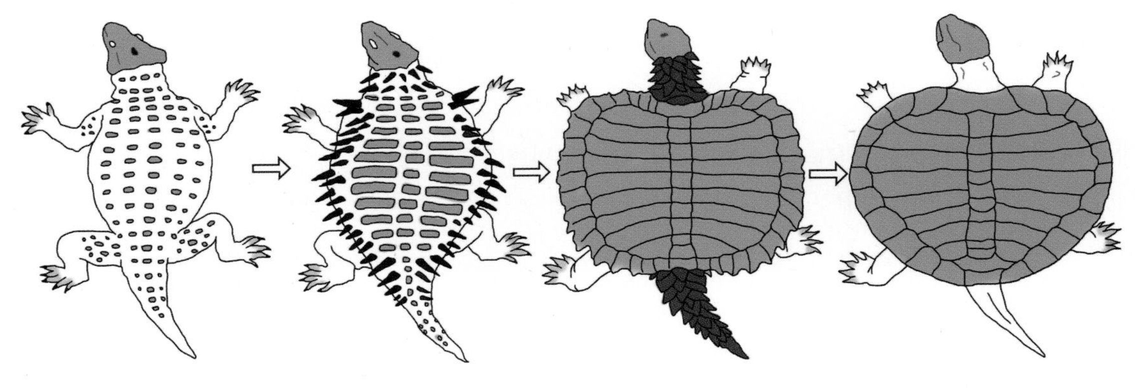

피골이 골판으로 변화되는 학설의 진화 상상도
오른쪽에서 두 번째가 킨레켈리스 테네르테스타(*Chinlechelys tenertesta*)

현재로서는 거북 등갑의 기원에 대한 정보뿐 아니라 거북 자체의 진화에 대한 정보도 충분치 않은 상태이며 이로 인해 논쟁은 계속되고 있다.

2 거북의 신체적 특징

1 신체적 특징

거북이 몸은 머리, 목, 몸통, 사지, 꼬리로 나누어 볼 수 있다. 몸은 피모나 깃털, 유선이 존재하지 않는다는 점은 다른 파충류와 같지만 몸 전체가 비늘로 덮여 있지 않고, 특수한 피부와 갑(甲)을 가진다는 점에서 다른 파충류와 확연히 구별된다.

거북의 해부학적 구조는 다른 동물과 매우 다르다. 흔히 '등딱지'라고 하지만 거북의 껍질은 등뿐 아니라 배에도 있다. 다른 동물의 단단한 껍질은 피부가 변형된 것인 데 비해 거북의 껍질은 뼈, 그것도 50개의 뼈로 이뤄졌다.

거북은 갈비뼈가 점점 확장돼 배를 덮는 등 척추와 어깨뼈 등이 통처럼 변형됐다. 따라서 게가 껍질을 바꾸기 위해 '알맹이'만 빠져 나오는 것은 가능하지만 거북이 뼈를 남겨두고 몸만 빠져 나오는 것은 불가능하다.

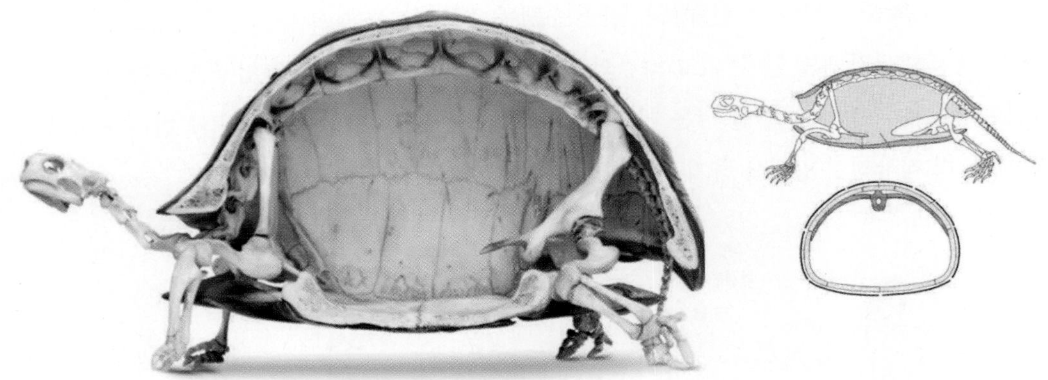

✔ 갑(甲)

● **배갑(Carapace, 등 쪽의 껍질)**

대부분 아치형의 등갑을 가지고 있다. 뼈 자체의 강도와 아치형 구조 때문에 거북의 갑은 물리적 충격에 매우 강하다. 하지만 외부의 갑작스러운 충격에 파손되기도 하며, 내부 장기에 손상을 입을 수 있기 때문에 항상 취급에 주의해야 한다.

서식환경에 따라 등갑 높이에 차이가 있는데 팬케이크 거북 같은 특이한 종을 제외하고는 대부분의 육지거북의 등갑은 높은 아치형이고, 수생거북의 경우는 등갑의 높이가 상대적으로 낮다. 이러한 체고의 차이는 수생거북은 물의 저항을 줄이고 빨리 헤엄치기 위해서, 육지거북은 천적의 공격으로부터 벗어나기 위해서라고 알려져 있다.

체고의 차이에 따른 다른 이론으로는 육지거북은 초식성으로 위가 매우 크고 풀을 소화시키기 위해 상대적으로 장이 길어서 체고가 높으며, 수생거북은 육식성이 많아 장의 길이가 짧기 때문에 납작한 체형에도 장의 길이를 수용할 수 있어서라는 견해도 있다.

배갑의 형태는 원형이나 타원형이며 대부분 가장자리는 둥그스름한 형태이지만 가시거북 같은 경우는 가시 형태의 돌기가 있어 적으로부터 보호되게끔 진화되어 있기도 하다.

몇몇 수생거북은 배갑의 골격에 Fontanelles(폰트넬; 숫구멍, 정문)이라고 불리는 비어 있는 공간이 있는 종도 있는데, 이런 구조는 전체적으로 체중을 줄여 부력을 증가시킴으로써 동시에 에너지를 줄이는 역할을 한다. Fontanelles은 돼지코거북, 바다거북 등과 같은 완전 수생종에서 흔히 볼 수 있고, 육지거북 중에는 팬케이크 거북에서 관찰할 수 있다.

복갑(Plastron, 배쪽의 껍질)

복갑의 형태는 거북마다 다르다. 전체적으로 평평한 형태를 가지고 있고 수컷의 경우는 교미 시 암컷의 등에 올라타기 쉽게 안쪽이 움푹하게 파인 형태를 가진다. 또한 상자거북이나 사향거북 같은 종류의 거북의 복갑은 1개 혹은 2개의 관절로 접을 수가 있어 체내의 수분을 억제하고 적으로부터의 위협을 더 완벽하게 보호하도록 되어 있다. 이런 구조는 완전 수생종 거북에서는 찾아 볼 수 없는 것으로 알려져 있다. 일부 종은 완전히 등갑에 붙일 수 없고 약간의 유동성만을 가진 부분적인 경첩구조를 가진 경우도 있는데, 이런 형태는 크고 단단한 알을 낳는 데 도움이 되고 어떤 종에게는 입을 벌린 채 머리를 등갑 안으로 집어넣어 좀 더 적극적인 방어를 하기 위해서인 것으로 추측되고 있다.

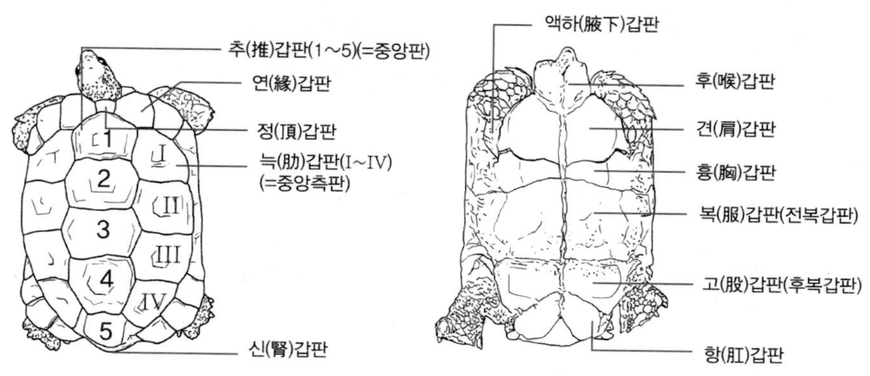

거북의 외부 명칭

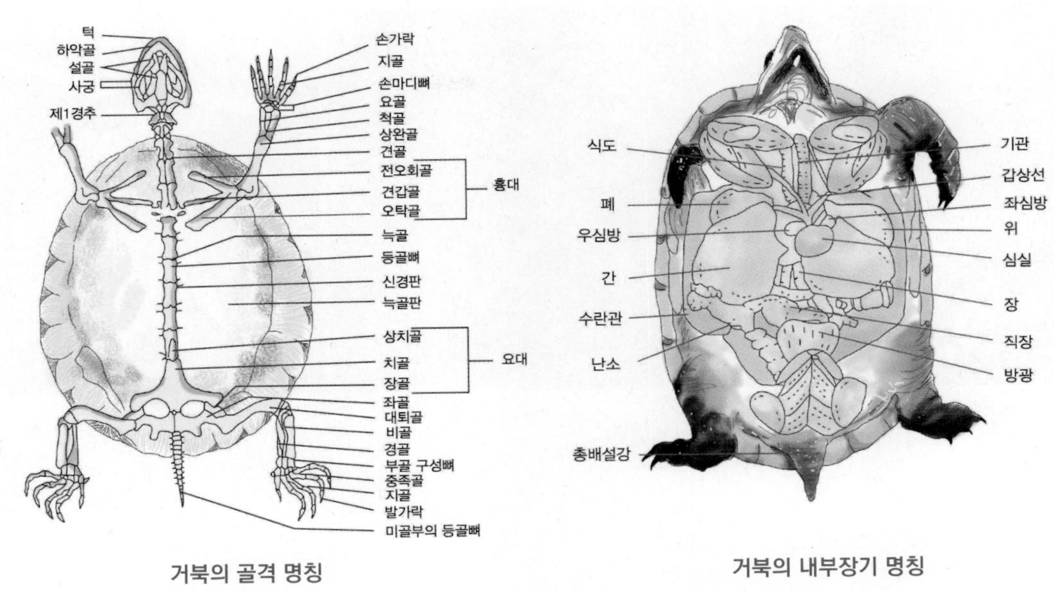

거북의 골격 명칭

거북의 내부장기 명칭

● 각질판

거북의 골판 위는 피부의 진피층이 변한 얇은 케라틴질의 각질판이 덮여 있다. 이 각질판은 아래쪽에 있는 골판보다 그 두께가 얇다. 거북의 인갑을 구성하는 각질판은 거북의 뼈에 완전히 붙어 있기 때문에 저절로 떨어지는 일은 없으며, 외부의 충격으로 상처가 날 경우 인갑의 아래쪽으로 거북의 골격을 바로 볼 수 있다.

각질판의 형태와 배열은 그 아래의 골판과 비슷하지만 크기와 수가 다르고 각질판이 합쳐진 자리가 골판의 합쳐진 곳과 어긋나 있어서 구조적으로 매우 튼튼하다.

각 종에게서 나타나는 여러 가지 무늬는 골판을 덮고 있는 각질판의 무늬이며, 종마다 나타나는 이러한 독특한 무늬는 원서식지에서 효과적인 보호색으로 작용한다.

● 다리

거북은 전체적으로 그 형태는 비슷하지만 서식지에 따라 다리의 형태가 상당한 차이를 보인다. 바다거북이나 돼지코거북의 다리는 완전한 노의 형태로서 수생생활에 적합하도록 특화되었고, 반수생거북의 다리는 발가락 사이에 물갈퀴가 잘 발달되어 있다. 반수생거북보다 육상생활을 많이 하는 상자거북 같은 습지형 거북은 물갈퀴의 발달보다는 상대적으로 발톱이 잘 발달되어 있다. 완전 육상생활을 하는 종의 다리는 코끼리 다리와 같은 형태를 가지고 있다.

완전수생거북의 다리

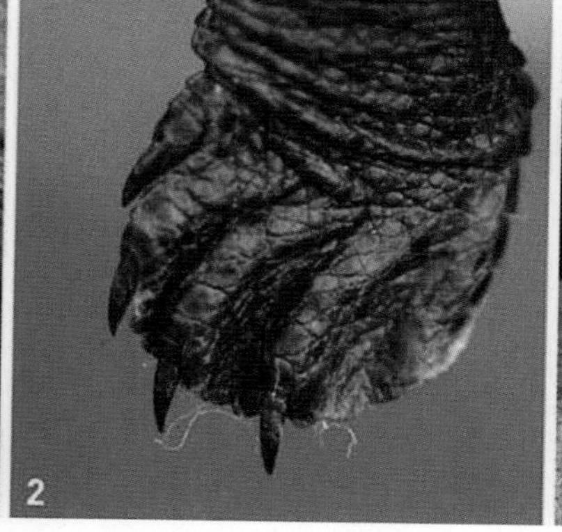
반수생거북의 다리

육지거북의 다리

눈

모든 거북의 눈에는 눈꺼풀이 있고 시력도 다른 동물에 비해 그다지 나쁘지 않다. 먹이 사냥 시 시력에 의존하는 종일수록 눈의 크기가 크고 시력이 발달하였으며, 일부 종은 홍채의 색깔로 암수를 구별할 수 있다.

코

일반적인 거북의 경우는 두 개의 구멍만 있을 뿐이지만 돼지코거북, 마타마타거북, 자라류는 물속에서도 콧구멍만 내놓고 숨을 쉴 수 있도록 스노클 형태로 독특하게 변형되어 있다. 그러나 거북의 후각은 다른 감각에 비해 그다지 발달되어 있지 않다.

입

모든 거북은 이빨이 없는 대신 끝이 날카롭고 단단한 턱 외피를 가지고 있다. 마치 틀니처럼 거북의 턱뼈를 덮고 있는 이 외피는 위아래가 정확하게 맞물리게 되어 있는데, 이빨이 없는 거북은 씹을 수가 없기 때문에 이 단단한 외피를 이용해 먹이를 잘라 그대로 식도로 넘긴다. 육식성 거북의 이는 끝이 날카로워 먹이를 자를 수 있고 초식성 거북은 외피의 가장자리가 톱니처럼 날카로워 질긴 식물을 끊을 수 있게 되어 있다.

혀

대부분의 거북의 혀는 두껍고 고정되어 있다. 다른 파충류의 혀가 공기 중의 냄새입자를 효과적으로 모으는 후각기관의 역할을 하는 것처럼, 거북의 혀도 입 밖으로 나오는 경우는 거의 없지만 동일한 기능을 수행한다. 거북 역시 입천장에 있는 야콥슨기관(Jacobson Organ)이라는 감각기관으로 공기 중이나 수중의 화학물질을 감지하는데, 혀가 공기 중이나 수중의 냄새입자를 수집하는 역할을 한다.

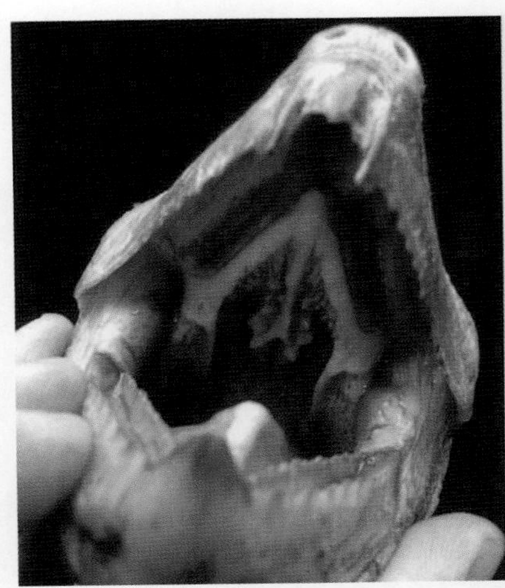

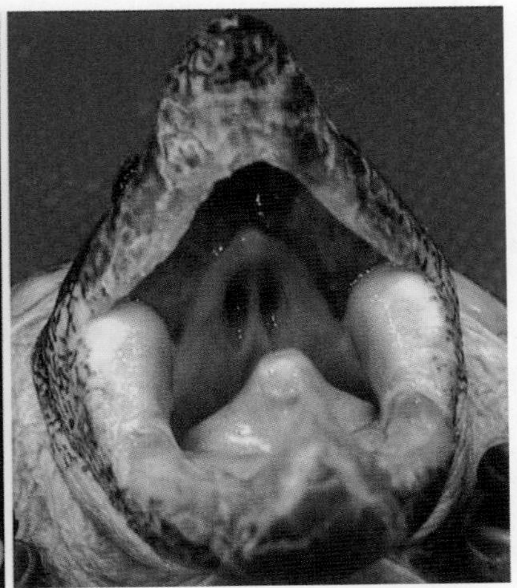

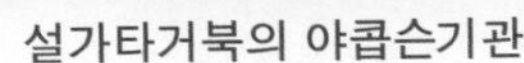

설가타거북의 야콥슨기관

멕시코큰사향거북의 야콥슨기관

귀

거북은 귓바퀴가 없으며 고막은 피부 속에 덮여 있고 저주파와 진동을 감지하는 역할을 한다.

총배설강(Cloaca)

총배설강이란 소화관과 비뇨생식계가 따로 분리되지 않고 외부로 드러난 하나의 구멍으로 소화, 배설, 생식의 기능을 동시에 수행하는 기관이다. 물론 총배설강 안에는 항문, 요도구, 생식기가 분리되어 있다. 이러한 형태는 포유류보다 진화가 덜 된 조류나 파충류에서 주로 발견되는데 거북도 이에 해당한다.

생식기

암수 모두 생식기는 몸의 내부에 위치하여 있다. 보통의 파충류와는 달리 수컷 거북의 생식기는 음경의 끝이 쪼개진 반음경(Hemipenis)이 아닌 하나의 성기를 가지고 있다. 평소에는 몸 안쪽에 넣어뒀다가 교미 시에 밖으로 돌출시키는데 그 특이한 형태 때문에 가끔 탈장으로 오해하기도 한다.
거북은 체내수정을 하는 동물로서 교미하는 동안 수컷은 암컷의 꼬리 아래로 자신의 꼬리를 말아 넣어 암컷의 총배설강 안에 생식기를 삽입한 후 정자를 암컷의 체내로 흘려보낸다. 종에 따라서는 한 번의 교미로 받은 수컷의 정자를 수년간 몸속에 저장하는 능력이 있어 교미 없이도 유정란을 생산하기도 한다.

꼬리

모든 거북은 꼬리를 가지고 있으며 종에 따라 그 길이와 형태에 차이가 있다. 보통은 미끈한 막대기 형태지만 악어거북이나 늑대거북과 같이 특별하게 돌기가 발달한 종도 있다. 다른 동물처럼 몸의 균형을 잡거나 무기로 사용하거나 영양분을 저장하는 등의 특별한 역할을 하지는 않으며, 도마뱀처럼 잘린 부위가 재생되지는 않는다. 꼬리의 굵기로 암수의 차이를 확인할 수 있다.

돌기가 발달한 늑대거북의 꼬리

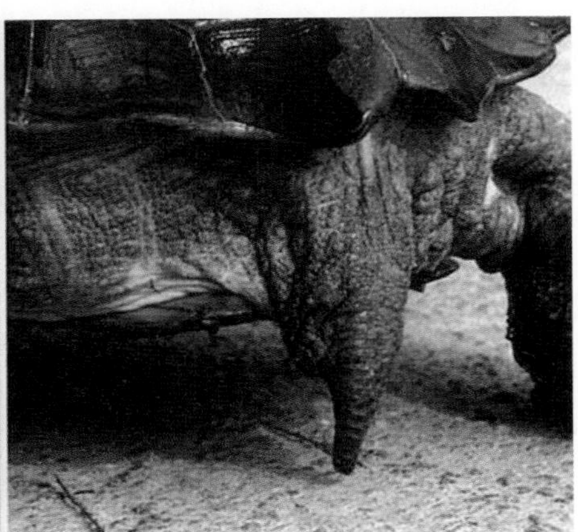

등갑가시거북의 꼬리

거북의 수명 및 성장

거북의 성장륜

다른 파충류처럼 거북은 평생 동안 성장한다. 하지만 거북의 성장 속도는 같이 부화된 새끼들이라 하더라도 서식환경이나 온도, 먹이량, 성별 등에 따라 상당한 차이를 보인다.

대부분 거북류의 딱지 길이는 13cm 이상이다. 스팟티드 터틀(Spotted Turtle), 레이저백 머스크 터틀(Razorback Musk Turtle)은 최대 딱지 길이가 12cm 이하로 세계에서 가장 작은 거북에 속한다. 현생종 거북 중에서 가장 큰 것은 장수거북(Leatherback Sea Turtle)으로 딱지 길이가 183cm, 몸무게가 680~800kg, 몸길이 약 2.7m까지 성장한다. 가장 큰 담수 거북은 악어거북이며 최대 80cm, 100kg 내외까지 성장한다. 가장 큰 자라는 작은머리자라(Striped Narrow-headed Softshell Turtle)로 1.5m, 200kg까지 성장한다. 다른 종류로는 돼지코 거북은 70cm까지 성장한다. 육상거북 중에는 255kg까지 성장하는 갈라파고스 거북(Galapagos Tortoise)이 가장 크고 알다브라 코끼리 거북, 설카타 등도 대형종에 속한다.

거북이가 오래 살기는 하지만 성장하는 데는 오랜 시간이 걸리지 않는다. 육지거북은 자라면서 등딱지에 나무의 나이테와 같은 성장륜(Growth Layer)이 나타난다. 이는 서식환경과 강수량, 일조량, 먹이의 종류와 양, 온도 등의 외적 요인에 따라 성장의 속도가 달라져서 생긴다. 성장륜 1개가 정확하게 1년을 의미하지는 않기 때문에 이것으로 연령을 정확하게 파악하기는 힘들고 대략적인 추정만 가능하다. 수생거북은 정기적으로 각질판을 탈피하기 때문에 나이를 추정하기가 어렵다.

3 식성

육상 생활을 하는 거북은 대부분 초식성이지만 잡식성도 있다. 수생 생활을 하는 종은 완전한 육식성부터 육식에 가까운 잡식성, 초식에 가까운 잡식성 등 다양하다. 거북은 이빨이 없어 먹이를 씹을 수 없는 대신 각질화(딱딱하게 변화한 피부)된 용골돌기(자라의 경우는 육질로 된)가 위·아래턱에 1개씩 있어서 먹이를 잘라 먹는다. 대부분의 거북은 먹이를 직접 찾아다니지만 일부 수생 종은 제자리에서 먹이를 기다리며 은신하기도 하고, 악어거북처럼 특수한 기술로 먹이를 유인하는 종도 있다.

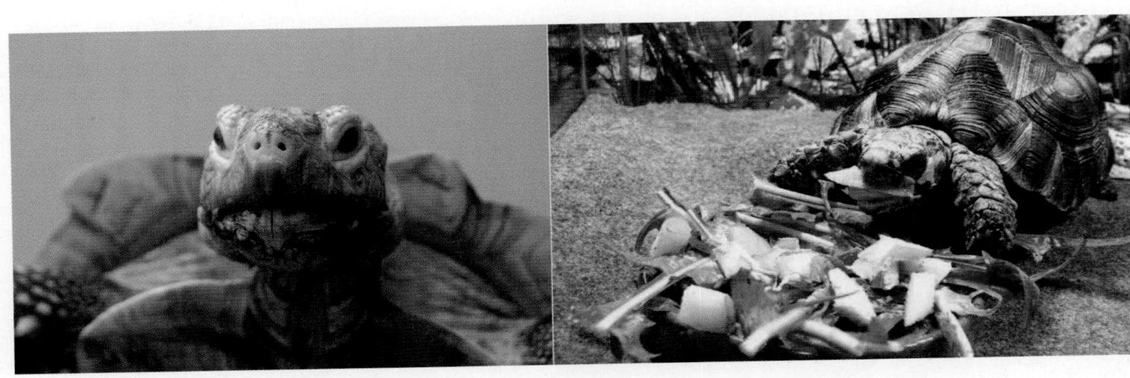

거북의 부리 먹이 먹는 거북

4 호흡과 순환

거북 역시 2개의 폐로 폐호흡을 하는 동물이지만 횡격막[가슴과 배를 분리하는 돔(dome) 모양의 근육성 막 구조]이 없고 등딱지와 배딱지가 이어져 있어 확장이 불가능하므로 다른 파충류처럼 흉부를 크게 늘이는 방식으로 호흡을 할 수는 없다. 대신 복부의 근육이 갈비뼈의 역할을 대신하는데, 폐 옆에 있는 1쌍의 근육

으로 폐강(폐의 빈 부분)을 넓혀 숨을 들이쉬고 배에 있는 1쌍의 근육을 이용하여 내장을 폐 쪽으로 밀면서 숨을 토해낸다. 이렇게 복잡한 방식으로 호흡을 하기 때문에 거북은 호흡기 질환에 아주 취약하다. 수생 종은 피부나 인후점막으로 피부호흡도 하며 뱀목거북, 늑대거북류 등은 총배설강 안의 맹낭(주머니 모양의 장)이라는 부분으로도 산소교환을 한다. 맹낭은 급류에 서식하는 거북에게 발달되어 있는데 뱀목거북의 경우 용존산소가 많이 녹아 있는 계곡물 속에서 자주 총배설강을 열어 맹낭으로 호흡하면서 수면에 거의 올라오지 않고도 생활할 수 있다(수중에서 거북이 견딜 수 있는 시간은 종, 수온, 용존산소량 등에 따라 다르다). 거북은 저산소 상태에서도 잘 견디며 순수질소 안에서도 20시간이나 생존한 예가 있다.

3 거북의 분류

파충류는 거북목, 옛도마뱀목, 도마뱀과 뱀목, 악어목의 4개의 무리로 나눌 수 있다. 이 가운데 거북은 분류상 척추동물 파충강 거북목에 속하며 300여 종이 남극과 북극을 제외한 세계 각지의 열대, 아열대, 온대 지방에 분포하며(대부분 따뜻한 열대나 아열대 지방에 서식한다) 그 가운데 민물에서 서식하는 반수생 거북의 숫자가 가장 많다. 우리나라에는 바다거북과의 바다거북, 장수거북과의 장수거북, 남생이과의 남생이, 자라과의 자라 4종이 알려져 있다. 거북의 분류는 일반적으로 목을 구부리는 방식에 따라 두 가지로 크게 구분된다.

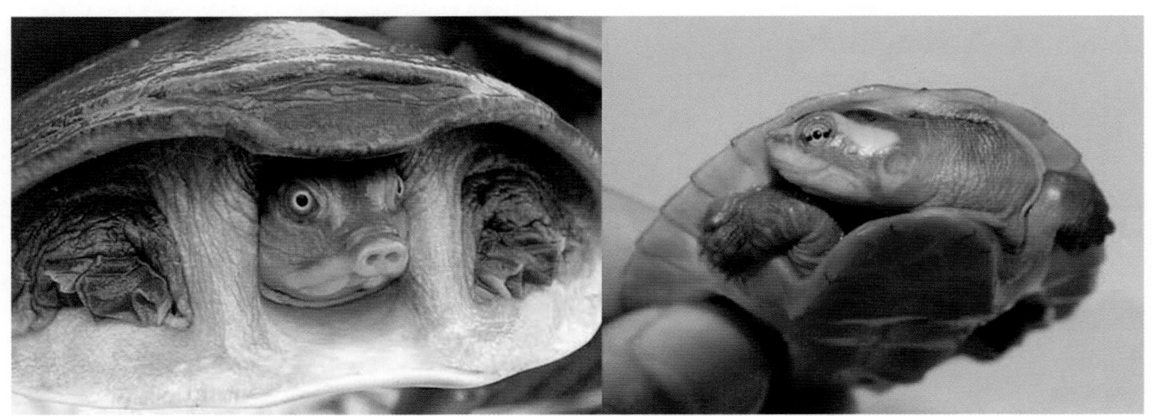

잠경아목 곡경아목

✔ 잠경아목(潛頸亞目, Cryptodira, Arch-necked Turtle)

머리가 겹질 속으로 완전히 들어가는 거북을 뜻한다.
머리를 세로 방향 S자로 접어서 몸 안으로 넣는 종으로, 거북의 대부분을 차지하며 오세아니아를 제외한 전 세계에 180여 종이 분포한다.

✔ 곡경아목 (曲頸亞目, Pleurodira, Side-necked Turtle)

등껍질의 가장자리 아래 부분에 목을 옆으로 구부려서 움츠려 넣는 거북을 뜻한다.
머리를 가로 방향 S자로 접어서 몸 안으로 넣는 종으로, 남반구에서만 발견되며 가로목거북과와 뱀목거북과 약 48종이 서식한다. 모든 종이 완전 수생종이다. 또한 서식 형태로 분류하자면 육지거북, 담수거북(반수생거북), 바다거북으로 나뉘기도 한다.
영어로 거북을 지칭하는 단어는 터틀(Turtle)과 톨토이즈(Tortoise)가 있는데, Turtle이 전반적인 거북을 지칭하고 주로 물에 사는 거북을 지칭하는 단어라면 Tortoise는 육상에서 서식하는 육지거북류를 지칭하는 단어이다.
또한 등갑의 형태로는 딱딱한 등갑(Hardshell)을 가진 종류와 자라처럼 부드러운 등갑(Softshell)을 가진 종류로 나뉠 수 있다.

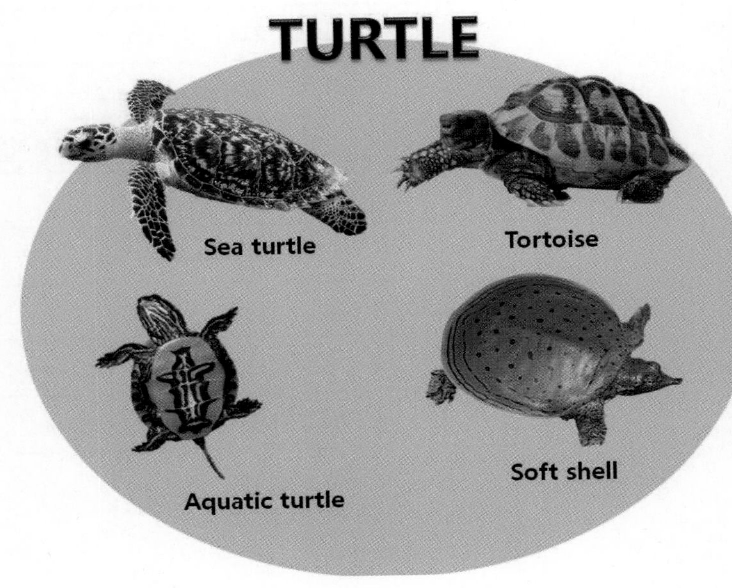

거북을 지칭하는 영어 명칭

잠경아목(Cryptodira)	
● 늑대거북상과(*Chelydroidea*)	
	▪ 늑대거북과(*Chelydridae*)
● 땅거북상과(*Testudinoidea*)	
	▪ 땅거북과(*Testudinidae*)
	▪ 돌거북과(*Geoemydidae*)
	▪ 늪거북과(*Emydidae*)
	▪ 큰머리거북과(*Platysternidae*)

● 자라상과(*Trionychoidea*)	
	▪ 돼지코거북과(*Carettochelyidae*)
	▪ 자라과(*Trionychidae*)
● 풀거북상과(*Kinosternoidea*)	
	▪ 강거북과(*Dermatemydidae*)
	▪ 풀거북과(*Kinosternidae*)
● 바다거북상과(*Chelonioidea*)	
	▪ 바다거북과(*Cheloniidae*)
	▪ 장수거북과(*Dermochelyidae*)
곡경아목(Pleurodira)	
● 뱀목거북상과(*Chelidoidea*)	
	▪ 뱀목거북과(*Chelidae*)
● 가로목거북상과(*Pelomedusoidea*)	
	▪ 가로목거북과(*Pelomedusidae*)
	▪ 견목거북과(*Podocnemididae*)

서식지에 따른 환경 조성

환경 조성

현재 거북 사육장은 다양한 재질과 형태로 제작되어 사용되고 있다. 파충류 사육용품 전문회사에서 생산되는 기성품도 다양한 종류가 수입되고 있고 사육자가 희망하는 대로 국내에서 주문제작되어지기도 한다. 사육장이 어떠한 소재와 형태, 구조로 제작되었든 아래의 조건을 많이 충족시키면 시킬수록 좋은 사육장이라고 할 수 있다.

★Tip★ 좋은 사육장의 조건

- 사육 동물의 성장 크기에 맞는 적절한 공간을 제공해 줄 수 있어야 한다.
- 다양한 온도편차를 위해 정사각형보다는 직사각형에 가까운 것이 좋다.
- 서식환경과 유사하게 조성이 가능한 구조여야 한다.
- 온도차 형성이 가능한 넓이와 구조를 갖추어야 한다.
- 오픈형일 경우 탈출이 불가능할 정도의 높이여야 한다.
- 온도, 습도, 조명의 조절이 반드시 가능해야 한다.
- 사육장 내부에서든 외부에서든 열원의 설치가 가능해야 한다.
- 적절한 환기를 제공해 줄 수 있어야 한다. 물을 채워도 누수의 염려가 없어야 한다.
- 사육장 안쪽에 배선이 되어 있을 경우 전선은 잘 감추어져 있어야 하며 감전의 위험이 없어야 한다.
- 화재의 위험이 없는 절연체일수록 좋다.
- 부식되어 거북에게 해를 주어서는 안 된다.
- 쉽게 내부를 청소할 수 있는 구조여야 한다.
- 쉽게 파손되지 않아야 한다.
- 삼면이 막혀 있는 것이 좋다.

다른 종류의 파충류와 달리 거북은 상하운동이 극히 제한적이기 때문에 사육장은 세로로 긴 형태보다는 넓고 낮은 사각 형태가 주로 사용된다. 사육장의 크기는 어린 개체와 성체의 사육장 크기가 달라야 하는데 어린 개체의 경우 너무 넓은 사육장은 온도관리 문제나 먹이를 찾아 먹는 데 어려움이 있을 수 있어 과도하게 큰 사육장은 적합하지 않다. 하지만 성체 때에는 최소 등갑의 세 배 정도 되는 크기의 사육장이 제공되어야 하며 활동성에 따라 더 넓은 사육장을 제공해야 한다.

사육장의 설치

✔ 실내 사육장의 설치 위치

일반적으로 거북을 사육하는 경우에는 대부분 실내에 사육장을 마련하게 된다. 많은 사람들이 집안에 가용한 공간의 크기를 우선적으로 고려한 뒤 그에 맞도록 사육장의 크기를 정하는 경우가 많다. 그러나 안정된 위치에 사육장의 자리를 잡는 단순한 행동만으로도 사육 중에 생길 수 있는 여러 문제를 미리 예방할 수 있기 때문에 사육자는 사육장 위치를 정하는 것을 가볍게 생각해서는 안 된다.

사육장의 위치는 사육자의 눈에 제일 잘 띄는 장소가 가장 좋으며 그러면서도 따뜻하고 통풍과 환기가 원활한 곳이면 더 좋다. 그리고 통풍이 잘되더라도 사육자가 완벽하게 환기를 조절할 수 있어야 한다. 틈이 있어 겨울철에 외부의 차가운 바람이 새어 들어오거나 하는 경우가 생기면 거북에게 좋지 않기 때문이다. 또한 따뜻한 곳이라 하더라도 직사광선이 직접적으로 내리 쬐는 창가는 피해야 하며 문 옆, 복도 등 사람들의 왕래가 잦아 거북에게 스트레스가 될 만한 곳 역시 피하는 것이 좋다. 또한 거북은 진동에 민감하므로 TV, 오디오, 스피커 등 진동이 많이 발생하는 곳 옆에 사육장을 위치시키는 것은 좋지 않다. 마지막으로 중요한 것은 사육장의 설치 높이가 너무 낮거나 높아서 관리에 어려움이 있어서는 안 된다는 것이다. 조금이라도 관리가 번거롭다고 느껴지면 사육장을 돌보는 시간이 점점 줄어들게 되고, 그렇게 되면 자연스럽게 거북에게 좋지 않은 영향을 미치게 되기 때문이다. 사육장의 높이는 사육자의 신장을 고려하여 관상과 관리가 제일 적합할 정도의 위치에 설치하는 곳이 좋다.

✔ 야외 방사장의 설치와 관리

야외 방사장을 이용한 자연 사육은 주어진 자연 환경과 사계절 기후 조건을 최대한 이용하여 거북을 사육하는 방법이다. 하지만 온습도에 민감한 변온동물이라는 거북의 특성과 사계절의 기후 변화가 뚜렷한 우리나라의 계절적 특성을 고려한다면 사실 우리나라는 거북의 방사 사육에 유리한 환경이라고 할 수는 없다. 오랫동안 거북을 길러온 사육자들 가운데 상당수의 많은 사람들이 널찍한 야외 방사장을 꿈꾸지만 사육자가 살고 있는 곳이 도시라면, 게다가 사는 곳이 혼자 쓸 수 있는 마당이 있는 단독주택이 아니라면 집 안에 야외 방사장을 꾸민다는 것이 사실상 쉬운 일은 아니니다. 그러나 공간적 여건만 허락된다면 실외에 방사장을 조성하여 거북을 사육하는 것은 여러 가지로 권장할만한 일이다. 거북에게 필수적인 충분한 일광욕을 제공해 줄 수 있고 넓은 사육공간으로 인해 운동량이 증가하며, 그로 인한 식욕과 성장이 촉진되는 등 여러 가지 긍정적인 효과를 기대할 수 있기 때문이다.

그러나 야외 방사장이 여러모로 매력적이기 하지만 그렇다고 항상 좋은 점만 있는 것은 아니다. 실내 사육장보다 사육환경을 통제하기 어렵기 때문에 사육장 관리에는 실내 사육 때보다 훨씬 더 많은 주의를 기울여야 한다. 쉽게 말하면 야외에서는 변수가 많다는 것이다. 잔디나 조경수에 뿌려둔 농약 때문에 거북이 폐사하는 경우도 있고, 작은 거북의 경우 길고양이나 까치가 물어가 버리거나 다치게 하기도 하며 바람에 날려 온 비닐과 스티로폼을 먹고 폐사하기도 하는 등 실내 사육에서는 발생하지 않는 여러 가지 일들이 야외 방사장에서는 일어나기 때문에 항상 발생할 수 있는 변수에 대비하는 마음가짐을 가져야 한다.

때문에 야외 방사장을 설치하는 공간은 사육자가 주로 생활하는 공간에서 멀지 않은 곳이 좋다. 아무래도 자주 눈길과 발길이 가게 되기 때문에 관리가 용이하고 이상이 생겼을 때 신속하게 파악할 수 있기 때문이다. 소음이나 진동으로 인한 문제가 발생하지 않을만한 조용한 곳이 좋고 방향은 정남향이나 동남향의 양지바르고 평탄한 곳이 좋다. 거북은 변온 동물이고 야외 방사장 설치의 주된 목적 중 하나가 거북에게 충분한 일광욕을 시키는 데 있으므로 항상 그늘져 있거나 햇볕을 가리는 장애물이 있는 곳은 좋지 않다. 다만 항상 직사광선을 받으면 일사병의 위험이 있으므로 체온 조절을 위한 은신처를 군데군데 설치해 주는 것이 좋다.

마당이나 야외에 설치된 방사장의 경우에는 방사장의 턱은 그리 높을 필요는 없다. 거북은 벽을 타고 올라가기 어려운 몸 구조를 가지고 있기 때문에 사육장 턱의 높이가 거북의 체고보다 5~10Cm 정도만 높아도 탈출을 방지하는 데는 무리가 없다. 하지만 방사장 바닥이 흙으로 되어 있다면 거북이 땅을 파서 사육장을 이탈하는 경우도 있으므로 그에 대비한 고려도 있어야 하며 개나 고양이, 족제비, 너구리, 대형 맹금류 등 천적 동물의 침입에 대해서도 철저히 대비하여야 한다. 따라서 방사장을 만들 때부터 탈출 방지 및 천적 동물 침입을 방지하기 위한 구조물의 설치가 용이한 곳을 골라 위치를 잡는 것이 좋다. 특히나 천적동물의 침입이 있을 경우 덩치가 큰 거북도 위험하지만, 작은 거북이라면 아예 물어가 버리거나 잡아먹지는 못하더라도 치명적인 상처를 남길 수 있기 때문에 철망으로 방사장의 덮개를 만들거나 별도의 안전장치를 하는 것이 필요하다. 그리고 무엇보다 거북을 사육함에 있어서 급수와 청소 등으로 물을 사용하는 일이 빈번하기 때문에 수원지가 가깝고 배수가 원활한 곳에 야외방사장의 위치를 잡는 것이 좋다. 야외 사육을 하다보면 거북의 대사활동이 활발해져서 식성도 좋아지고 배설량도 그만큼 늘어나기 때문에 실내 사육 때보다 청소를 좀 더 자주 할 필요가 생긴다. 또 수생거북이라도 야외에서는 수족관에서처럼 여과기를 설치해주기 힘들기 때문에 거의 완전하게 물을 교체하는 방식으로 수질을 유지하게 되므로, 급수용 호스와 멀리 떨어져 있지 않고 오염된 물을 쉽게 버릴 수 있도록 되도록 배수구와 가까운 곳이 좋다. 덧붙이자면 집중호우로 인한 사육장의 유실 우려가 없는 곳이어야 하며 폐수나 생활하수, 농약 등으로 인한 오염이 발생하지 않는 곳이 좋다.

야외 방사 시에는 무엇보다도 온도 관리에 많은 관심을 기울여야 한다. 우리나라는 온도 변화가 심하고 특히나 야외에는 열원을 충분히 설치해 주기가 힘들기 때문에 날씨가 추워지면 바로 거북을 따뜻한 실내로 옮겨서 호흡기 질환에 걸리는 일이 없도록 해야 한다.

★Tip★ 야외 방사장의 위치 선정

- 햇볕이 잘 드는 동남향이나 정남향의 양지바르고 평탄한 곳
- 탈출 방지 및 천적의 침입을 방지하기 위한 구조물의 설치가 용이한 곳
- 소음이나 진동으로 인한 문제가 발생하지 않는 곳

- 수원지와 가깝고 배수가 용이한 곳
- 집중 호우로 인한 사육장의 유실 우려가 없는 곳
- 폐수나 생활하수, 농약 등으로 인한 오염이 발생하지 않는 곳

3 사육장의 분류

구조에 따른 분류

상면 개폐식

덮개가 위쪽에 설치되어 있는 열대어를 사육할 때 사용되는 일반적인 수조 형태의 사육장이다. 유리 수조일 경우 수조와 일체형으로 위쪽 덮개에 조명이 설치되어 있는 경우가 많고 이와는 다르게 오픈식으로 상단에 별도의 조명을 거치할 수 있게 되어 있는 경우도 있다. 유리 수조는 원래 물고기를 사육하기 위한 용도인 만큼 완벽하게 방수가 되기 때문에 거북의 경우에는 물을 채울 필요가 있는 수생 거북을 사육할 때 많이 사용되고 있다.

기성품의 경우 거북의 사육을 목적으로 제작된 것이 아니다보니 거북용으로 사용하다보면 몇 가지 문제점을 발견하게 된다. 대표적인 것은 어린 개체는 별 문제 없이 사육할 수 있지만 대부분 한 면이 긴 직사각 형태를 띠고 있으므로 거북이 어느 정도 자라면 상대적으로 사육장이 좁게 느껴지는 경우가 많다는 것이다. 또 하나의 단점은 수조의 높이가 거북을 관리하기에는 조금 높은 감이 있다는 것이다. 돼지코거북처럼 높은 수위가 필요한 경우라면 모르겠지만 육지거북이나 반수생 거북의 경우라면 탈출만 불가능하다고 한다면 되도록 높이가 낮은 사육장이 관리 면이나 관상 면에서 더 좋다. 또 하나의 단점이라면 보통 반수생 거북의 경우 물을 절반 정도 채우고 사육장을 세팅하게 되는데, 그럴 때 히터를 사용하게 되면 덮개를 덮어둘 경우 유리면에 습기가 많이 맺혀 거북의 관상이 힘들게 된다는 단점이 있다. 그래서 보통은 육지거북처럼 온도관리가 필요한 경우가 아니라면 덮개를 제거하고 사용하는 경우가 많다. 몇 가지 아쉬운 점이 있기는 하지만 이러한 형태는 인터넷 쇼핑몰이나 수족관 등지에서 가장 손쉽게 구할 수 있고 가격 역시 저렴하기 때문에 가장 많이 사용된다. 형태가 단순하고 제작이 용이하여 주문 제작하여도 제작 비용이 상대적으로 저렴하기 때문에 사육자 중에는 자신이 기르는 거북의 사이즈에 맞추어 주문 제작하거나 자작하여 사용하는 경우도 많다. 형태가 단순하기 때문에 MDF나 포맥스 등의 다른 소재로도 이런 박스 형태의 사육장을 많이 제작하는데 이럴 경우에는 보통 전면에는 유리를 붙여서 제작하며 수생 거북보다는 육상 거북의 사육에 주로 사용되고 있다.

전면 개폐식

전면 여닫이나 전면 미닫이 형태의 양서파충류 전용 사육장으로 보통 위쪽은 철망으로 처리되어 환기가 용이하도록 제작되어 있으며 제품에 따라 옆면까지 망으로 처리된 것도 있다. 물을 많이 채울 수 없기 때문에 육상생활을 하는 거북이나 물을 많이 채우지 않아도 되는 반 수생종 어린 개체를 사육할 때 주로 사용된다. 전면이 열리는 구조로 되어 있어 관리가 용이하다는 것이 가장 큰 장점이다. 그러나 중성체 이상의 거북을 사육할만한 사이즈의 사육장은 많이 수입되지 않기 때문에 큰 사육장을 구하기 어렵다는 단점이 있어 보통 이런 형태의 사육장을 선호하는 사육자는 직접 주문제작하여 사용하는 경우가 많다. 어느 정도 사육 경험을 가지고 있는 매니아의 사육자들 사이에서는 포맥스와 같은 가공이 용이한 재질로 직접 만들어 사용하는 경우도 있다.

터치풀 혹은 철망 형태

여기서 말하는 터치풀은 전체적으로 플라스틱으로 되어 있고 윗면은 철망으로 처리된 박스형의 사육 상자를 말한다. 가볍고 위쪽이 거의 열려 있어 환기가 잘 되며 이동 및 청소가 용이하다는 장점이 있으나 거북 사육에 있어 중요한 온・습도 관리가 힘들기 때문에 많이 사용되지는 않는다.
철망 형태의 사육장은 바닥에 배설물판이 설치된 토끼장과 같은 형태의 사육장을 의미하는데 거북의 경우에는 잘 사용되지 않는 형태이다. 판매용 거북을 격리하기 위해서 일부 매장에서 사용되기는 하지만 애완용으로 기르기에는 미관상 좋지 않은 것은 물론 관리 면에서도 어려운 점이 많기 때문에 좋은 사육장이라고는 할 수 없다.

야외 방사장

야외에서 사육 가능하도록 외부에 설치한 방사장으로 우리나라에서는 기후 관계로 봄부터 가을까지 보통 사용한다. 일부 매니아의 경우에는 동면을 하는 종일 경우 야외 방사장 내에 동면 공간을 마련하여 연중 실외에서 사육하는 경우도 있다. 야외 방사장은 대부분 자작으로 그 형태가 제각각이며 실내 사육장보다 공간이 상대적으로 넓다. 손쉽게 구할 수 있는 김장용의 넓은 고무통을 사용하기도 하고 직접 땅을 파서 연못 등을 만들기도 하는 등 제작하는 소재에 별다른 제약은 없다.

다양한 종류의 유리수조

아크릴수조

강화플라스틱 사육장

원목 소재로 된 사육장

여러 가지 형태의 사육장

재질에 따른 분류

유리 사육장

사육장을 제작하는 가장 일반적인 소재로 긁힘이 적고 청소가 용이하며 투명도가 높아 가시성이 좋다. 시중에 다양한 규격의 기성 제품이 출시되어 있어 어디서든 손쉽게 구입할 수 있으므로 거북을 기를 때도 가장 많이 사용된다.

단점이라면 무게가 무겁고 파손되었을 때 위험할 수 있으며 보통 실리콘으로 접착되어 있기 때문에 힘센 물거북의 경우 구석으로 파고들면서 가장자리 부분의 실리콘을 발톱으로 긁어 수조가 파손되는 경우가 간혹 있다는 정도이다.

웬만한 수족관에서는 수족관 제작업체와 친분을 가지고 있으므로 필요한 경우 원하는 크기대로 주문 제작도 용이하다. 사육장 제작에 관심이 많은 사육자의 경우에는 유리를 재단해서 직접 제작하는 경우도 있는데, 스스로 만족할만한 수준의 사육장을 만들기 위해서는 어느 정도의 시행착오와 많은 경험이 필요하다.

플라스틱 사육장

아크릴

무게가 가볍고 막 구입했을 경우에는 투명도가 괜찮지만 긁힘에 취약하여 장기간 사용하다 보면 표면에 흠집이 생겨 가시성이 떨어지는 경우가 많다. 수조를 청소할 경우에 반드시 부드러운 스펀지를 이용하여야 표면에 흠집이 생기는 것을 방지할 수 있다. 그리고 직사광선에 장기간 노출된 경우에는 색상이 변하는 경우도 있으므로 가급적 햇볕이 내리쬐는 곳은 피해서 사육장을 설치하는 것이 좋다.

거북의 크기가 작을 경우 쉽게 구할 수 있는 채집통을 구입하여 이용하는 것도 좋다. 크기가 작아 열원이나 여과기나 히터를 설치하기 어려우므로 온도관리와 수질 관리, 특히 물거북의 경우에 신경을 많이 써야 하는 단점이 있다. 애완동물상점에서는 어디든 취급하고 있고 저렴한 가격에 손쉽게 구입해서 쓸 수 있다는 것이 가장 큰 장점이라고 할 수 있다. 하지만 앞서 이야기했다시피 시판되는 채집통은 대부분 크기가 작기 때문에 큰 개체를 사육하기에는 무리가 있다.

ABS(Acrylonitrile Butadiene Styrene 강화 플라스틱) 사육장

ABS는 수산시장이나 횟집에서 흔히 볼 수 있는 파란색이나 흰색 활어용 수조의 재질을 떠올리면 이해가 쉬울 것이다. Acrylonitrile, Butadiene, Styrene의 3성분으로 되어 있는 일종의 내충격 열가소성 수지의 총칭으로 이들 3성분의 첫 문자를 따서 ABS라고 통칭한다. 가볍고 견고하며 흠집도 잘 생기지 않아 개인적으로 사육장을 제작하는 데 있어 가장 적합한 재질 가운데 하나라고 생각한다. 그러나 성형하는 데 전문 공구와 특수한 기술이 필요하기 때문에 개인이 직접 자작하기는 어렵다. 기성품으로 대량 생산되어 팔리는 것이 없기 때문에 보통은 소량으로 주문제작하여 사용되는데, 다른 소재보다 제작비가 상대적으로 비싸 거북사육에 흔하게 이용되지는 않는다. ABS 수지는 투명한 것도 생산되기는 하지만 보통은 색상을 넣어 불투명한 것이 많기 때문에 압축 PVC 발포 시트 사육장의 경우처럼 보통은 전면에 유리를 덧붙여 사육장을 제작하는 것이 일반적이다.

악어거북이나 늑대거북처럼 대형 수생거북의 경우 일반 유리 수조 사용 시 가장자리의 실리콘을 긁어 수조를 파손시키는 경우가 있어서 이를 방지하기 위해 이 ABS 재질로 수조를 주문 제작하여 사육하는 경우가 있다. 유리수조처럼 접착제로 실리콘을 사용하는 것이 아니라 모서리를 처리할 때 플라스틱 자체를 휘거나 같은 강화플라스틱 재질로 용접하는 방식으로 만들어지기 때문에 어지간히 큰 거북이라도 발톱으로 긁어서 파열시키는 경우는 없다. 일반적인 수족관에서는 판매하지 않기 때문에 주문하려면 활어용 수조를 전문으로 만드는 업체에 디자인을 주고 제작을 의뢰할 수 있다.

◈ 압축 PVC 발포 시트 사육장(포맥스, 아덱스, 포마스 등)

정식 명칭은 'PVC 발포 시트'이지만 흔히 마니아들 사이에서는 국내의 한 기업이 개발한 제품명인 '포맥스'로 통칭된다. 가격이 비교적 저렴하고 어렵지 않게 구입이 가능하며 무게가 가벼워 이동이 용이하고, 간단한 공구로도 손쉽게 성형이 가능한 점 등 여러 가지 장점이 많기 때문에 거북 마니아들이 처음으로 직접 사육장을 제작하려고 시도할 때 많이 이용되는 소재이다. 외형상으로는 아크릴처럼 단단해 보이지만 아크릴처럼 쉽게 깨지지는 않는다. 색상은 빨강, 노랑, 파랑, 흰색, 녹색, 회색, 검은색 그리고 투명한 것과 베이지색이 있으나 투명 포맥스는 시중에서 구하기 힘들어 쉽게 보기 어렵다. 입수 가능한 것은 거의 불투명한 재질이라 보통은 원하는 위치에 유리를 덧붙여서 사육장을 제작하게 된다.

가격이 비교적 저렴하고 가공이 쉬운 반면 강도가 약해 물을 필요로 하지 않는 육지거북 혹은 습지거북의 사육장의 소재로 많이 사용된다. 물거북 사육장일 경우 물을 많이 담지 않아도 되는 소형 개체나 낮은 물높이에서 기를 수 있는 종을 사육하는 데 주로 사용된다.

다른 소재의 사육장과는 다르게 압축 PVC 발포 시트로 된 사육장을 사용할 때는 사용 시 특별히 주의할 점이 한 가지 있다. 소재의 특성상 사육장이 길어지거나 높아질수록 더 쉽게 휘어지고 약해지기 때문에 사육장 내용물이 세팅된 채로, 특히나 물을 담은 채로 사육장을 이동시키게 되면 파열되는 경우가 빈번하다. 그러므로 이동 시에는 조금 번거롭더라도 반드시 사육장에 세팅된 내용물을 제거한 가벼운 상태로 움직이는 것이 좋다. 또 하나의 단점은 소재의 특성상 열에 상당히 약하고 쉽게 변형이 일어난다는 것인데 수중히터가 닿거나 스팟등이 잠시 가까이 닿는 정도만으로도 변형이 아주 쉽게 일어나게 된다. 그렇기 때문에 포맥스 사육장에서 열원을 사용할 때는 무엇보다도 화재 예방에 특히 관심을 기울여야 한다.

● 목재 사육장

◈ MDF(Medium Density Fiberboard 중밀도 섬유판) 및 원목 사육장

MDF는 목질재료를 주원료로 하여 얻은 목섬유(Wood Fiber)를 합성수지 접착제로 결합시켜 성형, 열압하여 만든 판상의 제품을 말하며 흔히 주방 가구 등을 제작하는 데 많이 사용된다.

MDF로 거북 사육장을 만들 경우에는 사육장을 디자인해서 업체에 제작을 의뢰하는 경우도 있고 크기대로 재단만 해 와서 사육자가 직접 조립하는 경우도 있다. 보통은 업체에서 가구는 많이 만들지만 사육장을 제작해 본 경험은 전혀 없는 경우가 대부분이기 때문에 업체에 주문할 경우, 정확한 디자인과 사이즈를 확실하게 알려 주어야만 나중에 만족할만한 결과물을 얻을 수 있다.

이런 목재 사육장의 장점은 소재의 특성상 사육장 내부의 온도 유지가 용이하고 원하는 형태로 제작할 수 있다는 것이며 대체로 무겁고 습기와 열에 약하다는 단점이 있다.

4 바닥재의 종류 및 특성

거북의 적절한 바닥재의 선택은 굉장히 중요하다. 특히 육지에서 생활하는 육지거북의 경우엔 늘 바닥재와 닿아 있으며 파고들거나 먹이를 섭취할 때 함께 삼킬 수 있으므로 거북을 사육하는 사육자에게 안전하고 적합한 바닥재를 찾는 것은 큰 숙제이다. 안전한 바닥재의 조건으로는 먼지가 적고, 먹었을 때 배출이 가능한 바닥재여야 한다. 시중에는 여러 가지 종류의 바닥재가 시판되고 있다. 파충류용으로 만들어진 것도 있고 다른 동물용 바닥재를 거북용으로 응용해서 사용하는 것도 가능하다.

육지거북의 경우에도 건조한 환경에 서식하는 종과 습도가 어느 정도 유지되어야 하는 종으로 나뉘므로 사육하려는 종이 어떤 환경을 원하는지 조사 후 적합한 바닥재를 제공해 주어야 한다. 애완파충류 사육 초기에 거북들이 바닥재를 먹고 죽는 사고가 종종 발생하여 바닥재에 대한 불신으로 아예 바닥재를 깔지 않고 사육하는 사육자도 있다. 하지만 미끄럽고 딱딱한 바닥에 거북을 오래 사육하다보면 거북이 걸을 때 충격 흡수가 되지 않아서 관절에 무리가 발생한다. 꼭 자연재료가 아니더라도 어느 정도 충격을 흡수해줄 수 있는 패드 같은 것을 깔아 주는 것이 좋다. 이처럼 다양한 문제를 안고 있는 바닥재지만 장점도 많다. 배설물의 악취를 어느 정도 잡아 주는 역할을 하며 파헤치거나 파고드는 등 다양한 행동을 할 수 있어 동물의 행동 풍부화에도 도움이 된다.

육지거북의 바닥재로 많은 사육자들이 호평하는 바닥재는 모래흙이다. 모래와 흙을 적절히 섞어서 깔아주면 좋다. 하지만 야생에서 채취한 흙의 경우 다양한 세균이나 기생충에 노출될 수 있으므로 멸균된 흙을 사용해야 한다. 그래서 주로 흙 대신 모래와 피트모스(Peat moss)를 혼합하여 사용한다. 피트모스는 습도를 유지할 수 있고 모래와 섞어서 열전도율을 낮춰줘서 바닥 전체가 데워지는 것을 예방하며 악취 제거에도 효과가 있다.

모래의 선택 시 염분이 있는 해변 모래보다는 강에서 채취한 모래가 좋으며 일반적으로 파충류 바닥재로 시판하는 제품을 이용하는 것이 바람직하다. 시판하는 제품의 경우 다양한 지역에서 채취한 후 멸균처리를 한 제품으로, 다양한 색상과 입자가 존재하는데 밀가루처럼 너무 고운 것보다는 일반 강모래 수준의 입자가 적합하다. 사육하는 종에 따라서 건조한 환경을 요구하는 사막종의 경우 강모래(70%)+피트모스(30%)를 섞어서 사용하고 어느 정도 습도를 유지해야 하는 종의 경우 강모래(50%)+피트모스(50%) 정도 비율로 섞어서 바닥재로 사용하면 적합하다.

높은 습도를 요구하는 종의 경우엔 모래(50%)+피트모스(50%)와 더불어 상부에는 나무껍질인 바크를 사용하거나 바크만을 깔아 주는 경우도 있다. 하지만 바크의 경우도 장 폐색증을 유발할 수 있으므로 어린 개체의 경우엔 바크 위에 플라스틱 화분망을 깔아서 바크를 먹지 않도록 조치해 주는 것이 바람직하다. 또한 바크를 사용할 경우 건조하게 유지되면 오히려 미세먼지를 유발시키기 때문에 잦은 분무로 바닥재 자체가 습도를 유지할 수 있도록 관리해야 한다.

유용한 바닥재와 더불어 알아야 할 사항은 바로 써서는 안 되는 부적합한 바닥재들이다. 거북류에게 적합하지 않은 바닥재로는 건초나 옥수수속대 바닥재, 호두껍데기 바닥재, 소나무칩 바닥재 등이 있다. 건초는 먹이로 이용되지만 바닥재로 사용할 때는 미세한 분진으로 인한 호흡기문제나 안구질환을 유발시키며 배설물로 인하여 쉽게 부패해서 가스를 발생시켜 호흡기나 안구의 질병 발생을 초래할 수 있다. 옥수수속대 바닥재나 호두껍데기 바닥재는 미세먼지 발생은 물론, 삼켰을 때 배출이 어려워 장 폐색증으로 거북이 사망할 수 있으며 주로 조류나 애완 설치류의 바닥재로 이용된다. 또한 단면이 날카로운 모래나 열대어 수조에 쓰는 자갈 등도 삼켜서 배출을 못하고 죽는 사례가 발생하니 육지거북의 바닥재로는 적합하지 않다.

수생종의 경우엔 바닥재에 크게 구애 받지는 않으나 바닥에 파고드는 습성이 있는 자라류의 경우엔 고운 모래가 적합하다. 등갑이 부드러운 자라류는 거친 재질의 바닥재를 깔아 놓으면 파고들면서 피부에 상처를 입을 수 있고, 방치할 경우 상처로 인한 감염으로 죽을 수 있으므로 부드러운 모래를 사용하거나 아예 깔아 주지 않는 것이 바람직하다. 수생종 거북들도 사냥을 하면서 간혹 바닥재를 삼키는 경우가 있으므로 배출이 가능한 입자거나 아예 삼킬 수 없는 크기의 바닥재를 사용해야 한다. 직접적으로 바닥재를 딛고 사는 육지거북과 달리 바닥재가 거북의 사육에 중요한 요소가 아니므로 아예 깔아 주지 않는 것도 한 방법이다.

★Tip★ 바닥재 선택 시 유의해야 할 사항

- 원서식처의 서식환경과 비슷한 환경을 조성해 줄 수 있는가?
- 미관상 자연스러운가?
- 거북에게 심리적 안정을 줄 수 있으며 사육 하의 스트레스를 줄이는 데 도움이 되는가?
- 걸을 때의 충격을 흡수하지 못해 관절에 부담을 주지는 않는가?
- 흡수성이 좋은가? → 배설물이나 냄새를 일정 수준 흡수할 수 있는가?
- 입자가 날카롭거나 거칠지 않은가? → 거북에게 상처를 입히거나 섭취했을 때 체내 상해의 원인이 되지 않는가?
- 지나친 분진을 발생시키지는 않는가? → 호흡기 및 안과 질환 우려
- 사육하는 거북의 크기를 고려할 때 입자의 크기는 적당한가? → 바닥재로 인해 움직임에 어려움이 있어서는 안 되며 섭취 시 안전성을 고려한다.
- 사육장의 온도 유지와 열전도에 도움이 되는가?
- 거북에게 필요로 하는 습도를 유지시킬 수 있는가?

- 부식되어 거북에게 해롭지는 않는가?
- 섭취했을 경우 해롭지 않은가? → 장에 축적되거나 유해한 화학적 성분이 함유되어 있지 않은가?
- 청소나 교환, 소독이 용이한가? → 2차 감염 방지
- 수생거북의 경우 수조 내의 적절한 pH를 유지시키는 데 도움이 되는가?
- 가격이 저렴하고 공급이 안정적인가?

모래 피트모스

건초 바크

물이끼 소나무 칩 바닥재

5 조명과 열원

사육장에 설치되는 등은 세 종류가 있다. 하나는 사육 중인 거북을 관상하고 사육장 내의 거북에게 광주기를 제공해 주기 위한 조명용 등이고 다른 하나는 거북의 칼슘대사를 자극하기 위해 설치해 주는 UVB 등이며, 나머지 하나는 거북에게 열을 제공해 주기 위한 열등이다.

조명

조명의 설치 목적은 크게 보아 두 가지인데 거북을 효과적으로 관상하기 위해 설치하고, 거북의 입장에서 보면 대사에 필요한 생체 사이클의 안정을 목적으로 광주기를 안정적으로 제공해 주기 위하여 설치된다. 보통 사육장 조명으로는 백열등이나 형광등을 많이 사용하는데 이 등은 사육장을 밝히는 용도에 덧붙여 거북에게 완벽하게는 아니지만 어느 정도의 UVA와 열기를 제공하는 역할도 하게 된다. 그러나 거북에게 중요한 빛인 UVB는 나오지 않기 때문에 육지거북을 사육하기 위해서는 조명과는 별도로 UVB등을 설치해줄 필요가 있다.

조명용 등은 광주기를 제공해 주는 데 단독으로 사용되거나 UVB등으로 조명을 대체하는 경우도 있으며 두 개를 함께 사용하는 경우도 있다. 사용에 별다른 규칙이나 제한이 있는 것은 아니므로 사육장의 형태와 크기, 일광욕의 실시 유무 등 사육 환경과 사육자의 주관에 선택적으로 사용하면 된다. 거북에게 규칙적인 광주기를 제공해 주기 위해서는 타이머를 설치하여 정해진 시간에 조명이 켜지고 꺼지도록 설정해 주는 것이 좋다.

UVB

다른 어떤 동물보다도 거북에게 특히 초식을 하는 거북에게 UVB가 중요한 이유는 UVB광선이 거북에게 반드시 필요한 칼슘대사를 위한 비타민 D_3의 생성을 자극하는 역할을 하기 때문이다.

UVB 조사를 위해 제작된 전용조명이 판매되기는 하지만 UVB의 최적의 공급처는 '태양'이다. 필터링되지 않은 태양의 직사광선이야말로 거북에게 가장 좋은 UVB를 제공한다. 하지만 실내에서 사육할 경우에는 가끔씩 실시하는 일광욕 시간을 제외하고는 특수하게 만들어진 UVB램프에 의존할 수밖에 없다. 보통 UVB광선은 유리를 통과할 수 없으나 시판되는 UVB램프는 특수한 유리를 사용하여 UVB를 방출할 수 있도록 제작되어 있다. 일반적인 기다란 형광등 형태부터 콤팩트형광등 형태, 수은전구 형태까지 다양한 형태가 시판되고 있으며 각 제품별로 상이한 사이즈와 조사 강도를 지니고 있다.

형광등 형태나 콤팩트형광등 형태의 UVB등은 보통 와트 수가 낮아서 열원의 역할까지 병행하기는 어렵지만 수은등 형태로 제작되는 UVB등은 UVB광선의 조사와 더불어 열원의 역할까지도 병행할 수 있다. 하지만 수은등 형태의 UVB등은 상당히 많은 열을 내므로 작은 크기의 사육장에 사용할 경우에는 사육장이 과열되지 않도록 특별한 조치가 필요하다.

★Tip★ 거북에 따른 UVB 램프 의존도

- 사막에 서식하는 종(이집트거북, 그리스 거북 등) > 사바나 지역에 서식하는 종(설가타, 레오파드, 팬케이크거북 등) > 열대우림에 서식하는 종(레드풋, 옐로우풋 등) > 상자거북(Box turtle류 등) > 반수생종(슬라이더, 쿠터류 등) > 완전수생종(바다거북, 악어거북, 돼지코거북 등)
- 사육 하에서는 개체의 초식 경향이 강할수록 일광욕이나 UVB 램프에 대한 의존도를 높여야 한다.

열원

생물의 성장에 필요한 여러 가지 요건 중에서도 특히 '온도'는 성비, 부화기간, 돌연변이, 성장, 활동, 생존, 동면과 분포 등 거북의 삶의 모든 부분과 밀접하게 관련되어 있는 아주 중요한 요소이다. 온혈동물인 조류나 포유류는 물질 대사에 의해 발생하는 열로 체온을 항상 일정하게 유지할 수 있는 데 비해 변온동물인 거북은 대사율이 아주 낮을 뿐만 아니라 거북이 가지고 있는 비늘은 온혈동물의 깃털이나 모피와는 달리 효과적인 단열재가 되지 못하기 때문에 대사열만으로는 체온을 조절하는 데 어려움이 많다. 따라서 인공 사육 하에서는 반드시 적절한 열원을 설치해줄 필요가 있다.

사육장에 설치되는 열원은 주간용 · 야간용 등, 세라믹 등을 포함하는 상부 열원과 열선, 히팅 패드, 히팅 필름, 히팅 락 및 수중히터의 하부 열원으로 나눌 수 있다.

상부 열원 가운데 '주간조명'은 낮 시간에 주로 사용하는 열원으로 거북에게 열을 제공하는 동시에 사육장의 조명 효과까지 겸한다. '야간조명'은 열은 그대로 공급하되 수면과 안정에 방해가 되지 않도록 붉은색이나 푸른색을 띤 유리로 만들어진 밤 시간용 조명이다. 세라믹 등은 도자기 재질로 제작된 등으로 빛은 완전히 배제하고 열만을 공급하기 위해 만들어졌으며 주야에 상관없이 모두 사용할 수 있다. 그 외에 열원의 역할과 UVB조사의 두 가지 역할을 하도록 만들어진 UVB등도 있다.

하부 열원은 사육장의 저면에 설치되는 열원으로 '열판', '히팅 필름', '락히터' 그리고 수중 생물용의 '히터' 등을 포함한다.

육지거북은 2차 전도열보다는 공기 중의 온도로 체온을 유지하므로 상부열원을 주 열원으로 사용하고, 하부열원은 보조 열원으로 설치하거나 생략하는 것이 일반적이다. 단 수생거북은 주로 히터를 주 열원으로 하고 상부 열원을 보조 열원으로 사용한다.

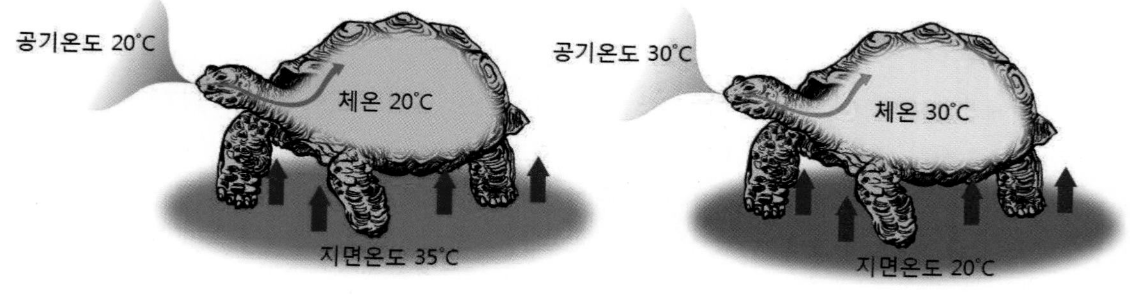

거북의 체온유지

열원을 설치할 때는 특별히 유의해야 할 점이 한 가지 있다. 사육장 내에 온도가 높은 핫 스팟(Hot Spot) 지역과 온도가 낮은 은신처 지역의 온도차를 설정해 주기 위하여 열원을 사육장 중앙이 아니라 왼쪽 혹은 오른쪽 한 곳으로 집중하여 설치해 주어야 한다는 것이다. 기성품 사육장 중에는 간혹 사육장 한가운데 열원용 소켓이 설치된 것이 있는데 이렇게 만들어진 사육장은 사육장 내의 온도차 형성이 어렵기 때문에 다시 소켓의 위치를 옮겨 다는 작업을 한 후에 사용하는 것이 좋다. 온도편차를 제공해 주기 위해서는 사육장의 크기가 최소 60cm는 넘어야 한다. 작은 사육장에 스팟을 설치하면 환기가 원활하지 않는 경우 사육장 전체가 찜통이 되는 경우가 있으므로 반드시 온도를 체크해야 한다.

그리고 거기에 한가지 덧붙여서, 가능하다면 사육장 내의 공간에 따른 온도 편차 조성과 더불어 자연 상태와 같이 주간과 야간의 온도 편차도 제공해 주면 더욱 좋다. 같은 와트수로 주간등과 야간등을 24시간 가동하기보다는 야간에는 열원을 제공하지 않거나 주간등보다 낮은 와트수의 야간등을 사용함으로써 밤낮의 온도차를 형성하는 것이 가능하다. 사육장 내의 이러한 약간의 온도 변화는 거북이에게 질병 저항력과 면역력을 길러주고 좁은 활동 공간으로부터 오는 스트레스를 감소시키는 효과가 있다고 알려져 있다.

● 상부열원

주간조명(스팟등)	거북뿐만 아니라 대부분의 파충류 사육에 있어서 가장 기본이 되는 상부 열원이다. 거북의 대사작용에 필요한 열을 공급하고 번식과 소화 및 건강 유지에 필수적인 UVA를 방출한다. 열등 가운데 가장 종류가 다양하다.
야간조명	거북의 수면에 방해가 되는 밝은 빛을 방출하지 않도록 붉은색이나 푸른색 등 색깔 있는 유리로 제작된다. 적외선 파장을 방출하여 야간에 열원으로 사용된다.
세라믹램프	도자기 재질로 만들어진 열 발산기로 열효율이 우수하면서도 수명이 길고 아무런 빛도 발산하지 않기 때문에 야간에 사용하더라도 거북의 수면을 방해하는 일이 없다는 장점이 있다. 동물의 근육까지 침투하는 강력한 적외선을 방출한다.

상부 열원 사용 시에는 전용 소켓을 사용함과 동시에 소켓의 허용 와트(Watt)수를 반드시 확인하여야 한다. 화재를 예방하는 것은 물론이고 전구의 수명을 늘리는 효과까지 기대할 수 있기 때문이다. 플라스틱 재질의 소켓보다 가급적이면 도자기 재질의 소켓을 사용하는 것이 좋다. 그리고 열원을 가동할 때에는 아주 뜨겁기 때문에 취급 시에 화상에 특히 주의해야 하고, 무엇보다도 습도 유지를 위해 사육장에 분무를 할 때 절대로 달구어진 열원에 물이 닿게 해서는 안 된다. 급격한 온도차이로 파열되어 위험한 상황이 발생할 수 있다.

● 하부열원(히팅패드, 히팅 필름, 열선 등)

히팅 패드나 히팅 필름, 열선과 같은 하부 열원은 주변 공기를 잘 데워주지 못하기 때문에 거북 사육에 있어 그다지 큰 효과를 발휘하지 못한다. 또한 앞서 이야기했다시피 보통 거북은 다른 파충류처럼 체온을 유지하는 데 태양으로부터 달궈진 바닥의 2차 전도열을 이용하기보다는 강한 태양빛을 직접적으로 쬠으로써 대사에 필요한 열을 얻기 때문에 하부열원을 이용하는 것은 자연적인 거북의 행동 양식과도 어긋나는 일이라고 할 수 있다. 파충류용으로 시판되고 있는 히팅락과 같은 제품은 뱀이나 도마뱀에게는 좋은 사육 용품이지만 거북에게는 그다지 효율적인 제품이라고는 할 수 없다. 이런 이유로 하부열원은 보조 열원 정도로 사용하는 것이 좋다.
하부열원 사용에 신중해야 하는 다른 한 가지 이유는 화상 때문인데, 거북은 단지 몇몇 세포의 끝 부분만이 복갑에 위치해 있기 때문에 살이 화상을 입을 정도의 온도에도 아랑곳하지 않고 장기간 저면 열원 위에 자리를 잡고 앉아 있는 경우가 있다. 위와 같은 이유로도 히팅락과 같은 제품을 거북 사육장 내부에 설치하는 것은 피하는 것이 좋다.

히팅 필름, 열판

그리스 거북이나 경첩거북(Serrated Hinge-back Tortoise)과 같이 사막지역에 서식하는 몇몇 종의 거북은 소화를 돕기 위해 2차 전도열을 이용하는 경우가 있다. 사육 하에서도 위와 같은 종에게 히팅 패드나 히팅 필름을 설치하여 주면 건강하게 성장하는 데 많은 도움이 된다. 저면열원을 설치할 경우에도 상부열원을 설치할 때와 마찬가지로 사육장 한쪽으로 치우쳐서 설치해야 하는데 사육장 저면 전체에 깔아 주는 것이 아니라 바닥 절반 정도에만 설치하여 거북이 이동하면서 스스로 온도를 조절할 수 있도록 해 주어야 한다. 거북이 바닥재를 파헤치고 설치한 저면 열원을 노출시키거나 배선을 물어뜯는 경우가 있으므로 저면 열원의 설치 위치는 바닥재 아래가 아니라 사육장 아래가 되어야 한다. 또한 설치 이후 바닥의 온도가 너무 올라가지 않는지 반드시 측정해 볼 필요가 있다. 저온이라도 장기간 접촉되면 저온화상을 입을 우려가 있기 때문이다. 마지막으로 히터를 제외한 대부분의 저면 열원은 별도의 온도조절장치가 부착되어 있지 않기 때문에 자동온도조절기를 부착하여 사용하는 것이 좋다.
사막종이 아님에도 불구하고 개인적인 사육 여건상 저면 열원을 사용해야 할 필요가 있는 경우에는 말 그대로 최소한의 온도를 유지해 주는 용도 정도로 사용하기를 권한다. 상부열원의 작동이 멈추었을 때 폐사에 이르지 않을 수 있는 온도 정도를 제공해 주도록 설정하고 실질적인 대사 온도의 제공은 상부열원으로 하는 것이 좋다.

수중 히터

히터는 수생 거북의 사육환경 조성에 있어 주 열원으로 사용된다. 수온이 많이 올라가는 여름철에는 별로 쓰이지 않지만 동면을 시키지 않는 한 적어도 늦가을에서 초봄까지는 필수적으로 사용되는 사육장비라고 할 수 있다. 따라서 수생 거북 사육자는 이것을 반드시 구입해야 하고 차후 파손을 감안하여 여유분을 보유하고 있는 것이 좋다.
히터는 온도 감지 방법에 따라 히터 몸체와 자동온도조절기부가 함께 붙어 있는 '바이메탈식' 히터와 온도 표시부와 히터 몸체가 따로 분리되어 있는 '전자식' 히터의 두 가지로 나눌 수 있다. 보통 수족관 등에서 구입할 수 있는 히터는 대부분 바이메탈식이다. 설치와 온도 조작이 불편하고 고장의 위험이 높으며 전원이 작동하고 있을 때 공기 중에 노출되면 유리관이 파열돼 문제가 생기는 경우가 많다. 하지만 가격이 저렴하고 온도 설정이 쉬우며 대용량의 제품을 쉽게 구할 수 있다는 장점이 있어 보편적으로 많이 사용된다. 수위가 낮은 사육장에서 바이메탈식 히터를 사용할 경우 가로로 눕혀서 완전히 잠기게 설치하는 경우도 있지만 설치할 때에는 히터의 머리 부분은 수면 위로 나오고 나머지 유리관 부분은 물속에 잠기도록 설치하는 것이 정석이다. 바이메탈식 히터의 온도 설정은 대부분 헤드 부분의 작은 나사를 돌려 설정하도록 되어 있다. 히터에는 서머스탯(Thermostat)이 부착되어 사육자가 각자 원하는 온도를 설정할 수 있도록 되어 있는데 제품에 따라 히터에 설정한 온도와 실제 수온이 차이가 나는 경우가 있으므로 온도 설정 후 정확한 다른 온도계로 수온을 체크한 뒤 다시 온도를 조정하는 것이 좋다.

바이메탈식 히터의 경우 대부분 발열 상태에서 물 밖으로 꺼내면 파열되지만 전자식 히터의 경우는 특수유리나 티타늄 등의 일반 유리와는 다른 재질로 제작되어 있기 때문에 물 밖으로 꺼내도 파열되지 않으며 대형 거북이 물어서 히터가 파손되는 경우도 드물다. 또한 오작동의 위험이 적고 온도 조절 편차가 바이메탈식보다는 좀 더 적으며 바이메탈식 히터보다 히팅 속도가 빠르다는 장점이 있다.

● 수중히터 설치 시 고려사항

앞서 이야기했듯이 온도는 거북의 생명을 좌우하는 가장 중요한 요소이기에 다른 것은 몰라도 히터만큼은 품질이 좋은 제품을 이용할 것을 권한다. 불량품을 사용했다가 원하는 온도를 설정해주지 못해 질병이 발생하는 경우도 있고 히터가 파열되어 누전에 의해 감전사하거나 수조 내 물이 과열되어 거북이가 폐사하는 경우도 심심치 않게 있기 때문이다. 히터의 고장 또는 거북이 히터를 물어 깨뜨림으로써 거북이 폐사하는 경우도 있지만 많은 경우 히터로 인한 거북의 폐사는 사육자가 히터를 올바르게 설치하지 않았기 때문에 발생한다.

수위가 낮을 경우 좁은 장소에 몸을 숨기기를 좋아하는 물 거북의 본능 때문에 히터와 바닥재 사이의 빈 공간을 파고 드는 과정에서 등갑으로 히터를 물 밖으로 밀어 올려 히터가 공기 중에 노출되면서 과열로 파열되는 경우가 많기 때문이다. 낮은 수위에서 사육하는 늑대거북이나 악어거북 등을 사육할 때 특히 이러한 일이 많이 일어나기 때문에 이런 종류의 거북이들은 히터 설치 시에 더욱 주의를 기울여야 한다. 히터 설치 시에는 거북의 이러한 습성을 감안하여 히터를 벽면이나 바닥에 단단히 고정시켜야 하며 유목이나 돌로 단단히 눌러 거북의 접근을 완전히 차단하는 것이 좋다. 히터를 밀어 올리지 않더라도 거북이 틈을 파고들면서 히터에 몸을 붙이고 있는 경우가 있는데 이런 경우 물속이라 하더라도 화상을 입을 수 있기 때문에 이를 방지하기 위해 가급적이면 히터커버가 있는 제품을 사용하는 것이 좋다. 커버를 구하는 것이 쉽지 않으면 PVC관을 가공하여 직접 보호덮개를 만들어 사용해도 좋다.

히터를 제대로 설치해야 하는 두 번째 이유는 감전 때문이다. 물속에 설치하는 히터나 여과기 등 전기 기구의 전선은 최소한의 길이만 물속에 잠겨 있어야 하며 반드시 깔끔하게 마무리되어 있어야 한다. 활동적인 거북의 경우 히터의 선이 물속으로 늘어져 있으면 물어뜯는 경우가 있는데 이는 아주 위험하다. 사육장을 청소하기 위해 물속에 손을 넣을 때 전기가 흐르는 것을 감지하고 히터나 여과기를 교체하는 운 좋은 경우도 있지만 최악의 경우에는 전선 내부의 구리선이 완전히 노출되면서 물속에 있는 거북이 감전사하는 일도 있다. 이런 경우는 죽은 거북을 꺼내려다 사육자도 감전될 수 있기 때문에 특히 더 조심해야 한다. 따라서 수생 거북이 돌연사했다면 무조건 물에 손을 넣지 말고 물속 전선의 훼손 여부를 먼저 확인하고 여과기와 히터의 전원을 완전히 끄고 난 뒤에 거북의 상태를 살피는 것이 안전하다.

- **수조에 설치하는 히터의 적정 와트수는?**

  수조 내에 설치하는 히터의 와트수(Watt)는 수조 내의 물 용량에 따라 결정한다. 일반적으로는 1갤런(약 3.78리터)당 3~5와트가 적정하다고 알려져 있다.

- **수조 내의 물 용량 계산법**

  수조 내의 물 용량을 산출하기 위해서 우선 수조 내에서 물이 담기는 부분까지의 가로, 세로, 높이를 센티미터 단위로 곱하고 거기서 나온 값을(1ℓ=1,000㎤이므로) 1,000으로 나눈다(덧붙이자면 실온에서 물 1ℓ는 거의 1kg이다).

  예) 가로 60cm×세로 45cm×높이 45cm = 121,500 ÷ 1,000 = 121ℓ

  여기에 바닥재, 유목 등의 셋팅 자재의 대략적인 용적을 제외하면 그것이 곧 수조 내 물의 용량이다.

거북 사육 시 알맞은 수온은 저온을 선호하는 몇몇 종을 제외하고는 대략적으로 성체는 24~26도, 회복 중인 개체나 부화한지 얼마 되지 않은 해츨링은 이보다 조금 높은 27~29도로 설정해주면 질병의 예방과 빠른 성장을 기대할 수 있다.

6 여과기

사육 수조의 수질을 안정되게 유지하고 관리하는 데 반드시 필요한 장비가 여과기이다. 여과기는 수생 거북의 사육 시 수조 내에서 발생하는 각종 오염물질을 분해하여 거북에게 안전한 상태로 수질을 관리시켜 주는 역할을 하는 장치이다. 여과 박테리아가 부착되어 살 수 있는 환경을 제공하고, 물의 흐름을 생성하여 각종 침전물이나 암모니아, 아질산염이 여과 박테리아에 잘 접근하게끔 하는 역할을 한다.

여과기의 성능은 여과기 안에 들어가는 여과재의 종류, 여과재의 용적량, 그리고 여과량(토크)의 세 가지 조건에 따라 좌우된다.

여과재의 종류

여과기 내부를 충전하는 여러 가지 소재들이 있는데 이를 여과재라고 한다. 굉장히 다양한 제품들이 시판되고 있으며 각 제품별로 기능을 명확하게 구분하기는 어렵지만 기대할 수 있는 효과에 따라 크게 물리적 여과재와 생물학적 여과재, 화학적 여과재로 나눌 수 있다.

물리적 여과재는 수조 내의 찌꺼기를 잘게 부수고 저장하는 공간을 제공한다. 보통 링 형태를 띠고 있는데 생물학적 여과를 병행하는 경우도 많다. 보유하고 있는 수조 내에 자잘한 부유물들이 많이 발생하여 고민스럽다면 사용하고 있는 여과기 내에 링 형태의 여과재를 채워 가동하면 상당부분 고민이 해결될 수 있을 것이다. 흔하게 사용되는 측면 여과기 안에 채워져 있는 스펀지나 솜도 물리적 여과를 어느 정도 기대할 수 있는데 이 경우 엉성할수록 물리적 여과 기능이 강해진다. 링 형태의 여과재를 구하기 어려울 때는 사용 중인 측면 여과기를 분해하여 내부의 스펀지를 조금 엉성한 것으로 교체한 뒤 가동시키는 것만으로도 제법 큰 효과를 볼 수 있다.

생물학적 여과재는 여과의 핵심 기능을 담당하는 소재로, 가장 큰 역할은 여과 박테리아가 서식할 수 있는 공간을 제공해 주는 것이다. 스펀지, 솜, 섭스 등 대부분의 여과재가 이 역할을 수행한다. 여과재에 자리를 잡은 여과박테리아들은 거북에게 유해한 암모니아를 덜 해로운 질산염으로 바꾸어 주는 역할을 한다. 보통 물을 머금기 전과 후의 무게 차이가 많이 날수록 좋은 여과재라고 평가되는데 이것은 곧 미생물이 활착할 수 있는 공간이 많다는 의미이기 때문이다.

화학적 여과재는 물속의 화학성분을 흡착하거나 특수한 성분을 분출하기 위해 사용하는 여과재이다. 카본이나 블랙 피트 등이 여기에 속하는데 일반 어항에서 사용하는 경우는 드물다.

여과재의 용적량

여과기 안에 여과재가 얼마나 많이 들어있느냐의 여부이다. 여과재의 양이 많다고 여과성능이 무한정 증가되는 것은 아니지만 여과기의 성능의 절반 이상은 여과재의 부피에 달려있다고 해도 과언이 아니다. 외부여과기가 측면여과기보다 여과력이 더 좋은 것은 여과재가 들어갈 수 있는 충분한 공간이 제공되기 때문이다. 그러나 여과재의 용적량만 늘린다고 해서 여과능력이 무한정 늘어나는 것은 또 아니기 때문에 무작정 비싸고 좋은 여과재를 대량으로 사용할 필요까지는 없다(총 여과량 가운데 여과 필터 내부의 박테리아가 담당하는 여과는 15% 미만 정도라고 알려져 있다). 일반적으로 많이 사용하는 측면 여과기를 분해해 보면 안에 검정색의 스펀지가 들어가 있는데 스펀지 대신 공극이 좀 더 많은 소재인 섭스 같은 것으로 교체해서 넣는 것만으로도 여과량은 상당히 개선된다.

개인적으로는 물고기를 사육하는 경우라면 수질 안정을 위해 여과재를 교체하는 것도 대안이 될 수 있겠지만 거북의 경우는 배설물이나 오염물의 양이 물고기와는 비교할 수 없을 정도로 차이를 보이기 때문에 여과재보다는 여과 방식을 개선하는 것이 더 효과적일 것으로 생각된다. 그러나 사정상 여과 방식을 개선하기 힘들거나 약간의 여과 효율의 상승 정도를 필요로 하는 경우라면 여과재를 교체하는 것으로 어느 정도 효과를 볼 수 있을 것이다.

출력량(토크)

출력량은 물의 순환량을 말한다. 여과기 안에 아무리 좋은 여과재가 많이 들어 있다 하더라도 물의 순환이 일어나지 않는다면 아무런 소용이 없게 된다. 출력량은 시간당 여과기를 통과하는 물의 양(L/h)으로 표시된다. 그러나 물이 너무 빠르게 순환되는 것 역시 여과 효율을 떨어뜨리는 원인이 되므로 무조건 강한 토크를 선호하는 것도 좋지 않다. 특히 완제품 여과기를 그대로 사용하는 것이 아니라 내부의 여과재를 다른 소재로 교체해서 사용할 경우에는 모터의 출력량을 고려할 필요가 있다.

수조 내의 수질을 유지하기 위해서는 다양한 여과 방식이 존재하고 시판되는 여과기 역시 형태와 크기, 여과량 등 여러 가지 조건이 많은 차이를 보이기 때문에 현재 보유하고 있는 수조의 크기, 사육하는 거북의 크기 및 숫자, 사용하고 있는 바닥재의 종류 등 사육 수조의 각종 상황을 고려하여 최적의 여과 방식을 선택하도록 하자.

여과기의 종류

● 내부 여과기

◈ 저면 여과기

기포기를 연결한 저면여과판을 수조의 바닥에 설치하고 그 위에 여과재 역할을 하는 솜과 모래를 깐 다음 기포기를 가동하여 저면여과판에 수직으로 설치한 관 속으로 기포를 넣으면 거품이 관을 통해 올라가면서 물을 밀어올리고, 이 순환으로 바닥재를 통해 물을 빨아들여 배출하는 방식으로 여과가 이루어진다. 일부 사육자는 물의 순환량을 증가시키기 위해 수중펌프를 저면판에 부착하여 사용하기도 한다. 가장 저렴한 여과 방식이지만 수조 전체에 깔린 바닥재가 여과재의 역할을 하기 때문에 여과 효율이 일반적으로 생각하는 것보다는 상당히 좋은 편이다. 물이 저면을 통해 서서히 흐름으로써 박테리아가 잘 생성되기 좋은 조건을 제공하기 때문에 생물학적 여과 기능이 특히 뛰어나다.

하지만 바닥재 아래쪽에 여과판을 설치하는 방식이라 거북이 바닥을 파헤치면서 여과판이나 여과솜이 노출되는 경우가 있고 가끔은 여과솜을 먹어서 문제가 생기는 경우도 있다. 가끔씩 청소를 하기 위해 바닥 전체를 뒤집어야 하는 경우도 생길 수 있지만 크기가 그다지 크지 않은 거북을 사육 중이라면 비용 대비 효율이 아주 높기 때문에 사용해 보는 것도 나쁘지 않다.

◈ 측면(스펀지식) 여과기

기포기와 연결하여 공기방울의 부력으로 스펀지를 통해 물을 빨아들여 순환시키면서 여과하는 방식으로 생물학적 여과에 특화되어 있다. 저렴하고 효과적인 여과 방식이지만 부피가 커서 수조를 좁게 만들기도 하고 특히 거북이가 훼손시킬 우려가 많아 거북 사육에는 많이 이용되지 않는다. 여과 능력은 우수한 편이나 물리적 여과능력이 떨어지기 때문에 수조 내 찌꺼기는 다른 방법으로 제거해 주어야 한다. 가격은 상당히 저렴한 편이고 운용하기 위해서는 저면여과방식과 마찬가지로 산소공급기가 필요하다.

◈ 측면(모터식) 여과기

여과기 상단에 설치된 모터로 물을 빨아들여 여과재를 통과시킨 후 다시 배출하는 방식으로 일반적으로 가장 많이 사용하는 여과방식이다. 소음이 적고 물리적 여과 기능이 뛰어나지만 여과재가 들어가는 공간이 좁아 생물학적 여과 능력이 떨어지므로 단독으로 사용할 때보다는 다른 여과기와 병행하여 사용할 때 효과가 배가 된다. 보통은 몸체 부분에 검정색의 스펀지가 들어 있지만 사육자에 따라 내부의 스펀지를 제거하고 여과 효율이 뛰어난 다른 재질로 교체하여 사용하는 경우도 있다. 작은 크기에 비해 보기보다 출수구로 나오는 물살이 세기 때문에 물살 방향을 조절하는 등의 적절한 조치를 취하지 않으면 소형 개체나 느린 수류를 선호하는 거북의 경우에는 스트레스 요인이 될 수 있다.

◈ 단지 여과기/간단한 여과통

물속에 넣을 수 있는 투명한 플라스틱 상자 형태로 기포기에 연결하여 바닥에 있는 찌꺼기를 걸러내는 물리적 여과에 특화되어 있는 여과기이다. 주로 보조여과기로 사용한다. 여과기의 성능이 뛰어나다면 굳이 설치해줄 필요는 없다.

● 외부 여과기

◈ 외부 여과기

어항에 걸쳐 놓는 걸이식 여과기와 유사한 방식이지만 보다 강력한 기계적 여과를 제공하도록 설계되어 있다. 수조의 외부에 모터와 여과제를 조합하고 입수와 출수 라인을 통해 물을 수조의 외부로 순환시켜 여과조를 통과시면서 여과시키는 방식이다. 여과조가 커서 많은 양의 여과제를 넣을 수 있고 여과기 내부에 칸이 나뉘어져 있어 물리적 여과제와 생물학적 여과제를 적절히 배치할 수 있으므로 여과 효율이 월등하게 좋아진다. 따라서 수조의 크기가 클 경우나 사육 중인 거북이 발생시키는 불순물의 양이 많아서 강력한 여과가 필요할 경우에 사용된다. 그렇지만 상대적으로 가격이 비싸기 때문에 비싼 돈을 들여 외부여과기를 구입하기보다는 여과 방식을 개선하는 경우가 많다. 여과기 안에 들어가는 여과재의 양만큼이나 여과 능력이 뛰어나기 때문에 대형 수조에서 적은 수의 물거북을 기를 경우에 사용하는 것은 추천할만하다.

◈ 상면 여과기

수조의 상단에 걸쳐서 사용하며 긴 직사각형 박스 형태에 여과재를 넣고 한쪽에서 모터로 물을 끌어올려 여과재를 통과시킨 후 수조로 배출하는 형태의 여과 방식이다. 여과재가 들어가는 양이 많아 여과 효과 또한 상당히 뛰어나다. 다만 적절히 처리하지 않으면 물이 배수될 때 소음이 심한 편이고 물이 많이 튈 수 있다. 청소 시에 수조를 건드리지 않고 상면의 여과기를 청소하면 되기 때문에 청소가 간편하며 여과기 안에 구획을 나누어 번갈아가면서 청소하면 여과 사이클이 깨지는 것을 방지할 수 있다는 장점이 있다. 다른 여과기에 비해 상면 여과기는 자작해서 사용하는 경우가 많다.

기성품이 판매되기도 하지만 자신이 보유하고 있는 수조에 딱 맞는 것을 찾기는 어렵기 때문에 보통은 직접 만들어서 사용한다. 대략적인 구조와 원리만 알면 모터 하나와 주위에서 쉽게 구할 수 있는 플라스틱 통 정도만으로도 비교적 어렵지 않게 만들 수 있으므로 한번 자작에 도전해 보는 것도 여과의 원리를 이해하는 데 좋은 경험이 될 수 있을 것이라고 생각한다.

워낙 많은 사람들이 스스로 만들기 때문에 인터넷을 검색하면 갖가지 독특한 소재와 형태, 구조의 상면 여과기 제작에 관련된 자료를 쉽게 얻을 수 있다.

◈ 걸이식 여과기/동력 여과기

수조의 상단 벽면에 걸어 설치하고 수중 모터로 끌어올린 물을 내부의 여과재를 통과시켜 다시 수조로 보내는 방식으로 여과하는 방식이다. 측면 여과기가 수조의 내부에 설치되어 사용되는 데 반해 걸이식 여과기는 수조의 바깥쪽에 설치하여 사용하는데 여과기의 본체가 수조 밖에 설치되어 수조 내의 공간을 차지하지 않기 때문에 주로 60센티 이내의 소형 어항에서 많이 사용된다. 여과기 안에 필터를 넣는 공간이 있어 그곳에서 박테리아 활성이 되기 때문에 물리적 여과뿐 아니라 생물학적 여과 능력도 뛰어나다.

1. 저면 여과기
2. 측면 여과기
3. 걸이식 여과기
4. 상단 여과기
5. 외부 여과기

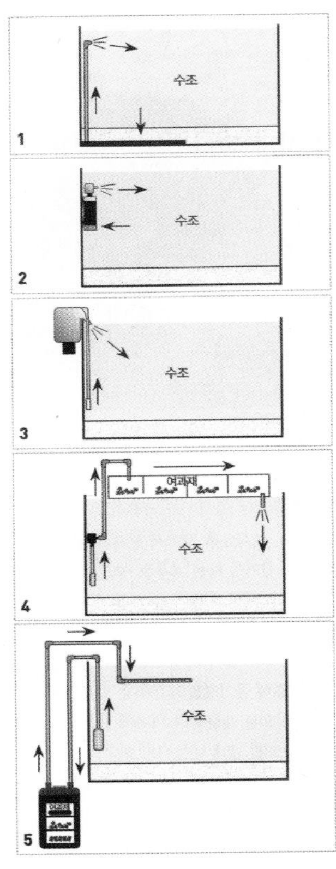

다양한 여과 방식

7 사육용품

케이지 퍼니처는 사육장과 바닥재, 광원과 열원을 제외한 나머지 온습도계, 은신처, 일광욕장, 물그릇, 먹이 그릇, 온욕통 등 케이지 내부에 설치되는 여러 가지 사육용품을 말한다.

사람들마다 생각의 차이는 있겠지만 다양한 종류의 케이지 퍼니처 가운데서도 가장 중요한 것을 꼽으라면 온습도계와 은신처라고 할 수 있다. 그런 만큼 사정상 다른 것들은 설치하기 어렵더라도 사육장 내에 이 두 가지는 반드시 설치해 주는 것이 좋다.

케이지 퍼니처는 거북의 동선을 고려하여 위치를 잡고 적절한 장소에 설치하는 것이 무엇보다도 중요하다. 또한 소재에 별다른 제한은 없지만 반사되는 영상을 자신보다 우위에 있는 동종으로 여겨 공격하거나 그로 인해 지속적으로 스트레스를 받을 수 있기 때문에 사육하는 거북이 비칠 정도의 반사면을 가진 재질로 된 것만큼은 피하는 것이 좋다.

✔ 은신처

자연 상태에서 은신처는 야간에는 열손실을 막아주고 주간에는 직사광선을 피할 공간을 제공하며 악천후나 비, 바람과 같은 험한 자연 환경 또는 포식자와 같은 여러 위험요소들로부터 거북을 지켜주는 다양한 환경 요소를 의미한다. 평상시 거북은 일광욕이나 먹이활동을 할 때를 제외하고는 굴이나 바위 틈 등의 안전한 은신처에서 대부분의 시간을 보낸다. 그러므로 사육 하에서도 은신처는 거북의 휴식이나 심리적 안정을 위해서 반드시 설치해 주어야 한다.

종을 막론하고 거북은 좁고 어두운 은신처 안에서 은신처 벽에 몸이 밀착되는 상태로 심리적 안정을 느낀다. 따라서 은신처는 크기가 지나치게 크거나 거북의 체고에 비해 높이가 많이 높아서는 안 된다. 사육자가 생각하기에 좀 좁아 보이는 듯한 것이 오히려 좋다. 은신처 안에서 몸을 돌릴 수 있을 정도면 되고 아무리 크더라도 몸 크기의 3배를 넘지 않는 것이 좋다.

★Tip★ 은신처의 조건

- 세척과 소독을 위해 쉽게 이동시킬 수 있는 무게여야 한다.
- 그럼에도 불구하고 외부의 가벼운 자극 정도로 움직일 만큼 가벼워서는 안 된다.
- 쉽게 세척이 가능한 구조여야 한다.
- 재질이나 성분이 거북에게 무해해야 한다.

- 외부의 빛을 차단할 수 있는 불투명한 소재여야 한다.
- 거북이 비칠 만큼 반짝거리는 재질이어서는 안 된다.

파충류용 은신처로는 다양한 종류가 기성품으로 나와 있다. 수생 거북의 경우 돌이나 유목을 많이 넣어 주면 그것을 은신처로 삼는 모습을 볼 수 있고, 육상 거북의 은신처는 어린 개체의 경우 시판하는 동굴 형태 은신처를 사용할 수 있으나 성체가 되었을 때는 MDF나 합판 같은 소재를 사용하거나 주위에서 쉽게 구할 수 있는 소재들을 이용하여 직접 만들 수도 있다. 전면과 바닥면이 없이 막힌 가장 단순한 형태로 만드는 것만으로도 충분히 은신처의 역할을 할 수 있기 때문에 너무 어렵게 생각하지 않아도 된다. 박스 형태의 경우 바닥면까지 만드는 경우가 있는데 거북이 은신처 안에서 배설을 하는 경우도 있으므로 바닥면은 없는 편이 좋다.

✔ 일광욕장

수생거북이 몸을 말릴 수 있도록 하기 위해 수조 내에 설치해 주는 구조물이다. 일광욕은 신체의 소독과 골격 및 면역체계의 강화, 신진대사의 활성화와 영양의 흡수를 위해 반드시 필요하다. 거북의 건강을 유지하기 위한 필수적인 과정이므로 모든 반수생거북의 사육장에는 반드시 몸을 완전히 말릴 수 있는 육지를 만들어 주는 것이 좋다. 일광욕장의 효과는 육안으로도 쉽게 확인할 수 있는데 오랫동안 몸을 말리지 못한 상태로 사육되는 반수생거북의 경우 등딱지의 상태가 좋지 못한 경우가 많다. 특히 반수생거북의 경우 육지거북과는 달리 주기적으로 탈피를 하는데 이때 일광욕은 탈피를 안정적으로 할 수 있게 도와주는 역할을 한다. 건강하고 윤기 있는 등딱지와 종 고유의 무늬를 선명하게 감상하고 싶다면 일광욕장을 반드시 설치하여 탈피를 원활하게 하도록 도와주는 것이 좋다. 도저히 수조 내에 일광욕장을 설치할 여건이 되지 않는다면 주기적으로 거북을 꺼내어 별도의 공간에서라도 몸을 완전히 말리는 시간을 가지는 것이 좋다.

일광욕장은 어떤 형태이건 상관은 없지만 거북이 쉽게 물에서 나올 수 있는 구조여야 한다. 또한 거북이 타고 오르기 어려울 만큼 지나치게 매끄러운 재질이어서는 안 되고 반대로 너무 거칠거나 날카로워서 거북의 복갑에 상처를 낼 정도여도 안 된다. 무엇보다도 거북이 위에 올라가서 움직이더라도 무너지지 않을 정도로 안정되어 있어야 한다. 현재 다양한 형태의 기성품이 시판되고 있으므로 구입해서 설치하면 되고 굳이 구입하지 않고 유목이나 돌, 루바 등을 이용해서 직접 제작해 주는 것도 좋다. 별도의 구조물을 설치하지 않고 수위를 낮추어 바닥재나 유목을 수면 위로 노출시키는 방법도 있으나 수량이 줄어들 경우 수질 악화가 가속화되기 때문에 그다지 좋은 방법은 아니다. 설치 위치 역시 사육장 내의 어디든 별다른 제한은 없으나 어린 거북은 벽면을 따라 헤엄치는 경우가 많으므로 벽 쪽에 붙여 설치해 주는 것이 좋다.

✔ 먹이그릇

수생 거북은 별도의 먹이 그릇을 설치하지 않고 바로 수면에 먹이를 떨어뜨려 공급하기 때문에 별도의 먹이그릇은 필요하지 않다. 그러나 육상 생활을 하는 거북의 경우에는 먹이와 함께 바닥재를 섭취하는 것을 방지하기 위해서 사육장 내에 그릇을 설치해 주도록 한다. 건초처럼 먹어도 괜찮은 바닥재를 제외하면 먹이와 함께 집어 먹은 바닥재가 장을 막는 사례가 간혹 보고되고 있기 때문이다.
먹이그릇은 물그릇과 마찬가지로 낮고 평평한 형태가 좋으며 지나치게 가벼워서는 안 된다. 일부 사육자들은 먹이를 먹일 때 바닥재 위에 필름 형태의 얇은 깔판을 깔고 그 위에 먹이를 주거나 아예 거북을 바닥재가 없는 곳으로 옮긴 뒤 먹이를 급여하는 방식으로 바닥재를 먹는 빈도를 줄이기도 한다. 그러나 이럴 경우 환경변화에 민감한 종은 먹이 반응이 떨어지는 경우도 있기 때문에 거북의 상태를 살펴 가면서 실시하는 것이 좋다.

✔ 물그릇

수생 거북이 아니더라도 거북은 물을 마시는 것을 즐기며 목욕을 좋아한다. 때문에 사육장 내에 언제든 원할 때 수분을 섭취하고 몸도 담글 수 있도록 충분한 크기의 물그릇을 설치해 주는 것이 좋다. 물그릇은 높이가 낮고 널찍한 형태의 용기로 거북이가 들어갈 수 있을 정도의 크기면 적당하다. 하지만 실제로 거북을 사육하고 있는 입장에서 본다면 현실적으로 사육장 안에 물그릇을 설치하고 또 항상 청결하게 유지한다는 것이 사실상 쉬운 일만은 아니다. 손이 보통 많이 가는 일이 아니기 때문이다. 거북이 물그릇을 들락거리면서 물이 넘쳐 바닥재가 젖기 때문에 바닥재를 자주 교체해야 하고, 조금만 시간이 지체되면 여름에는 초파리들이 생기기도 한다. 젖은 바닥재와 배설물들이 섞여서 냄새도 많이 나게 되고 결과적으로는 청결하지 못한 환경 때문에 거북이 질병에 걸릴 확률도 높아진다. 이러한 문제점들 때문에 보통은 사육장에 물그릇을 설치하기보다 주기적으로 거북들을 사육장 밖으로 꺼내어 온욕을 시키면서 거북에게 필요한 수분을 함께 공급하는 방식을 선호한다. 그러나 사육자가 필요하다고 생각할 때가 아니라 실제로 거북이 필요로 할 때 수분을 공급하기 위해서는 좀 귀찮더라도 사육장 내에 물그릇을 설치하는 것이 좋다.

✔ 온 · 습도계

사육장 내부의 온 · 습도를 체크하기 위해 설치한다. 온 · 습도계는 좀 지나치다 싶을 정도로 자주 확인할수록 좋다. 누차 강조하지만 온도는 거북의 생존과 곧바로 직결되는 요인이므로 저가의 제품보다는 정확하고 믿을 수 있는 제품을 이용해야 한다. 최고 · 최저온도를 확인할 수 있으면 더욱 좋다. 스티커형부터 디지털온도계까지 다양한 제품이 시판되고 있지만 가격대비 성능을 생각한다면 일반적으로 볼 수 있는 막대형의 수은 온도계(알코올계 온도계)를 사육장 안쪽에 부착하는 것이 좋다. 다만 정확한 온도와는 차이가 있으므로 수조에 설치한 것과는 별도로 기준이 되는 정확한 온도계를 하나 더 보유하고 있는 것이 좋다. 간혹 거북이 깨물어 파손시키는 경우도 자주 있기 때문에 지나치게 고가의 것을 설치하는 것도 그리 경제적인 일은 아니다. 또 한 가지, 거북 사육 초기에 많이 사용하는 수족관 바깥쪽 유리면에 부착하는 스티커형 온도계는 보기에는 좋고 공간도 적게 차지하지만 온도를 정확하게 파악하기가 힘들기 때문에 그다지 실용적이지는 못하다.

사육장에 설치되는 온도계는 조금 과장하면 많으면 많을수록 좋다. 보유하고 있는 사육장이 넓은 경우라면 스팟 지역과 은신처 지역에 따로 온도계를 설치하여 수시로 확인하도록 한다.

✔ 사육장 장식물(Cage Deco)

아름답게 꾸며진 사육장은 보기에도 좋을 뿐만 아니라 거북의 활동성을 높여 주며 심리적인 안정까지도 줄 수 있다. 이를 위한 목적으로 사용되는 사육장 장식용 자재들은 사육장을 아름답고 실용적으로 꾸미기 위한 백스크린, 살아 있는 식물과 각종 조화들, 유목과 바위, 코르크판 및 기타 장식품들을 포함한다.

사육장을 꾸미는 데는 가급적이면 자연물을 이용하는 것이 좋은데 그렇더라도 단면이 너무 날카로워 거북에게 상처를 주는 것은 피하는 것이 좋고, 기성품의 경우라면 거북에게 해를 주는 화학물질로 제조된 제품은 사용하지 않는 것이 좋다. 일부 사육자는 사육장을 꾸미는 데 살아 있는 식물을 이용하기도 하는데 이럴 경우 거북이 먹어도 해가 되지 않는 식물을 선별하고, 혹시라도 거북이 먹어 버리는 일이 없도록 설치 위치를 신중하게 결정하도록 한다.

사육자에 따라서는 사육장을 전혀 꾸미지 않고 최소한의 사육 용품만 단순하게 조성된 사육장에서 거북을 사육하는 경우도 있으며 장식물이 필수사항은 아니나 거북의 심리적 안정 및 다양한 활동이 가능하도록 조성해 주는 것이 바람직하다.

8 영양제 및 약품

칼슘제, 비타민제와 같은 종합 영양제부터 등갑 보호제, 설파제, 소독약, 상처 치료제, 영양 공급을 보조할만한 영양제와 응급 상황 시 사용할만한 치료제 등은 구비해 두는 것이 좋다.

9 서식환경에 따른 사육장 스타일

거북의 서식환경은 평생을 물속에서 생활하는 완전한 수생종, 물과 육지를 오가는 반수생종, 수영이 서틀러 얕은 물이나 물가의 축축한 곳에 서식하는 습지형, 완전 육상생활을 하는 지상종 등 크게 네 가지 형태로 분류할 수 있다.

✔ 수생성 사육장

완전수생 거북의 사육장은 육지 거북이나 반수생종 거북의 사육장보다 조성하기도 쉽고 관리 역시 용이하다. 열대어 사육장의 조성과 유사하므로 물고기를 길러본 사람이라면 어렵지 않게 꾸밀 수 있으며 관리 방법 역시 크게 차이가 나지는 않는다.

다만 늑대거북이나 악어거북의 경우는 수영이 그리 능숙하지 못하므로 거북의 크기에 맞게 물높이를 조정해 주어야 하고 큰 덩치와 강한 힘으로 내부 장식을 파손시킬 우려가 있기 때문에 이 점을 고려하여 내부 장식을 하는 것이 좋다.

✔ 반수생성 사육장

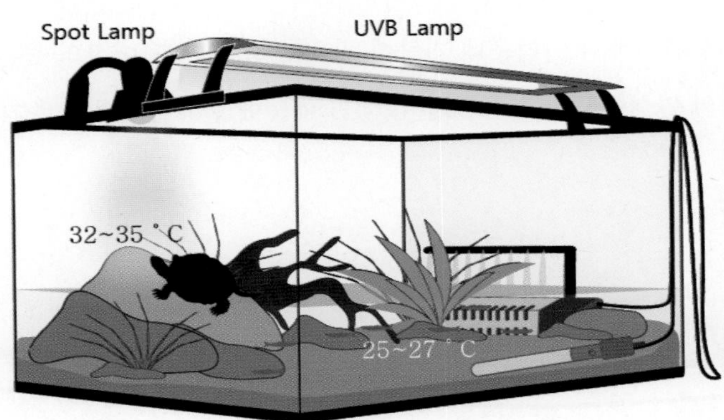

거북 가운데서 반수생종의 숫자가 가장 많고 각 종마다 요구되는 사육장의 형태도 상이하므로 종의 특징을 잘 이해하고 사육장을 조성해 주는 것이 좋다. 상당 시간 육지에서 생활하는 반수생종의 특성을 고려하여 전체 수조에서 육지와 물의 비율 50:50을 기준으로 종과 개체의 특징에 따라 적절히 조절한다. 특히 많이 사육되는 슬라이더류의 경우는 성장함에 따라 선호하는 물과 육지의 비율이 달라지기 때문에 사육

하고 있는 거북의 성장 정도를 고려하여 사육장을 조성해 주는 것이 좋다.

육지 부분을 별도로 마련하지 않고 물 위로 일광욕을 위한 구조물을 설치해 줄 경우에도 마찬가지로 그 넓이를 조절해 주는 것이 좋다. 반수생거북 사육장의 경우 내부 구조가 단순하고 물이 많이 들어가지 않으면 한쪽에 받침대를 받쳐 살짝 기울여 두는 것도 좋다.

습지형 사육장

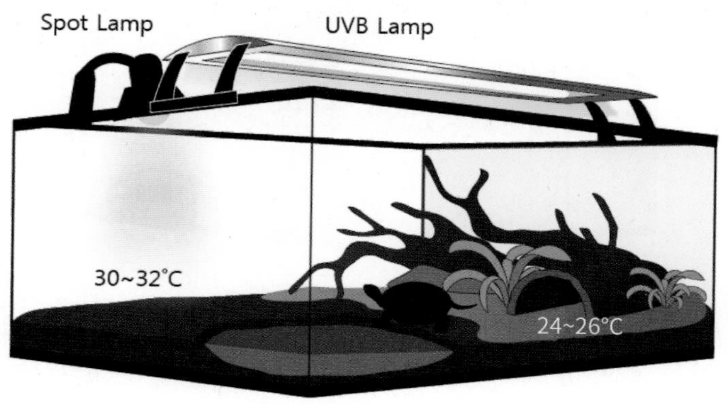

습지 거북의 사육장 조성은 육지 거북이나 완전수생 거북의 사육장 조성보다 다소 어렵다고 알려져 있다. 주로 상자거북류(Box Turtle)나 나무거북류(Wood Turtle) 같이 물가에 서식하지만 수영이 서툰 종을 위한 사육장 형태이다. 얕은 물을 오갈 수 있어야 하며 바닥재를 파고드는 것도 선호하기 때문에 축축하고 파기 쉬운 바닥재를 제공한다. 사육장의 조성만 어려운 것이 아니라 관리 역시 다소 어려운 편이다. 습지 거북의 사육장이 특히나 관리하기 어려운데 거북이 필요로 하는 25도 이상의 높은 온도와 높은 습도는 곰팡이와 진드기, 응애의 번식에도 최적의 조건이 되기 때문에 번거롭더라도 주기적인 관리가 꼭 필요하다.

지상성 사육장

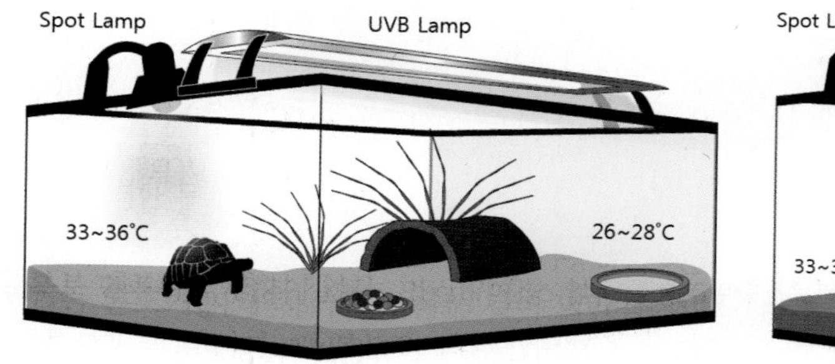

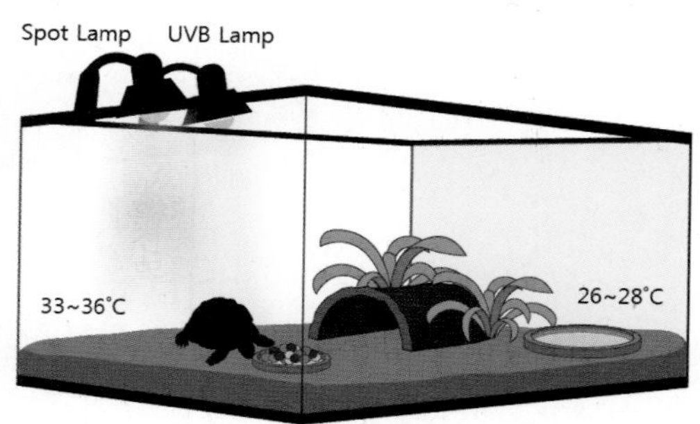

육지 거북은 반수생종 거북에 비해 훨씬 크기가 크며 활동량도 상당히 많은 편이기 때문에 반수생종보다 크기가 큰 사육장을 제공해 줄 필요가 있다. 육지 거북 사육장의 조성은 바닥재의 선택으로부터 시작된다. 사육장 바닥에 깔리는 바닥재는 사육하는 종의 최적 사육 습도의 유지가 가능하도록 선택한다. 은신처는 반드시 설치되어 있어야 하며 물그릇도 비치하여 언제든 거북이 원할 때 수분을 섭취할 수 있도록 항상 신선한 물로 갈아 주는 것이 좋다.

사육장 안에 설치되는 모든 구조물들은 활동성이 많은 거북이 올라갔다가 뒤집어져 다칠 수 있으므로 거북의 동선을 고려하여 안정되도록 설치한다. 특히 열원에 가까운 쪽에는 가급적이면 올라갔다가 뒤집어질만한 구조물을 설치하지 않는 것이 좋다. 뒤집어진 장소가 열등 바로 아래라면 짧은 시간 안에 폐사할 수도 있다.

보통 사육자들은 한번 조성한 사육장을 변화 없이 그대로 유지하려는 경향이 강한데 사육장 조성은 가끔씩 완전히 새로운 형태로 바꾸어 주는 것이 좋다. 은신처의 위치도 바꾸어 주고 내부의 구조도 바꾸어 거북이 새로운 환경에 적응해야 하는 약간의 스트레스를 주는 것도 거북 사육에 있어서 나쁜 일은 아니기 때문이다.

5 거북의 번식

1 거북의 성별 구분법

✓ 암수의 크기 차이로 판별하는 법

일부 몇몇 종(설카타, 레오파드, 갈라파고스거북, 알다브라거북 등)을 제외하고는 대부분 거북은 암컷이 수컷보다 크고 성장도 훨씬 빠르다. 별거북처럼 성체 시 암수의 크기 차이가 많이 나는 동종이형(同種異形)일 경우 크기의 차이만으로도 쉽게 암수 구분이 가능하다. 가장 쉽게 암수를 판별할 수 있는 방법 가운데 하나이기는 하지만 이렇게 암수의 크기 차이를 이용한 구분법은 종에 따라 수컷이 더 크게 자라는 종이 있는 등 절대적 기준이 되기는 어렵고 완성체가 아닐 경우에는 구분하기가 어렵다는 단점이 있다.

✓ 색깔[체색, 홍채색]의 차이로 구분하는 법

특정 종은 암수의 눈 색깔이 다르므로 그 차이를 보고 암수를 구분할 수 있다. 예를 들면 미국 상자거북의 경우 암컷의 눈은 진한 갈색 혹은 적색 계열이고, 수컷은 밝은 적색이나 오렌지색 계열이다.

등갑의 형태(체형) 차이로 구분하는 법

크기와 더불어 체형으로도 암수의 구별이 가능하다. 별거북 암컷의 체형은 위에서 볼 때 원형에 가깝고 수컷은 타원형에 가깝다.

암컷 수컷

등갑의 형태로 구별되는 붉은다리거북

이 방법으로 가장 확실하게 암수 구분이 가능한 종으로는 붉은다리거북이 있는데 수컷의 체형은 호리병형인 데 비해 암컷은 타원형에 가깝기 때문에 성체의 경우 손쉽게 구별이 가능하다. 하지만 이 방법 역시 거북의 종에 따른 형태의 차이가 존재하므로 각 종이 성체일 때 등갑 형태의 차이에 대한 지식이 필요하다.

배갑의 높이 차이로 구분하는 법

수컷은 낮고 경사가 완만한데 반해 암컷은 높고 경사가 크다.

암컷 수컷

배갑의 높이로 구별되는 돼지코거북

✔ 신갑판의 형태 차이로 구분하는 법

수컷은 둥글고 안쪽으로 말려 있고 암컷은 직선 형태로 곧다.

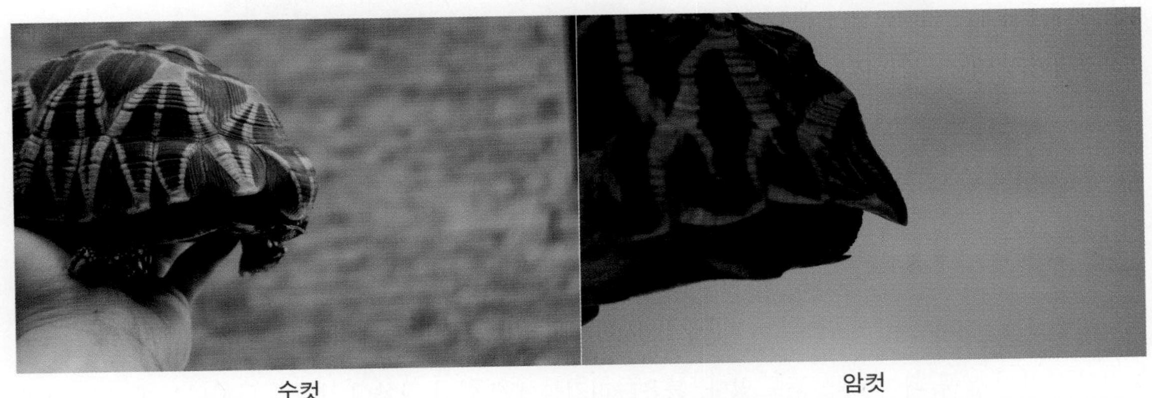

수컷 암컷

신갑판의 형태로 구별되는 별거북

✔ 복갑의 형태 차이로 구분하는 법

늑대거북이나 악어거북 등의 경우에는 복갑으로도 암수의 구분이 가능하다. 번식기 때 수컷이 암컷의 등에서 교미 자세를 유지하기 쉽도록 수컷의 복갑은 암컷보다 작으며 복갑과 등갑을 연결하는 브릿지의 폭이 더 좁다.

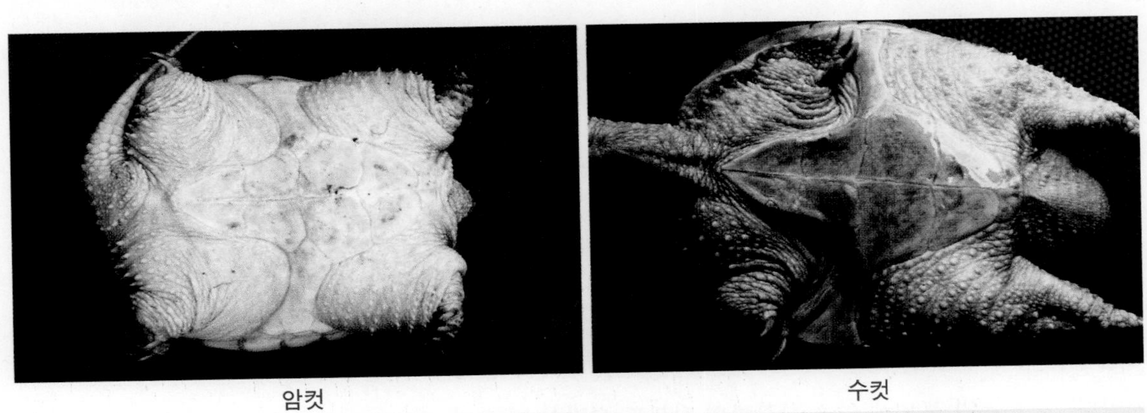

암컷 수컷

복갑의 크기와 형태로 구별되는 늑대거북

붉은다리거북의 암수 복갑 차이

수컷의 복갑이 움푹 패여 있는 종도 있다. 붉은다리거북에게 이런 경향이 강하게 나타나는데 이는 교미할 때 수컷이 암컷의 등에 올라타기 쉽도록 진화한 것이다. 성체의 경우 확연한 차이를 볼 수 있다.

항갑판이나 후갑판의 형상 차이로 구분하는 법

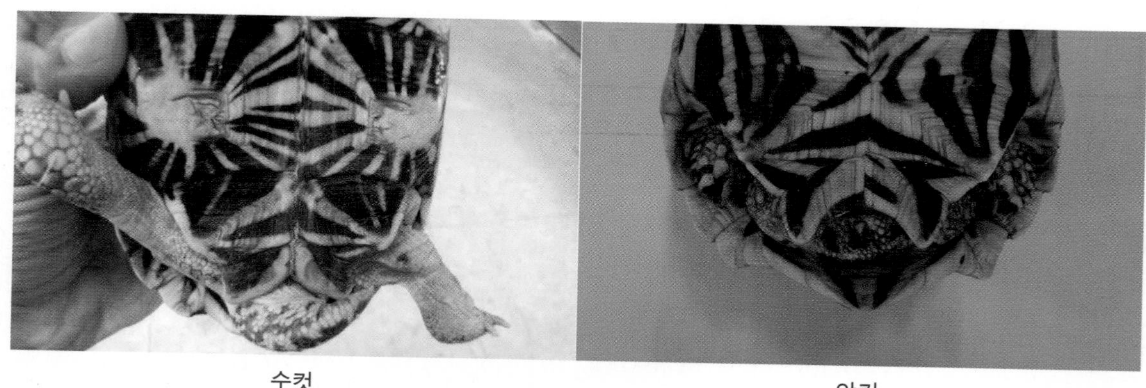

별거북의 암수 차이

수컷은 번식기에 다른 수컷과 싸울 때 사용하기 위해 복갑 전면에 있는 후갑판의 크기가 암컷보다 크게 자란다. 보통 복갑 후면에 있는 항갑판의 각도도 수컷이 더 크다.

꼬리의 길이와 굵기 차이로 구분하는 법

성체는 확연하게 차이가 나므로 손쉽게 판별할 수 있다. 하지만 생후 2~3년 이내의 유체일 경우는 이 방법으로 암수 판별이 쉽지 않다. 전문브리더가 아니라면 유체 시 거북의 암수 구별은 상당히 힘들다. 수컷은 꼬리가 굵고 길며 상대적으로 암컷은 가늘고 짧다.

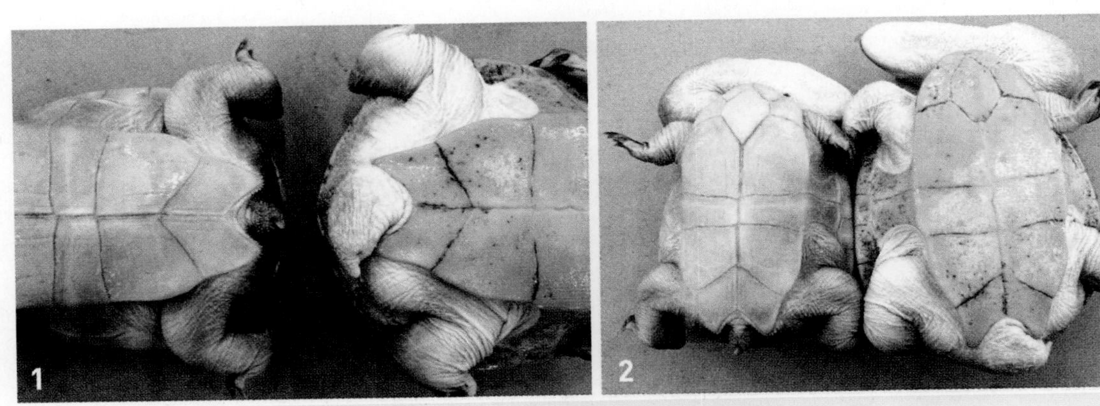

밤목거북의 암컷(좌) 수컷(우)의 꼬리

✔ 총배설강의 위치 차이로 구분하는 법

거북의 암수를 구별하는 가장 일반적이고도 손쉬운 방법이다.

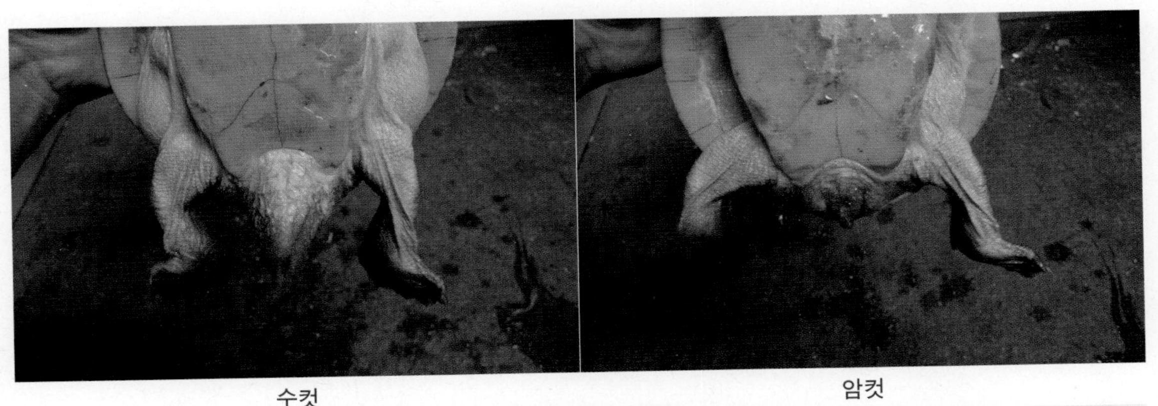

수컷 암컷

밤목거북의 총배설강 위치 차이

수컷은 꼬리가 굵고 길며 총배설강의 위치가 항갑판에서 멀리 떨어져 있다. 암컷은 그 반대이다.

✔ 발톱의 길이와 형태 차이로 구분하는 법

수컷은 앞 발톱이 길고 암컷은 짧다.

암컷 수컷 암컷(상)/수컷(하)

노란배거북의 암수 차이

붉은귀거북이나 노란배거북 등 일부 종은 수컷의 발톱이 암컷보다 길다. 수컷은 교미 시에 이 긴 앞발톱을 암컷을 자극하는 용도로 사용한다.

암컷 수컷

상자거북의 암수 차이

상자거북의 경우 번식기 때 암컷의 등갑을 단단히 잡을 수 있도록 수컷의 뒷 발톱이 더 굵고 안으로 휘어 있다.

위와 같은 방법으로 거북의 암수를 구분해서 번식에 적당한 쌍이 구해지면 귀여운 아기 거북을 탄생시키기 위한 가장 기본적인 준비가 된 것이다.

다음으로 이루어지는 본격적인 번식의 과정은 동면을 위한 모체 관리 → 쿨링 or 사이클링 → 메이팅 → 산란 → 인큐베이팅 → 부화 → 유체 관리의 순서로 진행되는데 진행되는 과정들을 전부 기록해 두는 것이 좋다. 번식을 위해서 다음으로 할 일은 동면이나 사이클링을 시키는 일이다.

자연 상태에서의 동면(Hibernation)이란 변온동물인 거북이 '겨울'이라는 환경 조건에 적응하기 위해 체내의 대사 활동을 줄이고 체온을 낮추어 겨울을 나는 상태를 일컫는다. 이를 번식의 측면에서 생각하면 동면은 생식주기를 맞추는 데 도움을 주고 동면에서 깨어날 때의 온도 변화는 교미를 자극하는 효과가 있다. 그러나 자연 상태에서와는 달리 사육 하에서 동면은 상당한 번거로우면서 위험부담을 동반하는 일이다. 동면 전 모체의 장기적인 건강관리가 필요하며 무엇보다 동면에 필요한 낮은 온도를 일정하게 유지하기가 쉽지 않기 때문이다. 성공적으로 동면을 마치기 위해서는 몸속에 저장된 충분한 지방과 폐사에 이를 온도까지 떨어지지 않는 안전한 은신처 등의 여러 조건이 필요하다. 동면 중 일어나는 폐사는 대부분 동면 초기나 끝나는 시기에 일어나는데 이러한 폐사를 줄이려면 동면 중 일어날 수 있는 모든 사태에 대한 대비를 하고 대처방안을 강구하여야 한다.

2 동면(Cooling)을 위한 모체 관리

번식을 위해 쿨링에 들어가는 모체는 동면 전에 충분한 준비 과정을 거쳐야 한다. 먼저 선택된 모체는 사육하고 있는 개체들 가운데 가장 크고 건강한 것일수록 좋다. 무엇보다 동면기간을 안전하게 버틸 가능성이 높고 더 크고 많은 수의 알을 산란할 수 있기 때문이다.

이렇게 준비된 모체는 동면 전에 모체를 성숙시키는 데 가장 적합한 환경에서 양성할 필요가 있다. 여러 마리를 합사하고 있다면 계획된 쌍을 별도의 공간에서 특별 관리를 하는 것도 좋다. 그리고 번식용 모체는 동면 프로그램 실시 전에 영양을 충분히 공급해야 한다. 동면 중에 수개월간 먹이를 먹지 않음에도 거북이 죽지 않고 살 수 있는 것은 대사를 극한까지 억제하기 때문이다. 하지만 동면 중에도 체력과 체중은 서서히 감소하기 때문에 동면에 들어가기 전에 동면 기간을 문제없이 버틸 수 있는 신체 상태를 만들어 두어야만 안전하게 동면을 마칠 수 있다.

동면 시기가 가까이 오면 완전한 동면에 들어가기 전, 동면 기간 내에 장을 비우기 위해 통상 동면 1개월 전부터는 금식을 시켜야 한다. 동면 기간 중 위장 내에 소화가 안 된 음식이 남아 있으면 이차적인 감염증을 유발할 수 있기 때문이다. 이와 더불어 본격적인 동면에 들어가기 전에 수분을 공급하고 장 운동을 활성화시켜 장에 모여 있는 대변과 요산을 배설시키기 위해 최소 이틀 정도에 걸쳐 수시로 온욕을 시킨다. 그리고 동면에 들어가기 전 체중과 체장 등 기본적인 신체 측정을 하고 그 결과를 기록해 둔다. 이 기록들은 동면 중 정기적인 관리를 하는 데 있어 기준이 되므로 정확하게 측정해 두는 것이 좋다.

마지막으로 여건이 허락된다면 믿을만한 수의사에게 건강검진을 받는 것도 추천할 만하다.

★Tip★ 동면 프로그램에 포함시켜서는 안 되는 개체

- 지나치게 어린 개체
- 관리 현황이 파악되지 않은 분양 받은 지 얼마 되지 않은 개체
- 영양 공급 부족으로 체중이 지나치게 가벼운 개체
- 스트레스를 많이 받은 개체
- 심각한 질병을 앓았거나 현재 질병에 걸린 개체, 그리고 질병에서 회복된 지 얼마 되지 않은 개체

동면 (cooling)

동면은 메이팅을 촉진하는 중요한 요인이다. 쿨링 기간 중 15도 이하의 낮은 온도는 배란과 정자 형성에 많은 영향을 미친다. 동면을 하지 않거나 높은 온도에서 번식 활동을 하는 종이 없는 것은 아니지만 자연계에서 거북들은 온도가 떨어져야 번식 활동을 시작하는 경우가 대부분이다. 그렇기 때문에 인공 사육하에서도 번식을 위해서는 일정 기간 인위적으로 온도를 떨어뜨려 주는 인공 동면 혹은 인공 사이클링(아열대지방의 우기에서 건기로 넘어가는 과정에 차가운 비가 내리고 기온이 떨어져 낮은 온도와 높은 습도가 유지되는 일정 기간)의 과정이 필요하다. 겨울이 없는 열대 지역 원산의 거북이라 하더라도 마찬가지이다.

보통 10월 말 무렵이면 거북은 식욕과 일광욕 시간이 감소하고 움직임도 둔해지며 적당한 동면 장소를 찾아 돌아다닌다. 실외 사육 하에서는 이러한 변화를 실내 사육 때보다 더 확실하게 알아차릴 수 있다. 이때가 되면 동면용 굴을 파주거나 동면 상자를 만들어 주는 등의 방법으로 적절한 동면 장소를 제공해 주어야 한다. 하지만 실내에서 사육 중이라면 특정한 기계를 이용하지 않고 성공적으로 원하는 온도로 원하는 기간만큼 완벽하게 쿨링을 시키기란 쉬운 일이 아니다. 온도를 올리는 것은 히팅 램프나 열판 등 여러 가지 방법으로 손쉽게 할 수 있지만 온도를 내리고 일정하게 유지하는 것은 생각만큼 쉽지 않다.

보통 가정에서는(겨울에도 어느 정도 보온이 되는 상태에서라면) 지하실과 같은 가장 온도가 낮은 곳으로 사육장을 옮기거나 동면장을 설치해 주는 방법으로 쿨링을 시킨다. 하지만 이런 방법으로는 쿨링에 필요한 온도를 일정하게 맞추기가 쉽지 않고, 의도하지 않게 원하는 온도 이하로 장시간 기온이 내려가 생물이 폐사하는 경우도 생길 수 있다. 또한 적온에서 동면을 시키지 않을 경우 동면 후 실명하거나 사지가 마비되는 증상이 나타날 가능성도 있다.

쿨링은 정상적인 체온에서 단기간에 원하는 온도까지 내렸다가 올리는 것이 아니라 오랜 시간을 두고 서서히 원하는 온도까지 내려야 한다. 보통은 섭씨 20℃에서 며칠간 저온에 적응시킨 뒤 15℃에서 다시 며칠, 그리고 5~8℃가 유지되는 곳으로 옮겨 본격적인 쿨링에 들어간다. 동면에서 깨울 때도 마찬가지로 서서히 온도 변화를 주도록 한다. 급격한 온도 변화는 생물의 폐사로 이어질 수 있으므로 주의해야 한다.

비록 건강한 거북이라 할지라도 동면 중, 혹은 동면 후의 폐사는 드문 일이 아니다. 그만큼 사육 하에서의 인공적인 동면은 많은 어려움과 위험 부담을 안고 있다. 번식을 시도하는 과정에서 거북을 죽이게 되는 주된 이유는 준비가 제대로 갖추어지지 않은 상태로 동면을 시도했거나 동면 기간 중에 적절한 관리를 하지 못했기 때문인 경우가 많다.

동면 중인 거북

✔ 동면 상자의 제작과 설치

동면에 사용하는 상자에 소재나 규격 등의 특별한 제한은 없다. 크기는 거북이가 용기 내에서 180° 방향을 바꿀 수 있을 정도가 좋다. 또한 탈출할 수 없을 정도의 높이가 보장되거나 튼튼한 뚜껑이 있는 것이 좋으며 동면 중에도 느리기는 하지만 호흡은 하므로 환기용으로 구멍을 충분히 뚫어 주어야 한다. 동면용으로 사용되는 바닥재는 모래, 흙, 피트모스 등의 소재가 주로 사용된다. 바닥재는 그다지 깊지 않아도 상관없으며 거북이가 몸을 땅에 묻어 숨을 정도면 된다. 좀 더 신경을 쓴다면 열전도의 속도를 감소시키는 효과가 있으므로 동면 상자에 단열재를 사용하면 좋다.

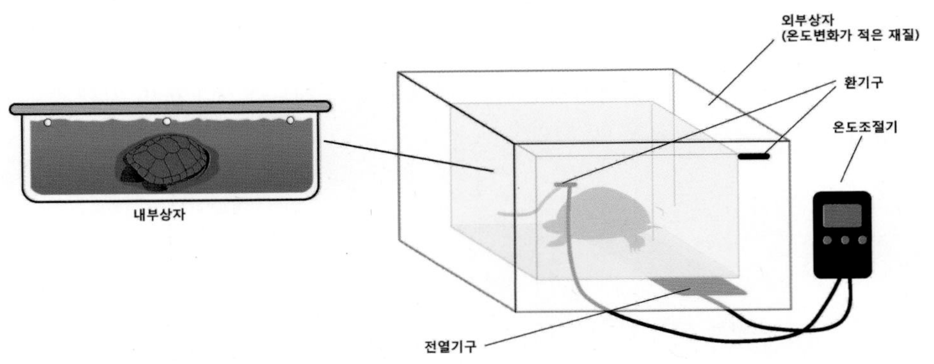

동면 상자의 구조

동면 상자의 다양한 형태

동면 상자는 크기나 소재보다는 설치 장소가 더 중요하다. 동면 상자가 설치되는 곳은 진동이 없어야 하며 쥐와 같은 천적의 침입으로부터 안전한 곳이어야 하고 지나치게 온도가 떨어지는 곳이어서는 안 된다. 요즘에는 사육자들 사이에서 냉장고를 사용하여 동면시키는 경우가 늘고 있다.

동면 중 관리

자연계에서의 동면을 생각해서 사육 하의 동면 중인 거북이에게도 절대로 손을 대거나 방해하면 안 될 것이라고 많이들 생각하는데 전혀 그렇지 않다. 오히려 정기적으로 체중을 측정하고 온습도 관리를 해주는 것이 좋다. 동면에 들어가기 전 측정해 둔 체중 데이터를 바탕으로 동면 기간에도 2~3주에 1회 정도 주기적으로 동면 상태와 체중을 확인하고 기록하도록 한다.

체중을 재고 있는 거북

동면 기간이라고 해서 영양 손실이 완전히 없는 것은 아니다. 건강한 거북은 동면 기간 동안 수분의 손실이 있고 지방과 저장된 글리코겐의 환원작용으로 체중 역시도 서서히 줄어든다. 1달에 동면 전 체중 대비 1~2% 정도의 체중 손실은 걱정하지 않아도 될 정도이나 10% 혹은 그 이상의 체중 손실이 있다면 건강상의 문제가 생긴 것이므로 동면에서 깨워 별도의 관리를 해 줄 필요가 있다. 또한 탈수가 일어날 수 있으므로 동면 중에 거북이 배뇨를 한다면 동면에서 깨우도록 한다.

동면 중인 거북의 건강 상태 확인과 더불어 동면상자 바닥재의 수분 정도도 확인하고 너무 건조할 경우 보충해 준다. 적정 습도는 거북의 종에 따라 다르지만 건조계의 경우 40% 내외, 대개의 경우 50~60%를 기준으로 한다.

★Tip★ 동면 중의 위험온도

- 동면 시의 이상적인 온도는 5℃
- 최고온도 : 10℃
- 최저온도 : 0℃
- 종에 따라 차이가 있으므로 반드시 해당 종에 맞는 온도를 제공한다.

✔ 동면 끝내기와 동면 후의 모체 관리

종에 따라 3~4개월간 동면시키는 경우도 있지만 일반적으로 동면 기간은 6~8주 정도면 적당하다. 동면에서 깨어나는 것은 온도의 상승에 따라 일어나는데 평균 기온이 10℃까지 오르면 거북은 신진대사가 활발해져 동면에서 깨어날 준비를 한다. 동면을 끝낼 때도 동면을 시킬 때와 마찬가지로 천천히 상온까지 올리도록 한다. 동면기간에는 신장에 다량의 독소가 축적되므로 동면에서 깨우는 과정에서 거북을 격일로 온욕(Soaking)을 시켜 충분히 수분을 공급해 주어야 한다. 먹이는 거북이 상온에 완전히 적응했다고 판단된 이후부터 주는 것이 좋다.

거북이 동면에서 깨어날 때 일어나는 최초의 위험은 백혈구 세포(WBC)의 양이 줄어들어 저항력이 극단적으로 떨어져 일어나는 세균 감염과 그로 인해 일어나는 Post Hibernation Anorexia(동면 후 거식)이라고 할 수 있다. 이것은 동면 후 적절한 보온과 일광욕이 부족할 경우, 동면 중 손실된 체중과 체력을 회복하기 위해 필요한 식욕이 감소하는 증상을 말한다. 따라서 일정 기간이 지난 뒤에도 거식이 풀리지 않으면 수의사의 도움을 받는 것이 좋다.

3 교미(Mating)

안전하게 쿨링을 마친 거북들은 이제 본격적인 번식을 위해 합사에 들어간다. 합사를 시작하면 거북들은 구애행동을 시작한다. 암컷을 따라다니기도 하고 붉은귀거북의 경우는 긴 발톱을 암컷의 얼굴 옆에 대고 매우 빠르게 떨거나 흔드는 등의 행동을 보이기도 한다. 이후 암컷이 교미를 받아들인 상태가 되면 수컷은 뒤에서 암컷을 올라타고 앉아 앞발 발톱을 암컷의 배갑 가장자리에 걸어 몸을 지탱한 후 꼬리를 암컷의 꼬리 밑으로 넣어 암컷의 총배설강과 맞대고 교미를 시작한다.

수생 거북의 경우 물속에서 교미를 하므로 적당한 넓이의 교미 장소를 제공해 주는 것이 좋다. 격렬한 교미행동으로 교미 중에 호흡이 쉽지 않을 수도 있기 때문에 이때 물높이는 너무 깊지 않도록 해 주는 것이 좋다. 또 일부 종의 경우 평소에는 순하다가도 교미기에 아주 사나워지는 경우가 있으므로 그런 종은 교미하는 동안 곁을 떠나지 않고 교미가 끝날 때까지 경과를 지켜볼 필요가 있다.

편차가 있기는 하지만 종에 따라 임신기간에 대한 데이터가 있기 때문에 교미한 시기를 정확하게 알 수 있다면 대략적인 산란 날짜도 알 수 있다. 따라서 교미한 날짜를 정확하게 기록해 두는 것이 좋고 많은 개체를 사육하고 있다면 차후 체계적인 번식 프로그램을 위해서 부모 개체도 기록해 두는 것이 좋다.

메이팅을 마친 암컷 거북은 임신기간 동안 수컷이나 다른 개체로부터 분리된 별도의 공간에서 관리하는 것이 좋다. 이 시기 알을 가진 암컷은 자신의 몸과 몸 안의 알을 따뜻하게 유지하려는 습성이 있으므로 일상적인 사육온도보다 조금 더 높은 온도를 유지해 주어야 한다. 사육자는 메이팅 후의 암컷의 행동 변화에 항상 신경 쓰며 세심하게 관찰해야 한다.

거북의 짝짓기

4 산란

교미를 마친 암컷은 종마다 다른 임신 기간을 거쳐 산란을 하게 된다. 자연 상태에서는 천적의 위험으로부터 비교적 자유로운 한밤중이나 새벽녘에 주로 산란을 하지만 사육 하에서는 꼭 그런 것은 아니고 여건만 되면 언제든 산란을 한다. 또한 자연 상태에서는 어미가 적당한 위치에 직접 구덩이를 파고 알을 낳기 때문에 알이 깨지거나 유실될 우려가 비교적 드물지만 별도의 산란 공간이 아니라면 충분한 깊이와 습도를 갖춘 바닥재가 없는 경우가 대부분이므로 산란을 확인한 즉시 인큐베이터로 알을 옮겨야 한다. 암컷은 산란이 가까워지면 불안해하고 같은 공간에 있는 동종에 대한 공격반응이 증가하며 바닥재를 파헤치거나 수조를 이탈하려는 행동이 심해진다. 이때 보유하고 있는 사육장이 충분히 클 경우 사육장 내에 알을 낳을만한 산란 장소를 마련해 주기도 하지만 보통은 그렇게 하기 어렵기 때문에 별도의 산란상자를 제작해서 사용하는 경우가 많다. 자연 상태에서 거북이 산란하는 장소는 조용하고 따뜻하고 어느 정도 습기가 있는 곳이다. 따라서 인공 사육 하에서도 이와 비슷한 환경을 제공하여 산란을 유도하도록 한다. 자연 상태에서 알을 낳는 시간까지 고려한다면 산란장을 어둡게 해 주는 것이 좋다. 별도의 독립된 공간에 피트모스나 에코어스, 물기를 머금은 모래 등 살균되고 부드러운 바닥재를 거북이의 등갑 길이 이상의 깊이로 충분히 깔고 거북이 들어갈 충분한 크기의 은신처를 설치한다.

늑대거북의 산란

이때 바닥재는 건조해서는 안 된다. 거북의 알은 조류의 알처럼 완전히 딱딱한 각질로 덮여 있는 것이 아니므로 습도가 부족하면 말라서 죽게 된다. 자연 상태에서 거북은 산란지의 습도가 알을 부화시키기에 부족하다고 느낄 경우 자신의 소변으로 땅을 축축하게 하기도 한다.

습도와 마찬가지로 바닥재의 온도가 지나치게 낮을 경우 거북이 산란에 적합하지 않은 장소라고 판단하고 산란을 지연시키는 경우가 있으므로 산란장 바닥재의 온도는 28~30도로 유지하는 것이 좋다. 다만 이때 열원을 사용하면 바닥재의 습기가 제거될 수 있으므로 각별히 주의해야 한다.

대부분의 거북은 산란기에 2회 이상 산란을 하므로 1차 산란 이후에도 촉지법으로 알이 남아 있는지 확인하고 산란을 완전히 마쳤다고 판단될 때까지 여러 번 산란상자에 넣어 주는 것이 좋다.

★Tip★ 촉지법을 통한 알의 유무 확인

- 산란행동을 보일 경우 거북을 들어 올려 뒷발이 시작되는 바로 앞부분 부드러운 부분을 눌러보면 알이 있는 것을 확인할 수 있다.
- 얌전한 소형종 거북은 들어 올려 확인할 수 있지만 늑대거북이나 악어거북, 기타 대형 반수생 거북은 물 밖에서 사나워지거나 불안해하는 경향이 있다. 이때 강제로 촉지법을 실시하면 갑작스런 행동으로 거북을 떨어뜨려 다치게 할 우려가 있고 사육자가 다칠 수도 있으므로 수위가 낮은 물그릇에 넣어 안정시킨 후 물 속에서 확인하는 방법을 사용하는 것이 좋다.

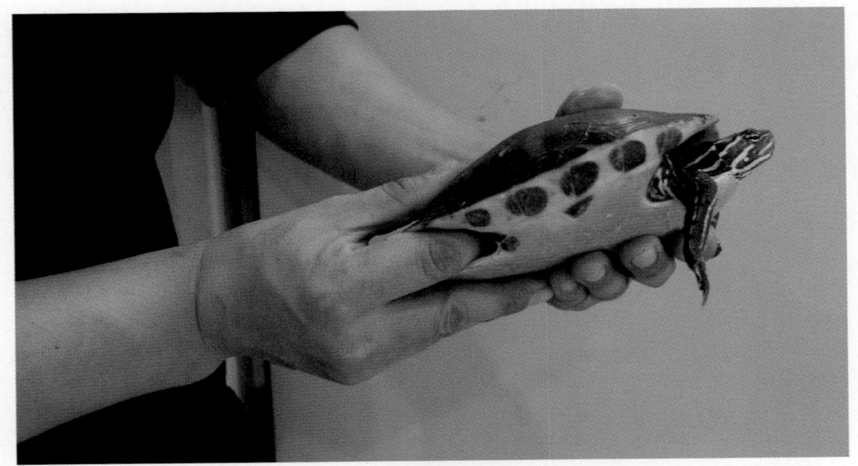

촉지법

★Tip★ 거북 알의 형태

- 거북류의 알 형태는 원형과 타원형 2종류이다.
- 바다거북과 같이 다산하는 종의 경우는 보통 알 모양이 원형이다. 이는 원형이 한정된 공간에 가장 많은 알을 보호할 수 있고 부피에 대한 표면적의 비율이 작아 알이 건조해지는 것을 방지하는 데 도움이 되기 때문이다.

원형 타원형

바다거북의 알 민물거북의 알

파충류는 새끼를 돌보지 않는 경우가 대부분인데 거북도 예외는 아니다. 산란을 마친 거북은 알을 덮고 자리를 떠나려는 행동을 보이므로 어미는 사육장으로 돌려보내고 알은 조심스럽게 꺼내어 미리 준비해 둔 인큐베이터로 옮긴다.

산란상의 바닥재가 무기질이 아니라면 발생 중에 알에 묻은 유기물이 썩으면서 알이 오염되는 경우가 있으므로 바닥재가 심하게 묻은 알을 이물질을 제거해 줄 필요가 있다. 그러나 너무 청결하게 씻지 말고 오염만 제거하는 정도로 가볍게 세척하도록 한다. 반수생종의 알인 경우에 직접적으로 물로 씻어 오염을 제거하는 경우도 있으나 개인적으로는 자연 상태와 마찬가지로 가급적 물이 닿지 않게끔 가볍게 닦는 정도로 오염을 제거하는 것을 선호한다. 산란상자 내 바닥재의 소재가 버미큘라이트처럼 썩지 않는 무기질이라면 바닥재가 묻은 채로 그냥 인큐베이터로 옮겨도 무방하다.

★Tip★ 유정란과 무정란

- **유정란(有精卵)** : 수컷과 합사되어 있거나 교미를 할 수 있는 상태에서 정상적으로 수정되어 낳은 알이다. 적당한 환경이 갖추어지면 정상적으로 발생하고 부화된다.
- **무정란(無精卵)** : 단독 사육 중인 젊은 암컷 개체가 번식 가능한 크기가 되었을 때 갑자기 산란하는 경우, 집에서 한 마리만 기르던 붉은귀거북이 어느날 갑자기 알을 낳았을 경우가 이에 속한다. 미수정란으로 부화되지 않는다.

간혹 산란 환경이 조성되지 않았을 때 물거북은 수조 안에서 그대로 알을 낳기도 하는데 너무 오랜 시간 방치되지 않았다면 서둘러 인큐베이터로 옮길 경우 부화가 가능하기도 하다. 하지만 무정란(알 색깔이 노란색에 가깝다)이거나 물속에 장시간 방치되어 있었다면 부화가 어렵다. 외국의 브리더들 역시 물속에 낳은 알은 대부분 포기한다.

★Tip★ 교미를 했음에도 알을 낳지 않는 경우는?

- 개체가 미성숙할 때
- 동면기의 기온이 적절하지 않았을 경우
- 정자가 독소의 영향을 받았을 경우
- 산란횟수가 지나치게 많았을 때
- 산란지의 온도가 적절하지 않을 때 등

5 인공부화

산란한 알은 알 상단에 윗면을 표시하고 조심스럽게 파내어 인큐베이팅 상자 안으로 옮긴다. 이때 알을 옮기는 과정에서 알의 상하가 바뀌면 발생이 진행되지 않을 수도 있기 때문에 알을 인큐베이팅 상자로 옮기기 전에 반드시 알의 윗부분을 펜으로 표시해 주어야 한다. 그리고 인큐베이팅용 상자로 옮기고 난 후 아래와 같은 내용을 알에 기록한다.

1. 산란 일자 : 산란일을 기록해 두면 대략적인 부화일도 짐작할 수 있고 그에 따라 대비할 수 있다.
2. 종(種) : 산란한 종이 무엇인지 기록한다.
3. 인큐베이팅 설정 온도 및 습도 : 거북은 인큐베이팅 시의 온도로 성별이 결정된다. 따라서 인큐베이팅 온도를 기록해 두면 대략적으로 기대되는 성별을 알 수 있다.

이 모든 기록을 알 하나하나마다 전부 할 필요는 없다. 같은 클러치의 알에 나누어 기록하거나 사육자에 따라 인큐베이터 외부에 위의 내용을 기록한 별도의 기록지를 부착한다. 부화용 상자의 제작에 있어 상자 내의 습도만 효과적으로 유지할 수 있다면 소재와 형태에는 특별한 제약이 없다. 인큐베이팅용 바닥재는 보통 물과 부화재를 무게로 1:1 비율로 섞은 것을 주로 넣어 사용하는데, 엄지로 눌러 자리를 잡은 후 알을 약 2/3 정도 묻어 준다.

인큐베이팅 시의 온도는 알의 발생 속도는 물론, 새끼의 성별도 결정한다. 파충류의 알은 인큐베이팅 시의 온도에 따라 성별이 결정되므로 성별을 특정하고 싶으면 그에 적정하게 인큐베이팅 온도를 조절하면 된다. 뿐만 아니라 온도는 발생 속도도 결정하므로 온도로 부화 기간까지 어느 정도 조절할 수 있다. 이렇게 정상적으로 알의 발생이 진행되고 있다면 예정 부화일까지 이동시키거나 진동을 주지 말고 안정을 유지하도록 한다. 그리고 정기적으로 인큐베이터 내의 습도가 유지되고 있는지 확인하도록 한다.

6 온도에 따른 거북의 성별 결정(TSD; Temperature-regulated Sex Determination)

많은 거북들이 알의 부화 온도에 따라 성별이 결정된다. 이들은 성 염색체가 따로 존재하지 않고 온도에 따라 알에서 생성되는 호르몬이 달라진다. 이처럼 온도에 의존하는 성 결정 기구를 지닌 거북은 성비의 균형이 유지될 수 있도록 적절한 환경에서 알을 낳는데, 온도에 따른 성의 결정은 각각의 종에 따라 차이가 있다.

이렇게 고정되어 있지 않은 성비는 외부 요인에 따라 그 비율이 유동성을 가짐으로써 나름대로 종의 번영에 기여하는 장점도 있다. 하지만 저온이나 고온 현상이 계속되어 서식 환경에 변화가 생기면 성비가 한쪽으로 쏠릴 수밖에 없다. 이러한 특징 때문에 앞으로 지구온난화가 가속된다면 성별의 불균형으로 거북을 포함한 많은 파충류들이 멸종에 이를 위험이 있다. 우리가 거북을 기르면서 환경보전에도 관심을 가져야 하는 이유이다.

사육자에게 있어 이러한 특징은 거북의 번식자가 원하는 성별의 새끼만을 얻을 수 있도록 해 주기도 한다. 시중에 판매되는 거북은 암컷이 많은데 이는 거북 농장에서 부화 기간을 단축하여 생산량을 늘리기 위해 비교적 높은 온도에서 인큐베이팅을 하기 때문이다. 그 결과로 부화 기간이 짧아지면 암컷이 더 많이 태어나게 된다.

★Tip★ Egg Diapause(휴면기를 이용한 인큐케이팅 기법)

일반적으로 부화 시까지 일정한 온도를 유지하는 것과는 달리 거북은 물론 일부 악어와 도마뱀의 경우 휴면기를 겪어야 부화율이 더 좋은 것으로 알려져 있는 종들이 있다. 아래는 온도를 사용하여 휴면기를 개시하는 방법 중 하나로 종에 따라 필요한 온도는 다를 수 있다.

1. 최초 5주는 30~31도의 온도를 유지한다.
2. 다음 5주는 15~18도의 온도를 유지한다(온도의 변화는 갑작스럽게 바꾸는 것이 아니라 며칠에 걸쳐 천천히).
3. 1과 2의 과정을 반복하다가 검란하여 알에 기실과 핏줄이 보이면 30~31도의 온도를 부화하기 전까지 유지한다.

7 부화

거북은 병아리처럼 정확한 날짜에 부화되는 것이 아니기 때문에 거북의 부화 예정일이 가까워오면 좀 더 자주 인큐베이터를 살피며 거북의 부화에 대비하여야 한다. 이때 사육자에 따라 부화 직전의 알을 수분을 충분히 함유한 바닥재가 깔린 별도의 부화 공간으로 옮겨 주기도 한다.

부화일이 되면 거북은 주둥이 끝에 난치(Egg Tooth)가 발달하여 그것으로 알을 깨거나 앞발로 알을 찢어 세상에 나올 준비를 한다. 이 과정에서 처음에는 알에 가는 실금이 생기고 차츰 금이 커지면서 안의 점액질이 바깥으로 나오기도 하고 호흡에 따라 알 표면에 거품이 생기기도 한다.

새끼는 알을 깨고 바로 세상으로 나오는 것이 아니라 알 속에 당분간 있으면서 호흡도 하고 난황이 몸속으로 흡수되고 주위가 안전해졌다고 판단할 때까지 기다린다. 만일 스스로 안전하다고 느껴지지 않으면 난각 안에서 나오지 않으려고 할 수도 있으므로 될 수 있는 대로 조용하고 안정된 상태를 유지하여야 한다.

부화

알에 실금이 갔을 때 알 껍질을 조금 찢어 거북이 알에서 나오기 쉽도록 도와주는 정도는 괜찮으나 그 시기에 일부러 알을 찢어 새끼를 직접 밖으로 꺼내 줄 필요는 없다. 처음 실금이 생긴 시기에 강제로 새끼를 꺼내면 배 부분에 노란색의 난황[Yolk : 발생 중에 있는 배(胚)의 양분이 되는 영양물질]을 달고 알 밖으로 나오게 된다. 시간이 지나면 알 밖에서도 난황이 몸속으로 점점 흡수되기는 하지만 그 시간 동안 감염의 위험도 있고 움직임도 자유롭지 못하므로 알 속에서 난황이 몸 속으로 충분히 흡수될 수 있도록 기다린 다음 스스로 알 밖으로 나오도록 하는 것이 좋다. 난황이 완전히 몸속으로 흡수되고 안전하다고 판단하면 거북은 스스로 알에서 나오게 된다.

거북의 난황자국

8 부화 이후 유체의 관리

난황이나 탯줄이 아직 몸에 붙어 있는 동안은 움직임에 방해가 되기 때문에 능숙하게 움직일 수 없다. 또한 반수생종이라도 잠수나 부상 능력이 완전히 발달하지 않았기 때문에 갑자기 물에 넣으면 문제가 생길 수가 있으므로 난황이 완전히 체내로 흡수될 때까지는 안전한 곳에서 축양하다가 어느 정도 안전하다고 판단되면 별도의 유체 축양용 사육장으로 옮겨 관리하도록 한다. 반수생종의 경우에는 수류가 너무 강하지 않고 수조 내에 얕은 물과 육상부가 있는 사육장으로 옮기는 것이 좋다. 물이 있는 부분은 서 있을 때 발이 땅에 닿는 정도의 물높이를 유지하는 것이 좋다.

먹이 먹는 모습을 빨리 보고 싶은 욕심이 생기더라도 거북은 태어날 때 가지고 있던 난황만으로도 상당기간 영양공급이 가능하므로 너무 성급하게 먹이 급여를 하는 것은 좋지 않다.

천적의 위험이 없는 인공사육 하에서라도 부화 이후 6개월까지가 거북의 생애에서 가장 위험한 시기라고 할 수 있다. 이 시기의 거북은 면역력이 떨어지고 거북을 보호해 주는 피부 역시 건조 상태에서 오래 견딜 수 없으며 수질 오염과 온도 조건에도 매우 취약한 시기다(때문에 미국은 1년 미만의 거북은 수출 및 교육적 목적을 제외하고는 상업적 유통을 금지하고 있을 정도다). 그런 만큼 성체 거북보다 더욱 세심한 관리가 필요하다.

부화 이후에 축양 성공률을 높이기 위해서는 단독 사육을 권장한다. 부득이하게 합사할 때는 청결한 사육장 환경 유지가 가능하도록 사육 밀도를 적절히 조절해 주어야 한다.

갓 부화한 개체와 1년이 된 개체

거북의 주요 질병과 예방 및 치료

건강상 이상이 있는 개체에게 가장 먼저 보이는 증상은 활력이나 활동성의 둔화이다. 이상이 생기면 일단 움직이지 않는다. 육지 거북의 경우 은신처에서 보내는 시간이 많아지며 수생 거북의 경우에는 수영하는 모습이 활동적이지 않고 헤엄치는 것을 힘들어하며 자주 육상에 올라와 있는 경우가 많다.

다음으로 보이는 행동이 거식이다. 동면 전이나 산란 전에 보이는 정상적인 먹이 거부 반응이 아니라면 먹이를 거부하는 반응 역시 대표적인 질병 징후 가운데 하나라고 할 수 있다. 건강 상태가 조금 좋지 않더라도 먹이에 대한 반응을 보이면 최소한 치료에 희망은 있다고 판단할 정도로 먹이 반응은 건강상태와 밀접한 관계가 있다.

다음으로 신체에서 나타나는 이상 행동들이 있다. 대표적인 이상 행동은 경련이나 마비 및 정동 행동, 자극에 대한 무반응, 몸을 비비거나 긁는 행동, 헤엄치는 모습 이상, 지나치게 오랜 수면(기면 혹은 혼수상태), 지나치게 숨으려고 하는 행동, 불규칙한 걸음걸이, 끊임없이 움직이는 것, 갑작스런 식성의 변화 등이 있다.

행동으로 표현되는 것 이외에는 육안으로 식별 가능할 정도의 골격 이상이나 부종(목, 안구 등)이 있을 경우나 주둥이(부리)의 과잉 발달, 혀 색깔의 변화, 등갑의 과잉 변색이 있거나 물러지거나 혹은 변형되는 경우가 있다. 피부가 벗겨지거나 상처나 딱지가 생기는 경우도 있으며 심한 경우 구토나 출혈이 있기도 하다.

호흡기 질환이 있을 때는 호흡이 거칠고 소리가 나며 재채기, 콧물, 거품이나 분비물이 생기기도 한다.

가끔 사육장이나 거북에게서 일상적이지 않은 독특한 냄새가 나는 경우도 질병을 의심해 볼 수 있다. 변 냄새나 소변 냄새가 아닌 악취가 나면 건강상태를 다시 확인해 보는 것이 필요하다. 배변 상태 역시 건강상태를 파악할 수 있는 중요한 기준이 되는데 배변을 하지 않거나 배설물이 정상인 형태가 아닐 경우, 변에 기생충이 있을 경우 등이 있을 수 있다.

1 질병 방지법

거북에게 생기는 대부분의 질병은 부적절한 영양 공급, 사육 환경의 불량, 일광욕의 부족이 요인이 되어 발생하게 된다. 따라서 평소에 균형적으로 영양을 공급하고 철저하게 사육 환경을 정비하고 충분히 일광욕을 시켜 주는 것만으로도 대다수의 질병과 상해를 예방할 수 있다.

우선 평소에 영양 공급을 충분히 하고 너무 마르거나 비만이 되지 않도록 관리하는 것이 필요하다. 충분한 영양 공급과 더불어 균형 있는 영양 공급 역시 아주 중요하다. 사용하는 먹이그릇과 물그릇은 매일 세척하여 사용하고 오염된 먹이나 물을 공급하지 않도록 한다.

영양 부분뿐 아니라 사육 환경도 마찬가지로 잘 관리되어야 한다. 합사는 종과 개체의 공격성 및 합사 가능성을 신중히 고려하여 결정하고, 사육하고 있는 거북에게 충분한 사육 공간을 제공해 주는 것이 필요하다.

사육장 내의 온도, 습도 및 환기조절장치, 히터 등을 수시로 점검하고 최적의 조건으로 조절하고 환기를 철저히 하며 사육 환경을 항상 청결히 관리하도록 한다. 매일 하는 위생관리에 더불어 사육장과 사육 장비는 주기적으로 소독하는 것이 좋다. 수생 거북의 경우 수질을 청결하게 유지하는 것도 질병 발생을 예방하기 위해 중요하다. 또한 주기적인 온욕과 충분한 일광욕을 실시하며 동물을 핸들링하기 전과 후에 반드시 손을 세정함으로써 사육자의 위생관리도 할 수 있다.

2 질병 개체 발견 시 행동

여러 마리를 합사 중일 경우 사육 중인 개체 가운데 한 마리가 질병으로 판단될만한 증상을 보일 때 사육자가 제일 먼저 할 일은 더 이상의 질병의 진행과 전염의 확산을 방지하기 위해 질병 개체를 발견하는 즉시 격리시키는 일이다.

격리는 최대한 빠르면 빠를수록 좋다. 특히 사육 중에 잘 발생하는 호흡기질환의 경우 시간을 늦추면 늦출수록 전염의 위험이 급격히 높아지므로 발견 즉시 바로 다른 사육장으로 옮기도록 하자. 이런 경우를 대비해서라도 여분의 사육장을 준비해 두는 것이 좋다. 사육장까지는 아니더라도 추가적으로 열원과 소켓 정도라도 보유하고 있으면 치료 환경을 조성하는 데 많은 도움이 될 것이므로 질병에 대비한 사육장비도 어느 정도 여분으로 구비하는 것이 좋다.

증세를 보아 가벼운 정도라고 판단될 경우에는 각 증상에 맞는 응급조치를 취하도록 하고 증상이 심하다고 판단되면 동물병원에 연락하여 정확한 진단과 전문가의 지도를 받도록 한다. 이런 개인적인 판단은 사실 쉽지는 않다. 외관상으로 보이는 정도만으로 실제 질병의 심각성을 파악하기는 어렵기 때문이다. 때문에 사육자의 판단은 최소에 한하고 가급적 전문지식을 갖춘 수의사의 도움을 받는 것이 좋다.

사육자는 거북의 질병 치료와 더불어 사육장 내·외부 전체를 소독하고 온도와 환기 조건 등 현재의 사육환경을 개선해야 할 필요가 있다. 보통 질병의 치료를 위해서는 사육장의 수온을 28~30℃, 기온을 33~34℃ 정도로 평상시보다 조금 높게 조정한다. 사육장 내부의 온도를 올리는 것뿐만 아니라 수생 거북이 질병으로 수영을 잘 못하는 경우에는 수위를 낮추어 주는 등의 관리도 필요하다.

그리고 치료를 마치고 집으로 데리고 와 관리하는 중에도 분무식 소독약을 준비하여 치료에 이용되는 용기와 손을 수시로 소독하는 것이 더 이상의 감염을 방지하는 데 도움이 된다. 또한 치료 중인 개체를 관리하는 데 그치는 것이 아니라 합사되어 있던 다른 개체들에게 질병 증상이 당장 보이지 않더라도 당분간 지속적으로 건강상태를 모니터링 하는 것이 필요하며, 차후 동일한 질병이 있을 때 자료로 삼기 위해 질병의 경과와 증상, 치료 내용을 기록으로 남기는 것도 고려할만한다.

3 등갑 및 피부 관련 질환

✔ (등)갑 연화증(soft shell)

등갑에 함몰 증상이 보이는 설가타 거북

세균 감염, 칼슘 부족과 일조량 부족, 불균형적인 영양 공급에 의해 발병한다. 칼슘을 다량 섭취하더라도 일광욕을 통해 비타민 D_3와 결합하여 등갑과 신체의 골격을 형성하지 못하면 생길 수 있다. 갑연화증은 돌발적으로 발생하지 않으므로 조금만 관심을 가지면 사전에 예방할 수 있다. 이러한 이유로 자신이 기르던 건강한 거북이가 이 증상을 보인다면 그동안의 사육 태도에 대한 반성이 필요하다. 다른 사람이 오랫동안 기르던 거북이에게 이 증상이 나타났다면 불성실한 사육자라고 판단해도 좋다. 오랜 기간에 걸쳐 이 증상이 진행되는 동안 조금도 눈치 채지 못했다면 기르고 있는 거북에게 관심이 없었다는 것으로밖에 설명이 안 되기 때문이다.

증상은 우선 갑이 물러지고 흰 반점이 생기며 심한 경우 등갑이 함몰되거나 완전히 떨어져 나가기도 한다. 어느 정도 성장한 거북에게서보다는 어린 거북에게 많이 발병한다. 등갑의 변형이 일어나기 전이라면 칼슘제의 투여로 다시 등갑을 단단하게 만들고 형태를 유지하도록 할 수 있지만 일단 한번 변형이 일어난 등갑은 완전한 회복이 절대 불가능하므로 사전에 예방하는 것이 최선이다.

치료를 위해서는 칼슘이 풍부한 오징어 껍질이나 계란껍질 또는 Calcium Gluconate를 첨가(100mg/kg)하여 투여하도록 한다. 단, 칼슘을 투여하여도 일조량이 부족하면 병이 낫지 않으므로 일조량을 풍부하게 해줘야 한다. 먹이를 통해 급여하기 어려울 정도로 쇠약해져 있다면 10% Calcium Gluconate를 체중 100g당 10mg, 비타민 D_3는 100IU/g 주사한다.

✓ 패혈성 피부 궤양질환(SCUD; Septicemic Cutaneous Ulcerative Disease)/갑장썩음병(Shell Rot)/발톱 빠짐

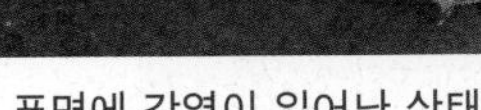

표면에 감염이 일어난 상태

복갑이 감염되고 발톱이 빠진 모습

위의 증상들은 모두 수질 악화, 오염된 사육장으로부터의 찰과상, 스크래치, 화상 등의 상처 난 부위가 감염되어 발병한다.

증상은 등갑의 탈색이 시작되고 괴사한다. 감염된 부위는 하얗게 변색되는데(Light Spot) 일단 증상이 나타난 경우 완전한 회복은 불가능하여 애완으로서의 관상가치가 떨어지므로 사전에 미리 예방하는 것이 좋다. 증상은 밝은 색의 변색 정도로 시작되기 때문에 심각하게 생각하지 않고 지나칠 수 있으나 증상이 진행되면 조직이 노출되거나 피나 고름 같은 액체가 나오는 증상을 동반할 수 있다. 오염된 사육장으로 인해 발병하는 병이기 때문에 바닥과 접하는 발 부분의 질병과 동반하는 경우가 있다. 가볍게는 염증이 생기고 발톱이 빠지는 증상부터 심한 경우 괴사가 진행되는 경우도 있으므로 등갑만 신경 쓰지 말고 다른 신체 부위에 대한 관찰도 필요하다.

이 병은 다른 질환으로 이어질 가능성 또한 높기 때문에 최대한 신속하게 치료를 실시하여야 한다. 합사 사육하는 경우 전염의 가능성도 있으므로 발병한 개체를 격리하여 치료할 필요가 있고, 다른 개체에 대한 관찰도 강화하여야 한다.

감염 초기에 치료를 시작하면 회복되는 경우가 많다. 그러나 초기에 적절한 치료를 실시하지 않으면 균류 및 박테리아 감염이나 패혈증 등으로 치명적인 결과를 초래할 수도 있다. 치료로는 손상 부위를 제거하고 Silver Sulfadiazine, 포비돈요오드로 처리한 다음 완전히 말린다. 직접적으로 소독하고 약을 바르기 어렵다면 설파제(Sulfabath)를 푼 물에 한 시간 정도 약욕시키고 완전히 말리는 것을 반복할 수도 있다. 덧붙여서 사육 환경을 청결히 하지 않을 경우 치료 효과가 나타나기 어렵고 오히려 증상이 급격히 악화될 수 있으므로 반드시 사육장의 소독과 청소를 병행하여야 한다. 육지 거북 사육장의 경우 바닥재를 없애거나 깨끗한 것으로 교체하고 등갑에 상처를 줄 만한 내부 구조물을 치워야 하며, 수생 거북 사육장은 여과시스템을 보강하여 수질을 청결히 유지하도록 하며 적정 pH를 맞추어 주는 일이 필요하다. 증상이 의심되면 미리 수조에 해수염을 투여함으로써 예방 효과를 기대할 수 있다. 이 병은 항생제 치료가 필요한데 갑장의 상처나 감염은 치료에 상당한 시간과 노력을 요하는 길고도 지루한 과정이므로 사전 예방이 무엇보다 중요하다. 의학적 치료로는 포비돈요오드 소독 후 체중 100g당 1mg의 Gentamycin을 48시간 간격으로 5회 주사한다.

거북의 발톱 부위나 인갑과 인갑을 연결하는 부위는 오염물이 쌓이기 쉽고 인갑보다 상대적으로 약하다. 때문에 감염에 취약하여 이 부분에 상처가 있을 경우 질병에 노출되기 쉽다. 그러므로 온욕을 실시할 경우에 부드러운 솔을 이용하여 인갑 사이에 쌓인 오염물들을 꼼꼼히 제거해 주는 것이 필요하다.

그리고 거북의 사육 경험이 많지 않은 사육자의 경우 반수생종 거북의 탈피를 질병 증상과 혼동하는 경우가 많다. 반수생종의 경우 성장하면서 주기적으로 등갑이 하얗게 변하면서 떨어져 나가는 탈피를 하는데 이런 경우에는 정상적인 성장과정의 일부이므로 크게 걱정할 필요가 없다. 육지 거북의 경우에도 목이나 다리의 피부 일부가 일어나는 경우가 있는데 이 역시 탈피현상이므로 마찬가지로 걱정하지 않아도 좋다.

✔ 갑의 과잉 변색

변색된 이상개체(좌)와 정상개체(우)

거북이 가지고 있는 고유한 등갑 색깔을 잃고 다른 색으로 변하는 증상이다. 보통 흰색으로 탈색이 많이 일어난다. 질병으로 인한 변색 이외의 원인으로는 염소 잔존량이 많은 물로 장기간 사육했을 때 일어난다는 보고가 있다. 이런 경우는 환수용 물은 하루 정도 묵혀 두었다가 쓰거나 염소 제거제를 사용하면 쉽게 예방할 수 있다. 그 외에는 영양장애, 비타민 A결핍증 등을 원인으로 발생하는데 평소 균형적인 영양 공급을 하고 있다면 걱정하지 않아도 좋다.

✔ 등갑의 기형 및 변형

선천적인 기형도 드물게 찾아볼 수 있으나 후천적으로는 불균형적인 영양 공급(비타민 D와 칼슘, 인 결핍), 일광욕 부족, 과다한 먹이 급여로 인한 급성장, 영양장애, 협소한 수조, 건조한 사육환경 등이 원인이 되어 발생한다. 등갑이 좌우 대칭이 되지 않거나 울퉁불퉁해지며 피라미딩이 생긴다.
간혹 상부 열원으로 인한 등갑 기형도 보고되고 있다. 거북이 몸을 말릴 때 배갑은 강하게 건조되면서 수축하고 반대로 복갑은 수분이 남아 있어 팽창하면서 서서히 결합조직이 변형되어 점차 위쪽으로 등갑이 휘는 경우도 있다. 자연상태에서는 일어나지 않는 형상이지만 사육 하에서는 태양광보다 강한 열기의 열원을 사용하므로 이런 증상이 일어나는 경우가 있다. 거북 사육 중에 쉽게 나타날 수 있는 증상으로 거북을 건강하게 기르기 위해서는 사육환경에서부터 먹이에 이르기까지 폭넓게 관리해 주는 노력이 필요하다.

✔ 백점병(White Spot Disease)

백점병은 단세포 기생충인 섬모충류(*Ichthyophthhhirius Multifiliis*)라는 기생충이 원인이 되어 발생하는 질병이다. 대표적인 증상은 목에 0.5~1.5mm 정도의 하얀 점이 생기거나 다리나 피부가 하얗게 변하는 것인데 감염 속도가 상당히 빠르고 최초로 나타난 흰 반점은 증상이 악화될수록 노란빛으로 변한다. 감염 초기에 나타나는 증상이 등갑에 나타날 경우에는 등갑썩음병 증상과, 피부에 나타날 경우에는 피부궤양의 초기 증상과 외관상 비슷하게 보이기에 혼동되기 쉽다.
오염된 수질이나 수온의 급격한 변화와 일광욕 부족, 영양 불균형으로 인한 면역력의 감소가 원인이 되어 발병하며 물에 있는 시간이 길고 일광욕이 제공되지 않을수록 쉽게 백점병에 노출된다. 간혹 야생에서 잡아온 생먹이를 급여했을 경우 감염되는 경우가 있으며 면역이 떨어진 상태에서 사육수조의 온도가 낮을 경우에 더욱 감염되기 쉽다. 감염이 있을 경우 거북은 감염된 부분을 긁거나 비비는 등의 행동을 보인다. 면역력이 강한 성체 거북보다는 헤츨링이나 유체거북에게서 보이는데 다행히 거북에게 흔하게 나타나는 질병은 아니다. 또한 증상이 나타난다고 해서 물고기처럼 쉽게 폐사하는 경우 역시 드물고 치료도 다른 질병에 비해 용이한 편이다. 약품도 시중에서 쉽게 구입 가능하고 식염수에 하루에 20~30분 정도 차도가 있을 때까지 약욕을 시키고 일광욕 시간을 늘리는 것으로도 어느 정도 효과를 볼 수 있다. 특히 백점병을 일으키는 기생충은 고온에 상당히 약하기 때문에 사육수조의 수온을 28℃ 이상으로 올리는 것만으로도 상당한 효과를 볼 수 있다. 하지만 다른 질병을 함께 가지고 있을 경우 높은 수온은 거북에게 유해한 세균이나 박테리아를 활성화시킬 수도 있기 때문에 수온 조절에는 주의가 필요하다. 또한 약품을 이용하여 치료한 후에는 수조 내의 물을 교환하거나 화학적 여과재인 카본을 수조에 넣어 약 성분을 흡착해 내는 것이 좋다.

✔ 곰팡이 감염(Fungal Infection)

곰팡이에 감염된 모습.
물 속에서 보면 흰 부분 위에 발생한 곰팡이를 확인할 수 있다.

덥고 습하게 조성한 육지 거북 사육장 또는 청결하지 않은 수생 거북의 사육장에서 거북에게 상처가 있거나 스트레스로 면역력이 저하될 때, 일광욕으로 몸을 말리지 못할 경우에 진균류가 감염되어 생긴다. 건강한 거북에게 발생하는 경우는 극히 드물며 체력이 회복되면 곰팡이도 자연스럽게 사라지는 경우가 많다. 그러나 곰팡이 감염은 그 자체도 문제이지만 다른 유해한 박테리아와 바이러스의 감염을 더 용이하게 하는 역할을 하므로 절대 가볍게 취급되어서는 안 된다. 대표적인 증상으로 체표나 등갑에 얼룩이나 솜 모양의 물질이 붙어 있는 것을 관찰할 수 있다.
치료는 다른 피부 질환과 마찬가지로 설파제(Sulfabath)를 푼 물에 한 시간 정도 약욕시키고 완전히 말리는 것을 반복한다. 소금물에 30분간 꾸준히 약욕시키는 것도 효과적이다. 보통 2~3일 내로 차도가 있으며 증상이 심하지 않으면 치료하는 데 그리 오랜 시간이 걸리지는 않는다.

4 호흡기 관련 질환

✔ 호흡기 감염(감기, 폐렴)(Respiratory Infection)

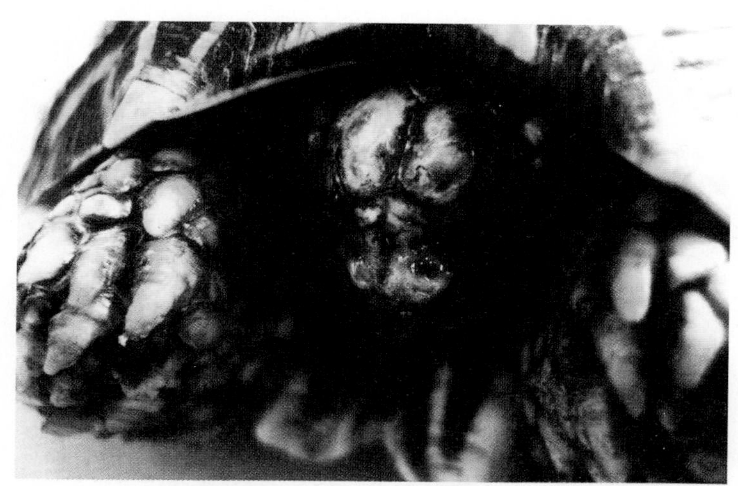

감기에 걸린 거북이 콧물을 흘리고 있는 모습

사육 중에 보온되지 않은 사육장이나 차가운 외풍, 극심한 온도 변화, 겨울철 온욕통에 장시간 방치하는 행동 등은 호흡기 질환을 유발하는 주요 원인이 된다. 특히 사막이나 열대 지방 원산의 거북은 짧은 시간의 추위에도 호흡기 질환에 걸릴 수 있으므로 관리에 더욱 주의를 요한다. 수생 거북의 경우에는 수온과 기온의 편차가 5℃ 이상이 되면 동물에게 영향을 미친다고 알려져 있다.

호흡기 질환에 걸리면 입을 벌려 호흡하거나 고개를 치켜들고 숨을 쉬는 등 정상적으로 호흡하지 못하며 콧물을 흘리고 코와 눈, 입 주위에 끈적거리는 분비물이 형성된다(맑은 색이 아니라 희거나 노르스름한 콧물의 경우에는 폐렴의 증상일 수도 있다). 수생 거북의 경우 육상에서 보내는 시간이 많아지거나 헤엄칠 때 균형을 잡지 못하고 한쪽으로 기울어져 헤엄친다. 탈진과 거식 증상을 보이는 경우가 많다. 간혹 건강한 거북이 기울어져 헤엄치는 경우가 있는데 이는 호흡기 질환으로 인한 증상과는 구별되어야 한다. 먹이를 먹을 때 공기도 함께 삼켜 몸속으로 들어간 공기가 위장으로 모이면서 일시적으로 부력의 조절이 어려워서 보이는 증상일 뿐 자연스럽게 회복된다.

호흡기 질환의 경우 동물병원에서는 X-ray 검사로 확진하며 네뷸라이저와 항생제 처리로 증상을 완화시키게 된다. 사육자가 해야 할 일은 발병 개체 및 합사 중이던 개체를 격리 수용하고 치료 공간의 온도를 30℃ 정도로, 습도를 60% 이상으로 높게 유지시키는 것이다. 사육수조의 수온은 평소보다 5~10℃ 정도 올려 준다. 집중적인 온욕이나 스팀욕도 치료에 많은 도움이 된다. 파충류용 비타민제를 급여하고 식욕이 있다면 평소 선호하던 먹이를 소량씩 자주 주어 체력을 키워주는 것도 필요하다. 호흡기 질환의 경우 단기간 내에 호전 증상이 보이지 않으면 만성화되어 폐렴으로 발전할 수 있으므로 반드시 수의사의 치료를 받아야 한다.

✔ 구내염(Mouth Lot)

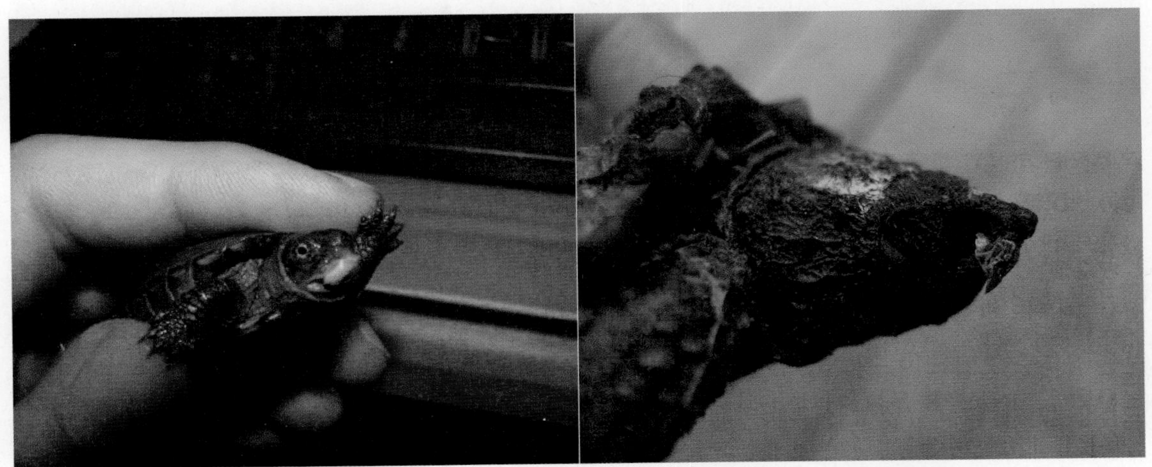

구내염에 걸린 거북　　　　　부리손상

외상, 영양 불량, 스트레스, 청결하지 못한 사육환경이 감염의 원인이나 세균, Herpes virus의 감염이 직접적인 요인이 된다.

혀나 구강에 염증이 생기고 감염이 일어나 고름이 차고 생성된 분비물이 입에 차고 목이 붓는다. 증상이 더 진행되면 악취가 나고 끈적거리는 분비물을 흘린다. 이런 증상 때문에 입을 다물지 못하고 있는 모습을 보이기도 하며 식욕이 감퇴하고 심한 경우 식도, 기관, 폐까지 염증이 확대된다. 턱으로 전이되어 골수염으로 진행되기도 한다.

구내염은 전신, 국소에 대한 항생제 치료가 필요하다. 초기에 발견하면 입 안을 포비돈 용액으로 소독하고 항생물질을 발라주는 정도로 치료가 가능하나 악화되면 반드시 수의사의 도움을 받아야 한다.

5 눈 관련 질병

✔ 안검염(Blepharitis)

안검염에 걸린 눈(좌)과 정상적인 눈(우)

안검염에 걸린 거북

수질 오염에 따른 세균 감염이나 사육장 내의 미세 먼지, 비타민 A 결핍이 원인이 되어 발생한다. 염분을 빼지 않은 새우나 햄, 소시지 등 염분이 높은 먹이를 장기간 급여했을 경우에도 발병하기도 한다.

일반적인 증상은 눈에 하얀색의 막이 생기고 눈이 붓는 것이다. 치료하지 않고 방치하면 활동성이 둔화되고 먹이를 찾지 못하여 쇠약해지고 결국 폐사에 이른다. 증상 초기에 앞발로 눈을 비비는 행동을 자주 보이므로 이런 행동을 하면 안과 질병을 의심해 볼 수 있다.

치료 시 우선 소독방법으로는 0.85% 식염수에 하루에 두 번씩 30분간 2주 정도 약욕을 시킨다. 감염된 눈은 증류수나 3% 붕산액으로 깨끗이 닦은 다음 눈꺼풀을 벌리고 그 액이 흘러들어가게 한다. 이렇게 세정제로 눈을 소독한 뒤 항생제를 발라주면 효과가 있다. 항생제는 젤 타입의 경우 거북이 앞다리를 이용하여 닦아낼 수 있으므로 액체 상태의 안약을 스포이드를 이용하여 눈에 떨어뜨려 주는 것이 좋다. 급성인 경우에는 비타민 A를 많이 포함한 먹이(지렁이 등의 생먹이, 닭의 간, 물고기 내장 등)를 급여하면 회복되기도 하며 시판되는 파충류용 비타민제를 직접적으로 급여하기도 한다. 단 비타민제의 경우 과다한 급여는 피하는 것이 좋다.

전문적 처치법으로는 비타민 A 결핍의 경우 사료에 비타민 A를 투여하고, 세균 감염에 의한 안검염의 경우에는 Gentamycin 등의 항생제를 앞발에 주사하고, 영양제(비타민복합제) 주사도 병행한다. 반드시 수의사의 진료를 받은 뒤 치료한다.

백내장(Cataract)

백내장의 발병 가능성은 한 가지로 압축하기는 어렵다. 다행스럽게도 거북에게 흔하게 발병하지는 않으나 근거리에서 강한 자외선을 지속적으로 쬐었을 경우에 발병할 수 있다.
증상은 외관상으로 확인 가능한데 거북의 눈에 하얀 막이 끼는 것처럼 보인다. 그러나 세심한 관찰이 없으면 초기에 알아차리기는 어려워 보통 증상이 눈에 확연히 드러날 정도가 되어서야 뒤늦게 발견하는 경우가 많다. 증상이 보이면 먼저 사육장 내부 자외선 램프의 설치 위치와 강도를 조절하고 안연고를 발라 준다. 증상이 심각할 경우 회복이 불가능하나 초기에는 안연고 처방으로 완화시킬 수 있다고 알려져 있다.

6 입 관련 질병

주둥이 부식

면역 체계의 약화로 발생하며 곰팡이나 세균이 상처가 난 부분에 감염이 되어 일어나는 경우가 많다. 이를 방지하기 위해서는 사육장 내에 거북이 깨물어 외상을 입을 만한 날카로운 구조물을 설치하지 않는 것이 좋으며 상처가 나더라도 감염이 일어나지 않을 정도로 사육장을 청결하게 관리하는 것이 필요하다. 입 부분에 문제가 생기면 당장 먹이 반응이 떨어지고, 먹이 반응의 감소는 영양의 손실과 면역력의 약화를 불러오며 결과적으로 다른 질병에 쉽게 노출되게 되므로 빨리 치료해 주는 것이 좋다. 아래턱에 증상이 있을 경우 사육장 안에서만 사육하면 특히나 증상을 파악하기가 더욱 쉽지 않으므로 온욕 등으로 사육장 밖으로 거북을 이동시킬 때마다 몸의 아래쪽의 건강 상태도 확인하는 버릇을 들이는 것이 좋다.

주둥이 부식으로 아래턱이 손상된 모습

구토(Vomiting)

일단 삼킨 먹이를 식도로 넘기기 힘들어 다시 뱉어내는 경우가 아니라면 구토는 심각한 질병의 증상인 경우가 많다. 체하거나 치료용으로 사용한 약물에 대한 알레르기 반응일 수 있다. 증상이 심한 경우 사육자가 할 수 있는 일은 거의 없으므로 수의사의 도움을 받는 것이 좋다.

부리의 과잉 성장

지나치게 부드러운 사료를 주었을 경우에 발생한다. 자라나온 부리를 손질하고 충분한 양의 칼슘과 비타민 D_3를 공급하며 부리를 닳게 할 만한 단단한 먹이를 급여하는 것으로 예방할 수 있다.

7 귀 관련 질병

중이염(Ear Abscesss)

중이염 초기 증상

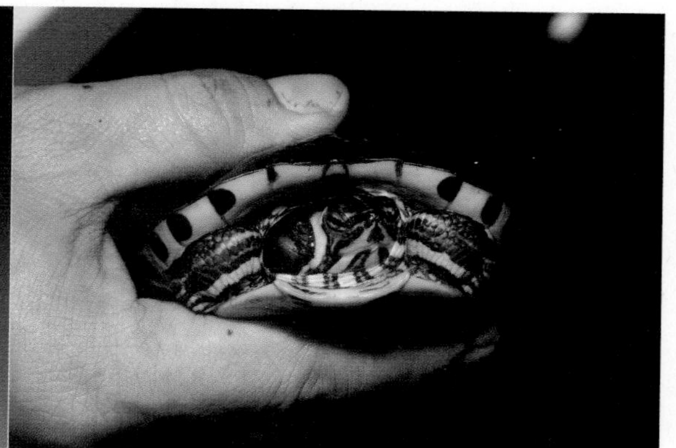

중이염에 걸린 거북

오염된 수질에서의 세균 감염이나 상처, 이전의 호흡기 질환 등의 이유로 발생하며 육지 거북보다는 수생 거북에게서 발현빈도가 높은 질병 가운데 하나이다. 육지거북에게서 이 증상이 나타나는 빈도가 낮은 반면 반수생종 거북에게서는 심심치 않게 발병한 개체를 확인할 수 있다.

증상은 귀 한쪽 혹은 양쪽이 마치 혹이 생긴 것처럼 부어오른다. 초기에는 살짝 부은 것처럼 보이지만 증상이 진행되면 손으로도 확연하게 느껴질 정도의 단단한 덩어리가 만져진다. 방치하여 증상이 심해지면 눈에까지 영향을 미쳐 눈이 붓고 잘 뜨지 못하며 방향감각 이상과 유영에 문제가 생기기도 한다.

중이염의 경우는 외과적 처치로만 증상을 호전시킬 수 있는데 일단 증상이 발병하면 사육자가 할 수 있는 일은 거의 없으며 반드시 수의사를 방문하여 항생제를 처방받거나 증상 부위를 절개하고 고름을 제거한 후 해당 부위를 소독하는 처치를 받도록 한다. 처치 후 상처가 어느 정도 아물 때까지는 건조한 환경에서 사육하여야 재발의 위험성을 낮출 수 있다.

8 배설 관련 질병

거북을 사육할 때 건강하게 먹이는 것 못지않게 바르게 배설하게 하는 것도 중요하다. 따라서 배설물의 유무, 양, 색깔, 점성, 냄새 등은 거북의 소화기 관련 건강상태뿐 아니라 전반적인 건강상태를 파악하는 중요한 지표가 된다. 거북은 '총배설강(Cloaca)'이라는 기관으로 배설을 하므로 총배설강 주위가 깨끗한지 확인하며 변비나 설사는 아닌지 등을 확인함으로써 건강 상태를 파악할 수 있다.

✔ 변비(constipation)

건강한 거북은 보통 1~2일에 1회씩 배설을 하는 것이 보통이나 배변의 빈도는 먹이 급여의 빈도와 급여하는 먹이의 종류에 따라 많은 차이를 보인다. 그럼에도 불구하고 만일 배설을 장기적으로 하지 않거나 변을 보더라도 지나치게 단단하고 모양이 둥글 경우에는 변비를 의심해 볼 수 있다. 변비의 원인은 스트레스로 인한 대사불량, 탈수, 알을 가지고 있을 때, 이물질 혹은 기생충으로 인한 장관 폐색 등 다양하여 한 가지로 특정 짓기 어렵다.

회복을 위해서는 구충을 하거나 수분이 많은 야채나 섬유질 사료의 양을 늘리는 것이 좋다. 또한 주기적인 온욕으로 증상을 완화시킬 수 있다. 육지 거북의 경우 운동량을 늘려주고 수생 거북은 평상시의 사육 수온보다 높은 수온을 유지하는 방법으로 배변을 유도할 수도 있다.

먹이를 바꾼 이후부터 증상이 나타났다면 현재 사용 중인 사료를 다른 것으로 바꾸어 보는 것도 좋다. 육지 거북의 경우에는 단단한 먹이의 급여보다는 상추나 케일 등 섬유질이 풍부한 먹이를 급여하면 증상의 완화에 도움이 된다. 단, 바나나는 변을 단단하게 하므로 치료 중에는 급여하지 않는 것이 좋다. 총배설강 부분에 변이 걸려 있는 부분에 윤활액을 주입해서 직접 짜내는 응급처치도 실시할 수 있다.

✔ 설사(Diarrhea)

거북이 설사를 하는 이유는 다양하다. 첫 번째는 사육장의 온도가 낮거나 급여한 먹이 자체의 온도가 낮을 때 혹은 잠자기 전에 먹이를 급여했을 경우이다. 거북은 소화를 시키는 동안 몸을 소화시키기에 적절한 온도로 유지할 필요가 있는데 위의 경우처럼 그것이 불가능할 경우에 설사 증상이 생긴다.

다른 한 가지 이유는 먹이이다. 양상추나 오이 등 수분이 많은 야채를 다량 급여했거나 과다하게 수분을 공급했을 때, 섬유질이 부족할 때 혹은 부패된 먹이를 먹었을 경우에 섭취한 먹이를 정상적으로 소화시키지 못해 일시적으로 증상이 나타날 수 있다.

또 다른 이유 가운데 하나는 선충, 촌충, 흡충, 원생동물 등의 기생충 감염이 있는 경우이다. 이 경우는 설사가 단기간에 멈추지 않고 장기간 지속되는 특징이 있다.

사육환경이나 먹이로 인한 일시적인 증상이라면 가볍게 금식시키거나 설사의 원인을 제거함으로써 신속하게 배변 상태를 정상적으로 회복시키는 것이 가능하다. 하지만 장기간에 걸친 설사일 경우에는 심각한 기생충 감염이나 다른 질병의 가능성이 있으므로 수의사의 진찰을 받을 필요가 있다.

★Tip★ 거북의 설사 원인

- 사육장의 온도가 낮을 경우
- 차가운 먹이와 물을 공급했을 경우
- 수분이 지나치게 많은 야채를 공급했을 경우
- 섬유질이 부족한 먹이를 공급했을 경우
- 산성이 강한 음식 급여로 인한 소화 장애가 있을 경우
- 장내 기생충 감염이 있을 경우

배설물 상태 이상

육지 거북의 경우 초식을 하기 때문에 정상적인 변의 색깔은 짙은 녹색이고 마르면 거의 검게 보인다. 물론 급여한 음식에 따라 변의 색도 다르지만 지나치게 밝은 색을 나타낼 경우에는 내장 손상이 있을 수 있으므로 정상적인 색깔과 형태의 변을 배설하는지 확인하는 것도 건강상태를 파악하는 중요한 기준이 된다.

대변의 상태와 더불어 소변 상태의 파악도 필요하다. 수생 거북의 경우 배설물이 물에 흩어져 상태를 확인하기는 힘들지만 육지 거북의 경우에는 요산의 형태로 소변을 배설하므로 이것의 상태를 파악함으로써 질병의 징조를 파악할 수 있다. 정상적인 요산의 색깔은 흰색이며 형태는 배설되는 순간 순두부처럼 부드럽다. 보통 거북의 소변은 무취이지만 냄새가 심하게 나는 경우에는 배뇨기관의 이상을 의심할 수 있다. 분홍색이나 회색 혹은 옅은 녹색을 띠거나 점성이 있을 경우에는 기생충 감염의 우려가 있으며 혈뇨를 보는 경우에는 신장질환 혹은 방광염, 결석, 총배설강 부분의 염증 등의 가능성을 생각해 볼 수 있다. 어떤 상태이건 소변이 정상적인 것과 다르게 배설될 때에는 수의사의 도움을 받는 것이 좋다.

요산의 배출

★Tip★ 거북의 질소 노폐물 배설 형태

거북도 생명체인 만큼 대사의 결과물로 생성되는 암모니아와 같은 질소 노폐물들을 몸 밖으로 내보내야만 생명을 유지할 수 있다. 이러한 질소 배설물의 형태는 '암모니아(Ammonia, NH_3)', '요소[Urea, $(NH_2)_2CO$]', '요산(Uric acid, $C_5H_4N_4O_3$)' 등이 있는데 각각의 배설물의 형태는 동물의 서식지 및 체내 수분 함량과 밀접한 관련이 있다.

반수생 거북과 같이 체내의 수분 유지가 용이하여 몸속의 수분을 배출하는 데 별다른 부담이 없는 종들은 수용성인 '요소'의 형태로 질소 노폐물을 배설한다. 육지 거북의 경우 질소대사의 노폐물로 배설하는 데 물이 많이 필요한 '요소'를 배설하는 것은 체내 수분 유지에 좋지 않은 영향을 미치기 때문에 물을 별로 사용하지 않고도 질소 노폐물의 배출이 가능한 '요산'의 형태로 배설하는 것이 일반적이다. 섭취하는 단백질의 양이나 질, 개체의 대사량의 차이에 따라 배설되는 요산의 양은 달라질 수 있으나 배설되는 요산이 지나치게 딱딱하거나 거칠 경우에는 온욕의 횟수를 늘려 주는 것이 좋다.

✔ 탈장/탈항(Prolapse)

배설강의 안쪽, 소장의 일부나 암컷의 경우 생식기의 일부가 총배설강으로부터 돌출되는 증상을 말한다. 발병하면 거북이 총배설강에 붉은색의 돌출된 장을 매달고 돌아다니는 것으로 확인할 수 있다(간혹 일부 거북의 경우에 성적으로 성숙하게 되면 가끔씩 생식기를 밖으로 돌출시키는 행동을 하기도 하는데 이것은 탈장과는 구별되어야 한다. 생식기의 형태가 워낙 독특하기 때문에 처음 본 사람들은 놀라는 경우가 많다). 탈장의 원인은 정확하게 알려져 있지 않으

나 스트레스 혹은 기생충이 원인인 것으로 추측하고 있다. 거북의 탈장은 보기보다 흔하게 일어나는 증상이라고 알려져 있는데 사육자가 보기에는 심각한 증상처럼 보이지만 거북에게는 생존을 위협할 정도로 심각한 질병은 아니며 거북 역시 그리 고통스러워하지는 않는다. 그러나 최대한 빠른 시간 내에 다시 체내로 들어가도록 조치를 취해야 한다.

거북에게 탈장이 일어나면 우선 그 부분이 건조해지지 않도록 습도를 유지해 주는 것이 필요하다. 육지거북이라면 깨끗한 물을 분무하거나 사육장 내에 큰 물그릇을 설치하여 주어야 한다. 탈장된 곳이 말라버리게 되면 외과적 처치로 그 부분을 제거해 주어야 하기 때문이다. 그리고 최대한 신속하게 돌출된 장을 몸 안으로 밀어 넣도록 한다. 가벼운 증상이라면 거북이 움직이면서 스스로 몸 안으로 들어가기도 하는데 필요할 경우 돌출된 부분을 부드럽게 마사지함으로써 회복을 유도하기도 한다. 그러나 이 과정에서 돌출된 부분을 강제로 밀어서 집어 넣는 행동은 하지 않는 것이 좋다.

다른 하나 주의할 사항은 거북이 스스로 혹은 합사 중인 다른 거북이 탈장된 부분을 입으로 떼어내려고 하거나 공격하는 경우가 있으므로 이를 방지하는 것이 중요하다는 것이다. 한번 일어난 탈장 증상은 재발되는 경우가 많으므로 증상이 빈번하다면 외과적 처치를 받아 재발을 방지하는 것이 좋다.

✔ 혈변(Hema Feces)

일반적인 거북의 배설물은 검정색의 대변과 흰색의 소변이 섞인 형태이다. 만일 피가 섞인 혈변을 보는 경우가 있다면 심각한 건강상의 이상이 있는 것이다. 패혈증, 아메바증 또는 다른 장내 침입체에 따른 장 손상 등 혈변의 원인이 되는 것은 전부 가벼운 응급처치로는 증상의 완화조차 힘든 위험한 질병들이기 때문이다. 이 경우에는 신속하게 동물병원으로 이송하여 전문적인 치료를 받게 하는 것이 최선이다.

✔ 장 폐색(Intestinal obstruction)

보통 임팩션이라고 하고 모래나 다른 이물질을 섭취한 후 그러한 이물질들이 소화되지 않고 장에 축적되어 소화기관을 막는 증상을 말한다. 다른 파충류와는 달리 거북은 등딱지 때문에 외관상으로는 증상을 파악하기 힘들고 동물병원에서 X-ray 촬영으로 확진이 가능하다.

먹이에 묻은 이물질을 장기적으로 섭취하는 경우가 아니라 의도적으로 모래나 자갈을 먹는 행위는 자연계에서는 보통 칼슘 부족을 해결하기 위한 행동이다. 그러나 야생의 거북이 먹는 모래는 사막식물 주변의 Sailty Mineral로 영양이 풍부하고 장 폐색을 일으키지도 않으며 혹 가벼운 증상을 보이더라도 자연상태에서는 운동량이 많아 장운동이 활발하기 때문에 웬만하면 모두 배설이 가능하여 문제가 되는 경우는 드물다. 그러나 사육 하에서는 소화 및 배설장애를 일으키는 등 심각한 건강상의 문제를 야기하는 경우가 많다.

장 폐색을 방지하기 위해서는 무엇보다 바닥재 선정에 유의하여야 하고 배설활동을 원활하게 하기 위해 주기적으로 온욕을 실시하는 것이 좋으며 칼슘이 부족하지 않도록 영양공급에 신경 쓰는 것이 필요하다.

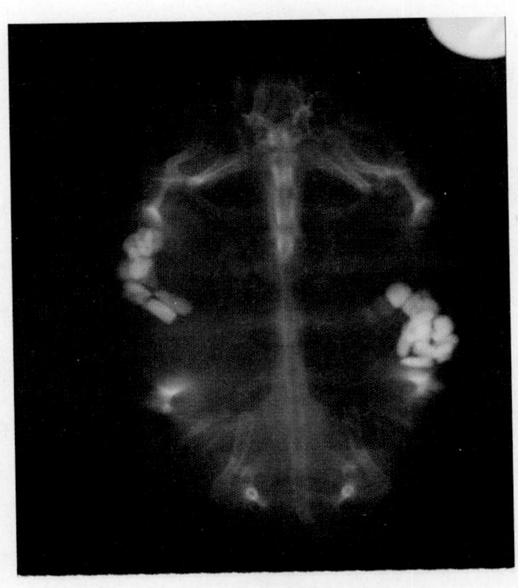

장 폐색에 걸린 거북의 X-ray 사진

✔ 신장/방광 결석(Bladder stones)

신장이나 방광에 돌이 생기는 증상도 일부 거북에게서 이따금씩 발견된다. 주로 단백질 섭취가 많은 경우에 발생하며 발병하면 결석이 배설관을 막아 정상적으로 배설을 하지 못한다. 이때 뒷다리를 끌거나 저는 증상을 보이는 경우가 많다. 외과적 처치가 필요하며 복갑이나 뒷다리 부분에 작은 구멍을 내어 결석을 제거하는 방법으로 치료한다. 과다한 단백질 급여를 제한함으로써 어느 정도 예방할 수 있다.

9 기타 질환들

✔ 기생충 감염(Parasitization)

인공 번식된 거북이라 하더라도 사육 과정에서 여러 가지 내 · 외부 기생충의 감염 위험이 있을 수 있다. 오염된 사육환경과 먹이, 감염된 개체와의 합사, 채집한 생먹이로부터의 감염 등 사육장 내의 거북에게 기생충이 생길 수 있는 경로는 다양하다. 그 종류 역시 마이트, 틱, 거머리 등의 외부 기생충으로부터 간흡충, 선충, 촌충, 흡충, 원생동물에 이르기까지 다양하다.

기생충 감염으로 나타나는 일반적 증상은 설사 혹은 체중 감소와 쇠약이다. 기생충으로부터 피를 빨리거나 영양분을 빼앗겨 점차 기력이 약해지는 것이다.

기생충 감염을 치료하기 위해서는 여러 가지 구충법을 사용할 수 있다. 촌충(Tapeworms)의 경우에는 1kg당 드론시트(Droncit) 25mg을 투약한다. 선충(Nematodes)의 경우 펜벨다졸(Fenbendazole)을 1kg당 20~50mg을

투여한다. 카필라리아(Capillaria)와 같은 선충류는 약 5일간 처방한다. 이를 8주 후 반복한다.

다른 질병이 있거나 면역력이 떨어지는 아주 어린 거북이 아니라면 기생충 자체만으로 거북에게 치명적인 피해를 주는 경우는 드물다. 성체에게 심각한 영향을 미치는 것은 기생충 때문이라기보다 기생충이 심각한 박테리아성 질환을 유발하는 경우가 많기 때문이다. 인공 번식된 개체보다는 야생 채집 개체들에게 감염 위험성이 높으므로 야생 개체를 분양 받으면 반드시 구충을 시키고 사육하는 것이 좋다. 인공 번식된 개체라도 사육 중 감염 가능성이 있으므로 주기적으로 구충을 하는 것이 좋다.

그러나 개인적으로 실시하는 무차별적인 처방이나 구충은 거북의 건강에 결코 도움이 되지 않는다. 구충은 정확한 약품을 정확한 용량으로 정확한 기간 동안 처방하는 것이 무엇보다도 중요하므로 전문적인 지식을 갖춘 수의사의 도움을 받아 실시하는 것이 좋다.

폐사한 거북에서 나온 내부기생충

★Tip★ 거북의 구충법

분양 받는 거북이 인공 번식된 개체이고 분양 후에도 인공 사료로 사육한다면 구충은 크게 필요하지 않다. 애완용 거북 가운데 구충을 필요로 하는 경우는 수입되는 일부 야생 채집 개체와 국내에서 채집된 개체다. 자연 상태의 개체는 감염의 가능성이 높으므로 반드시 구충을 해서 사육해야 한다. 기생충 감염 때문에 폐사율이 높지만 인공 사육 하에서 구충 후에는 별다른 건강상의 문제 없이 기를 수 있는 종도 있으므로 분양 받은 개체가 야생 채집 개체라면 구충을 하는 것이 좋다.

사육 하에서의 감염원은 대부분 돼지고기 등의 날고기를 먹이거나 채소나 야채를 깨끗하게 세척하지 않은 경우, 자연 상태의 채집 먹이를 급여할 경우 등이다. 이처럼 생먹이를 먹이는 경우와 사육환경이 불결할 경우에도 구충을 하는 것이 좋다.

구충을 실시할 때에는 정확한 용량으로 급여하는 것이 무엇보다 중요하다. 너무 적은 양을 투여하면 내성이 생겨 다음에 구충할 때 효과가 나타나지 않을 수 있고, 반대로 과다 투여하면 구토, 설사 및 심한 경우 폐사에 이르는 등의 부작용이 나타날 수 있기 때문이다[장내에 기생충이 많을 때 구충제를 과다 투여하면 기생충이 동시에 사멸하여 뭉쳐져 장을 막는 경우도 있다. 이럴 경우 장폐색으로 폐사할 가능성도 있다]. 가급적이면 거북에 대한 전문적 지식이 있는 수의사를 찾아 정확한 진단과 처방을 받길 바란다.

기본 구충법

- **메트로니다졸[Metronidazole]**

  원생동물과 혐기성 세균 감염증, 아메바증 치료용으로 사용되며 100mg/kg의 용량으로 투여하고 2주 간격으로 3회(1년에 2번) 실시한다.

- **펜벤다졸[Febendazole] / 플루벤다졸[Flubendazol] / 알벤다졸[Albendazole]**

  카필라리아, 선충류, 내부 기생충 구제에 사용되며 연 2회 정도 실시한다. 50~100mg/kg의 용량으로 24시간 간격으로 3~5일 투여하고 2주 후 다시 한 번 실시한다(2주간의 간격을 두는 이유는 기생충의 번식 사이클을 고려해서이다).

그러나 위에 언급한 구충법은 '사육 매뉴얼'상의 용량일 뿐 실제로 동물병원에서 거북에게 적용할 경우에는 단순히 kg당 투여량만 계산하여 일률적으로 투여하는 것이 아니라 거북의 크기, 나이, 상태, 분변 검사로 확인된 기생충의 종류와 양, 사용할 구충제의 종류를 고려하고, 거기에 그동안의 수의사의 진료 경험 등이 합쳐져서 전체적인 투여량이 결정된다. 이 모두가 전문 지식이 없는 일반인이 쉽게 할 수 있는 일은 아니다. 때문에 모든 수의학적인 진단과 치료는 수의사에게 위임하는 것이 좋다.

구충제를 투여한 뒤에는 체내에서 약 성분이 충분히 활성화하도록 거북을 따뜻하게 해 주어야 한다. 태어난 지 얼마 안 된 헤츨링은 약에 대한 내성과 면역력이 성체에 비해 떨어지므로 어느 정도 성장한 뒤에 구충을 실시하는 것이 좋다.

약품으로 구충을 하기 어려울 때에는 구충에 도움이 되는 식물류를 급여함으로써 어느 정도 대체 효과를 기대할 수 있다. 비교적 구하기 쉬운 식물 가운데 쑥, 매실, 허브, 창포, 호박, 오이씨 등이 구충에 효과가 있다고 알려져 있다.

패혈증(Septicemia)

패혈증이란 혈액 안에 세균이 검출되는 병으로 생명에 심각한 위협을 주는 질병이며 증상이 발견되는 즉시 즉각적인 치료가 필요하다. 발병 원인은 상처로부터의 감염이나 기존에 가지고 있었던 질병으로 인해 발생한다. 거북의 피부나 껍질이 분홍색이나 불그스레한 색을 띠는 특징이 있으며 몸이 붓는다. 소변의 양도 평소보다 적어진다. 패혈증 역시 개인이 취할 수 있는 대책은 아무것도 없으며 검증된 수의학적 치료를 받는 것이 이 질병을 낫게 하는 유일한 방법이라고 할 수 있다.

일사병(Sunstroke)

몸을 식힐 만한 은신처가 없는 공간에서 오랫동안 직사광선을 쬘 경우 체온이 급격히 상승하여 혈액이나 내장의 기능이 쇠약해져 발병한다. 코나 입에 거품이 나며 먹이를 토하거나 발을 버둥거리는 등의 흥분 상태를 보인다.

증상을 보이는 즉시 서늘한 장소로 옮겨 냉수를 뿌려 주거나 얼음주머니 등으로 체온을 내린 후 의사의 도움을 받는 것이 좋다. 일사병을 방지하기 위해서는 너무 뜨거운 여름에는 일광욕을 피하고 일광욕 공간에는 반드시 그늘을 설치해서 거북이 스스로 체온을 조절할 수 있도록 하여야 한다. 몸을 담글 만한 물그릇을 설치해 주는 것도 좋다.

외상(Trauma)

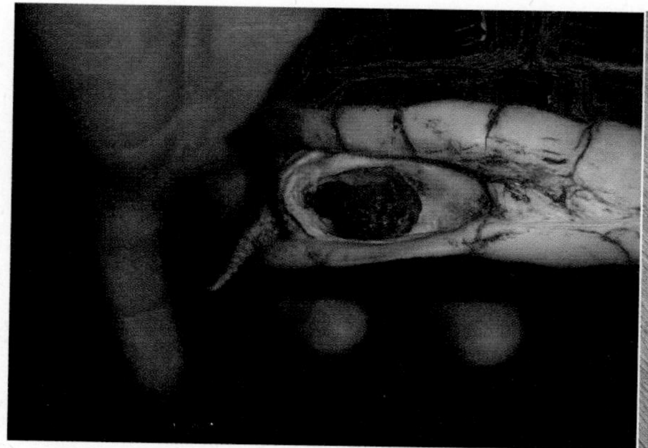

외상을 입은 모습

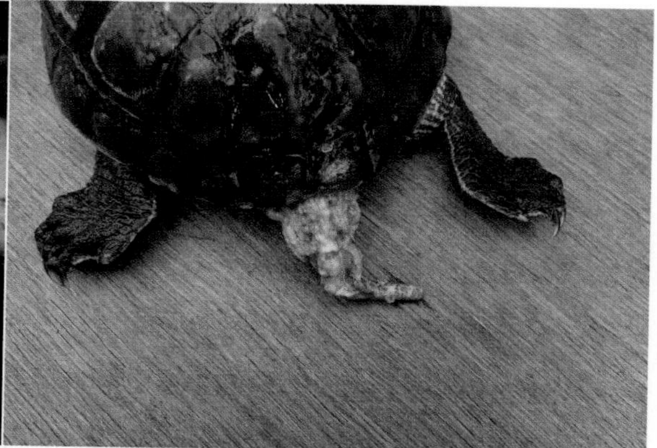

다른 거북과의 싸움으로 꼬리가 손상된 모습

합사 중인 거북의 공격 또는 핸들링 중 떨어뜨리거나 개나 고양이 등 다른 동물의 공격을 받을 경우에 생긴다. 가볍게 긁힌 정도의 상처라면 별다른 문제없이 회복되지만 심하게 상처가 나서 피가 나는 경우 지혈을 하고 소독하여 감염을 방지할 필요가 있다. 응급처치로 해결하기 어려울 정도로 상처가 심하면 동물병원에서 항생제 치료를 받는 것이 좋다.

거북을 핸들링 할 때 떨어뜨리는 경우가 많으므로 거북을 들어 올릴 때 절대 떨어뜨리는 일이 없도록 확실하게 단단히 잡아야 하고, 만일 핸들링하다 추락해서 쇼크 상태나 반응이 없을 경우라면 자극하거나 다시 물속에 집어넣는 행동은 피하고 전문지식이 있는 수의사의 조언을 받는 것이 좋다.

★Tip★ 미량원소 결핍에 따른 질병과 증상들

◆ **비타민 A 결핍**
- 증상 : 급성적인 눈병, 시력 상실, 다리와 갑 및 목의 상피 소실, 등딱지의 백점, 아래턱 발육 부진
- 예방 방법 : 따뜻한 곳으로 옮기고 비타민제나 비타민이 풍부한 먹이 급여
- 치료방법 : 60~120,000 IU/kg의 비타민을 주사

◆ **비타민 D_3 결핍**
- 증상 : 갑의 변형, MBD, 성장률 저하
- 예방 : 비타민제를 급여하고 충분한 자연 일광욕을 시키며 비타민 D_3와 인산칼륨이 풍부한 대용식을 급여
- 치료방법 : 비타민 복합제를 주사

◆ **비타민 E 결핍**
- 증상 : 혹, 농양, 지방종
- 치료방법 : 외과적 처치로 농양을 제거하고 비타민을 주사

◆ **비타민 B 결핍**
- 증상 : 무기력, 마비, 중추신경계 이상, 몸 전체가 부음
- 예방 : 비타민제 급여
- 치료방법 : 비타민 복합제의 주사, 대구 간유 등의 경구 투여로 해결 가능

◆ **철 결핍**
- 증상 : 성장률 저하, 체형의 기형 유발
- 치료방법 : 철이 풍부한 음식물(예: 돼지 간)을 공급하는 것

◆ **인과 칼슘 결핍**
- 증상 : 인과 칼슘의 평형공급이 이루어지지 않으면 비타민 D_3 결핍증상과 같은 결과를 초래
- 치료방법 : 비타민 복합제 공급, 칼슘이 많은 먹이 급여

✔ 배란 이상(Egg Bound)

교미를 한 암컷이 산란시기를 넘기도록 산란을 하지 않거나 은신처에서 장시간 관절을 구부리고 있을 경우에 산란 이상(Egg Bound)일 가능성이 있다. 나팔관에 이상이 있는 경우 또는 암컷의 몸속에 알들이 뭉쳐 있거나 형태가 정상적이지 않아 알들의 위치가 적절히 배치되어 있지 않아 알이 산도를 통과하지 못함으로써 증상이 나타난다. 발병한 거북은 매우 불안해하며 지속적으로 사육장 바닥을 파는 행동을 보인다. 총배설강에서 점액질의 액체가 흘러나오는 경우도 있으며 음식을 거부하며 입을 벌리고 호흡하기도 한다. 유일한 치료 방법은 외과적 처치나 관장을 해서 알을 꺼내 주는 것뿐이다.

★Tip★ 수생거북 및 자라류의 등갑 치료 방법

- 통에 거북의 등갑이 절반가량 잠길 정도의 미지근한 물을 붓는다.
- 치료할 거북을 통에 넣고, 환부를 물로 깨끗이 씻은 다음 치료제를 발라 준다.
- 등갑이 아닌 다른 부위에 피부병이 있을 경우에는 물에 적당량의 약을 넣는다.
- 온도가 유지되는 곳에서 약을 바른 등갑이 마를 때까지 기다린다.
- 1~2시간이 지난 뒤 원래의 사육장에 넣어 준다.
- 차도를 확인하고 치료될 때까지 수 일간 동일한 방법으로 치료한다.
- 질병이 없더라도 한 달에 한두 번 정도 가볍게 약욕을 시키면 병을 예방할 수 있다.

★Tip★ 약욕 시의 약품 농도 계산법

거북의 피부나 등갑에 감염성 질병이 있을 경우에 상태를 호전시키기 위해 실시하는 것이 약욕이다. 약품을 탄 물에 질병이 있는 거북을 일정 시간 담가 두는 것으로, 무엇보다 정확한 농도로 실시하는 것이 중요하다. 보통은 사용설명서에 '몇 PPM의 농도로 사용하시오' 혹은 '몇 PPM농도의 물에 하루 몇 회 분 동안 몇 주 이상'이라고 표시되어 있다. PPM(Part Per Million)은 농도의 단위로 백만분의 1을 의미하며 약품을 백만 배로 희석시킨 것을 뜻한다. 100kg을 기준으로 PPM농도를 계산하면 물 100kg에 약품 0.1g(cc)를 혼합한 농도가 1PPM이다.

예를 들어 일반적인 60Cm×40Cm×30Cm의 수조에 30PPM의 약품을 넣고자 할 때

1. 수조 혹은 약욕통에 들어가 있는 물의 양을 계산

60Cm × 40Cm × 30Cm = 72,000㎤ = 72ℓ = 72㎏

2. 산출된 물의 양을 100kg에 1PPM을 기준으로 비례하여 계산

물 100kg에 약품 0.1g(cc)를 혼합한 농도가 1PPM이므로 72kg에 0.072g을 혼합한 농도가 1PPM이 된다.

3. 1PPM을 기준으로 계산된 약품의 용량을

1PPM : 0.072g = 30PPM : x

x = 0.072x30

x = 2.16

즉 2.16g을 넣으면 30PPM의 농도를 맞출 수 있다.

7 주요 종 소개

피그 노우즈드 리버 터틀 (Pig-nosed River Turtle)

완전 수생성·돼지코거북

- 학 명 : *Carettochelys insculpta*
- 현 황 : CITES Ⅱ, 사육시설 등록대상종
- 원산지 : 호주 북부 및 뉴기니 남부
- 크 기 : 최대 70cm, 20kg까지 성장
- 습 성 : 활동성이 많고 수영에 능하다.
- 생 태 : 거의 일생을 물속에서 생활한다.
- 식 성 : 수초, 죽은 어류의 사체 등 초식에 가까운 잡식성
- 온·습도 : 수온 주간 28~32℃, 야간 26℃, 적정 pH 8.0~8.3

겉보기에는 자라처럼 등갑이 밋밋하지만, 자라와는 달리 보통의 거북이처럼 등갑이 딱딱하다. 담수거북이지만 바다거북의 지느러미 같은 발을 가진 유일한 거북이다. 체고로 성별을 구별할 수 있으며 암컷이 수컷보다 좀 더 높다. 동종 간에는 매우 공격적이므로 합사는 금물이다. 수위는 상관이 없지만 자연 상태에서 물살이 강하지 않은 곳에 서식하므로 물살의 세기와 방향을 조절해야 한다. 수질에 민감하며 적정 pH는 8.0~8.3이다. 수질이 안 맞으면 배갑(背甲)에 흰색 반점이 생긴다.

플로리다 소프트쉘 터틀 (Florida Softshell Turtle)

수생성·플로리다 자라

- 학　명 : *Apalone ferox*
- 현　황 : CITES Ⅱ
- 원산지 : 북미 동부의 플로리다, 캐롤라이나 남부, 조지아, 알라바마
- 크　기 : 수컷 30cm 내외, 암컷 60cm 내외로 암수의 크기 차이가 심하다.
- 습　성 : 바닥을 파고드는 습성이 있다.
- 생　태 : 물속에서 주로 생활하며 가끔 일광욕을 하기 위해 육지로 나온다.
- 식　성 : 어류, 갑각류 등 육식성
- 온·습도 : 수온 26~28℃, 약산성 물을 선호하며 온도변화에 민감하므로 주의한다.

일반적으로 완전 수생성 거북으로 알려져 있지만 야간에는 물 밖에서 쉬는 것을 즐긴다. 자라류는 애완용으로는 그다지 많이 길러지고 있는 종이 아니지만 본 종은 그 가운데서도 그나마 애완용으로 많이 유통되고 있는 종이다. Apalone속에 속하는 자라 가운데 가장 크게 성장한다. 어린 개체는 녹색을 띠는 황색의 배갑(背甲)에 갈색의 점무늬 혹은 그물무늬를 가지고 있으며 머리에는 황색이나 연한 주황색의 짧은 줄무늬가 산재해 있다. 또한 어릴 때 배갑의 테두리가 선명하게 나타나 있다. 그러나 체색은 성장하면서 점차 짙어지고 무늬는 흐릿해진다. 바닥을 파고드는 일반적인 자라의 습성을 가지고 있다.

차이니즈 소프트쉘 터틀 (Chinese Softshell Turtle)

수생성·자라

- 학　명 : *Pelodiscus sinensis*
- 원산지 : 우리나라 전역
- 크　기 : 30cm 내외
- 습　성 : 겁이 많고 소심하지만 물 밖에서는 굉장히 공격적이다.
- 생　태 : 물속에서 주로 생활하며 가끔 일광욕을 하기 위해 육지로 나온다.
- 식　성 : 어류, 갑각류 등 육식성
- 온·습도 : 수온 26~28℃

일반적으로 완전 수생성 거북으로 알려져 있지만 야간에는 물 밖에서 쉬는 것을 즐긴다. 국내에서 서식하는 자라 중 유일한 종이며 담수에 서식한다. 아직 개체 수가 남아 있어서 야외에서 목격되기도 하지만 겁이 많고 소심해서 실제로 잡히는 경우는 드물다. 전통적으로 식용 및 약용으로 수요가 많지만, 서식지 파괴와 환경오염으로 자연 상태에서의 개체 수는 현저히 줄어들고 있다. 다만 높은 상업적 가치로 국내 150여 곳의 양식장에서 연간 약 3~400만 톤의 식용자라가 양식되고 있다.

커먼 스냅핑 터틀 (Common Snapping Turtle)

수생성·늑대거북

- 학　명 : *Chelydra serpentina*
- 현　황 : CITES Ⅱ, 환경부 지정 생태계 교란 야생 생물
- 원산지 : 캐나다와 미국 전역, 과테말라 남부, 온두라스, 니카라과 동부, 코스타리카 파나마, 콜롬비아와 에콰도르의 저수지나 강, 민물과 바닷물이 섞이는 구역에 이르기까지 널리 분포
- 크　기 : 20~30cm, 2~5kg, 최대 50cm에 35kg까지도 성장
- 습　성 : 활동성이 많으며 사납고 성장속도가 빠르다.
- 생　태 : 거의 물속에서 생활하며 가끔 육지로 올라와 일광욕을 즐긴다.
- 식　성 : 어류, 갑각류, 양서류, 파충류 등 육식성
- 온·습도 : 수온 26~28℃, 유체(어린 개체) 28~30℃

일반적으로 완전 수생성 거북으로 알려져 있지만 어릴 때는 물 밖에서 일광욕하는 것을 즐긴다. 배갑(背甲)은 짙은 갈색이나 검은색이다. 상부에 악어거북처럼 3줄의 용골(Keel)이 있지만 악어거북처럼 확연하지는 않고 성장하면서 점점 완만해진다. 배갑 가장자리에는 톱니 모양의 비늘이 있다. 복갑(腹甲)은 흰색 또는 연한 갈색이다. 머리가 큰 편이고 무는 힘이 강하다. 발톱이 길게 자라 물속에서 빠른 속도를 낼 수 있다. 육지에 올라와 일광욕을 하는 경우는 드물지만 가끔 얕은 물가로 올라오는 경우가 있다. 유체 시 저온에 상당히 약한데 해츨링 시기만 잘 넘기면 폐사하는 경우는 드물다. 카리스마 있고 튼튼해서 인기가 많지만 자라면서 점차 공격적 성향이 드러나고 성장 속도도 빨라 관리가 어렵다.

엘리게이터 스냅핑 터틀 (Alligator Snapping Turtle)

완전 수생성 · 악어거북

- 학　명 : *Macroclemys temminckii*
- 현　황 : CITES Ⅱ, 환경부 지정 생태계 교란 야생 생물
- 원산지 : 플로리다, 텍사스, 일리노이 주 남부 등 미국 남부의 멕시코만 기슭의 민물과 기수역
- 크　기 : 70cm 내외, 최대 80cm, 수컷이 암컷보다 훨씬 크게 성장한다.
- 습　성 : 야행성, 물 밑을 걸어 다니며 생활한다.
- 생　태 : 거의 물속에서 생활한다.
- 식　성 : 어류, 갑각류, 양서류, 파충류 등 육식성
- 온·습도 : 수온 26~28℃, 유체 28~30℃

세계 최대의 담수 거북종이다. 갑장 80cm, 몸무게 90kg까지도 성장하며 완전히 성장한 악어거북의 머리는 보통 사람의 머리보다 훨씬 크다. 배갑에 3줄의 용골(Keel)이 있으며 갑판 하나하나가 끝 부분이 날카롭게 솟아올라 마치 악어 등처럼 보인다. 완전수생성으로 산란을 위해서가 아니라면 거의 물 밖으로 나오지 않으며, 주로 발이 닿는 높이의 물 밑을 걸어 다닌다. 한 번 호흡하면 40~50분까지 잠수가 가능하고 주로 매복해서 먹잇감을 사냥한다. 마치 사람이 루어(Lure, 인조미끼)낚시를 하듯이 입을 벌리고 지렁이처럼 생긴 혀에 혈류를 늘려 붉게 만든 다음 살짝살짝 움직이며 물고기를 유인하는 루어링(Luring)이라는 독특한 행동을 한다.

커먼 머스크 터틀 (Common Musk Turtle)

반수생성·사향거북

- 학 명 : *Sternotherus odoratus*
- 현 황 : CITES Ⅱ
- 원산지 : 멕시코에서 중미에 이르는 넓은 지역의 호수나 늪지, 강
- 크 기 : 15cm를 넘지 않는다. 수컷이 암컷보다 작다.
- 습 성 : 야행성, 늦은 저녁이나 새벽에 활동하며 다리 힘이 강해 잘 타고 오른다.
- 생 태 : 물과 육지를 오가면서 생활한다.
- 식 성 : 어류, 갑각류, 절지류 등 육식성
- 온·습도 : 수온 26~28℃, 유체 28~30℃

위험이 닥치면 겨드랑이 부분에서 냄새 나는 분비물이 나오기 때문에 사향거북이라는 이름이 붙었다. 진흙거북과 마찬가지로 체고가 일반적인 반수생성에 비해 높은 편이다. 다른 거북에 비해 복갑이 터무니없이 작은 게 특징이다. 서식지로 수초와 진흙이 많은 곳을 선호하지만 육지에서 발견되는 경우도 잦다. 보기보다는 수영에는 능하지만 해츨링 때는 수심을 낮게, 수류를 약하게 하고 육지를 만들어 주는 것이 안전하다. 머스크류는 사납기 때문에 물리지 않도록 유의한다. 유체 때는 합사도 가능하지만 성체 수컷끼리는 심하게 싸울 수 있어서 격리 사육하는 편이 좋다.

이스턴 머드 터틀 (Eastern Mud Turtle)

반수생성·진흙거북

- 학 명 : *Kinosternon subrubrum*
- 현 황 : CITES Ⅱ
- 원산지 : 멕시코에서 중미에 이르는 넓은 지역의 호수나 늪지, 강
- 크 기 : 15cm를 넘지 않는다. 수컷이 암컷보다 작다.
- 습 성 : 야행성, 늦은 저녁이나 새벽에 활동하며 다리 힘이 강해 잘 타고 오른다.
- 생 태 : 물과 육지를 오가면서 생활한다.
- 식 성 : 어류, 갑각류, 절지류 등 육식성
- 온·습도 : 수온 26~28℃, 유체 28~30℃

이름에서 알 수 있듯이 수초나 진흙이 많은 곳에 사는 활동성이 왕성한 종이다. 사향거북과 마찬가지로 다양한 종이 국내에 애완용으로 들어와 있다. 진흙거북은 사향거북과 가까운 종으로 습성, 생태, 선호하는 서식지 유형이나 먹이가 거의 같다. 사향거북처럼 항문선에서 냄새 나는 액체를 분비하기도 한다. 이런 행동은 사육 환경에서보다는 야생에서 천적의 위협이 있을 때 자주 볼 수 있다.

멕시칸 자이언트 머스크 터틀 (Mexican Giant Musk Turtle)

반수생성 · 멕시코사향거북

- 학 명 : *Staurotypus triporcatus*
- 현 황 : CITES II
- 원산지 : 멕시코, 과테말라 북동부, 온두라스 서부
- 크 기 : 30~40cm
- 습 성 : 활동성이 강하고 사납다.
- 생 태 : 거의 물속에서 생활하지만 가끔 육지로 올라온다.
- 식 성 : 어류, 갑각류 등 육식성
- 온·습도 : 수온 26~28℃, 유체 28~30℃

사향거북 중에서 가장 크게 자라는 종으로 알려져 있다. 타원형의 배갑(背甲)은 갈색이며 세 줄기의 잘 발달된 용골(Keel)이 있다. 일반적으로 성체가 되면 무뎌지는 다른 사향거북의 용골(Keel)과는 달리 성체가 되어도 아주 뚜렷하다. 수영을 잘 못하기 때문에 수위는 거북이 목을 뻗어 호흡하기에 어려움이 없을 정도면 된다. 성체는 몸집이 크기 때문에 어느 정도 성장하면 성능 좋은 여과장치가 필요하다. 야행성으로 밤에 야간등을 켜주면 활동 모습을 관찰할 수 있다. 입 안에 들어가는 크기라면 타 종의 거북이도 잡아먹기 때문에 합사는 하지 않는 것이 좋다.

레이저백 머스크 터틀 (Razorback Musk Turtle)

수생성

- 학 명 : *Sternotherus carinatus*
- 현 황 : CITES II
- 원산지 : 북미 플로리다, 조지아, 루이지애나, 미시시피, 텍사스의 유속이 느린 시내와 늪
- 크 기 : 10cm 내외
- 습 성 : 호기심이 많고 활동적이다. 물 밖에 거의 나오지 않는다.
- 생 태 : 거의 물속에서 생활한다.
- 식 성 : 어류, 갑각류 등 육식성
- 온·습도 : 수온 26~28℃, 유체 28~30℃

배갑의 중앙부가 심하게 높고, 배갑의 경사가 급해서 마치 삿갓 같은 체형을 가지고 있다. 영명인 'Razorback'은 배갑의 형태에서 유래된 것이다. 수생 성향이 강한 종으로 북미의 부드러운 모래나 펄이 깔린 유속이 느린 계류나 늪에 주로 서식한다. 다른 사향거북과는 달리 물 밖으로 나오는 일이 거의 없다. 수생 생활을 즐기므로 따로 육지를 만들어 줄 필요는 없다. 수영에 아주 능한 종은 아니므로 수심을 너무 깊지 않게 하고, 유목 등으로 물 밖으로 나오도록 설계해주는 것이 좋다.

트위스트 넥드 터틀 (Twist-necked Turtle)

반수생성

- 학 명 : *Platemys platycephala*
- 원산지 : 남미의 북부 절반 대부분 지역(브라질 북부, 베네수엘라, 콜롬비아, 에콰도르 동부, 볼리비아 북부 등지)
- 크 기 : 15cm 내외
- 습 성 : 온도 변화에 민감하며 수질에 민감하다. 주로 숲의 바닥에 있는 낙엽이 많은 얕은 물에서 생활한다.
- 생 태 : 거의 물속에서 생활하고 가끔 육지로 올라온다.
- 식 성 : 어류, 갑각류, 절지류, 수초 등 잡식성
- 온·습도 : 수온 24~26℃, 수심을 얕게 하고 반드시 육지를 설치한다.

전체적으로 체형이 납작하고, 평평한 머리 부분은 붉은색이나 오렌지색을 띠고 있다. 복갑의 테두리는 밝은 갈색이고 중앙은 원형으로 짙은 검정색이다. 납작한 머리 형태 때문에 'Flat-headed Turtle'이라고 불리기도 한다. 수영을 그다지 좋아하지 않으며 능숙하지도 않다. 물에도 들어가지만 주로 삼림의 바닥을 기어 다니며 수서곤충, 벌레, 달팽이 등을 잡아먹으며 생활한다. 수조에 물을 채울 경우 수심은 얕은 것이 좋으며 반드시 육지 부분을 설치해 주어야 한다.

노던 스네이크 넥드 터틀 (Northern Snake-necked Turtle)

반수생성·뱀목거북

- 학 명 : *Chelodina siebenrocki*
- 원산지 : 호주, 뉴기니아의 유속이 느린 강, 개울, 늪
- 크 기 : 30cm 내외
- 습 성 : 활동적이고 수영에 능숙하며 사냥 실력도 좋다.
- 생 태 : 거의 물속에서 생활하고 가끔 육지에서 일광욕을 하기도 한다.
- 식 성 : 어류, 갑각류 등 육식성
- 온·습도 : 수온 28~30℃, 유체 때는 수심을 얕게 해준다.

목을 등갑 안으로 집어넣지 못하고 옆으로 구부리는 곡경목 거북 중에서도 목이 유별나게 긴 종이다. 수생거북 가운데서도 활동성이 아주 뛰어나다. 물갈퀴가 다른 거북에 비해 상당히 커서 수영에 아주 능숙하며, 발의 앞쪽은 갈고리로 되어 있어 바위를 잡고 이동하는 속도도 매우 빠르다. 긴 목을 효율적으로 이용해서 사냥을 하는데 성공률이 아주 높은 편이다. 육식성으로 곤충, 물고기, 가재 등을 잡아먹는다. 뱀과 거북이를 합쳐놓은 듯한 독특한 모습에 애완용으로 많이 사육되고 있다.

아프리칸 헬멧티드 터틀 (African Helmeted Turtle)

반수생성·견목거북

- 학 명 : *Pelomedusa subrufa*
- 원산지 : 아프리카 수단에서 가나에 이르는 지역
- 크 기 : 20cm 내외, 최대 30cm
- 습 성 : 활동적이며 먹이반응도 좋다.
- 생 태 : 거의 물속에서 생활하고 가끔 육지에서 일광욕을 하기도 한다.
- 식 성 : 어류, 갑각류, 절지류, 수초 등 잡식성
- 온·습도 : 수온 24~26℃, 핫존 35~40℃

일반적인 반수생성과는 조금 다른 체형에 동그란 눈과 미소를 짓는 듯한 귀여운 얼굴을 하고 있다. 유통되는 거북은 WC가 많지만 쇠약하거나 질병이 걸린 경우가 드물 정도로 튼튼한 종이다. 성격이 활발하고 먹이 반응이 적극적이며 무엇보다 사육자에 대한 친밀감이 강한 종으로 거북 사육에 재미를 붙이는 데 좋은 종이라고 할 수 있다. 잡식성으로 다양한 먹이를 찾아 먹으며 서식 형태는 일반적인 반수생성 거북과 같다.

레드벨리드 쇼트 넥드 터틀 (Red-bellied Short-necked Turtle)

반수생성

- 학 명 : *Emydura subglobosa*
- 원산지 : 호주, 파푸아뉴기니
- 크 기 : 성체 20~25cm 정도
- 습 성 : 튼튼하며 식욕이 왕성하고 활발하다.
- 생 태 : 반수생
- 식 성 : 어류, 갑각류, 절지류, 수초 등 잡식성
- 온·습도 : 수온 24~26℃, 핫존 35~40℃ (주간 8~10시간 점등)

Pink-bellied Short-necked Turtle이라고 불리기도 한다. 수생종에 가까우나 가끔 일광욕을 하기 때문에 육지를 만들어 주는 것을 권장한다. 성격이 활발하고 온순하다. 붉은 복갑의 색깔이 특징적이다. 잡식성으로 먹성도 강하며 성장이 빠른 편이다.

깁바 터틀 (Gibba Turtle)

- 학 명 : *Mesoclemmys gibba*
- 원산지 : 페루, 수리남, 에콰도르, 콜롬비아와 브라질 북부
- 크 기 : 20cm 내외
- 습 성 : 활동적이나 소심한 편이다.
- 생 태 : 물과 육지를 오가면서 생활한다.
- 식 성 : 어류, 갑각류, 절지류, 수초 등 잡식성
- 온·습도 : 수온 26~28℃, 블랙워터를 선호한다.

일반적으로 학명을 따라 'Gibba Turtle'로 불린다. 성체는 전체적으로 검은색이고 복갑에도 검정 얼룩무늬가 넓게 자리 잡고 있다. 유체 시에는 배갑과 머리의 상면에 밝은 갈색 얼룩이 있지만 자라면서 점점 검은색으로 변한다. 얼굴은 위에서 보면 둥글둥글해 보이지만 옆에서 보면 약간 뾰족한 편이며, 눈이 크고 턱 아래에 두 개의 수염이 나 있다. 먹이 반응이 활발하고 건강해서 기르기 어렵지 않은 종이다. 다만 수질이 나쁘면 피부병에 걸리기 쉬우니 아몬드잎 등으로 블랙워터를 만들어 준다. 수온 27℃ 전후로 사육하며 수심은 갑장의 1.5배 정도가 적당하다. 거의 WC 개체가 유통되며 유통량도 극히 적어 국내에서 보기 어렵다.

마타마타거북 (Matamata Turtle)

- 학 명 : *Chelus fimbriata*
- 현 황 : CITES Ⅱ
- 원산지 : 아마존 지역을 포함한 남미 북부 지역(베네주엘라, 콜롬비아, 에쿠아도르, 볼리비아, 브라질 등)의 유속이 느린 강이나 못, 늪지대
- 크 기 : 40cm 이상, 12kg 정도, 기록에 의하면 61cm의 암컷 개체가 발견된 적이 있다.
- 습 성 : 먹이를 독특한 방법으로 사냥하며 어두운 곳을 선호한다.
- 생 태 : 거의 물 밖을 나오지 않는다.
- 식 성 : 육식성, 소형 물고기를 통째로 삼킨다.
- 온·습도 : 수온 26~30℃, pH 4~5, 빛에 민감하므로 조명을 어둡게 하고 블랙워터를 만들어주는 것도 좋다.

일반적으로 완전 수생성 거북으로 알려져 있지만 어릴 때는 물 밖에서 일광욕하는 것을 즐긴다. 가장 못생긴 거북으로 알려져 있지만 그만큼 특이해서 좋아하는 사육사도 많다. 악어거북과 가장 형체가 비슷하지만 목이 길다. 아래턱에는 더듬이 같은 두 개의 돌기가 나 있으며, 목 가장자리를 따라 나 있는 많은 피부 돌기들은 먹잇감인 물고기를 유인하는 데 쓰인다. 특이하게 생긴 코는 물 밖으로 머리를 내밀지 않고도 숨을 쉴 수 있도록 대롱 형태의 스노클 같은 구조로 되어 있다. 머리 양 쪽에 있는 돌기는 물속에서 진동을 감지할 수 있는데, 이를 통해 먹잇감의 위치를 알고 효과적으로 사냥할 수 있다. 목을 움츠리고 있다가 먹이가 가까이 오면 먹이를 향해 목을 길게 뺀 다음 갑자기 확장시켜 입 안을 진공상태로 만들고 순식간에 먹잇감을 입 안으로 빨아들이는 방식으로 사냥을 한다.

차이니즈 폰드 터틀 (Chinese Pond Turtle)

- 학 명 : *Mauremys reevesii*
- 현 황 : CITES Ⅲ, 천연기념물 제453호, 환경부 멸종위기 야생생물 Ⅱ급
- 원산지 : 한국, 일본, 중국, 대만 등지
- 크 기 : 암컷 25~30cm, 수컷 15cm 내외
- 습 성 : 활발하며 일광욕을 즐긴다.
- 생 태 : 물과 육지를 오가면서 생활한다.
- 식 성 : 어류, 갑각류, 절지류, 수초 등 잡식성
- 온·습도 : 수온 24~27℃, 핫존 35~40℃

우리나라 고유종 거북이다. 이제는 동강이나 우포늪 등 환경이 잘 보존된 곳에서나 볼 수 있다. 성장함에 따라 수컷은 눈부터 검게 변해 전체가 검게 변하는 경향이 있다. 강, 늪지역 등 물이나 물가에서 생활하는 반수생성 거북이로 일광욕을 좋아해 햇볕이 좋은 날이면 육지로 올라와서 빛을 쬔다. 서식지 파괴와 약재 사용을 위한 남획과 외래종과의 경쟁에 밀려 그 개체 수가 급격하게 줄어든 상황으로 천연기념물 제453호(2005.03.17 지정)로 지정되어 보호받고 있다. 환경부 멸종위기 야생생물 Ⅱ급으로 지정되었다.

재패니즈 폰드 터틀 (Japanese Pond Turtle)

반수생성 · 돌거북

- 학 명 : *Mauremys japonica*
- 현 황 : CITES II
- 원산지 : 일본 고유종
- 크 기 : 수컷 8~12cm, 암컷 15~22cm
- 습 성 : 일광욕을 즐기며 활발하다.
- 생 태 : 반수생
- 식 성 : 어류, 갑각류, 절지류, 수초 등 잡식성
- 온·습도 : 수온 24~27℃, 핫존 35~40℃

일본 고유종으로 서식지 파괴와 외래종과의 경쟁으로 개체수가 많이 줄어 보호받고 있다. 전형적인 반수생 거북으로 강, 늪지역 등 물이나 강가에서 생활하고 일광욕을 좋아해 육지에 올라와 있는 경우도 종종 볼 수 있다. 물과 육지의 비율은 5:5 정도로 맞춰주는 것이 좋다. 어느 정도 수류가 있는 환경을 선호하기 때문에 수계는 수중 모터 등을 이용해 흐름을 만들어 주는 것이 좋다. 왕성한 식성으로 먹이 급여는 까다롭지 않지만 수질에 민감하다는 의견이 있어 수질관리에 각별한 유의가 필요하다.

레드 이어드 슬라이더 (Red Eared Slider)

반수생성·붉은귀거북

- 학 명 : *Trachemys scripta elegans*
- 현 황 : 환경부 지정 생태계 교란 야생 생물
- 원산지 : 미국 인디애나 주에서 뉴멕시코까지, 텍사스주에서 멕시코 만까지
- 크 기 : 수컷 15cm, 암컷 20cm, 최대 29cm
- 습 성 : 아주 활동적이고 번식력도 왕성하다.
- 생 태 : 물과 육지를 오가면서 생활한다.
- 식 성 : 어류, 갑각류, 절지류, 수초 등 잡식성
- 온·습도 : 수온 24~27℃, 핫존 35~40℃

원산지는 미시시피지만 애완용으로 많이 수입되어 국내에서도 청거북이라는 이름으로 흔히 볼 수 있었다. 도입 당시는 애완용이었지만 방생용으로도 많이 사용되어 국내 전역에서 볼 수 있으며, 거침없는 식성으로 생태계 파괴의 원인이 되고 있다. 2001년 환경부로부터 붉은귀거북(*Trachemys scripta elegans*)이 생태계 교란 야생 생물로 지정되었으며 2005년 2월 10일부터 붉은귀거북이 속한 전종(*Trachemys spp.*)이 생태계 교란 야생 생물로 지정되어 수입과 매매가 제한되고 있다.

옐로우 벨리드 슬라이더 (Yellow Bellied Slider)

반수생성·노랑배거북

- 학 명 : *Trachemys scripta scripta*
- 현 황 : 환경부 지정 생태계 교란 야생 생물
- 원산지 : 아메리카 원산, 북미 버지니아 남부에서 플로리다 북부, 텍사스, 아메리카 중부
- 크 기 : 수컷 12~20cm, 암컷 20~33cm로 암컷이 더 크다.
- 습 성 : 활동성이 강한 종이며 애완용으로 많이 길러졌다.
- 생 태 : 물과 육지를 오가면서 생활한다.
- 식 성 : 어류, 갑각류, 절지류, 수초 등 잡식성
- 온·습도 : 수온 24~27℃, 핫존 35~40℃

2005년 2월 환경부가 붉은귀거북을 환경위해동물로 지정하면서 청거북그룹(*Trachemys*속 27종 전 종, *Trachemys ssp.*)의 수입 · 판매를 금지해 본종도 수입이 금지됐다. 현재는 본종을 사고파는 것이 모두 불법이다. 수입 금지 이전에 들어온 개체들은 아직 국내에서 어렵지 않게 볼 수 있으며 붉은귀거북과 마찬가지로 자연에 유기되는 사례가 보고되고 있다. 야생에서 발견되는 숫자는 붉은귀거북만큼 많지는 않으나 드물지도 않다. 수컷의 발톱이 암컷보다 훨씬 길어서 어느 정도 성장하면 발톱 길이로 암수를 판별할 수 있다.

노던 맵 터틀 (Northern Map Turtle)

반수생성·지도거북

- 학 명 : *Graptemys geographica*
- 현 황 : CITES Ⅲ, 환경부 지정 생태계 교란 야생 생물
- 원산지 : 북미
- 크 기 : 15~20cm, 암컷이 수컷보다 크게 자란다.
- 습 성 : 일광욕을 즐기며, 물속에서 먹이활동을 한다.
- 생 태 : 물과 육지를 오가면서 생활한다.
- 식 성 : 어류, 갑각류, 절지류, 수초 등 잡식성
- 온·습도 : 수온 24~27℃, 핫존 35~40℃

감녹색이나 회색의 기본 체색을 바탕으로 각 인판에 마치 지도의 등고선과 같은 무늬가 있고, 배갑(背甲) 중앙에 머리에서 꼬리 쪽으로 검정 무늬가 나 있다. 지도거북이라는 이름은 등고선 같은 무늬에서 유래되었다.

페닌슐라 쿠터 터틀 (Peninsula cooter Turtle)

반수생성

- 학　명 : *Pseudemys peninsularis*
- 원산지 : 캐롤라이나 북부에서 플로리다 남부, 플로리다 반도 서쪽 대서양 연안 지역의 수질이 깨끗하고 수초가 많은 습지나 늪
- 크　기 : 30cm 내외
- 습　성 : 활동적이며 일광욕을 즐긴다.
- 생　태 : 물과 육지를 오가면서 생활한다.
- 식　성 : 어류, 갑각류, 절지류, 수초 등 잡식성
- 온·습도 : 수온 24~27℃, 핫존 35~40℃

최대 성장 크기가 40cm로 반수생성 거북 가운데 꽤 대형으로 성장하는 종이다. 해츨링 시기에는 동그란 체형으로 진녹색 바탕에 노란색과 올리브색의 화려한 줄무늬가 있다. 배갑(背甲)의 테두리는 노란색을 띤다. 머리 윗부분의 선명한 노란색 Y자 형태 무늬가 다른 종과 구분되는 특징이다. 복갑(腹甲)은 무늬가 없이 연노란색이다. 피부의 무늬는 어두운 녹색에 노란색 줄무늬가 뚜렷하게 나타난다. 성장하면서 체색이 점차 어두워지는데 비해 몸에 있는 노란색 줄무늬는 선명하게 유지되는 경우가 많다. 일반적인 반수생성보다 성체 시의 크기가 상당히 크므로 사육을 고려할 때 이 점을 고민해봐야 한다. 사육 시 여과 능력을 충분히 갖춘 사육장이 좋다.

차이니즈 스트라이프넥 터틀 (Chinese Striped-neck Turtle)

반수생성·보석거북

- 학　명 : *Mauremys sinensis*
- 현　황 : 환경부 지정 생태계 교란 야생생물
- 원산지 : 중국, 베트남, 대만의 흐름이 느슨한 강 또는 늪 등
- 크　기 : 수컷 20cm 내외, 암컷 25cm 내외로 암컷이 더 크게 자란다.
- 습　성 : 활동적이며 일광욕을 즐긴다. 수질에 민감하다.
- 생　태 : 물과 육지를 오가면서 생활하고 활발하다.
- 식　성 : 어류, 갑각류, 절지류, 수초 등 잡식성
- 온·습도 : 수온 24~27℃ 내외, 핫존 35~40℃

국내에서 가장 쉽게 구할 수 있는 반수생성 가운데 하나로, 붉은귀거북이 환경부로부터 유해종으로 지정되어 수입이 금지되면서 대체 종으로 수입되기 시작했다. 꼬리가 길어서 합사를 하면 다른 개체에게 꼬리를 물려 다치는 경우가 많다. 자연에서는 깨끗한 늪지나 민물에 살기 때문에 다른 반수생성 거북보다 수온과 수질에 상당히 민감하다. 일광욕을 즐기기 때문에 몸을 말릴 수 있는 육지를 조성해 주는 것이 좋다. 식성은 초식에 가까운 잡식성이다. 먹이 반응이 좋고 건강한 종으로 사육 난이도가 낮기 때문에 반수생성 거북 입문용으로 인기가 높았으나, 국내 자생종인 남생이와 교잡이 가능한 종으로 생태계 교란생물로 지정되어 수입이 제한되었다.

페인티드 터틀 (Painted Turtle)

반수생성·비단거북

- 학 명 : *Chrysemys picta*
- 현 황 : 환경부 지정 유입주의 생물
- 원산지 : 캐나다 남부에서 멕시코 북부, 미국 북서부에서 남동부의 북미 전역
- 크 기 : 수컷 8~10cm, 암컷 12~15cm
- 습 성 : 활동적이고 환경적응력이 좋아 초보자에게 적합하다.
- 생 태 : 전형적인 반수생 거북의 습성을 지닌다.
- 식 성 : 어류, 갑각류, 절지류, 수초 등 잡식성
- 온·습도 : 수온 24~27℃, 핫존 35~40℃

페인티드 터틀은 북미에 가장 광범위하게 분포하는 거북으로, 국내에서는 이스턴페인티드 터틀과 써든페인티드 터틀이 주로 유통되고 있다. 등갑은 짙은 회색 혹은 짙은 갈색이고 체고가 낮고 체형이 평탄하다. 유체는 배갑(背甲)에 붉은색이나 주황색 혹은 노란색의 선명한 줄무늬가 있다. 이름처럼 바탕색과 붉은색의 대비가 강렬하며 아름다운 종이다. 자연 상태에서는 수초가 무성하고 수류가 느린 호수나 연못 등에 주로 서식하며 일광욕을 즐긴다.

스팟티드 터틀 (Spotted Turtle)

반수생성

- 학 명 : *Chemmys guttata*
- 현 황 : CITES Ⅱ
- 원산지 : 북미 동북부에서 플로리다에 이르는 광범위한 지역의 습지, 풀밭 늪지대
- 크 기 : 성체가 12cm 내외로 암컷이 좀 더 크게 자란다. 최대 기록은 13.7cm이다.
- 습 성 : 활발하고 먹이 반응도 좋다.
- 생 태 : 일광욕을 좋아하므로 육지를 꼭 설치한다.
- 식 성 : 어류, 갑각류, 절지류, 수초 등 잡식성
- 온·습도 : 수온 22~24℃ 내외, 핫존 27~28℃, 수온 30℃가 넘는 여름철 고온 주의

'가장 아름다운 반수생성 거북'이라는 별명이 있을 만큼 아름다운 종이다. 검은 바탕에 등갑을 포함한 온몸에 선명하고 작은 노란 점무늬가 퍼져 있으며, 노란 점들은 성장하면서 개수가 더 많아지거나 사라지는 변동이 있다. 노란색 점의 수가 많고 등갑의 색이 진하고 윤기가 있는 개체일수록 가격이 높게 매겨진다. 암컷은 턱이 노랗고 눈이 오렌지색이다. 반면 수컷은 턱이 연갈색이나 황토색이고 눈이 갈색이라서 눈 색깔로 암수를 구별할 수 있다. 미국 일부 주에서는 보호 종으로 지정되어 있어 개인적으로 사육하려면 허가를 받아야 한다. 야생의 원서식지에서는 저온을 선호하는 종으로 알려져 있어 과거엔 사육 난이도가 높은 종으로 알려졌으나, 인공 부화된 개체의 경우 온도의 적응력이 높고 잡식성으로 아무거나 잘 먹는 식성 때문에 사육 난이도는 높지 않으며 국내에서도 꾸준히 번식되고 있다.

빅헤드 터틀 (Big-headed Turtle)

반수생성·중국큰머리거북

- 학 명 : *Platysternon megacephalum*
- 현 황 : CITES Ⅰ
- 원산지 : 중국 남부(하이난도 포함), 베트남 남서부, 라오스, 태국 북부에서 버마 남부
- 크 기 : 최대 20cm
- 습 성 : 아주 활동적이고 타고 오르기를 좋아한다.
- 생 태 : 수온이 낮은 얕은 물이 흐르는 계곡 등에 서식하며 나무, 바위 등을 타기를 즐긴다.
- 식 성 : 어류나 갑각류 등 육식성
- 온·습도 : 저온 선호, 적정 수온 15~20℃, 수질 오염에 민감하다.

전체적인 이미지가 악어거북과 비슷하나 배갑에 융기가 없는 점이 다르다. 커다란 머리와 납작하고 평평한 등, 긴 꼬리가 특징이다. 머리가 너무 커서 등갑 안으로 집어넣을 수 없다. 턱 힘이 세고 공격적으로 행동하므로 다루기 쉬운 거북은 아니다. 맑고 깨끗한 물이 흐르는 계곡의 상류에 주로 서식한다. 수영에는 그리 능숙하지 않지만 발톱이 아주 날카로워서 계곡의 빠른 물살에서도 쉽게 바위를 타고 올라갈 수 있다. 저온종에 수질 오염에도 민감하며, 여러 가지 관리상 어려움 때문에 사육 난이도가 상당히 높다. 경험이 많은 사육자에게도 쉬운 종은 아니다.

옐로우 스팟티드 리버 터틀 (Yellow-spotted River Turtle)

반수생성·노란점 아마존거북

- 학 명 : *Podocnemis unifilis*
- 현 황 : CITES Ⅱ
- 원산지 : 남미 아마존강 유역의 지류와 호수
- 크 기 : 30~40cm, 8~10kg
- 습 성 : 활동적이고 먹이반응도 좋아 기르기 쉽다.
- 생 태 : 물과 육지를 오가면서 생활하고 일광욕을 즐기는 종이다.
- 식 성 : 어류, 갑각류, 절지류, 수초 등 잡식성
- 온·습도 : 수온 24~26℃, 비교적 크게 자라는 종으로 적당한 크기의 사육장과 여과기가 필요하다.

남미에 서식하는 거북 중 가장 크게 성장하는 종 가운데 하나다. 어릴 때 머리 부분에 전체적으로 분포된 선명한 노란색의 점박이 무늬 때문에 인기가 아주 높다. 이 노란 점이 다른 거북과 구분되는 특징이라고 할 수 있다. 노란 점은 눈과 코 사이, 눈 뒤, 머리 윗부분에 두 개, 그리고 귀 윗부분에 나타난다. 이 아름다운 무늬는 어릴 때는 선명하지만 성장하면서 점점 사라지며 체색도 점점 짙어진다. 아주 활발하고 건강한 종으로 매력적인 거북이지만 국내에서는 쉽게 보기 어렵다.

다이아몬드백 테라핀 (Diamondback Terrapin)

- 학 명 : *Malaclemys terrapin*
- 현 황 : CITES Ⅱ
- 원산지 : 미국 남동부 플로리다에서 북으로는 메사추세츠에 이르는 지역의 염분 섞인 연안의 늪지대
- 크 기 : 수컷 12cm 내외, 암컷 20cm 내외
- 습 성 : 바닷물과 민물이 만나는 기수 지역에서 서식한다.
- 생 태 : 일광욕을 즐기므로 육지와 스팟을 꼭 설치한다.
- 식 성 : 어류, 갑각류, 절지류, 수초 등 잡식성
- 온·습도 : 수온 25~28℃ 내외, 핫존 35~40℃

다이아몬드백 테라핀은 미국의 동부와 남부 해안가 기수 습지대에 서식하는 거북이다. 매사추세츠 주 케이프 코드에서 북쪽으로, 플로리다의 남쪽 끝에서, 멕시코만 연안에서 텍사스까지 미국의 대서양과 걸프 연안에 있는 매우 좁은 해안 서식지에 산다. 민물이나 바닷물에서도 생존할 수 있으나 중간 염도의 기수를 선호하며 'Terrapin'이라는 명칭도 민물이나 바닷물이 아닌 기수지역에 서식하는 거북을 지칭하는 뜻으로 사용된다. 다이아몬드백 테라핀은 배갑(등껍질)에 있는 무늬 때문에 붙여진 이름이며 일반적인 거북과 달리 흰색 피부를 가지고 있어 독특한 느낌을 주는 거북이다. 미국에서 예로부터 식용거북으로 이용되었다. 이 거북들로 스프를 만들어 과거에 노예들의 단백질원으로 사용하였다고 하며, 이후에 이 거북의 스프는 대중적으로 알려진 요리가 되었다. 하지만 무분별한 채집과 서식지 감소로 인하여 개체수가 줄고 있으며 현재는 보호 대상이다. 사육 시 염분이 없는 담수에서 장기간 사육하게 되면 등갑이 약해진다. 다이아몬드백 테라핀은 다음과 같이 7개의 아종이 존재한다.

Carolina Diamondback Terrapin

Texas Diamondback Terrapin

Ornate Diamondback Terrapin

Mississippi Diamondback Terrapin

Mangrove Diamondback Terrapin

Eastern Florida Diamondback Terrapin

Northern Diamondback Terrapin

스팽글러스 터틀 (Spengler's Turtle)

- 학 명 : *Geoemyda spengleri*
- 현 황 : CITES Ⅱ
- 원산지 : 인도차이나 반도의 좁은 서식지에서만 발견
- 크 기 : 가장 작은 거북에 속하는 종 가운데 하나로 성체 크기는 10cm 정도
- 습 성 : 무리를 지어 생활하며 어두운 곳을 선호한다.
- 생 태 : 빛이 거의 들지 않는 습한 숲 바닥에서 주로 생활한다.
- 식 성 : 달팽이, 지렁이, 곤충류, 식물의 싹이나 과실 등 잡식성
- 온·습도 : 온도 24~26℃ / 습도 70% 이상, 스트레스에 약하고 건조에 민감하다.

스팽글리는 유일하게 사회성을 가진 거북으로 알려져 있다. 자연 상태에서도 6~10마리씩 무리지어 다니는 모습이 관찰된다. 위에서 보면 전체적인 체형이 나뭇잎과 유사한 형태로, 이러한 형태는 원서식지인 산림지 바닥에서 효과적으로 자신을 보호하게 해준다. 눈은 머리에 비해 상당히 크고 둥글다. 빛이 거의 들지 않는 산림의 습한 숲 바닥에서 생활하는 특성상 어두운 곳에서도 사물을 잘 볼 수 있도록 눈이 크게 진화한 것이다. 애완거북 중에서 가장 사육 난이도가 높다고 알려져 있다. 습지형 거북이지만 사육할 때는 반수생성거북 수조에 좀 더 잘 적응한다는 의견도 있다.

아시안 리프 터틀 (Asian Leaf Turtle)

습지성·아시아 나뭇잎거북

- 학　명 : *Cyclemys dentata*
- 원산지 : 버마, 말레이시아, 태국 남부, 필리핀의 산림 지대나 강가, 늪지
- 크　기 : 20cm 내외
- 습　성 : 유체 때는 물속에서 생활하다 성장할수록 육지생활을 한다.
- 생　태 : 습한 환경에서 생활하고 얕은 물이 있는 곳에서 발견된다.
- 식　성 : 어류, 갑각류, 절지류, 연체동물, 과일 등 잡식성
- 온·습도 : 온도 25~28℃ / 습도 70% 이상, 다소 낮은 온도

배갑(背甲)은 붉은 빛을 띠는 갈색으로 뒤쪽이 톱니 모양으로 발달되어 전체적으로 나뭇잎을 닮았기 때문에 나뭇잎거북이라고 불린다. 이 톱니는 성장하면서 점차 무뎌지고 나중에는 흔적만 남는다. 반수생성 또는 습지 환경 중 사육자의 기호에 맞게 세팅할 수 있다. 반수생성 환경으로 조성할 경우 수위는 높지 않은 것이 좋다. 주로 햇빛이 잘 들지 않는 숲의 바닥에서 생활하기 때문에 너무 강한 직사광선이나 32℃이상의 온도는 피하는 것이 좋다.

오네이트 우드 터틀 (Ornate Wood turtle)

습지성

- 학　명 : *Rhinoclemmus pulcherrima*
- 현　황 : CITES Ⅱ
- 원산지 : 중미의 니카라과 남부에서 코스타리카 북서부에 걸친 서부 해안지역의 습지나 숲
- 크　기 : 20cm 내외
- 습　성 : 습도가 높은 곳에 서식하며 바닥을 파고드는 습성이 있다.
- 생　태 : 습한 환경에서 생활하고 육상 생활의 비율이 높다.
- 식　성 : 어류, 갑각류, 절지류, 연체동물, 과일 등 잡식성
- 온·습도 : 온도 25~28℃, 핫존 30℃ / 습도 70% 이상, 파고들 수 있는 바닥재 사용

일반적인 반수생성보다 체고가 조금 높고 배갑(背甲)의 인갑마다 있는 마블링 무늬가 매우 아름다운 종이다. 원서식지나 애완용으로 인기 있는 나라에서는 개체의 발색 정도(인갑 무늬의 색과 선명도)에 따라 가격 차이도 크다. 물보다 육지에서 보내는 시간이 길기 때문에 육지 부분의 영역이 충분하도록 사육장을 만드는 것이 좋다. 보통 반수생성 환경에서 육지 부분의 비율을 넓히기 보다는 육상 환경으로 사육장을 세팅하고, 한쪽에 전신을 담글 만한 크기의 물그릇을 설치해 주는 방식으로 사육하는 사람이 많다. 바닥재를 파고 들어가는 것을 좋아하므로 넉넉히 깔아준다. 바닥재를 충분히 깔아줄 수 없다면 은신처를 제공해 주는 것도 좋다.

사우스 아시안 박스 터틀 (South Asian Box Turtle)

습지성·암보이나 상자거북

- 학 명 : *Cuora amboinensis*
- 현 황 : CITES Ⅱ
- 원산지 : 아시아 남단(인도 북부, 태국, 말레이시아, 인도네시아)의 적도 부근 열대우림의 고온다습한 지역
- 크 기 : 등갑 20cm 내외
- 습 성 : 고온다습한 환경을 선호하며, 호기심이 많고 활동적이다. 물속에 있는 것을 즐긴다.
- 생 태 : 습지에서도 생활하고 반수생 환경에도 적응하며 생활한다.
- 식 성 : 어류, 갑각류, 절지류, 연체동물, 과일 등 잡식성
- 온·습도 : 주간 26~28℃, 핫존 30~35℃, 야간 22℃ / 습도 70~80%

국내에서는 암보이나 상자거북이라는 명칭으로 불리고 있다. 아시아에 서식하는 상자거북의 대부분이 주로 서늘한 지역에서 발견되는 것에 비해 암보이나 상자거북의 서식처는 적도 부근 열대 우림지역이라서 고온다습한 기후에 적응되어 있다. 습지거북이지만 반수생성적 경향이 강하다. 사육 시에 습도 유지에 신경을 써야 한다. 적정 수온은 26~28℃, 습도는 75~90%로 사육장이 건조하면 호흡기 질환에 잘 걸리므로 밀폐형 사육장을 추천한다. 자연에서는 거의 초식이지만 사육할 때는 육식성이 강한 잡식으로 기르는 경우가 많다.

옐로우 마진드 박스 터틀 (Yellow-margined Box Turtle)

습지성·중국 상자거북

- 학 명 : *Cuora flavomarginata*
- 현 황 : CITES Ⅱ
- 원산지 : 중국 동남부, 대만, 일본 오키나와
- 크 기 : 20cm 내외, 10cm 중후반이면 성체로 본다.
- 습 성 : 호기심이 많고 활동적인 성격으로 사육자와의 친화도가 높다.
- 생 태 : 습지에서 생활하고 육상 생활의 비율이 높다.
- 식 성 : 어류, 갑각류, 절지류, 연체동물, 과일 등 잡식성
- 온·습도 : 주간 26~28℃, 핫존 30~35℃, 야간 21~24℃ 습도 70~80%

아시아 상자거북 가운데 가장 북쪽까지 서식하는 종으로, 등줄기 중앙을 가로지르는 노란색의 밝은 선이 특징이다. 이 노란 선은 어릴 때 조금 더 선명한데 성장하면서 점차 옅어지지만 완전히 사라지지는 않는다. CITES 2로 보호받고 있다. 일본에서 아종은 천연기념물로 지정되어 채집과 사육이 금지되어 있다. 유체 시에는 물에 들어가는 것도 즐기므로 반수생성 환경에서 사육해도 괜찮다. 하지만 성장하면서 점차 육상생활을 선호한다. 사육자들은 습도를 유지할 수 있는 바크나 스패그넘 모스(Spagnum Moss) 같은 바닥재를 깔고 거북이 들어갈 만한 낮고 큰 물그릇을 사용하는 경우가 많다.

킬드 박스 터틀 (Keeled Box Turtle)

습지성·용골등상자거북

- 학 명 : *Cuora mouhotii*
- 현 황 : CITES II
- 원산지 : 중국 남부, 해남도, 베트남, 라오스, 캄보디아, 타이, 미얀마, 인도 북부의 삼림
- 크 기 : 최대 20cm
- 습 성 : 저온에 강하고 일광욕도 거의 하지 않는다.
- 생 태 : 거의 육상생활을 한다.
- 식 성 : 어류, 갑각류, 절지류, 연체동물, 과일 등 잡식성
- 온·습도 : 온도 24℃ 이하, 열원 없이 사육할 수 있다. 이끼, 부엽토 등을 이용한다.

몸에 비해 머리가 크고 배갑(背甲) 상부에 높게 솟은 세 줄의 용골(Keel)이 있으며 뒷부분이 톱니 형태로 발달되어 굉장히 다부진 느낌을 주는 거북이다. 어린 개체는 스팽글리(검은배잎거북)와 비슷하지만 성장하면서 등갑이 융기하고 용골이 더욱 선명해진다. 다른 상자거북처럼 경첩이 있지만 다른 상자거북들과 달리 경첩을 완전히 닫을 수는 없다. 저온에 강하고 고온을 싫어하므로 사육장 온도를 높게 유지할 필요는 없다. 국내에는 소량이 사육되고 있다.

플라워 백 박스 터틀 (Flower-back Box Turtle)

습지성·꽃등상자거북

- 학 명 : *Cuora galbinifrons*
- 현 황 : CITES I
- 원산지 : 북부 베트남에서 라오스, 캄보디아 북동부에서 중국 남부의 습한 삼림지대
- 크 기 : 10~20cm
- 습 성 : 고온을 싫어하여 저녁이나 밤에 주로 활동한다.
- 생 태 : 육상생활을 선호한다.
- 식 성 : 어류, 갑각류, 절지류, 연체동물, 과일 등 잡식성
- 온·습도 : 주간 24~27℃, 핫존 30℃, 야간 21~22℃ / 습도 70~80%

인도차이나 상자거북(Indochinese Box Turtle)이라고도 한다. 보통 상자거북들이 배갑(背甲)에 별다른 무늬가 없는데 비해 꽃등(Flower-back)이라는 이름에 걸맞게 화려한 무늬가 있다. 육상 성향이 강하고 수영을 잘 못해서 원서식지에서도 물에는 잘 들어가지 않는다. 다만 뜨거운 여름날에는 얕은 물에서 더위를 피하는 모습도 가끔 관찰된다. 다습한 산림지대에 서식하는 종으로 사육장의 습도는 70~80%로 유지해 주는 것이 좋다. 고온에 약하고 강한 빛을 싫어하므로 사육장 내 온도와 습도 조절에 유의해야 한다. 인공 번식이 거의 안 되는 종으로 어린 개체를 구하기 어렵다. 분양되는 것은 거의 성체급 WC 개체로 반드시 구충을 한 뒤에 사육해야 한다.

이스턴 박스 터틀 (Eastern Box Turtle)

습지성·동부상자거북

- 학　명 : *Terrapene carolina carolina*
- 현　황 : CITES Ⅱ
- 원산지 : 미국 남동부(메사추세스, 일리노이, 캐롤라이나) 산림이나 호숫가 변두리
- 크　기 : 10~20cm
- 습　성 : 고온다습한 환경을 선호하며, 호기심이 많고 활동적이다.
- 생　태 : 습한 환경에서 육상 생활을 한다.
- 식　성 : 동물의 사체, 갑각류, 절지류, 연체동물, 과일 등 잡식성
- 온·습도 : 주간 26~28℃, 핫존 30~35℃, 야간 21~24℃ 습도 70~80%

야생에서는 낙엽수나 침엽수가 혼합된 산림의 바닥의 축축한 곳에 서식하며, 얕은 물에 들어가는 걸 즐긴다. 수영은 서툴러서 깊은 물에서는 익사할 수 있으며 너무 더워지면 땅을 파고드는 습성이 있다. 먹이는 야생의 베리류부터 달팽이, 지렁이 등 무척추 동물이나 곤충류를 즐겨 먹으며 다른 동물의 사체도 먹는다. 사육 시에는 동물성 먹이 70%, 식물성 먹이 30%의 비율로 급여하는 것이 좋다. 성체 시 수컷은 아름다운 발색이 나타나는데, 개체 간의 차이는 있지만 아름다운 등갑의 무늬와 특히 붉은 눈은 암컷과 차이를 보인다. 체질 또한 강건하여 많은 사육자들의 사랑을 받고 있다.

쓰리 토드 박스 터틀 (Three-toed Box Turtle)

습지성·세발가락 상자거북

- 학　명 : *Terrapene carolina triunguis*
- 현　황 : CITES Ⅱ
- 원산지 : 북미(텍사스 동부, 캔자스 남서부, 미주리 남부, 알라마바 서부)의 육상과 늪지대
- 크　기 : 8~13cm
- 습　성 : 고온다습한 환경을 선호하며 호기심이 많고 활동적이다.
- 생　태 : 습한 환경에서 육상 생활을 한다.
- 식　성 : 동물의 사체, 갑각류, 절지류, 연체동물, 과일 등 잡식성
- 온·습도 : 주간 29~31℃, 핫존 30~35℃, 야간 21~24℃ 습도 60~80%

이름처럼 뒷발에 있는 3개의 발가락이 특징이다(교잡으로 4개의 발가락을 가진 개체가 있을 수 있다). 적응력이 뛰어나기에 인공사육 환경에도 잘 적응하는 종이다. 주로 얕은 물이 있는 곳을 선호하기 때문에 사육장 내에 반드시 충분한 크기의 물그릇을 설치하고 수질 관리를 해주는 것이 좋다. 본 종은 원서식지에서 선호하는 습도 수준을 유지하기 위해 계절적으로 이동하는 것으로 알려져 있기에 적정 습도 유지에 더욱 관심을 기울일 필요가 있다. 원서식지에서는 봄에 짝짓기를 하고 6~7월경에 산란을 한다. 산란된 알은 65~70일 정도 후에 부화하는데 인큐베이팅 온도는 27~29℃가 적당하다. 주요 서식지인 미주리주에서는 주파충류(State Reptile)로 지정되어 있다.

오네이트 박스 터틀 (Ornate Box Turtle)

습지성

- 학 명 : *Terrapene ornata ornata*
- 현 황 : CITES Ⅱ
- 원산지 : 북미 중부, 로키산맥 기슭 및 위스콘신 남부와 인디애나 북서쪽 서식지의 최남단인 루이지애나와 텍사스 동부
- 크 기 : 수컷 11cm, 암컷 12cm, 최대 크기는 15cm를 약간 상회한다.
- 습 성 : 물과 나무가 적은 지역과 사막, 초원 지역에 서식한다.
- 생 태 : 습한 환경에서 육상 생활을 한다.
- 식 성 : 동물의 사체, 곤충류, 절지류, 연체동물, 과일 등 잡식성
- 온·습도 : 주간 29~31℃, 핫존 30~35℃, 야간 21~24℃ 습도 50% 내외

미국에 서식하는 Terrapene Ornata의 두 아종 가운데 하나이다(다른 한 종은 Terrapene Ornata Luteola, Desert Box Turtle이다). 수컷은 갑장 10~11cm, 암컷은 11~13cm에서 성적으로 성숙하는 데 수컷은 보통 8~9년, 암컷은 10~11년이 소요된다. 잡식성으로 다른 북미 상자거북들과 비교할 때 상대적으로 육식 성향이 조금 더 강하다고 알려져 있다. 다른 북미거북에 비해 사양관리가 상대적으로 어렵다고 알려진 종으로, 실내 환경보다는 야외에서 더욱 건강하게 자란다는 보고가 있으므로 실외에서 사양관리가 가능한 환경이라면 야외 사육을 시도해 보는 것도 좋다. 평균 수명 40~60년, 최대 100년 정도로 아주 장수하는 종이며 미국 텍사스 주의 주파충류(State Reptile)로 지정되어 있다.

아프리칸 설카타 톨토이즈 (African Sulcata Tortoise)

지상성·설카타육지거북

- 학 명 : *Centrochelys sulcata*
- 현 황 : CITES Ⅱ
- 원산지 : 아프리카의 건조한 사바나지대
- 크 기 : 성체 시 60~80cm 정도, 몸무게 40~70kg, 1m에 120kg 이상도 있다. 일반적으로 암컷보다 수컷이, CB개체보다 WC개체가 더 크게 자란다.
- 습 성 : 활발하고 먹성도 좋아 성장이 빠르다.
- 생 태 : 건조한 땅 위에서 생활한다.
- 식 성 : 초식성
- 온·습도 : 주간 25~28℃, 핫존 35~40℃, 야간 21~24℃ / 습도 50% 내외

세계에서 세 번째로 큰 육지거북종이다. African Spurred Tortoise라고도 불리는데 앞발에 큰 비늘이 발달되어 있어서 생긴 이름이다. 사육시설 등록종이며 애완용으로 기르는 경우 일정한 사육시설이 필요하다. 중미의 건조하고 일교차가 심한 지역에서 주로 서식한다. 낮에 40~50℃까지 상승한 기온이 밤에 20℃ 이하로 내려가기도 하므로 야생에서는 굴을 파서 생활한다. 섬유질이 풍부한 먹이를 지속적으로 공급하고, 단백질이 많이 포함된 먹이는 피라미딩과 신장쇠약, 방광결석을 유발할 수 있으므로 가급적 주지 않는 것이 좋다.

레오파드 톨토이즈 (Leopard Tortoise)

지상성·표범무늬거북

- 학 명 : *Stigmochelys pardalis*
- 현 황 : CITES Ⅱ
- 원산지 : 아프리카 동부, 남부의 건조한 초원 및 관목림
- 크 기 : 사육 시 35~45cm, 20~35kg, 자연 상태에서는 70cm, 50kg까지도 성장하며 수컷이 더 크다.
- 습 성 : 성격이 온순하고 저온에 약하다. 어릴 때 폐사율이 높다.
- 생 태 : 건계형, 땅 위에서 생활한다.
- 식 성 : 초식성
- 온·습도 : 주간 24~27℃, 핫존 35~40℃, 야간 22~24℃ 습도 30~40% 유체는 50% 이상, 환기에 신경 써야 한다.

국내에 들어온 지 오래된 종으로 애완용으로 인기가 높다. 어렸을 때의 검은 점과 선의 등갑무늬가 성장하면서 퍼지면서 점박이 무늬로 바뀌는데, 표범거북이라는 명칭도 여기에서 유래했다. 사육 난이도가 높아 경험이 많은 사육사들도 균형 잡힌 등갑과 컨디션을 유지하기 힘들고 특히 어릴 때 폐사되는 경우가 많다. 어린 개체는 사육 온도를 약간 높이는 것이 좋다. 일광욕이 부족하면 배갑이 하얗게 되는 현상이 나타나기도 하므로 자외선 조사에 신경을 써야 표범무늬거북 특유의 배갑을 형성할 수 있다. 다른 거북과의 합사는 추천하지 않는다.

스타 톨토이즈 (Star Tortoise)

지상성·별거북

- 학 명 : *Geochelone elegans*(인도/스리랑카 별거북), *Geochelone platynota*(버마 별거북)
- 현 황 : CITES Ⅰ
- 원산지 : 인도, 파키스탄 남동부, 스리랑카, 미얀마 북부의 습도가 높은 산림지대부터 사바나의 반건조 사막지대, 초원 등 광범위한 지역에 분포
- 크 기 : 수컷 15~20cm, 암컷 20~28cm, 최대는 7kg, 38cm
- 습 성 : 잠이 많다.
- 생 태 : 땅 위에서 생활한다.
- 식 성 : 초식성
- 온·습도 : 주간 26~28℃, 핫존 35~40℃, 야간 24~25℃ 습도 40~60% 유체는 70% 이상, 사육장 내 습도 편차를 두어야 한다.

노란 방사무늬가 특징이다. 상업적으로 인도, 스리랑카, 미얀마의 세 아종으로 나뉘어서 유통된다. 학문적으로는 인도별거북과 스리랑카별거북을 하나로 보기도 한다. 애완용으로 가장 많이 길러지는 종이며 최근 국내에서도 많이 번식되고 있다. 다른 종에 비해 활동성이 떨어져 땅을 파고들어 잠을 자는 경우가 많다. 어릴 때는 사육 난이도가 다른 거북보다 높은 편이라서 입문용으로는 부적절하다. 비교적 고온에서 사육하고 밤낮의 온도차는 두지 않는 것이 좋다. 25도 이하에서는 콧물을 흘리는 등 호흡기질환 초기 증세를 보이는 경우가 잦고, 특히 겨울철 습도 유지가 되지 않으면 호흡기 질환에 대단히 취약하다.

레드 풋 톨토이즈 (Red-footed Tortoise)

지상성·붉은다리거북

- 학　명 : *Chelonoidis carbonaria*
- 현　황 : CITES Ⅱ
- 원산지 : 남미대륙 중부에서 북부의 해안선을 따라 파나마, 베네수엘라, 볼리비아, 아르헨티나, 수리남, 브라질 등지의 산림지대나 다습한 초원지대
- 크　기 : 40cm 내외, 몸무게 4~10kg
- 습　성 : 활동적이고 잡식성으로 풀, 과일뿐만 아니라 죽은 고기, 사체를 먹기도 한다.
- 생　태 : 육상 생활을 한다.
- 식　성 : 동물의 사체, 절지류, 연체동물, 과일, 버섯 등 잡식성
- 온·습도 : 주간 26~28℃, 핫존 35~40℃, 야간 22~24℃ / 습도 60~80%

네 발의 비늘이 빨간색을 띠고 있다. 색상이 아름답고 성격이 활발하며 먹이붙임도 쉬워서 일찍부터 외국에서도 애완용으로 인기가 많은 종이다. 활동적이고 튼튼한데다 거의 초식을 하는 다른 육지거북과 달리 잡식성이다. 주로 풀이나 과일 같은 식물류를 먹지만 때로 고기나 사체를 먹기도 한다. 사육할 때는 초식성 사료와 강아지 사료, 소의 간 등 다양한 동물성 먹이를 골고루 주되 동물성 먹이 위주로만 지속적으로 주는 것은 좋지 않다.

옐로우 풋 톨토이즈 (Yellow-foot Tortoise)

지상성·노랑다리거북

- 학　명 : *Chelonoidis denticulata*
- 현　황 : CITES Ⅱ
- 원산지 : 볼리비아와 브라질에 이르는 남미 전역에 넓게 분포
- 크　기 : 40~50cm, 최대 70cm
- 습　성 : 활동적이나 스트레스에 약하다.
- 생　태 : 육상 생활을 한다.
- 식　성 : 동물의 사체, 절지류, 연체동물, 과일, 버섯 등 잡식성
- 온·습도 : 주간 24~26℃, 핫존 30~32℃, 야간 22~24℃ 습도 60~80%

붉은다리거북과 겉모습이 비슷하지만 앞다리 비늘이 노란색이고 배갑(背甲)의 색상이 붉은다리거북보다 밝다. 크기나 생태는 붉은다리거북과 유사하다. 붉은다리거북보다 고온에 약하기 때문에 사육장 온도가 너무 높으면 안 된다. 스트레스에 약한 종으로 반드시 은신처를 설치해 주어야 한다.

차코 톨토이즈 (chaco Tortoise)

지상성·차코거북

- 학　명 : *Chelonoidis chilensis*
- 현　황 : CITES Ⅱ
- 원산지 : 남미 볼리비아, 파라과이 동부, 아르헨티나의 건조한 암석지대
- 크　기 : 20cm 내외
- 습　성 : 습도에 약하고 질병에 취약해 주의를 요한다.
- 생　태 : 육상 생활을 한다.
- 식　성 : 초식성
- 온·습도 : 주간 26~28℃, 핫존 32~40℃, 야간 22~24℃ 습도 30~40%, 절대 습하지 않도록 유지

Chaco는 아르헨티나 북동부에 있는 주(州)의 이름이다. 차코거북은 *Geochelone*속의 거북 가운데 가장 작은 종으로, 학명인 *chilensis*는 칠레산이라는 의미이지만 칠레에서는 서식하지 않는다. 외형상 설카타와 비슷하지만 설카타보다 체고가 낮고 체폭이 조금 더 넓다. 성체 크기가 20cm 정도밖에 안되지만 최대 육지거북인 갈라파고스코끼리거북과 유전적으로 가장 가까운 종이다. 서식지, 먹이 등 생태도 상당히 비슷하다.

팬케이크 톨토이즈 (Pancake Tortoise)

지상성·팬케이크거북

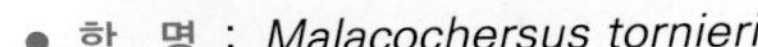

- 학　명 : *Malacochersus tornieri*
- 현　황 : CITES Ⅰ
- 원산지 : 동부 아프리카 케냐, 탄자니아의 건조하고 바위가 많은 사바나에 국소적으로 분포한다. 높은 산악지형에 서식하며 최대 해발 1,500m가 넘는 지역에서도 발견된 사례가 있다.
- 크　기 : 14~15cm, 몸무게 400~700g
- 습　성 : 기온이 선선해지는 저녁 무렵에 활발히 움직인다.
- 생　태 : 돌이나 바위 등이 많은 곳에서 생활한다.
- 식　성 : 초식성
- 온·습도 : 주간 27~28℃, 핫존 35~40℃, 야간 22~24℃ 습도 60~70%

일반거북과는 전혀 다른 방어 방식을 취하는 독특한 육지거북이다. 위협을 느끼면 상당히 빠른 속도로 바위로 달려가 몸을 숨긴 뒤 숨을 크게 들이쉬고 몸을 팽창시켜 바위틈에 몸을 단단히 밀착시킨다. 팬케이크거북의 등갑은 전체적으로 말랑말랑하고 체고가 낮다. 머리는 상대적으로 큰 편이고, 배갑은 방사무늬가 있는 것부터 무늬가 거의 없는 것까지 아주 다양하다. 자연상태에서는 햇볕이 뜨거운 한낮에는 쉬다가 기온이 선선해지는 저녁 무렵 활발히 움직이면서 먹이 활동을 한다. 사육장에도 강한 자외선 조사가 필요하며 몸을 숨길만한 구조물을 설치해주는 것이 좋다. 은신처 없이 사육하면 체고가 높아지는 경향이 있다.

힌지백 톨토이즈 (Hinge-back Tortoise)

지상성 · 경첩거북

- 학 명 : *Kinixys spp.*
- 현 황 : CITES II
- 원산지 : 중앙 · 서아프리카 나이지리아, 콩고의 열대우림, 늪 지대
- 크 기 : 30~33cm
- 습 성 : 주로 밤에 활동량이 많고 주간에는 거의 움직이지 않는다.
- 생 태 : 어두운 곳을 좋아하며, 지상 생활을 한다.
- 식 성 : 다양한 식물 및 소량의 곤충류 등 잡식성
- 온·습도 : 주간 23~27℃, 핫존 28℃, 야간 18~23℃ 습도 70~80%

등딱지에 독특한 경첩이 달려 있어서 뒤에서 공격을 받을 경우 등딱지의 뒷 부분을 내려 몸을 보호할 수 있도록 진화했다. 자연에서 힌지백거북은 열대우림과 습지에서 서식하기 때문에 사육장의 습도를 70~80% 정도로 높게 유지해 주는 것이 좋다. 습도가 낮으면 안구 · 호흡기 · 신장질환에 쉽게 노출되므로 반수생성 환경에서 사육하는 경우도 있다. 바닥재는 파고들 수 있을 만큼 깊은 것이 좋다. 밝은 빛을 싫어하므로 일광욕용 열원의 공간을 한정하고 사육장의 광량을 낮추는 것이 좋다. 저면 열원을 쓰는 것도 고려해볼 만한다.

스파이더 톨토이즈 (Spider Tortoise)

지상성 · 마다가스카르거미거북

- 학 명 : *Pyxis arachnoides*
- 현 황 : CITES I
- 원산지 : 마다가스카르 섬 서부의 해안 인접한 사구, 산림 지대 습도가 높은 지역
- 크 기 : 11~11.6cm(수컷), 12~12.2cm(암컷)
- 습 성 : 대부분의 시간을 그늘이나 은신처에서 보낸다.
- 생 태 : 지상성
- 식 성 : 초식성
- 온·습도 : 주간 27~33℃, 야간 22~24℃ / 습도 70%

등껍질의 무늬가 거미집처럼 보여 이런 이름이 붙었다. 배껍질의 형태와 무늬의 유무로 각 아종을 구별할 수 있다. 일출 후 짧은 시간만 활발하게 활동하고 오후에서 다음날 아침까지는 거의 활동을 하지 않는다. 어느 정도 습한 환경을 선호하기 때문에 우기(雨期)에 활발하게 활동하고, 건기(乾期)에 고온건조한 상태가 계속되면 땅속에서 여름잠에 들어간다. 2004년 10월 CITES I 으로 지정되어 국제 거래가 엄격하게 규제되고 있으며, 국내에서도 거의 찾아 볼 수 없는 종이다. 외국에서도 방사거북이나 쟁기거북보다 더 보기 어려운 종으로 알려져 있다.

마다가스카르 레디에이티드 톨토이즈 (Madagascar Radiated Tortoise)

지상성 · 마다가스카르방사거북

- 학　명 : *Astrochelys radiata*
- 현　황 : CITES Ⅰ
- 원산지 : 마다가스카르 섬 동부와 남서부의 수풀이 우거진 건조한 산림 지대
- 크　기 : 40cm 내외, 15kg 내외로 성장한다(최대 60cm).
- 습　성 : 활동성이 좋은 편이며 야생에서는 무더위를 피해 주로 오전과 해질 무렵에 활발하다.
- 생　태 : 지상성
- 식　성 : 다양한 식물, 다육식물 및 과일을 선호하는 초식성
- 온·습도 : 주간 28~30℃, 핫존 37~40℃, 야간 25℃ / 습도 50~70%, 급격한 온도변화에 민감

마다가스카르에 서식하는 희귀거북 4종 중 가장 잘 알려진 종이다. 높이 솟은 돔 형태의 등갑, 검은색의 등갑과 대비되는 뚜렷하고 가는 노란색의 방사상 무늬가 특징으로 사육자들 사이에서 쟁기거북과 함께 가장 아름다운 거북으로 알려져 있다. 어릴 때는 별거북과 비슷하지만 방사상 무늬가 좀 더 세밀하고, 성장하면 체고가 훨씬 높다. 헬멧과 같은 체형으로 쟁기거북과 유사하다. 원서식지에서는 건조한 삼림지대에서 생활하며 주로 풀, 과일, 다육식물을 먹는다. 서식지가 파괴되고 과다 포획되면서 멸종위기에 처해 CITES 1로 지정됐지만, 번식이 많이 되어 국내에서도 분양가는 높지만 애완용으로 구할 수 있다. 급격한 온도변화에 민감하다.

안고노카 톨토이즈 (Angonoka Tortoise)

지상성 · 마다가스카르쟁기거북

- 학　명 : *Astrochelys yniphora*
- 현　황 : CITES Ⅰ
- 원산지 : 마다가스카르 북서부 바다와 인접한 지역의 건조한 삼림 및 해안지대
- 크　기 : 40cm 내외로 마다가스카르의 최대종, 수컷이 암컷보다 크다.
- 습　성 : 아침, 저녁 시간대에 활발히 움직이며 먹이활동을 한다.
- 생　태 : 지상성
- 식　성 : 다양한 식물, 다육식물 및 과일을 선호하는 초식성
- 온·습도 : 주간 27~30℃, 핫존 37~40℃, 야간 25℃ / 습도 50~70%

앞발 사이 배 부분 갑판이 앞으로 돌출된 모습이 쟁기와 비슷하다고 해서 쟁기거북으로 불린다. 이 독특한 돌기는 성숙한 수컷이 교미를 위해 싸울 때 상대방 수컷을 뒤집는 데 사용된다. 어릴 때는 얼핏 설카타거북처럼 보이기도 하지만 훨씬 등갑이 높아서 체형만으로도 구분이 가능하다. 완전히 다 자라면 헬멧처럼 보인다. 자연 상태에서는 건조한 잡목림이나 관목 숲에서 주로 생활한다. 사육환경은 방사거북과 비슷하여 해외에서는 방사거북과 합사해 기르기도 한다. 국내에서는 거의 볼 수가 없다.

헤르만 톨토이즈 (Hermann's Tortoise)

지상성 · 헤르만거북

- 학 명 : *Testude hermanni*
- 현 황 : CITES Ⅱ
- 원산지 : 남부, 남동부 유럽의 지중해 연안, 스페인에서 이집트 서부까지 분포
- 크 기 : 평균 20cm 내외, 최대 35cm
- 습 성 : 기온이 높은 정오를 제외한 오전과 오후에 활발하다.
- 생 태 : 지상성
- 식 성 : 초식성
- 온·습도 : 주간 27~30℃, 핫존 37~40℃, 야간 25℃ / 습도 30~40%

지중해 연안에 서식하는 Mediterranean Spur-Thighed tortoises(지중해 넓적다리 가시달린 거북)를 대표하는 육지거북이다. 동헤르만거북과 서헤르만거북 두 개의 아종으로 나뉜다. 자연상태에서는 숲보다 주로 언덕이나 초원, 평원에서 자주 발견된다. 이솝우화의 '토끼와 거북이'편에 나오는 거북이가 본 종이라고 알려져 있다. 식용 및 애완용 수출을 위한 포획으로 개체수가 급격히 줄고 있으며, 산불이나 서식지 파괴로 멸종 위기를 맞고 있다. 활동성이 좋아서 고온 건조한 넓은 사육장이 좋다. 건조한 지역에 서식하는 종이므로 사육장이 습하면 콧물을 흘리기도 한다.

마지네이티드 톨토이즈 (Marginated Tortoise)

지상성 · 마지네이트거북

- 학 명 : *Tustudo marginata*
- 현 황 : CITES Ⅱ
- 원산지 : 서부 그리스, 알바니아 남부의 건조지대의 낮은 나무 숲, 완만한 경사의 구릉지
- 크 기 : 최대 35cm, 지중해 거북 가운데 가장 대형으로 자란다.
- 습 성 : 기온이 높은 정오를 제외한 오전과 오후에 활발하다.
- 생 태 : 지상성
- 식 성 : 초식성
- 온·습도 : 주간 27~30℃, 핫존 37~40℃, 야간 25℃ / 습도 30~60%

유체와 성체의 모양 차이가 두드러지는 종이다. 유체의 배갑(背甲)은 전체적으로 검은색이며 인판 가운데의 색상이 좀 옅다. 복갑(腹甲)은 노란색으로 삼각형의 검정색 반점이 나타난다. 성장하면서 체색이 변하는데 성체의 경우에는 전체적으로 검은색을 띠는 경우가 많다. *Testude*속에서 가장 따뜻한 기후를 좋아하는 종이므로 밤낮의 온도차에 신경 써야 한다. 사육장의 온도가 조금만 떨어져도 활동성이 급격하게 떨어진다. 다만 유체는 장기간의 고온건조에 약하다. 사육법은 헤르만거북과 유사하며 난이도는 그리 높지 않다.

이집션 톨토이즈 (Egyptian Tortoise)

지상성 · 이집트거북

- 학 명 : *Testudo kleinmanni*
- 현 황 : CITES Ⅰ
- 원산지 : 아프리카 북동부, 이스라엘, 이집트 북부 리비아 사막의 건조한 지대
- 크 기 : 14~15cm, 1년에 2~3cm 정도 성장하며 5년 정도면 완전히 성장한다. 암컷이 수컷보다 크다.
- 습 성 : 한낮에는 은신처에서 지내다가 기온이 떨어지는 이른 아침에 주로 활동한다.
- 생 태 : 지상성
- 식 성 : 초식성
- 온·습도 : 주간 30~32℃, 핫존 40~45℃, 야간 20~22℃ 주야 온도차 10℃ / 습도 30~40%

육지거북 가운데 가장 작은 종으로 현재는 개체 수 감소로 이집트에서는 거의 멸종됐고 리비아에만 소수가 남아 있다. 자연 상태에서는 '와디(Wadi)'라고 불리는 건천(비가 올 때만 생기는 강) 지대에서 주로 서식한다. 건기에는 하면(夏眠)에 들어가기도 한다. 이집트에서는 1994년 CITES Ⅰ종으로 등록되면서 출입국이 엄격히 제재되고 있다. *Testude* 계열의 다른 종보다 높은 온도가 좋다. 단 유체는 장기간 고온에서 사육하면 돌연사하거나 잔병에 잘 걸리므로 주야간 온도차를 10℃ 정도 두는 것이 좋다. 이집트거북은 오랜 기간 한정된 지역에서 생활하던 종이라 이(異)종 감염에 취약하므로 타종과의 합사는 피하는 것이 좋다.

그리스 톨토이즈 (Greek Tortoise)

지상성 · 그리스거북

- 학 명 : *Testudo graeca*
- 현 황 : CITES Ⅱ
- 원산지 : 북부 아프리카, 남유럽, 중동 및 구소련 서부
- 크 기 : 15cm 내외, 3~7kg
- 습 성 : 기온이 높은 정오를 제외한 오전과 오후에 활발하다.
- 생 태 : 지상성
- 식 성 : 초식성
- 온·습도 : 주간 27~30℃, 핫존 37~40℃, 야간 25℃ / 습도 30~40%

배갑의 문양이 그리스 모자이크(Greek Key Pattern)를 닮아서 그리스거북이라 불린다. 외관상으로는 헤르만거북과 상당히 유사하지만 뒷발 밑에 있는 가시와 같은 큰 비늘로 구별할 수 있다. 지중해 인근의 매우 광범위한 지역에 분포하고 있어서 색상이나 무늬에 지역차가 많다. 국내에는 일반 그리스거북 외에도 중동의 지중해 연안에 서식하는 아종 Middle-Eastern spur-thigt Tortoise가 골든 그리스(Golden Greek)라는 이름으로 수입되고 있다. 골든 그리스거북은 전체적으로 무늬가 거의 없이 노란색이 강하다.

호스필드 톨토이즈 (Horsfield's Tortoise)

지상성 · 호스필드거북

- 학 명 : *Testudo horsfieldii*
- 현 황 : CITES Ⅱ
- 원산지 : 중앙아시아 서부, 중국에서부터 우즈베키스탄과 카자흐스탄, 이란, 북부 파키스탄 등지의 사막, 관목 숲이나 목초지 등의 건조하고 메마른 지역에 서식
- 크 기 : 10~20cm
- 습 성 : 활동적이며 아주 튼튼하다.
- 생 태 : 지상성
- 식 성 : 초식성
- 온·습도 : 주간 27~30℃, 핫존 37~40℃, 야간 25℃ / 습도 30~40%

러시안 톨토이즈(Russian Tortoise)라고도 불린다. 카자흐스탄, 투르크메니스탄, 우즈베키스탄에 3개의 아종이 있다. 지중해거북 5종(이집트거북, 헤르만거북, 마지네이트거북, 그리스거북, 호스필드거북) 가운데 가장 동쪽에 서식한다. 색상은 대부분 황갈색이지만 밝은 노랑부터 검정에 가까운 개체까지 비교적 다양하다. 비늘의 끝부분에는 검정색 무늬가 있다. 입은 새 부리처럼 갈고리 형상이고, 수컷은 더욱 부리가 크게 발달한다. 등갑 윗부분이 다른 거북에 비해 편평하고 발가락이 4개인 것이 가장 큰 특징이다. 크기도 그리 크지 않은데다가 아주 튼튼하고 환경 변화에 순응성도 높아 거북 사육 초심자도 어렵지 않게 기를 수 있다.

엘롱게이티드 톨토이즈 (Elongated Tortoise)

지상성 · 엘롱가타거북

- 학 명 : *Indotestudo elongata*
- 현 황 : CITES Ⅱ
- 원산지 : 인도 동부에서 동남아시아(태국, 인도, 네팔, 중국 나부, 라오스, 미얀마, 베트남, 말레이시아, 캄보디아 등지)에 이르는 습도가 높은 열대 우림
- 크 기 : 15~34cm, 몸무게 3~3.5kg, 암컷은 15cm 이상 되어야 번식이 가능하다.
- 습 성 : 새벽녘이나 일몰 후에 활발하게 움직이며 초원지대에서 활동적이다.
- 생 태 : 지상성
- 식 성 : 다양한 식물 및 과일, 연체동물 등 잡식성
- 온·습도 : 주간 26~28℃, 핫존 30~35℃, 야간 22~25℃ / 습도 70% 내외

성장하면서 체폭보다 체장이 길어져 등갑이 전후로 길쭉한(Elongate) 형태로 변하기 때문에 이러한 이름이 붙었다. 성숙한 수컷은 얼굴 앞쪽의 피부색이 약간 붉게 변하는 특징이 있어서 붉은코땅거북이라고 불리기도 한다. 다른 거북보다 등딱지 상부가 편평하다. 다른 거북에 비해 튼튼하고 생명력이 강해서 육지거북 입문용으로 좋다. 초식을 기본으로 소 간이나 강아지 사료 같은 먹이를 가끔씩 함께 주면 좋다. 다른 종보다 물을 많이 마시고 몇 시간씩 물통에 들어가 있기도 하므로 사육장에 항상 깨끗한 물그릇을 비치해 주는 것이 좋다.

고퍼 톨토이즈 (Gopher Tortoise)

- 학　명 : *Gopherus polyphemus*
- 현　황 : CITES II
- 원산지 : 미국 플로리다에서 텍사스에 이르는 남부의 모래사막이나 건조한 관목지대
- 크　기 : 25~36cm
- 습　성 : 땅을 파는 습성이 있다.
- 생　태 : 지상성
- 식　성 : 초식성
- 온·습도 : 주간 24~26℃, 핫존 35~40℃, 야간 22℃ / 습도 50% 내외

앞다리가 넓적해서 땅을 잘 파기 때문에 '굴 파는 거북'이라는 별명이 있다. 자연 상태에서는 최고 14m까지 굴을 파기도 하며, 고퍼거북이 판 굴은 설치류나 뱀 등 다른 동물이 이용하기도 한다. 겨울에는 동면도 하는데 다른 종처럼 땅 속에서 동면을 하기도 하지만 선인장이나 덤불숲 아래에 머리를 내밀고 동면에 들어가는 경우가 많다. 사육할 때는 고온건조한 환경을 조성해주고 가능하다면 땅을 팔 수 있게 해주는 것이 좋다.

앵귤레이티드 톨토이즈 (Angulate Tortoise)

지상성

- 학 명 : *Chersina angulata*
- 현 황 : CITES II
- 원산지 : 남아프리카공화국, 나미비아
- 크 기 : 수컷 25cm 내외, 암컷 20cm 내외. 수컷이 더 크게 성장한다.
- 습 성 : 건조한 환경에 잘 적응하고 활동적이다.
- 생 태 : 건조한 지역을 선호한다.
- 식 성 : 초식성
- 온·습도 : 주간 26~28℃, 핫존 40~45℃, 야간 22~24℃ 습도 30~40%

남아프리카의 가장 아래쪽 해안선을 따라 남아프리카공화국과 나미비아에 서식하는 종으로 Angulate Tortoise와 Bowsprit Tortoise라는 두 가지 이름이 주로 통용된다. *Chersina*속에서는 이 종만이 속해 있다. 가장 가까운 근연종은 Padloper Tortoise(*Chersobius signatus*)로 남부 아프리카의 서식지를 공유하고 있다. 성적 이형성이 두드러지는 종으로 수컷은 암컷보다 더 크게 성장하고 배 부분이 확연하게 오목한 형태를 가지고 있다. 특히 수컷의 경우 목 아래에 돌출된 돌기를 가지는데 이 부위는 다른 개체와 싸울 때 주로 사용된다. 사육 시에는 건조하고 따뜻한 환경을 유지해 주는 것이 관건이다. 습한 환경에서 사육하거나 온욕을 빈번하게 실시하면 돌연사나 폐사율이 상당히 높다. 그렇다고 지나치게 건조할 경우 신장 관련 질환이나 요로결석이 생길 가능성이 높아지기 때문에 사육장 내에 각기 다른 습도편차를 제공해 주는 것이 좋고, 그러기 위해서는 충분히 넓은 사육공간을 제공해 주어야 한다. UVB는 필수적으로 설치해 주는 것이 좋고 일광욕 또한 권장된다.

알다브라 자이언트 톨토이즈 (Aldabra Giant Tortoise)

지상성 · 알다브라코끼리거북

- 학 명 : *Aldabrachelys gigantea*
- 현 황 : CITES Ⅱ
- 원산지 : 알다브라섬의 건조한 초원 지대 및 반사막 지대
- 크 기 : 1m 내외
- 습 성 : 엄청난 대식가이며 성장속도가 빠르다.
- 생 태 : 지상성
- 식 성 : 다양한 식물, 부채선인장 등 초식성
- 온·습도 : 주간 26~28℃, 핫존 35~40℃, 야간 22~24℃ / 습도 60~70%

알다브라(Aldabra)는 인도양에 위치한 알다브라 제도의 산호초섬으로 유네스코 세계자연유산이다. 알다브라에는 15만 마리 정도의 알다브라코끼리거북이 서식하고 있다. 육지거북 가운데 갈라파고스코끼리거북에 이어 두 번째로 큰 종이다. 덩치가 커서 애완용으로 적합하지 않지만 그 덩치와 색감 때문에 좋아하는 매니아들이 많다. 갈라파고스코끼리거북이 상업적 용도로 유통되지 않기 때문에 알다브라코끼리거북은 개인이 기를 수 있는 유일한 초대형 거북이다. 분양가가 높지만 국내에도 많이 수입되어 개인이 사육하는 경우가 많다. 외국에서는 암컷이 훨씬 귀해서 고가에 거래된다.

갈라파고스 톨토이즈 (Galapagos Tortoise)

지상성 · 갈라파고스코끼리거북

- 학 명 : *Chelonoidis nigra*
- 현 황 : CITES Ⅰ
- 원산지 : 에콰도르령 갈라파고스 군도에만 서식
- 크 기 : 1.2~1.5m, 몸무게 400~500kg
- 습 성 : 하루 16시간 동안 자고 나머지 시간은 먹이를 찾으면서 보낸다.
- 생 태 : 지상성
- 식 성 : 초식성, 부채선인장 또는 과야비타 과일을 주로 먹는다.
- 온·습도 : 주간 24~28℃, 핫존 35~40℃, 야간 22~24℃
  습도 60~70%(아종에 따라 차이가 있음)

약 500만 년 전 화산폭발로 생긴 19개의 섬으로 이루어진 갈라파고스군도에는 각종 희귀한 생명체들이 서식하고 있다. 갈라파고스를 대표하는 코끼리거북은 세상에서 가장 큰 육지거북이다. 각 섬에 여러 개의 아종이 있으며, 아종마다 등갑 형태는 다르지만 기본적으로는 같은 종이다. 갈라파고스는 스페인어로 '안장'이라는 의미인데, 등갑이 안장 형태인 아종도 있다. CITES Ⅰ으로 개인 사육은 금지되어 있다. 국내에는 2001년 9월 경기도 과천 서울대공원이 에콰도르의 키토동물원으로부터 다섯 살짜리 두 마리를 기증 받아 일반에 첫선을 보였다.

Keeping Reptiles & Amphibians

6장

악어

1 진화 및 생태학적 특징

사지동물의 진화계보(진화수)

폐어
양서류
포유류
도마뱀과 뱀
악어
타조
매와 기타 조류
사지동물의 사지분화
양막 분화
깃털 분화
사지동물
양막동물
조류

악어는 외형과는 다르게 뱀이나 도마뱀보다 새와 공룡에 더 가깝다.

악어는 악어목(Crocodilia)에 속하는 파충류의 총칭으로 총 25종이 알려져 있다. 현생 악어의 형태는 약 9,500백만 년 전 처음 지구에 나타났으며 도마뱀이나 뱀, 거북이보다는 새와 멸종한 공룡들에 더 가까운 근연종이다. 악어는 새, 공룡과 함께 지배파충류(Archosauria)에 속하며 지배파충류는 몇 가지 파생공유형질을 가지고 있어 다른 사지동물과 구분된다. 가장 간단하고 널리 인정되는 지배파충류의 파생공유형질은 이빨이 이틀(Socket) 안에 고정되어 있다는 것과 전안와창, 하악창, 그리고 넓적다리뼈 네 번째 돌기(Fourth Trochanter)의 존재다. 악어는 이빨이 이틀 안에 있으므로 먹이를 먹을 때 잘 빠지지 않는다. 새를 포함한 몇몇 지배파충류들은 이빨이 없다. 전안와창은 현생의 악어류처럼 상대적으로 덩치가 컸던 초기 지배파충류 두개골의 무게를 줄여주었고 하악창 역시 아래턱의 무게를 줄여주었을 수 있다. 넓적다리뼈의 네 번째 돌기는 큰 근육이 부착될 수 있는 자리를 만들어 주었다. 초기 지배파충류는 강력한 근육을 가지고 있어 직립보행이 가능했고 이것은 페름기–트라이아스기 멸종에서 지배파충류, 혹은 그 직계조상이 살아남는 데 도움을 주었을 수도 있다.

악어의 가장 큰 특징 중 하나는 수륙 양용으로 물과 뭍 모두에서 시간을 보낸다는 점이다. 과거에는 뭍에서만 활동하는 완벽한 육생 종*(Mekosuchus spp.)*도 존재했으나 약 3,000년 전 인간이 *Mekosuchus*속의 서식지인 태평양 도서에 정착하는 시기에 멸종했으며, 인간에 의한 멸종으로 추측하고 있다. 일반적으로 악어는 엄격한 열대 동물이지만 몇몇 예외도 존재한다. 가장 대표적인 종으로 아메리칸 엘리게이터와 차이니즈 엘리게이터를 들 수 있으며 이 두 종의 서식지는 미국의 동남부와 양쯔강까지 뻗는다. 미국의 플로리다주는 전 세계에서 유일하게 엘리게이터와 크로커다일의 서식지가 겹치는 곳이다. 거의 모든 악어는 해발 1,000미터 이하의 저지대에 서식하며 그 중 완벽한 해양동물은 단 한 종도 없다. 그러나 몇몇 종은 강어귀의 기수역과 맹그로브 늪지, 고염 호수에서 서식한다. 현존 악어 중 가장 큰 분포를 가진 종은 바다악어로 서쪽으로는 인도, 동쪽으로는 뉴기니와 호주까지 서식하고 있다. 이는 바다악어의 뛰어난 수영 실력과 염수에 대한 적응 덕분으로 보인다.

악어는 육지와 수중을 오간다.

악어는 다양한 수생 서식지를 활용한다. 몇몇 종은 비교적 육지를 많이 사용하며 늪지대, 연못, 호수가 등의 일광욕이 용이하고 다양한 육상 식물과 동물이 서식하는 환경을 선호한다. 일부 종은 육지보다 수생환경을 많이 사용하는데 이들은 주로 강하구, 맹그로브 늪 그리고 어귀에 서식하고 다양한 수생, 반수생 동물이 주 먹이원이다. 인도의 가비알은 수류가 비교적 빠르고 깊은 강에서 크고 작은 물고기를 잡아먹고, 남미의 난쟁이 악어는 시원하고 빠르게 흐르는 개울과 강줄기에 서식한다. 또 다른 종의 카이만은 더 따뜻하고 탁한 호수와 수류가 느린 강에 서식한다. 크로커다일은 주로 강에 서식하며 차이니즈 엘리게이터는 수류가 느리고 탁한 중국의 범람원에 서식한다. 아메리칸 엘리게이터는 적응력이 매우 좋은 종으로 늪지, 강, 호수 등 다양한 서식지에서 생존할 수 있다. 기후 요인은 악어의 분포에 영향을 주는데 예를 들어 카이만은 건기에는 강의 깊은 웅덩이에 고립되어 있다가 우기에 범람하는 초원으로 퍼져나간다. 매우 건조한 환경에 서식하는 모리타니의 악어들은 건기에는 동굴이나 땅굴 속에서 하면을 하다 비가 오면 활동을 시작한다.

악어는 주로 수생환경에서 생활하지만 마른 육지 또한 생존에 필요한 필수 요소이며 수생환경 못지 않게 활용을 한다. 일광욕, 둥지, 추위와 더위를 피하는 등의 다양하고 중요한 생존행동을 육상에서 수행한다. 일부 종의 경우 적당한 일광욕 자리가 없을 시 교목성 도마뱀처럼 나무 위를 올라가 일광욕을 즐기기도 하는 것으로 알려져 있다. 악어 서식지의 주변은 주로 고온다습한 열대우림 혹은 빽빽한 맹그로브 숲으로 이루어져 있는데, 이는 악어가 서식하기 좋은 미세서식지의 제공에 있어 필수적이다. 식물의 뿌리는 물을 흡수하여 주변 환경에 천천히 되돌려 주고 물가 주변의 땅이 무너지는 것을 막는다. 과도한 산림벌채는 이러한 식물들의 순기능을 막아 강의 유속이 빨라지고 악어에게 중요한 미세서식지를 파괴한다. 이러한 환경파괴가 채집 혹은 사냥과 같은 직접적인 소모보다 악어에게 훨씬 더 심각한 악영향을 미치는 것으로 알려져 있다.

환경파괴는 채집, 사냥 등의 직접소모보다 훨씬 더 큰 영향을 미친다.

악어는 매우 효율적인 포식자로 대부분 서식지의 최고 포식자 역할을 맡고 있다. 악어가 만든 둥지는 때때로 다른 동물들의 보금자리나 둥지로도 활용이 된다. 예를 들어 아메리칸 엘리게이터의 둥지는 거북이와 뱀에게 훌륭한 둥지와 일광욕 자리가 되기도 한다. 특히 플로리다 붉은배 거북이는 이러한 활용에 매우 적극적이며, 악어의 알과 플로리다 붉은배 거북이의 알이 같은 둥지에서 성장하는 경우도 많다. 또한 미국 엘리게이터는 평평한 습지대에 '엘리게이터 구멍'이라 불리는 작은 연못들을 만들어 놓기도 하는데 이는 주변보다 더 습하거나 건조한 미세서식지가 되어 다양한 생물들의 보금터가 된다. 아마존 유역의 카이만은 20세기 중반 과도한 사냥으로 인해 개체 수가 급격히 줄어들었는데 이때 피라루쿠*(Arapaima gigas)*를 포함한 수많은 물고기의 개체 수 또한 동시에 줄어들었다. 아마존강의 물은 영양분이 적기로 유명한데 카이만의 배설물이 식물의 성장에 도움을 줘 1차 생산량을 늘리는 동시에 물고기의 개체 수도 증가시킨 것으로 추측하고 있다. 아마존강뿐만 아니라 다양한 서식지에서 악어의 개체 수와 물고기의 개체 수는 정비례하는 것으로 확인되었다.

엘리게이터가 자신이 만든 '엘리게이터 구멍'에서 쉬고 있다.

악어의 신체적 특징

악어는 현생 파충류 중 가장 거대한 종을 포함하고 있으며 평균적으로도 매우 큰 편이다. 바다악어(*Crocodylus porosus*)의 경우 길이는 최대 7미터, 무게는 2톤까지도 자랄 수 있다. 멸종한 종 중에는 *Deinosuchus* 처럼 10미터를 훨씬 넘기는 종도 존재한다. 현생 악어 중 가장 작은 종은 남미에 서식하는 큐비어스 드워프 카이만(*Paleosuchus palpebrosus*)으로 보통 1.5미터를 넘기지 않는다.

인공사육한 악어 중 가장 큰 악어는 '로롱'이라는 길이 6.17m, 무게 1톤이 넘는 바다악어였다.

악어 중 가장 작은 큐비어스 드워프 카이만(준성체)

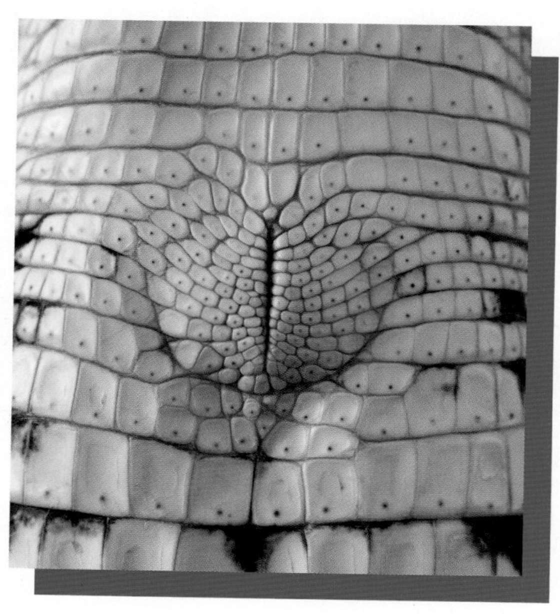

악어의 총 배설강

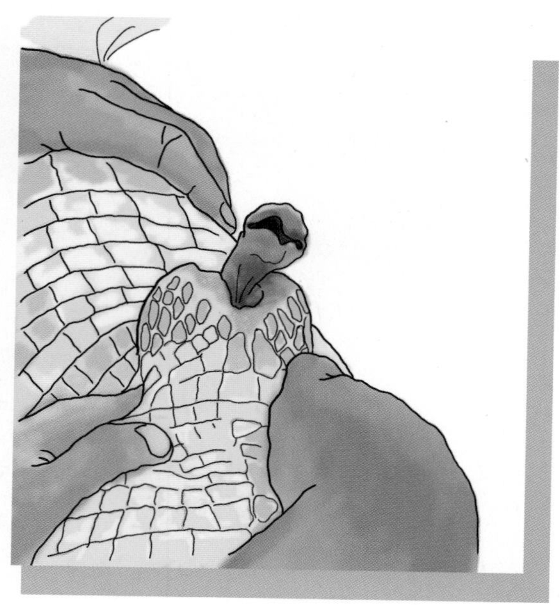

악어의 성기

악어는 일반적으로 성적 이형태성을 띠며 수컷이 암컷보다 큰 편이다. 다만 각종 도마뱀이나 뱀에서 볼 수 있는 색과 무늬, 형태의 극적인 차이는 보이지 않는다. 모든 종의 악어는 대단히 유사한 신체 형태를 보인다. 몸의 전체적인 형태는 도마뱀처럼 길지만 매우 튼튼하다. 주둥이는 길고 납작하고 꼬리는 측면으로 압축되어 있다. 사지는 몸통에 비교해 작은 편이며 앞다리는 5개의 발가락, 뒷다리는 4개의 발가락과 1개의 흔적 발가락을 갖추고 있다. 앞다리에는 수영을 위한 막이 거의 존재하지 않지만 뒷다리는 매우 잘 발달되어 있다. 전체적인 뼈대는 일반적인 사지동물의 뼈대와 크게 다르지 않지만 두개골과 골반, 그리고 갈비뼈는 특수한 형태를 하고 있다. 악어의 갈비뼈는 잠수 시 흉곽이 자연스럽게 눌릴 수 있는 구조이며 골반은 많은 양의 먹이와 공기를 저장할 수 있는 형태다. 수컷과 암컷 모두 총배설강을 통해 배설하며 수컷의 생식기와 암컷의 클리토리스가 저장되어 있다. 수컷의 생식기는 도마뱀이나 뱀과는 다르게 단 1개로, 교미 시 총배설강 주변의 근육을 통해 총배설강에서 나오게 된다. 고환과 난소는 몸통 속, 신장 근처에 있다.

악어의 눈과 귀, 그리고 콧구멍은 머리의 윗부분에 있으며 이는 몸 대부분을 물 밑으로 숨기고 먹이에 접근하기 쉬운 형태다. 악어는 잘 발달한 휘판(Tapetum Lucidum)을 갖고 있으며 뛰어난 야간 시력을 자랑한다. 어두운 밤의 강에서 빛을 비추면 보이는 악어들의 눈은 이 휘판에 반사되는 안광으로, 악어의 유무를 확인하는 방법의 하나다. 예상 외로 물속에서의 시야는 물 바깥보다 떨어지는 편이다. 물속에서는 반투명한 순막에 덮여 물 밖보다는 제한된 시야를 갖는다. 순막은 염분을 포함한 윤활제를 배출하여 눈을 보호하며 물 밖에서는 이 물질이 '눈물'처럼 보인다. 일반적인 척추동물의 중심와는 둥근 모양이지만 악어의 경우 수평으로 긴 형태를 띠고 있어 물 밖으로 눈만 내놓고 주변을 살피기에 좋다.

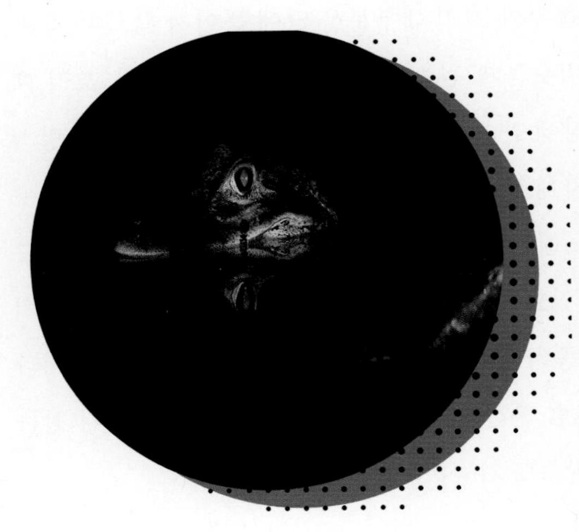

악어의 안광

악어의 귀는 육지와 수중에서 모두 들을 수 있으며 고막은 근육으로 열었다 닫았다 할 수 있는 덮개로 보호받는다. 일반적인 파충류보다 청각이 좋은 편으로 조류나 포유류 수준의 청각을 갖고 있다. 뱀이나 도마뱀의 야콥슨 기관과 같은 서비골 기관은 지니고 있지 않지만 실험에 의하면 악어는 청각과 마찬가지로 육지와 수중 둘 다 냄새를 맡을 수 있으며 사냥에 적극적으로 활용한다. 극도로 발달한 삼차 신경을 통해 물의 미세한 진동까지 느낄 수 있는데 이는 후각과 더불어 사냥에 큰 도움을 준다. 혀는 자유롭게 움직일 수 없는 형태로 미각은 상대적으로 발달하지 않은 편이다. 악어의 뇌는 크기가 작은 편이지만 일반적인 파충류보다 지능이 높은 것으로 알려져 있으며 최근 연구에서는 악어가 도구를 활용할 줄도 아는 것으로 밝혀졌다. 포유류의 성대주름이나 조류의 울대처럼 정교한 소리를 낼 수 있는 기관은 갖고 있지 않지만 후두의 세 주름을 떨어 소리를 낼 수 있다.

1 악어의 운동

높은 걸음의 악어 – 지면에 복부가 전혀 닿지 않는다.

낮은 걸음으로 전환 중인 악어 – 복부가 지면에 닿기 시작한다.

악어의 몸은 수중생활에 알맞은 구조를 하고 있으며 이에 걸맞게 수영에 매우 능숙하다. 헤엄은 주로 꼬리의 힘을 사용하여 치는데, 다리는 모두 몸에 밀착하여 최대한 마찰력을 줄이고 꼬리를 좌우로 움직여 앞으로 나아간다. 멈추거나 방향을 틀어야 할 때면 다리를 펼친다. 꼬리의 힘은 막강하며 수백 킬로그램의 악어가 수면 위로 2~3미터가량 솟구치는 것이 가능하다. 육상에서의 움직임은 수중에서의 움직임보다 서투른 느낌을 준다. 척추동물 중 특이하게도 2가지 방식의 움직임 - '높은 걸음(High Walk)'과 '낮은 걸음(Low Walk)' - 을 갖고 있다. 악어의 발목은 일반적인 파충류와 다른 형태를 보이며 덕분에 직립에 가까운 자세와 걸음이 가능하며 이러한 형태의 걸음걸이를 '높은 걸음'이라고 한다. 이 자세와 걸음걸이를 하면 복부와 꼬리 대부분을 땅에 붙이지 않고 마치 포유류와 비슷하게 걷는다. '낮은 걸음'은 복부와 꼬리 대부분을 땅에 붙이고 걷는 것으로 악어는 이 두 가지 방식을 자유자재로 바꿀 수 있다. 육상에서는 일반적으로 수중보다 느리지만 필요하다면 순간적으로 매우 빠른 속도를 낼 수 있으며 그 속도는 시속 14km 정도다. 일부 덩치가 작은 종의 경우 재빠른 걸음걸이를 뛰어넘어 말이나 고양이처럼 순간적으로는 네 발이 땅에 전혀 닿지 않는 수준의 질주도 가능하다.

2 턱과 이빨

주둥이의 전체적인 모양은 종마다 상이하다. 크로커다일의 주둥이는 다양한 모양을 지니고 있으며 가늘고 긴 주둥이, 짧고 두꺼운 주둥이 모두 존재한다. 엘리게이터와 카이만은 대부분 짧고 두꺼운 주둥이를 갖고 있으며 가리알은 대단히 길고 가는 주둥이를 지니고 있다. 턱을 닫는 근육이 여는 근육보다 훨씬 크고 강한데, 다무는 힘은 모든 동물을 통틀어 가장 강한 편이지만 여는 힘은 상대적으로 약해 사람의 힘으로도 제어가 가능한 수준이다. 미국 엘리게이터의 치악력은 964kgf(9,450N)이며 바다악어의 경우 1,678kgf(16,000N)으로 무지막지한 치악력을 갖고 있다. 또한 예상과는 다르게 엘리게이터나 카이만의 두꺼운 주둥이의 형태와 크로커다일의 상대적으로 가는 주둥이의 형태 차이가 치악력에는 큰 영향을 주지 않는 것으로 밝혀졌다. 다만 가비알의 경우 빠르게 움직여 물고기를 잡는 형태로 진화하여 치악력은 굉장히 약한 편이다.

엘리게이터의 두꺼운 주둥이

가리알의 가늘고 긴 주둥이

악어의 이빨은 굵고 뭉툭한 이빨부터 길고 가는 바늘 모양까지 다양하다. 하지만 단면은 모두 둥근 형태로 왕도마뱀과 같이 먹이를 잘라내는 칼 모양이라기보다는 도망가지 못하게 잡고 뜯어내기 좋은 형태다. 크로커다일에 속한 악어의 이빨은 턱이 닫혔을 때 위아래로 더 많이 보이는 형태이며, 엘리게이터와 카이만은 상대적으로 적게 보이는데 이는 엘리게이터와 카이만의 아랫니는 턱이 닫히면 위턱에 가려져 보이지 않는 형태이기 때문이다. 악어는 다환치성 동물로 평균적으로 각 개체는 80여 개의 이빨을 지니고 있으며 평생 50번 이상 이빨을 갈 수 있다. 악어는 포유류가 아닌 척추동물 중 유일하게 치조(Tooth Socket)를 갖고 있는 동물이다.

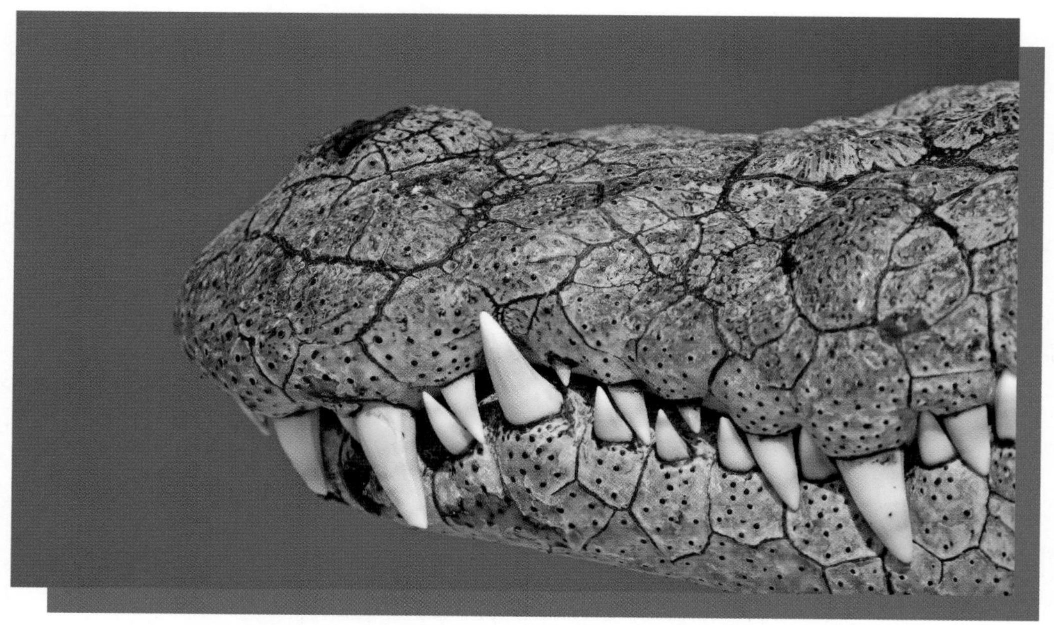

악어의 이빨은 날카롭지만 단면은 둥글어 자르기보다는 잡아두는 역할에 어울린다.

3 피부와 비늘

악어의 피부는 두껍고 각화된 비늘로 갑옷을 입은 듯 둘러 싸여 있다. 각 비늘의 형태나 크기는 위치에 따라 다르며 일정한 열과 무늬를 이룬다. 이 비늘들은 표피의 기저층에서 끊임없이 만들어지며 오래된 비늘의 표면은 주기적으로 벗겨진다. 각 비늘의 표면 부분의 상대적으로 단단한 베타-케라틴으로 이루어져 있고, 각 비늘의 연결부위는 더 유연한 알파-케라틴으로 이루어져 있다. 악어의 많은 비늘은 매우 단단한 골편으로 강화되어 있으며, 특히 등과 목 부분의 골편이 잘 발달했다. 머리의 피부는 대부분 두개골과 융합되어 있고 목과 옆구리의 피부는 상대적으로 느슨하고 부드러우며 복부와 꼬리의 아랫부분은 크고 납작한 사각형 모양의 비늘로 덮여 있다.

비늘에는 핏줄이 있어 체온조절에 도움을 준다. 또한 몇몇 연구에 의하면 악어가 잠수를 오래 하면 핏속의 이산화탄소 농도가 높아지고 피의 산화가 진행되는데, 피부 속 뼈(골편)가 이 산화를 막는 것으로 밝혀졌다. 뼈의 칼슘과 마그네슘의 알칼리 이온이 악어의 피로 들어가 산화를 막는다는 것이다. 일부 비늘에는 구멍 형태의 외피 감각기관이 존재하는데 크로커다일과 가리알은 몸의 많은 부분에서 발견되고, 카이만과 엘리게이터는 머리에서만 발견된다. 이 감각기관의 정확한 용도는 알려지지 않았지만 기계적 자극을 감지하는 것으로 추측하고 있다. 또한 이 구멍에서 기름이 나와 진흙이 피부에 묻는 것을 막는 것으로도 보인다.

악어의 비늘

4 순환계

악어는 모든 척추동물 중 가장 복잡한 순환계를 갖고 있다고 해도 과언이 아니다. 현생 파충류 중 특이하게도 2심방 불완전 2심실이 아닌 완전한 2심방 2심실을 지닌다. 좌대동맥과 우대동맥은 파니자의 공(Foramen of Panizza)이라는 구멍에 의해 연결되어 있다. 조류나 포유류와 마찬가지로 악어의 심장은 피가 한 방향으로만 흐르게 하는 판막을 갖고 있다. 잠수 시 악어의 심장박동은 1분에 1~2회로 줄어들고 근육으로 흐르는 피의 양이 제한된다. 수면으로 떠올라 호흡을 시작하면 심박 수가 올라가기 시작하며 새롭게 산소를 받은 피는 근육으로 이동한다. 악어는 다른 해양 포유류와 다르게 산소를 저장할 수 있는 미오글로빈이 적은 편이다. 잠수 중에는 체내 바이카보네이트 이온이 증가하고, 이로 인해 산소를 머금은 적혈구가 산소를 내보내 근육에 제공한다.

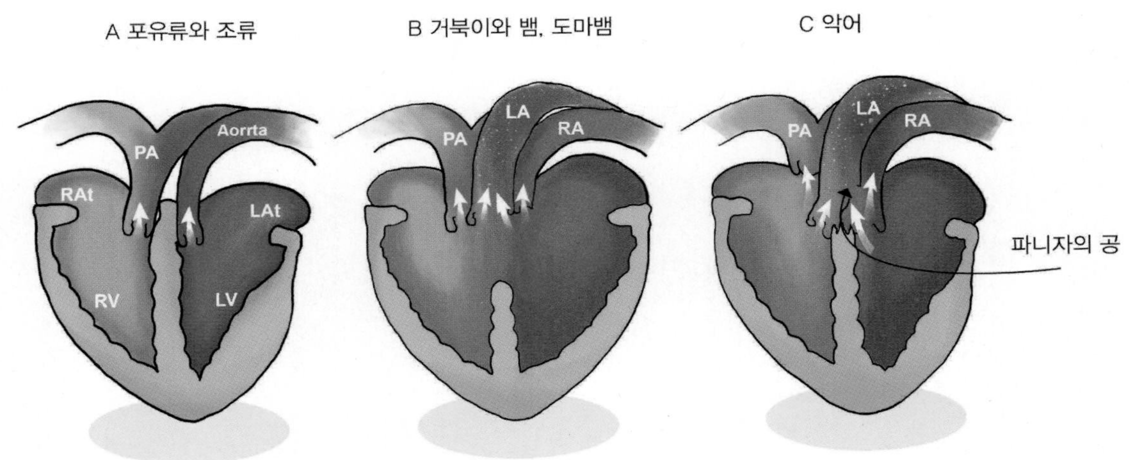

5 호흡

악어는 주기적으로 공기가 들어가고 나오는, 포유류와 비슷한 호흡을 하는 것으로 알려져 있었다. 하지만 2010년과 2013년에 게재된 연구에 의하면 악어는 포유류보다는 조류에 더 가깝게 공기를 단방향으로 폐를 순환시키는 호흡을 하는 것으로 밝혀졌다. 악어는 폐의 위치를 조절하여 부력을 조절할 수 있는데 폐를 꼬리 쪽으로 끌어당겨 잠수하거나 폐를 머리 쪽으로 끌어당겨 부상할 수 있다. 모든 악어는 구개판을 지니고 있는데 이는 악어가 물속에서 입을 열어도 물이 체내로 들어오지 못하게 막을 수 있다. 일반적으로 15분 이상 잠수해 있지는 않지만 필요하면 최대 2시간 이상 잠수가 가능하다. 최대 잠수 깊이는 알려지지 않았지만 20m 이상 잠수하는 것이 목격된 바 있다.

6 먹이 섭취와 소화

악어의 이빨은 자르기보다는 먹이를 물고 놓치지 않는 모양으로 진화했다. 먹이는 씹지 않고 통째로 삼키거나 뜯어서 덩어리째 삼킨다. 일반적인 다른 육식동물과 마찬가지로 소화기관은 비교적 짧은 편이며, 위는 크게 2부위로 나누어지는데 근위에서는 먹이를 잘게 부수고, 소화를 담당하는 부위에서는 부서진 먹이를 소화한다. 그 어떤 척추동물보다도 강한 산성 위액과 위석의 효율을 높이는 돌기 존재는 악어의 엄청난 소화력을 잘 설명해준다. 다른 변온동물과 마찬가지로 악어는 체온이 높을수록 소화를 빨리 시킬 수 있다. 악어의 신진대사는 비교적 느린 편으로, 한꺼번에 많은 먹이를 먹은 후 오랜 기간 먹지 않을 수 있다. 갓 태어난 새끼 또한 이러한 능력을 지니고 있으며 원래 무게의 23%를 잃었지만 58일을 먹지 않고 버틴 기록이 있다. 사자에 비해 같은 크기의 성체 악어는 약 1/5 혹은 그 이하의 먹이가 필요하며 반년까지도 먹지 않고 큰 문제없이 생존할 수 있다.

악어의 공격을 간신히 벗어난 누

체온조절

악어는 다른 파충류와 마찬가지로 변온동물이며 체온조절의 대부분을 체외요소에 의지한다. 태양빛이 체온조절에 가장 많이, 그리고 효과적으로 쓰이는 자원이다. 또한 기온이 너무 높거나 낮으면 물을 활용하여 극심한 더위와 추위를 피할 수 있다. 주로 아침에 해가 뜨면 일광욕을 시작하여 최적체온을 맞춘 후 물속이나 그늘로 들어가 최적체온을 유지한다. 아메리칸 엘리게이터나 차이니즈 엘리게이터처럼 영하의 온도를 겪는 온대성 악어들은 많은 시간을 태양 아래에서 보내지만, 열대성 악어들은 오히려 태양과 극심한 더위를 피하는 것이 중요한 문제인 경우가 많다. 이때는 입을 벌려 수분을 증발시켜 체온을 낮추기도 한다. 위의 방법들을 활용하여 악어는 체온을 25°C에서 35°C로 유지한다. 아메리칸 엘리게이터와 차이니즈 엘리게이터의 분포는 계절에 따라 영하로 떨어지기도 하는 지역이며, 이들은 영하권의 날씨를 피하고자 물속에 들어가 코끝만 수면에 내놓고 몸은 상대적으로 더 따듯한 물 속 깊은

땅굴 안에서 체온을 식히고 있는 악어

곳에 둔다. 연구에 의하면 이때 아메리칸 엘리게이터의 체온은 5°C까지 떨어지고 코끝은 얼어버리기도 하지만 이듬해 봄, 날씨가 따듯해지면 특별한 부작용 없이 건강하게 활동이 가능하다고 한다.

8 삼투압조절

현존 악어 중 진정한 의미의 해양동물이라고 부를 수 있는 종은 없다. 바다악어와 북미 크로커다일은 바다에서 활동하기도 하지만 주 서식지는 강의 어귀나 맹그로브 늪, 고염호수 등이다. 멸종한 종 중에서는 진정한 해양악어가 존재했으며 그중 하나가 비교적 최근 멸종한 *Gavialis papuensis*로, 솔로몬 제도의 해안선이 서식지였다. 다른 동물과 마찬가지로 악어도 체내염도를 일정 수준으로 유지해야 한다. 크로커다일과 가리알은 혀에 염분을 배출하는 샘을 지니고 있지만 삼투압조절의 많은 부분은 단순히 저투과성 피부를 통해 체내수분을 아끼는 것으로 조절한다.

바다악어는 종종 육지에서 수십 킬로미터가 떨어진 바다 한가운데서 발견되기도 한다.

3 악어의 분류

1 가비알과(Family Gavialidae)

- *Gavialis* 속
  - 가비알/가리알 Ghavial/Gharial (*Gavialis gangeticus*)

- *Tomistoma* 속
  - 말레이 가비알/가리알 False Ghavial/Gharial (*Tomistoma schlegelii*)

2 엘리게이터과(Family Alligatoridae)

- *Alligator* 속
  - 아메리칸 엘리게이터 American Alligator (*Alligator mississippiensis*)
  - 차이니즈 엘리게이터 Chinese Alligator (*Alligator sinensis*)

- *Paleosuchus* 속
  - 큐비어스 드워프 카이만 Cuvier's Dwarf Caiman (*Paleosuchus palpebrosus*)
  - 스무드 프론티드 카이만 Smooth-fronted Caiman (*Trigonatus palpebrosus*)

- *Caiman* 속
  - 쟈카레 카이만 Yacare Caiman (*Caiman yacare*)
  - 스펙타클드 카이만 Spectacled Caiman (*Caiman crocodilus*)
  - 브로드 스나우티드 카이만 Broad-snouted Caiman (*Caiman latirostris*)

- *Melanosuchus* 속
  - 블랙 카이만 Black Caiman (*Melanosuchus niger*)

3 크로커다일과(Family Crocodylidae)

- *Crocodylus* 속
  - 아메리칸 크로커다일 American Crocodile (*Crocodylus acutus*)
  - 오리노코 크로커다일 Orinoco Crocodile (*Crocodylus intermedius*)
  - 프레쉬워터 크로커다일 Freshwater Crocodile (*Crocodylus johnsoni*)
  - 필리핀 크로커다일 Philippine Crocodile (*Crocodylus mindorensis*)
  - 모렐레츠/모렐렛 크로커다일 Morelet's Crocodile (*Crocodylus moreletii*)
  - 나일 크로커다일 Nile Crocodile (*Crocodylus niloticus*)
  - 뉴 기니 크로커다일 New Guinea Crocodile (*Crocodylus novaeguineae*)
  - 머거 크로커다일 Mugger Crocodile (*Crocodylus palustris*)
  - 솔트워터 크로커다일 Saltwater Crocodile (*Crocodylus porosus*)
  - 쿠바 크로커다일 Cuban Crocodile (*Crocodylus rhombifer*)
  - 사이아미스 크로커다일 Siamese Crocodile (*Crocodylus siamensis*)
  - 웨스트 아프리칸 크로커다일 West African Crocodile (*Crocodylus suchus*)

- *Mecistops* 속
  - 웨스트 아프리칸 슬렌더 스나우티드 크로커다일 West African Slender-snouted Crocodile (*Mecistops [Crocodylus] cataphractus*)
  - 센트럴 아프리칸 슬렌더 스나우티드 크로커다일 Central African Slender-snouted Crocodile (*Mecistops [Crocodylus] leptorhynchus*)

- *Osteolaemus* 속
  - 드워프 크로커다일 Dwarf Crocodile (*Osteolaemus tetraspis*)

서식지에 따른 환경 조성

악어의 사육방법에 대하여 논하기 전 반드시 숙지할 것은 악어는 절대 좋은 애완동물이 아니며 매우 위험한 동물이라는 점이다. 몇몇 국가에서는 비교적 다양한 종들의 악어가 애완동물로 길러지고 있지만, 악어 사육법에 대한 정보는 인터넷이나 책을 포함하여 거의 존재하지 않는다. 난쟁이 카이만과 안경 카이만이 애완동물로 판매되는 악어 중 가장 흔한 2종으로, 과거에는 국내 양서파충류 및 관상어 전문점에서도 이따금 찾아볼 수 있었다. 하지만 최근에는 악어를 애완동물로 허가(CITES)해주지 않는 추세다. 그렇지만 분명 허가를 받은 개체들이 존재하며 사육하는 것 자체가 불법은 아니다. 미국이나 유럽, 일본 등의 양서파충류 시장이 발달한 지역은 악어를 애완동물로 키우는 경우가 비교적 흔하다. 또한 각종 전시, 연구 시설에서는 단골로 등장하는 파충류로 동물원이나 아쿠아리움의 인기 종 중 하나이다. 25종 모든 악어의 사육법은 기본적으로 동일하기에 딱히 한 종을 지정하여 사육방법을 설명하기보다는 하나의 사육법으로 묶어 서술한다.

어릴 때부터 키운다면 순해질 수도 있으나 기본적으로 순치가 어렵고 덩치가 크기 때문에 위험한 맹수로 분류한다.

작고 귀여운 새끼의 모습은 오래 유지되지 않는다.

1 사육장의 형태

25종의 악어는 모두 비슷한 형태의 사육시설을 요구한다. 먼저 고려해야 할 것은 악어는 평균적으로 현생 파충류 중 가장 크다는 것이다. 가장 작은 종이라 할지라도 1m를 초과하며 보다 큰 종은 5m를 넘기기도 한다. 또한 반수생이라는 특성상 육지와 물을 동시에 제공해야 하므로 단순 지상성 혹은 교목성 종보다 넓은 사육시설을 요구한다. 최소 사육장의 크기는 길이 사육개체 길이의 3배, 너비 사육개체 길이의 2배, 높이 사육개체 길이의 0.5배이며 합사 개체 수의 증가에 따라 마리당 30% 이상의 표면적을 늘릴 것을 추천한다. 물과 육지의 비율은 종에 따라 약간 다르지만 50:50에서 70:30 사이를 추천한다. 악어의 성장 속도는 종류, 사육환경, 먹이의 질과 양에 영향을 많이 받지만 최소한의 조건을 만족한다면 대단히 빠른 편이다. 사육장의 크기가 작으면 그것에 맞춰 성장 속도나 최대크기가 결정된다는 잘못된 정보가 보이기도 하는데 이는 거짓이며, 사육장의 크기를 결정하기 위해서는 반드시 사육 개체의 성장을 고려해야 한다. 예를 들어 가장 작고 애완용으로 많이 길러지는 쿠비에 드워프 악어도 2년에서 3년이면 1.2미터를 돌파할 수 있으며 가장 큰 종인 바다악어의 경우 첫 3~4년은 1년에 1미터 이상 성장할 수 있다. 또한 악어는 굉장히 오래 사는 파충류로, 작은 종은 30년에서 50년, 비교적 큰 종은 50년에서 70년 혹은 100년 이상을 넘길 수 있는 것으로 알려져 있으며 이 또한 사육장의 형태와 재질에 참고할 부분이다.

가장 기본적인 형태의 악어 사육장. 충분한 육지와 물웅덩이를 제공해야 한다.

사육장의 기본적인 모양은 길고 낮은 악어의 체형과 반수생이라는 습성에 맞추어 길이와 너비가 높이보다 큰 것이 좋다. 다만 물과 육지를 동시에 제공해야 한다는 점 때문에 교목성 파충류만큼은 아니지만 최소한의 높이는 충족되어야 한다. 모든 동물의 사육장이 그렇듯 뾰족한 모서리의 모양보다는 둥글고 완만한 모양이 사육개체의 활동과 안전을 위하여 좋다.

다양한 재질의 사육장을 사용할 수 있지만 가장 중요한 2가지 사육장의 요소인 방수와 열전도를 고려하여 고른다. 모든 악어는 정도의 차이는 있지만 반드시 지속적으로 활용 가능한 물웅덩이가 필요하며, 열대 혹은 아열대의 따뜻한 기후를 재현할 필요가 있기 때문이다. 난쟁이 카이만 같은 작은 종의 경우 유리어항과 플라스틱 재료의 파충류 사육장을 활용할 수 있지만, 2m를 넘기는 중대형 종은 이러한 기성품으로는 사육할 수 없다. 대부분의 중대형 종들은 주문제작형 사육장을 요구하며 주로 유리와 아크릴, 콘크리트와 타일 등을 활용한 복합재질의 사육장을 제작하여 사용한다. 악어의 사육장을 제작할 때 고려해야 할 조건은 크게 2가지로 나눌 수 있다.

물웅덩이(Pool)

모든 악어는 반수생이며 완전히 잠수하고 수영이 가능한 크기의 물웅덩이를 요구한다. 이 물웅덩이는 필요에 따라 완전히 환수할 수 있어야 하며, 지속적인 물의 여과와 온도 유지도 가능하여야 한다.

육지

몸을 완전히 말리고 일광욕이 가능한 육지가 필요하다. 또한 필요하다면 땅굴을 팔 수 있어야 하며 번식을 한다면 둥지를 만들 수도 있어야 한다. 온도와 습도 유지는 필수다.

육지는 여러 가지 형태로 제작할 수 있지만 악어가 어렵지 않게, 그리고 안전하게 올라가고 내려갈 수 있어야 한다.

콘크리트와 잔디를 활용한 육지

2 바닥재의 종류 및 특성

악어의 바닥재는 물웅덩이의 바닥재와 육지의 바닥재, 2그룹으로 나누어 고려하는 것이 좋다. 웅덩이든 육지든 바닥재는 악어가 다치지 않고 악어의 자연스러운 행동을 강화할 수 있는 것이 좋다.
물웅덩이의 바닥재로는 보통 청결한 관리와 방수를 위하여 부드러운 자갈이나 모래를 활용하거나 전혀 사용하지 않을 수도 있다. 특히 실내 사육환경에서는 물을 청결하게 유지하기 위해서 여과와 환수가 편리해야 하는데 바닥재 없이 콘크리트나 타일이 그대로 노출되는 것이 유리한 경우가 많다. 바닥재를 전혀 활용하지 않는다고 해도 악어는 때때로 필요에 의해 자갈이나 돌을 삼키는 경우가 있으니 어느 정도는 제공해주는 것이 좋다.

육지의 바닥재는 물웅덩이의 바닥재보다 섬세하게 선택해야 하는 경우가 많다. 많은 악어가 땅굴을 파은신처나 둥지를 만들기 때문에 적절한 비율의 흙과 모래, 그리고 나뭇잎을 제공해야 한다. 바닥재는 악어가 다치지 않도록 거칠지 않은 것이 좋지만 지나치게 매끈하고 부드러울 경우 정상적인 보행이 불가능할 수 있어서 최소한의 마찰력은 있는 것으로 선택한다. 바닥재의 깊이는 악어의 크기에 비례하여 덩치가 클수록 깊게 제공하는 것이 좋다. 다만 현실적으로 제공할 수 있는 깊이에는 한계가 있으므로 최소한의 깊이는 해당 동물이 둥지를 만들 수 있는 정도의 깊이로 한다.

흙과 모래, 돌, 식물 등을 활용한 육지

3 온도와 습도

악어는 비교적 다양한 환경에 서식하며 몇몇 종은 영하권의 날씨를 겪기도 하지만 기본적으로 따뜻한 환경을 선호한다. 사육장의 전체적인 온도는 26~30°C를 유지하고 물 또한 28°C 정도를 유지하는 것이 좋다. 실내사육장은 물론 햇빛의 활용이 가능한 야외사육장이라고 하더라도 날씨가 좋지 않을 때 체온을 올릴 수 있는 핫존(Hot Zone)을 마련해주는 것이 좋다. 핫존은 40~45°C 정도를 유지해야 하는데 주로 램프와 장판 형태의 히터를 사용한다. 물웅덩이의 온도는 주로 수중히터를 활용하여 조절하는데 히터 자체가 악어에게 노출되는 것을 피하는 것이 좋다. 악어는 큰 덩치와 힘으로 히터를 쉽게 고장낼 수 있어 감전사하거나 과열 또는 저온으로 개체가 사망할 수 있다. 모든 전기제품은 반드시 완벽하게 방수가 되는 제품을 사용해야 한다. 습도는 70~80%를 유지해 주는 것이 좋다. 반수생으로 사육 시 자연스럽게 습도가 높아질 수 있지만, 사육장의 밀폐 정도와 환기시스템의 종류에 따라 반수생환경이라 하더라도 공기가 매우 건조해질 수 있으므로 주의한다.

4 빛과 광주기

악어 사육에 UVB가 필요한지 아닌지에 대한 논의는 아직도 활발하게 이루어지고 있다. 야외사육 혹은 부분 야외사육을 한다면 자연채광을 받을 수 있어 큰 문제가 되지 않지만 실내사육을 한다면 UVB램프를 활용하는 것이 좋다. 뱀과 마찬가지로 먹이를 통째로(큰 먹이는 조각을 내지만 내장과 뼈를 모두 섭취한다) 먹기 때문에 UVB램프를 제공하지 않아도 문제가 없는 것으로 보고 있지만 완전한 실내사육 시 만일을 위해 UVB램프를 제공하는 것을 추천한다. 광주기는 열대 및 아열대 종의 경우 12시간을 기본으로 하며 아메리칸 엘리게이터나 차이니즈 엘리게이터의 경우 계절에 따라 광주기를 적절하게 조절한다.

5 서식환경에 따른 사육장 스타일

모든 악어는 정도의 차이는 있지만 반수생환경에서 키워야 하며 물웅덩이와 육지의 비율은 최소 1:1, 종에 따라서는 2:1 정도의 비율이 되어야 한다. 앞서 논의한 악어사육장의 필수 요소들을 제외한 나머지는 사육장의 데코레이션이라고 할 수 있는데 사육개체와 관리자에게 위험하거나 불편함을 주지 않는 선에서는 자유롭게 꾸밀 수 있다. 주로 다양한 식물과 바위, 통나무 등을 활용하여 꾸미는 편이며 사육종의 자연서식지를 재현하는 것이 좋다.

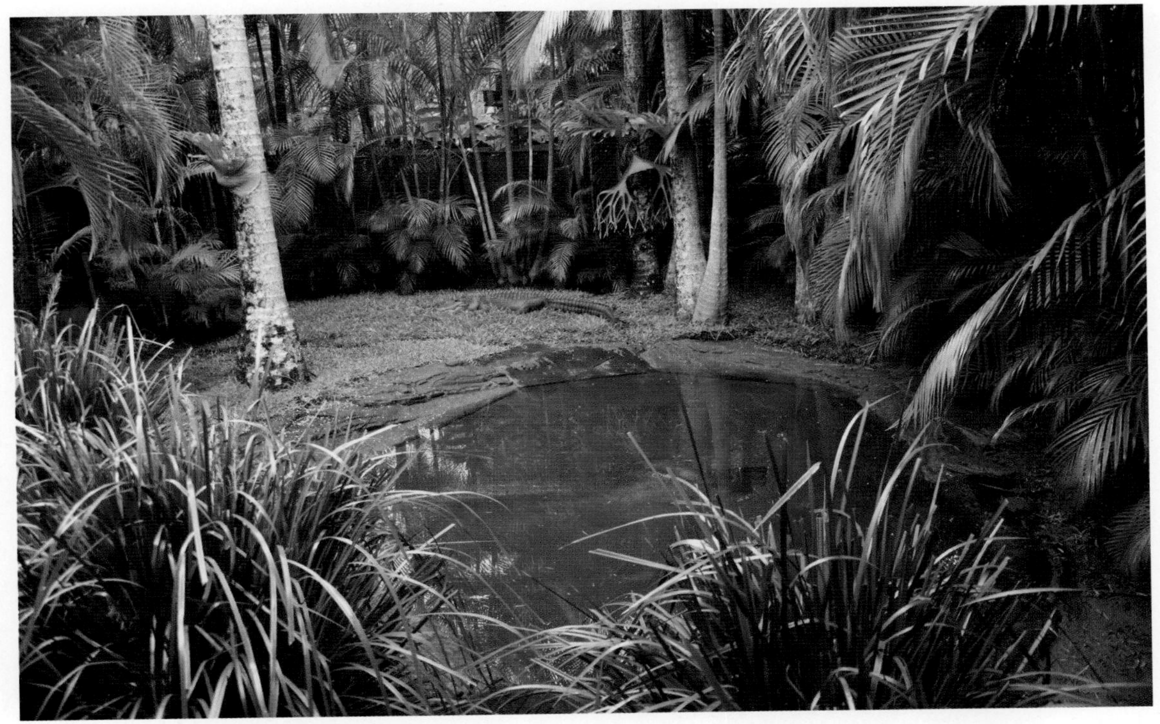

물가의 바위를 흉내낸 콘크리트 물웅덩이와 나무의 적절한 배치를 통해 자연 서식지에 최대한 가깝게 꾸민 사육장

5 먹이와 물

야생의 악어는 거의 모든 종류의 동물을 섭취한다. 포유류, 조류, 양서류, 파충류, 어류, 절지류, 심지어 자신보다 작은 악어까지 사냥 가능한 사냥감은 모두 섭취하는 동물이다. 인공사육 또한 크게 다르지 않다. 독성이 있거나 날카롭고 거친 것이 아닌 동물성 먹이는 거의 모두 먹일 수 있다. 중요한 것은 균형 잡힌 영양분을 제공하는 것인데 이는 통 먹이를 먹임으로써 해결하는 것이 가장 좋다. 먹이를 통째로 섭취하면 악어가 필요로 하는 여러 가지 영양소 단백질, 칼슘, 미네랄, 섬유질, 비타민 등을 모두 섭취할 수 있다. 만약 동물의 일부분만, 예를 들어 고깃덩어리만 먹인다면 반드시 칼슘과 각종 비타민을 추가로 제공해야 한다. 악어는 덩치가 큰 동물이기 때문에 통 먹이만 주는 것에 어려움이 있을 수 있으며 이는 통 먹이와 부분 먹이를 섞어 먹이는 것으로 해결할 수 있다. 주로 사용하는 먹이는 작을 때에는 쥐, 병아리, 귀뚜라미, 물고기 등이며 성체의 경우 토끼, 돼지, 염소, 닭, 오리, 물고기 등의 통먹이나 커다란 고기덩어리를 사용한다. 다만 물고기, 특히 냉동 물고기는 주식으로는 사용하지 않는 것이 좋은데 이는 티아미나제

(Thiaminase)를 함유한 물고기는 보관 상태에서 티아미나제가 비타민 B_1을 파괴하기 때문이다. 비타민 B_1 결핍은 다양한 건강문제를 야기할 수 있다. 또한 기름기가 많은 물고기의 경우 비타민 E 부족현상을 일으킬 수 있기 때문에 주식으로 사용하지 않는다. 먹이는 어린 개체의 경우 이틀에 한 번, 성체의 경우 일주일에 두 번 정도 급여한다. 먹이 급여 시 서로 공격하지 않게 각 개체가 최소한의 영역을 확보할 수 있도록 유도하여 급여하는 것이 안전하다. 먹이로 착각하여 다른 개체를 공격하여 큰 상처를 입히는 경우가 적지 않으며 종종 다리나 턱을 잃는 경우도 있다.

물고기는 예상외로 좋은 주식은 아니다.

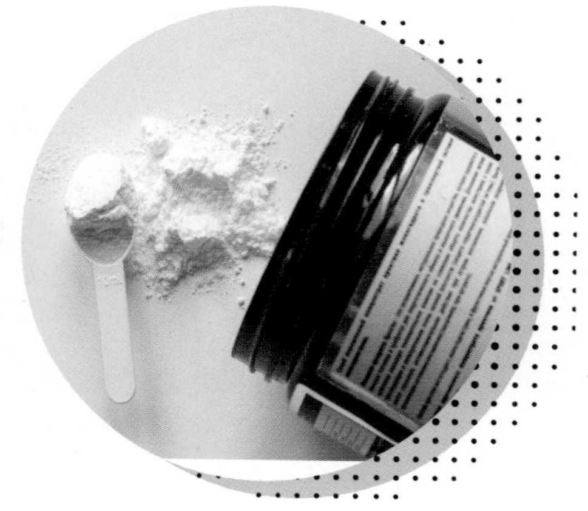

먹이의 종류에 따라 칼슘과 비타민제를 추가하는 것이 좋다.

부분 먹이보다는 통 먹이가 좋은 식단이지만 통 먹이만 먹이기가 힘든 경우 적절히 혼합하여 먹여도 좋다.

6 질병

기본적으로 악어는 매우 강인한 동물로 사육환경이 뒷받침된다면 잔병치레가 거의 없는 편이다. 먹이 섭취량, 무게, 길이, 행동 패턴 등의 데이터를 꾸준히 기록하는 것이 매우 중요한데 이러한 데이터가 축적되면 사육개체의 건강에 문제가 있을 경우 데이터가 없는 것보다 훨씬 빠르게 알아챌 수 있다. 건강한 개체의 경우 최적의 사육환경만 제공하면 다리의 절단 같은 심각한 물리적 외상은 빠르게 회복할 수 있다. 더 문제가 되는 것은 감염 등의 면역력 관련 질병이다. 악어는 스트레스에 민감한 동물로 지속적인 스트레스를 받으면 면역력이 저하되어 수많은 질병에 노출된다. 스트레스는 크게 3가지로 나눌 수 있다.

- 온도 스트레스 : 체온조절에 어려움이 있어 최적의 체온을 유지하지 못하는 경우
- 핸들링 스트레스 : 인간이나 주변 환경, 핸들링에 익숙지 않은 경우
- 사회 스트레스 : 사육장 내 다른 개체들과의 경쟁에서 밀리는 경우

싸움으로 인해 위턱이 거의 직각으로 꺾인 개체

위의 스트레스 말고도 악어가 자연스러운 행동을 할 수 없는 경우 스트레스를 받을 수 있으며 스트레스는 종류와 상관없이 면역력을 저하시킨다. 면역력이 저하되면 각종 바이러스성, 세균성, 곰팡이성, 기생충성 질병을 일으킬 수 있기 때문에 스트레스를 받지 않는 사육환경을 제공하는 것이 무엇보다도 중요하다. 만약 이러한 질병이 의심된다면 사육환경을 다시 한번 검토하고 치료를 위해서는 전문수의사에게 연락하는 것이 바람직하다.

7 성별 구분

악어의 성별은 외관만으로는 구분하기가 매우 어렵다. 주로 수컷이 덩치가 더 크고 머리도 두터운 편이지만 이것만으로 정확한 성별을 구분하기는 매우 어렵다. 준성체 정도의 개체들은 총배설강의 모양으로 과학적인 추측이 가능하다. 암컷은 수컷보다 총배설강이 작고 가늘며 비교적 평평하고, 수컷은 보다 크고 옆으로 넓으며 불룩 튀어나와 있다. 하지만 이마저도 정확한 성별 구별법은 아니며 확실한 구별을 위해서는 총배설강 안을 살펴볼 필요가 있다. 악어는 도마뱀이나 뱀과 다르게 하나의 성기만을 갖고 있는데 끝부분이 두 갈래로 나누어지기 때문에 성기의 일부만 보면 악어의 성기는 두 개라고 착각할 수 있다. 덩치가 충분히 큰 개체의 경우 총배설강 안에 손가락을 집어넣어 성기를 만져보는 것으로 성별 구분이 가능한데 이러한 행위는 종종 악어가 스스로 성기를 꺼내게 한다. 암컷도 수컷의 성기와 비슷한 클리토리스를 지니고 있지만, 수컷의 성기보다 훨씬 작고 부드럽다.

수컷 악어의 성기

주요 종 소개

가비알/가리알 (Ghavial/Gharial)

반수생성

- 학 명 : *Gavialis gangeticus*
- 현 황 : CITES Ⅰ, 사육시설 등록대상종
- 원산지 : 인도, 방글라데시, 파키스탄 등의 인도 아대륙
- 크 기 : 수컷 6m, 암컷 4m 내외
- 습 성 : 주행성
- 생 태 : 수영에 능한 반수생종
- 식 성 : 작은 동물을 가리지 않고 먹지만 야생에서는 물고기가 주식이다.
- 온·습도 : 온도 27~32℃, 핫존 40~45℃ / 습도 70~90%

가비알과에 속하는 악어로, 인도 아대륙의 북단 지역에 분포하기 때문에 인도가비알 또는 인도악어라고도 하며 영어 표기로는 가리알(Gharial)이라고도 한다. 이가 많아서 물고기를 잡기 좋다. 40개 또는 그 이상의 알을 모래밭에 낳고 새끼의 몸길이는 약 40cm이다. 방글라데시, 미얀마, 파키스탄, 인도에서 산다. 서식 분포는 인도 동부, 파키스탄 전역 등 매우 광범위하나 멸종 직전의 위기에 직면해 있다고 한다.

펄스 가비알 (False Ghavial)

반수생성

- 학 명 : *Tomistoma schlegelii*
- 현 황 : CITES Ⅰ, 사육시설 등록대상종
- 원산지 : 말레이시아, 보르네오, 수마트라, 자바
- 크 기 : 수컷 5m, 암컷 4m 내외
- 습 성 : 주행성
- 생 태 : 수영에 능한 반수생종
- 식 성 : 작은 동물을 가리지 않고 먹는다. 가리알보다 더 다양한 먹이를 먹는다.
- 온·습도 : 온도 27~32℃, 핫존 40~45℃ / 습도 70~90%

펄스 가비알은 가비알과에 속하는 악어이다. 오랫동안 형태학상으로 크로커다일과로 분류했었으나, 최근의 연구를 통해 가비알과 근연 관계가 있음이 밝혀져 두 종을 묶어 가비알과로 분류한다. 야생에 약 2,500개체 정도가 남아 있는 것으로 추정하고 있다. 2008년 보르네오에서 약 4미터 크기의 암컷 펄스 가비알이 낚시꾼을 공격하여 먹은 것이 확인되어 이 종으로 인한 최초의 인간희생자로 기록되었다.

아메리칸 엘리게이터 (American Alligator)

반수생성

- 학 명 : *Alligator mississippiensis*
- 현 황 : CITES Ⅱ, 사육시설 등록대상종
- 원산지 : 북미
- 크 기 : 수컷 5m, 암컷 3m 내외
- 습 성 : 주행성
- 생 태 : 수영에 능한 반수생종
- 식 성 : 작은 동물을 가리지 않고 먹는다.
- 온·습도 : 온도 27~32℃, 핫존 40~45℃(비교적 저온에 강한 편이다) / 습도 70~90%(동면 가능)

현재까지 알려진 북미 지역에 기거하는 파충류 중에서 가장 큰 종 중 하나로, 최대 몸길이가 5m에 달한다. 어릴 때에는 몸을 가로지르는 노란색 무늬가 있으나 자라면서 없어지며 다 자라면 옅은 회색과 짙은 황록색을 띤다. 이 악어는 포드(Pod)라고 하는 무리를 지어 생활한다. 한 수컷이 10마리 이상의 암컷과 교미를 하는 일부다처제로, 산란기는 8월경으로 강가에 나뭇잎이나 풀을 모아 보금자리를 만든다. 그리고 축축하게 젖어 있는 보금자리의 한가운데에 20~60개의 알을 낳는다. 악어 중 몇 안 되는 저온을 잘 버티는 종이다.

스펙터클드 카이만 (Spectacled Caiman)

반수생성

- 학 명 : *Caiman crocodilus*
- 현 황 : CITES Ⅱ, 사육시설 등록대상종
- 원산지 : 중미와 남미
- 크 기 : 2m
- 습 성 : 주행성
- 생 태 : 수영에 능한 반수생종
- 식 성 : 작은 동물을 가리지 않고 먹는다.
- 온·습도 : 온도 27~32℃, 핫존 40~45℃ / 습도 70~90%

스펙터클드 카이만은 중미와 남미의 많은 지역에서 발견되는 악어 종이다. 악어치고는 작은 편이며 악어 중 애완동물로 가장 많이 키워지는 종이다. 작은 편이라고는 하지만 인간에게 큰 상해를 끼칠 수 있기 때문에 사육 시 절대적인 주의가 필요하다. 총 4개의 아종이 알려져 있으며 악어 중에서도 특히 물을 좋아하는 편이다.

큐비어스 드워프 카이만 (Cuvier's Dwarf Caiman)

반수생성

- 학 명 : *Paleosuchus palpebrosus*
- 현 황 : CITES Ⅱ, 사육시설 등록대상종
- 원산지 : 볼리비아, 베네수엘라, 에쿠아도르, 브라질 등의 남미
- 크 기 : 1.5m
- 습 성 : 주행성
- 생 태 : 수영에 능한 반수생종
- 식 성 : 작은 동물을 가리지 않고 먹는다.
- 온·습도 : 온도 27~32℃, 핫존 40~45℃ / 습도 70~90%

세상에서 가장 작은 악어 중 하나로 다 큰 성체도 7kg을 넘는 경우가 드물다. 작은 몸을 지키기 위해 피부는 악어 중에서도 매우 단단하며(골편) 이러한 특성 때문에 많은 종의 악어가 겪는 가죽 사냥을 피할 수 있었다. 몇몇 지역에서는 마른 호수 밑의 진흙에서 하면을 하기도 한다.

차이니즈 엘리게이터 (Chinese Alligator)

반수생성

- 학 명 : *Alligator sinensis*
- 현 황 : CITES Ⅰ, 사육시설 등록대상종
- 원산지 : 중국 양쯔강 하구
- 크 기 : 1.8m 내외
- 습 성 : 주행성
- 생 태 : 수영에 능한 반수생종
- 식 성 : 작은 동물을 가리지 않고 먹는다.
- 온·습도 : 온도 27~32℃, 핫존 40~45℃(비교적 저온에 강한 편이다) / 습도 70~90%(동면 가능)

차이니즈 엘리게이터는 앨리게이터과에 속하는 악어로 중국 양쯔강 하구에서 살고 있다. 몸길이 약 1.8m의 악어로서 아메리칸 엘리게이터와 매우 가까운 종이다. 몸의 색은 녹색 기운이 도는 검정색이고 옆면에 노란 얼룩점과 가로줄무늬가 나 있다. 어린 악어는 검정과 노랑이 뚜렷하게 나타난다. 주둥이 끝이 둥글넓적하고 짧으며 입술이 위를 향해 있다. 목 부분의 경린판은 3쌍이며 서로 겹쳐져 있다. 악어 등 양서류나 파충류에게 흔히 있는 물갈퀴는 그다지 발달하지 않았다. 성격이 온순하며 양쯔강 및 양쯔강 주변의 풀이 우거진 못이나 호수에 살며 도마뱀과 물고기 등을 잡아먹는다. 현재 서식지의 소실로 심각한 멸종위기에 처해 있다.

나일 크로커다일 (Nile Crocodile)

반수생성

- 학 명 : *Crocodylus niloticus*
- 현 황 : CITES Ⅰ/Ⅱ, 사육시설 등록대상종
- 원산지 : 아프리카 대륙
- 크 기 : 최대 6m
- 습 성 : 주행성
- 생 태 : 수영에 능한 반수생종
- 식 성 : 사냥 가능한 동물을 가리지 않고 먹는다.
- 온·습도 : 온도 27~32℃, 핫존 40~45℃ / 습도 70~90%

나일 크로커다일은 아프리카 일대에서 서식하는 크로커다일과의 악어로, 아프리카에서는 가장 큰 민물 파충류이자포식자이다. 아메리카의 대형 악어들인 오리노코 악어와 아메리칸 악어의 근연종으로, 크로커다일에 속하며 바다악어를 뒤이어 두 번째로 큰 현생 파충류이다. 아프리카에 서식하는 악어들 중에서 가장 서식 범위가 넓고 흔히 볼 수 있는 악어 종이며, 멸종 위기에 처해 있지 않은 종이다(IUCN 적색 목록에도 관심 대상, 즉 위협을 거의 받고 있지 않은 종으로 등록되어 있다). 주로 강, 호수, 늪에서 서식하지만 바다에 나가는 일도 종종 있고 해안에서 11km 떨어진 바다 한가운데서 발견된 사례도 있다. 마다가스카르의 개체군은 특이하게도 동굴 안에서 서식한다고 한다.

솔트워터 크로커다일 (Saltwater Crocodile)

반수생성

- 학 명 : *Crocodylus porosus*
- 현 황 : CITES Ⅰ/Ⅱ, 사육시설 등록대상종
- 원산지 : 동남아시아, 호주
- 크 기 : 최대 6m 이상
- 습 성 : 주행성
- 생 태 : 수영에 능한 반수생종
- 식 성 : 사냥 가능한 동물을 가리지 않고 먹는다.
- 온·습도 : 온도 27~32℃, 핫존 40~45℃ / 습도 70~90%

솔트워터 크로커다일은 몸길이 6~7m, 몸무게는 1t이 넘게 성장할 수 있는 현존 최대의 파충류이다. 악어 중 가장 해양환경을 선호하며 바다와 강이 만나는 곳에서 주로 관찰되어 하구악어라고도 한다. 치악력은 1.7t에서 최대 3t에도 이르는 것으로 추정되고 있으며 현존 동물 중 가장 강한 치악력이다. 호주에서는 한때 많은 수가 가죽과 고기를 위해 밀렵 당하였고 절멸 위기까지 갔지만 호주 정부의 적절한 관리를 통해 개체 수를 회복했다. 식인 악어로도 알려져 있는데 이는 사실이며 공식적으로 가장 많은 인명을 앗아간 악어로 알려져 있다.

사이아미즈 크로커다일 (Siamese Crocodile)

반수생성

- 학 명 : *Crocodylus siamensis*
- 현 황 : CITES Ⅰ, 사육시설 등록대상종
- 원산지 : 인도네시아, 말레이시아, 라오스 등의 동남아시아
- 크 기 : 최대 6m 이상
- 습 성 : 주행성
- 생 태 : 수영에 능한 반수생종
- 식 성 : 사냥 가능한 동물을 가리지 않고 먹는다.
- 온·습도 : 온도 27~32℃, 핫존 40~45℃ / 습도 70~90%

사이아미즈 크로커다일은 동남아시아의 여러 국가가 원산지인 민물 악어이다. 남획과 서식지 상실로 많이 줄어들었으며, 몇몇 지역에서는 멸종되었다. 분포지역에 산개되어 사는 사이아미즈 크로커다일의 수를 합하면 5,000마리가 되며, 종의 복원을 위해 주로 태국에 악어농장이 세워져 운영되고 있다. 많은 인공사육 및 번식 개체들이 바다 악어와 교잡되어 순수한 사이아미즈 크로커다일과 섞이기 시작했는데 이를 정확하게 구분하기가 어렵다는 문제도 있다.

뉴기니 크로커다일 (New Guinea Crocodile)

반수생성

- 학 명 : *Crocodylus novaeguineae*
- 현 황 : CITES Ⅱ, 사육시설 등록대상종
- 원산지 : 뉴기니 섬
- 크 기 : 최대 3.5m
- 습 성 : 주행성
- 생 태 : 수영에 능한 반수생종
- 식 성 : 작은 동물을 가리지 않고 먹는다.
- 온·습도 : 온도 27~32℃, 핫존 40~45℃ / 습도 70~90%

뉴기니 크로커다일은 뉴기니 섬에 서식하는 상대적으로 작은 크로커다일로, 가치가 높은 가죽 때문에 20세기 중반까지 남획되어 그 수가 엄청나게 줄어들었다. 이후 개체 수의 복원을 위해 적극적인 인공 번식과 재도입을 통해 개체 수가 회복되었고 현재 IUCN 멸종위기 등급 관심 필요종으로 분류되어 있다.

머거 크로커다일 (Mugger Crocodile)

반수생성

- 학 명 : *Crocodylus palustris*
- 현 황 : CITES Ⅰ, 사육시설 등록대상종
- 원산지 : 이란 남부, 인도 아대륙
- 크 기 : 최대 5m
- 습 성 : 주행성
- 생 태 : 수영에 능한 반수생종
- 식 성 : 작은 동물을 가리지 않고 먹는다.
- 온·습도 : 온도 27~32℃, 핫존 40~45℃ / 습도 70~90%

머거 크로커다일은 주로 인도 아대륙에서 발견되는 중간 크기의 크로커다일이다. 크로커다일과에서 가장 넓은 주둥이를 갖고 있으며 머거라는 이름은 힌디어로 악어를 뜻하는 मगर(Magar)에서 파생됐다. 머거는 파충류에서는 찾아보기 드물게 도구를 활용한 사냥을 하는데, 머리 위에 나뭇가지를 올려놓고 둥지를 짓는 새를 유인하여 잡아먹는 것이 관찰됐다.

프레쉬워터 크로커다일 (Freshwater Crocodile)

반수생성

- 학 명 : *Crocodylus johnstoni*
- 현 황 : CITES Ⅱ, 사육시설 등록대상종
- 원산지 : 호주 북부
- 크 기 : 수컷 3m, 암컷 2m 내외
- 습 성 : 주행성
- 생 태 : 수영에 능한 반수생종
- 식 성 : 작은 동물을 가리지 않고 먹는다.
- 온·습도 : 온도 27~32℃, 핫존 40~45℃ / 습도 70~90%

서식지가 겹치는 솔트워터 크로커다일로 종종 오해받는 프레쉬워터 크로커다일은 이름 그대로 민물을 선호하는 훨씬 작은 종으로 사람을 해쳤다는 보고가 없는 상대적으로 안전한 종이다. 물론 방어 혹은 먹이로 오인하여 공격하기도 하지만 프레쉬워터 크로커다일에게 사람이 목숨을 잃은 사건은 없다. 주로 물고기와 작은 동물을 섭취하는데 최근 외래종인 마린(케인) 토드를 섭취했다가 죽는 개체가 많아지면서 개체 수도 줄고 있다.

7장

옛도마뱀

1 진화 및 생태학적 특징

원시적인 파충류, 투아타라

투아타라는 뉴질랜드에만 서식하는 파충류로 도마뱀을 닮기는 했지만 현생 도마뱀에 속하지는 않고 파충류 안에서 분류학적으로 독특한 위치를 지니고 있다. 2억 년 전 번성했던 옛도마뱀목(Order Rhynchocephalia)에 속하며, 현재는 단 1종만이 생존하고 있다. 현존 동물 중 가장 가까운 동물은 현생 도마뱀과 뱀(뱀목 혹은 유린목)이며, 투아타라의 독특한 분류학적 위치 때문에 초기 이궁류와 유린목의 진화연구에 자주 활용된다. 투아타라라는 이름은 마오리족의 언어로 '등의 가시'라는 의미다.

주로 녹색을 띠는 갈색과 회색이며 최대 80cm, 1.3kg까지 성장할 수 있다. 그린 이구아나와 비슷한 가시가 목과 등, 꼬리까지 길게 이어져 있으며 수컷의 가시가 암컷의 가시보다 더 큰 편이다. 위턱의 이빨은 2줄로 이루어져 있는데 아래턱 1줄의 이빨은 이 2줄의 이빨 가운데에 딱 들어맞으며 투아타라의 독특한 특징 중 하나이다. 머리 한가운데에 제3의 눈으로 불리는 기관이 있는데 이 기관은 계절 변화에 따른 생물학적 주기의 설정과 관련이 있는 것으로 알려져 있다. 뚜렷하게 외부로 드러난 귀는 갖고 있지 않지만 소리를 들을 수 있다.

1831년, 처음 학계에 보고가 된 투아타라는 1989년에 *S. punctatus*와 *S. guntheri* 2개의 종으로 나누어졌지만 2009년에 다시 한 종으로 합쳐져 1개의 종, 2개의 아종을 이루고 있다. 1895년부터 보호종으로 지정되었지만 지금도 심각한 멸종위기에 직면해있다. 적절한 서식지의 소실과 알, 어린 개체를 잡아먹는 외래종의 유입 등이 문제되고 있다. 뉴질랜드 본토에서는 멸종하고 주변의 작은 섬에만 자연 서식하고 있었지만 2005년 북섬의 카로리 보호구역에 인공 증식한 개체들을 방사하였고 2008년에는 이 개체들이 보호구역에서 번식하고 있는 것이 확인됐다. 이는 투아타라는 뉴질랜드의 본토에서 200년 만에 다시 자연 번식한 것이다.

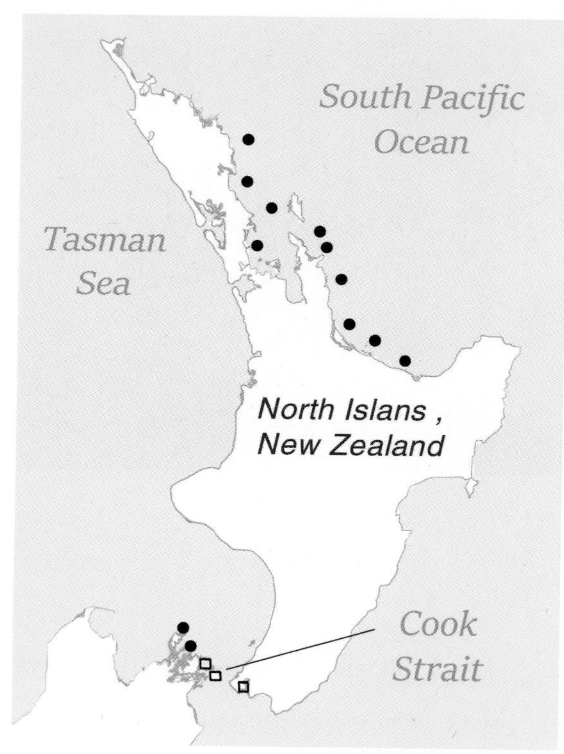

투아타라의 현 자연서식지. 전부 본토에서 떨어진 작은 섬들이지만 최근에는 본토에도 재도입됐다.

성체 투아타라는 주로 밤에 육지에서 활동하며 낮에는 체온 조절을 위해 일광욕하는 모습을 자주 볼 수 있다. 새끼들은 죽은 나무나 돌덩어리 밑에 숨어 쉬다가 낮에 활동하는데 이는 밤에 주로 활동하는 성체들에게 잡아먹히지 않기 위한 습성으로 알려져 있다. 투아타라의 독특한 점 중 하나는 일반적으로 알려진 파충류의 선호 온도보다 훨씬 낮은 온도를 선호한다는 점이다. 5°C에 육박하는 추운 날씨에도 활동할 수 있으며 28°C가 넘는 온도가 유지되면 생명을 잃을 수 있다. 투아타라가 가장 선호하는 온도는 16~21°C 사이로, 현존하는 파충류 중 가장 낮은 체온을 선호한다. 투아타라는 육식성으로 작은 절지류, 곤충, 개구리, 도마뱀, 작은 새와 알까지 다양하게 섭취한다. 암수 모두 자신의 영역을 가지며 영역을 침범하는 다른 투아타라를 물어 쫓아내기도 한다. 수명이 굉장히 긴 편으로 야생에서는 평균 60년 정도 산다고 하지만 많게는 100년, 일부 과학자들은 200년까지도 살 수 있다고 주장한다. 수컷은 생식기가 없으며 정자를 총배설강에서 바로 암컷의 총배설강으로 옮긴다. 난생으로 알을 낳는데 부화 온도에 따라 성별의 비율이 달라지는 것으로 알려져 있다. 21˚C에서는 암수가 반반, 22˚C에서는 80% 정도가 수컷, 20˚C에서는 80% 정도가 암컷으로 부화한다. 18˚C에서는 전부 암컷으로 태어난다.

2 옛도마뱀의 신체적 특징

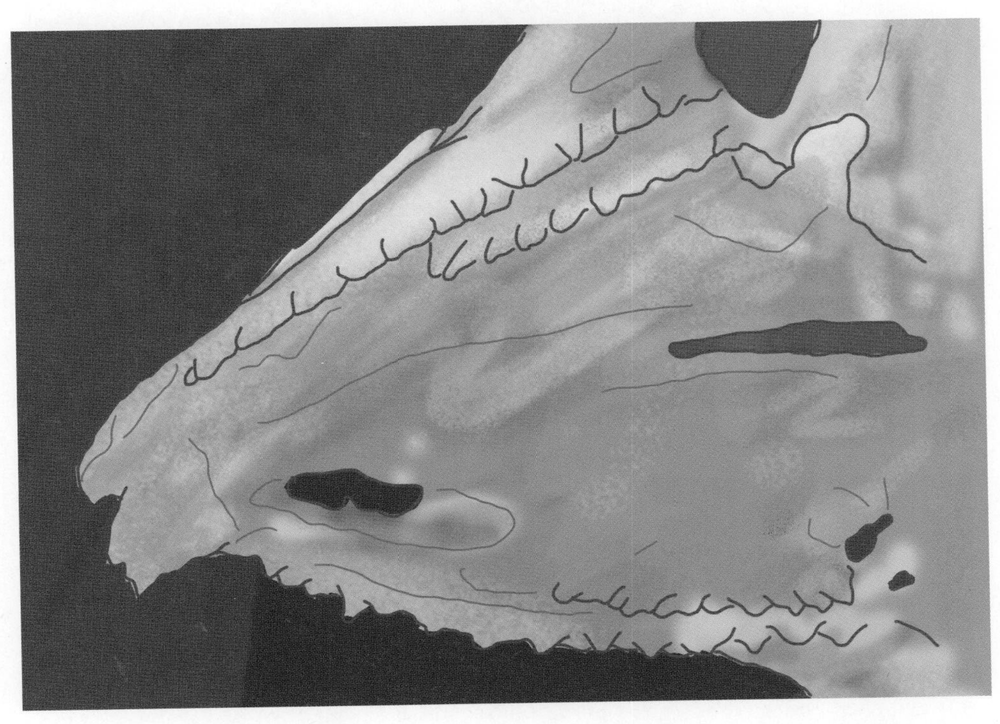

투아타라의 이빨은 두개골의 일부이며 위턱의 이빨은 2줄을 형성한다.

언뜻 봐서 현생 도마뱀과 투아타라의 외형은 크게 다르지 않다. 하지만 생각보다 많은 부분에서 차이를 보이며, 투아타라는 현존 양막류 중 가장 분화되지 않은 종으로 알려져 있다. 뇌와 이동·운동형태는 파충류보다는 양서류에 가까우며 심장도 모든 파충류를 통틀어 가장 원시적인 형태를 보인다. 평균적으로 수컷이 암컷보다 크며 수컷은 약 60cm, 1kg 정도이며 암컷은 약 45cm, 0.5kg 정도의 크기이다. 진화를 거치며 거의 모든 이궁류의 두개골은 원형에서 상당히 벗어난 형태(예를 들어 무궁류처럼 변화한 거북목의 두개골)를 지니게 되었는데 투아타라는 원형을 거의 그대로 간직하고 있다. 위턱은 두개골에 단단하게 붙어 있고 이빨은 새롭게 나지 않는다. 이는 턱뼈의 뼈가 돌출되어 이빨의 형태를 한 것일 뿐 독립적인 기관이 아니기 때문이다. 나이가 많은 개체들은 이빨이 닳아 상대적으로 부드러운 지렁이나 애벌레 등을 주식으로 삼는다.

세로로 갈라진 눈동자, 등의 뿔, 고막의 부재, 돌기를 형성하는 비늘 등의 특징이 잘 나타나 있다.

투아타라의 두툼하고 각진 꼬리

각각의 눈은 독립적으로 초점을 맞출 수 있으며 시각은 대낮이나 어둠 속에서도 상당히 좋은 편이다. 투아타라는 다른 파충류들에서도 볼 수 있는 제3의 눈 '두정안'을 갖고 있는데 투아타라의 두정안은 수정체를 지니고 있고 각막, 망막과 비슷한 기관을 포함하고 있는 매우 발달된 형태이다. 특히 어린 개체에서 더욱 잘 보이며 이 두정안의 정확한 기능은 아직 밝혀지지 않았다. 투아타라의 귀는 거북이를 포함하여 양막류에서 가장 원시적인 형태를 띠고 있다. 고막과 귓불이 존재하지 않으며 100~800Hz의 비교적 낮은 저주파를 잘 듣는다. 꼬리는 악어와 비슷한 형태지만 대부분의 도마뱀처럼 자절과 재생이 가능하다.

3 사양 관리

1 서식지에 따른 환경조성

투아타라의 자연 서식지인 뉴질랜드는 연평균 온도가 10℃에서 15℃ 사이로 비교적 선선하며 연교차도 적어 여름과 겨울의 기온 차가 8~9℃ 정도에 불과하다. 강수량은 대체로 600~2,000mm에 달하는 전체적으로 온화한 기후를 갖고 있다. 투아타라의 인공사육 환경은 이러한 자연 서식지의 특성을 고려하여 일반적인 파충류보다 낮은 온도와 건조하지 않은 환경을 조성하는 것이 매우 중요하다.

2 사육장의 형태

투아타라는 주로 해안림이나 잡목림에 살며 흙이 물러 땅을 파기 좋은 곳을 선호한다. 식물이 빽빽한 숲보다는 어느 정도 개방된 곳을 선호하며 나무나 바위를 많이 타지는 않기 때문에 길이와 너비가 높이보다 더 커야 한다. 최소 면적은 성체 한 쌍당 6m² 이상, 높이는 1m 이상을 추천한다. 튼튼한 다리와 발톱을 갖고 있고 땅굴을 잘 파기 때문에 단단한 플라스틱이나 유리, 콘크리트, 방수 처리가 된 나무, 스테인리스 스틸 등의 재질을 사용한다. 야외사육장은 대지에서 약 1m 아래, 콘크리트와 같은 단단한 재질로 바닥을 만들어야 땅굴을 파고 탈출하지 못한다. 이런 형태의 사육장은 반드시 배수와 배수로를 만들어 투아타라의 굴 속에 물이 차지 않도록 한다. 30℃ 이상의 온도는 위험하므로 따뜻한 기후에서 사육할 경우 반드시 에어컨이나 스프링클러 등의 온도조절 장치를 마련해야 하며, 비교적 습한 환경을 선호하기 때문에 필요하다면 가습기나 인공폭포를 제공해 습도를 조절한다.

나무껍질로 만든 인공 은신처에서 휴식을 취하는 투아타라

3 바닥재의 종류 및 특성

땅굴을 많이 파는 투아타라의 특성상 바닥재는 너무 날카롭거나 단단하지 않은 것이 좋다. 주로 모래와 흙, 바크, 나뭇잎 등을 섞어 사용하는데 충분한 습기를 유지하여 땅굴을 파면 굴이 지탱되어야 한다.

이상적인 형태의 사육장 세팅. 땅굴을 파기 좋은 바닥재와 적당량의 식물과 나무를 적재적소에 배치했다.

4 온도와 습도

투아타라는 현생 파충류 중 가장 낮은 온도를 선호하는 종의 하나다. 한 자릿수 온도에서도 활동할 수 있으며, 16~21℃ 사이의 온도를 선호한다. 사육장의 시원한 부분은 20℃ 이하, 따뜻한 부분은 20℃ 중반이 좋다. 필요에 따라 체온을 올려야 할 때도 있어 30℃ 정도의 일광욕 자리도 마련해 주도록 한다. 사육장의 평균 온도가 26℃가 넘지 않게 각별히 신경 써야 하며 습도는 50~80% 사이를 유지해 주는 것이 좋다.

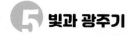

5 빛과 광주기

투아타라와 UVB의 관계에 대해서는 전혀 알려진 것이 없지만, 비교적 많은 종의 도마뱀에게 UVB가 도움이 된다는 사실로 유추하여 사육장에 설치하는 것을 권장한다. 야외사육 혹은 부분 야외사육을 한다면 자연채광을 받을 수 있어 큰 문제가 되지 않지만, 실내사육을 한다면 UVB 램프를 사용할 것을 권장한다. 자연광을 받기 힘든 사육환경이라면 비타민 D가 첨가된 비타민제를 사용하는 것이 좋다. 투아타라의 자연 서식지의 광주기는 남반구이므로 반대라는 사실을 제외하고는 우리나라의 광주기와 굉장히 비슷하여 이를 기준으로 조절해도 좋다.

6 서식환경에 따른 사육장 스타일

투아타라는 주로 육상생활을 하며 굴을 많이 파는 습성이 있으므로 가로로 넓은 평지 형태의 사육장이 좋다. 바닥재는 반드시 땅굴을 팔 수 있는 것으로 선정하여 투아타라가 자유롭게 땅굴과 알둥지를 만들 수 있어야 한다. 필수 요소를 만족시킨 후, 사육장의 데코레이션은 다양한 식물과 바위, 돌, 통나무 등을 활용하여 최대한 자연 서식지를 재현하는 것이 좋다. 데코레이션은 반드시 사육 개체에 해가 되지 않는 것으로 엄선하도록 한다.

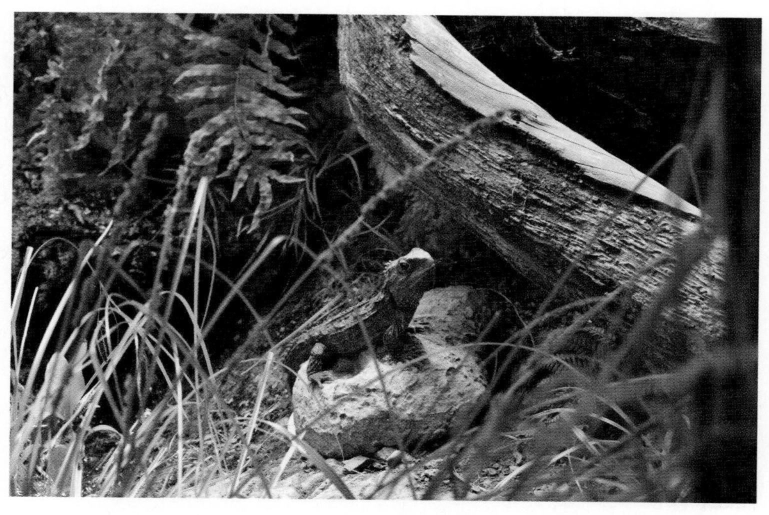

7 먹이와 물

야생에서는 자신보다 작은 동물, 특히 곤충 등의 무척추동물을 많이 섭취하는 편이다. 인공사육 시에는 귀뚜라미, 먹이용 바퀴벌레, 밀웜, 작은 쥐 등을 주식으로 제공한다. 무척추동물 80%, 척추동물 20% 정도로 제공하며 개체의 나이와 상태에 따라 적절히 비율을 조절한다. 임신한 개체와 마른 개체, 어린 개체들은 척추동물(주로 쥐)의 비율을 높이는 것이 좋다. 무척추동물을 먹일 때는 일주일에 한두 번 칼슘과 비타민을 더스팅한다.

8 질병

일반적인 파충류, 특히 도마뱀이 걸릴 수 있는 질병은 늘 모니터링해야 하며 투아타라만의 특수한 질병은 알려진 것이 없다. 적절한 사육환경에서는 쉽게 질병에 걸리지 않는 종이다.

9 성별 구분

투아타라는 카멜레온이나 에놀 정도의 성적 이형성을 보이지 않는다. 성체 수컷은 성체 암컷보다 약 2배 정도 더 무겁고, 머리의 형태가 암컷보다 삼각형에 가까우며 돌기가 더 발달되어 있다. 약 1살 정도의 어린 개체들은 복강경검사를 통해 제법 정확하게 성별 구분이 가능하다.

참고문헌

1. 문대승 , 정성곤, “낯선 원시의 아름다움 도마뱀”, 씨밀레북스, 2011
2. 이태원, 박성준, “낮은 시선 느린 발걸음 거북”, 씨밀레북스, 2011
3. 이태원, “선과 색의 어울림 뱀”, 씨밀레북스, 2013
4. F. Harvey Pough, Robin M. Andrews, et al., “Herpetology”, Oxford University Press, 2015
5. Laurie J. Vitt and Janalee P. Caldwell, “Herpetology: An Introductory Biology of Amphibians and Reptiles”, Academic Press, 2013
6. Bob Doneley, Deborah Monks, et al., “Reptile Medicine and Surgery in Clinical Practice”, Wiley-Blackwell, 2018
7. Douglas R. Mader MS DVM, “Reptile Medicine and Surgery”, Saunders, 1996
8. Julia D. Sigwart, “What Species Mean: A User's Guide to the Units of Biodiversity (Species and Systematics)”, CRC Press, 2018
9. Bo Beolens, Michael Watkins, et al., “The Eponym Dictionary of Reptiles”, Johns Hopkins University Press, 2011
10. John Cann and Ross Sadlier, “Freshwater Turtles of Australia”, ECO Wear & Publishing, 2017
11. Gordon Grigg, David Kirshner, et al., “Biology and Evolution of Crocodylians”, Comstock Publishing Associates, 2015
12. Mark D. Irwin, John B. Stoner, et al., “Zookeeping: An Introduction to the Science and Technology”, University of Chicago Press, 2013
13. Ari R Flagle, Erik D Stoops, et al., “Black Python *Moreliaboeleni*”, Edition Chimaira/Serpent's Tale NHBD, 2009
14. Sherril L. Green, “The Laboratory Xenopus sp. (Laboratory Animal Pocket Reference)”, CRC Press, 2009
15. Roger Klingenberg, “Understanding Reptile Parasites (Advanced Vivarium Systems)”, Companion House Books, 2016
16. Cleveland Hickman, Susan Keen, et al., “Integrated Principles of Zoology”, Mc Graw-Hill Education, 2013

17. Richard Sharell, "The tuatara, lizards and frogs of New Zealand", Collins, 1966

18. Dinets, V; Brueggen, JC; Brueggen, J.D. (2013). "Crocodilians use tools for hunting". *Ethology, Ecology and Evolution*. 27:74~78.

19. Campell, Mark R.; Mazzotti, Frank J. (2004). "Characterization of natural and artificial alligator holes". *Southeastern Naturalist.* 3(4):583~94.

20. Wiens, J. J.; Hutter, C. R.; Mulcahy, D. G.; Noonan, B. P.; Townsend, T. M.; Sites, J. W.; Reeder, T. W. (2012). "Resolving the phylogeny of lizards and snakes (Squamata) with extensive sampling of genes and species". *Biology Letters*. 8(6):1043~1046.

21. Simões, Tiago R.; Caldwell, Michael W.; Talanda, Mateusz; Bernardi, Massimo; Palci, Alessandro; Vernygora, Oksana; Bernardini, Federico; Mancini, Lucia; Nydam, Randall L. (30 May 2018). "The origin of squamates revealed by a Middle Triassic lizard from the Italian Alps". *Nature*. 557(7707):706~709.

22. Burridge, Michael J.; Simmon, Leigh-Anne.; Hofer, Christian C. (2003). "Clinical study of a permethrin formulation for direct or indirect use in control of ticks on tortoises, snakes and lizards". *Journal of Herpetological Medicine and Surgery*. 13(4):16~19.

23. Asher J. Lichtig; Spencer G. Lucas; Hendrik Klein; David M. Lovelace (2018). "Triassic turtle tracks and the origin of turtles". *Historical Biology: AnInternational Journal of Paleobiology*. 30(8):1112~1122.

24. Pearse, D. E. (2001). "Turtle Mating Systems: Behavior, Sperm Storage, and Genetic Paternity". *Journal of Heredity*. 92(2):206~211.

25. Cayot, Linda J (December 2008). "The Restoration of Giant Tortoise and Land Iguana Populations in Galapagos". *Galapagos Research*. 65(65):39~43.

26. Ziegler, Thomas; Schmitz, Andreas; Koch, André; Böhme, Wolfgang (2007). "A review of the subgenus Euprepiosaurus of Varanus (Squamata: Varanidae): morphological and molecular phylogeny, distribution and zoogeography, with an identification key for the members of the V. indicus and the V. prasinus species groups". *Zootaxa*. 1472:1~28.

27. Maan, M. E.; M. E. Cummings (2 009). "Sexual dimorphism and directional selection on aposematic signals in a poison frog". *PNAS*. 106(45):19072~19077.

28. Marjanovic D, Laurin M (2014). "An updated paleontological timetree of lissamphibians, with comments on the anatomy of Jurassic crown-group salamanders (Urodela)". *Historical Biology*. 26(4):535~550.

29. Anderson, J. S. (2012). "Fossils, molecules, divergence times, and the origin of Salamandroidea". *Proceedings of the National Academy of Sciences*. 109(15):5557~5558.

양서파충류사육학

초판발행 2020년 4월 20일
2판2쇄 발행 2024년 9월 5일

지은이 이태원·문대승·박성준·차문석
펴낸이 안종만·안상준

편 집 김민경·김보라
기획/마케팅 차익주
표지디자인 BEN STORY
제 작 고철민·김원표

펴낸곳 (주) 박영사
서울특별시 금천구 가산디지털2로 53, 210호(가산동, 한라시그마밸리)
등록 1959.3.11. 제300-1959-1호(倫)
전 화 02)733-6771
f a x 02)736-4818
e-mail pys@pybook.co.kr
homepage www.pybook.co.kr
ISBN 979-11-303-1736-6 93470

정 가 39,000원